高等职业教育创新教材
国家精品资源共享课程建设改革教材
供临床医学、护理等医药类各专业用

第 3 版

正常人体结构与功能（上）
人体解剖学与组织胚胎学

主　　编　冯润荷　夏　青
上册主编　夏　青
上册编者（按姓氏笔画排序）
　　　　王　倩（天津医学高等专科学校）
　　　　史　芳（天津医学高等专科学校）
　　　　付淑芬（天津医学高等专科学校）
　　　　华　超（天津医学高等专科学校）
　　　　孙津民（天津医学高等专科学校）
　　　　李金钟（天津医学高等专科学校）
　　　　贾明昭（天津医学高等专科学校）
　　　　夏　青（天津医学高等专科学校）

U0276164

人民卫生出版社

图书在版编目（CIP）数据

正常人体结构与功能：全2册/冯润荷，夏青主编. —3版.
—北京：人民卫生出版社，2018
ISBN 978-7-117-27052-6

Ⅰ.①正…　Ⅱ.①冯…②夏…　Ⅲ.①人体结构－高等职业教育－教材　Ⅳ.①Q983

中国版本图书馆 CIP 数据核字（2018）第 182144 号

人卫智网　**www.ipmph.com**	医学教育、学术、考试、健康， 购书智慧智能综合服务平台	
人卫官网　**www.pmph.com**	人卫官方资讯发布平台	

正常人体结构与功能(第3版)
(上、下册)

主　　编：冯润荷　夏　青
出版发行：人民卫生出版社（中继线 010-59780011）
地　　址：北京市朝阳区潘家园南里 19 号
邮　　编：100021
E - mail：pmph @ pmph.com
购书热线：010-59787592　010-59787584　010-65264830
印　　刷：中国农业出版社印刷厂
经　　销：新华书店
开　　本：889×1194　1/16　总印张：36
总 字 数：966 千字
版　　次：2010 年 8 月第 1 版　2018 年 9 月第 3 版
　　　　　2018 年 9 月第 3 版第 1 次印刷（总第 5 次印刷）
标准书号：ISBN 978-7-117-27052-6
定价(上、下册)：116.00 元

打击盗版举报电话：010-59787491　E-mail：WQ @ pmph.com
（凡属印装质量问题请与本社市场营销中心联系退换）

前　言

　　《人体解剖学与组织胚胎学》是根据全国医学高等专科院校整体教学要求，落实高职高专最新教育理念和精神，并结合我校教育教学实际及各专业需求而编写。同时也是建设国家精品资源共享课程的改革教材。

　　本课程是医学生迈入医学院校最先开设的基础医学课程，所涉及的知识理论在医学及医学相关行业的各领域中被广泛应用。通过课程学习，能够使学生正确认识和掌握人体的形态结构，为学习后续医学课程以及开展专业医疗工作岗位实践起到重要的知识铺垫作用。我校有着百年职业教育的深厚积淀，通过课程育人来培养学生动手、动脑、求真、求确的学习态度和学习能力，并促进医学职业素质的养成教育。

　　教材的编写始于2010年的《正常人体结构与功能》。2015年经过再版，教材的框架形式已经更加合理，内容更加精炼和实用，并在教学中发挥着重要的作用。随着教育理念和教学改革的不断发展，信息化手段的应用，需要有更适合的教材媒介来适应不断发展的教育教学需求，所以，重新修订编写势在必行。新版《正常人体结构与功能》分为上、下两册，上册为《人体解剖学与组织胚胎学》，下册是《人体生理学》，适用于临床医学、护理、口腔医学、康复治疗技术等各医学及相关专业。

　　教材仍然保持将人体解剖学、组织学和胚胎学内容有效地整合，系统器官的大体形态和微细结构的融合统一，为学习者提供从微观到宏观完整和统一的正常人体结构知识框架。教材无论从内容和形式上都力图体现高职高专及职业教育的特色，充分展示教材的科学性、专业性和实用性。本次教材编写还具有以下特色：

　　1. 内容有所取舍，删繁就简，同时根据专业需要增加局部解剖内容，如面部局部解剖、腹部局部解剖等。并在不同章节增加与临床相关内容的介绍，加强知识与专业岗位应用的联系。

　　2. 教材插图全部应用彩图，特别是组织学结构采用光镜照片，使人体结构更清晰，更具有立体性、真实性和科学性，可有效地激发学生的学习兴趣。

　　3. 本次教材创新采用纸质出版与数字化资源紧密结合的融合教材形式。数字化资源包括教学PPT、知识拓展图片、自检测题、动画、微课和知识扩展等内容，绝大部分都是课程教师自己制作完成。课程一直重视资源的建设，特别是2012年批准成为国家精品资源共享课程以来，已经建设完成了较为完整的课程共享资源。融合教材能够为学习者提供优质课程教学资源，既能帮助学生理解和掌握所学知识，又对知识学习起到了有力的补充和扩展，提高了学习兴趣，满足个性化的学习需求。

　　教材编写过程中内容和插图参考了高职高专教育、职业教育和"十二五"全国规划教材等多本相关教材，并听取专业相关人员的反馈意见及要求，对确定编写内容及形式起到很大的帮助，特向原作者表示感谢。

　　本教材是课程组教师多年来教学实践和改革探索的宝贵经验的总结，是完成教学的实施和知识传播的承载和传递。在此感谢曾经为课程建设和教材编写做出贡献的老师们，特别感谢本教材创始主编原基础医学部李金钟主任,原国家级精品课程负责人贾明昭教授以及《人体生理学》主编生理学教研室冯润荷主任对本书的指导和帮助。教材编写工作一直得到学校领导、教务处和基础医学部的支持和帮助,在此表示感谢。

　　教材编写难免有纰漏或不妥之处,欢迎各位专家、同仁和同学们给以指正,以便更臻完善。

夏　青

2018 年 5 月

目　录

绪　　论

人体解剖学与组织胚胎学是研究正常人体形态结构、发生发展规律及其与功能关系的科学,属生物学科中的形态学范畴,是一门重要的医学基础课程。医学名词中有 1/3 以上源于人体解剖学与组织胚胎学。其主要任务是阐明正常人体各系统器官、组织的形态结构特点、器官位置毗邻关系、人体生长发育规律及其功能意义,为学习其他基础医学和临床医学课程奠定形态学基础。只有掌握人体正常形态结构,才能理解人体的正常生长发育和疾病的发生发展过程与转归规律,正确鉴别生理与病理状态,从而对疾病进行正确的诊断和治疗。

人体解剖学与组织胚胎学研究包括人体解剖学、组织学和胚胎学。

人体解剖学(human anatomy)是一门比较古老的学科。主要是通过尸体解剖的方法研究人体肉眼可见的形态结构。随着科学技术的进展,"信息化"和"数字化"的应用,人体解剖学的研究方法已日益更新,其分支学科也越来越多。按人体功能系统研究人体各器官形态结构的解剖学,称**系统解剖学**(systematic anatomy)。按人体的某一局部由浅而深研究人体器官的形态位置、毗邻关系和层次结构的解剖学,称**局部解剖学**(regional anatomy);以临床学科应用为目的解剖学,称**临床解剖学**;为适应 X 线、计算机断层成像和磁共振成像等应用,研究人体不同层面上各器官的形态结构的解剖学,称断层解剖学;以研究体育运动或提高体育运动效果为目的的解剖学,称**运动解剖学**,等等。各门学科的发展是相互促进、相互渗透、相互联系的,人体解剖学的研究也会不断深入发展,还会出现新的分支学科。

组织学(histology)包括细胞学、基本组织和器官组织。是借助光学显微镜或电子显微镜研究人体的微细结构、超微结构或分子水平结构及相关功能关系的一门科学。

胚胎学(embryology)主要研究人体胚胎发育的形态、结构的形成以及变化特点或规律的科学,包括生殖细胞发生、受精、胚胎发育、胚胎与母体的关系以及先天性畸形的形成过程及其原因等。

一、人体的分部和组成

1. **人体的分部**　人体可分为头、颈、躯干和四肢四部分。头的前面称为面;后面称为枕。颈的后面称为项。躯干前面分为胸部、腹部、盆部和会阴;后面的上部称为背,下部称为腰。四肢分为上肢和下肢,上肢分为肩、臂、前臂和手;下肢分为臀、大腿、小腿和足。

2. **人体的组成**　人体结构和功能的基本单位是**细胞**(cell)。许多形态和功能相似的细胞和细胞间质共同构成**组织**(tissue)。人体组织分为上皮组织、结缔组织、肌肉组织和神经组织,它们是构成人体各器官和系统的基础,故称为基本组织。由几种组织互相结合,成为具有一定形态和功能的结构,称为**器官**(organ),如心、肝、脾、肺、肾等。由结构和功能密切相关的一系列器官联合起来,共同执行某种生理活动,构成**系统**(system)。人体可分为运动系统、

1

消化系统、呼吸系统、泌尿系统、生殖系统、脉管系统、内分泌系统、感觉器及神经系统。各系统在神经和体液的调节下，相互联系、彼此协调、互相影响，实现各种复杂的生命活动，使人体成为一个完整统一的有机体。

二、人体解剖学的常用术语

为了能正确地研究描述人体的结构和位置关系，便于应用和交流，形态学研究者统一了描述人体结构的标准和术语，从而确定了医务工作者的共同语言。

（一）解剖学姿势

人体的标准解剖学姿势：身体直立，两眼平视前方，双上肢垂于躯干两侧，两足并拢，手掌和足尖向前（图绪-1）。在观察人体的形态和结构时，不论被观察的人体或标本、模型是俯卧或仰卧，是直立或倒置，是整体或局部，均应以解剖学姿势为标准进行描述。

（二）方位术语

以解剖学姿势为标准，规定了表示方位的术语。按照这些方位术语，可以正确描述各器官或结构的相互位置关系。

1. **上**（upper）**和下**（lower） 是描述器官或结构距颅顶或足底相对距离的术语。按解剖学姿势，近颅者为上，近足者为下。在比较解剖学，常用颅侧、尾侧作为对应的名词。

人体解剖学的常用术语

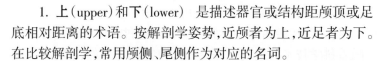

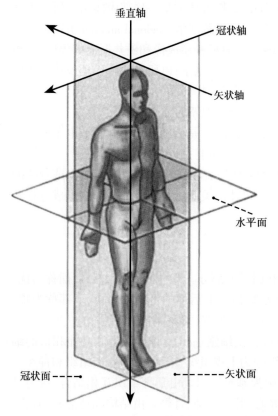

图绪-2 人体的轴和面

2. **前**（anterior）**和后**（posterior） 表示距身体前面或后面相对距离的术语。近腹面者为前，又称**腹侧**（ventral）；近背面者为后，又称**背侧**（dorsal）。腹侧和背侧可以通用于人体和四足动物。

图绪-1 人体的标准姿势

3. **内侧**（medial）**和外侧**（lateral） 以身体的中线为准，距中线近者为内侧，离中线相对远者为外侧。

4. **内**（interior）**和外**（exterior） 表示与空腔相互位置关系的术语。在腔内或近腔者为内，在腔外或远腔者为外，如心位于胸腔内。

5. **浅**（superficial）**和深**（deep，profound） 表示距身体表面或器官表面相对距离的术语。近表面者为浅，远离表面者为深。

常用于描述四肢的方位术语：距肢体根部近者为**近侧**（proximal），距肢体根部远者为**远侧**（distal）；根据前臂尺骨和桡骨的位置，上肢的内侧称**尺侧**（ulnar），上肢的外侧称**桡侧**（radial）；根据小腿胫骨和腓骨的位置，下肢的内侧称**胫侧**（tibial），下肢的外侧称**腓侧**（fibular）。

（三）轴和面

轴和面是描述人体器官形态，特别是描述关节运动时常用的术语（图绪-2）。

1. **轴**　以解剖学姿势为准,设计出人体相互垂直的三个轴:①**矢状轴**:呈前、后方向与地面平行的轴;②**冠状轴**:呈左、右方向与地面平行的轴;③**垂直轴**:呈上、下方向与地面垂直的轴。轴多用于描述关节运动时骨的位移轨迹所沿的轴线。

2. **面**　在标准解剖学姿势条件下,分割人体时所做的相互垂直的三个切面:①**矢状面**(sagittal plane):呈前、后方向纵行切开人体,得到的左、右两个纵切面。通过人体正中线的矢状面称**正中矢状面**,它将人体分成左、右相等的两部分。②**冠状面**(coronal plane):或称额状面,呈左、右方向切开人体,得到的前、后两个切面。③**水平面**(horizontal plane):或称横切面,与地面平行切开人体,得到的上、下两个切面。

在描述器官的切面时,以器官的长轴为准,与长轴平行的切面,称**纵切面**,与长轴垂直的切面,称**横切面**。

三、人体解剖学与组织胚胎学常用研究技术和方法

(一)人体解剖学常用研究技术

人体解剖学研究或授课经常以尸体或标本为对象,进行解剖和观察学习。感谢这些为推动医学科学发展的捐献者,学习者应该尊重尸体这个"无言的老师",需要有敬佑生命,救死扶伤的责任感。

人或动物死亡后,若未经固定防腐处理,很快就会发生组织自溶、腐败和逐渐解体。固定防腐尸体标本主要有几种方法:①甲醛溶液保存:尸体标本经固定处理后,常保存于甲醛溶液中,防腐效果好,但甲醛具有强烈刺激性,会危害人体健康并造成环境污染。②无甲醛的尸体标本保存液:不含甲醛、安全无毒,防腐性能好,具有较强的应用和推广价值。③低温冷冻保存:经过固定处理的标本再低温冷冻保存,是保存有机组织的较好方式之一。④人体塑化:是较先进的生物标本保存技术,能较好地保存细胞水平的结构。固定处理的标本用塑化技术处理后,具有干燥无味,真实感较强及持久耐用的特点,更易于学习使用。

(二)组织学常用研究技术和方法

组织常用研究技术和方法较多,现简要介绍几种主要研究技术方法。

1. **光学显微镜技术**　光学显微镜(简称光镜)是一种既古老又常用的观测工具。光镜最大分辨率约为 0.2μm(1μm=0.001mm),可将物体放大约 1500 倍。借助光镜观察到的细胞、组织的微细结构,称**光镜结构**。在应用光镜技术时,需把组织制成薄片,以便光线透过,才能看到组织结构。最常用的是石蜡切片,其制备程序大致如下:①取材和固定:将新鲜材料切成小块,放入固定液中,使蛋白质等成分迅速凝固,以保持活体状态的结构;②脱水、透明和包埋:组织块经酒精脱水,二甲苯透明后,包埋在石蜡中,使柔软组织变成具有一定硬度的组织蜡块;③切片和染色:用切片机将埋有组织的蜡块切成 5~7μm 的薄片,贴于载玻片上,脱蜡后进行染色,最后用树胶加盖片封固。

切片染色的目的是能够清楚地观察光镜下的组织细胞形态结构,组织学中最常用的是苏木精(hematoxylin)和伊红(eosin)染色法,简称 **HE 染色**。苏木精和伊红是两种常用的染料,苏木精是碱性染料,伊红是酸性染料。细胞和组织的酸性物质或结构与碱性染料亲和力强者,称嗜碱性,苏木精可使细胞核和胞质内的嗜碱性物质着蓝紫色;而碱性物质或结构与酸性染料亲和力强者,称嗜酸性,伊红可使细胞质基质和间质内的胶原纤维等嗜酸性物质着红色;若与两种染料的亲和力均不强者,称中性。

2. **电子显微镜技术**　电子显微镜(简称电镜)是以电子发射器代替光源,以电子束代替光线,以电磁透镜代替光学透镜,最后将放大的物像投射到荧光屏上进行观察。分辨率比光镜高 1000 倍。在电镜下所观察到的结构,称**超微结构**。常用的电镜有透射电镜和扫描电镜,前者用于观察细胞内部超微结构,后者主要用于观察组织、细胞和器官表面的立体结构。

笔记

四、人体解剖学与组织胚胎学的学习方法

人体解剖学与组织胚胎学是一门形态学科学,直观性很强,名词术语多,在学习过程中以正确有效的学习方法为前提,充分利用标本,模型、图片和动画等多种媒体工具,要多看、多想、多记和多实践,以加深对知识的理解和掌握。

1. **进化发展的观点** 人类是从类人猿开始经过长期进化发展而来的,现代人类仍在不断发展变化中。人体器官的位置、形态和结构常出现某些变异或畸形。变异是指出现率较低,对外观或功能影响不大的个体差异;畸形是指出现率极低,对外观或功能影响严重的形态结构异常。变异和畸形发生的原因有多种,如多乳、多毛、有尾等是发育中的返祖现象;手部出现额外的肌是进化的表现;缺肾、无肢等是胚胎发育不全;隐睾、先天性心脏畸形等是发育停滞;多指、多趾是发育过度;双输卵管是异常分裂;马蹄肾是异常融合;内脏反位是异常发育等。人出生以后仍在不断发展,不同年龄、不同社会生活和劳动条件等,均可影响人体结构与功能的发展。不同性别、不同地区和不同种族的人,以至于个体均有差异。以进化发展的观点研究人体的形态结构与功能,可以更深入全面地认识人体。

2. **形态与功能相互联系的观点** 人体每个器官都有其特定的功能,器官的形态结构是功能的物质基础。功能的变化影响器官形态结构的改变,形态结构的变化也将导致功能的变化。从古猿到人的长期进化过程中,前、后肢的功能逐渐分化,形态结构也发生了变化。人的上肢(尤其是手)成为握持工具从事灵巧性劳动的器官,下肢则成为支持体重维持直立的器官,变得比较粗壮。加强锻炼可使肌发达,长期卧床可使肌萎缩、骨质疏松等。学习中要以结构联系功能,以功能来联想结构。正确认识人体器官、系统的形态结构与功能活动之间相互依赖、相互影响的辩证统一关系。

3. **局部与整体统一的观点** 人体是由许多器官、系统组成的有机体,任何器官或局部都是整体不可分割的一部分。器官或局部与整体间、局部间或器官之间,在结构和功能上既互相联系又互相影响。一般是从一个组织切面、一个器官或一个局部进行分析研究,但在学习过程中,要注意各器官系统间的相互联系和相互影响,从整体的角度来认识人体,建立从平面到立体,从局部到整体的概念,形成完整、立体、统一的正常人体知识框架。观察的标本或组织切片是某一瞬间静止的图像,而机体内组织和细胞则是一直处于动态变化中。学习时,必须要将图像与动态变化相结合,才能真正理解与掌握其结构与功能。

4. **理论与实际相结合的观点** 学习的目的是为了应用,学习正常人体结构就是为了更好地认识人体,为医学理论的学习与实践奠定基础。学习时需注意与生命活动密切相关的形态结构、功能特点,掌握与诊治疾病有关的器官形态结构特征、功能变化特点。要学好本门课程,采取适合本门学科实际特点的学习方法,重视实践,把书本知识与标本和模型等的观察结合起来,注重活体的触摸和实际观察,理论知识联系临床应用。充分利用各种教学资源,重视实践,主动学习,加深对知识的理解和运用,提高记忆效果,以达到正确全面地认识人体的结构与功能。

(夏 青)

第一章

细胞与基本组织

第一节 细 胞

细胞是一切生物体形态结构、生理功能和生长发育的基本单位。人体细胞均属真核细胞,虽然大小和形态千差万别,但都具有共同的基本结构,即细胞膜、细胞质和细胞核三部分(图 1-1)。

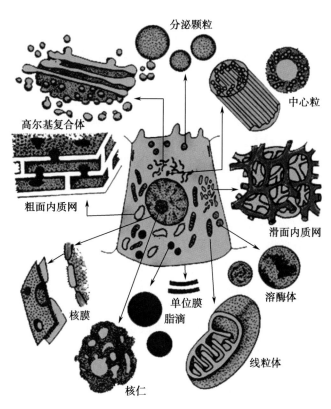

图 1-1 细胞结构模式图

一、细胞膜

细胞膜(cell membrane)又称质膜(plasmalemma)。是包裹于细胞表面,将细胞与外界微环境隔离的界膜,形成一种屏障,并参与细胞的生命活动。

细胞膜很薄,光镜下不能分辨,只能根据染料吸附来判断其存在。细胞膜厚度约为

7.5~10nm,在高倍电镜下细胞膜呈现为平行的三层结构,称为单位膜,包括电子致密的内、外两层与电子透明的中间夹层。细胞膜的化学组成主要是脂类、蛋白质和糖类。

二、细胞质

细胞质(cytoplasm)又称胞浆。由无定形基质和位于其中的核糖体、粗面内质网、滑面内质网、线粒体、高尔基复合体、溶酶体、微体、中心体、细胞骨架等各种细胞器,以及脂滴、糖原、脂褐素等包含物组成。

(一)基质

基质(matrix)是细胞质中均质而半透明的液体部分,其化学成分包括可溶性蛋白质、脂类、糖类、无机盐和大量水分子等。主要功能是为各种细胞器维持其正常结构提供所需要的离子环境,为各类细胞器完成其功能活动供给所需的一切底物,同时也是进行某些生化活动的场所。

(二)细胞器

细胞器(cell organelles)是指悬浮在基质中,具有一定形态结构和某种特殊生理功能的有形成分。

1. **核糖体**(ribosome) 又称核蛋白体,是细胞内合成蛋白质的细胞器。核糖体呈颗粒状结构,主要由核糖核酸(RNA)和蛋白质组成。一些核糖体游离于细胞质内,称游离核糖体,主要合成供细胞本身代谢、生长和增殖需要的结构性蛋白质。因此,在增殖旺盛的细胞中游离核糖体较多。附着于内质网膜表面的核糖体除合成结构蛋白外,主要合成分泌性蛋白。

2. **内质网**(endoplasmic reticulum) 是由一层单位膜围成的囊状或小管状膜管系统。表面附着核糖核蛋白体者称为**粗面内质网**,主要合成分泌性蛋白质,在分泌蛋白旺盛的细胞,粗面内质网特别发达。表面光滑,无核糖体附着者称为**滑面内质网**,主要参与脂类代谢、合成类固醇激素、解毒及调节胞质内钙离子浓度等。

3. **线粒体**(mitochondria) 光镜下,常呈杆状或颗粒状而得名,在不同类型细胞中线粒体的形状、大小和数量差异较大。电镜观察线粒体呈长椭圆形,有内、外两层单位膜构成,外膜表面光滑,内膜向内皱褶形成板状或管状结构,称线粒体嵴。内、外膜之间的间隙称外腔,内膜内侧的间隙称内腔,内、外腔均充满线粒体基质。线粒体的主要功能是产生细胞进行各种生命活动所需的能量,有细胞“供能站”之称。

4. **高尔基复合体**(Golgi complex) 由扁平囊泡、小泡和大泡三部分组成。其壁均由一层单位膜构成。其中扁平囊泡是高尔基复合体的最具特征性的部分,通常有3~10个相互通连的扁平囊层叠排列,凹向细胞表面的一面是成熟面,凸向细胞核的一面为生成面;小泡来自粗面内质网,数量较多,位于囊泡的生成面及其边缘;大泡由扁平囊泡出芽形成,数量较少,位于囊泡的成熟面。高尔基复合体在细胞分泌过程中起加工厂的作用,其本身结构也因小泡不断并入且大泡不断脱离,而处于不断的动态变化之中。

5. **溶酶体**(lysosome) 由一层单位膜围成的致密小体,是高尔基复合体扁平囊泡成熟面出芽形成的一些特殊的大泡,内含多种酸性水解酶,具有很强的分解消化能力。尚未执行消化功能的溶酶体为初级溶酶体;初级溶酶体与自噬体融合即为自噬溶酶体,与异噬体融合即为异噬溶酶体,后两者统称次级溶酶体。溶酶体中的多种酸性水解酶可分解吞噬的蛋白质、核酸、脂类和糖类等物质,形成终末溶酶体,又称残余体。残余体可排出细胞外,也可积存在细胞内,如脂褐素。溶酶体在细胞内执行消化功能,消化分解外来异物和细胞内的衰老和损伤的细胞器,使细胞结构不断更新。在机体缺氧、中毒、创伤等情况下,可引起溶酶体膜破裂,大量水解酶扩散到细胞质内,可使整个细胞被消化和自溶。

6. **微体**(microbody) 又称过氧化物酶体,是由一层单位膜围成的卵圆形或圆形小体。微体内主要有过氧化氢酶、过氧化物酶和氧化酶等。过氧化物酶体主要起到使毒性物质失

笔记

活,减轻毒性作用,防止细胞氧中毒等作用。

7. 中心体(centrosome)　呈球形,因靠近细胞中央而得名。中心体由中心粒和中心球构成。中心体在细胞分裂过程中与纺锤体形成及染色体移动有关。

8. 细胞骨架(cytoskeleton)　是指细胞内蛋白质丝织成的网状结构,由微管、微丝、中间丝和微梁网组成。细胞骨架与细胞形态的维持、细胞及其局部的运动、细胞附着的稳定性及细胞内吞作用等有关。

(三)包含物

包含物不是细胞器,是由一些物质在胞质内聚集而成。如脂肪细胞内的脂滴和肝细胞内的糖原;还有的是细胞产物,如分泌颗粒、黑素颗粒;残余体也可视为包含物。

三、细胞核

细胞核(nucleus)是细胞的代谢与遗传控制中心,对细胞生命活动起决定性作用。人体大多数细胞具有单个细胞核,少数无核、双核或多核。细胞核的大小、形状、位置与细胞的大小、形状及功能状态有关。其结构包括核膜、核液、核仁和染色质。

(一)核膜

核膜(nuclear membrane)是包围在核表面的界膜,由两层单位膜组成,两层膜之间的间隙称核周隙。外层核膜与内质网膜相延续,外表面附有核糖体,形态上与粗面内质网相似。核膜上有核孔穿通,是调控大分子物质进出细胞核的通道。核膜能维持核内环境的稳定性,有利于细胞核完成各种生理功能。

(二)核液

核液(nuclear sap)又称核基质,是细胞核内充满的一种黏稠的液体,是核内代谢的微环境,含有水、无机盐和蛋白质。一些酸性蛋白质组成核内骨架系统,即核骨架。核骨架对核孔、核仁及染色质起支架、定位和调整作用。

(三)核仁

核仁(nucleolus)是核内圆球形小体,一般细胞有 1~4 个核仁。其主要由蛋白质和 RNA构成,参与合成核糖体。

(四)染色质

染色质(chromatin)指细胞间期细胞核内易被碱性染料着色的物质。光镜下为着色深浅不一、大小不等蓝色颗粒,染色较浅者称常染色质,主要合成 RNA;染色较深者为异染色质,是功能静止的部分,故根据核的染色状态可推测其功能活跃程度。染色质为串珠状的染色质丝,由蛋白质和 DNA 双螺旋链规则重复地盘绕形成的大量核小体构成,核小体是染色质的基本结构单位。

在细胞分裂期,染色质 DNA 分子的双螺旋链高度聚缩而形成短、粗棒状的结构,称**染色体**(chromosome)。染色质和染色体二者的化学组成没有差异,实际上是遗传物质在细胞周期不同阶段的不同表现形式。在真核细胞的细胞周期中,大部分时间是以染色质的形态存在。

第二节　上　皮　组　织

上皮组织(epithelial tissue)简称上皮。由大量形态规则、排列紧密的细胞和少量的细胞间质组成。上皮组织具有以下特征:①细胞多,排列紧密,细胞间质少。②上皮细胞具有明显的极性,一面朝向体表或腔面,称**游离面**,与游离面相对的一侧称**基底面**,借基膜与深部的结缔组织相连。③绝大部分上皮内无血管,其营养由深部结缔组织中的毛细血管透过基膜供给。④上皮组织内分布有丰富的游离神经末梢。

　　上皮组织根据功能不同分为被覆上皮和腺上皮两大类。大部分上皮覆盖于身体表面或衬贴在有腔器官的腔面,称**被覆上皮**;构成腺的上皮,称**腺上皮**。被覆上皮具有保护、吸收、分泌和排泄等功能,腺上皮有分泌功能。此外还有一些特化的上皮,如具有收缩能力的肌上皮和能感受某些物理或化学性刺激的感觉上皮。

一、被覆上皮

　　被覆上皮(covering epithelium)覆盖于人体的表面和衬在体内各种管、腔和囊的内表面。被覆上皮根据细胞排列的层数和表层细胞的形状,将被覆上皮分为以下类型。

(一) 单层上皮

　　单层上皮由一层细胞组成,根据上皮细胞的形态分为下列四种:

　　1. **单层扁平上皮**(simple squamous epithelium)　又称单层鳞状上皮。由一层扁平细胞组成(图 1-2)。表面观,细胞呈多边形,边缘呈锯齿状,相邻细胞彼此嵌合,细胞之间有少量的细胞间质。细胞核呈扁圆形,位于细胞的中央。在垂直切面上,细胞核呈椭圆形,细胞质极薄,只有含核的部分略厚。衬贴于心、血管和淋巴管腔面的单层扁平上皮称**内皮**(endothelium),内皮薄而表面光滑,有利于血液和淋巴的流动以及细胞内、外物质的交换。分布在胸膜、腹膜和心包膜表面的单层扁平上皮,称**间皮**(mesothelium),其表面湿润光滑,可减少器官活动的摩擦。

单层扁平上皮

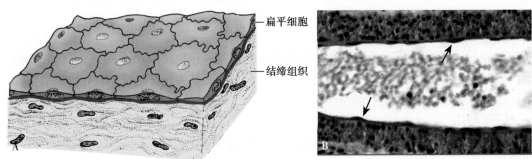

图 1-2　单层扁平上皮
A.模式图;B.血管内皮光镜像(长治医学院图)

　　2. **单层立方上皮**(simple cuboidal epithelium)　由一层近似立方形的细胞组成(图 1-3)。表面观,每个细胞呈六角形,在垂直切面上,细胞呈立方形,核圆,位于中央。单层立方上皮主要分布于肾小管、甲状腺滤泡和小叶间胆管等处,具有重吸收和分泌等功能。

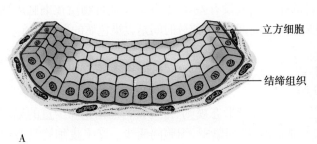
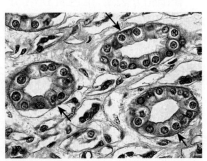

图 1-3　单层立方上皮
A.模式图;B.肾小管上皮光镜像(郝立宏图)

3. 单层柱状上皮（simple columnar epithelium） 由一层棱柱状细胞组成（图 1-4）。表面观，细胞呈六角形，在垂直切面上，细胞为柱状，细胞核呈长椭圆形，长轴与细胞长轴平行，位于细胞近基底部。在柱状细胞之间散在有**杯状细胞**，杯状细胞形似高脚酒杯，细胞顶部膨大，充满黏液性分泌颗粒，基底部较细窄。细胞核位于基底部，常为较小的三角形或扁圆形，杯状细胞分泌黏液。

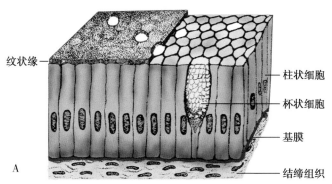
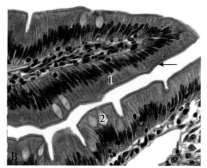

纹状缘
柱状细胞
杯状细胞
基膜
结缔组织

图 1-4 单层柱状上皮
A. 模式图；B. 小肠上皮光镜像（李和图）
1. 柱状细胞 2. 杯状细胞

此种上皮主要分布于胃、肠、胆囊、子宫和输卵管的腔面，其中在子宫和输卵管腔面的单层柱状上皮，其细胞游离面具有纤毛，亦称单层纤毛柱状上皮。单层柱状上皮具有吸收或分泌功能。

4. **假复层纤毛柱状上皮**（pseudostratified ciliated columnar epithelium） 由柱状细胞、梭形细胞、杯状细胞和锥体形细胞组成（图 1-5）。所有细胞均附着在同一基膜上，但细胞高矮不等，细胞核的位置排列也不在同一平面上，所以称假复层。柱状细胞的游离面常附有能摆动的纤毛，故称其为假复层纤毛柱状上皮。主要分布在呼吸道内表面。在假复层纤毛柱状上皮细胞之间夹杂有分泌黏液的杯状细胞，分泌的黏液能黏着并清除灰尘和细菌等异物，借助于纤毛有节律性的摆动，排出至喉部形成痰液。此外，黏液还有湿润干燥空气的作用。

（二）复层上皮

复层上皮由两层或两层以上的上皮细胞构成。根据其最表层细胞的形状特点可分为复

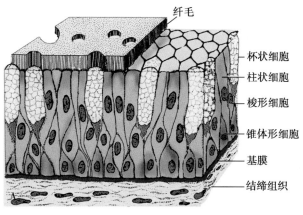
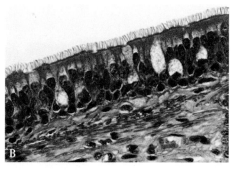

纤毛
杯状细胞
柱状细胞
梭形细胞
锥体形细胞
基膜
结缔组织

图 1-5 假复层纤毛柱状上皮
A. 模式图；B. 气管上皮光镜像（长治医学院 贾书花图）

层扁平上皮和变移上皮。

1. **复层扁平上皮**（stratified squamous epithelium）　由多层细胞组成。仅表层的细胞为扁平鳞片状，亦称为复层鳞状上皮（图 1-6）。位于最深层的基底细胞为矮柱状或立方形。基底细胞能不断地进行有丝分裂，逐渐向上皮的中层推移，位于中层的数层多边形细胞也随之向上皮的表层推移，细胞形状由柱状逐渐变扁呈鳞片状。表层细胞的衰老、死亡及损伤脱落不断得到深层细胞的补充。这种上皮与深部结缔组织的连接凹凸不平，可增加两者的连接面积，既保证上皮组织的营养供应，又使连接更加牢固。

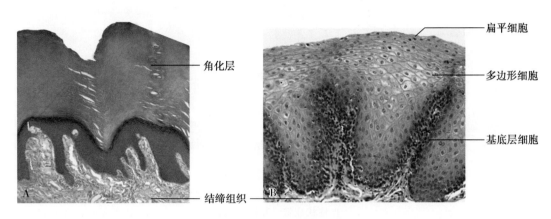

图 1-6　复层扁平上皮光镜像
A. 角化（指皮，西安医学院　郑慧媛图）；B. 未角化（食管，长治医学院　贾书花图）

位于皮肤表皮的复层扁平上皮，浅层细胞的核消失，胞质充满角蛋白，细胞干硬，并不断脱落，称**角化的复层扁平上皮**。衬贴在口腔、食管、肛门和阴道等腔面的复层扁平上皮，浅层细胞有核，含角蛋白少，称**未角化的复层扁平上皮**。复层扁平上皮较厚，耐摩擦，并可阻止异物和病原体的入侵，受损后有很强的再生修复能力。

2. **变移上皮**（transitional epithelium）　这种上皮细胞的形状和层次可随着所在器官功能状况的改变而变化，故又称移行上皮。主要分布在肾盂、肾盏、输尿管和膀胱等脏器的腔面。此种上皮的特点是细胞形态和层数可随器官的收缩与扩张状态而变化。如当膀胱空虚而收缩时，上皮细胞层次变厚，达 6~7 层，表层细胞呈立方形，胞体大，有的含有两个细胞核，而且一个表层细胞常覆盖其深面的几个细胞，称其为**盖细胞**。中层细胞为多边形；基底细胞为矮柱状或立方形；当膀胱充盈而扩张时，上皮层次变薄，只有 2~3 层，表层细胞变扁平（图 1-7）。

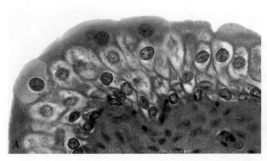

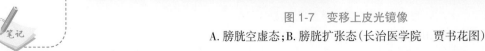

图 1-7　变移上皮光镜像
A. 膀胱空虚态；B. 膀胱扩张态（长治医学院　贾书花图）

二、腺上皮与腺

（一）腺上皮

以分泌功能为主的上皮称**腺上皮**（glandular epithelium），腺上皮的细胞多为柱状、立方形或锥体形，聚集排列成团状、索状、泡状或管状。腺细胞的分泌物中含酶、糖蛋白或激素等，各有特定的作用。

（二）腺

以腺上皮为主构成的器官称为腺（gland）。有些腺位于不同器官的结缔组织内，如胃腺、肠腺、子宫腺等；有些腺则是独立的器官，如甲状腺、肝、胰腺等。腺分为两类，即外分泌腺和内分泌腺。前者腺细胞的分泌物通过导管排到体外或器官的管腔，如汗腺、乳腺和唾液腺等；后者分泌物不经导管直接进入血液和淋巴，经血液循环运送到全身各处并参与完成有关的生理功能，如甲状腺、肾上腺和垂体等。

外分泌腺分为单细胞腺和多细胞腺。分泌黏液的杯状细胞属于单细胞腺；人体绝大多数外分泌腺均属于多细胞腺。多细胞腺一般由分泌部和导管两部分组成（图1-8）。

1. **分泌部**　也称**腺泡**（acinus）。大多由一层腺细胞围成，中央有腔。腺细胞合成的分泌物先排入腺腔内再经导管排出。分泌部形态可呈管状、泡状或管泡状，称腺泡，腺泡可分为黏液性腺泡、浆液性腺泡和混合性腺泡。

2. **导管**　与分泌部直接通连，管壁由单层或复层上皮构成。导管主要是排出分泌物，但有些腺的导管还有吸收和分泌功能。

三、上皮细胞的特化结构

上皮组织为了适应其功能，常在其游离面、基底面和侧面形成多种特化结构（图1-9，图1-10，图1-11）（表1-1）。

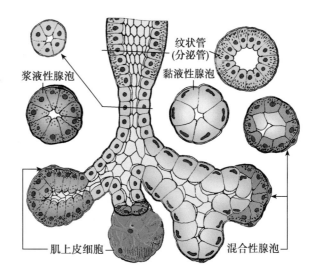

图 1-8　各种腺泡及导管模式图

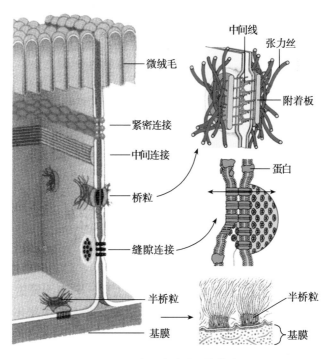

图 1-9　上皮细胞特殊结构模式图

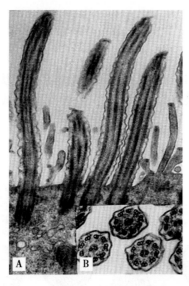
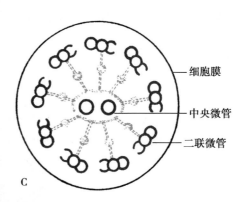

细胞膜

中央微管

二联微管

图 1-10　纤毛超微结构
A.纵切面;B.横切面(A、B 尹昕,朱秀雄图);C.横切面模式图

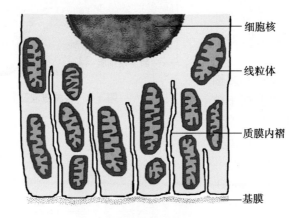

细胞核

线粒体

质膜内褶

基膜

图 1-11　质膜内褶超微结构模式图

表 1-1　上皮细胞的特殊结构

名称		结构特点	功能
游离面	微绒毛	上皮细胞的细胞膜及细胞质向细胞表面伸出微细指状突起,其内含微丝	增加细胞游离面的表面积,有利于细胞对物质的吸收
	纤毛	上皮细胞的细胞膜和细胞质向表面伸出粗而长的突起,其内部结构主要含微管	可呈节律性定向摆动,从而将黏附在细胞表面的分泌物或细小的异物等排出
侧面	紧密连接	在上皮细胞顶部,相邻细胞侧面细胞膜外层嵴状融合,呈桶箍状围绕细胞四周	可防止大分子物质从细胞间进入深部组织
	中间连接	在紧密连接深面,相邻细胞间有 15nm~20nm 的间隙内含有致密丝状物质连接两侧的细胞膜,此处细胞质面有微丝附着	加强细胞间的黏着和传递细胞间收缩力
	桥粒连接	位于中间连接的深部,呈斑块状,连接区细胞之间有 15nm~30nm 的间隙,内含丝状物质,丝状物质在间隙中央交织形成一条中间线;此处细胞质面各有一椭圆形的附着板,有许多张力丝附着	使相邻细胞之间牢固相连

续表

名称		结构特点	功能
	缝隙连接	在某些上皮细胞侧面桥粒连接深处,相邻细胞的细胞膜间断性融合形成许多规则小管	细胞离子交换和信息传递
基底面	半桥粒	上皮细胞基底面细胞膜与基膜间形成类似桥粒的致密斑,但只有桥粒的一半	加强上皮细胞与基膜的连结
	质膜内褶	质膜内褶是细胞膜向细胞质内折成的长短不一的褶,内褶间胞质内含大量线粒体	增加细胞表面积,增强细胞对水和电解质的迅速转运
	基膜	是上皮细胞基底面与深层结缔组织之间的一层薄膜状结构,分为基板和网板,基板由颗粒状和细丝状物质构成,网板由网状纤维和基质构成	加强上皮细胞与结缔组织的连接,具有半透膜性质,便于上皮细胞与结缔组织之间进行物质交换

第三节　结缔组织

结缔组织(connective tissue)由细胞和大量细胞间质构成,结缔组织的细胞间质包括无定形的基质、细丝状的纤维和不断循环更新的组织液。细胞分散于细胞间质内,分布无极性。广义的结缔组织,包括液态的血液及淋巴、柔软的固有结缔组织和固态的软骨与骨,一般所称的结缔组织指固有结缔组织。结缔组织在体内广泛分布,具有连接、支持、营养、运输和保护等多种功能。

与上皮组织比较,结缔组织具有细胞少,种类多,散在于间质中,分布无极性,细胞间质多等特点。结缔组织不直接与外界环境接触,又称为内环境组织。

结缔组织均起源于胚胎时期的**间充质**(mesenchyme)。间充质由间充质细胞和无定形基质构成。间充质细胞分化程度低,有很强的分裂分化能力,在胚胎时期能分化成多种结缔组织细胞、内皮细胞、平滑肌细胞等。出生后,结缔组织内仍保留少量未分化的间质细胞。

结缔组织根据形态,可分类如下:

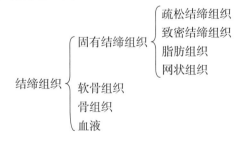

结缔组织 {
　固有结缔组织 { 疏松结缔组织 / 致密结缔组织 / 脂肪组织 / 网状组织 }
　软骨组织
　骨组织
　血液
}

一、固有结缔组织

固有结缔组织按其结构和功能的不同分为疏松结缔组织、致密结缔组织、脂肪组织和网状组织。

(一)疏松结缔组织

疏松结缔组织(loose connective tissue)肉眼观察时,呈白色网泡状或蜂窝状,故又称**蜂窝组织**。广泛分布于全身各种细胞、组织和器官之间,具有连接、支持、营养、防御、保护和修复等功能。其特点是细胞种类较多,细胞间质中的纤维数量较少,排列稀疏,基质丰富(图 1-12)。

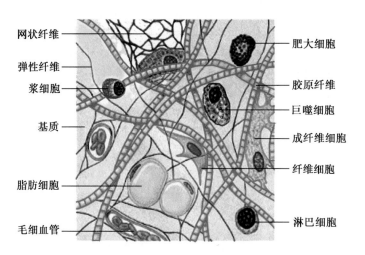

图 1-12   疏松结缔组织铺片

疏松结缔组织的组成如下：

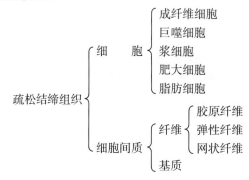

1. **细胞**   疏松结缔组织的细胞种类较多,其中包括成纤维细胞、巨噬细胞、浆细胞、肥大细胞、脂肪细胞及未分化的间充质细胞。此外,血液中的白细胞,如中性粒细胞、嗜酸性粒细胞和淋巴细胞等在炎症反应时也可游走到结缔组织内。各类细胞的数量和分布随存在部位和功能状态而不同。

（1）**成纤维细胞**（fibroblast）:在疏松结缔组织内数量最多,最常见。细胞扁平多突起,细胞核大,呈扁卵圆形,染色浅,核仁明显;胞质较丰富,呈弱嗜碱性。电镜下,成纤维细胞胞质内含有丰富的粗面内质网、游离核糖体、发达的高尔基复合体,表明该细胞合成蛋白质的功能旺盛。成纤维细胞具有产生胶原纤维、弹性纤维、网状纤维以及结缔组织的基质成分的功能,在人体发育及创伤修复期间,增殖分裂尤为活跃。当成纤维细胞功能处于静止状态时,细胞胞体较小,呈长梭形。细胞核变小,染色深,细胞质少,呈弱嗜酸性。此时称为**纤维细胞**（fibrocyte）（图 1-13）。在创伤修复、结缔组织再生时,纤维细胞可转变为成纤维细胞,同时,成纤维细胞也可进入增殖状态,参与组织修复。成纤维细胞合成胶原纤维的过程需要维生素 C 等。当人体内维生素 C 严重缺乏时,会引起胶原纤维合成障碍。因此,手术及创伤后,应适当补充维生素 C,能促进伤口愈合。

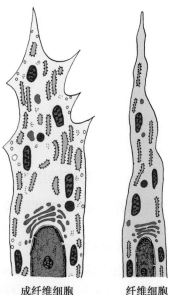

成纤维细胞   纤维细胞

图 1-13   成纤维细胞与纤维细胞超微结构模式图

（2）**巨噬细胞**（macrophage）:具有强大吞噬能力,数量多,分布广泛,又称**组织细胞**,常沿纤维散在分布。巨噬细胞形态多样,但一般为圆形或椭圆形,核较小,染色较深。细胞质较丰富,多呈嗜酸性,功能活跃时内含空泡或吞噬颗粒。电镜下可见胞质内含有大量的溶酶体、吞噬体和吞噬小泡,发达的高尔基复合体,少量的粗面内质网和线粒体等。巨噬细胞来源于血液中的单核细胞,当它穿出血管壁进入结缔组织后,增殖、分化为巨噬细胞,它属于机体单核吞噬细胞系统的成员。巨噬细胞有重要的防御功能,它具有趋化性定向运动、吞噬和清除异物及衰老损伤的细胞、分泌多种生物活性物质以及参与和调节人体免疫应答等功能(图1-14)。

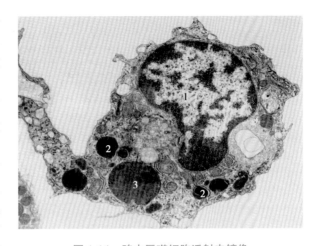

图1-14 脾内巨噬细胞透射电镜像

1. 细胞核 2. 溶酶体 3. 吞噬的衰老红细胞(吉林大学白求恩医学院 尹昕、朱秀雄图)

(3) **浆细胞**(plasma cell):通常在疏松结缔组织内较少,而在病原体或异性蛋白易于入侵的部位如消化道、呼吸道固有层结缔组织内及慢性炎症部位较多。细胞呈圆形或卵圆形。细胞核圆形,常偏于细胞一侧,核内染色质丰富,多聚集在核周并向核中心成辐射状排列,形似车轮状。细胞质呈强嗜碱性,在近细胞核处有一浅染区。电镜下可见到胞质内嗜碱性物质是大量密集的粗面内质网,浅染区是高尔基复合体和中心体所在的部位(图1-15)。浆细胞来源于B淋巴细胞。在抗原的反复刺激下,B淋巴细胞增殖、分化,转变为浆细胞,产生抗体,参与机体的体液免疫。

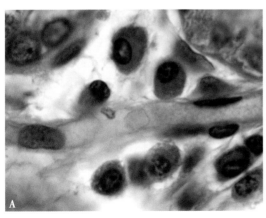
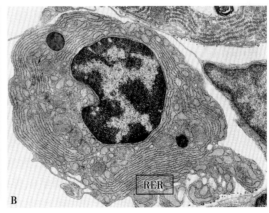

图1-15 浆细胞光镜结构与超微结构模式图

A.光镜像;B.透射电镜像

(4) **肥大细胞**(mast cell):常沿毛细血管、小血管和小淋巴管分布,在身体与外界接触的部位,如皮肤、呼吸道和消化管的结缔组织内较多。胞体较大,呈圆形或卵圆形。细胞核小而圆,染色深,位于中央;细胞质内充满了粗大的嗜碱性颗粒,此颗粒具有异染性,可被甲苯胺蓝染成紫色(图1-16)。颗粒折光性强,易溶于水,故在切片上难以辨认该细胞。

颗粒内含有肝素、组胺和嗜酸性粒细胞趋化因子,当肥大细胞受到刺激时,释放颗粒中所含的生物活性物质,引发过敏反应。组胺和白三烯可使毛细血管扩张,通透性增强,血液中液体成分渗出,造成局部组织水肿,皮肤表现为荨麻疹等;可使小支气管平滑肌收缩甚至

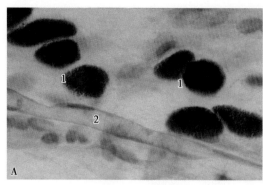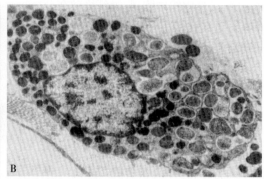

图 1-16　肥大细胞光镜结构与超微结构模式图
A. 光镜像(肠系膜铺片,硫堇染色　南华大学医学院图);B. 透射电镜像
1. 肥大细胞　2. 血管

痉挛,导致哮喘;可使全身小动脉扩张,导致血压急剧下降,引起休克。嗜酸性粒细胞趋化因子能吸引血液中的嗜酸性粒细胞定向聚集于病变部位,减轻过敏反应。

(5) **脂肪细胞**(fat cell):疏松结缔组织中的脂肪细胞常沿血管单个或成群分布。细胞体积大,常呈圆球形或相互挤压成多边形。胞质被一个大脂滴推挤到细胞周缘,包绕脂滴。核被挤压成扁圆形,位于细胞一侧。在 HE 标本中,脂滴被溶解,细胞呈空泡状。脂肪细胞可合成和贮存脂肪,参与脂类代谢。

2. 细胞间质　疏松结缔组织的细胞间质多,由纤维和基质组成,它们在结缔组织中有机地组合在一起,主要起支持作用。

(1) **纤维**(fiber):疏松结缔组织的纤维分为三种:胶原纤维、弹性纤维和网状纤维。

1) **胶原纤维**(collagenous):纤维数量最多,新鲜时呈白色,有光泽,又名白纤维。HE 染色切片中呈嗜酸性,着红色。纤维粗细不等,直径 1~20μm,呈波浪形,并互相交织成网。在体内许多部位,胶原纤维紧密平行排列形成胶原纤维束。胶原纤维由直径 20~200nm 的胶原原纤维黏结而成。电镜下,胶原原纤维呈现明暗交替的周期性横纹。胶原纤维的化学成分是胶原蛋白,主要由成纤维细胞分泌。胶原纤维韧性大,抗拉力强,分布于肌腱、韧带、关节囊等部位。

2) **弹性纤维**(elastic fiber):新鲜状态下呈黄色,又称黄纤维。在 HE 标本中,着色淡红,不易与胶原纤维区分。醛复红或地衣红能将弹性纤维染成紫色或棕褐色。弹性纤维较细,有分支,交织成网,断端常卷曲。电镜下,弹性纤维由弹性蛋白和微原纤维束组成,具有很强的弹性。弹性纤维除分布于疏松结缔组织外,尤其集中分布于椎弓间黄韧带、声带、肺泡壁、弹性动脉及弹性软骨等处。

3) **网状纤维**(reticular fiber):较细,分支多,交织成网。在 HE 染色下,不易显示,经银染法染成黑色,故又称为**嗜银纤维**。网状纤维多分布在结缔组织与其他组织交界处,如基膜的网板、肾小管周围、毛细血管周围。在造血器官和内分泌腺,有较多的网状纤维,构成微细的支架。

(2) **基质**(ground substance):是由水化的生物大分子构成的无定形胶状物,无色透明,有一定黏性。它的主要化学成分是蛋白聚糖和多黏糖蛋白。蛋白多糖是由蛋白质和几种多糖结合而成。多糖成分中以透明质酸最重要,它与蛋白质分子和其他多糖分子结合,分子之间有微小间隙,形成**分子筛**(图 1-17)。小于分子间隙的物质,如水、氧和二氧化碳、无机盐和白蛋白等容易通过。大于分子间隙的颗粒物质,如细菌、异物等则不易通过。因而,分子筛起着限制细菌等有害物质扩散的屏障作用。有些细菌,如溶血性链球菌或癌细胞等能分泌透明质酸酶,分解透明质酸,使屏障解体,致使感染蔓延,形成蜂窝织炎,或致使肿瘤浸润扩散。

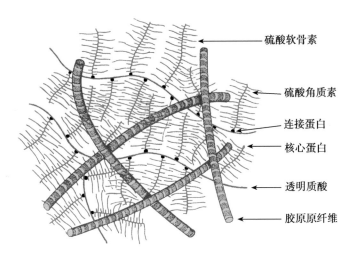

图 1-17　分子筛结构模式图

　　此外,基质中还含有从毛细血管动脉端渗出的不含大分子物质的血浆成分,称为**组织液**(tissue fluid),细胞从组织液中获得代谢所需营养物质、氧气等,新陈代谢后的产物首先进入组织液,然后组织液从毛细血管静脉端或毛细淋巴管返回到血液中,如此反复进行。因此,组织液是细胞与血液进行物质交换的场所。正常状态下组织液不断更新并保持恒量。当某些疾病时,如水盐代谢失调,心、肺功能不全,蛋白质代谢障碍等,基质中的组织液含量可增多或减少,导致组织水肿或脱水。

　　(二) 致密结缔组织

　　致密结缔组织(dense connective tissue)主要由胶原纤维组成。特点是细胞少,纤维多,排列紧密。根据纤维的排列不同可分为两种类型,即规则致密结缔组织和不规则致密结缔组织。

　　1. 规则致密结缔组织　主要构成肌腱、韧带和腱膜,由大量密集的胶原纤维顺着受力方向平行排列成束,基质和细胞很少,位于纤维之间(图 1-18)。细胞成分主要是**腱细胞**,它是一种形态特殊的成纤维细胞,胞体伸出多个薄翼状突起插入纤维束之间并将其包裹。胞核扁椭圆形,着色深,位于细胞的中央,可生成胶原纤维,腱损伤后有较强的修复能力。

　　2. 不规则致密结缔组织　见于真皮、硬脑膜、巩膜及许多器官的被膜等,其特点是方向不一的粗大的胶原纤维彼此交织成致密的板层结构,纤维之间含少量基质和成纤维细胞(图 1-19)。

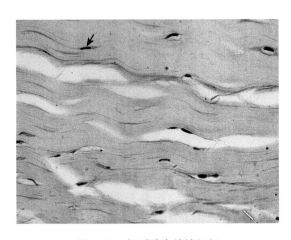

图 1-18　规则致密结缔组织

↑腱细胞(广西医科大学图)

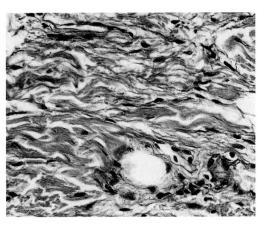

图 1-19　不规则致密结缔组织(广西医科大学图)

（三）脂肪组织

脂肪组织（adipose tissue）主要由大量密集的脂肪细胞构成，由疏松结缔组织分隔成小叶（图1-20）。根据脂肪细胞结构和功能的不同，脂肪组织分为两类。

1. **黄色脂肪组织**　即通常所说的脂肪组织，在人呈黄色（在某些哺乳动物呈白色）。它由大量单泡脂肪细胞集聚而成，细胞中央有一大脂滴，胞质呈薄层，位于细胞周缘，包绕脂滴。在HE切片上，脂滴被溶解成一大空泡。胞核扁圆形，被脂滴推挤到细胞一侧，连同部分胞质呈新月形。黄色脂肪组织主要分布在皮下、大网膜和肠系膜等处，

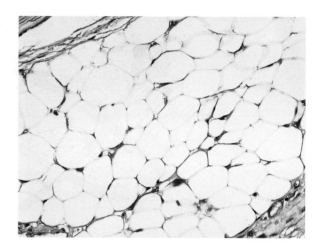

图1-20　脂肪组织（广西医科大学图）

是体内最大的贮能库，具有产生热量、维持体温、缓冲、保护和支持填充等作用。

2. **棕色脂肪组织**　呈棕色，内有丰富的毛细血管，脂肪细胞内散在许多小脂滴，线粒体大而丰富，核圆形，位于细胞中央，这种脂肪细胞称为多泡脂肪细胞。棕色脂肪组织在成人极少，新生儿及冬眠动物较多，在新生儿主要分布在肩胛间区、腋窝及颈后部等处。在寒冷的刺激下，棕色脂肪细胞内的脂肪可迅速分解、氧化，产生大量热能。

（四）网状组织

网状组织（reticular tissue）是造血器官和淋巴器官的基本组织成分，由网状细胞、网状纤维和基质构成。网状细胞是有突起的星状细胞，相邻细胞的突起相互连接成网（图1-21）。胞核较大，圆或卵圆形，着色浅，常可见1~2个核仁，胞质较多。网状细胞产生网状纤维。网状纤维分支交错，连接成网，并可深陷于网状细胞的胞体和突起内，成为网状细胞依附的支架。网状组织可为淋巴细胞发育和血细胞发生提供适宜的微环境。

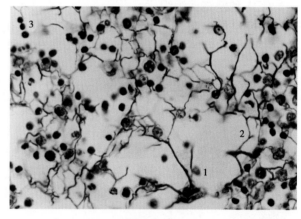

图1-21　网状组织（淋巴结）镀银染色
1.网状细胞　2.网状纤维　3.淋巴细胞（河北医科大学图）

二、软骨组织与软骨

（一）软骨组织

软骨组织（cartilage tissue）是一种特殊分化的结缔组织，坚韧且有弹性，有较强的支持和保护作用。软骨组织由软骨细胞和软骨基质组成。

1. **软骨细胞**　软骨细胞包埋于基质中的软骨陷窝内。软骨细胞的大小、形状和分布有一定的规律：在软骨边缘的细胞较小，呈扁平或椭圆形，是较幼稚的细胞，常单个分布（图1-22A）。越靠近软骨中央，细胞越成熟，体积逐渐增大，变成圆形或椭圆形，而且多为2~8个聚集在一起，它们由一个幼稚软骨细胞分裂增殖而来，故称**同源细胞群**。成熟软骨细胞的核小而圆，可见1个或几个核仁，胞质弱嗜碱性；电镜下可见丰富的粗面内质网和发达的高尔基复合体，线粒体较少。软骨细胞具有合成和分泌软骨基质和纤维的功能。

2. **软骨基质**　包括基质和纤维。基质呈凝胶状，主要由水和蛋白多糖构成。软骨间质

没有血管、淋巴管和神经,但由于基质富含水分,通透性强,因此,来自周围组织的营养物质可通过渗透进入软骨组织深部。包埋在基质中的纤维主要有胶原纤维和弹性纤维。

(二) 软骨

软骨(cartilage)由软骨组织及其周围的软骨膜构成。软骨内没有血管,其营养由软骨膜内的血管供应。软骨是固态的结缔组织,略有弹性,能承受压力和耐摩擦,有一定的支持和保护作用。胎儿早期的躯干和四肢支架主要为软骨,至成年人,软骨仅分布于关节面、椎间盘、某些骨连接部位、呼吸道及耳廓等处。软骨组织由软骨细胞、基质及纤维构成。根据软骨组织所含纤维的不同,可将软骨分为透明软骨、纤维软骨和弹性软骨三种(表 1-2)。

表 1-2 三种软骨比较表

类型	结构特点	分布部位
透明软骨	新鲜时呈淡蓝色半透明状,基质较丰富,含大量水分,间质中的纤维为胶原原纤维。由于纤维很细且折光率与基质接近,故在 HE 染色片上看不到纤维	鼻、喉、气管和支气管软骨、肋软骨及关节软骨等处
弹性软骨	新鲜时呈不透明的黄色,间质中的纤维为大量交织成网的弹性纤维,折光率不一,HE 染色片上可见到纤维	耳廓及会厌等处
纤维软骨	新鲜时呈不透明的乳白色,间质中含有大量交叉或平行排列的胶原纤维束,软骨陷窝内软骨细胞成行分布于纤维束之间	椎间盘、耻骨联合及关节盘等处

1. **透明软骨**(hyaline cartilage) 分布较广,成年人的关节软骨、肋软骨及呼吸道壁的软骨均属这种软骨。新鲜时呈半透明状,较脆,易折断。透明软骨间质中的纤维为胶原原纤维,纤细且其折光率与基质的折光率相近,故在光镜下难以分辨(图 1-22A)。透明软骨有一定的弹性,能承受较大的压力,具有支持、缓冲和减少摩擦等作用。

2. **弹性软骨**(elastic cartilage) 主要分布于耳廓、外耳道、咽鼓管和会厌等处,构造与透明软骨相似,不同的是弹性软骨的基质里含有大量的弹性纤维,并相互交织成网状(图 1-22B)。弹性软骨因有较强的弹性而得名,新鲜时呈不透明的黄色,具有支持、保护等作用。

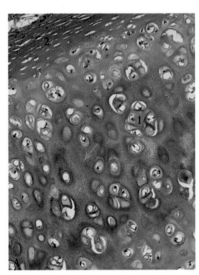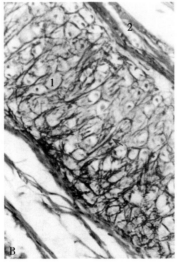

图 1-22 软骨

A. 透明软骨(气管);B. 弹性软骨(耳廓)(醛复红染色);C. 纤维软骨(Mallory 三色染色)

1. 软骨细胞 2. 软骨膜

绿色箭头:软骨基质 红色箭头:弹性纤维 黄色箭头:胶原纤维

3. **纤维软骨**(fibrous cartilage)　纤维软骨主要分布在椎间盘、关节盘、半月板、耻骨联合以及某些肌腱和韧带附着于骨的部位等处,基质内含有大量平行或交错排列的胶原纤维束,故韧性强大,新鲜时呈不透明的乳白色。软骨细胞较小而少,成行分布于纤维束之间;基质较少,呈弱嗜碱性(图 1-22C)。纤维软骨具有较大的韧性和延展性,并可对抗压力与摩擦。

三、骨组织与骨

骨组织(osseous tissue)是人体内较坚硬的组织,由骨细胞和细胞间质组成。细胞间质内的骨盐与黏蛋白组成基质,纤维是骨胶原纤维。骨基质呈细针状结晶,大都沉积在胶原纤维内,沿纤维长轴平行排列,使骨组织呈现坚硬的固体状态,又具有很强的抗压力效能。骨组织、骨膜和骨髓等共同构成骨。

(一)骨组织的一般结构

1. **骨基质**　包括有机物和无机物。有机物含量少,约占成人骨重量的 35%,包括大量的胶原纤维和少量的凝胶状的基质。无机物又称骨盐,含量较多,占骨重量的 65%,主要为钙、磷和镁等。

骨的胶原纤维、基质和钙盐构成的薄板状结构,称**骨板**。骨板内或骨板之间有基质形成的小腔,称**骨陷窝**,陷窝周围伸出许多放射状排列的细小管道,称**骨小管**。相邻骨陷窝的骨小管互相连通。

2. **骨组织的细胞**　骨组织的细胞有骨祖细胞(又称骨原细胞)、成骨细胞、骨细胞和破骨细胞四种(图 1-23)。前 3 种细胞实际上是骨形成细胞的不同分化和功能状态,破骨细胞有溶解和吸收骨基质的作用。骨细胞包埋于骨基质内,为扁椭圆形多突起的细胞,其胞体位于骨陷窝内,细长的突起伸入骨小管内,相邻骨细胞的突起相互连接。其他细胞均位于骨组织的表面。

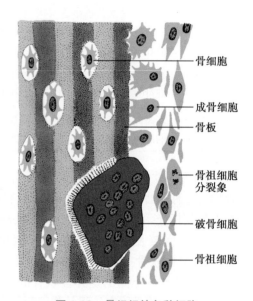

图 1-23　骨组织的各种细胞

(二)长骨的结构

长骨由骨松质、骨密质、骨膜、骨髓、关节软骨及血管、神经等构成。

1. **骨松质**(spongy bone)　多分布于长骨两端的骨骺和骨干的内侧面,由许多薄片状或针状的骨小梁互相连接而成的多孔隙网架结构,网眼中充满红骨髓。

2. **骨密质**(compact bone)　多分部于各种骨的表面和长骨的骨干,由不同类型的骨板构成。根据骨板排列方式的不同,骨板分为三种(图 1-24)。

(1) **环骨板**:分布于骨的表面和骨髓腔面。分别称为外环骨板和内环骨板。外环骨板较厚,一般由数层与骨干表面平行排列的骨板构成,横穿骨板的管道称穿通管,其内有来自骨外膜的血管和神经,

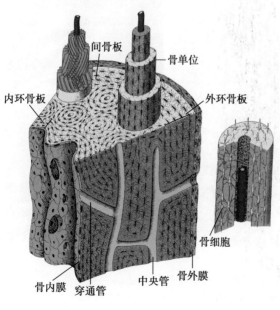

图 1-24　长骨骨干结构模式图

由此管穿入中央管。内环骨板较薄而不规则,约有数层,沿骨干的骨髓腔面排列。

(2) **骨单位**(又称哈弗斯系统):位于内、外环骨板之间,由4~20层同心圆状排列的骨板构成,其中央有一中央管(又称哈弗斯管),是血管和神经的通路(图1-25)。

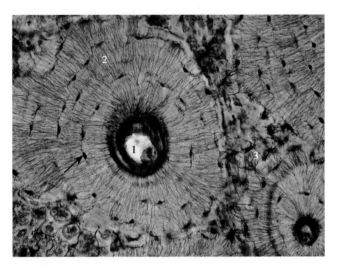

图1-25　哈弗斯系统(长骨横切面)

1.中央管　2.骨小管　3.间骨板　↑骨细胞(吉林医药学院窦肇华图)

(3) **间骨板**:是位于骨单位之间及骨单位与内、外环骨板之间的一些形状不规则的骨板,是原有的骨单位或内、外环骨板部分被吸收后残留的部分。

(三) 骨旳生长发育

骨由胚胎时期间充质发生,其发育经历不断生长与改建,即骨组织形成与骨组织分解吸收,两者相辅相成。其发生方式有两种:①**膜内成骨**:间充质先形成含有骨原细胞的结缔组织膜,再由膜直接骨化形成骨组织,见于额骨、顶骨、面颅骨、锁骨等扁骨。②**软骨内成骨**:间充质先分化形成软骨雏形,在软骨雏形的基础上被新生的骨组织所替换成骨(图1-26),见于大多数骨,如躯干骨、四肢骨等。

四、血液

血液(blood)是循环流动在心血管系统内的液态组织,成人的循环血容量约5L,占体重的7%。血液由血细胞和血浆组成(图1-27)。**血浆**(plasma)相当于结缔组织的细胞外基质,为淡黄色的液体,约占血液容积的55%,其中约90%是水,其余为血浆蛋白(包括白蛋白、球蛋白、纤维蛋白原等)、脂蛋白、脂滴、无机盐、酶、激素、维生素和各种营养、代谢物质。血浆不仅是运载血细胞、营养物质和全身代谢产物的循环液体,而且参与机体免疫反应、体液与体温调节、水和电解质平衡及渗透压的维持,具有保持机体内环境稳定的功能。在体外,血液静置后,溶解状态的纤维蛋白原转变为不溶解状态的纤维蛋白,将血细胞及大分子血浆蛋白包裹起来,形成血凝块,并析出淡黄色的透明液体,称**血清**(serum)。血细胞约占血液容积的45%,包括红细胞、白细胞和血小板。在光镜下观察血细胞,一般多采用瑞氏染色(Wright staining)的血液涂片标本(图1-28)。

血液中血细胞形态、数量、比例与血红蛋白含量称血象(hemogram)。在很多疾病状态下,血象常有显著变化,因此血象检测是诊断疾病的重要方法。血细胞的分类和正常值见(表1-3)。

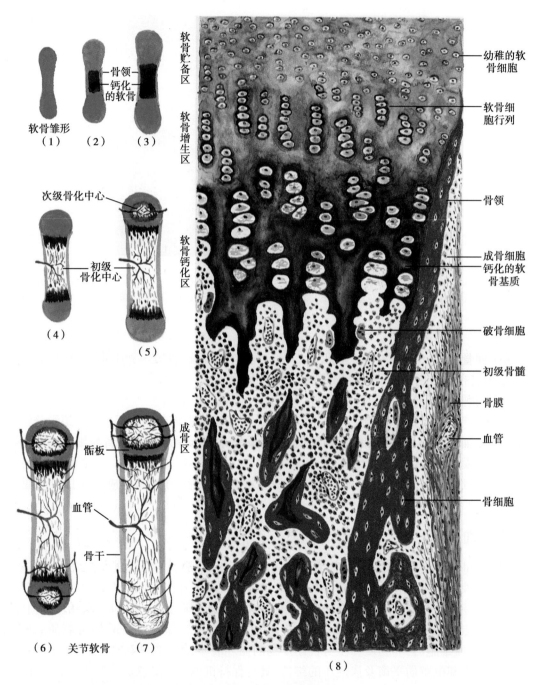

软骨贮备区

软骨增生区

软骨钙化区

成骨区

骨领
钙化
的软骨

软骨雏形
（1）　（2）　（3）

次级骨化中心

初级
骨化中心

（4）

（5）

骺板

血管

骨干

（6）　关节软骨　（7）

（8）

幼稚的软骨细胞

软骨细胞行列

骨领

成骨细胞
钙化的软骨基质

破骨细胞

初级骨髓

骨膜

血管

骨细胞

图 1-26　长骨发生与生长
(1)~(7)示软骨内成骨及长骨生长　(8)示软骨被骨取代过程

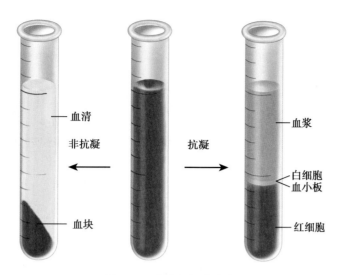

图 1-27　血浆与细胞比积

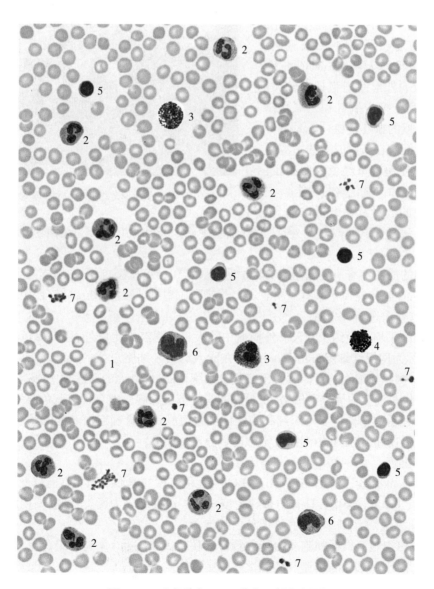

图 1-28　血细胞（Wright 染色　郝立宏图）

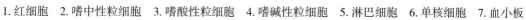

1.红细胞　2.嗜中性粒细胞　3.嗜酸性粒细胞　4.嗜碱性粒细胞　5.淋巴细胞　6.单核细胞　7.血小板

表 1-3 血细胞分类和计数的正常值

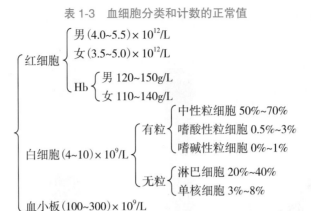

$$
\begin{cases}
\text{红细胞} \begin{cases} \text{男 } (4.0{\sim}5.5)\times10^{12}/L \\ \text{女 } (3.5{\sim}5.0)\times10^{12}/L \\ \text{Hb} \begin{cases} \text{男 } 120{\sim}150g/L \\ \text{女 } 110{\sim}140g/L \end{cases} \end{cases} \\[4pt]
\text{白细胞}(4{\sim}10)\times10^{9}/L \begin{cases} \text{有粒} \begin{cases} \text{中性粒细胞 } 50\%{\sim}70\% \\ \text{嗜酸性粒细胞 } 0.5\%{\sim}3\% \\ \text{嗜碱性粒细胞 } 0\%{\sim}1\% \end{cases} \\ \text{无粒} \begin{cases} \text{淋巴细胞 } 20\%{\sim}40\% \\ \text{单核细胞 } 3\%{\sim}8\% \end{cases} \end{cases} \\[4pt]
\text{血小板}(100{\sim}300)\times10^{9}/L
\end{cases}
$$

(一) 红细胞

红细胞（erythrocyte, red blood cell, RBC）是血液中数量最多的一种细胞，成熟的红细胞是结构功能高度特化的细胞，没有细胞核及细胞器，细胞呈双凹圆盘状，直径约 7.0~8.5μm（图 1-29）。双凹圆盘状的外形使细胞具有较大的表面积，有利于携带氧气和二氧化碳。细胞内含大量的**血红蛋白**（hemoglobin, Hb），单个红细胞在新鲜时为淡黄绿色，大量红细胞使血液呈红色。血红蛋白具有运输氧气和二氧化碳的功能。

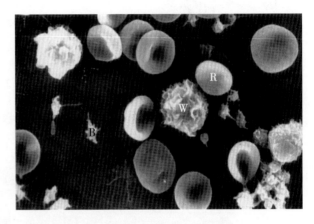

图 1-29 人红细胞扫描电镜像

红细胞的数量及血红蛋白的含量可随生理及病理因素而改变，一般认为红细胞少于 $3.0\times10^{12}/L$，血红蛋白浓度低于 100g/L，即可诊断为**贫血**。

红细胞的质膜上有一种糖蛋白，即血型抗原 A 和（或）血型抗原 B，构成人类的 ABO 血型抗原系统，在临床输血中具有重要意义。若错配血型可导致抗原抗体结合，引起红细胞质膜破裂，血红蛋白逸出，称溶血。

红细胞的平均寿命约 120 天。外周血中除大量成熟红细胞以外，还有少量未完全成熟的红细胞，称为**网织红细胞**（reticulocyte）。在成人约为红细胞总数的 0.5%~1.5%，新生儿可达 3%~6%。网织红细胞的直径略大于成熟红细胞，在常规染色的血涂片中不能与成熟红细胞区分。用煌焦油蓝作体外活体染色，可见网织红细胞的胞质内有染成蓝色的细网或颗粒，它是细胞内残留的核糖体。网织红细胞的比例数值反映了骨髓造血功能的状态，贫血病人如果造血功能良好，其血液中网织红细胞的百分比值增高。

(二) 白细胞

白细胞（leukocyte, white blood cell, WBC）为无色有核的球形细胞。它能以变形运动穿过毛细血管壁，进入结缔组织，具有防御和免疫功能。白细胞分为两类：细胞质内有特殊颗粒的，称有粒白细胞，无特殊颗粒的，称无粒白细胞。

1. **有粒白细胞** 根据细胞质内特殊颗粒对瑞特氏（Wright）染料的染色反应不同，又可分为中性粒细胞、嗜酸性粒细胞和嗜碱性粒细胞。

（1）**中性粒细胞**（neutrophilic granulocyte, neutrophil）：占白细胞总数的 50%~70%，是白细胞中数量最多的一种。细胞呈球形，直径 10~12μm，核染色质呈团块状。核的形态多样，有的呈腊肠状,称杆状核;有的呈分叶状,叶间有细丝相连,称分叶核。细胞核一般为 2~5 叶,正常人以 2~3 叶者居多(图 1-30A)。在某些疾病情况下,核 1~2 叶的细胞百分率增多,称为核左移;核 4~5 叶的细胞增多,称为核右移。一般核分叶越多,表明细胞越近衰老,在有些疾病情况下,新生的中性粒细胞也可出现细胞核为 5 叶或更多叶的。杆状核粒细胞则较幼稚,约占粒细胞总数的 5%~10%,在机体受细菌严重感染时,其比例显著增高。

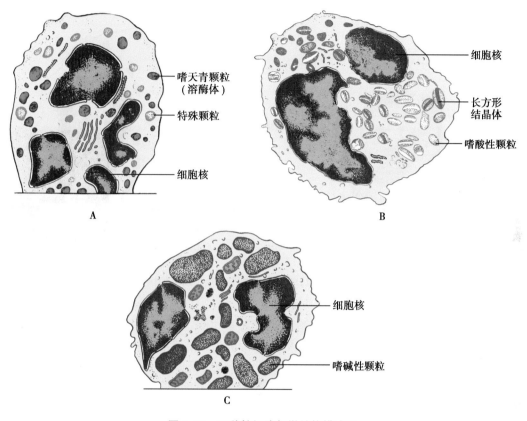

图 1-30　三种粒细胞超微结构模式图
A.中性粒细胞;B.嗜酸性粒细胞;C.嗜碱性粒细胞

细胞质内有染成淡紫红色的颗粒,颗粒较小,分布均匀。颗粒可分为嗜天青颗粒和特殊颗粒两种。嗜天青颗粒较少,呈紫色,约占颗粒总数的 20%,光镜下着色略深,体积较大,它是一种溶酶体,能消化分解吞噬的异物。特殊颗粒数量多,淡红色,颗粒较小,具有杀菌作用。

中性粒细胞具有变形运动和吞噬异物的能力,在体内起重要的防御作用。中性粒细胞吞噬细胞后,自身也常坏死,成为脓细胞。中性粒细胞在血液中停留约 6~7 小时,在组织中存活约 1~3 天。

(2) **嗜酸性粒细胞**(eosinophilic granulocyte,eosinophil):占白细胞总数的 0.5%~3%。细胞呈球形,直径 10~15μm,核常为 2 叶,胞质内充满粗大的嗜酸性颗粒,染成橘红色(图 1-30B)。颗粒含有过氧化物酶和组胺酶等,也是一种特殊的溶酶体。嗜酸性粒细胞也能做变形运动,并具有趋化性。它能吞噬抗原抗体复合物,释放组胺酶灭活组胺,从而抑制机体过敏反应。嗜酸性粒细胞还能借助抗体与某些寄生虫表面结合,释放颗粒内物质,杀灭寄生虫。故在过敏性疾病或变态反应性疾病以及寄生虫感染时,血液中嗜酸性粒细胞增多。嗜酸性粒细胞在组织中可生存 8~12 天。

(3) **嗜碱性粒细胞**(basophilic granulocyte,basophilic):数量最少,占白细胞总数的 0~1%。

细胞呈球形,直径 10~12μm。胞核分叶或呈 S 形,着色较浅,轮廓常不清楚。胞质内含有嗜碱性颗粒,大小不等,分布不均,染成蓝紫色,可覆盖在核上(图 1-30C)。颗粒内含有肝素和组胺,可被快速释放;而白三烯则存在于细胞基质内,它的释放较前者缓慢。肝素具有抗凝血作用,组胺和白三烯参与过敏反应。嗜碱性粒细胞在组织中可存活 12~15 天。嗜碱性粒细胞的功能与肥大细胞相似,但两者的关系尚待研究。

2. 无粒白细胞 包括淋巴细胞与单核细胞(图 1-31)。

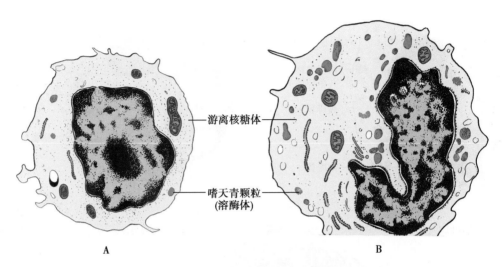

游离核糖体

嗜天青颗粒
(溶酶体)

A   B

图 1-31   淋巴细胞(A)和单核细胞(B)超微结构模式图

(1) **淋巴细胞**(lymphocyte):占白细胞总数的 20%~40%,呈圆形或椭圆形。直径 6~8μm 的为小淋巴细胞,9~12μm 的为中淋巴细胞,13~20μm 的为大淋巴细胞。外周血中的淋巴细胞大部分是小淋巴细胞,细胞核呈圆形,一侧常有小凹陷,染成深蓝色。细胞质很少,染成蔚蓝色。

根据淋巴细胞的发生来源、形态特点和免疫功能等方面的不同,还可分为 T 淋巴细胞和 B 淋巴细胞等数种。血液中的 T 淋巴细胞约占淋巴细胞总数的 75%,参与细胞免疫。B 淋巴细胞约占血中淋巴细胞总数的 10%~15%,B 淋巴细胞受抗原刺激后增殖分化为浆细胞,产生抗体,参与体液免疫。

(2) **单核细胞**(monocyte):占白细胞总数的 3%~8%,是白细胞中体积最大的细胞,直径14~20μm,呈球形。胞核形态多样,呈肾形、马蹄形或不规则形等。核常偏位,染色质颗粒细而松散,故着色较浅。胞质较多,呈弱嗜碱性,含有许多细小的嗜天青颗粒,使胞质染成深浅不匀的灰蓝色。单核细胞具有活跃的变形运动、明显的趋化性和一定的吞噬功能。单核细胞是巨噬细胞的前身,它在血流中停留 1~5 天后,穿出血管进入组织和体腔,分化为巨噬细胞。

(三) 血小板

血小板(blood platelet)是骨髓中巨核细胞胞质脱落下来的小块,故无细胞核,表面有完整的细胞膜。血小板体积甚小,直径2~4μm,呈双凸扁盘状;当受到机械或化学刺激时,则伸出突起,呈不规则形。在血涂片中,血小板常呈多角形,聚集成群(图 1-32)。血小板中央部分有着蓝紫色的颗粒,称颗粒区,周边部呈均质浅蓝色,称透明区。血

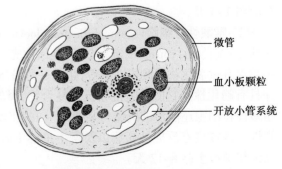

微管

血小板颗粒

开放小管系统

图 1-32   血小板超微结构模式图

小板在止血和凝血过程中起重要作用。血小板寿命约 7~14 天。

【血细胞的发生】

人的血细胞最早发生于胚胎卵黄囊壁的血岛,胚胎第 6 周,从卵黄囊迁入肝的造血干细胞开始造血,第 4~5 个月脾内造血干细胞增殖分化产生各种血细胞。从胚胎后期至生后终身,骨髓成为主要的造血器官,产生红细胞系、粒细胞系、单核细胞系和巨核细胞-血小板系,这些细胞系称为骨髓成分;脾和淋巴结等淋巴器官以及淋巴组织产生淋巴成分。

血细胞发生是造血干细胞经增殖、分化直至成为各种成熟血细胞的过程。造血干细胞是生成各种血细胞的原始细胞,又称多能干细胞。造血干细胞在一定的微环境和某些细胞因子的调节下,增殖分化为各类血细胞的祖细胞,称造血祖细胞,它也是一种原始的具有增殖能力的细胞,但已失去多向分化能力,只能向一个或几个血细胞系定向增殖分化,故也称定向干细胞。血细胞的发生是连续的发展过程,各种血细胞的发育大致分为原始阶段、幼稚阶段(又分早、中、晚三期)和成熟阶段。骨髓涂片检查不同发育阶段各种血细胞的形态特征,可为临床血液疾病诊断提供重要依据。

第四节　肌　组　织

肌组织(muscle tissue)主要由具有收缩功能的肌细胞构成,肌细胞之间有少量的结缔组织、血管、淋巴管及神经等。肌细胞平行排列,呈长纤维形,故又称为肌纤维。肌纤维的细胞膜称**肌膜**,细胞质称**肌浆**,细胞内的滑面内质网称**肌浆网**。肌浆中有许多与细胞长轴相平行排列的肌丝,它们是肌纤维舒缩功能的主要物质基础。根据结构和功能的特点,将肌组织分为三类:骨骼肌、心肌和平滑肌。骨骼肌和心肌属于横纹肌。骨骼肌受躯体神经支配,为随意肌,心肌和平滑肌受植物神经支配,为不随意肌。

一、骨骼肌

骨骼肌(skeletal muscle)借肌腱附着在骨骼上,每块肌肉均由许多平行排列的骨骼肌纤维组成,周围包裹着结缔组织。包在整块肌肉外面的较厚的致密结缔组织称**肌外膜**,含有血管和神经,解剖学上称深筋膜。肌外膜深入肌内将肌分隔成许多大小不等的肌束,包在肌束外面的结缔组织称**肌束膜**。肌束膜伸入肌束内,包在每条肌纤维外面的薄层结缔组织称**肌内膜**,肌内膜含有丰富的毛细血管及神经分支。各层结缔组织膜对肌组织有支持、连接、营养、保护和功能整合作用(图 1-33)。除骨骼肌纤维外,骨骼肌中还有一种扁平有突起的**肌卫星细胞**,附着在肌纤维表面,当肌纤维受损后,肌卫星细胞可增殖、分化,参与肌纤维的修复。

(一)骨骼肌纤维的光镜结构

骨骼肌纤维呈细长圆柱状的多核细胞,长 1~40mm,直径为 10~100μm。细胞核呈扁椭圆形,着色较浅,数量多达几十甚至百余个,位于肌纤维的周缘,靠近肌膜(图 1-34)。肌浆内含大量细丝状的**肌原纤维**,沿肌纤维的长轴平行排列,肌原纤维间有肌浆网、线粒体、糖原及少量的脂滴。

在肌纤维的横切面上,肌原纤维呈点状。在纵切面上,可见每条肌原纤维上有许多浅染的**明带**和深染的**暗带**相间排列,由于每条肌原纤维的明带和暗带整齐地排列在同一平面上,使整条肌纤维显示明暗相间的横纹。暗带又称 A 带,其中央有一较明亮的窄带,称为 H 带,H 带中央有一条深色线称 M 线。明带又称 I 带,I 带中央有一条暗线称 Z 线。相邻两个 Z 线之间的一段肌原纤维称**肌节**(sarcomere)(图 1-35)。一个肌节包括一个完整的 A 带和其两侧相邻的 1/2 I 带构成,即 1/2I 带 +A 带 +1/2I 带,长度为 2~2.5μm。肌节是肌纤维的结构和功能的基本单位,肌原纤维就是由许多肌节连续排列构成的。

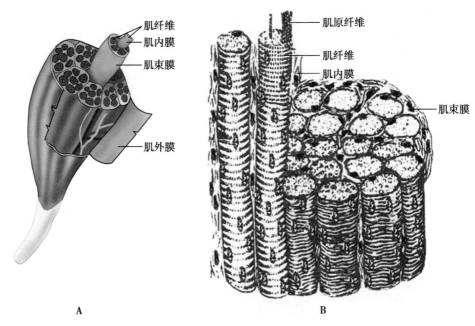

图 1-33 骨骼肌与周围结缔组织
A.一块骨骼肌;B.一个肌束

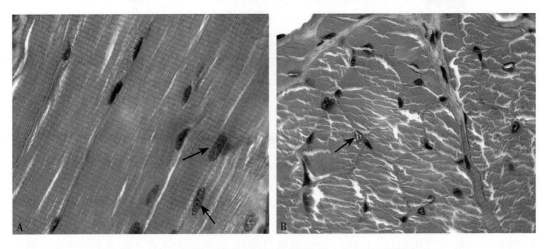

图 1-34 骨骼肌纤维的光镜结构(四川卫生管理干部学院图)
A.纵切面;B.横切面
↑肌细胞核

(二)骨骼肌纤维的超微结构

1.**肌原纤维** 电镜下可见肌原纤维是由许多条粗、细两种肌丝沿肌纤维的长轴平行排列,明、暗带就是这两种肌丝规律性排布的结果(图 1-35)。

(1)**粗肌丝**:位于肌节的中部,长度与暗带相同,直径约 15nm,长约 1.5μm,贯穿暗带全长,中央固定于 M 线上,两端游离。粗肌丝由 250~360 个豆芽状的肌球蛋白分子集合而成,除靠近 M 线的部分外,表面有许多小的突起,称**横桥**。横桥是一种 ATP 酶,能结合并分解 ATP 释放能量,使横桥发生屈伸运动。

(2)**细肌丝**:直径约 5nm,长 1μm,它的一端固定在 Z 线上,另一端插入粗肌丝之间,止于 H 带外侧,末端游离。所以 I 带内只有细肌丝,A 带中央的 H 带内只有粗肌丝,而 H 带两侧的 A 带内既有粗肌丝又有细肌丝。

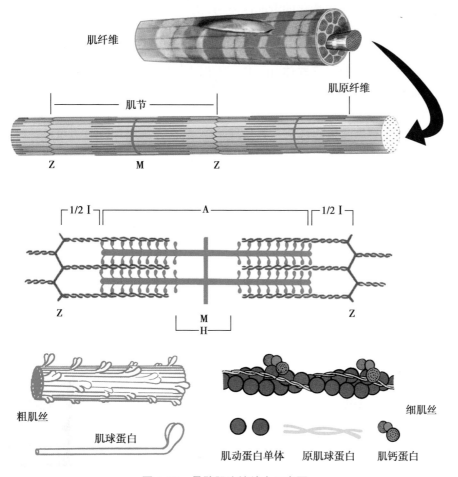

肌节电镜结构示意图

图 1-35 骨骼肌连续放大示意图

细肌丝是由肌动蛋白、原肌球蛋白和肌钙蛋白组成。肌动蛋白分子单体呈球形,并有与肌球蛋白分子头部结合的位点。许多肌动蛋白单体相互连接,形成 2 条互相缠绕的螺旋链,构成细肌丝的主体。原肌球蛋白呈条索状,由两条多肽链绞合而成,嵌于肌动蛋白分子螺旋链沟内,并覆盖着与肌球蛋白分子头部结合的位点。肌钙蛋白由 3 个亚单位组成,既能与原肌球蛋白结合,又能与 Ca^{2+} 结合。原肌球蛋白和肌钙蛋白虽然不直接参加肌细胞收缩,但是它们对收缩过程起着重要的调控作用。

2. **横小管** 是肌膜向肌浆内凹陷而形成的小管,其走向与肌纤维的长轴垂直,故称横小管(或称 T 小管)(图 1-36)。横小管位于 A 带与 I 带交界处,同一水平的横小管分支吻合,围绕在每条肌原纤维的周围,可将兴奋从肌膜迅速传到肌纤维内。

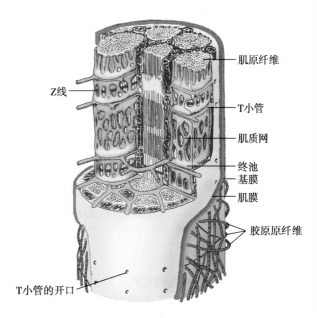

图 1-36 骨骼肌纤维超微结构立体模式图

3. **肌浆网**　是肌纤维内特化的滑面内质网,在相邻两个横小管之间形成互相通连的小管网,纵行包绕在每条肌原纤维周围,又称**纵小管**。纵小管末端膨大并互相通连,形成与横小管平行并紧密相贴的盲管,称为**终池**(terminal cistern),是细胞内贮存 Ca^{2+} 的场所。每条横小管及两侧的终池共同组成**三联体**(triad)。肌浆网膜上有钙泵(一种 ATP 酶),可将肌浆中的 Ca^{2+} 泵入肌浆网内贮存,以调节肌浆中 Ca^{2+} 的浓度,在肌纤维的收缩过程中有重要作用。

【肌丝滑动学说】

目前公认的骨骼肌收缩的机制是肌丝滑动学说,认为肌原纤维的缩短是细肌丝向肌节中央滑行插入的结果。其过程大致如下:①运动神经末梢将神经冲动传递给肌膜,引起肌膜兴奋;肌膜的兴奋经横小管迅速传向终池,引起肌浆网释放 Ca^{2+},肌浆内 Ca^{2+} 浓度升高;②肌原蛋白与 Ca^{2+} 结合后,发生构型改变,进而使原肌球蛋白位置也随之变化;原来被掩盖的肌动蛋白位点暴露,迅即与肌球蛋白横桥接触;③横桥 ATP 酶被激活,释放能量,肌球蛋白的横桥向 M 线方向折动,将细肌丝拉向 M 线,肌节缩短。④收缩完毕,肌浆内 Ca^{2+} 被泵入肌浆网内,肌浆内 Ca^{2+} 浓度降低,肌原蛋白恢复原来构型,原肌球蛋白恢复原位又掩盖肌动蛋白位点,肌球蛋白横桥与肌动蛋白脱离接触,细肌丝退回原位,肌节复原,肌纤维松弛。

二、心肌

心肌(cardiac muscle)分布于心脏和邻近心脏的大血管根部。主要由心肌纤维构成,心肌纤维之间有薄层结缔组织、神经和丰富的毛细血管。心肌收缩具有自动节律性,缓慢而持久,不易疲劳。

(一)心肌纤维的光镜结构

心肌纤维呈短圆柱状,直径 $10\sim20\mu m$,长约 $80\sim150\mu m$。每个心肌细胞有 1 个卵圆形的核,位于中央,偶有双核。心肌纤维有横纹,但不如骨骼肌明显,故也属横纹肌(图 1-37)。心肌细胞有分支,并互相连接成交织的立体肌纤维网。相邻两条心肌纤维相连处称为**闰盘**(intercalated disk),闰盘是心肌的特殊结构,在 HE 染色体的标本中呈着色较深的阶梯状粗线。闰盘不仅加固心肌纤维间的连接,还能将兴奋迅速地从一个心肌细胞传递到另一个心肌细胞。

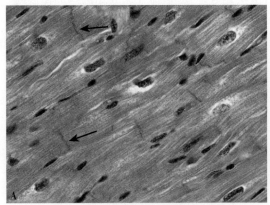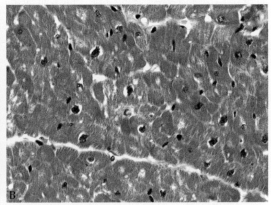

图 1-37　心肌纤维的光镜结构(郝立宏图)

A.纵切面;B.横切面

↑闰盘

(二)心肌纤维的超微结构

心肌纤维的超微结构与骨骼肌纤维相似,但心肌纤维有以下特点:①肌原纤维不如骨骼肌那样规则和明显,肌丝被少量肌浆和大量纵行排列的线粒体分隔成粗、细不等的肌丝束,以致横纹也不如骨骼肌的明显；②横小管口径较粗，位于 Z 线水平，但数量较少（图1-38）；③肌质网较稀疏，纵小管不甚发达，终池较小并较少。横小管往往只有一侧附有终池，形成二联体，三联体极少；④闰盘位于 Z 线水平，有中间连接和桥粒，使心肌纤维间的连接牢固（图 1-39）；在闰盘的纵位部分存在缝隙连接，便于细胞间化学信息的交流和神经冲动的传导，保证心肌细胞的同步节律性收缩。

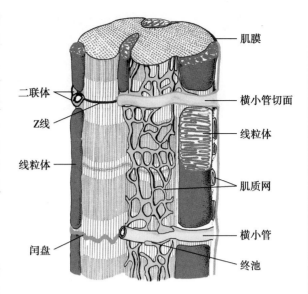

图 1-38　心肌纤维超微结构立体模式图

三、平滑肌

平滑肌（smooth muscle）主要由平滑肌纤维构成，广泛分布于血管和淋巴管的管壁、内脏器官以及某些器官的被膜内，又称内脏肌。平滑肌收缩缓慢而持久。

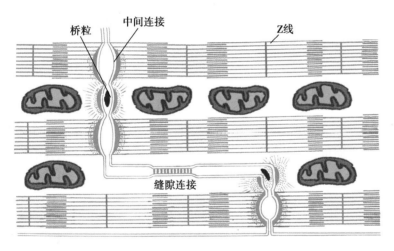

图 1-39　闰盘超微结构示意图

心肌闰盘

（一）平滑肌纤维的光镜结构

平滑肌纤维在纵切面上呈长梭形，长短粗细不一，有 1 个细胞核，呈长椭圆形或杆状，位于细胞中央，可见 1~2 个核仁。胞质嗜酸性，染色较深。平滑肌纤维的横切面，直径很小，呈圆形或不规则形。平滑肌纤维多成束或成层排列。在同一层内，每个平滑肌纤维最粗部与相邻平滑肌纤维两端的细部互相嵌合，彼此平行排列，肌纤维之间有少量结缔组织起连接作用（图 1-40）。

（二）平滑肌纤维超微结构

平滑肌纤维内也有粗、细肌丝，但由于两种肌丝排列形式特殊，它们只形成肌丝束，不形成肌原纤维，无横纹结构。平滑肌纤维的肌膜向下凹陷形成许多小凹，相当于骨骼肌、心肌纤维的横小管（图 1-41）。肌浆网不发达，呈小管状。核两端肌浆内含较多的线粒体，可见高尔基复合体等细胞器。在肌膜的内面，有散在的电子密度高的区域，称密斑，为细肌丝的附着点。肌质中有电子密度高的小体，称密体，是细肌丝和中间丝的共同附着点。密体相当于横纹肌的 Z 线。中间丝连于密斑和密体之间，形成细胞骨架。若干条粗肌丝和细肌丝聚集

笔记

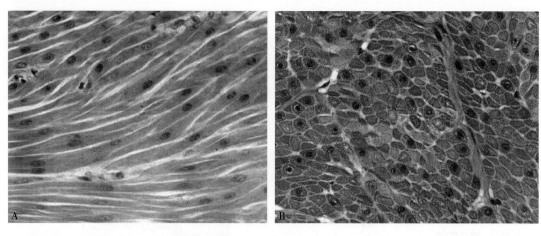

图 1-40　平滑肌纤维的光镜结构
A. 纵切面(南华大学医学院图);B. 横切面(郝立宏图)

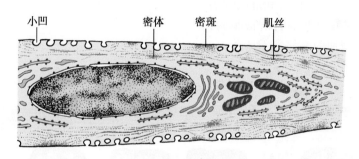

图 1-41　平滑肌纤维超微结构模式图

成肌丝单位,又称收缩单位。肌丝滑动时,肌纤维呈螺旋状扭曲、增粗并缩短。相邻的平滑肌纤维间有缝隙连接,便于肌纤维之间的化学信息和神经冲动的传导,使平滑肌纤维同步收缩和舒张。

第五节　神经组织

　　神经组织(nervous tissue)是构成人体神经系统的主要成分。它广泛分布于人体各组织器官内,联系、调节和支配各器官的功能活动,使机体成为协调统一的整体。神经组织主要由神经细胞和神经胶质细胞组成。神经细胞又称**神经元**(neuron),是神经系统的结构和功能单位,具有接受刺激、整合信息和传导神经冲动的能力。神经元数量庞大,整个神经系统约有 10^{11} 个,神经元之间通过突触彼此连接,形成复杂的神经通路和网络,将化学信号或电信号从一个神经元传给另一个神经元,或传给其他组织的细胞,使神经系统产生感觉和调节其他系统的活动,以适应内、外环境的变化。神经胶质细胞数量比神经元多,对神经元起支持、营养、保护和绝缘等作用。

一、神经元

　　神经元是高度分化的细胞,形态多样,有突起,主要由细胞体和突起 2 部分构成(图 1-42)。
(一)神经元的结构
　　1. 细胞体　形态多样,有星形、锥体形、球形、梭形等。胞体大小不等,小的直径 5~6μm,大的可达 100μm 以上。胞体主要位于大脑和小脑的皮质、脑干和脊髓的灰质以及神经节内,

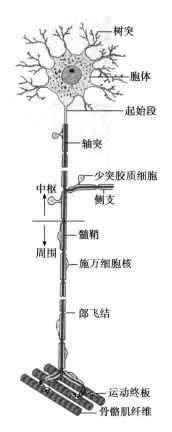

图 1-42　神经元形态结构模式图

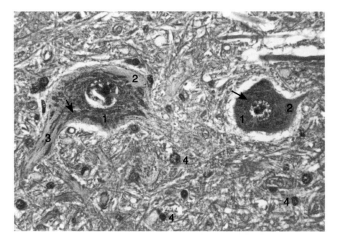

图 1-43　脊髓前角神经元(HE)(四川卫生管理干部学院图)
1. 神经元　2. 轴丘　3. 树突　4. 神经胶质细胞
↑核仁　↑尼氏体

是神经元的代谢和营养中心。胞体由细胞膜、细胞质和细胞核三部分组成(图 1-43)。

(1) **细胞膜**：神经元的细胞膜是可兴奋膜,具有接受刺激、处理信息以及产生和传导神经冲动的功能。

(2) **细胞质**：又称核周质,细胞质内含有一般细胞所具有的细胞器,如线粒体、高尔基复合体、微丝、微管和神经丝等(图 1-44),还含有神经细胞所特有的丰富的尼氏体和神经原纤维。

1) **尼氏体**(Nissl bodies)：也称嗜染质,数量较多,在光镜下呈嗜碱性的颗粒状或小块状(图 1-45)。尼氏体由发达的粗面内质网和游离的核糖体构成,主要功能是合成蛋白质和神经递质。当神经元受损时,尼氏体减少或消失,当神经元功能恢复时,尼氏体重新出现或增多,因此,尼氏体可作为判断神经元功能状态的一种标志。

2) **神经原纤维**(neurofibril)：HE 染色不能分辨。在镀银染色下,神经原纤维被染成棕黑色,呈细丝状,在胞体内交错排列成网,伸入突起,构成神经元的细胞骨架,还与细胞内的物质运输有关。

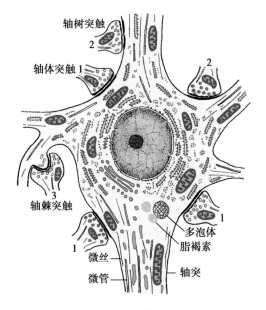

图 1-44　多极神经元及各型突触结构模式图

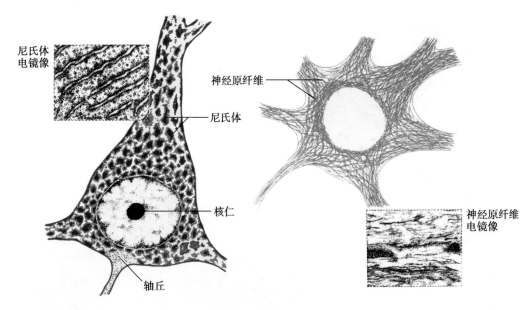

图 1-45　多极神经元及各型突触结构模式图

（3）**细胞核**：大而圆，位于胞体中央，核膜明显，核内染色质较细，呈颗粒状，主要为常染色质，故着色浅，核仁大而明显。

2. **突起**　是细胞体的细胞膜连同细胞质向外突出形成的突起，其数目和长短各不相同，按其形状和功能分为树突和轴突两种（图 1-42）。

（1）**树突**（dendrite）：自胞体发出，每个神经元有一至多个不等。每一树突反复分支如树枝状，分支上有许多短小的突起，称树突棘，借以扩大接受刺激的面积。树突的功能主要是接受从另一个神经元传来的神经冲动，并传向胞体。

（2）**轴突**（axon）：一般自胞体发出，每个神经元只有一个，细长而均匀，表面光滑，常有侧支从轴突垂直发出，轴突末端分支较多，形成轴突终末。从胞体发出轴突的部位呈圆锥形，光镜下该区无尼氏体，染色淡，称**轴丘**。轴突的主要功能是将来自细胞体的神经冲动传给其他神经元或效应器。

（二）神经元的分类

神经元数量庞大，形态和功能各不相同，可按其突起的数量和功能进行分类。

1. **按神经元突起的数量分类**（图 1-46）　①**多极神经元**：有 1 个轴突和多个树突。②**双极神经元**：含有 1 个树突，1 个轴突。③**假单极神经元**：从细胞体发出一个突起，离细胞体不远处该突起再分出两个分支，一支分布到其他组织或器官中，称周围突；另一支进入中枢神经系统，称中枢突。

2. **按神经元的功能分类**（图 1-47）　①**感觉神经元**（或称传入神经元）：多为假单极神经元。胞体主要位于脑脊神经节内，其周围突的末梢分布在皮肤和肌肉等处，接受刺激，将刺激传向中枢。②**运动神经元**（或称传出神经元）：多为多极神经元。胞体主要位于脑、脊髓和自主神经节内，把神经冲动传给肌肉或腺体，产生效应。③**中间神经元**（或称联合神经元）：介于前两种神经元之间，多为多极神经元，约占神经元总数的 99%，构成中枢神经系统内的复杂网络。

（三）突触

突触（synapse）是神经元与神经元之间，或神经元与效应细胞之间的一种特化的细胞连接，是神经元传递信息的重要结构。最常见的是一个神经元的轴突终末与另一个神经元的树突、树突棘或胞体连接，分别形成轴 - 树突触，轴 - 棘突触、轴 - 体突触。神经元之间借助

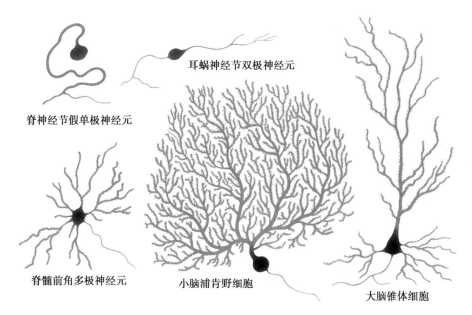

图 1-46 不同类型的神经元

突触彼此相互联系,构成机体复杂的神经网络,实现神经系统的各种功能活动。突触分为化学性突触和电突触,前者是以化学物质(神经递质)作为通讯的媒介,后者是以电流(电讯号)传递信息。通常所说的突触是指化学突触而言。

电镜下,化学性突触由突触前成分、突触间隙和突触后成分三部分组成(图 1-48)。①**突触前成分**:指轴突终末的膨大部分,内含突触小泡(内含神经递质)、线粒体、微丝和微管等。轴突终末与另一个神经元相接触处轴膜特化增厚的部分,称**突触前膜**。当神经冲动传到轴突终末时,突触小泡与突触前膜融合,以出胞方式将神经递质释放到突触间隙内。②**突触间隙**:是位于突触前膜与突触后膜之间的狭窄间隙。③**突触后成分**:是与突触前成分相对应的局部区域,该处细胞膜特化增厚,称**突触后膜**,膜上有特异性受体与离子通道。神经递质

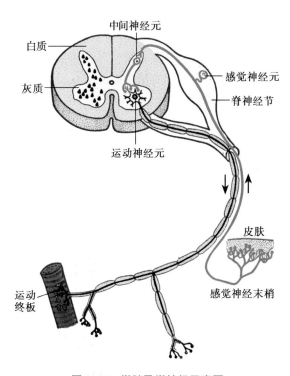

图 1-47 脊髓及脊神经示意图

与突触后膜上的特异性受体结合,改变了突触后膜对离子的通透性,使突触后神经元发生兴奋或抑制,将信息传送给后一级神经元或效应细胞。

二、神经胶质细胞

神经胶质细胞(neuroglial cell),又称神经胶质,数量较多,是神经元数量的 10~50 倍。其形态多样,也有突起,但无树突和轴突之分,不具有传导神经冲动的功能,对神经元起支持、营养、保护和绝缘等作用。根据其所在部位,分为中枢神经系统和周围神经系统的神经胶质细胞。

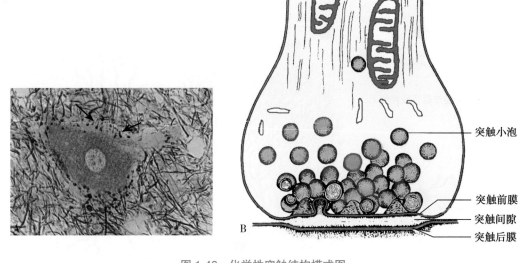

图 1-48　化学性突触结构模式图

A. 神经元胞体表面的突触小体(↑)镀银染色(大连医科大学图); B. 化学性突触超微结构模式图

(一) 中枢神经系统的神经胶质细胞

中枢神经系统的神经胶质细胞有四种,在 HE 染色切片中难以分辨(图 1-49)。

1. **星形胶质细胞**　在神经胶质细胞中体积最大、数量最多。胞体呈星形,突起末端膨大形成脚板,在脑和脊髓的表面形成胶质界膜,或贴附于毛细血管壁上构成**血 - 脑屏障**。星形胶质细胞能合成和分泌神经营养因子和多种生长因子,对神经元的发育、分化和功能的维

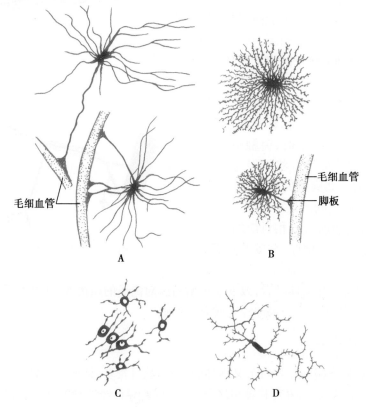

图 1-49　中枢神经系统神经胶质细胞模式图

A. 纤维性星形胶质细胞; B. 原浆性星形胶质细胞; C. 少突胶质细胞; D. 小胶质细胞

持以及损伤后神经元的可塑性变化与再生等都有重要作用。星形胶质细胞分为两种:①原浆性星形胶质细胞:多分布于脑和脊髓的灰质。②纤维性星形胶质细胞:多分布于脑和脊髓的白质。

2. **少突胶质细胞**　体积较小,突起短,它的突起末端扩展成扁平薄膜,包卷神经元的轴突形成髓鞘,是中枢神经系统的髓鞘形成细胞。

3. **小胶质细胞**　体积最小,主要分布于大脑、小脑和脊髓的灰质内,胞体细长或椭圆形。小胶质细胞具有吞噬功能,来源于血液中的单核细胞,属单核吞噬细胞系统。

4. **室管膜细胞**　是衬在脑室和脊髓中央管腔面的一层立方形或柱状的神经胶质细胞,构成室管膜,可分泌脑脊液。

(二)周围神经系统的神经胶质细胞

1. **施万细胞**　是周围神经纤维的髓鞘形成细胞。除有保护和绝缘功能外,在周围神经再生中起重要作用。此外,施万细胞能够合成和分泌多种神经营养因子,促进受损伤的神经元存活及其轴突再生。

2. **卫星细胞**　是神经节内包绕神经元胞体的一层扁平或立方形细胞,又称被囊细胞。细胞核圆或卵圆形,染色较深。细胞外面有一层基膜。卫星细胞对神经节细胞有保护作用。

三、神经纤维和神经

神经纤维(nerve fiber)由神经元的轴突或感觉神经元的长突起(两者统称轴索)及包绕在其外面的神经胶质细胞构成。根据神经胶质细胞是否形成完整的髓鞘,神经纤维可分为有髓神经纤维和无髓神经纤维(图 1-50)。

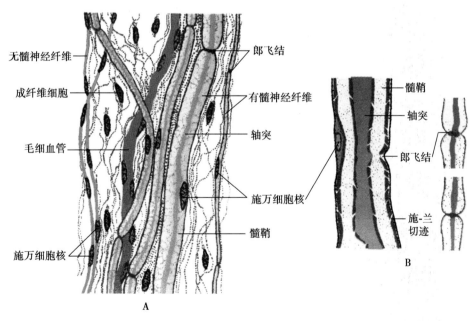

图 1-50　周围神经纤维结构模式图
A.示有髓神经纤维和无髓神经纤维;B.示郎飞结和髓鞘

(一)有髓神经纤维

周围神经系统的有髓神经纤维由施万细胞包卷轴突构成髓鞘(图 1-51,图 1-52)。每个施万细胞呈同心圆状包卷一段轴索,构成一个结间体,相邻两个结间体间有一无髓鞘的狭窄处,称**郎飞结**(Ranvier node),该处电阻低,利于神经冲动传导。髓鞘的化学成分主要是髓磷

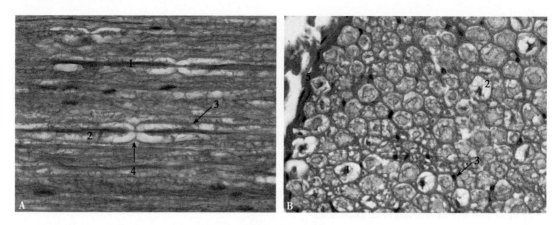

图 1-51　有髓神经纤维束(玛衣拉·阿不拉克图)
A. 纵切面；B. 横切面
1. 轴突　2. 髓鞘　3. 神经膜　4. 郎飞结　5. 神经束膜

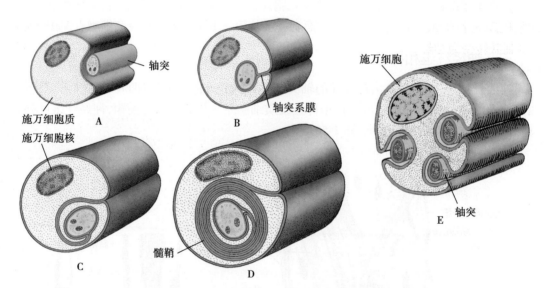

图 1-52　周围神经纤维髓鞘形成及超微结构模式图
A、B、C. 髓鞘发生过程；D. 有髓神经纤维超微结构；E. 无髓神经纤维超微结构

脂和蛋白质。在 HE 染色片上，髓磷脂常被有机溶剂溶解而蛋白质成分被保留，呈空白丝(网)状。髓鞘电阻大，在组织液与轴膜间起绝缘作用。由于施万细胞包在轴突的外面，故又称神经膜细胞。施万细胞最外面的一层胞膜与其外面的基膜一起又称神经膜。

中枢神经系统的有髓神经纤维由少突胶质细胞形成髓鞘，一个少突胶质细胞有多个突起可分别包卷多个轴突，形成多个结间体。

(二)无髓神经纤维

在周围神经系统，无髓神经纤维由轴索及包裹的施万细胞构成，无髓鞘和郎飞结。一个施万细胞可包裹许多条轴突，施万细胞表面形成多个纵行沟，沟内有轴突，施万细胞的质膜不形成完整的髓鞘将其包裹。中枢神经系统无髓神经纤维为裸露的轴突，其外面无神经胶质细胞包裹。无髓神经纤维的传导速度较慢。

神经(nerve)是周围神经系统中若干条神经纤维集合在一起，外包致密结缔组织构成(图 1-53)。多数神经同时含有髓和无髓两种神经纤维。由于有髓神经纤维的髓鞘含髓磷脂，故神经通常呈白色。包绕在每条神经纤维外面的薄层结缔组织膜称**神经内膜**；许多神经纤维聚集在一起构成神经纤维束,包绕在神经纤维束外面的薄层结缔组织膜称**神经束膜**;许多神经纤维束聚集在一起构成一条神经,包绕在神经表面的较厚的结缔组织膜称**神经外膜**。在这些结缔组织膜中都含有小血管和淋巴管。

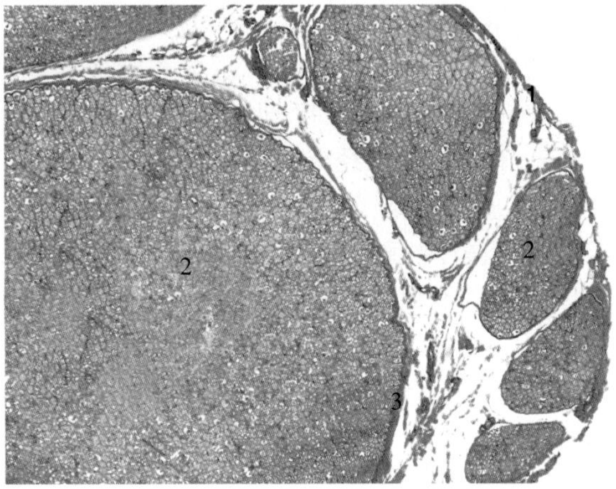

四、神经末梢

周围神经纤维的终末部分终止于全身各种组织或器官内,形成各种**神经末梢**(nerve ending),按功能分感觉神经末梢和运动神经末梢两大类。

(一)感觉神经末梢

感觉神经末梢是感觉神经元周围突的终末部分,在组织器官内与其他结构共同构成感受器。它能感受内、外环境的各种刺激,并将刺激转变为神经冲动,传向中枢。感觉神经末梢按结构和功能不同分游离神经末梢和有被囊神经末梢(图 1-54)。

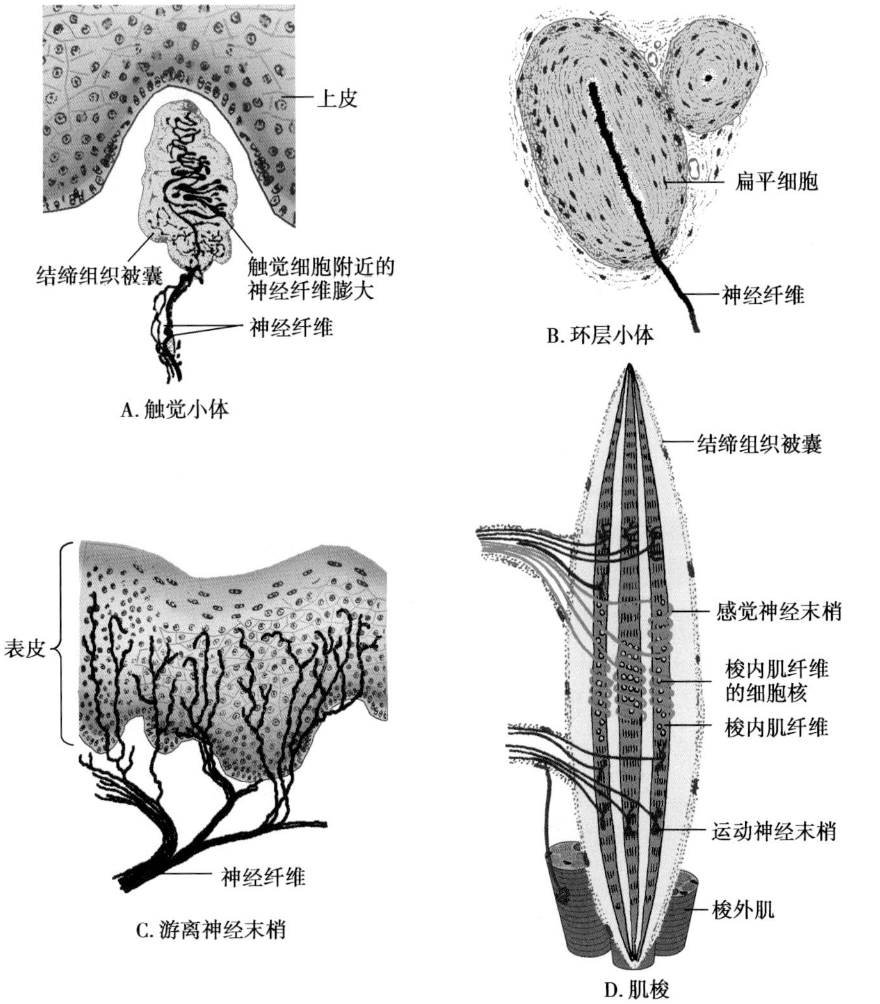

图 1-53　坐骨神经(局部)(玛衣拉·阿不拉克图)
1. 神经外膜　2. 神经纤维束　3. 神经束膜

A. 触觉小体
上皮
结缔组织被囊
触觉细胞附近的神经纤维膨大
神经纤维

B. 环层小体
扁平细胞
神经纤维

C. 游离神经末梢
表皮
神经纤维

D. 肌梭
结缔组织被囊
感觉神经末梢
梭内肌纤维的细胞核
梭内肌纤维
运动神经末梢
梭外肌

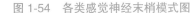

图 1-54　各类感觉神经末梢模式图

1. **游离神经末梢** 由较细的有髓或无髓神经纤维的终末反复分支而成。在接近末梢处髓鞘消失,其裸露的细支广泛分布于表皮、角膜和毛囊的上皮细胞之间及真皮、骨髓、血管外膜、脑膜、关节囊、韧带、肌腱、筋膜、牙髓等处。感受冷、热、轻触和疼痛的刺激。

2. **有被囊的神经末梢** 有被囊神经末梢外面都有结缔组织包裹,常见的有如下三种:

(1) **触觉小体**:分布在皮肤真皮乳头内,以手指、足趾的掌侧的皮肤居多,其数量可随年龄增长而减少。触觉小体呈卵圆形,长轴与皮肤表面垂直,外包有结缔组织被囊,囊内有许多横列的扁平细胞。有髓神经纤维进入被囊前失去髓鞘,轴索终末分成细支盘绕在扁平细胞之间。触觉小体的功能为感受触觉。

(2) **环层小体**:广泛分布在皮下组织、肠系膜、韧带和关节囊等处,呈球形或卵圆形,小体的被囊是由数十层呈同心圆排列的扁平细胞和结缔组织组成,小体中央有一条均质状的圆柱体。有髓神经纤维进入小体时失去髓鞘,裸露的轴突穿行于小体中央的圆柱体内,能感受压觉和振动觉。

(3) **肌梭**:是分布于骨骼肌内的梭形小体,表面有结缔组织被囊,其内含有若干条较细的骨骼肌纤维,称梭内肌纤维。感觉神经纤维在进入肌梭时失去髓鞘,裸露的轴索进入肌梭内分成数支,呈环状包绕梭内肌纤维。肌梭是一种本体感受器,主要感受肌纤维的伸缩变化,在调节骨骼肌的活动中起重要作用。

(二) 运动神经末梢

运动神经末梢是运动神经元的轴突在肌组织和腺体的终末结构,并与其他组织共同构成的结构,称**效应器**,支配肌的收缩和腺的分泌。按功能和分布不同分躯体运动神经末梢和内脏运动神经末梢。

1. **躯体运动神经末梢** 分布于骨骼肌的运动神经末梢,在接近肌纤维处失去髓鞘,裸露的轴索在肌纤维表面形成爪状分支,每一分支与一条骨骼肌纤维连接,在连接处形成扣状膨大附着于肌膜上,称**运动终板**(motor end plate),或称神经肌连接,属于一种突触结构(图 1-55)。一个运动神经元的轴突及其分支所支配的全部骨骼肌纤维合称一个运动单位。运动单位越小,产生的运动越精确。

2. **内脏运动神经末梢** 神经纤维较细且无髓鞘,其轴突终末分支常呈串珠样膨体,附于内脏、血管平滑肌、心肌或腺体细胞等处,并构成突触。可调节心肌、平滑肌的功能活动和腺上皮的分泌。

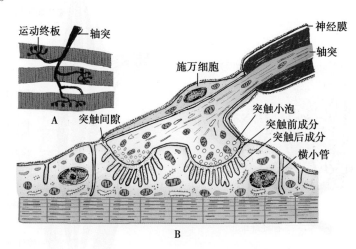

图 1-55 运动终板结构模式图
A. 光镜结构;B. 超微结构模式图

(史 芳)

第二章

运 动 系 统

运动系统（locomotor system）由骨、骨连结和骨骼肌组成。约占成人体重的60%，起支持、保护和完成各种随意运动的作用。骨通过骨连结形成骨骼，构成人体的基本轮廓。在运动中，骨起杠杆作用，骨连结是运动的枢纽，而骨骼肌则是运动的动力。

骨或骨骼肌常在人体某些部位的表面形成比较明显的隆起或凹陷，临床常用这些在体表可被识别和触到的骨或骨骼肌的隆起或凹陷，作为确定深部器官的位置、判定血管和神经的走向、选取手术切口的部位以及穿刺定位的依据。在学习时应结合标本或活体，认真观察和触摸这些骨性或肌性标志。

第一节 骨 学

一、总论

成人有206块骨，约占体重的20%。按部位分为颅骨、躯干骨和四肢骨（图2-1）。每块骨是一个器官，外被骨膜，内有骨髓，其中有丰富的血管、淋巴管和神经。骨能不断进行新陈代谢和生长发育，具有修复、再生和重塑能力以及造血和储备钙和磷的功能。经常锻炼可促进骨的良好发育，长期废用则出现骨质疏松。

（一）骨的形态与分类

骨按形态分为四种，即长骨、短骨、扁骨和不规则骨。

1. **长骨**（long bone） 呈长管状，分一体两端。体又称**骨干**，骨质致密，围成骨髓腔，容纳骨髓；两端膨大又称**骺**，其表面有光滑的关节面，长骨分布于四肢，如肱骨、股骨和指骨等。

2. **短骨**（short bone） 近似立方形，多成群分布，具有多个关节面，常位于连结牢固并运动较为复杂的部位，能承受较大的压力，如

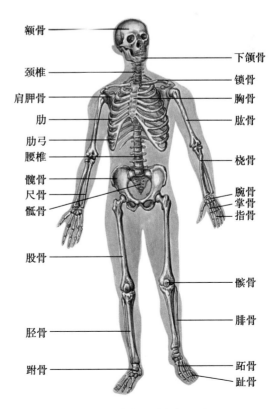

图 2-1　全身骨骼（前面观）

腕骨和跗骨。

3. 扁骨（flat bone） 呈板状，主要构成颅腔、胸腔和盆腔壁，起保护作用，如顶骨、胸骨和肋骨等。

4. 不规则骨（irregular bone） 形状不规则，主要分布于躯干、颅底和面部，如椎骨、颞骨和上颌骨等。

此外，还有位于某些肌腱内的扁圆形的小骨，称籽骨。运动时籽骨既可改变力的方向，又可减少对肌腱的摩擦。髌骨是人体最大的**籽骨**。

（二）骨的构造

骨由骨质、骨膜、骨髓组成（图 2-2）。

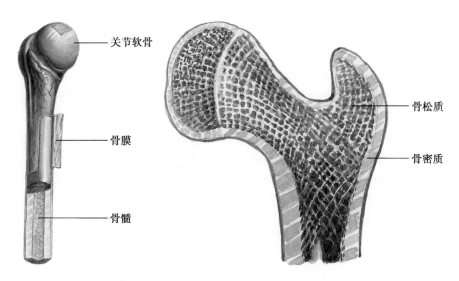

图 2-2 骨的构造

1. 骨质 分为骨密质和骨松质两种。骨密质由紧密排列成层的骨板构成，质地坚硬，抗压、抗扭曲力强，骨密质分布于长骨的干和其他类型骨及骺的外层，临床又称骨皮质。骨松质分布于骺及其他类型骨的内部，呈海绵状，由大量相互交错排列的骨小梁交织排列而成。颅骨的骨松质称为**板障**。

2. 骨膜 由致密结缔组织构成，包裹除关节面以外骨的表面。骨膜富有血管、淋巴管和神经以及骨原细胞，对骨的营养、保护、生长及损伤后的修复都具有十分重要的作用，骨科手术中应尽量保留骨膜。

3. 骨髓 充填于骨髓腔和骨松质的网眼内，分为红骨髓和黄骨髓。黄骨髓含大量脂肪组织。红骨髓具有造血功能，内含大量不同发育阶段的血细胞。再生障碍性贫血就是红骨髓造血功能损害的结果。胎儿及幼儿的骨内都是红骨髓，自 5 岁以后，长骨内的红骨髓逐渐被脂肪组织替代转化为黄骨髓，失去造血功能。在成人长骨的骺、扁骨和不规则骨的骨松质中终身都是红骨髓。临床常在髂骨等处进行骨髓穿刺，检查骨髓象来诊断造血功能。

（三）骨的化学成分和物理特性

骨主要由有机物和无机物组成。骨的物理性质主要取决于其化学成分，有机物主要是骨胶原纤维和黏多糖蛋白，使骨具有韧性和弹性；无机物主要是磷酸钙和碳酸钙，使骨具有硬度。骨的有机物和无机物随着年龄的增长而不断变化，成人有机物和无机物的比例约为 3∶7，最合适；年幼者有机物的比例较高，骨易变形；年龄愈大，无机物的比例愈高，易发生骨折。

二、躯干骨

成人躯干骨包括 24 块椎骨(颈椎 7 块、胸椎 12 块、腰椎 5 块),1 块骶骨,1 块尾骨,1 块胸骨和 12 对肋骨。

(一) 椎骨

1. **椎骨的一般形态** 椎骨由**椎体**和**椎弓**两部分构成。椎体位于椎骨的前部,呈短圆柱形。椎弓是附在椎体后方的弓状骨板,椎体和椎弓围成**椎孔**,所有椎骨的椎孔相连形成**椎管**,容纳脊髓。椎弓与椎体相接的部分较细称**椎弓根**,其上缘有较浅的椎上切迹,下缘有较深的**椎下切迹**,相邻椎骨的椎上、下切迹围成**椎间孔**,有脊神经和血管通过。椎弓的后部较宽扁称**椎弓板**。自椎弓板发出 7 个突起,即正中向后或后下方伸出的称棘突,向两侧伸出的称**横突**,还有伸向上方和下方的各一对突起分别称**上关节突**和**下关节突**(图 2-3)。

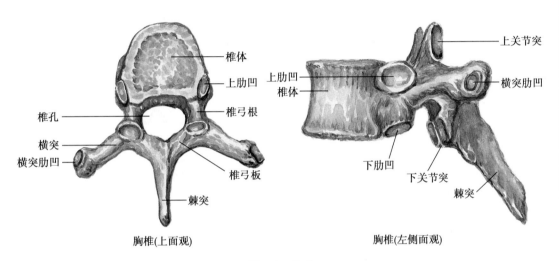

图 2-3 胸椎

2. **各部椎骨的主要特征**

(1) **颈椎**(cervical vertebrae):椎体相对较小,呈椭圆形。椎孔相对较大,呈三角形。横突根部有**横突孔**,内有椎动脉和椎静脉通过。第 2~6 颈椎棘突短,末端分叉。此外,成年人第 3~7 颈椎椎体上面两侧有向上的突起称**椎体钩**,常与上位颈椎相应处形成**椎钩关节**。若椎体钩骨质增生使椎间孔缩小,压迫脊神经,产生相应的临床症状,导致颈椎病(图 2-4)。

第 1 颈椎又称**寰椎**,呈环状,无椎体、棘突和关节突。由前弓、后弓和两个侧块组成。前弓短,其后面正中部有一小关节面称齿突凹。侧块上、下各有一关节面,上关节面较大,与枕髁形成寰枕关节。

第 2 颈椎又称**枢椎**,在椎体上方伸出一个突起称齿突。

第 7 颈椎又称**隆椎**,在中医学中又称大椎。棘突较长,末端不分叉,低头时,在颈后正中线上易于看到和摸到,临床常作为计数椎骨序数的骨性标志。

(2) **胸椎**(thoracic vertebrae):椎体呈心形,椎孔较小。由于胸椎两侧与肋骨相接,故椎体两侧的上、下缘各有一小的关节凹,分别称**上肋凹**和**下肋凹**,横突末端有**横突肋凹**。胸椎棘突长,伸向后下方,呈叠瓦状排列(见图 2-3)。

(3) **腰椎**(lumbar vertebrae):椎体最粗大,椎孔呈三角形。棘突呈板状水平伸向后方,棘突间隙较宽,临床常在此做腰椎穿刺(图 2-5)。

(4) **骶骨**(sacrum):由 5 块骶椎融合而成,呈三角形,底向上,与第 5 腰椎体相接,底的前缘中部向前突出,称岬。尖向下接尾骨。骶骨前面光滑有 4 对骶前孔,背面粗糙隆凸,沿中

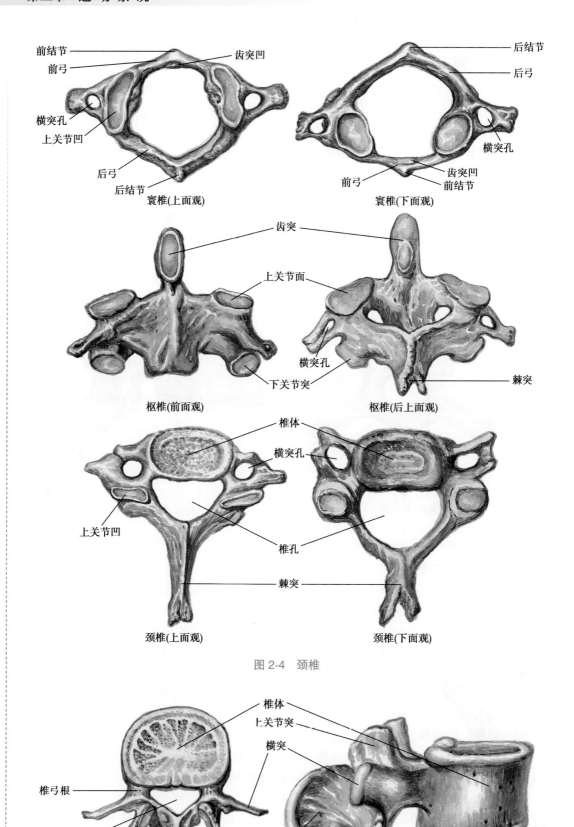

前结节
前弓
齿突凹
横突孔
上关节凹
后弓
后结节
寰椎(上面观)

后结节
后弓
横突孔
前弓
齿突凹
前结节
寰椎(下面观)

齿突
上关节面
横突孔
下关节突
枢椎(前面观)

齿突
上关节面
棘突
枢椎(后上面观)

椎体
横突孔
上关节凹
椎孔
棘突
颈椎(上面观)

椎体
横突孔
椎孔
棘突
颈椎(下面观)

图 2-4 颈椎

椎体
上关节突
横突
椎弓根
椎孔
棘突
腰椎(上面观)

上关节突
横突
棘突
下关节突
腰椎(左侧面观)

图 2-5 腰椎

笔记

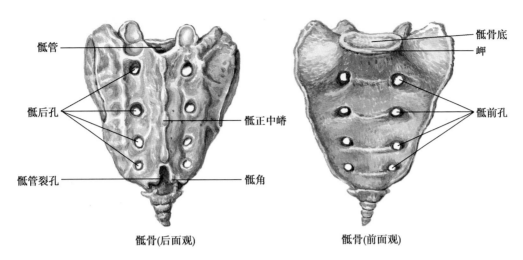

图 2-6 骶骨和尾骨

线有棘突融合而成的**骶正中嵴**,其外侧有 4 对骶后孔,骶前、后孔分别有骶神经的前支和后支通过。骶后孔是针灸八髎穴的位置(图 2-6)。

骶正中嵴下端有形状不整齐的开口称**骶管裂孔**,向上通**骶管**,其两侧有明显的突起称**骶角**,可作为骶管裂孔的定位标志。临床上会阴部手术时,经此孔进行骶管麻醉。骶骨的侧面有耳状面,与髂骨的**耳状面**构成骶髂关节。

(5) **尾骨**(coccyx):由 4 块退化的尾椎融合而成(图 2-6)。一般 30~40 岁才融合成尾骨。

(二)肋

肋(ribs)共 12 对,由肋骨和肋软骨构成。

1. **肋骨** 为弓形的扁骨,分为前端、后端和体(图 2-7)。肋骨后端由**肋头**、**肋颈**和**肋结节**构成。肋体扁而长,分为内、外两面和上、下两缘,内面近下缘处有**肋沟**,内有肋间血管和神经走行。肋骨前端接肋软骨。

2. **肋软骨** 由透明软骨构成,位于各肋骨的前端。

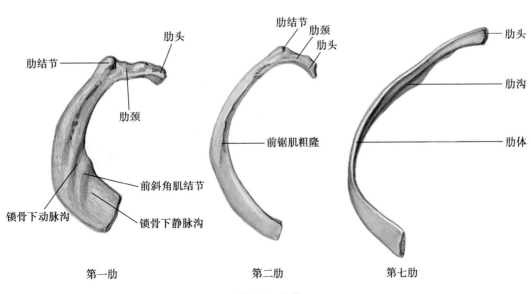

第一肋　　　　　　第二肋　　　　　　第七肋

图 2-7 肋骨

(三) 胸骨

胸骨(sternum)位于胸前正中的扁骨,由上而下分为**胸骨柄、胸骨体**和**剑突**(图 2-8)。胸骨柄呈四边形,柄上缘中部有**颈静脉切迹**,两侧有**锁切迹**,与锁骨相关节。胸骨体为长方形的骨板,外侧有与第 2~7 肋软骨相接触的**肋切迹**。胸骨柄与体连接处向前微凸,称**胸骨角**(sternal angle),可在体表可触及,两侧平对第 2 肋,是计数肋的重要标志。剑突窄而薄,末端游离。

三、颅骨

颅骨(cranial bones)共 23 块,由骨连结相连成颅。颅主要容纳、支持和保护脑、感觉器以及消化、呼吸系统的起始部。颅位于脊柱的上方,借寰枕关节与脊柱相连。按颅骨所在位置分为后上部的脑颅骨和前下部的面颅骨(图 2-9,图 2-10)。

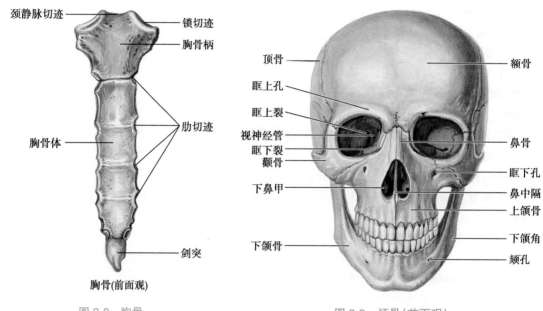

胸骨(前面观)

图 2-8   胸骨

图 2-9   颅骨(前面观)

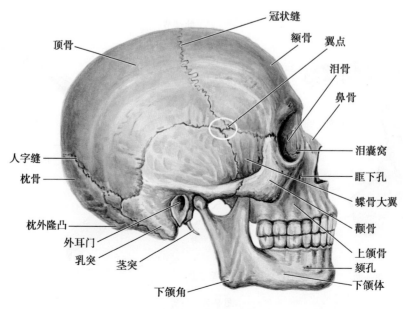

图 2-10   颅骨(侧面观)

（一）脑颅骨

脑颅骨共8块，其中不成对的有**额骨**、**筛骨**、**蝶骨**和**枕骨**，成对的有**颞骨**和**顶骨**。它们共同围成颅腔，容纳脑。颅腔的顶称颅盖，颅腔的底称颅底。构成颅盖的骨，自前向后，依次是额骨，左、右顶骨，枕骨，以及顶骨外下方的颞骨。其中额骨、枕骨和颞骨还分别从前、后以及两侧弯向内下，参与颅底的构成。位于颅底中央的是蝶骨，蝶骨中部的前方为筛骨。主要脑颅骨的结构如下：

1. **筛骨** 呈巾字形。位于鼻腔上方，两眶之间，是一块含气骨，分为三部分。①**筛板**：是有许多筛孔的水平骨板，构成鼻腔的顶。②**垂直板**：为筛骨正中向下伸出的骨板，构成鼻中隔的前上部。③**筛骨迷路**：位于垂直板的两侧，内部有许多含气的空腔，称**筛窦**；迷路的内侧壁上有上、下两个向下卷曲的薄骨片，即上鼻甲和中鼻甲；迷路的外侧壁为眶的内侧壁。

2. **蝶骨** 位于颅底中央，形似蝴蝶。可分为**蝶骨体**、**小翼**、**大翼**、**翼突**四部分。蝶骨体位于中央，体内有1对空腔为蝶窦，自体伸出3对突起，前上方一对称小翼，两侧的一对为大翼，在体和大翼结合处向下伸出一对翼突。

3. **颞骨** 位于颅的侧面，形状不规则。颞骨外面的下部有一圆形的孔，称**外耳门**。颞骨以外耳门为中心分为三部分。其前上方形似鳞状的骨片，称**鳞部**；下后方的环形薄骨片为**鼓部**；颞骨的内面，伸向前内方的三棱形突起称**岩部**。岩部的后下部为**乳突**，内含许多大小不等的腔隙，称**乳突小房**。

（二）面颅骨

面颅骨共15块（图2-9），其中成对的有**上颌骨**、**鼻骨**、**颧骨**、**泪骨**、**腭骨**和**下鼻甲骨**，不成对的有**犁骨**、**下颌骨**和**舌骨**。上颌骨位于各面颅骨的中心，在它的内上部，内侧是鼻骨，后方是泪骨；上颌骨的外上方为颧骨，后内方为腭骨。上颌骨的内侧面参与鼻腔外侧壁的构成，其下部连有下鼻甲。上颌骨的下方为下颌骨，下颌骨的后下方为舌骨。主要面颅骨结构如下：

1. **下颌骨** 呈马蹄铁形，分为中部的下颌体和两侧的下颌支（图2-11）。下颌体与下颌支相交处为**下颌角**。下颌体上缘为**牙槽弓**，下缘称下颌底，体的前面有一对**颏孔**。下颌支向上有两个突起，前方尖锐称**冠突**，后方宽大称**髁突**。髁突上端有膨大的**下颌头**以及下端较细的**下颌颈**。下颌支内面中央有一向后上方开口的**下颌孔**，此孔有下牙槽血管和神经通过，再经下颌管通颏孔。

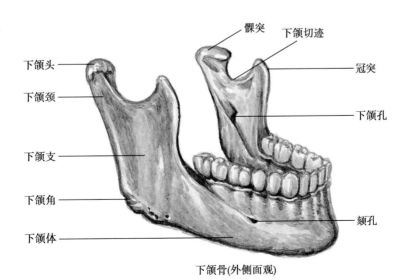

图 2-11 下颌骨

下颌骨(外侧面观)

髁突　下颌切迹

下颌头　冠突

下颌颈　下颌孔

下颌支

下颌角

下颌体　颏孔

笔记

2. **舌骨** 位于下颌骨下后方,呈马蹄铁形(图 2-12),中部较宽厚为**舌骨体**,自体向后伸出一对**大角**,体和大角结合处向后上伸出一对**小角**。舌骨体和大角都可在体表摸到。

(三)颅的整体观

1. **颅的顶面观** 颅顶又称颅盖,有呈工字形的 3 条缝。额骨与两侧顶骨之间的缝,称**冠状缝**;正中两侧顶骨之间的缝,称**矢状缝**;两侧顶骨与枕骨之间的缝,称**人字缝**。

2. **颅的侧面观** 颅的侧面(图 2-10)中部有外耳门,向内通外耳道,自外耳门向前有一骨梁,称**颧弓**。外耳门后方向下的突起称**乳突**。颧弓上方大而浅的凹陷为**颞窝**,颞窝前下部额骨、顶骨、颞骨和蝶骨 4 骨汇合处称**翼点**(pterion),呈 H 形的缝。此处骨板较薄,骨折时易损伤其内面的脑膜中动脉的前支,引起颅内血肿而危及生命。颧弓下方的窝称**颞下窝**,窝内有三角形的间隙其深部称**翼腭窝**,此窝可通向鼻腔、眶腔、口腔和颅腔。

3. **颅的前面观** 颅的前面主要由面颅骨组成,构成颜面基本轮廓,并围成眶和骨性鼻腔。

(1)眶:为底朝前外侧、尖向后内侧的 1 对锥体形腔隙,容纳眼球和眼副器。底略呈四边形,眶上、下缘分别称**眶上缘**和**眶下缘**,眶上缘的内、中 1/3 交界处有**眶上切迹**或**眶上孔**,眶下缘中点下方有**眶下孔**,均有血管和神经通过。尖向后内有视神经管通颅中窝。

眶分上、下、内侧和外侧 4 个壁(图 2-9):内侧壁前下部有**泪囊窝**,此窝向下经鼻泪管通鼻腔;上壁前部外侧面有一容纳泪腺的**泪腺窝**;下壁中部有**眶下沟**,向前经**眶下管**与眶下孔相通;外侧壁最厚。上壁与外侧壁之间的后方为**眶上裂**,通颅中窝,下壁与外侧壁之间的后方为**眶下裂**,通翼腭窝和颞下窝。

(2)**骨性鼻腔**:位于面颅中央,前方的开口称**梨状孔**。后方借**鼻后孔**与咽相通。鼻腔被骨性鼻中隔分为左、右两部分。每侧鼻腔的外侧壁自上而下有 3 个突起,分别称**上鼻甲**、**中鼻甲**和**下鼻甲**,鼻甲下方为鼻道,分别称上鼻道、中鼻道和下鼻道。在上鼻甲后方与蝶骨体之间的浅窝,称**蝶筛隐窝**(图 2-13)。

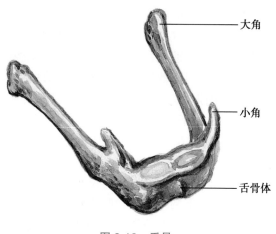

图 2-12 舌骨

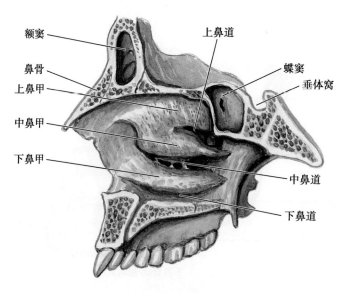

图 2-13 骨性鼻腔外侧壁

鼻旁窦(paranasal sinuses)又称副鼻窦。包括**上颌窦**、**额窦**、**筛窦**和**蝶窦**。它们是位于同名骨内的含气空腔,对减轻颅骨重量和发音共鸣起一定的作用。其中筛窦又分为前、中、后3群。上颌窦、额窦、筛窦的前、中群均开口于中鼻道,筛窦后群开口于上鼻道,蝶窦开口于蝶筛隐窝。

4. **颅底内面观** 颅底内面由前向后分为3个窝(图2-14):

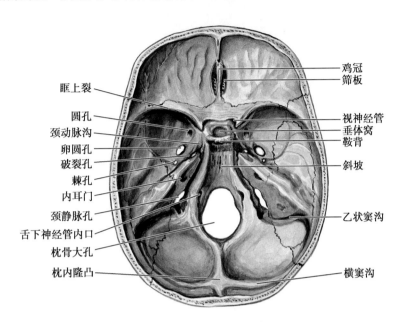

图 2-14 颅底(内面观)

（1）**颅前窝**:小而浅,容纳大脑额叶。其正中有一个向上的突起称**鸡冠**,其两侧的水平骨板称**筛板**,筛板有许多小孔称筛孔。

（2）**颅中窝**:主要容纳大脑颞叶。颅中窝中央的蝶骨体上方呈马鞍形的结构为**蝶鞍**,正中的凹陷称**垂体窝**,容纳垂体。此窝前方有横行的**前交叉沟**,此沟向两侧通向视神经管。垂体窝两侧由前向后依次有**眶上裂**、**圆孔**、**卵圆孔**和**棘孔**。蝶骨体与颞骨岩部尖端之间是**破裂孔**。在颅中窝外侧的一层薄骨片称**鼓室盖**。

（3）**颅后窝**:大而深,位置最低,容纳小脑和脑干。中央有**枕骨大孔**,孔前方的斜面称**斜坡**,孔后上方有一十字形的隆起称**枕内隆凸**,在其两侧连有横窦沟,横窦沟至颞骨则弯向前下呈 S 形称**乙状窦沟**,再经**颈静脉孔**出颅。枕骨大孔前外侧缘上方有**舌下神经管**内口。颅后窝的前外侧有内耳门及内耳道。

5. **颅底外面观** 颅底外面的后部正中有一大孔,称枕骨大孔(图2-15)。其两侧隆起的关节面,称**枕髁**。它和寰椎的上关节面形成寰枕关节。枕髁的前外侧上方有**舌下神经管外口**。枕骨侧部和颞骨岩部之间有**颈静脉孔**,其前方有圆形的颈动脉管外口,其后外侧有伸向下的茎突,茎突根部与乳突之间有茎乳孔。茎突前外侧的关节窝称**下颌窝**,窝前的突起称**关节结节**。颅底外面后部正中的突起称**枕外隆凸**,可在体表触及,是重要的骨性标志。颅底外面前部,称**骨腭**,其前部正中有切牙孔,腭后部两侧的孔称**腭大孔**。

（四）新生儿颅骨的特征及生后变化

新生儿面颅较小,脑颅相对较大(图2-16),面颅占全颅的 1/8,而成人为 1/4。新生儿颅骨尚未发育完全,骨与骨之间的间隙较大,其中颅盖骨之间的间隙被结缔组织膜封闭称为颅囟。其中位于矢状缝与冠状缝会合处的,称**前囟**,最大,呈菱形,于生后 1 岁半左右闭合;位于矢状缝与人字缝相接处的,称**后囟**,呈三角形,于生后不久闭合。

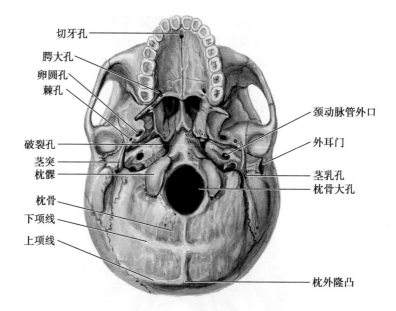

图 2-15　颅底(外面观)

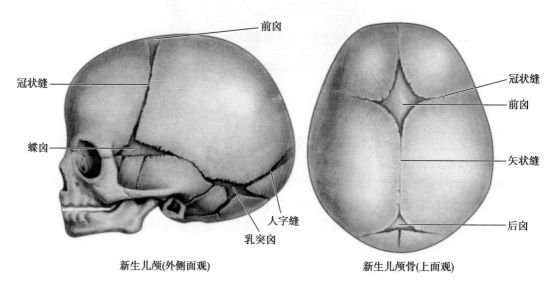

新生儿颅(外侧面观)　　　新生儿颅骨(上面观)

图 2-16　新生儿颅

四、四肢骨

四肢骨包括上肢骨和下肢骨,分别由与躯干相连的肢带骨和能自由活动的自由肢骨组成。

(一) 上肢骨

1. 上肢带骨

(1) **锁骨**(clavicle):位于颈部和胸部之间,呈～形,全长均可在体表摸到,是重要的骨性标志(图 2-17)。锁骨上面平滑,下面粗糙,分两端一体。内侧端粗大,称**胸骨端**,与胸骨柄相连形成胸锁关节;外侧端扁平,称**肩峰端**,与肩峰相连形成肩锁关节。锁骨体有两个弯曲,内侧 2/3 凸向前方,外侧 1/3 凸向后,二部交界处较缩细,易发生骨折。锁骨对固定上肢,支持肩胛骨,便于上肢灵活运动起重要作用。此外,还对其深面的上肢大血管和神经起保护作用。

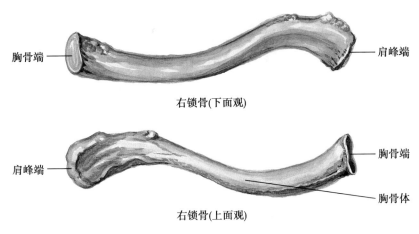

胸骨端　　　　　　　　　　　　　　　肩峰端

右锁骨(下面观)

肩峰端　　　　　　　　　　　　　　　胸骨端

胸骨体

右锁骨(上面观)

图 2-17　锁骨(右侧)

(2) **肩胛骨**(scapula):位于胸廓后外侧,为三角形的扁骨,可分2个面、3个缘和3个角(图2-18)。肩胛骨的前面(肋面)为一大而浅的窝称**肩胛下窝**。后面上部有一斜向外上方的骨嵴称肩胛冈,其外侧端扁平称肩峰,是肩部的最高点。肩胛冈的上、下各有一窝,分别称**冈上窝**和**冈下窝**。肩胛骨上缘短而薄,近外侧有一小切迹称**肩胛切迹**,切迹外侧有一向前突出的指状突起称**喙突**。外侧缘较厚邻近腋窝,又称**腋缘**。内侧缘薄而长,邻近脊柱,又称**脊柱缘**。肩胛骨的上角和下角分别平对第2肋和第7肋,是计数肋的标志。外侧角膨大,有一梨形的关节面称**关节盂**,盂的上、下各有一小突起,分别称**盂上结节**和**盂下结节**。

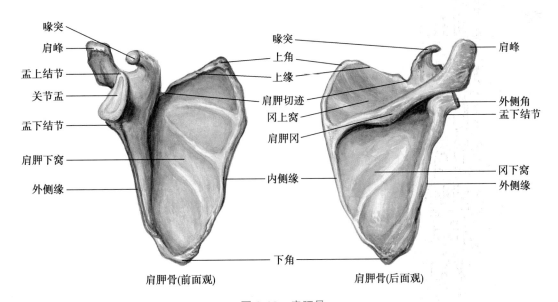

喙突
肩峰
盂上结节
关节盂
盂下结节
肩胛下窝
外侧缘

喙突
上角
上缘
肩胛切迹
冈上窝
肩胛冈

肩峰
外侧角
盂下结节

冈下窝
外侧缘

内侧缘

下角

肩胛骨(前面观)　　　　　　肩胛骨(后面观)

图 2-18　肩胛骨

2. 自由上肢骨

(1) **肱骨**(humerus):位于臂部,是典型的长骨,分一体两端(图2-19)。上端膨大,有朝向内后上方呈半球形的**肱骨头**,与肩胛骨的关节盂构成肩关节。肱骨头周围有环形窄沟称**解剖颈**。颈的外侧和前方各有一隆起,分别称为**肱骨大结节**和**肱骨小结节**,两结节向下延伸的骨嵴,分别称**大结节嵴**和**小结节嵴**,两者之间的纵沟为**结节间沟**,内有肱二头肌长头肌腱通过。肱骨上端与肱骨体交界处称**外科颈**,此处易发生骨折。

肱骨体外侧面中部有一 V 形的粗糙隆起,称**三角肌粗隆**,是三角肌的附着处。体的后面

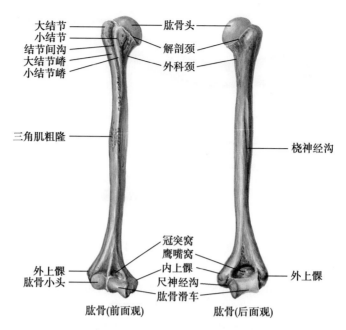

大结节 —— 肱骨头
小结节 —— 解剖颈
结节间沟 —— 外科颈
大结节嵴
小结节嵴

三角肌粗隆 —— 桡神经沟

冠突窝
鹰嘴窝
外上髁 —— 内上髁 —— 外上髁
肱骨小头 —— 尺神经沟
肱骨滑车

肱骨(前面观)   肱骨(后面观)

图 2-19 肱骨

有由内上斜向外下的浅沟,称**桡神经沟**,桡神经走行其间,此处骨折时易损伤桡神经。

肱骨下端宽扁,略向前弯曲。末端有两个关节面,内侧的形如滑车,称**肱骨滑车**,外侧有呈半球形的**肱骨小头**。滑车与小头前上方各有一窝,分别称**冠突窝**和**桡窝**。肱骨滑车后面上方有一个深窝称**鹰嘴窝**。肱骨下端两侧各有一突起,分别称**内上髁**和**外上髁**,是上肢重要的骨性标志。内上髁后面为**尺神经沟**,有尺神经经过,肱骨内上髁骨折时易损伤尺神经。

(2) **尺骨**(ulna):位于前臂内侧,上端粗大、下端细小,中部为尺骨体。上端有两个向前的突起,上方较大,称**鹰嘴**,下方较小,称**冠突**,两者之间的半月形关节面称**半月**或**滑车切迹**,与肱骨滑车形成肱尺关节。鹰嘴向后的突起是上肢重要的骨性标志。冠突的外侧面有一关节面称**桡切迹**;冠突前下方的粗糙隆起称**尺骨粗隆**。尺骨体稍弯曲,呈三棱柱状,其后缘全长位于皮下均可摸到。外侧缘薄而锐利称骨间嵴,为前臂骨间膜的附着处。下端有球形的**尺骨头**,尺骨头的后内侧向下的突起称**尺骨茎突**(图2-20)。

(3) **桡骨**(radius):位于前臂的外侧,上端小、下端膨大,中部为**桡骨体**。上端形成扁圆形的**桡骨头**,头的上面有关节凹称桡骨头凹,与肱骨小头形成肱桡关节。桡骨头周缘有**环状关节面**,与尺骨的桡切迹形成桡尺近侧关节。桡骨头下方缩细的部分为**桡骨颈**,颈下方向前内侧的粗糙隆起称**桡骨粗隆**。桡骨体呈三棱柱形,内侧缘锐利,称骨间嵴。下端下面有腕关节面,下端内侧有凹形的关节面称**尺切迹**。桡骨下端外侧向下的突起称**桡骨茎突**,是重要的体表标志(图2-20)。

(4) **手骨**:由 8 块腕骨、5 块掌骨、14 块指骨组成(图2-21)。此外,还有数量不定的籽骨。

1) **腕骨**:属于短骨,排成两列,每列 4 块,均以其形状命名。近侧列由桡侧向尺侧依次为**手舟骨**、**月骨**、**三角骨**和**豌豆骨**;远侧列为**大多角骨**、**小多角骨**、**头状骨**和**钩骨**。近侧列腕骨(除豌豆骨外)共同形成一椭圆形的关节面,与桡骨的腕关节面构成关节。8 块腕骨并列,后方凸,前方凹陷成腕骨沟。

2) **掌骨**:属长骨,共 5 块。由桡侧向尺侧依次为第 1~5 掌骨。掌骨的近侧端为掌骨**底**、与远侧列腕骨构成关节;中部稍向背侧弯曲为掌骨**体**;远侧端呈球形为掌骨**头**,与指骨构成关节。

3) **指骨**:为小型长骨,共 14 块。拇指为 2 节,其余各指为 3 节,由近侧向远侧依次为**近**

笔记

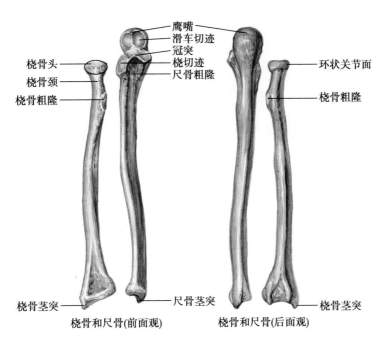

图 2-20　桡骨和尺骨

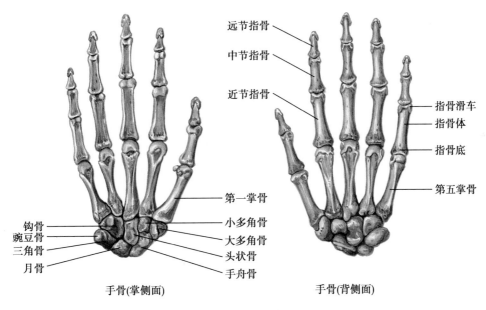

图 2-21　手骨

节指骨、**中节指骨**和**远节指骨**。每节指骨均分为指骨底、指骨**体**和**指骨滑车**,远节指骨末端掌面膨大且粗糙,称远节指骨粗隆。

（二）下肢骨

1. **下肢带骨**　髋骨（hip bone）为不规则的扁骨,左、右各一。由**髂骨**、**耻骨**和**坐骨**组成,髂骨位于上方,耻骨位于前下方,坐骨位于后下方。16 岁以前三块骨之间由软骨结合,成年后软骨骨化,三块骨的体部融合,形成一个大而深的窝,称**髋臼**,与股骨头构成关节（图 2-22）。

（1）**髂骨**（ilium）:分为体和翼两部分。**髂骨体**肥厚坚固,构成髋臼的后上部。**髂骨翼**在体的上方,为宽阔的骨板,上缘称**髂嵴**,髂嵴前、中 1/3 交界处向外侧突出,称**髂结节**,是重要的骨性标志,临床上常在此处进行骨髓穿刺抽取红骨髓。两侧髂嵴最高点的连线大约平对

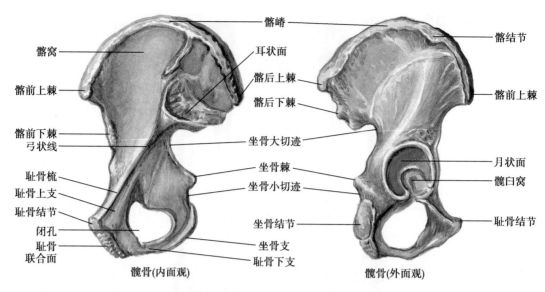

图 2-22　髋骨

第4腰椎棘突,是确定椎骨序数的骨性标志。髂嵴的前、后突起分别称为**髂前上棘**和**髂后上棘**。髂骨翼内面平滑微凹,称**髂窝**,窝下方的骨嵴为**弓状线**,其后上方为**耳状面**,与骶骨的耳状面构成骶髂关节。耳状面后上方为髂粗隆。髂骨的外面称为臀面。

(2) **坐骨**(ischium):分为坐骨体和坐骨支。**坐骨体**构成髋臼的后下部,肥厚粗壮,体向后下延续为**坐骨支**,其后下为粗大的**坐骨结节**。坐骨体的后缘有一向后伸出的三角形突起为**坐骨棘**,棘的上、下方各有一切迹,上方为**坐骨大切迹**,下方为**坐骨小切迹**。坐骨大切迹具有明显的性别差异,男性的窄而深,女性的宽而浅。

(3) **耻骨**(pubis):分为一体两支。**耻骨体**构成髋臼的前下部。耻骨体与髂骨体结合处的上面为**髂耻隆起**。从体向前内伸出**耻骨上支**,其末端急转向下外成为**耻骨下支**。两支转弯处内侧有一椭圆形的粗糙面,称**耻骨联合面**。耻骨上支的上缘锐利的骨嵴称**耻骨梳**,其前下端终于耻骨结节。自耻骨结节向内侧延伸到耻骨联合面上缘的骨嵴称耻骨嵴,耻骨下支与坐骨支围成**闭孔**。

2. 自由下肢骨

(1) **股骨**(femur):位于股部,是人体最大的长管状骨,其长度占身长的1/4,分为一体两端(图2-23)。上端朝向内上方,其末端呈球状膨大,称**股骨头**,与髋臼构成关节。股骨头中央稍下方的小凹,称**股骨头凹**,是股骨头韧带的附着处。股骨头的外下方较细的部分称**股骨颈**。股骨的颈与体之间形成的夹角,称**颈干角**,男性平均132°,女性127°。股骨的颈与体交界处的外侧有两个隆起,上外侧粗大的方形隆起,称**大转子**,是重要的骨性标志;内下方的圆锥形突起,称**小转子**。大、小转子之间,前有**转子间线**,后有**转子间嵴**相连。

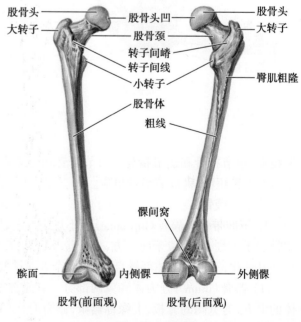

图 2-23　股骨

股骨体粗壮微向前凸,体的前面光滑,后面有一纵行的骨嵴,称**粗线**。该线向外上方延续为粗糙的隆起,称**臀肌粗隆**。向下逐渐分离,其形成三角形的平面称**腘面**。

下端为两个膨大的隆起,分别称为**内侧髁**和**外侧髁**,髁的下面和后面都有关节面与胫骨上端构成关节,前面的光滑关节面与髌骨构成关节,称为**髌面**。两侧髁之间的深窝称**髁间窝**,两侧髁的侧面上方分别有一个突起,称为**内上髁**和**外上髁**,在体表易于摸到,是重要的骨性标志。

(2) **髌骨**(patella):是全身最大的籽骨,包埋于股四头肌腱内,呈扁三角形,底朝上,尖向下,前面粗糙,后面光滑的关节面与股骨髌面相对,参与膝关节的构成。髌骨可在体表摸到(图 2-24)。

(3) **胫骨**(tibia):位于小腿内侧,分为一体两端(图 2-25)。上端膨大,形成与股骨内、外侧髁相对应的**内侧髁**和**外侧髁**,两髁之间向上的隆起,称**髁间隆起**。外侧髁的后外侧有一个关节面,称腓关节面。胫骨上端前面的粗糙隆起,称**胫骨粗隆**。胫骨体呈三棱柱形,其前缘锐利,称前嵴,可扪及。体的内侧面光滑平坦无肌肉覆盖,在皮下可触及。胫骨下端稍膨大,其内下方的突起,称**内踝**,其外侧与腓骨相接的三角形隐凹,称腓切迹。

(4) **腓骨**(fibula):位于小腿的后外侧,细而长,也分为一体两端(图 2-25)。上端稍膨大,称**腓骨头**,可扪及。腓骨头下方缩细为**腓骨颈**。腓骨体形状不规则。下端稍膨大,称**外踝**,其内侧有外踝关节面。

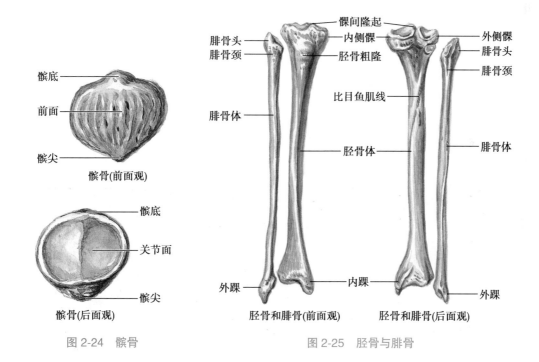

图 2-24　髌骨　　　　　　　　　图 2-25　胫骨与腓骨

(5) **足骨**:由 7 块**跗骨**、5 块**跖骨**、14 块**趾骨**组成(图 2-26)。

1) 跗骨属于短骨,位于足骨的近侧部,相当于手的腕骨,共 7 块。上方是**距骨**,后下方为**跟骨**,其后部的粗糙隆起,称**跟结节**。距骨的前方稍内侧为**足舟骨**,其前方由内向外依次为**内侧楔骨**、**中间楔骨**、**外侧楔骨**。跟骨的前方为**骰骨**。

2) 跖骨属小型长骨,共 5 块,其形状大致与掌骨相当,但比掌骨长而粗壮。由内向外依次为第 1~5 跖骨。每块跖骨均分为后端的跖骨**底**、中部的跖骨**体**和前端的跖骨**头**三部分。第 5 跖骨底的外侧突向后,称**第 5 跖骨粗隆**。足骨中第 1 和第 5 跖骨主要承受人体重量,且着力点均在跖骨头部。

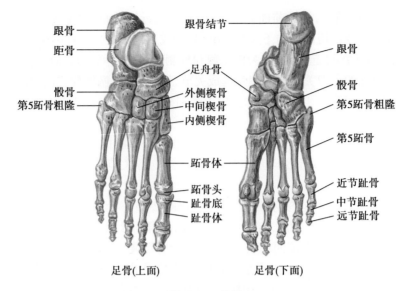

图 2-26　足骨

3）趾骨共 14 块,其形状和排列与指骨相似,但都较短小。临床常截取第 2 趾骨应用于手的拇指再造。

第二节　骨 连 结

一、概述

骨与骨之间的连结装置称**骨连结**。根据骨连结的结构和形式,分为**直接连结**和**间接连结**两种(图 2-27,图 2-28)。

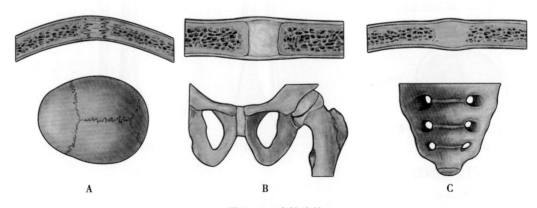

图 2-27　直接连结
A.纤维连结;B.软骨连结;C.骨性结合

(一)直接连结

骨与骨之间借结缔组织、软骨或骨直接相连,其间没有腔隙。这类连结运动性能很小或不能运动,依连结组织不同可分为三类(图 2-27)。

1. **纤维连结**　骨与骨之间借致密结缔组织相连,多呈膜状、扁带状或束状。如果两骨间距较宽,连结两骨的结缔组织比较长,称**韧带连结**,如尺、桡骨,胫、腓骨之间的骨间膜,椎骨棘突间的棘间韧带等。如果两骨间距很窄,借少量结缔组织相连,则称**缝**,如颅盖骨之间的冠状缝、矢状缝等。一般的韧带连结允许两骨间有较小的活动,而缝则几乎不活动。

2. **软骨连结**　是两骨之间以软骨组织相连结,分为暂时性和永久性两种。暂时性的软骨连结,存在于生长发育的过程中,如髂骨、坐骨与耻骨三者之间连结,在少年时期为软骨结合,后来愈合成为骨性结合;还有长骨的干与骺之间的骺软骨,属于透明软骨连结,随年龄发育可骨化成骨性结合。若两骨间软骨组织终身不骨化,则为永久性软骨结合,如第 1 肋与胸骨的结合。

3. **骨性结合**　两骨之间以骨组织相连结,一般由暂时性软骨连结或缝经骨化演变而成,如骶骨、髋骨等,通过骨性结合融为一体。

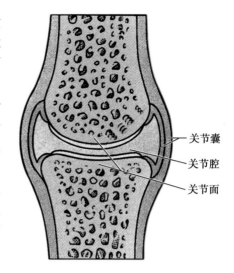

图 2-28　间接连结

（右侧标注：关节囊、关节腔、关节面）

(二) 间接连结——关节

间接连结又称**滑膜关节**,简称**关节**。骨与骨之间通过结缔组织膜囊相连,相对的骨面之间具有腔隙。这类连结可进行各种运动,是人体骨连结的主要形式。

1. **关节的基本结构**　包括关节面、关节囊和关节腔三部分(图 2-28)。

(1) **关节面**:组成关节各骨间相互接触的面,关节面的形态常为一凸一凹,分别称为关节头和关节窝。关节面上覆盖一层薄而光滑的透明软骨,其摩擦系数小于冰面,故使关节运动更加灵活。由于软骨具有弹性,因而可承受负荷和减缓震荡。

(2) **关节囊**:包在关节周围的结缔组织膜囊,分内、外两层。外层为纤维层,由致密结缔组织构成,并与骨膜相续,有丰富的血管、神经和淋巴管分布,且在某些部位增厚形成韧带,可以加强关节的稳固性和限制关节的过度运动。内层为滑膜层,衬于纤维层内面,由疏松结缔组织构成,薄而柔软,能分泌滑液,滑液具有润滑关节和营养关节软骨等作用。

(3) **关节腔**:是关节囊滑膜层和关节软骨所围成的密闭性腔隙。内含少量滑液,腔内呈负压,有助于关节的稳固性。

2. **关节的辅助结构**　关节除上述的基本结构外,还有韧带、关节盘和关节唇等辅助结构,它们能够增加关节的稳固性或增加关节的灵活性。

(1) **韧带**:是连结关节各骨之间的致密结缔组织,呈扁带状、束状或膜状,分为囊外韧带和囊内韧带两种,囊外韧带多为关节囊纤维层的增厚部分,如肘关节两侧的副韧带。囊内韧带位于关节囊内,被滑膜包绕,故不在关节腔内,如膝关节的交叉韧带。韧带的主要功能是限制关节的运动幅度,增强关节的稳固性。

(2) **关节盘**:是位于关节面之间的纤维软骨板,中间薄周缘厚,周缘附着于关节囊,使关节面更加相互适应,从而增加关节的稳固性和灵活性。此外还具有缓冲震荡的作用。膝关节内的关节盘不完整呈新月形,称半月板。

(3) **关节唇**:是附着在关节窝周缘的纤维软骨环,可增大关节面,加深关节窝,以增加关节的稳固性。

3. **关节的运动**　关节一般都是围绕一定的运动轴进行运动。围绕某一运动轴可产生两种方向相反的运动形式。根据运动轴的方向不同,关节的运动形式可分为以下四种:

(1) **屈和伸**:是围绕冠状轴的运动。一般将两骨间夹角变小的运动称为屈,反之为伸。

(2) **内收和外展**:是围绕矢状轴的运动。骨向正中矢状面靠拢为内收,反之为外展。对于手指来说,靠近中指为内收,反之为外展。

(3) **旋转**:是骨围绕垂直轴的运动。骨的前面转向内侧为旋内,反之为旋外。在前臂,手背转向前方为旋前,反之为旋后。

(4) **环转**:是围绕冠状轴和矢状轴的复合运动。是屈、收、伸、展4种动作的连续运动。运动时,骨的近侧端在原位转动,远端做圆周运动。

关节运动幅度的大小,主要取决于构成关节的相对应骨关节面的大小,关节面相差愈大,运动的幅度也愈大。此外,构成关节韧带的发达程度及骨的局部结构对关节的运动幅度也有一定的影响。

【正常关节的X线像】

关节软骨不显影,关节囊为软组织影像。两关节面光滑整齐,之间有间隙,呈宽度均匀的透亮影,宽度大小因关节的不同和年龄的变化而异。新生儿的关节间隙因骺的次级骨化中心尚未出现而增宽,随年龄增长而逐渐变窄。

二、躯干骨连结

躯干骨中椎骨、骶骨、尾骨通过骨连结构成**脊柱**(vertebral column),胸椎、肋及胸骨通过骨连结构成**胸廓**(thoracic cage)。

(一) 脊柱

1. 椎骨间的连结 椎骨间借椎间盘、韧带和关节相连。

(1) **椎间盘**:是连结相邻两个椎体间的纤维软骨盘,由**髓核**和**纤维环**两部分组成(图2-29)。髓核位于椎间盘的中央部,为柔软富有弹性的胶状物。纤维环围绕髓核周围,由多层同心圆排列的纤维软骨环构成,质坚韧,牢固连结相邻椎体,并保护和限制髓核向外膨出。整个椎间盘既坚韧又富有弹性,可缓冲震荡,起弹性垫的作用。脊柱各部椎间盘厚薄不一,腰部最厚,颈部次之,胸部最薄,故脊柱腰部活动度最大。当脊柱突然屈转或慢性劳损时,可引起纤维环破裂,髓核膨出,压迫脊髓或脊神经,临床称椎间盘突出症。

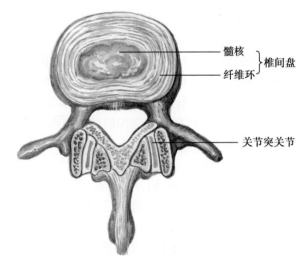

髓核 ⎫
纤维环 ⎬ 椎间盘

关节突关节

图2-29 椎间盘和关节突关节

(2) **韧带**:位于椎体和椎间盘前面的韧带,称**前纵韧带**,纵贯脊柱全长,可限制脊柱过度后伸。位于椎体和椎间盘后部的韧带,称**后纵韧带**。位于椎管后壁连于相邻椎弓板间的韧带,称**黄韧带**。此外,还有连于相邻棘突间的**棘间韧带**和附着于各棘突尖端的**棘上韧带**(图2-30)。棘上韧带自第7颈椎棘突到枕外隆凸之间韧带增宽加厚,形成**项韧带**(图2-31),可协助仰头。临床腰椎穿刺时,针尖依次穿过棘上韧带、棘间韧带和黄韧带进入椎管。

(3) **关节突关节**:由相邻椎骨的上、下关节突构成关节突关节,属于微动关节。在脊柱整体运动时,这些小关节的运动叠加起来可使运动幅度增大。此外,由寰椎和枕髁构成**寰枕关节**;寰椎和枢椎构成**寰枢关节**,可使头前屈、后仰、侧屈和旋转运动。

2. 脊柱的整体观 脊柱因年龄、性别和发育不同而各有差异。成人脊柱长约70cm。

从前面观察脊柱,椎体自上而下逐渐增大,从骶骨耳状面以下又逐渐缩小,椎体大小的这种变化,与脊柱承受重力的变化密切相关。

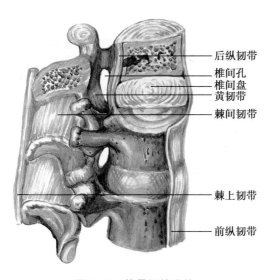

图 2-30 椎骨间的连结

后纵韧带
椎间孔
椎间盘
黄韧带
棘间韧带
棘上韧带
前纵韧带

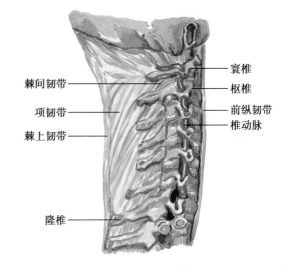

图 2-31 项韧带

棘间韧带
项韧带
棘上韧带
隆椎
寰椎
枢椎
前纵韧带
椎动脉

从后面观察脊柱,可见棘突纵行排列成一条直线。颈椎棘突较短,但第 7 颈椎的棘突长而突出;胸椎棘突斜向后下方,呈叠瓦状,棘突间隙较窄;腰椎棘突呈板状,水平向后伸出,棘突间隙较宽。

从侧面观察脊柱,可见脊柱有 4 个生理弯曲(图 2-32):**颈曲**、**腰曲**(凸向前)、**胸曲**、**骶曲**(凸向后)。这些弯曲增大了脊柱的弹性,在行走和跳跃时,有减轻对脑和内脏器官的冲击与震荡的作用。脊柱的弯曲是在长期进化过程中形成的,对维持人体直立姿势也具有重要作用。

3. **脊柱的运动** 脊柱是躯干的支柱,上承托颅,下连下肢骨,具有支持体重、传递重力的作用;脊柱参与胸廓和骨盆的构成,保护体腔内器官;脊柱内有椎管,容纳和保护脊髓及脊神经根;脊柱是躯干运动的中轴和枢纽,可做前屈、后伸、侧屈、旋转和环转等多种形式的运动。虽然相邻两个椎骨间的运动幅度有限,但是多个椎骨间的运动总合起来,整

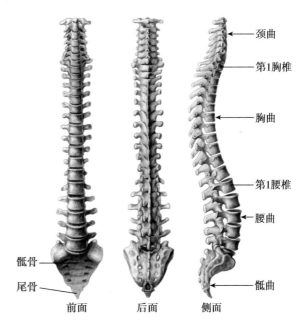

颈曲
第1胸椎
胸曲
第1腰椎
腰曲
骶曲
骶骨
尾骨
前面   后面   侧面

图 2-32 脊柱整体观

个脊柱的活动幅度会增大,尤其是颈部和腰部运动幅度最大,临床上脊柱的损伤也以这两处较为多见。

(二)胸廓

胸廓由 12 块胸椎、12 对肋和 1 块胸骨连结成。胸廓的内腔为胸腔,内有心、肺和大血管等重要器官,具有支持、保护功能,并参与呼吸运动等功能。

1. **胸廓的连结与形态** 肋的后端与胸椎间形成肋椎关节(图 2-33)。第 1 肋前端与胸骨柄间为软骨连结。第 2~7 肋的前端分别与胸骨体各肋切迹构成胸肋关节。第 8~10 肋前端依次与上位肋软骨相连,其下缘共同形成**肋弓**。第 11、12 肋前端游离,称**浮肋**。

笔记

成人胸廓前后略扁,上窄下宽(图2-34)。胸廓上口较小,由第1胸椎、第1肋和胸骨柄上缘围成,自后上向前下方倾斜,是颈部与胸腔之间的通道。胸廓下口较大,由第12胸椎、浮肋、肋弓和剑突围成,两侧肋弓间的夹角,称**胸骨下角**。相邻两肋间的间隙,称**肋间隙**。剑突与肋弓间的夹角为**剑肋角**,左剑肋角的顶是心包穿刺的部位。

胸廓的形态和大小与年龄、性别、体型、健康状况等因素有关。新生儿胸廓横径与前后径近似,呈桶状;老年人胸廓则扁而长。佝偻病患儿的胸廓前后径大,胸骨向前突出,形成鸡胸。肺气肿病人的胸廓各径线都增大,形成桶状胸。

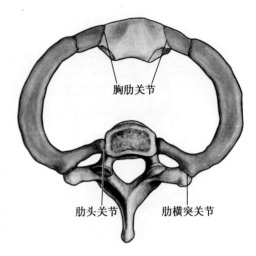

图 2-33　肋椎关节

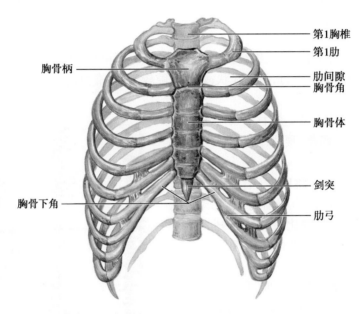

图 2-34　胸廓(前面观)

2. 胸廓的运动　胸廓除有保护和支持功能外,主要参与呼吸运动。吸气时提肋,使胸廓前后径和横径加大,扩大胸廓容积。反之,呼气时降肋,使胸廓容积缩小。肋软骨具有良好的弹性,不仅使胸廓增强了抗冲击的能力,也有利于急救时对病人进行胸壁按压和人工呼吸。

三、颅骨的连结

(一) 颅骨的直接连结

各颅骨间的连结多为直接连结,诸骨间多借缝、软骨连结或骨性结合相连,故彼此结合牢固。易于保护颅内的脑组织。

(二) 颞下颌关节

颞下颌关节或称下颌关节,由颞骨的下颌窝,关节结节与下颌头构成(图2-35)。关节囊附于下颌窝、关节结节周缘及下颌颈,关节囊较松弛,囊的外侧有颞下颌韧带加强。关节腔内有纤维软骨构成的关节盘,将关节腔分为上、下两部分,关节盘周围附着于关节囊。

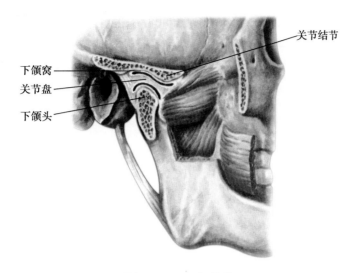

图 2-35　颞下颌关节

下颌关节属于联合关节。两侧同时运动可使下颌骨上提、下降和向前、后及两侧运动，以完成咀嚼功能。关节结节有限制下颌头过度前移作用。若张口过大，下颌头滑至关节结节的前方，进入颞下窝，造成下颌关节脱位。复位时应将下颌骨下压，使下颌头越过关节结节后回复原位。

四、四肢骨的连结

（一）上肢骨的连结

由于上、下肢功能不同，其骨连结在结构、形态和功能上，也各有特点。上肢骨连结以灵活为主，下肢骨连结以稳固为主。上肢骨的连结包括上肢带骨的连结和自由上肢骨的连结。

1. 上肢带骨的连结

（1）**胸锁关节**：是上肢骨与躯干骨间唯一的关节。由锁骨的胸骨端与胸骨的锁切迹和第1肋共同构成（图 2-36）。关节囊厚而坚韧，周围有胸锁及肋锁韧带加强，囊内有关节盘。胸锁关节可使锁骨外侧端上提、下降和前后运动，还能做轻微的环转运动。

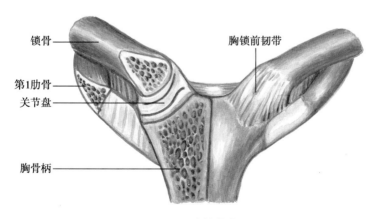

图 2-36　胸锁关节

（2）**肩锁关节**：由肩胛骨肩峰和锁骨的肩峰端连结而成。关节囊坚韧，有喙锁韧带等加固。此关节主要伴随肩关节作轻微运动。

2. 自由上肢骨的连结

（1）**肩关节**：由肩胛骨的关节盂和肱骨头构成（图 2-37）。其结构特点是：①关节头大，关

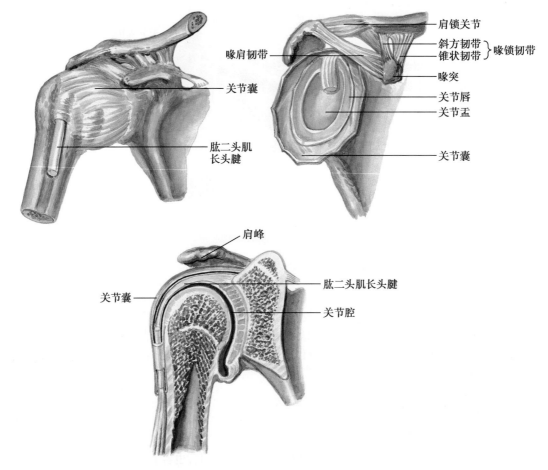

图 2-37　肩关节

节窝浅小,关节盂的面积仅为肱骨头的 1/3 或 1/4,因此,肱骨头的运动幅度较大;②关节盂周缘有纤维软骨构成的关节唇;③关节囊薄而松弛,囊内有肱二头肌长头腱通过。肩关节周围的韧带较少,在肩关节的上方,有**喙肱韧带**、**喙肩韧带**和**盂肱韧带**加强。以上结构特点,使肩关节具有运动灵活、运动幅度大的特点。

　　肩关节为全身最灵活的关节,可作屈、伸;内收、外展;旋内、旋外以及环转运动。由于肩关节囊的前壁较薄弱,当上肢处于外展、外旋位向后跌倒时,手掌或肘部着地,肱骨头脱向前下方,发生肩关节的前脱位。表现为肩峰突出,肩部呈方肩形状,上肢弹性固定等肩关节脱位的典型体征。

　　(2) **肘关节**:由肱骨下端与尺、桡骨上端组成(图 2-38)。肘关节包括 3 个关节:①**肱尺关节**:由肱骨滑车和尺骨的滑车切迹构成;②**肱桡关节**:由肱骨小头和桡骨头凹构成;③**桡尺近侧关节**:由桡骨头环状关节面与尺骨的桡切迹构成。3 个关节包于一个关节囊内,故称为复关节。关节囊的前后壁较薄而松弛,便于做大幅度屈、伸运动。囊的两侧壁增厚,分别有**桡侧副韧带**和**尺侧副韧带**加强。此外,在桡骨头周围有**桡骨环状韧带**,附着于尺骨桡切迹的前、后缘,此韧带与尺骨的桡切迹共同形成一个漏斗形的纤维环,容纳桡骨头。小儿的桡骨头发育不全,且环状韧带较松弛,当肘关节处于伸直位时,突然用力牵拉前臂,使桡骨头从下方脱出,导致桡骨头半脱位。

　　肘关节可做屈、伸运动。伸肘时,肱骨内、外上髁和尺骨鹰嘴三点位于一条直线上;屈肘90°时,三点成一等腰三角形。临床上常以此鉴别肘关节脱位或肱骨髁上骨折。当肘关节伸直,前臂处于旋后位时,臂与前臂并不在一条直线上,前臂的远侧端偏向外侧,二者之间形成

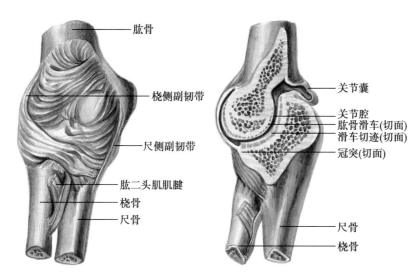

图 2-38 肘关节

一向外开放的钝角,称为**提携角**。

　　(3) **前臂骨间的连结**:包括**桡尺近侧关节**、**前臂骨间膜**和**桡尺远侧关节**(图 2-39)。前臂骨间膜为致密结缔组织构成的薄膜,连结于桡骨体和尺骨体的骨间嵴之间。桡尺近侧关节已在肘关节中叙述。桡尺远侧关节由桡骨的尺切迹与尺骨头的环状关节面构成。桡尺近侧关节和桡尺远侧关节同时活动时,可使前臂做旋前、旋后运动。

　　当前臂处于旋前或旋后位时,两骨呈交叉位,此时骨间膜距离缩短,骨间膜松弛。因此,前臂骨折时,应将前臂固定于中间位,使骨间膜展开,距离增大,以防止骨间膜挛缩,影响前臂旋转功能。

　　(4) **手关节**:包括**桡腕关节**、**腕骨间关节**、**腕掌关节**、**掌指关节**和**指骨间关节**(图 2-40),各关节的名称与构成关节各骨的名称相对应。

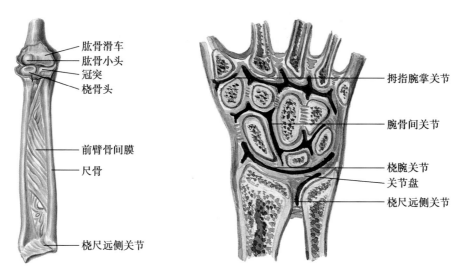

图 2-39 桡、尺骨的连结   图 2-40 手关节

　　桡腕关节,通常称腕关节。由桡骨下端的远侧面、尺骨头下方的关节盘和手舟骨、月骨、三角骨共同组成,可做屈、伸、内收、外展和环转运动。

　　(二)下肢骨的连结

　　1. **下肢带骨的连结**　下肢带骨的连结包括耻骨联合、骶髂关节、骶骨与坐骨间的韧带连结等。

(1) **耻骨联合**：两侧耻骨联合面借纤维软骨构成的耻骨间盘连结而成，盘内有一矢状位裂隙。耻骨联合的上、下分别有耻骨上韧带和耻骨弓状韧带附着。耻骨联合连结牢固不能活动，女性在分娩过程中，可出现轻度的分离，以助胎儿娩出。

(2) **骶髂关节**：由骶骨与髂骨的耳状面构成，关节面凸凹不平，互相嵌合十分紧密，关节囊坚韧，囊外有**骶髂前韧带**和**骶髂后韧带**加强。该关节十分稳固，几乎不能活动，利于重力通过该关节向下肢传递，以及自高处着地或跳跃时缓冲冲击力及震荡的作用。

(3) **骶骨与坐骨的韧带连结**：骶骨与坐骨间有两条韧带相连，一条称**骶结节韧带**，从骶、尾骨侧缘连至坐骨结节；另一条称**骶棘韧带**，从骶、尾骨侧缘连至坐骨棘。两条韧带与坐骨大、小切迹共同围成坐骨大孔和坐骨小孔，是臀部与盆腔和会阴部之间的通道，有肌肉、肌腱、神经、血管等通过（图 2-41）。

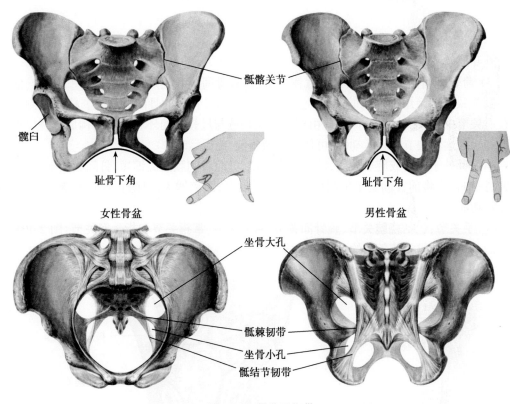

女性骨盆   男性骨盆

图 2-41   骨盆及韧带

(4) **骨盆**(pelvis)：由左、右髋骨、骶骨和尾骨连结而成。从骶骨岬经两侧弓状线、耻骨梳、耻骨结节，耻骨联合上缘连成的环行线，称骨盆**界线**。骨盆以界线为界分为上部的大骨盆和下部的小骨盆两部分，临床上所说的骨盆通常是指小骨盆。小骨盆上口，称骨盆上口，由界线围成。小骨盆下口，称骨盆下口，由尾骨尖、骶结节韧带、坐骨结节、坐骨支、耻骨下支和耻骨联合下缘围成。骨盆上、下口间的小骨盆内腔，**称骨盆腔**。在耻骨联合的下方，左、右耻骨下支所形成的夹角，称**耻骨下角**。骨盆除具有承受、传递重力和保护盆腔内器官的作用外，在女性还是胎儿娩出的通道。成人男、女性骨盆有明显的性别差异（图 2-41）。主要区别见（表 2-1）。

2. 自由下肢骨的连结

(1) **髋关节**(hip joint)：由髋臼和股骨头组成（图 2-42）。在髋臼的边缘有关节唇附着，加

表 2-1 骨盆的性别差异

比较项目	男性	女性
骨盆外形	窄而长	宽而短
骨盆上口	近似心形	近似圆形
骨盆下口	较窄小	较宽大
骨盆内腔	漏斗形	圆桶形
骶骨岬	突出明显	突出不明显
耻骨下角	70°~75°	90°~100°

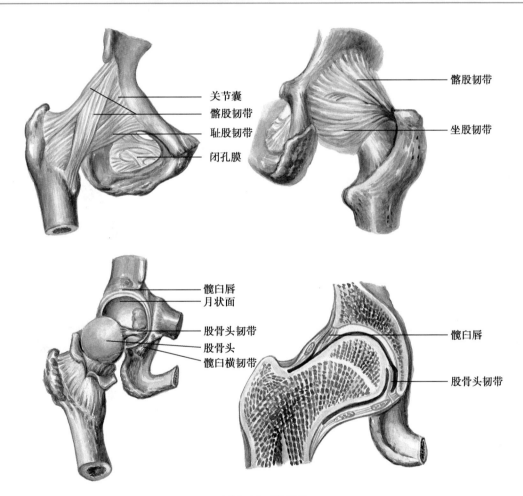

图 2-42 髋关节

深了髋臼的深度,股骨头全部纳入髋臼内,故当股骨颈骨折时,有囊内和囊外之分。关节囊厚而坚韧。关节囊表面有韧带加强,其中位于关节囊前壁的**髂股韧带**最为强大,它限制髋关节过度后伸,对维持人体直立姿势具有重要意义。关节囊内有**股骨头韧带**,一端连于股骨头,另一端连于髋臼下部的边缘附近,内有滋养股骨头的血管通过。一般认为,股骨头韧带对髋关节的运动并无限制作用。

髋关节的运动形式与肩关节相同,可做屈、伸;内收、外展;旋内、旋外和环转运动。但由于髋关节的结构比肩关节牢固,故髋关节各类运动的幅度,都较肩关节为小。

(2) **膝关节**(knee joint):由股骨下端、胫骨上端和髌骨构成(图 2-43)。是人体最大且构造最复杂,容易受到损伤的关节。关节囊较薄宽阔而松弛,周围有韧带加固。关节囊前方为

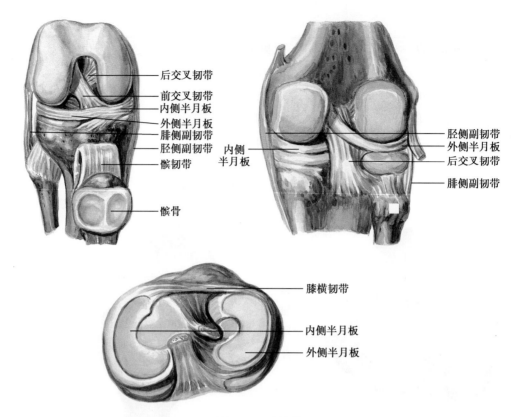

图 2-43　膝关节

髌韧带厚而强韧,是股四头肌腱的延续。此外,囊的内侧有**胫侧副韧带**,外侧有**腓侧副韧带**,后面有**腘斜韧带**加强。在关节囊内有两条交叉韧带连结于股骨和胫骨关节面之间,分别是**前交叉韧带**和**后交叉韧带**,可限制胫骨向前、向后移位。

在股骨、胫骨关节面之间有两块由纤维软骨构成的半月板。**内侧半月板**较大,呈 C 形,**外侧半月板**较小,呈 O 形。半月板的外侧缘与关节囊或囊外韧带相连,内缘较薄,两端借韧带附于髁间隆起。内、外侧半月板分别位于股骨和胫骨的同名髁之间。半月板上面微凹,下面平坦,可使股骨、胫骨的关节面更为适应,从而增强了关节的稳固性,并在跳跃和剧烈运动时,起缓冲作用。当强力旋转和骤伸小腿时,易造成半月板的撕裂损伤。

膝关节主要做屈、伸运动,当膝关节半屈位时,可做轻微的旋内和旋外运动。

(3) **小腿骨的连结**:胫骨与腓骨间的连结包括 3 部分(图 2-44):胫骨与腓骨的上端构成**胫腓关节**;两骨干之间借小腿骨间膜相连;下端借胫腓前、后韧带构成韧带连结。胫、腓骨间活动度甚小,几乎不能运动。由于腓骨不参与膝关节的组成,重力通过胫骨传递,故当腓骨部分切除用于骨移植时,并不影响下肢的活动。

(4) **足关节**:包括**距小腿关节**、**跗骨间关节**、**跗跖关节**、**跖趾关节**和**趾骨间关节**(图 2-45)。

(5) **踝关节**:由胫、腓骨的下端与距骨构成,又名**距小腿关节**。关节囊的前后部薄而松弛,两侧紧张并有韧带加强。其中内侧韧带为一强韧的三角形韧带,(又名**三角韧带**),起自内踝,呈扇形向下止于距骨、跟骨和足舟骨。**外侧韧带**连于外踝与距骨和跟骨之间,外侧韧带较内侧薄弱松弛。

踝关节可做背屈和跖屈运动,与跗骨间关节协同作用时,可使足作内翻和外翻运动。由于距骨关节面前宽后窄,足跖屈时关节稳定性较差,此时踝关节容易发生扭伤,其中以内翻损伤最多见。

(6) **足弓**:是由跗骨和跖骨的拱形砌合,以及足底的韧带、肌腱等紧密相连,在纵、横方向

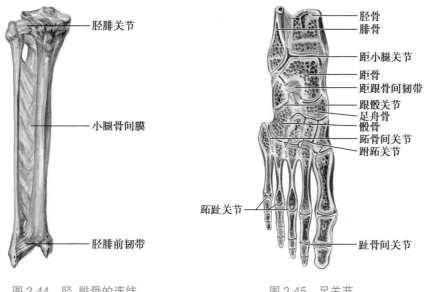

图 2-44 胫、腓骨的连结　　　　图 2-45 足关节

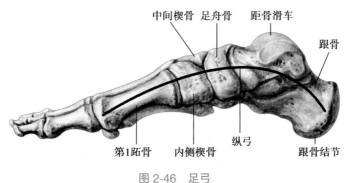

图 2-46 足弓

都形成凸向上的弓形结构(图 2-46)。人站立时,足以跟骨结节及第 1、5 跖骨头三点着地,使足具有较好的弹性,在缓冲震荡及保持足底的血管和神经免受压迫等方面起到非常重要的作用。足弓主要凭借足底的韧带、肌肉和腱等结构来维持。如韧带或肌肉(腱)损伤,先天性软组织发育不良或足骨骨折等,均可导致足弓塌陷,形成扁平足,从而影响行走或跑跳运动。

第三节 骨 骼 肌

一、概述

　　骨骼肌(skeletal muscle),数量较多,全身有 600 余块,约占体重的 40%,主要分布于头、颈、躯干和四肢(图 2-47)。每一块肌都有一定的形态、结构、辅助装置和功能,并有丰富的血管、神经和淋巴管分布。

(一)肌的形态和构造

　　肌的形态各异,大致可分为 4 种,即**长肌**、**短肌**、**扁肌**和**轮匝肌**(图 2-48)。长肌呈长梭形或带状,多分布于四肢,收缩时可产生大幅度的运动。短肌短小,主要分布于躯干深部,收缩时运动幅度较小。扁肌扁薄宽阔,多分布于躯干浅部,除运动外,还有保护和支持腔内器官的作用。轮匝肌呈环形,位于孔和裂周围,收缩时可关闭孔和裂。

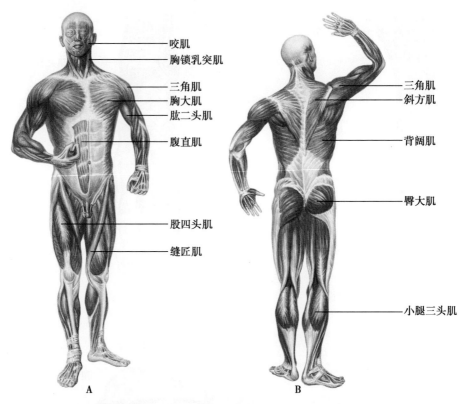

咬肌
胸锁乳突肌
三角肌
胸大肌
肱二头肌
腹直肌
股四头肌
缝匠肌

三角肌
斜方肌
背阔肌
臀大肌
小腿三头肌

A
B

图 2-47 全身骨骼肌
A. 前面观；B. 后面观

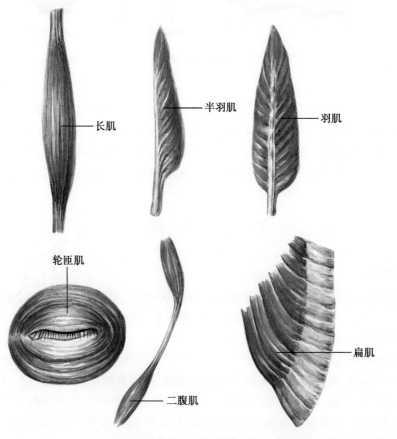

长肌
半羽肌
羽肌
轮匝肌
扁肌
二腹肌

图 2-48 肌的形态

每块骨骼肌一般由中间的**肌腹**和两端的**肌腱**构成。肌腹主要由大量的骨骼肌纤维构成，具有收缩和舒张能力。肌腱由致密结缔组织构成，白色坚韧，无收缩能力，能抵抗强大的张力。骨骼肌通过肌腱附着于骨。长肌的肌腱多呈条索状，扁肌的肌腱呈膜片状，称**腱膜**。

人体还有些肌的形态较复杂，如**二头肌、二腹肌、羽状肌**等。

（二）肌的起止、配布和作用

肌通常以两端附于2块或2块以上的骨上，中间跨过1个或多个关节（图2-49）。肌收缩时，一骨的位置相对固定，另一骨相对移动。肌在固定骨上的附着点，称**起点**或**定点**，在移动骨上的附着点，称**止点**或**动点**。通常靠近身体正中面或四肢近侧端的附着点为起点，反之为止点。肌的起点和止点是相对的，在一定条件下可以互换。

肌的配布的方式与关节运动轴有关，在一个运动轴相对的两侧作用相反的肌或肌群，称为**拮抗肌**，如肘关节前方的屈肌群和后方的伸肌群；在运动轴的同一侧作用相同的肌或肌群，称为**协同肌**，如肘关节前面的各屈肌。二者既互相拮抗，又彼此协调，共同完成各种动作。肌的配布也反映了人体直立和从事劳动的特点。为适应直立姿势，克服重力影响，在进化过程中，项背部、臀部、大腿前面和小腿后面的肌肉得到高度发展，变得粗壮有力。劳动使上、下肢出现了分工，下肢肌比上肢的肌粗大，上肢肌比下肢肌灵巧。

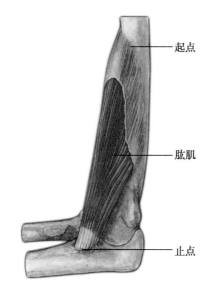

图 2-49　肌的起止点

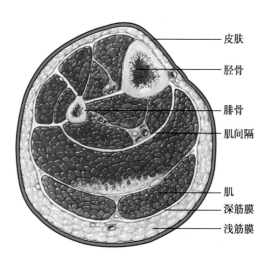

图 2-50　筋膜示意图

（三）肌的辅助结构

在肌活动的影响下，肌周围的结缔组织转化成一些辅助结构，对肌起保护和协助作用。辅助结构包括有**筋膜、滑膜囊**和**腱鞘**等。

1. **筋膜**　遍布全身，分为浅筋膜和深筋膜两种（图2-50）。

（1）**浅筋膜**：又称**皮下筋膜**。位于真皮深面，由疏松结缔组织构成，内含血管、神经、淋巴管和脂肪组织等。具有维持体温和保护深部结构的作用。皮下注射即是将药物注入此层。

（2）**深筋膜**：又称**固有筋膜**。位于浅筋膜的深面，由致密结缔组织构成，包裹肌、肌群以及血管、神经等。四肢的深筋膜插入肌群间并附于骨上，形成肌间隔。深筋膜包绕血管、神经形成血管神经鞘。了解和掌握深筋膜的层次和配布有助于寻找血管和神经，临床上还能推测炎症和积液蔓延的方向。

2. **滑膜囊**　为封闭的结缔组织小囊,形扁壁薄,内含滑液,多位于肌腱与骨面相接触处,可减少两者之间的摩擦。在关节附近的滑膜囊可与关节腔相通。

3. **腱鞘**　为包在长肌腱周围的结缔组织鞘,多存在于活动性较大的部位,如腕、踝、手指和足趾等处。腱鞘呈双层套管状,外层是纤维层,内层为滑膜层。滑膜层又分为内、外两层,外层紧贴于纤维层内面,内层紧包于肌腱的表面。滑膜层的内、外两层的移行部称腱系膜,供应腱的血管、神经由此通过。滑膜层内含有少量滑液,能使腱在鞘内自由滑动,以减少与骨面的摩擦。如果肌腱长期过度使用摩擦,即可发生肌腱和腱鞘的损伤性炎症,临床上称为腱鞘炎或腱鞘囊肿。

二、头颈肌

(一) 头肌

头肌分为**面肌**和**咀嚼肌**两部分。

1. **面肌**　又称**表情肌**。位置表浅,起自颅骨,止于面部皮肤,收缩时使面部孔裂开大或闭合,同时牵动皮肤,产生各种表情。按表情肌的位置,可分颅顶肌、外耳肌、眼周围肌、鼻肌和口周围肌(图 2-51)。如眼裂周围有眼轮匝肌环绕,收缩时使眼裂闭合。口裂周围有口轮匝肌,收缩时使口裂闭合。位于颊深部的称颊肌,颊肌有协助咀嚼和吸吮的作用。

位于颅顶的面肌主要是**枕额肌**。它有两个肌腹,即**枕腹**和**额腹**,分别位于枕部和额部,两肌腹之间,以**帽状腱膜**相连。帽状腱膜借浅筋膜与颅顶皮肤紧密结合构成头皮,与深层的骨膜则以疏松结缔组织相连,二层结合疏

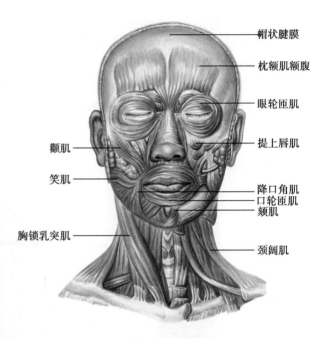

图 2-51　头肌

松,易分离。枕额肌收缩时,枕腹可向后牵引头皮;额腹可提眉,并使额部皮肤形成横行的皱纹。

【面部表浅肌肉腱膜系统(SMAS)】

在面部和颈部皮下脂肪层的深面,还存在一个明确的连续性的解剖结构,它主要是由肌肉、腱膜组织排列构成,即面部表浅肌肉腱膜系统(SMAS)。SMAS 在面部修复重建以及美容外科领域的应用起着非常重要的作用。通过有创或无创等方法对 SMAS 进行调整,不仅可以使面部皮肤紧致,还可以治疗鼻唇沟、先天性上睑下垂等衰老、畸形及创伤带来的多种面部疾病。

2. **咀嚼肌**　咀嚼肌配布于颞下颌关节的周围,参与咀嚼运动(图 2-52)。

(1) **咬肌**:位于下颌支外面,起自颧弓,肌纤维斜向后下,止于下颌骨咬肌粗隆。作用:收缩时上提下颌骨。

(2) **颞肌**:位于颞窝,呈扇形。起自颞窝,肌束向下通过颧弓深面,止于下颌骨冠突。作用:收缩时上提下颌骨。

(3) **翼内肌**:位于下颌支内面,起自翼突,肌束行向下外方,止于下颌角内面。作用:两侧同时收缩上提下颌骨,一侧收缩时使下颌骨移向对侧。

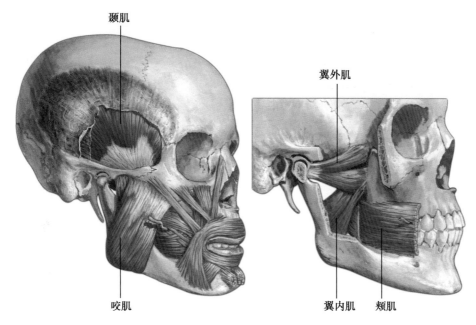

颞肌

翼外肌

咬肌

翼内肌 颊肌

图 2-52 咀嚼肌

（4）**翼外肌**：位于颞下窝，起自蝶骨大翼下面及翼突外侧板的外面，肌束行向后外，止于下颌颈和颞下颌关节的关节盘。作用：一侧收缩时下颌骨向对侧移动，两侧同时收缩使下颌骨前移，协助张口。

（二）颈肌

颈肌分浅、深两群（图 2-53）。

1. 颈浅肌群

（1）**颈阔肌**：位于颈前部两侧浅筋膜中，为扁薄的皮肌，起自胸大肌和三角肌表面的筋膜，向上止于口角。作用：紧张颈部皮肤和降口角。

（2）**胸锁乳突肌**：位于颈部两侧，颈阔肌的深面。起自胸骨柄前面和锁骨的胸骨端，两部分肌束汇合后斜向后上方，止于颞骨的乳突。作用：一侧收缩时使头向同侧屈，面转向对侧，两侧同时收缩使头后仰。

（3）**舌骨上肌群**：位于舌骨、下颌骨和颅底之间，包括**二腹肌**、**下颌舌骨肌**、**颏舌骨肌**和**茎突舌骨肌**，参与构成口腔底。作用：上提舌骨，协助吞咽；舌骨固定时下降下颌骨，协助张口。

（4）**舌骨下肌群**：位于颈前正中线两侧，舌骨和胸骨之间，覆盖在喉、气管和甲状腺的前方，包括**胸骨舌骨肌**、**肩胛舌骨肌**、**胸骨甲状肌**和**甲状舌骨肌**。作用：下降舌骨和喉，参与吞咽运动。

2. 颈深肌群 颈深肌群位于脊柱的前方和两侧，主要有**前斜角肌**、**中斜角肌**和**后斜角肌**。它们均起自颈椎横突，前斜角肌与中斜角肌止于第 1 肋，并与第 1 肋围成三角形间隙，称**斜角肌间隙**，内有锁骨下动脉和臂丛神经通过，斜角肌水肿或粘连痉挛时，会对经过斜角肌间隙的臂丛神经形成卡压。后斜角肌止于第 2 肋。双侧斜角肌同时收缩可提第 1、2 肋助深吸气，单侧收缩使颈侧屈。

三、躯干肌

躯干肌包括**背肌**、**胸肌**、**膈**、**腹肌**和**会阴肌**。

笔记

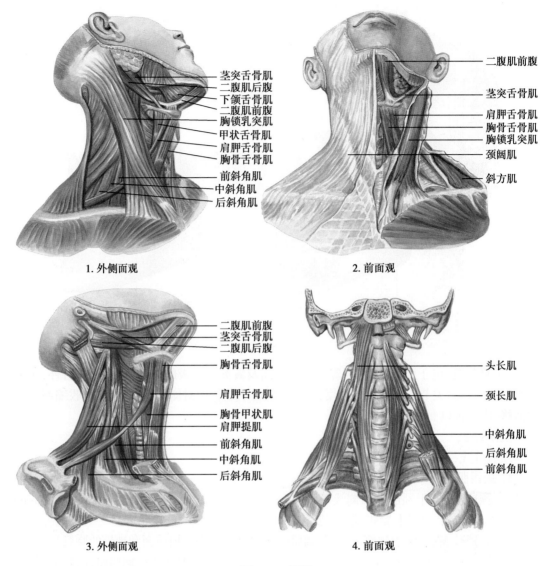

1. 外侧面观
- 茎突舌骨肌
- 二腹肌后腹
- 下颌舌骨肌
- 二腹肌前腹
- 胸锁乳突肌
- 甲状舌骨肌
- 肩胛舌骨肌
- 胸骨舌骨肌
- 前斜角肌
- 中斜角肌
- 后斜角肌

2. 前面观
- 二腹肌前腹
- 茎突舌骨肌
- 肩胛舌骨肌
- 胸骨舌骨肌
- 胸锁乳突肌
- 颈阔肌
- 斜方肌

3. 外侧面观
- 二腹肌前腹
- 茎突舌骨肌
- 二腹肌后腹
- 胸骨舌骨肌
- 肩胛舌骨肌
- 胸骨甲状肌
- 肩胛提肌
- 前斜角肌
- 中斜角肌
- 后斜角肌

4. 前面观
- 头长肌
- 颈长肌
- 中斜角肌
- 后斜角肌
- 前斜角肌

图 2-53　颈肌

(一) 背肌

背肌位于躯干背侧面,分浅、深两群(图 2-54)。

1. **浅群肌**　浅层有斜方肌和背阔肌,深层有肩胛提肌和菱形肌。

(1) **斜方肌**:位于项部和背上部,为三角形扁肌,两侧对合呈斜方形。斜方肌起自枕骨、项韧带和全部胸椎棘突,肌束分别行向外上、外侧和外下,止于锁骨外 1/3、肩峰和肩胛冈。作用:收缩时使肩胛骨向脊柱靠拢,上部肌束收缩可上提肩胛骨,下部肌束收缩可使肩胛骨下降;肩胛骨固定时,两侧同时收缩,使头后仰。

(2) **背阔肌**:为全身最大的扁肌,位于下背部,起自下 6 个胸椎及全部腰椎棘突、骶正中嵴和髂嵴,肌束向外上方集中止于肱骨小结节的下方。作用:收缩使臂内收、旋内和后伸;上肢固定时,可上提躯干,如引体向上。

(3) **肩胛提肌**:呈带状位于项部两侧,斜方肌深面。作用:收缩时上提肩胛骨。

(4) **菱形肌**:位于斜方肌中部的深面,呈菱形。作用:收缩时牵拉肩胛骨移向内上方。

2. **深群肌**　主要有**竖脊肌**,又称**骶棘肌**,位于棘突两侧的纵沟内,为两条强大的纵行肌柱,起自骶骨背面和髂嵴后份,向上分出多条肌束分别止于椎骨、肋骨及枕骨。竖脊肌是维持人体直立的重要肌,收缩时使脊柱后伸和头后仰。

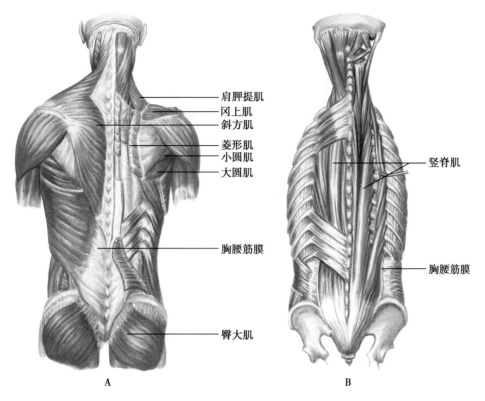

图 2-54 背肌

3. **胸腰筋膜** 包绕竖脊肌,形成该肌的鞘。分前、后两层,后层在腰部显著增厚,并与背阔肌起始处腱膜紧密结合。由于腰部活动度大,故竖脊肌和胸腰筋膜的损伤是腰背部劳损的常见病因之一。

(二) 胸肌

胸肌一部分起自胸廓,止于上肢骨,运动上肢,称为**胸上肢肌**;另一部分起止均在胸廓上,收缩时运动胸廓,称为**胸固有肌**(图 2-55,图 2-56)。

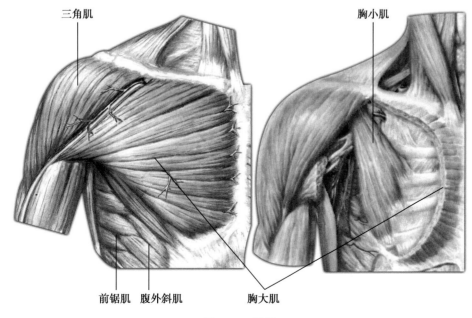

图 2-55 胸肌

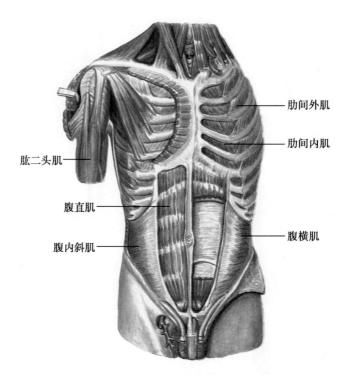

图 2-56　胸固有肌

1. 胸上肢肌

（1）**胸大肌**：位于胸前壁，呈扇形。起自锁骨内侧半、胸骨和 1~6 肋软骨，肌束向外上止于肱骨大结节嵴。作用：使肩关节内收，内旋和前屈，如上肢固定时，可与背阔肌共同作用上提躯干，还可提肋助吸气。

（2）**胸小肌**：位于胸大肌的深面，三角形，起自第 3~5 肋，止于肩胛骨喙突。作用：牵拉肩胛骨向前下。

（3）**前锯肌**：紧贴胸廓外侧壁，起自第 1~8 肋的外侧面，肌束斜向后上，经肩胛骨的前面，止于肩胛骨的内侧缘和下角。作用：拉肩胛骨向前下方，并紧贴胸廓；使肩胛骨下角旋外，助臂上举。

2. 胸固有肌

（1）**肋间外肌**：位于肋间隙的浅层，起自上位肋骨下缘，肌束斜向前下，止于下位肋骨上缘。作用：上提肋，助吸气。

（2）**肋间内肌**：位于肋间外肌的深面，起自下位肋骨上缘，肌束行向前上方，止于上位肋骨下缘，肌束方向与肋间外肌相反。作用：降肋，助呼气。

（三）膈

膈（diaphragm）位于胸、腹腔之间，为一向上膨隆，呈穹隆状的扁肌，构成胸腔的底和腹腔的顶。肌纤维起自胸廓下口的周缘和腰椎的前面，各部肌束向中央移行为**中心腱**（图 2-57）。膈上有 3 个裂孔：①**主动脉裂孔**：在第 12 胸椎前方，有主动脉和胸导管通过；②**食管裂孔**：在主动脉裂孔的左前上方，约平第 10 胸椎，有食管和迷走神经通过；③**腔静脉孔**：位于食管裂孔的右前上方，约平第 8 胸椎，有下腔静脉通过。

膈是重要的呼吸肌。收缩时，膈穹隆下降，胸腔容积扩大，以助吸气；舒张时，膈穹隆升复原位，胸腔容积缩小，以助呼气。若膈与腹肌同时收缩，则使腹压增加，有协助排便、呕吐、咳嗽和分娩等功能。

【膈的薄弱区】

在膈的起始处，胸骨部和肋部之间以及肋部与腰部之间，两侧各有 2 个三角形区，无肌

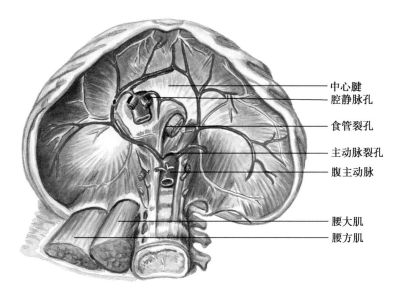

图 2-57 膈

束,仅有少许结缔组织和膈肌筋膜,成为膈的薄弱区。在前方的称胸肋三角,在后方的称腰肋三角。腹腔脏器可能经这些薄弱区突入胸腔形成膈疝。

(四)腹肌

腹肌位于腹部,参与构成腹壁,按部位分为前外侧群和后群。

1. **前外侧群** 构成腹腔的前外侧壁,包括腹直肌和 3 块扁肌,即腹外斜肌、腹内斜肌和腹横肌(图 2-58)。

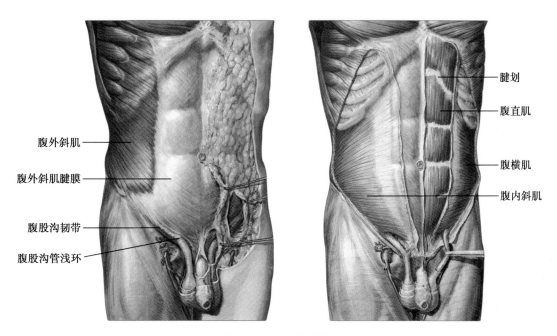

图 2-58 腹前外侧壁肌

(1)**腹直肌**:位于腹前壁中线两侧的一对长带状肌,表面被腹直肌鞘包裹,为上宽下窄的带状长肌。起自耻骨联合和耻骨嵴,肌束向上止于剑突和第 5~7 肋软骨的前面。腹直肌被 3~4 条横行的**腱划**分成多个肌腹。腱划与腹直肌鞘的前层紧密结合。

(2) **腹外斜肌**:位于腹前外侧壁的浅层,是腹前外侧壁3块扁肌中最大,最表浅的扁肌。肌束自外上斜向前内下,在近腹直肌外侧缘处,髂前上棘与脐的连线附近移行为腱膜,其纤维方向与腹外斜肌一致,腱膜的下缘在髂前上棘与耻骨结节之间向后卷曲增厚,形成腹股沟韧带。

(3) **腹内斜肌**:位于腹外斜肌深面,呈扇形的扁肌。肌束自后向前呈扇形散开,大部分肌束在腹直肌的外侧缘附近移行为腱膜,分别参与构成腹直肌鞘前、后层,在前正中线终于白线。

(4) **腹横肌**:位于腹内斜肌深面,肌束横行,向前至腹直肌外侧缘移行为腱膜,止于白线。在弓状线以上部分,腱膜经腹直肌后面与腹内斜肌腱膜后层愈合,与腹内斜肌腱膜共同构成腹直肌鞘后层;弓状线以下部分,腱膜与腹内、外斜肌腱膜一起折向腹直肌的前面,共同构成腹直肌鞘前层。

腹内斜肌和腹横肌的下缘游离,呈弓形跨过精索(或子宫圆韧带),在男性腹内斜肌和腹横肌最下部发出一些细散的肌束随精索降入阴囊,包绕睾丸,称**提睾肌**,收缩时可上提睾丸。

前外侧群主要是构成腹壁、保护和支持腹、盆腔脏器,腹肌收缩时增加腹压,可协助排便、呕吐和分娩等活动。此外,腹肌收缩时还可使脊柱前屈、侧屈和旋转等。

2. **后群** 有**腰大肌**和**腰方肌**。腰大肌将在下肢叙述。腰方肌位于腹后壁腰椎的两侧,呈长方形,收缩时使脊柱侧屈。

3. **腹肌的肌间结构** 为外侧群肌腱膜的形成的结构,包括腹直肌鞘、白线、腹股沟管和腹股沟三角。

(1) **腹直肌鞘**:是腹前外侧群3块扁肌的腱膜包裹腹直肌而成的腱膜鞘(图2-56)。可分前、后两层,前层由腹外斜肌腱膜和腹内斜肌腱膜的前层构成,后层由腹内斜肌腱膜的后层和腹横肌腱膜构成。在脐下4~5cm处,3块扁肌腱膜全部转到腹直肌前面参与前层的构成,在此处形成一凸向上方的弧形线,称**弓状线**(半环线),此线以下无腹直肌鞘后层,腹直肌后面直接与腹横筋膜相邻。

(2) **白线**:位于腹前壁正中线上,由腹前外侧群3块扁肌的腱膜在前正中线交织而成,白线上端附于胸骨剑突,下端附于耻骨联合上缘。白线上宽下窄,是腹部手术时选取正中切口的部位。白线坚韧且血管少,切口的愈合时间相对较长,而其浅面和深面均无肌肉,缝合时要注意加强。

(3) **腹股沟管**:位于腹股沟韧带内侧半的上方,为腹前外侧群3块扁肌之间的一条斜行裂隙,长约4~5cm,男性有精索、女性有子宫圆韧带等结构由此管通过(图2-59)。

腹股沟管有2个口和4个壁:内口称**腹股沟管深环**(腹环),位于腹股沟韧带中点上方1.5cm处,为腹横筋膜外突形成;外口称**腹股沟管浅环**(皮下环),位于耻骨结节外上方,为腹外斜肌腱膜形成的三角形裂隙。前壁是腹外斜肌腱膜和腹内斜肌;后壁是腹横筋膜和腹股沟镰;上壁是腹内斜肌和腹横肌的弓状下缘;下壁是腹股沟韧带。

腹股沟管是腹前壁下部的薄弱区,是临床腹股沟斜疝好发部位,发生腹股沟斜疝时,腹腔内容物依次经腹环、腹股沟管和皮下环

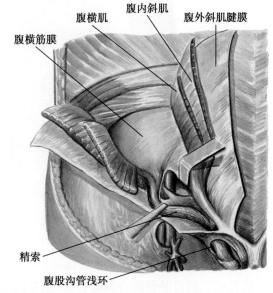

图 2-59 腹股沟管

下降,严重时可达男性阴囊或者女性大阴唇。

(4) **腹股沟三角**:又称海氏三角。位于腹前壁下部,腹直肌的两侧。由腹壁下动脉、腹直肌外侧缘和腹股沟韧带围成的三角区。此处缺乏肌肉,仅有腱膜和筋膜覆盖,缺乏肌肉加强。腹股沟三角也是腹前壁的薄弱区,腹腔内容物在此处向前膨出形成腹股沟直疝。

(五) 会阴肌

会阴肌(又称盆底肌)是指封闭小骨盆下口的诸肌,主要有**肛提肌、会阴浅横肌、会阴深横肌**和**尿道括约肌**等(图 2-60)。肛提肌呈漏斗形,封闭小骨盆下口的大部分。肛提肌及覆盖于其上、下面的盆膈上、下筋膜共同构成**盆膈**,膈内有直肠通过。肛提肌承托盆腔脏器,并对肛管、阴道有括约作用。会阴浅、深横肌及尿道括约肌为封闭盆膈前下部的肌,其中会阴深横肌和尿道括约肌及上、下面的尿生殖膈上、下筋膜共同形成**尿生殖膈**(图 2-61)。膈内男性有尿道,女性有尿道和阴道通过。

【坐骨肛门窝】

坐骨肛门窝位于坐骨结节、肛提肌与臀大肌之间,呈基底向下,尖端向上的楔形(图 2-62)。

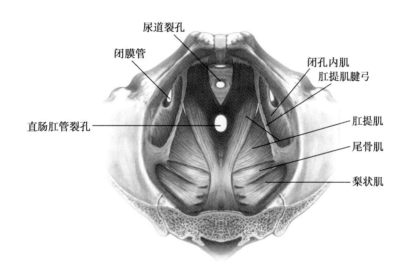

图 2-60　盆底肌

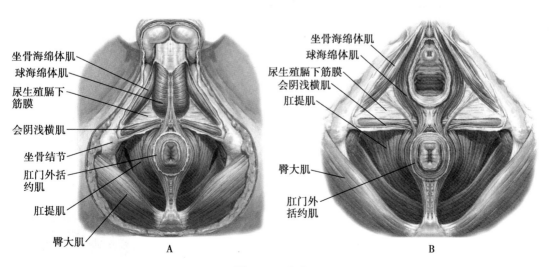

图 2-61　会阴区
A. 男性;B. 女性

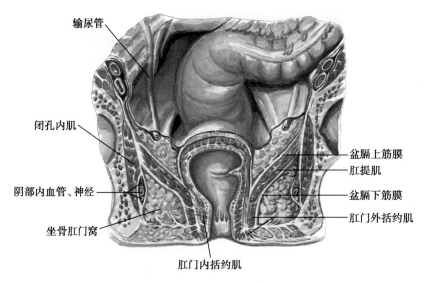

图 2-62 坐骨肛门窝

窝内充满脂肪组织,是肛门周围脓肿或肛瘘的好发部位。阴部神经和阴部血管以及它们的分支在此窝内分布。

四、上肢肌

上肢肌以长肌为主,数量多,运动灵活,这与人类上肢经常进行的精巧劳动功能相适应。包括上肢带肌、臂肌、前臂肌和手肌。

(一)上肢带肌

上肢带肌也称**肩肌**。配布在肩关节周围,起自上肢带骨,止于肱骨,运动肩关节,增加关节的稳固性(图 2-63)。

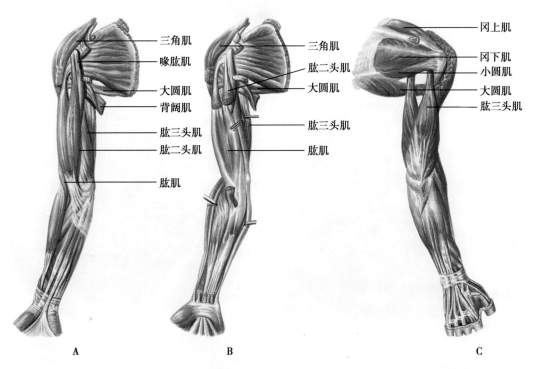

A   B   C

图 2-63 肩肌和臂肌

1. **三角肌** 位于肩关节周围,呈三角形。起自锁骨外侧,肩峰和肩胛冈,肌束包在肩关节的前、后和外侧,向外下方集中,止于肱骨三角肌粗隆。作用:除不能进行内收外,使肩关节外展、屈、伸、旋内和旋外。

2. **冈上肌** 起自肩胛骨冈上窝,斜方肌的深面,肌束从上方跨过肩关节止于肱骨大结节。作用:协助三角肌使肩关节外展。

3. **冈下肌** 起自肩胛骨冈下窝,肌束向外经肩关节后面,止于肱骨大结节的中部。作用:使肩关节旋外。

4. **小圆肌** 在冈下肌的下方,起自肩胛骨的外侧缘的背面,止于肱骨大结节的下部。作用:使肩关节旋外。

5. **大圆肌** 位于冈下肌和小圆肌下方,起自肩胛骨下角背面,止于肱骨小结节嵴。作用:使肩关节内收和旋内。

6. **肩胛下肌** 呈三角形,起自肩胛下窝内,肌束向外上经肩关节前方,止于肱骨小结节。作用:使肩关节内收和旋内。

(二) 臂肌

臂肌位于臂部,肱骨周围,包括前群和后群,前群为屈肌,后群为伸肌。

1. **前群** 包括浅层的**肱二头肌**和深层的**喙肱肌**和**肱肌**。

(1) **肱二头肌**:位于臂前部,起端有2个头,长头起自肩胛骨盂上结节,以长腱穿过肩关节囊,经结节间沟下行;短头位于内侧,起自肩胛骨喙突。两头在臂的下部合成梭形肌腹,越过肘关节前面,以肌腱止于桡骨粗隆。作用:屈肘关节,前臂旋后,并协助屈肩关节。

(2) **喙肱肌**:位于肱骨上内侧,肱二头肌短头的深面,起自肩胛骨喙突,止于肱骨中部内侧。作用:协助肩关节屈和内收。

(3) **肱肌**:位于肱二头肌的深面,起自肱骨下半的前面,肌束越过肘关节前面,止于尺骨粗隆。作用:屈肘关节。

2. **后群** **肱三头肌**位于肱骨后方,起端有3个头,长头起自肩胛骨盂下结节,外侧头起自肱骨桡神经沟外上方的骨面,内侧头起自桡神经沟内下方的骨面,3个头会合成肌腹,以坚韧的肌腱止于尺骨鹰嘴。作用:伸肘关节,长头还可使肩关节后伸和内收。

(三) 前臂肌

位于尺、桡骨周围,多数起自肱骨下端,少数起自尺、桡骨及前臂骨间膜。多数肌的肌腹,位于前臂的近侧部,向远侧移行为细长的腱,分别止于腕骨、掌骨和指骨。

前臂肌分前、后两群,前群主要是屈肌和**旋前肌**;后群主要是伸肌和**旋后肌**。各肌作用大致与其名称相一致。

1. **前群** 位于前臂前面,共9块。分4层(图2-64):第1层(浅层)5块,自桡侧向尺侧依次为**肱桡肌**、**旋前圆肌**、**桡侧腕屈肌**、**掌长肌**和**尺侧腕屈肌**;第2层1块,即**指浅屈肌**;第3层2块,即位于桡侧的**拇长屈肌**和尺侧的**指深屈肌**;第4层为**旋前方肌**。

在前臂肌中,具有屈指作用的是拇长屈肌和指浅、深屈肌。前者止于拇指的远节指骨,后二者向远侧各分出4个肌腱至第2~5指,其中指浅屈肌腱止于中节指骨;指深屈肌腱止于远节指骨。前群肌主要作用是屈肘关节、桡腕关节、掌指关节和指骨间关节,并可使前臂旋前等。

2. **后群** 位于前臂后面,共10块肌。分浅、深两层(图2-65):浅层5块,由桡侧向尺侧依次为**桡侧腕长伸肌**、**桡侧腕短伸肌**、**指伸肌**、**小指伸肌**和**尺侧腕伸肌**;深层5块,由上外向内下依次为**旋后肌**、**拇长展肌**、**拇短伸肌**、**拇长伸肌**和**示指伸肌**。后群肌主要作用是伸肘关节、桡腕关节、掌指关节和指骨间关节,并可使前臂旋后及拇指外展等。

(四) 手肌

手肌短小,集中分布于手掌面,主要运动手指,适应于人类手的精细动作。分为外侧群、

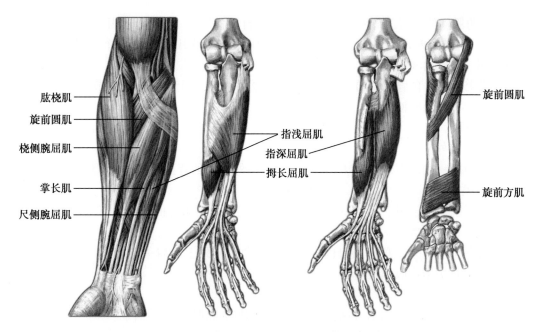

图 2-64　前臂肌(前群)

肱桡肌
旋前圆肌
桡侧腕屈肌
掌长肌
尺侧腕屈肌
指浅屈肌
指深屈肌
拇长屈肌
旋前圆肌
旋前方肌

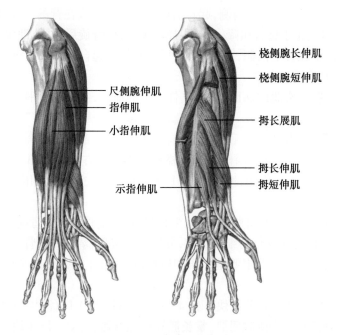

尺侧腕伸肌
指伸肌
小指伸肌
示指伸肌
桡侧腕长伸肌
桡侧腕短伸肌
拇长展肌
拇长伸肌
拇短伸肌

图 2-65　前臂肌(后群)

内侧群和中间群(图 2-66)。①**外侧群**:在手掌的拇指侧形成的一隆起,称**鱼际**,有 4 块,为**拇短展肌**、**拇短屈肌**、**拇对掌肌**和**拇收肌**。此群肌使拇指作内收、外展、屈和对掌运动(拇指指腹与其他各指指腹相对的动作称对掌)。②**内侧群**:在手掌的小指侧的形成的隆起,称**小鱼际**。共 3 块,为**小指展肌**、**小指短屈肌**、**小指对掌肌**。主要作用是屈小指和使小指外展。③**中间群**:位于掌心和各掌骨间,包括**蚓状肌**和**骨间肌**,共 11 块:4 块蚓状肌,屈掌指关节,伸指间关节;3 块骨间掌侧肌,使手指内收(向中指靠拢);4 块骨间背侧肌,使手指外展(远离中指)。

　　(五) 上肢的局部结构

　　1. **腋窝**　位于胸外侧壁与臂上部间的四棱锥形腔隙,供应上肢的血管、神经等由此通

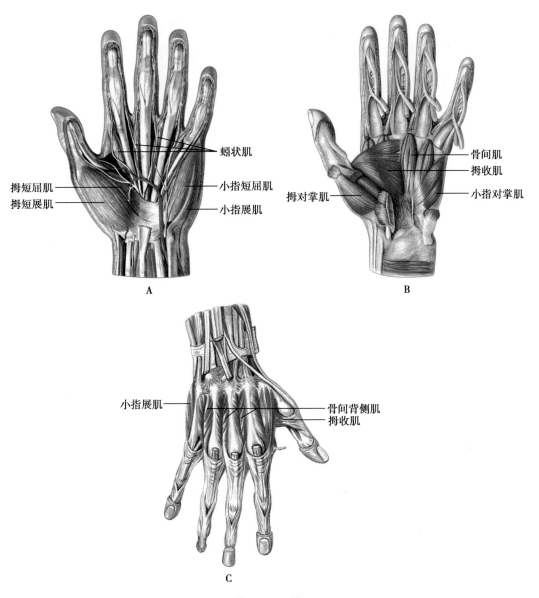

拇短屈肌
拇短展肌

蚓状肌

小指短屈肌
小指展肌

A

拇对掌肌

骨间肌
拇收肌

小指对掌肌

B

小指展肌

骨间背侧肌
拇收肌

C

图 2-66 手肌

过。此处还有脂肪、淋巴结和淋巴管等。

2. **肘窝** 位于肘关节前方的三角形浅窝,有血管、神经等通过。

3. **腕管** 在腕掌侧由屈肌支持带(腕横韧带)与腕骨沟围成,管内有指浅、深屈肌腱、拇长屈肌腱和正中神经通过。

五、下肢肌

下肢肌按部位分为髋肌、大腿肌、小腿肌和足肌四部分。由于下肢的主要功能是承重、维持直立和行走,故下肢肌比上肢肌粗壮、强大,且数目相对较少。

(一) 髋肌

髋肌分布于髋关节周围,起自骨盆的内面和外面,跨越髋关节,止于股骨上部,主要运动髋关节。髋肌分为前、后两群(图 2-67)。

1. **前群** 位于髋关节前面,包括 2 块肌,**髂腰肌**和**阔筋膜张肌**。

(1) **髂腰肌**:由**腰大肌**和**髂肌**共同组成,腰大肌起自腰椎体侧面及横突;髂肌以扇形起

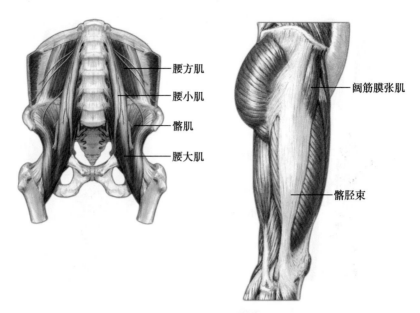

图 2-67 髋肌（前群）

自髂窝,位于腰大肌外侧。两肌肌束会合后,经腹股沟韧带深面到达股部,止于股骨小转子。作用:使髋关节屈和旋外;下肢固定时可使躯干前屈。

（2）**阔筋膜张肌**:位于大腿上部前外侧,起自髂前上棘,肌腹被包在阔筋膜的两层之间,向下移行为髂胫束,止于胫骨外侧髁。作用:屈髋关节,紧张阔筋膜,参与维持人体直立姿势。

2. **后群** 多位于臀部,故称臀肌。主要有臀大肌、臀中肌、臀小肌和梨状肌（图 2-68）。臀区外上 1/4 部缺乏大血管,没有重要的神经经过,是臀部肌内注射的常用部位。

（1）**臀大肌**（gluteus maximus）:位于臀部浅层,为臀部最大的一块肌肉。起自髂骨翼和骶骨背面,肌束向下外方,止于髂胫束和股骨臀肌粗隆。作用:使髋关节后伸和旋外;下肢固定时,固定骨盆,防止躯干前倾,维持身体直立。

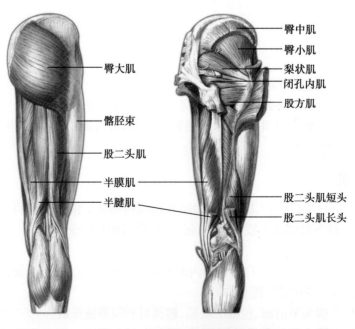

图 2-68 髋肌和大腿肌（后群）

（2）**臀中肌**：位于臀部外上方，后下部位于臀大肌深面。起自髂骨翼外面，止于股骨大转子。作用：收缩时使髋关节外展。

（3）**臀小肌**：位于臀中肌深面，起止及作用同臀中肌。

（4）**梨状肌**：位于臀中肌内下方，起自骶骨的前面，穿坐骨大孔出盆腔至臀部，止于股骨大转子。作用：使髋关节外展和旋外。该肌上、下缘与相邻肌肉间的裂隙分别称为**梨状肌上孔**和**梨状肌下孔**，有血管、神经从此处穿出，坐骨神经穿经梨状肌下孔，梨状肌及其周围结构病变时可能在此处压迫坐骨神经，导致疼痛。

（5）**股方肌**：起自坐骨结节，向外止于转子间嵴。作用：使髋关节旋外。

（二）大腿肌

大腿肌位于股骨周围，大部分起自髋骨，止于股骨或小腿骨，可运动髋关节和膝关节。包括前群、内侧群和后群（图 2-68，图 2-69）。

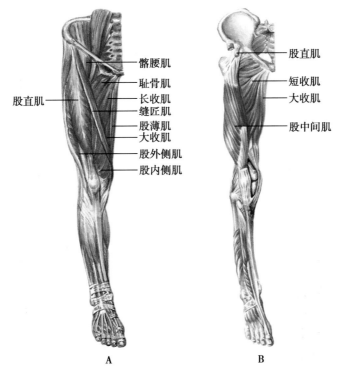

图 2-69　大腿肌（前群和内侧群）

1. **前群**　位于大腿前面，包括缝匠肌和股四头肌。

（1）**缝匠肌**（sartorius）：位于大腿前面浅层，长扁带形，是全身最长的肌。起自髂前上棘，肌束斜向下内方，止于胫骨上端内侧面。作用：屈髋关节、屈膝关节，并可使已屈的膝关节旋内。

（2）**股四头肌**（quadriceps femoris）：为全身最大的肌，有 4 个头，其中股直肌起自髂前下棘，股内侧肌、股外侧肌和股中间肌分别均起自股骨粗线和股骨干前面，4 个头会合并向下形成强大的股四头肌腱，包绕髌骨后，延续为**髌韧带**，止于胫骨粗隆。作用：伸膝关节，股直肌还可屈髋关节。

2. **内侧群**　位于大腿内侧，共有 5 块，股薄肌位于最内侧，其他肌分 3 层排列：浅层外侧为**耻骨肌**、内侧为**长收肌**，中层为**短收肌**，深层为**大收肌**。内侧群肌均起自耻骨支和坐骨支等，除股薄肌止于胫骨上端内侧面外，其余各肌均止于股骨粗线。作用：使髋关节内收和旋内。

3. **后群**　位于大腿后面，共 3 块，主要作用是屈膝关节、伸髋关节。

（1）**股二头肌**：位于股后部外侧。长头起自坐骨结节，短头起自股骨粗线，两头合并向下，止于腓骨头。

（2）**半腱肌**：位于股后部内侧。起自坐骨结节，止于胫骨上端内侧。

（3）**半膜肌**：位于半腱肌深面，上部为扁薄的腱膜。起自坐骨结节，止于胫骨内侧髁后面。

（三）小腿肌

小腿肌配布于胫、腓骨周围，分前群、外侧群和后群。

1. **前群**   位于小腿前面，共 3 块，从内侧向外侧依次为**胫骨前肌**、**踇长伸肌**和**趾长伸肌**（图 2-70）。胫骨前肌使足背屈和内翻，踇长伸肌和趾长伸肌分别伸踇指和第 2~5 趾，并使足背屈。

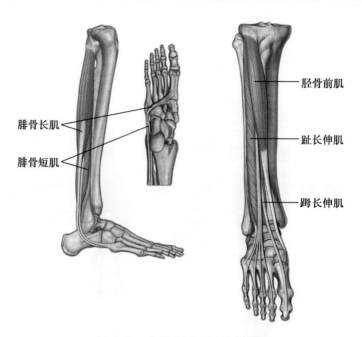

图 2-70   小腿肌（前群和外侧群）

2. **外侧群**   位于小腿外侧，共 2 块，包括**腓骨长肌**和**腓骨短肌**（图 2-70），两肌的腱经外踝后方绕足底，使足外翻和跖屈。

3. **后群**   位于小腿后方，分浅、深两层（图 2-71）。浅层 1 块，称**小腿三头肌**，由**腓肠肌**和**比目鱼肌**组成，粗大有力，在小腿后方形成膨隆的外形。腓肠肌分别以两个头起自股骨内、外侧髁，比目鱼肌在腓肠肌深面，起自胫、腓骨上端的后面。两肌在小腿中部结合，向下移行为粗壮的**跟腱**，止于跟骨结节，作用是提足跟，使足跖屈。深层有 3 块，自内侧向外侧依次为**趾长屈肌**、**胫骨后肌**和**踇长屈肌**，作用是使足内翻、跖屈并屈 2~5 趾。

（四）足肌

足肌分为**足背肌**和**足底肌**（图 2-72）。足背肌作用是协助伸趾。足底肌分为内侧

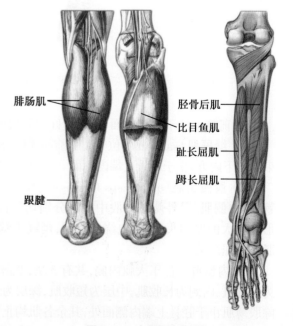

图 2-71   小腿肌（后群）

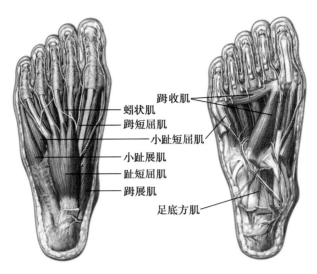

图 2-72 足底肌

群、中间群和外侧群,作用是协助屈足趾和维持足弓。

(五)下肢的局部结构

1. **梨状肌上、下孔** 位于臀大肌深面,梨状肌上、下缘与坐骨大孔间。自盆腔出梨状肌上孔的结构有臀上血管和神经,出梨状肌下孔有坐骨神经、臀下血管和神经、阴部血管及神经。

2. **股三角** 位于大腿前上部,由腹股沟韧带、缝匠肌内侧缘和长收肌内侧缘围成的三角形区域。股三角内的结构由内侧向外侧依次有股静脉、股动脉和股神经等。

3. **收肌管** 位于大腿中部内侧,缝匠肌的深面,大收肌与股内侧肌之间。前壁为缝匠肌及该肌深面的收肌腱板,外侧壁为股内侧肌,后壁为大收肌。管的上口为股三角的尖,下口为收肌腱裂孔,通向腘窝。管内有隐神经、股动脉、股静脉和淋巴管通过。

4. **腘窝** 位于膝关节后方,呈菱形的凹窝。上界分别为股二头肌与半腱肌、半膜肌,下界为腓肠肌的内、外侧头,底为膝关节囊后壁。腘窝内有脂肪、淋巴结、血管和神经等。

〔附〕全身主要肌肉简表

一、头肌

肌群	名称	起点	止点	主要作用	神经支配
面肌	枕额肌	额腹:帽状腱膜	额部皮肤	提眉、下牵皮肤	面神经
		枕腹:枕骨上项线	帽状腱膜	后牵头皮	
	眼轮匝肌	睑部:环绕眼裂		眨眼	
		眶部:环绕眼眶		闭眼	
		泪囊部:睑部深面		扩大泪囊使泪液流通	
	鼻肌	横部:外鼻下部的两侧皮下,提上唇肌深面		缩小鼻孔	
		翼部:鼻翼软骨的外侧面		开大鼻孔	
	口轮匝肌	环绕口裂周围		闭合口裂	

续表

肌群	名称	起点	止点	主要作用	神经支配
	提上唇肌	上颌骨额突和眶下缘	上唇、鼻翼及鼻唇沟附近皮肤	提上唇	
	颧肌	颧骨		牵拉口角向外上	
	笑肌	腮腺咬肌筋膜	口角皮肤	牵拉口角向外上	
	降口角肌	下颌骨的下缘		降口角	
	提口角肌	眶下孔下方		提口角	
	降下唇肌	下颌骨体前面	下唇的皮肤	降下唇	
	颊肌	下颌骨颊肌嵴、上颌骨的牙槽突的后外面	口角皮肤	使唇颊紧贴牙齿辅助咀嚼牵口角向外	
	颏肌	下颌侧切牙根处骨面	颏部皮肤	上提颏部皮肤，前伸下唇	
咀嚼肌	咬肌	颧弓	下颌骨咬肌粗隆	上提下颌骨(闭口)	三叉神经
	颞肌	颞窝	下颌骨冠突		
	翼内肌	翼突	下颌骨内面的翼肌粗隆		
	翼外肌	翼突外侧	下颌颈	两侧收缩：拉下颌骨向前(张口)；单侧收缩：拉下颌骨移向对侧	

二、颈肌

肌群	名称		起点	止点	主要作用	神经支配
颈浅肌	颈阔肌		胸大肌和三角肌表面筋膜	口角	紧张颈部皮肤	面神经颈支
	胸锁乳突肌		胸骨柄、锁骨胸骨端	颞骨乳突	一侧收缩，头向同侧屈，两侧收缩头向后仰	副神经
	舌骨上肌群	二腹肌	前腹：下颌骨体后腹：乳突	中间腱附舌骨体	上提舌骨降下颌骨	前腹：三叉神经后腹：面神经
		下颌舌骨肌	下颌骨体内面	舌骨体	上提舌骨	三叉神经
		茎突舌骨肌	茎突根部	舌骨		面神经
		颏舌骨肌	下颌骨颏棘	舌骨		颈神经
	舌骨下肌群	肩胛舌骨肌	与名称一致		下降舌骨	颈丛($C_1 \sim C_3$)
		胸骨舌骨肌				
		胸骨甲状肌				
		甲状舌骨肌				
颈深肌	前斜角肌		颈椎横突	第1肋上面	上提第1~2肋，助吸气	颈神经前支($C_3 \sim C_4$)
	中斜角肌					
	后斜角肌			第2肋上面		

笔记

三、背肌

肌群		名称	起点	止点	主要作用	神经支配
背肌	浅肌群	斜方肌	枕外隆凸、上项线、项韧带及全部胸椎棘突	锁骨外 1/3、肩峰及肩胛冈	拉肩胛骨向中线靠拢，上部纤维提肩胛骨，下部纤维降肩胛骨	副神经
		背阔肌	下6个胸椎及全部腰椎棘突、髂嵴后部	肱骨小结节嵴	上肢后伸、内收、内旋	胸背神经（$C_6\sim C_8$）
		肩胛提肌	上位颈椎横突	肩胛骨内侧角	上提肩胛骨	肩胛背神经（$C_4\sim C_6$）
		菱形肌	下位颈椎及上位胸椎棘突	肩胛骨内侧缘	上提和内牵肩胛骨	
	深肌群	竖脊肌	骶骨后面及腰椎棘突和上部胸椎	上位椎骨的棘突横突，肋骨和枕骨	伸脊柱及仰头	脊神经后支（$C_8\sim L_1$）

四、胸肌

肌群	名称	起点	止点	主要作用	神经支配
胸上肢肌	胸大肌	锁骨内侧半、胸骨、第1~6肋软骨	肱骨大结节嵴	内收、旋内、屈上臂	胸前神经（$C_5\sim T_1$）
	胸小肌	第3~5肋骨	肩胛骨喙突	拉肩胛骨向前下	
	前锯肌	第1~8肋骨的外侧面	肩胛骨内侧缘及下角	拉肩胛骨向前	胸长神经（$C_5\sim C_7$）
胸固有肌	肋间外肌	上位肋骨下缘	下位肋骨上缘	提肋助吸气	肋间神经（$T_1\sim T_{12}$）
	肋间内肌	下位肋骨上缘	上位肋骨下缘	降肋助呼气	
膈	胸骨部	剑突后面	中心腱	膈穹隆下降，扩大胸腔助吸气，增加腹压，	膈神经（$C_3\sim C_5$）
	肋部	第7~12肋内面			
	腰部	第2~3腰椎体前面			

五、腹肌

肌群	名称	起点	止点	主要作用	神经支配
前外侧群	腹直肌	耻骨嵴	胸骨剑突，第5~7肋软骨	脊柱前屈增加腹压	第5~12对肋间神经、髂腹下神经、髂腹股沟神经
	腹外斜肌	下8个肋外侧面	白线、髂嵴、腹股沟韧带	增加腹压，脊柱前屈、侧屈、旋转	
	腹内斜肌	胸腰筋膜、髂嵴、腹股沟韧带外侧	白线		
	腹横肌	下位6个肋内面，胸腰筋膜、髂嵴、腹股沟韧带外侧	白线		
后群	腰方肌	髂嵴	第12肋	降第12肋，脊柱腰部侧屈	腰神经前支（$T_{12}\sim L_3$）

六、上肢肌

(一) 肩肌

名称	起点	止点	主要作用	神经支配
三角肌	锁骨外 1/3,肩峰及肩胛冈	肱骨三角肌粗隆	上肢外展,前屈和后伸	腋神经 (C_5~C_6)
冈上肌	肩胛骨冈上窝	肱骨大结节上份	上肢外展	肩胛上神经 (C_5~C_6)
冈下肌	肩胛骨冈下窝	肱骨大结节中份	上肢外旋	
小圆肌	肩胛骨腋缘背面	肱骨大结节下份	上肢外旋	腋神经 (C_5~C_6)
大圆肌	肩胛骨下角背面	肱骨小结节嵴	上肢后伸、内收和内旋	肩胛下神经 (C_5~C_6)
肩胛下肌	肩胛下窝	肱骨小结节	上肢内旋	

(二) 臂肌

肌群	名称	起点	止点	主要作用	神经支配
前群	肱二头肌	长头:肩胛骨盂上结节 短头:肩胛骨喙突	桡骨粗隆	屈前臂、前臂旋后	肌皮神经 (C_5~C_7)
	喙肱肌	肩胛骨喙突	肱骨内侧缘中部	上臂前屈、内收	
	肱肌	肱骨体下半前面	尺骨粗隆	屈前臂	
后群	肱三头肌	长头:肩胛骨盂下结节 内侧头、外侧头:肱骨背面	尺骨鹰嘴	伸前臂	桡神经 (C_5~T_1)

(三) 前臂肌

肌群		名称	起点	止点	主要作用	神经支配
前群	第一层	肱桡肌	肱骨外上髁上方	桡骨茎突	屈前臂	桡神经
		旋前圆肌		桡骨中部外侧面	前臂旋前	正中神经 (C_5~T_1)
		桡侧腕屈肌		第 2 掌骨底	屈腕	
		掌长肌	肱骨内上髁	掌腱膜		
		尺侧腕屈肌		豌豆骨		尺神经 (C_8~T_1)
	第二层	指浅屈肌	肱骨内上髁、尺桡骨	第 2~5 指中节指骨	屈腕、屈 2~5 指	正中神经
	第三层	指深屈肌	尺骨及骨间膜掌面	第 2~5 指远节指骨底	屈腕、屈 2~5 指	正中神经 尺神经
		拇长屈肌	桡骨及骨间膜掌面	拇指远节指骨底	屈拇指	正中神经
	第四层	旋前方肌	尺骨远端掌面	桡骨远端掌面	前臂旋前	

笔记

续表

肌群		名称	起点	止点	主要作用	神经支配
后群	浅层	桡侧腕长伸肌	肱骨外上髁	第2掌骨底背面	伸腕	桡神经(C_5~T_1)
		桡侧腕短伸肌		第3掌骨底背面	伸腕	
		指伸肌		第2~5指中、远节指骨底背面	伸腕、伸指	
		小指伸肌		小指中、远节指骨底背面	伸腕、伸小指	
		尺侧腕伸肌		第5掌骨底背面	伸腕	
	深层	旋后肌	肱骨外上髁及尺骨上端	桡骨上端前面	前臂旋后	
		拇长展肌	桡、尺骨背面	第1掌骨底	拇指外展	
		拇短伸肌	桡骨背面	拇指近节指骨底	伸拇指	
		拇长伸肌	尺骨背面	拇指远节指骨底	伸拇指	
		示指伸肌		示指指背腱膜	伸示指	

(四) 手肌

肌群	名称	起点	止点	主要作用	神经支配
外侧群	拇短展肌	腕横韧带、腕骨	拇指近节指骨底	外展拇指	正中神经(C_6~C_7)
	拇短屈肌			屈拇指	
	拇对掌肌		第1掌骨	拇指对掌	
	拇收肌	腕横韧带、腕骨、第3掌骨	拇指近节指骨	内收拇指	尺神经掌深支(C_8~T_1)
内侧群	小指展肌	腕横韧带及腕骨	小指近节指骨	外展小指	尺神经
	小指短屈肌			屈小指	
	小指对掌肌		第5掌骨	小指对掌	
中间群	蚓状肌	指深屈肌腱	第2~5指骨近节背面和伸肌腱	屈掌指关节伸指间关节	正中神经 尺神经
	骨间掌侧肌	第2和第4、5掌骨	第2、4、5指近节指骨	第2、4、5指内收	尺神经
	骨间背侧肌	第1~5掌骨相对缘	第2~4指近节指骨底	第2、3、4指外展	

七、下肢肌

(一) 髋肌

肌群	名称		起点	止点	主要作用	神经支配
前群	髂腰肌	髂肌	髂窝	股骨小转子	屈髋关节及外旋	腰神经
		腰大肌	1~4腰椎体及横突			
	阔筋膜张肌		髂前上棘	髂胫束	紧张阔筋膜,屈大腿	臀上神经(L_4~S_1)
后群	臀大肌		骶骨背面、髂骨翼外面	股骨臀肌粗隆和髂胫束	伸髋关节及外旋	臀下神经(L_4~S_2)
	臀中肌		髂骨翼外面	股骨大转子	外展大腿	臀上神经(L_4~S_1)
	臀小肌					
	梨状肌		骶骨前面	股骨大转子	外展、外旋大腿	骶丛分支
	股方肌		坐骨结节	转子间嵴	外旋大腿	

（二）大腿肌

肌群	名称		起点	止点	主要作用	神经支配
前群	缝匠肌		髂前上棘	胫骨上端内面	屈大腿、小腿	股神经（L_2~L_4）
	股四头肌	股直肌	髂前下棘	胫骨粗隆	伸小腿,屈大腿	
		股外肌	股骨粗线		伸小腿	
		股内肌				
		股间肌	股骨干前面			
内侧群	股薄肌		耻骨支、坐骨支	胫骨上端内侧面	内收、外旋大腿	闭孔神经（L_2~L_4）
	耻骨肌			股骨粗线		
	长收肌					
	短收肌					
	大收肌					
后群	股二头肌		长头:坐骨结节 短头:股骨粗线	腓骨小头	伸髋关节 屈膝关节	坐骨神经（L_4~S_2）
	半腱肌		坐骨结节	胫骨上端内侧面		
	半膜肌			胫骨内侧髁后面		

（三）小腿肌

肌群	名称		起点	止点	主要作用	神经支配
前群	胫骨前肌		胫、腓骨上端和骨间膜前面	内侧楔骨,第1跖骨底	足背屈、内翻	腓深神经
	踇长伸肌			踇指远节趾骨底	伸踇趾、背屈足	
	趾长伸肌			第2~5趾中、远趾骨背面	伸第2~5趾、背屈足	
外侧群	腓骨长肌		腓骨外面	第1跖骨底	足跖屈、外翻	腓浅神经
	腓骨短肌			第5跖骨底		
后群	浅层 小腿三头肌	腓肠肌	内侧头:股骨内上髁 外侧头:股骨外上髁	跟骨结节	屈小腿,足跖屈	胫神经
		比目鱼肌	胫、腓骨上端		足跖屈	
	深层	趾长屈肌	胫、腓骨后面及骨间膜	第2~5趾远节趾骨	屈第2~5趾、足跖屈	
		胫骨后肌		舟骨	足跖屈、内翻	
		踇长屈肌		踇趾远节趾骨	屈踇趾、足跖屈	

笔记

(四) 足肌

肌群	名称		起点	止点	主要作用	神经支配
足背肌	趾短伸肌		跟骨上、外侧面	第2~4趾近节趾骨底	伸2~4趾	腓深神经
	𧿬短伸肌			𧿬趾近节趾骨底	伸𧿬趾	
足底肌	内侧肌	𧿬展肌	跗骨、跖骨底	𧿬趾近节趾骨底	外展𧿬趾	足底内侧神经
		𧿬短屈肌			屈𧿬趾	
		𧿬收肌			内收𧿬趾	足底外侧神经
	外侧肌	小趾展肌		小趾近节趾骨底	外展小趾	
		小趾短屈肌			屈小趾	
	中间肌	趾短屈肌	跟结节	第2~5趾中节趾骨	屈第2~5趾	足底内侧神经
		足底方肌		趾长屈肌腱		足底外侧神经
		蚓状肌	趾长屈肌腱	第2~5趾伸腱	屈跖趾关节 伸趾间关节	足底内、外侧神经
		骨间跖侧肌	第3~5跖骨体	第3~5近节趾骨底	内收第3~5趾	足底外侧神经
		骨间背侧肌	跖骨相对缘	第2~4近节趾骨底	外展第2~4趾	

上0205

扫一扫
测一测

（贾明昭　王　倩）

第三章　消化系统

第一节　概　述

一、消化系统的组成

消化系统（alimentary system）由消化管和消化腺两部分组成（图 3-1），主要功能是消化食物，吸收营养物质和排出食物残渣。

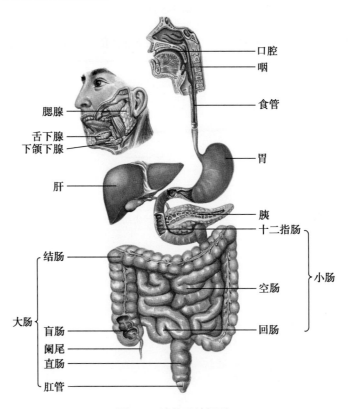

图 3-1　消化系统概观

消化管包括口腔、咽、食管、胃、小肠（十二指肠、空肠和回肠）、大肠（盲肠、阑尾、结肠、直肠和肛管）。临床常把从口腔到十二指肠这段消化管称为**上消化道**，空肠以下的消化管称为**下消化道**。消化腺包括唾液腺、肝、胰等大消化腺及分布在消化管壁内的小消化腺（如胃腺、肠腺等），它们均开口于消化管腔，分泌物参与食物的消化。

二、内脏的概念及一般结构

解剖学通常将消化、呼吸、泌尿和生殖四个系统的器官合称为内脏（viscera）。大部分内脏器官位于胸腔、腹腔和盆腔内，并借孔道直接或间接与外界相通。

内脏各器官的形态不尽相同，按构造可分为中空性器官和实质性器官两大类。中空性器官内部均有空腔，如胃、肠、气管、子宫和膀胱等，管壁通常由3~4层组成。实质性器官表面有被膜，一般分为皮质和髓质（如肾、肾上腺），或呈分叶状（如肝、胰），且有一凹陷区域，有血管、淋巴管、神经和排泄管等结构出入，称为器官的门，如肝门、肺门和肾门等。

三、胸部的标志线和腹部的分区

为了描述内脏器官的正常位置、毗邻和体表投影，通常在胸、腹部体表确定若干标志线和分区（图3-2，图3-3）。

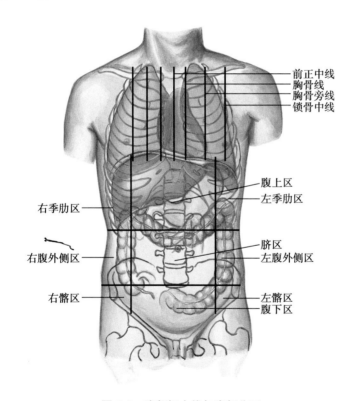

图3-2　胸部标志线与腹部分区

(一) 胸部的标志线

1. **前正中线**　沿身体前面正中所做的垂直线。
2. **胸骨线**　沿胸骨外侧缘所做的垂直线。
3. **锁骨中线**　通过锁骨中点所做的垂直线，在男性一般与通过乳头的垂直线相当。
4. **胸骨旁线**　通过胸骨线与锁骨中线之间中点所做的垂直线。
5. **腋前线**　通过腋前襞所做的垂直线。
6. **腋后线**　通过腋后襞所做的垂直线。
7. **腋中线**　通过腋前、后线之间中点所做的垂直线。
8. **肩胛线**　通过肩胛骨下角所做的垂直线。
9. **后正中线**　沿身体后面正中所做的垂直线。

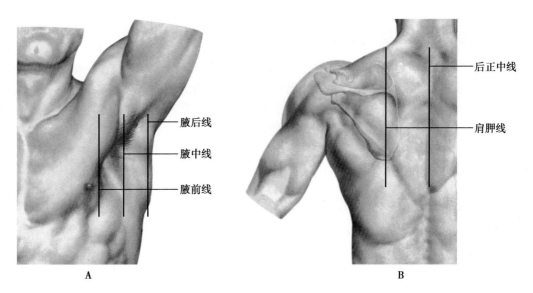

腋后线
腋中线
腋前线

A

后正中线
肩胛线

B

图 3-3　胸部标志线

（二）腹部的分区

在腹部前面,用两条横线和两条纵线将腹部分成九个区,以此来确定腹腔脏器的体表位置。上横线一般采用通过两侧肋弓最低点的连线,下横线多采用通过两侧髂结节的连线。两条纵线为通过两侧腹股沟韧带中点所做的垂直线。上横线以上分为中间的**腹上区**和两侧的**左、右季肋区**;上、下横线之间分为中间的**脐区**和两侧的**左、右腹外侧区**(腰区);下横线以下分为中间的**腹下区**(耻区)和两侧的**左、右腹股沟区**(髂区)。

临床工作中,又常以通过脐的水平线和前正中线,将腹部分为**右上腹**、**左上腹**、**右下腹**和**左下腹**四个区。

第二节　消　化　管

一、消化管的一般结构

除口腔与咽外,消化管壁由内向外一般可分为黏膜、黏膜下层、肌层和外膜四层(图 3-4)。

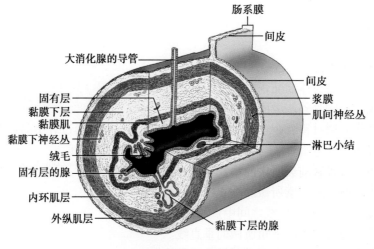

肠系膜
间皮
大消化腺的导管
间皮
浆膜
肌间神经丛
固有层
黏膜下层
黏膜肌
黏膜下神经丛
绒毛
固有层的腺
淋巴小结
内环肌层
外纵肌层
黏膜下层的腺

图 3-4　消化管壁一般结构模式图

(一) 黏膜(mucosa)

位于管壁的最内层,由上皮、固有层和黏膜肌层组成,是进行消化吸收的重要结构,在各段消化管中结构差异较大。

1. 上皮(epithelium) 覆盖在消化管的腔面,在口腔、咽、食管和肛门处为复层扁平上皮,以保护功能为主;胃、肠则衬以单层柱状上皮,以消化、吸收功能为主。上皮常下陷到消化管壁内形成小消化腺,或者与消化管壁外大消化腺的导管相通连。

2. 固有层(lamina propria) 为富含毛细血管、淋巴管、神经和小消化腺的疏松结缔组织。此层淋巴细胞、淋巴组织、浆细胞丰富,参与构成消化管的防御屏障。

3. 黏膜肌层(muscularis mucosa) 为薄层平滑肌。平滑肌的收缩和舒张可以改变黏膜的形态,促进腺分泌物的排出和血液、淋巴的运行,有助于食物消化和营养物质的吸收。

(二) 黏膜下层(submucosa)

为富含血管、淋巴管和黏膜下神经丛的疏松结缔组织。在十二指肠和食管的黏膜下层,分别有十二指肠腺和食管腺。

有些部位的黏膜及黏膜下层共同向管腔突出形成肉眼可见的隆起,称**皱襞**,以适应器官功能的需要。

(三) 肌层(muscularis)

除口腔、咽、食管上段和肛门处的肌层为骨骼肌外,其余均为平滑肌。一般分为内环行和外纵行两层,其间有少量结缔组织和肌间神经丛。肌层收缩有利于食物与消化液充分混合、分解以及食物残渣的排出。在某些部位,环行肌层明显增厚,形成括约肌,如贲门括约肌、幽门括约肌和肛门内括约肌。

(四) 外膜(adventitia)

由薄层结缔组织构成,称纤维膜,如食管和大肠末端。若结缔组织外表覆盖间皮,则称浆膜,如胃、大部分小肠和大肠,其表面光滑有利于消化管的蠕动。

二、口腔

口腔(oral cavity)是消化管的起始部,向前经口裂与外界相通,向后经咽峡与咽相通。口腔的前壁为上、下唇,后壁为咽峡,两侧壁为颊,上壁为腭,下壁为口腔底(图 3-5)。

口腔以上、下牙弓为界分为**口腔前庭**和**固有口腔**两部分。当上、下牙列咬合时,口腔前庭与固有口腔可经第三磨牙后方的间隙相通,临床上当病人牙关紧闭时可经此间隙插管或注入营养物质。

(一) 口唇

口唇(oral lips)分上唇和下唇,由皮肤、口轮匝肌和黏膜构成。上、下唇之间的裂隙称为口裂,其两端的结合处,称**口角**。上唇外面正中有一纵行浅沟,称**人中**,急救时常在此处进行针刺或指压使病人苏醒。上、下唇的游离缘含有丰富的毛细血管,故呈红色。上唇与颊之间的弧形浅沟,称**鼻唇沟**,是上唇与颊的分界。

(二) 颊

颊(cheek)构成口腔侧壁,由皮肤、颊肌和黏膜构成。颊黏膜平对上颌第二磨牙

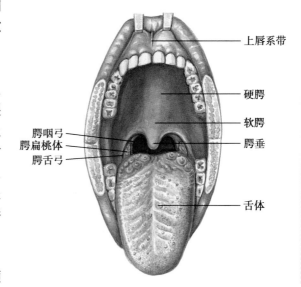

图 3-5　口腔及咽峡

上唇系带
硬腭
软腭
腭咽弓
腭扁桃体
腭垂
腭舌弓
舌体

处,有腮腺管的开口。

(三)腭

腭(palate)构成口腔的上壁,前2/3以骨为基础,表面被覆黏膜,称**硬腭**。后1/3为**软腭**,由骨骼肌和黏膜构成。软腭的后缘游离,其中央部向下的乳头状突起,称**腭垂**(悬雍垂)。腭垂两侧各有一对黏膜皱襞,前方一对向下续于舌根,称腭舌弓,后方一对向下移行于咽侧壁,称腭咽弓。腭垂、两侧的腭舌弓和舌根共同围成**咽峡**,是口腔与咽的分界(图3-5)。

(四)舌

舌(tongue)位于口腔底,具有搅拌食物、协助吞咽、感受味觉和辅助发音等功能。

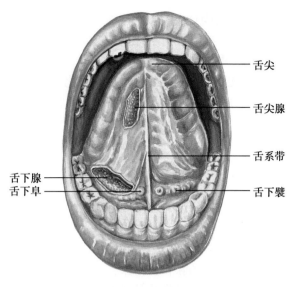

图 3-6　舌下面

1. **舌的形态**　舌分前2/3的舌体和后1/3的舌根。两者之间以∧形界沟为界。舌体上面称舌背,其前端较狭窄,称舌尖(图3-6)。

2. **舌的构造**　舌由表面的黏膜和深部的舌肌构成。

(1)**舌黏膜**:舌背面和舌两侧的黏膜呈淡红色,表面有许多小突起,称舌乳头。舌乳头按

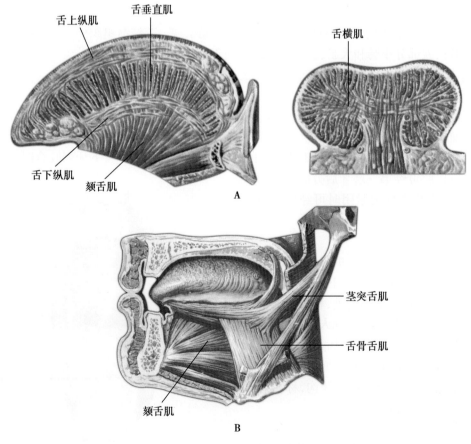

图 3-7　舌肌
A.舌内肌;B.舌外肌

形态分为四种:**丝状乳头**数量最多,体积小、色白如丝绒状,含有触觉感受器;**菌状乳头**体积较大,红色呈钝圆形,散在于丝状乳头之间;**轮廓状乳头**体积最大,呈圆形,排列在界沟前方;**叶状乳头**位于舌体侧缘后部,人类不发达。菌状乳头、轮廓状乳头和叶状乳头内均含有味觉感受器,称味蕾。

舌的下面光滑,在正中线上有一个连于口腔底前端的纵行黏膜皱襞,称舌系带。舌系带根部两侧各有一小黏膜隆起,称舌下阜,是下颌下腺和舌下腺的开口处。舌下阜后外侧的黏膜隆起,称舌下襞,其深面有舌下腺等结构(图 3-6)。舌根部黏膜内含有丰富的淋巴组织,称舌扁桃体。

(2) **舌肌**:为骨骼肌,分舌内肌和舌外肌两种(图 3-7)。舌内肌的起止点均在舌内,构成舌的主体,肌束呈纵、横、垂直三个方向排列,收缩时可改变舌的外形。舌外肌起自舌外,止于舌内,收缩时改变舌的位置。最重要的是颏舌肌,起自下颌骨体内面中线的两侧,肌束向后上呈扇形进入舌内,止于舌中线两侧。两侧颏舌肌同时收缩,舌向前伸,一侧收缩舌尖伸向对侧。一侧颏舌肌瘫痪,伸舌时舌尖偏向瘫痪侧。

(五)牙

牙(teeth)是人体最坚硬的器官,嵌在上、下颌骨的牙槽内,有切割、磨碎食物和辅助发音等功能。

1. 牙的形态和构造 牙在外形上分牙冠、牙根和牙颈三部分。露于口腔内的是**牙冠**;嵌于牙槽内是**牙根**,介于牙冠和牙根之间是**牙颈**(图 3-8)。牙的中央有一空腔,称**牙腔**。贯穿牙根的小管,称**牙根管**。牙根尖端的小孔,称**根尖孔**。牙腔内容纳**牙髓**,由神经、血管、淋巴管和结缔组织组成。牙髓通过根尖孔及牙根管进入牙腔。

2. 牙的组织 牙主要由**釉质**、**牙质**和**牙骨质**构成。牙质构成牙的主体,呈淡黄色。在牙冠部牙质的表面覆有釉质,在牙颈和牙根部牙质的表面包有牙骨质。

3. 牙的分类和排列 人的一生中有两套牙发生,按萌出先后分**乳牙**和**恒牙**(图 3-9,图 3-10)。乳牙一般在出生后 6 个月开始萌出,3 岁出全,6 岁开始脱落。恒牙约在 6~7 岁开始萌出,逐渐替换全部的乳牙,约在 12~14 岁出全。其中第三磨牙,又称迟牙,萌出较晚,有些人到成年后才萌出,甚至终生不萌出。

乳牙共 20 个,分为切牙、尖牙和磨牙。恒牙共 32 个,分为切牙、尖牙、前磨牙和磨牙。通常切牙、尖牙和前磨牙

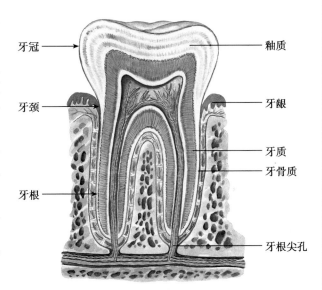

牙冠 —— 釉质
牙颈 —— 牙龈
—— 牙质
—— 牙骨质
牙根 —— 牙根尖孔

图 3-8 牙的构造模式图(纵切)

牙的构造

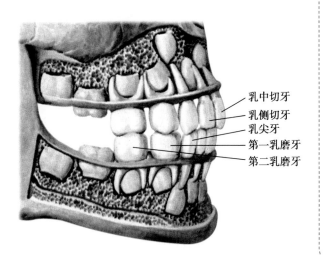

乳中切牙
乳侧切牙
乳尖牙
第一乳磨牙
第二乳磨牙

图 3-9 乳牙的名称及排列

牙的萌出和脱落年龄

笔记

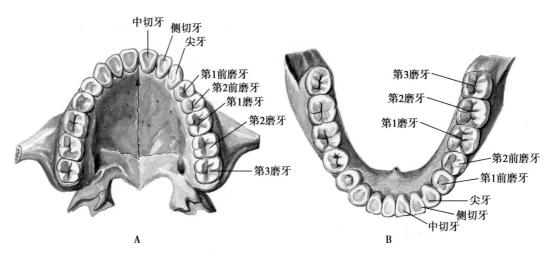

中切牙
侧切牙
尖牙
第1前磨牙
第2前磨牙
第1磨牙
第2磨牙
第3磨牙

第3磨牙
第2磨牙
第1磨牙
第2前磨牙
第1前磨牙
尖牙
侧切牙
中切牙

A   B

图 3-10   恒牙的名称及排列

只有 1 个牙根,上颌磨牙有 3 个牙根,下颌磨牙有 2 个牙根。

牙呈对称性排列,临床为记录牙的位置,以被检查者的方位为准,用 + 记录划分四区分别表示左、右侧上、下颌的牙的位置,即**牙式**。以罗马数字 I~V 表示乳牙,以阿拉伯数字 1~8 表示恒牙。如,4 表示左下颌第 1 前磨牙,V 表示右上颌第 2 乳磨牙。

4. 牙周组织   牙周膜、牙龈和牙槽骨共同构成**牙周组织**(图 3-8)。牙槽骨与牙骨质间的结缔组织膜,称**牙周膜**,使牙根固定于牙槽内。**牙龈**是覆盖在牙槽弓和牙颈表面的口腔黏膜,富含血管,色淡红;**牙槽骨**为构成牙槽的骨质。牙周组织对牙具有保护、支持和固定的作用。

(六) 口腔腺

口腔腺(又称唾液腺),口腔腺分泌唾液,排入口腔,具有湿润口腔黏膜,帮助消化等作用。口腔腺分为大、小唾液腺两种,小唾液腺包括唇腺、颊腺等,大唾液腺有 3 对,即腮腺、下颌下腺和舌下腺(图 3-11)。

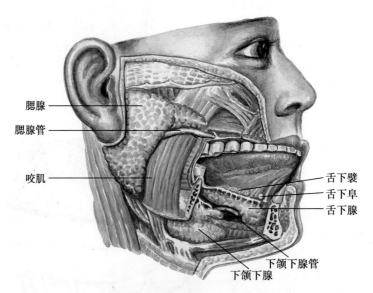

腮腺
腮腺管
咬肌

舌下襞
舌下阜
舌下腺

下颌下腺管
下颌下腺

图 3-11   唾液腺(右侧)

1. 腮腺(parotid gland)   最大,呈不规则的三角形,位于耳廓的前下方,上达颧弓,下至下颌角附近。腮腺管由腮腺前缘发出,在颧弓下方一横指处沿着咬肌表面前行至咬肌前缘转向内侧,穿过颊肌开口于平对上颌第二磨牙的颊黏膜处。

2. **下颌下腺**（submandibular gland）　呈卵圆形,位于下颌体深面下颌下腺窝内,其导管开口于舌下阜。

3. **舌下腺**（sublingual gland）　位于口腔底舌下襞深面。其有数条小导管开口于舌下襞,一条大导管与下颌下腺管共同开口于舌下阜。

三、咽

咽（pharynx）是消化道和呼吸道的共同通道,为前后略扁的漏斗形肌性管道。位于颈椎前方,上起颅底,下至第6颈椎体下缘平面与食管相续,长约12cm。咽的后壁与侧壁较完整,前壁不完整,分别与鼻腔、口腔、喉腔相通。咽以软腭下缘和会厌上缘为界,自上而下分为鼻咽、口咽和喉咽三部分(图3-12)。

（一）鼻咽

鼻咽上附颅底,下至软腭下缘平面,向前经鼻后孔通鼻腔。在其两侧壁正对下鼻甲后方约1.5cm处,各有一**咽鼓管咽口**,经咽鼓管与鼓室相通。咽鼓管咽口的前、上和后方的半环形隆起,称咽鼓管圆枕,是临床检查寻找咽鼓管咽口的标志。咽鼓管圆枕后上方与咽后壁之间的凹陷,称**咽隐窝**,是鼻咽癌好发的部位。鼻咽后壁黏膜有丰富的淋巴组织,称**咽扁桃体**,在幼儿期较发达,6~10岁逐渐萎缩退化。

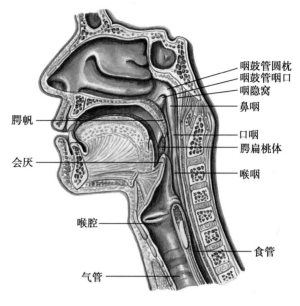

图 3-12　头颈部正中矢状切面

（二）口咽

口咽位于软腭下缘和会厌上缘平面之间,向前经咽峡通口腔。外侧壁腭舌弓和腭咽弓之间的凹陷,称扁桃体窝,容纳腭扁桃体。腭扁桃体呈卵圆形,内侧面朝向咽腔,表面的黏膜凹陷形成许多扁桃体小窝,是食物残渣、脓液易于滞留的部位。舌扁桃体、腭扁桃体和咽扁桃体在咽部共同形成咽淋巴环,是呼吸道和消化道起始部的重要防御结构。

（三）喉咽

喉咽在会厌上缘平面以下,至第6颈椎体下缘处续接食管,向前经喉口通喉腔。在喉口两侧各有一深窝,称**梨状隐窝**,是异物易于滞留的部位。

四、食管

（一）食管的形态和位置

食管（esophagus）是前后略扁的肌性管道。上端在第6颈椎体下缘平面与咽相接,沿脊柱前方下行,经胸廓上口入胸腔,穿膈的食管裂孔入腹腔,约在第11胸椎体左侧与胃的贲门相续,全长约25cm(图3-13)。根据食管行程,以胸骨颈静脉切迹和膈的食管裂孔为界,将其分为三部:颈部,长约5cm;胸部,长约18cm;腹部,长约1~2cm。

食管有三处生理性狭窄:第1狭窄在食管起始处,距中切牙15cm;第2狭窄在食管与左主支气管交叉处,距中切牙25cm;第3狭窄位于食管穿膈的食管裂孔处,距中切牙40cm。这些狭窄是异物易滞留和炎症、肿瘤的好发部位。食管插管时应注意这些狭窄。

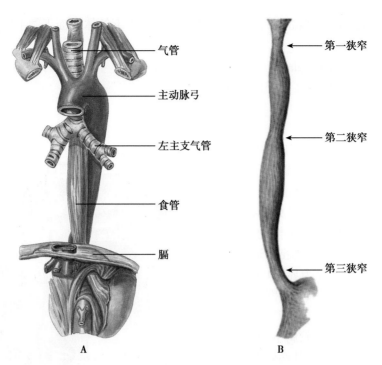

图 3-13　食管（前面观）

（二）食管的微细结构

食管腔面有 7~10 条纵行皱襞，食物通过时，管腔扩张，皱襞展平消失。食管壁具有消化管壁典型的 4 层结构（图 3-14）。

1. **黏膜上皮**　为未角化的复层扁平上皮。食管下端的复层扁平上皮在与胃贲门部连接处转变为单层柱状上皮，是食管癌的好发部位。黏膜肌层为较厚的纵行平滑肌。

2. **黏膜下层**　含有血管、神经、淋巴管及食管腺。食管腺为黏液腺，导管穿过黏膜开口于食管腔。分泌的黏液有利于食物的通过。

3. **肌层**　为内环和外纵行两层。食管上 1/3 段为骨骼肌，下 1/3 段为平滑肌，中 1/3 段两种肌细胞兼有。食管两端的内环行肌稍厚，分别形成食管上、下括约肌。随着年龄增长，食管平滑肌渐萎缩，蠕动减慢，可引起轻度下咽困难。

4. **外膜**　为纤维膜。

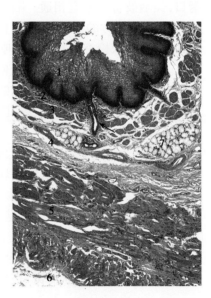

图 3-14　食管光镜（横切）（重庆医科大学　汪维伟图）

1. 上皮　2. 固有层　3. 黏膜肌层　4. 黏膜下层　5. 肌层　6. 纤维膜　7. 食管腺　↑食管腺导管

五、胃

胃（stomach）是消化管中最膨大的部分，上接食管，下续十二指肠，为中空的肌性囊状器官，具有容纳食物、分泌胃液和初步消化食物的功能。成人胃的容积约 1500ml，新生儿的胃容积约 30ml。

（一）胃的形态和分部

胃有两口、两缘和两壁。上口称**贲门**，与食管相连，下口称**幽门**，与十二指肠相续。胃的上缘较短,凹向右上方,称**胃小弯**,是胃溃疡好发的部位,其最低处形成一切迹,称**角切迹**;下缘凸而长,朝向左下方,称**胃大弯**。胃还有前壁和后壁。

胃可分4部分:位于贲门附近的部分,称**贲门部**;贲门平面向左上方凸出的部分,称**胃底**;胃底与角切迹之间的部分,称**胃体**;角切迹与幽门之间的部分,称**幽门部**。在幽门部大弯侧有一不明显的浅沟将幽门部分成左侧的**幽门窦**和右侧的**幽门管**(图3-15)。

(二)胃的位置和毗邻

胃的位置和形态常因体型、体位及充盈程度而发生变化。胃在中等充盈时,大部分位于左季肋区,小部分位于腹上区。贲门位置约在第11胸椎左侧,幽门位置约在第1腰椎右侧。胃空虚时位置较高,充盈时,胃大弯可达脐平面。

胃前壁右侧部与肝左叶相邻,左侧部与膈相邻,并被左肋弓所遮掩。在剑突下胃的前壁与腹前壁直接相贴,是胃的触诊部位。胃后壁与胰、左肾和左肾上腺等相邻。

(三)胃壁的微细结构

胃壁的结构包括黏膜、黏膜下层、肌层和外膜四层(图3-16)。胃的皱襞在充盈时可变低或消失。

1. **黏膜** 较厚,表面有许多不规则小孔,为上皮下陷形成的**胃小凹**的开口(图3-17)。胃小凹的底部与胃腺相通连。

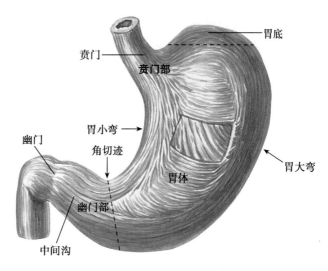

图 3-15 胃的形态和分部

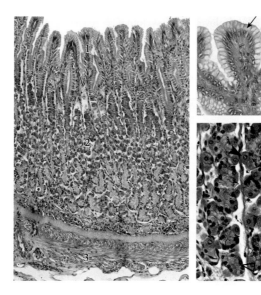

图 3-16 胃底部黏膜光镜像(郝立宏图)
1.胃小凹 2.胃底腺 3.黏膜肌层
↑表面黏液细胞 ▲壁细胞 △主细胞

(1) **上皮**:为单层柱状上皮,主要由**表面黏液细胞**(surface mucous cell)组成。核位于细胞基部,顶部胞质充满黏原颗粒,HE染色切片上着色较淡(图3-16)。此细胞分泌含高浓度HCO_3^-的不溶性黏液,覆盖于上皮表面,可防止胃液对黏膜的消化侵蚀。

(2) **固有层**:为含有大量胃腺的结缔组织。结缔组织中除成纤维细胞外,还有较多淋巴细胞、浆细胞、肥大细胞、嗜酸性粒细胞以及散在的平滑肌细胞。胃腺为管状腺,依所在部位和结构不同,分为贲门腺、幽门腺和胃底腺,前两者均为黏液腺,分泌黏液和溶菌酶。**胃底腺**(fundic gland)为位于胃底和胃体部的分支管状腺,数量较多,功能最重要。可分为颈、体、底部3部分,由壁细胞、主细胞、颈黏液细胞、干细胞和内分泌细胞组成(图3-17)。

1) **主细胞**(chief cell):又称胃酶细胞。数量最多,主要分布在胃底腺的体部和底部。光镜下,细胞呈柱状,核位于基底部,顶部胞质在HE染色标本上呈泡沫状。电镜下,胞质顶部有许多酶原颗粒、高尔基复合体,基部胞质有密集排列的粗面内质网和线粒体(图3-18)。主细胞分泌胃蛋白酶原,经盐酸作用后转变成有活性的胃蛋白酶,初步分解食物中的蛋白质。婴儿时期主细胞还分泌凝乳酶,可凝固乳汁,利于乳汁分解吸收。

2) **壁细胞**(parietal cell):又称泌酸细胞。主要分布于胃底腺的颈部和体部。光镜下,胞体较大,多呈圆锥形,胞质嗜酸性,核圆居中。电镜下细胞内有丰富的线粒体,少量粗面内质网和高尔基复合体。功能活跃时可见细胞顶部的质膜向细胞内凹陷形成迂曲分支的细胞内分泌小管(intracellular secretory canaliculus),小管内有许多微绒毛。功能静止时,细胞内分泌小管多不与腺腔相通,小管内微绒毛短而少,分泌小管周围胞质内有较多表面光滑的小管和小泡,称**微管泡系统**(tubulovesicular system)(图3-18)。

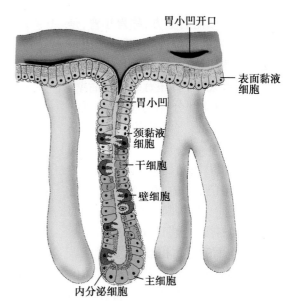

图3-17　胃上皮与胃底腺立体模式图

微管泡系统为分泌小管膜的储备形式。分泌小管的膜上有质子泵和 Cl^- 通道,分别将细胞内碳酸酐酶分解碳酸产生的 H^+ 和从血液中摄取的 Cl^- 输入分泌小管,两者结合成盐酸。

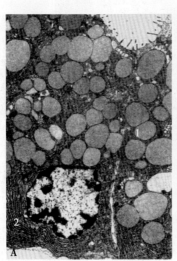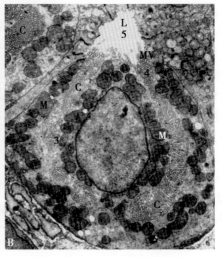

图3-18　主细胞与壁细胞超微结构

A. 主细胞;B. 壁细胞

1. 主细胞内的酶原颗粒　2. 粗面内质网　3. 细胞内分泌小管　4. 微绒毛　5. 胃底腺腔

盐酸可将胃蛋白酶原激活成为有活性的胃蛋白酶,还有杀灭细菌作用。壁细胞还能分泌内因子,与食物中的维生素 B_{12} 结合成复合物,使维生素 B_{12} 免受蛋白水解酶破坏,并促进回肠对维生素 B_{12} 的吸收。若内因子缺乏,维生素 B_{12} 吸收障碍,红细胞生成减少,可导致恶性贫血。

3) **颈黏液细胞**(mucous neck cell):较少,位于胃底腺的颈部,常夹于壁细胞间,核扁圆,位于细胞基部,核上方有较多黏原颗粒,染色浅淡。分泌稀薄的可溶性酸性黏液。

4) **干细胞**:位于胃小凹的深部与胃底腺的颈部之间,HE 染色切片上不易识别。干细胞能不断分裂,产生的子细胞可迁移分化为胃表面黏液细胞以及胃底腺的其他细胞。

　　5) **内分泌细胞**:分散在上皮细胞间,HE 染色切片上不易辨认。该细胞可通过分泌组胺或者生长抑素作用于壁细胞,促进或者抑制其分泌盐酸。

　　(3) **黏膜肌层**:由薄的内环行和外纵行两层平滑肌组成。

　　2. **黏膜下层**　为较致密的结缔组织,含血管、淋巴管和神经丛。

　　3. **肌层**　较厚,由内斜、中环和外纵行 3 层平滑肌构成(图 3-15)。环行肌在贲门和幽门处增厚形成贲门括约肌和幽门括约肌。

　　4. **外膜**　为浆膜。

六、小肠

(一) 小肠的形态与分部

　　小肠(small intestine)为消化管中最长的一段,成人全长 5~7m,是消化和吸收的主要场所。小肠盘曲于腹腔中、下部,上接幽门,下连盲肠,分为十二指肠、空肠和回肠三部分。

　　1. **十二指肠**(duodenum)　是小肠的起始部,长约 25cm,呈 C 形从右侧包绕胰头,上接幽门,下续空肠,分为四部分(图 3-19)。

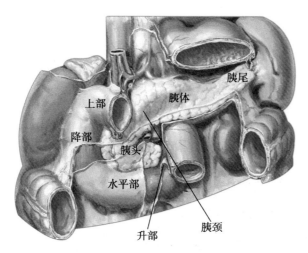

图 3-19　十二指肠和胰(前面观)

　　(1) **上部**:长约 5cm,于第 1 腰椎右侧起自幽门,斜向右上方至肝门下方急转向下移行为降部。十二指肠起始处管壁较薄,黏膜平滑无皱襞,称十二指肠球部,是十二指肠溃疡的好发部位。

　　(2) **降部**:长约 7~8cm,在第 1 腰椎右侧下降至第 3 腰椎体水平向左转接水平部。在降部的后内侧壁上有一纵行的黏膜皱襞,称十二指肠纵襞,其下端有一圆形隆起,称**十二指肠大乳头**,是胆总管和胰管的共同开口,距中切牙约 75cm。在大乳头上方约 2cm 处可见十二指肠小乳头,为副胰管的开口处。

　　(3) **水平部**:长约 10cm,在第 3 腰椎平面自右向左,跨过下腔静脉至腹主动脉前方,移行为升部。

　　(4) **升部**:长约 2~3cm,自第 3 腰椎斜向左上,至第 2 腰椎左侧急转向前下形成十二指肠空肠曲,移行为空肠。此曲被十二指肠悬肌固定于腹后壁。十二指肠悬肌和包绕其下段的腹膜共同构成十二指肠悬韧带(图 3-20),又称 Treitz 韧带,是手术中确认空肠起始部的标志。

　　2. **空肠和回肠**　在腹腔中下部迂曲盘旋成小肠袢,周围有结肠围绕。**空肠**(jejunum)上端接十二指肠,**回肠**(ileum)下端连盲肠,空、回肠间无明显分界(图 3-21)(表 3-1)。

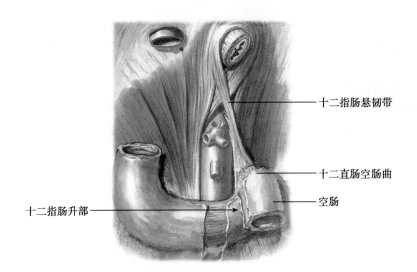

图 3-20　十二指肠悬韧带

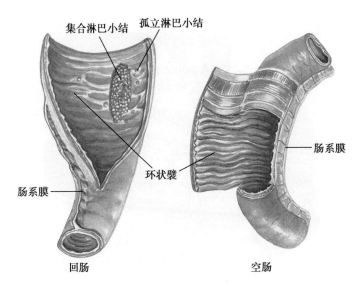

图 3-21　空肠与回肠

表 3-1　空肠和回肠比较表

项目	空肠	回肠
位置	腹腔的左上部	腹腔的右下部
长度	占空、回肠全长的近端 2/5	占空、回肠全长的远端 3/5
管径	较粗大	较细小
管壁	较厚	较薄
血管	较丰富	较少
环状皱襞	密而高	疏而低
淋巴滤泡	孤立淋巴滤泡	集合淋巴滤泡
颜色	粉红色	淡红色

(二)小肠壁的微细结构

小肠壁的黏膜和黏膜下层向肠腔突出,形成许多环行皱襞(图3-22);黏膜上皮和固有层共同向肠腔内突出形成高0.5~1.5mm的**肠绒毛**(intestinal villus)(图3-23);肠绒毛表面上皮细胞游离面有由质膜和胞质突出形成的微绒毛。肠绒毛在十二指肠和空肠头端最发达,呈叶状和长指状,至回肠时则为短锥形。经皱襞、绒毛和微绒毛的三级组织结构放大,小肠的吸收面积扩大约600倍。黏膜上皮还从绒毛根部下陷到固有层形成管状的**小肠腺**(small intestinal gland),直接开口于肠腔。

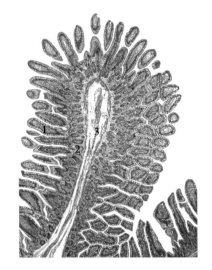

图3-22 小肠皱襞光镜像
(重庆医科大学 汪维伟图)
1.小肠绒毛 2.小肠
腺 3.黏膜下层

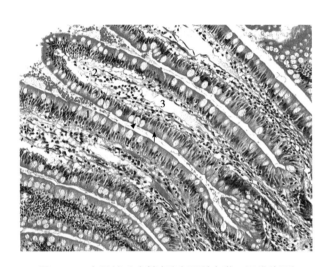

图3-23 小肠绒毛光镜(重庆医科大学 汪维伟图)
1.上皮 2.固有层 3.中央乳糜管
↑吸收细胞 ▲杯状细胞

1. 黏膜 由上皮、固有层和黏膜肌层组成。

(1)上皮:为单层柱状上皮,由吸收细胞、杯状细胞和少量内分泌细胞组成。**吸收细胞**(absorptive cell),最多,呈高柱状。细胞游离面有明显的纹状缘,在电镜下为密集排列的微绒毛,是消化、吸收的重要部位。杯状细胞散在分布于吸收细胞间,能分泌黏液,润滑和保护肠黏膜(图3-23)。

(2)固有层:由细密结缔组织构成,有大量小肠腺。小肠腺是上皮下陷至固有层内而形成的管状腺,开口肠绒毛根部之间,由柱状细胞、杯状细胞、干细胞、潘氏细胞和内分泌细胞等组成。**潘氏细胞**(Paneth cell)成群位于肠腺底部,呈锥体形,胞质充满粗大的嗜酸性颗粒,其内有溶菌酶和防御素,有杀灭细菌的作用。干细胞位于小肠腺的下半部,能分化成其他细胞。内分泌细胞位于肠腺的基部,有多种类型,能分泌多种激素。

绒毛中央有1~2条以盲端起始的毛细淋巴管,称**中央乳糜管**(central lacteal)(图3-23),起始于绒毛顶部,向下穿过黏膜肌层进入黏膜下层形成淋巴管丛。中央乳糜管通透性大,是脂肪吸收和转运的重要结构。绒毛中轴内还有丰富的有孔毛细血管,肠上皮吸收的氨基酸、葡萄糖等水溶性物质由此进入血液。固有层平滑肌细胞的收缩,有助于血液和淋巴的转运。

此外,小肠固有层可见淋巴小结,在十二指肠和空肠多为孤立淋巴小结,回肠为多个淋巴小结聚集形成的集合淋巴小结。

(3)黏膜肌层:由薄层内环行和外纵行平滑肌组成。

2. 黏膜下层 十二指肠的黏膜下层有大量的十二指肠腺,为黏液性腺,其导管穿过黏膜肌层与小肠腺底部通连(图3-24)。十二指肠腺分泌碱性的黏液,有中和酸性食糜和保护十二指肠黏膜免受胃酸侵蚀的作用。

3. 肌层 由内环行、外纵行两层平滑肌组成。

4. 外膜 除部分十二指肠壁为纤维膜外,其余均为浆膜。

七、大肠

大肠(large intestine)全长约1.5m,分为盲肠、阑尾、结肠、直肠和肛管五部分。其功能是吸收水分和电解质,分泌黏液,使食物残渣形成粪便排出体外。

(一)大肠的形态与分部

盲肠和结肠有三个特征性结构(图3-25):①**结肠带**:有3条,由肠壁纵行平滑肌增厚而成的带状结构;②**结肠袋**:是肠壁向外呈囊袋状膨出的部分;③**肠脂垂**:是沿结肠带边缘分布的脂肪突起。

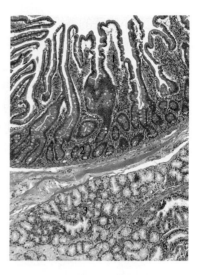

图3-24 十二指肠光镜像(重庆医科大学 汪维伟图)

1. 小肠绒毛 2. 小肠腺 3.十二指肠腺

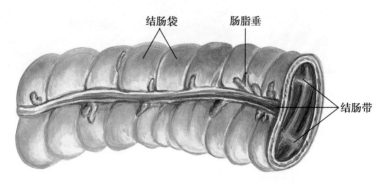

图 3-25 结肠的特征

1. **盲肠**(cecum) 是大肠的起始段,位于右髂窝内,长6~8cm,呈囊袋状。左侧接回肠,向上移行为升结肠。回肠末端突入盲肠内形成上、下两片唇状黏膜皱襞,称**回盲瓣**,可控制回肠内容物过快进入盲肠,同时又能防止盲肠内容物逆流到回肠(图3-26)。临床上将回肠末段、盲肠和阑尾合称**回盲部**。

2. **阑尾**(vermiform appendix) 为一蚓状盲管,位于右髂窝内,长6~8cm,开口于盲肠的后内侧壁(图3-26)。因其末端游离,故位置变化较大,但阑尾根部位置较固定,3条结肠带汇合于此,手术中可沿结肠带向下寻找阑尾。

阑尾根部的体表投影在脐与右髂前上棘连线的中、外1/3交点处,称**麦氏点**(McBurney点),急性阑尾炎时,此处常有明显的压痛。

3. **结肠**(colon) 围绕在空、回肠的周围,分为升结肠、横结肠、降结肠和乙状结肠四部分(图3-27)。

(1)升结肠:长约15cm,起自盲肠,沿右腹外侧区上升至肝右叶下方,向左弯曲形成**结肠右曲**(或肝曲)。

(2)横结肠:长约50cm,起自结肠右曲,向左横行至脾的下方转折向下,并弯曲形成**结肠左曲**(或脾曲)。横结肠借横结肠系膜连于腹后壁,活动度较大,常下垂成弓形。

(3)降结肠:长约25cm,起自结肠左曲,沿左侧腹后壁下行,至左髂嵴处移行为乙状结肠。

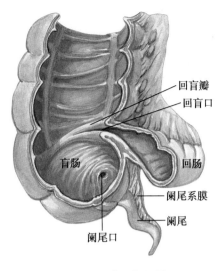

图 3-26　盲肠与阑尾

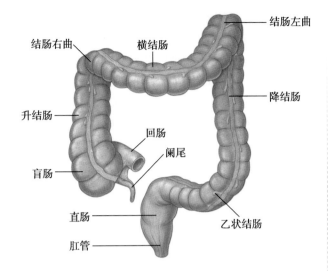

图 3-27　大肠

（4）**乙状结肠**：长约 40cm，在左髂窝，呈乙字形弯曲，至第 3 骶椎平面移行为直肠。乙状结肠借乙状结肠系膜连于骨盆侧壁，活动度较大，易发生肠扭转。

4. **直肠**（rectum）　长 10~14cm，位于盆腔后部骶骨的前面，在第 3 骶椎前方接乙状结肠，沿骶骨、尾骨前面下行穿过盆膈，续于肛管。直肠并非直行，在矢状面上有 2 个弯曲，即**骶曲**和**会阴曲**，骶曲位于骶骨前方，凸向后，与骶骨的弯曲一致，会阴曲在尾骨尖前方转向后下，凸向前。做直肠镜或乙状结肠镜检查时应注意直肠的弯曲，避免损伤肠壁。

直肠管径上部与乙状结肠相似，下部管腔显著扩张，称**直肠壶腹**。腔内常有 3 个半月形黏膜皱襞，称**直肠横襞**（图 3-28）。位于直肠右前壁的横襞最大且位置恒定，距肛门约 7cm，可作为直肠镜检查的定位标志。

5. **肛管**（anal canal）　是位于盆膈以下的末端消化管，长 3~4cm，上接直肠，末端终于**肛门**（图 3-28）。肛管上端的内面有 6~10 条纵行的黏膜皱襞，称**肛柱**。各肛柱下端之间有半月形黏膜皱襞相连，称**肛瓣**。相邻肛柱下端与肛瓣共形成开口向上的小隐窝，称**肛窦**。窦内常积存粪便，易诱发感染而发生肛窦炎，严重时可形成肛门周围脓肿或肛瘘。

各肛柱下端和肛瓣连成的锯齿状环形线，称**齿状线**，又称肛皮线，是皮肤与黏膜的分界线。齿状线以上的腔面被覆黏膜，齿状线以下的腔面被覆未角化层的复

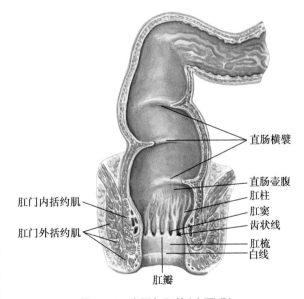

图 3-28　直肠与肛管（内面观）

层扁平上皮。在齿状线下方有宽约 1cm 的环状带，称**肛梳**或**痔环**。肛梳下缘有一环行的浅沟，称**白线**，距肛门约 1.5cm，是肛门内、外括约肌（浅部）的分界线。肛管黏膜下和皮下有丰富的静脉丛，若静脉丛淤血曲张而突起则形成痔。在齿状线以上的称**内痔**，齿状线以下的称**外痔**。

肛门括约肌环绕分布在肛门周围，分为**肛门外括约肌**和**肛门内括约肌**两部分。肛门内括约肌由肛管下部的环形平滑肌增厚而成，有协助排便的作用；肛门外括约肌是围绕在肛门内括约肌的周围的骨骼肌，可随意识括约肛门，控制排便。

(二) 大肠的微细结构

1. **盲肠、结肠、直肠**   组织结构基本相同,黏膜表面光滑,无肠绒毛(图 3-29)。上皮为单层柱状上皮,由吸收细胞和大量杯状细胞组成。上皮下陷到固有层形成密集的大肠腺,有吸收细胞、大量杯状细胞、干细胞和内分泌细胞,无潘氏细胞。肌层由内环行和外纵行两层平滑肌组成。内环行肌节段性局部增厚,形成结肠袋,纵行平滑肌局部增厚形成 3 条结肠带,带间的外纵行平滑肌很薄,甚至缺如。

2. **阑尾**   组织结构基本同结肠,但管腔小而不规则,肠腺短而小。固有层内有丰富的淋巴组织,形成许多淋巴小结,并突入黏膜下层,致使黏膜肌层不完整。肌层很薄,外覆浆膜(图 3-30)。阑尾与人体的免疫功能有关。

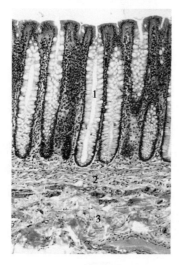

图 3-29   结肠管壁光镜
1. 大肠腺   2. 黏膜肌   3. 黏膜下层

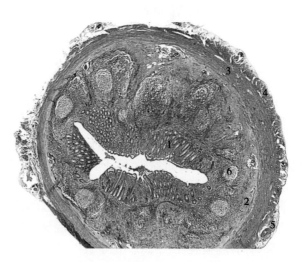

图 3-30   阑尾光镜像(郝立宏图)
1. 黏膜层   2. 黏膜下层   3. 环行肌   4. 纵行肌   5. 浆膜   6. 淋巴小结

第三节   消 化 腺

消化腺的主要功能是分泌消化液,经导管排入消化管,参与食物的消化。

一、肝

肝(liver)是人体最大的消化腺,主要功能是分泌胆汁,参与食物的消化,还有参与糖、脂肪、蛋白质的代谢,具有解毒、防御、储存和造血等功能。

(一) 肝的形态

肝呈红褐色,质软而脆,形似楔形。分上、下两个面和前、后两个缘。肝的上面与膈相贴,称**膈面**(图 3-31),此面借矢状位的镰状韧带分为肝左叶和肝右叶。肝的下面凹凸不平,与腹腔器官相邻,称**脏面**(图 3-32)。脏面有近似 H 形的 3 条沟,其正中的横沟称**肝门**(porta hepatis),是肝固有动脉、肝门静脉、肝管、神经和淋巴管出入的部位。出入肝门的结构被结缔组织包裹构成**肝蒂**。左纵沟的前部有**肝圆韧带**,是胎儿时期脐静脉闭锁的遗迹。左纵沟的后部有**静脉韧带**,是胎儿时期静脉导管的遗迹。右纵沟的前部为**胆囊窝**,容纳胆囊。右纵沟的后部为**腔静脉沟**,有下腔静脉通过。肝的脏面被 H 形沟分为 4 个叶:即右纵沟右侧的**右叶**;左纵沟左侧的**左叶**;横沟前的**方叶**和横沟后的**尾叶**。肝的前缘锐利,为膈面和脏面的分界线。后缘钝圆,在腔静脉沟处有 2~3 条肝静脉注入下腔静脉,临床上常称此处为第二肝门。

肝的形态

笔记

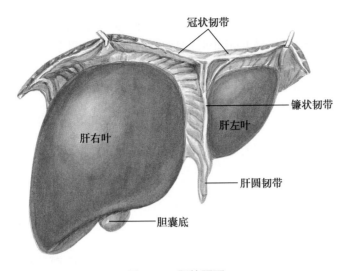

图 3-31　肝的膈面

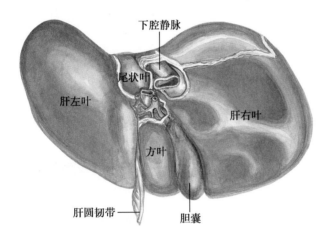

图 3-32　肝的脏面

(二)肝的位置和体表投影

肝大部分位于右季肋区和腹上区,小部分位于左季肋区(图3-2)。大部分被肋弓覆盖,仅在腹上部左、右肋弓之间的部分直接与腹壁接触。

肝的上界与膈穹隆一致,其最高点在右侧,相当于右锁骨中线与第5肋的交点;左侧相当于左锁骨中线与第5肋间隙的交点。肝的下界,右侧大致于肋弓一致,成人在右肋下缘不应触及肝;在腹上区可达剑突下方约3~5cm。7岁以下儿童肝下界可低于肋弓下缘1~2cm,7岁以后接近成人。肝的位置随膈的运动而上、下移动,平静呼吸时上、下移动幅度可达2~3cm。

(三)肝的微细结构

肝表面大部分覆以致密结缔组织被膜,肝门处的结缔组织伴随着肝固有动脉、肝门静脉、肝管、神经和淋巴管及其分支伸入肝实质,将实质分隔为许多肝小叶,小叶间上述管道分支行走的部位为门管区(图3-33)。

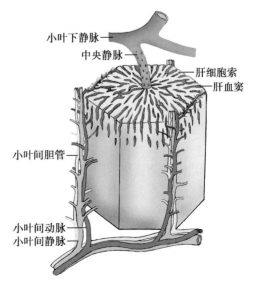

图 3-33　肝小叶立体模式图

1. **肝小叶**(hepatic lobule)　为不规则的多面棱柱体，是肝的基本结构和功能单位，成人肝有 50 万 ~100 万个肝小叶。人的肝小叶间结缔组织很少，小叶分界不明显；猪的肝小叶间结缔组织多，小叶分界很明显（图 3-34）。肝小叶由中央静脉、肝板、肝血窦和胆小管组成。

（1）**中央静脉**(central vein)：位于肝小叶中央的一条血管，接受肝血窦的血液。管壁薄而不完整，有肝血窦的开口（图 3-33，图 3-35）。

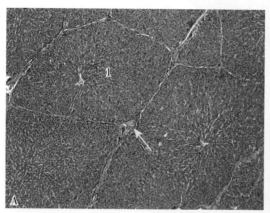
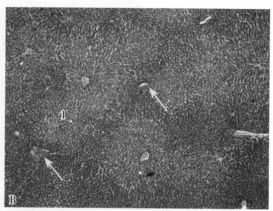

图 3-34　肝的光镜(低倍)(郝立宏图)
A. 猪肝；B. 人肝
1. 肝小叶　　↑门管区

（2）**肝板**(hepatic plate)：是由肝细胞单行排列而成的板状结构，因切面上呈条索状，又称肝细胞索，简称**肝索**。它以中央静脉为中心向四周呈放射状排列，并相互吻合成网（图 3-33，图 3-35）。

肝细胞(hepatocyte) 呈多边形，体积较大。核大而圆，位于细胞中央，有 1~2 个明显的核仁，有时可见双核，四倍体细胞占肝细胞的 60%，这与肝强大的再生能力有关。电镜下，肝细胞内含有各种细胞器及糖原、脂滴等内含物，它们参与完成肝的多种功能（图 3-36）。大量的线粒体为肝细胞的活动提供能量；丰富的溶酶体参与肝细胞的细胞内消化、胆红素的转运和铁的贮存；发达的高尔基复合体和粗面内质网参与合成

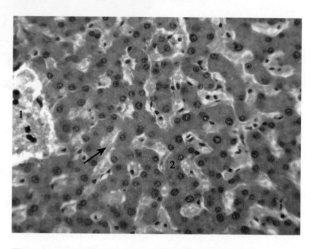

图 3-35　肝细胞索及肝血窦光镜像(重庆医科大学　汪维伟图)

1. 中央静脉　2. 肝细胞索
↑肝血窦　　↑肝巨噬细胞

多种血浆蛋白、凝血酶原和补体蛋白等；滑面内质网多呈管状或泡状，主要参与合成胆汁、糖原的合成与分解、脂类代谢、激素代谢以及药物、代谢产物的生物转化、解毒等功能。微体内含过氧化氢酶等多种氧化酶，可水解过氧化氢等代谢产物。

肝细胞在肝板上有 3 个功能面（图 3-36）。①**肝细胞面**：为相邻肝细胞间的邻接面；②**肝血窦面**：有发达的微绒毛，便于肝细胞从血液吸收物质，并将加工好的蛋白质、葡萄糖等释放入血；③**胆小管面**：便于肝细胞将合成的胆汁直接释放到胆小管内。

（3）**肝血窦**(hepatic sinusoid)：简称肝窦。是位于相邻肝板之间的不规则腔隙，通过肝板上

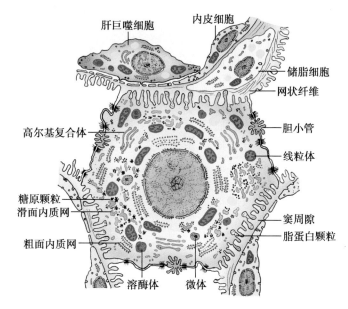

图 3-36　肝细胞、肝血窦、窦周隙和胆小管超微结构模式图

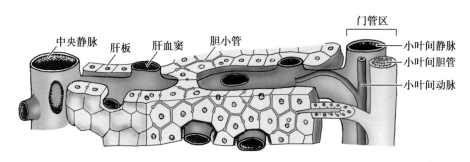

图 3-37　肝板、肝血窦与胆小管关系模式图

的孔互相连接成网状管道(图 3-35,图 3-37)。肝血窦壁由一层扁平的内皮细胞围成,内皮细胞上有大小不等的窗孔,细胞间连接松散,无基膜,所以肝血窦的通透性很强。血窦腔内还有散在分布的肝巨噬细胞,又称**库普弗细胞**(Kupffer cell),以突起附着在血窦内皮细胞上(图 3-35,图 3-36)。有吞噬能力,可清除血液中的异物、细菌和衰老死亡的红细胞等,参与机体的免疫功能。

(4) **窦周隙**(perisinusoidal space):是肝血窦内皮细胞与肝细胞之间的狭小间隙(图 3-36),又称 Disse **间隙**。间隙内充满由肝血窦渗出的血浆。电镜下可见肝细胞血窦面的微绒毛伸入血浆内,窦周隙是肝细胞与血液间物质交换的场所。窦周隙内还有少量网状纤维和形态不规则的**贮脂细胞**,贮脂细胞有贮存脂肪和维生素 A,合成网状纤维功能。

(5) **胆小管**(bile canaliculi):是相邻肝细胞之间细胞膜局部凹陷形成的微细管道,以盲端起于中央静脉周围的肝板内,随肝板行走并互相吻合成网(图 3-36)。胆小管腔内有微绒毛,接近胆小管的相邻肝细胞膜形成紧密连接、桥粒等,封闭胆小管周围的细胞间隙。肝细胞分泌的胆汁直接进入胆小管,在肝小叶周边汇入门管区内的小叶间胆管。当输胆管道堵塞或者肝细胞大量坏死时,胆小管的结构被破坏,其内的胆汁可经窦周隙进入血液,导致患者出现黄疸。

2. **门管区**(portal area)　存在于相邻几个肝小叶间,一般呈三角形或多边形,内有伴行的小叶间动脉、小叶间静脉和小叶间胆管(图 3-37、图 3-38)。①**小叶间动脉**:是肝固有动脉的分支,管腔小而规则,管壁厚;②**小叶间静脉**:是肝门静脉的分支,管腔大而不规则,壁薄;③**小叶间胆管**:由胆小管汇集而成,管壁由单层立方上皮构成。

（四）肝的血液循环

从肝门入肝的血管有肝门静脉和肝固有动脉。肝门静脉是肝的功能血管，入肝后分支形成小叶间静脉，通入肝血窦。肝固有动脉是肝的营养血管，入肝后分支为小叶间动脉，也通入肝血窦。肝血窦的血液与肝细胞进行物质交换后，汇入中央静脉，中央静脉再汇合成小叶下静脉，进而汇合成 2~3 条肝静脉，出肝后注入下腔静脉。

（五）肝外胆道系统

肝外胆道系统包括胆囊、肝左、肝右管、肝总管和胆总管（图 3-39）。

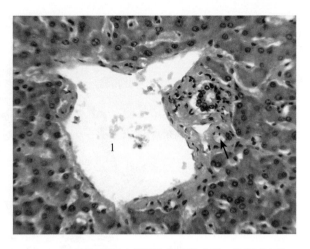

图 3-38　肝门管区光镜（重庆医科大学　汪维伟图）
↑小叶间动脉　1.小叶间静脉　↑小叶间胆管

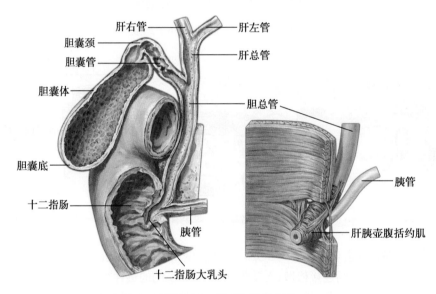

图 3-39　胆囊与输胆管道

1. **胆囊**（gallbladder）　位于右季肋区，肝下面的胆囊窝内，容积为 40~60ml，有贮存和浓缩胆汁的作用。

胆囊呈梨形，分为**胆囊底**、**胆囊体**、**胆囊颈**和**胆囊管** 4 部分。前端钝圆略膨大的部分是胆囊底，充盈时常露于肝前缘，与腹前壁相贴。胆囊底的体表投影在右锁骨中线与右肋弓交点处的稍下方，是临床检查胆囊的触诊部位，胆囊炎时此处常有明显的压痛。中间部分是胆囊体；后端称胆囊颈，弯向下移行为胆囊管。胆囊颈和胆囊管的黏膜呈螺旋状突入管腔，形成螺旋襞，可控制胆汁的进出，胆囊结石易嵌顿于此。肝总管、胆囊管和肝脏面围成的三角形区域称**胆囊三角**（Calot 三角），胆囊动脉常在此三角内通过。

2. **输胆管道**　是指将胆汁输送至十二指肠的管道，包括肝内和肝外两部分。肝内部分有胆小管和小叶间胆管，肝外部分即肝外胆道系统。

胆小管先合成小叶间胆管，后者逐渐汇合成肝左管和肝右管，肝左、右管出肝门后，汇合成**肝总管**，长约 3cm。肝总管与胆囊管呈锐角汇合成**胆总管**，长约 4~8cm，直径 0.6~0.8cm。它在十二指肠韧带的游离缘内下行，经十二指肠上部的后方，至十二指肠降部与胰头之间，斜穿十二指肠降部的后内侧壁，在此与胰管汇合成**肝胰壶腹**（Vater 壶腹），开口于十二指肠大乳头。在肝胰壶腹的周围的环行平滑肌增厚,形成**肝胰壶腹括约肌**(Oddi 括约肌)。肝胰壶腹括约肌的收缩与舒张,可以控制胆汁和胰液的排出。胆汁的产生及排出的途径可归纳如下:

肝细胞分泌胆汁→胆小管→小叶间胆管→肝左、右管→肝总管→胆总管→十二指肠

未进食 ↓↑ 进食

胆囊

二、胰

胰(pancreas)是人体第二大消化腺,其分泌的胰液中内含多种消化酶,参与食物的消化,此外还有内分泌的功能。

(一)胰的位置和形态

胰位于胃的后方,在第 1、2 腰椎水平横贴于腹后壁,其前面有腹膜覆盖。

胰质软呈灰红色。分为胰头、胰体和胰尾三部分。右侧的膨大部分是胰头,被十二指肠环绕;中间的大部分呈棱柱状为胰体,左侧末端较细伸向脾门为胰尾(图 3-19)。

(二)胰的微细结构

胰外被以结缔组织被膜,结缔组织伸入腺体内,将实质分隔为许多小叶。腺实质包括外分泌部和内分泌部(图 3-40),前者为胰的主要部分,由腺泡和导管组成,分泌的胰液内含多种消化酶。内分泌部为大小不一的细胞团,分散在外分泌部中,又称胰岛,分泌多种激素。

1. 外分泌部 腺泡为浆液性腺泡。腺细胞分泌多种消化酶,包括胰淀粉酶、胰脂肪酶、胰蛋白酶原和糜蛋白酶原等。导管由闰管、小叶内导管、小叶间导管和主导管构成。闰管由单层扁平或低立方上皮构成,汇合成单层立方上皮组成的小叶内导管,然后汇合成小叶间导管。小叶间导管不断增粗最后汇合成一条由单层柱状上皮构成的主导管。

2. 胰岛(pancreas islet) 散在于腺泡之间,胰尾内较多。腺细胞排列成索、团状,染色浅淡,细胞间有丰富的毛细血管。用特殊染色法染色可显示胰岛内的细胞,主要由 4 种细胞构成(图 3-41)。

(1) A 细胞:数量较少,约占胰岛细胞总数的 20%,多分布于胰岛外周部。A 细胞分泌**胰高血糖素**(glucagon),通过促进糖原分解为葡萄糖,抑制糖原的合成,使血糖升高。

(2) B 细胞:数量最多,约占胰岛细

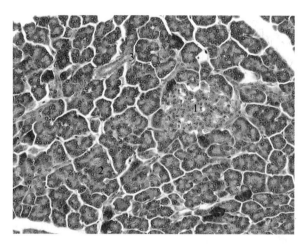

图 3-40 胰光镜(重庆医科大学 汪维伟图)
1. 胰岛 2. 腺泡 3. 小叶内导管

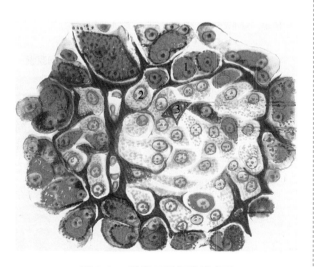

图 3-41 胰岛三种细胞模式图
1. A 细胞 2. B 细胞 3. D 细胞

胞总数的 70%,多位于胰岛中央。B 细胞分泌**胰岛素**(insulin),促进肝细胞等吸收血液中的葡萄糖,合成糖原,降低血糖浓度。通过胰高血糖素和胰岛素的协调作用,维持血糖浓度处于动态平衡。

(3) D 细胞:数量较少,约占胰岛细胞总数的 5%,散在分布于 A、B 细胞之间。D 细胞分泌**生长抑素**(somatostatin),以旁分泌的方式抑制 A 细胞、B 细胞和 PP 细胞的分泌活动。

(4) PP 细胞:数量很少,主要存在于胰岛的周边,分泌**胰多肽**,能抑制胃肠运动、胰液的分泌和胆囊收缩。

第四节 腹   膜

腹膜(peritoneum)是一层薄而光滑的浆膜,由间皮和少量结缔组织构成。腹膜按其分布的部位不同,分为壁腹膜和脏腹膜两部分。衬于腹、盆壁内表面的腹膜称**壁腹膜**,覆盖在腹、盆腔各脏器的表面的腹膜称**脏腹膜**。壁腹膜和脏腹膜相互延续、移行,共同围成的潜在性腔隙称**腹膜腔**(cavitas peritonealis)。男性腹膜腔是封闭的,女性腹膜腔可经输卵管、子宫和阴道与体外间接相通(图 3-42)。

腹膜具有分泌、吸收、保护、支持、修复等功能。正常腹膜分泌少量浆液,润滑和减少脏器间的摩擦。腹膜腔上部的腹膜吸收能力比下部强,故临床上对腹膜炎或腹部手术后的病人多采取半卧位,使炎性渗出液积于腹膜腔下部,以减少和延缓腹膜对毒素的吸收。

一、腹膜与器官的关系

根据腹、盆腔器官被腹膜覆盖的范围不同,可将腹、盆腔器官分为三类(图 3-43)。

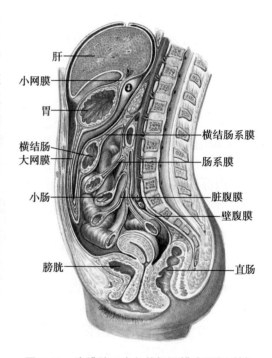

图 3-42 腹膜腔正中矢状切面模式图(女性)

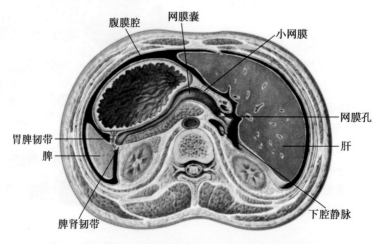

图 3-43 腹膜与器官的关系模式图(腹膜腔通过网膜孔的横断面)

(一) 腹膜内位器官

器官表面均由腹膜覆盖。如胃、空肠、回肠、盲肠、阑尾、横结肠、乙状结肠和输卵管等，这类器官的活动度大。

(二) 腹膜间位器官

器官表面大部分被腹膜覆盖。如肝、胆囊、升结肠、降结肠、膀胱和子宫等，这类器官的活动度较小。

(三) 腹膜外位器官

器官仅一面或小部分被腹膜覆盖。如肾、肾上腺、输尿管、十二指肠降部及水平部和胰等，这类器官位置固定，几乎不能活动。

二、腹膜形成的主要结构

脏腹膜、壁腹膜相互移行，或腹膜在器官之间移行的过程中，形成了网膜、系膜、韧带和陷凹等结构，对器官起连接和固定的作用。

(一) 网膜和网膜囊

网膜(omentum)包括小网膜和大网膜(图3-44)。

1. **小网膜** 是连于肝门至胃小弯和十二指肠上部之间的双层腹膜。其中肝门与胃小弯之间的部分，称**肝胃韧带**，肝门与十二指肠上部之间的部分，称**肝十二指肠韧带**，内含有胆总管、肝固有动脉和肝门静脉通过。小网膜右侧游离缘后方为网膜孔，经此孔可进入网膜囊。

2. **大网膜** 是连于胃大弯与横结肠间的四层腹膜，呈围裙状悬垂于小肠和横结肠前面。大网膜的前两层是由胃前、后壁的脏腹膜在胃大弯下缘下垂而成，当下垂至腹下部后转折向上形成后两层，并向上包裹横结肠，移行为横结肠系膜，与腹后壁的腹膜相续。

大网膜内含丰富的血管、脂肪组织、淋巴管及巨噬细胞等结构，具有重要的防御功能。当腹膜腔内有炎症时，可向病变处移动、包裹和粘连病灶，限制炎症扩散。临床手术时可根据大网膜移行的位置探查病变部位。小儿的大网膜较短，当阑尾炎穿孔或下腹部炎症时，病灶难以被大网膜包裹，常造成弥漫性腹膜炎。

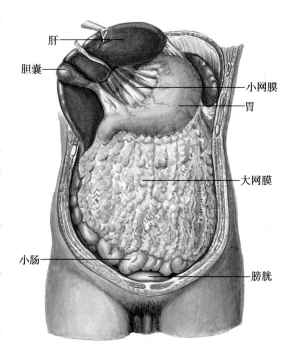

图 3-44 网膜

3. **网膜囊** 是位于小网膜和胃后方与腹后壁腹膜间的扁窄间隙，又称小腹膜腔(图3-45)。胃后壁穿孔时，胃内容物常积聚于此。

(二) 系膜

系膜(mesentery)主要是指包裹肠管连至腹后壁的双层腹膜结构，两层腹膜间有血管、神经、淋巴管和淋巴结等结构(图3-46，图3-47)。

1. **小肠系膜** 呈扇形，将空、回肠连于腹后壁的双层腹膜结构。其根部约起自第2腰椎体左侧斜向右下，止于右骶髂关节前方。小肠系膜较长，故空、回肠活动性较大。

2. **阑尾系膜** 是阑尾与回肠末端之间的三角形双层腹膜结构，其游离缘内有阑尾

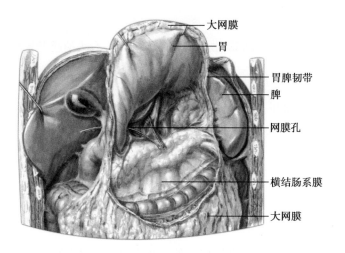

大网膜
胃
胃脾韧带
脾
网膜孔
横结肠系膜
大网膜

图 3-45　网膜囊

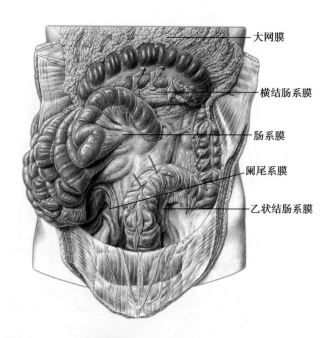

大网膜
横结肠系膜
肠系膜
阑尾系膜
乙状结肠系膜

图 3-46　系膜

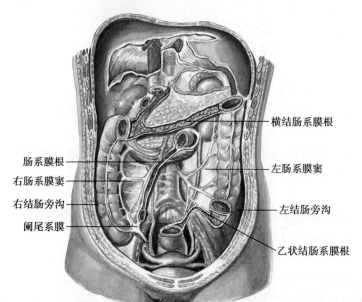

横结肠系膜根
肠系膜根
右肠系膜窦
右结肠旁沟
阑尾系膜
左肠系膜窦
左结肠旁沟
乙状结肠系膜根

图 3-47　腹后壁腹膜
的配布

血管。

3. 横结肠系膜 是横结肠与腹后壁间的双层腹膜结构。

4. 乙状结肠系膜 是乙状结肠与盆壁间的双层腹膜。该系膜较长,故乙状结肠活动性较大,易发生肠扭转。

(三) 韧带

韧带(ligaments)是连于腹、盆壁与器官之间或连于相邻器官之间的腹膜结构。对器官有固定、支持等作用。

1. 肝的韧带 除前述的肝胃、肝十二指肠韧带外,还有镰状韧带、冠状韧带和三角韧带。镰状韧带是腹膜从肝的膈面和腹前壁上部之间的双层腹膜结构,其下缘含肝圆韧带;冠状韧带是肝与膈之间,呈冠状位的双层腹膜结构,两层间为肝裸区。冠状韧带左、右两端处,前后两层相互粘合增厚形成左、右三角韧带。

2. 脾的韧带 主要有胃脾韧带和脾肾韧带。胃脾韧带连于胃底与脾门之间,脾肾韧带连于脾门和左肾之间。

(四) 腹膜陷凹

陷凹(pouch)是盆腔的腹膜在器官之间形成的深浅不等的凹陷。男性在膀胱与直肠间有**直肠膀胱陷凹**。女性在子宫与膀胱之间有**膀胱子宫陷凹**,直肠与子宫间有**直肠子宫陷凹**(又称 Douglas 腔),较深,与阴道穹后部仅隔以薄的阴道壁(图 3-42)。上述陷凹是站立或半卧位时腹膜腔的最低部位,故腹膜腔积液常聚积于此,临床可经直肠或阴道穹后部穿刺进行诊断和治疗。

(夏 青)

扫一扫
测一测

笔记

第四章 呼吸系统

呼吸系统（respiratory system）由呼吸道和肺组成（图4-1）。呼吸道是输送气体的管道，包括鼻、咽、喉、气管和主支气管等。临床上将鼻、咽、喉称**上呼吸道**，气管及各级支气管称**下呼吸道**。肺是执行气体交换的器官。

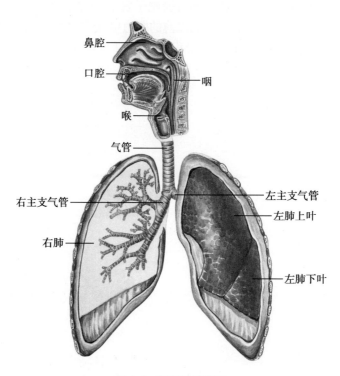

图 4-1　呼吸系统概观

呼吸系统各器官共同完成从外界摄入氧气，排出二氧化碳的功能。此外鼻还有嗅觉功能，喉有发音功能，肺还有非呼吸功能，即参与多种物质的分泌合成与代谢。

第一节 呼 吸 道

一、鼻

鼻（nose）是呼吸道的起始部，既是气体通道，又是嗅觉器官，并辅助发音。鼻包括外鼻、

118

鼻腔和鼻旁窦三部分。

(一) 外鼻

外鼻(external nose)位于面部中央,呈三棱锥体形。外鼻上端位于两眼之间的部分称**鼻根**,中部称**鼻背**,下端隆起称**鼻尖**,鼻尖两侧隆起部分称**鼻翼**。在呼吸困难时,可出现鼻翼扇动,如发生在小儿则更为显著。鼻翼下方的开口称**鼻孔**,是气体进出呼吸道的门户。外鼻以骨和软骨为支架,外覆皮肤和少量皮下组织。鼻翼和鼻尖部皮肤含丰富的皮脂腺和汗腺,是疖肿和痤疮的好发部位。

(二) 鼻腔

鼻腔(nasal cavity)以骨和软骨为基础,内衬黏膜和皮肤。鼻腔被鼻中隔分为左、右两腔。鼻中隔由筛骨垂直板、犁骨和鼻中隔软骨被以黏膜构成(图4-2)。每侧鼻腔向前经鼻孔与外界相通,向后经鼻后孔通鼻咽,每侧鼻腔又以鼻阈为界,分为前部的鼻前庭和后部的固有鼻腔两部分。

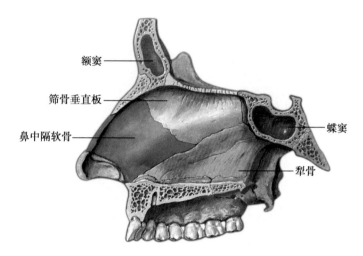

图4-2　鼻中隔

1. **鼻前庭**　位于鼻腔的前下部,由鼻翼围成。内衬皮肤,有鼻毛,可滤过空气和阻挡尘埃(图4-3)。鼻前庭缺乏皮下组织,有炎症或疖肿时,疼痛较为剧烈。

2. **固有鼻腔**　位于鼻腔的后上部,是鼻腔主要部分,由骨和软骨覆以黏膜构成。临床上所指的鼻腔常指该部。其外侧壁自上而下有上、中、下3个鼻甲,突向鼻腔。各鼻甲的下

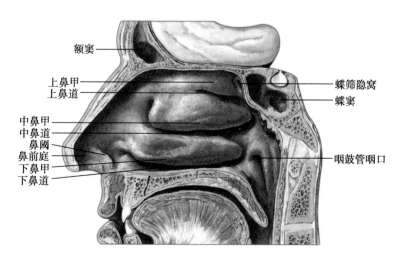

易出血区

图4-3　鼻腔外侧壁(右侧)

方各有一裂隙,分别称上、中、下鼻道(图 4-3)。在上鼻甲的后上方与蝶骨体之间的凹陷称蝶筛隐窝。上、中鼻道及蝶筛隐窝分别有鼻旁窦的开口,下鼻道内有鼻泪管的开口。

固有鼻腔的黏膜因结构和功能的不同,分为嗅区与呼吸区两部分。**嗅区**:位于上鼻甲及其相对应的鼻中隔以上的黏膜,较薄,活体呈浅黄色,富含嗅细胞,有嗅觉功能。**呼吸区**:系指嗅区以外的黏膜,呈淡红色,内含丰富的血管、黏液腺和纤毛,对吸入的空气有加温,加湿和净化作用。鼻中隔前下部黏膜较薄,血管丰富而表浅,是鼻出血(鼻衄)的常见部位,故称此区为易出血区。

(三) 鼻旁窦

鼻旁窦(paranasal sinuses)又称副鼻窦。为鼻腔周围含气颅骨的腔。内衬黏膜,能调节吸入空气的温度和湿度,对发音起共鸣作用。鼻旁窦包括额窦、筛窦、蝶窦和上颌窦共 4 对,分别位于同名的颅骨内(图 4-4)。

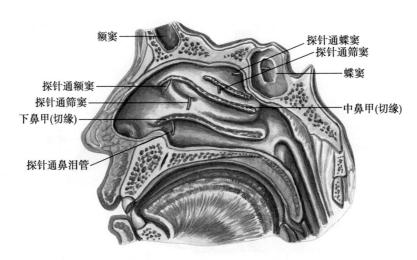

图 4-4　鼻腔外侧壁(鼻甲切除后)

1. **额窦**　位于额骨内,相当于两侧眉弓深面。眶的内上角为额窦底部,骨质最薄,急性额窦炎时,此处压痛明显。额窦开口于中鼻道。

2. **筛窦**　位于筛骨迷路内,由众多相互连通的含气小房组成,每一侧的筛窦可分为前、中、后 3 群。前、中群分别开口于中鼻道,后群开口于上鼻道。

3. **蝶窦**　位于蝶骨体内,垂体窝下方,被薄骨板分为左、右两腔,开口于蝶筛隐窝。

4. **上颌窦**　是鼻旁窦中最大的一对,位于上颌骨体内。上颌窦呈三角锥体形,由上壁、下壁、前壁、后壁和内壁围成。上壁即眶下壁,骨质较薄,故上颌窦炎症或癌肿可经此壁侵入眶腔。下壁(底壁)即上颌骨的牙槽突,牙根与窦底仅隔薄层骨质和黏膜,故牙根疾患与上颌窦的炎症或肿瘤可互相累及。前壁即上颌骨体前面的尖牙窝,向内略凹陷,此处骨质亦较薄,上颌窦炎时,是压痛部位,也是上颌窦手术的常选入路。后壁较厚,与翼腭窝相邻。内侧壁即鼻腔的外侧壁,相当于中鼻道和下鼻道的大部分,在下鼻甲附着处的下方,骨质较薄,是窦内积脓行上颌窦穿刺的进针部位。此壁最高处有上颌窦口,由于此口位置明显高于窦底,故上颌窦炎症时,分泌物不易排出,易积脓。临床上慢性鼻窦炎中,以慢性上颌窦炎最为多见。

二、咽

见消化系统。

三、喉

喉(larynx)既是气体通道,又是发音器官。

(一)喉的位置

喉位于颈前中部,成人的喉相当于第4~6颈椎的高度,上借甲状舌骨膜与舌骨相连,下与气管相续,前方被舌骨下肌群掩盖,后与喉咽相邻。喉的活动较大,可随吞咽及发音上、下移动。喉两侧有颈部的大血管、神经及甲状腺侧叶。小儿喉的位置比成年人的高,随着年龄的增长,喉的位置逐渐降低;成年女性喉的位置一般比成年男性的略高。

(二)喉软骨及喉的连结

喉由软骨作支架,以关节、韧带和肌肉连结,内面衬以黏膜。

1. **喉软骨** 包括不成对的甲状软骨、环状软骨和会厌软骨和成对的杓状软骨(图4-5)。

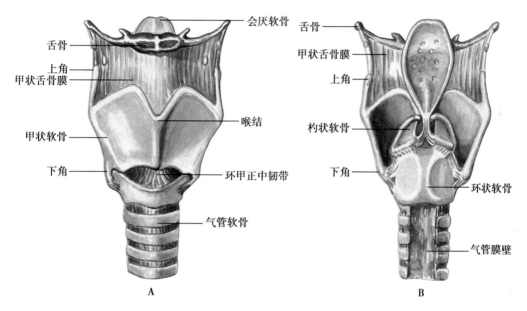

图 4-5　喉的软骨及连结
A. 前面观;B. 后面观

(1) **甲状软骨**(thyroid cartilage):是最大的一块喉软骨,位于舌骨下方,由左、右两块近似方形的软骨板在前方愈合而成。两板前缘在前正中线相连处为前角,其上端向前突出,称**喉结**,成年男性尤为明显。两板的后缘游离,向上、下各伸出一对突起,分别称上角和下角。上角借韧带与舌骨大角相连,下角与环状软骨构成关节。

(2) **环状软骨**(cricoid cartilage):位于甲状软骨的下方,下续气管,形似指环。前部低而窄,称环状软骨弓,平对第6颈椎的高度,为颈部的重要体表标志之一。后部高而宽,称环状软骨板。环状软骨是喉软骨中唯一完整的软骨环,对保持呼吸道的畅通具有重要作用,损伤后易致喉腔狭窄。

(3) **会厌软骨**(epiglottic cartilage):形似树叶,上宽下窄,下端借韧带连于甲状软骨前角的内面。其表面被覆黏膜构成会厌,吞咽时,喉上提并前移,会厌盖住喉口,阻止食物误入喉腔。

(4) **杓状软骨**(arytenoid cartilage):位于环状软骨后部上缘,左、右各一,呈三棱锥体形。尖向上,底向下,与环状软骨板上缘构成环杓关节。杓状软骨底向前伸出的突起称**声带突**,有声韧带附着;由底向外侧伸出的突起,称**肌突**,有喉肌附着。

2. **喉的连结** 包括喉软骨间的连结、喉与舌骨之间、喉与气管之间的连结。

（1）**环甲关节**（cricothyroid joint）：由甲状软骨下角与环状软骨外侧面的关节面构成。在喉肌牵引下，甲状软骨可在冠状轴上作前倾和复位运动，使声带紧张或松弛。

（2）**环杓关节**（cricoarytenoid joint）：由杓状软骨底与环状软骨板上缘的关节面构成。杓状软骨可在该关节的垂直轴上做旋转运动，使声门裂开大或缩小。

（3）**弹性圆锥**（conus elasticus）：又称环甲膜，为弹性纤维组成的圆锥形膜状结构，自甲状软骨前角的后面，呈扇形向下向后附着于环状软骨上缘和杓状软骨声带突（图 4-6）。此膜上端游离增厚，紧张于甲状软骨前角与杓状软骨声带突之间，称**声韧带**，是构成声带的基础。弹性圆锥前部较厚，张于甲状软骨下缘与环状软骨弓上缘之间，称**环甲正中韧带**。当急性喉阻塞来不及进行气管切开术时，可在此做穿刺或切开，建立暂时的通气道，以抢救病人的生命。

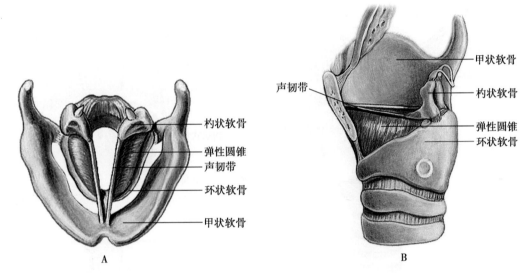

图 4-6　弹性圆锥
A. 上面观；B. 侧面观

（4）**甲状舌骨膜**（thyrohyoid membrane）：是连于甲状软骨上缘与舌骨之间的膜。

（5）**环气管韧带**（cricotracheal ligament）：是自环状软骨下缘连于第 1 气管软骨环之间的结缔组织膜。

（三）喉肌

喉肌为细小的骨骼肌，附着于喉软骨内面和外侧面。按其功能分为两群。一群作用于环杓关节，使声门裂开大或缩小；另一群作用于环甲关节，使声带紧张或松弛。因此，喉肌的运动可控制发音的强弱和调节音调的高低（图 4-7，图 4-8）。

（四）喉腔

喉腔（laryngeal cavity）向上经喉口与喉咽相通，向下至环状软骨的下缘与气管腔相续（图 4-9）。喉黏膜亦与咽和气管的黏膜相延续。喉腔的上口称**喉口**，由会厌上缘、杓状会厌襞和杓间切迹围成（图 4-8）。在喉腔中部的侧壁有上、下两对黏膜皱襞，上方一对称**前庭襞**，活体呈粉红色。两侧前庭襞之间的裂隙称**前庭裂**。下方一对称**声襞**，活体呈苍白色，比前庭襞更凸向喉腔。声带由声襞及其襞内的声韧带和声带肌等构成，是发音的结构（图 4-10）。左、右声襞间的裂隙，称**声门裂**，是喉腔最狭窄的部位。当气流通过声门裂，引起声带振动而发出声音。声带和声门裂合称为**声门**。

喉腔以前庭裂、声门裂为界分三部分（图 4-9）：

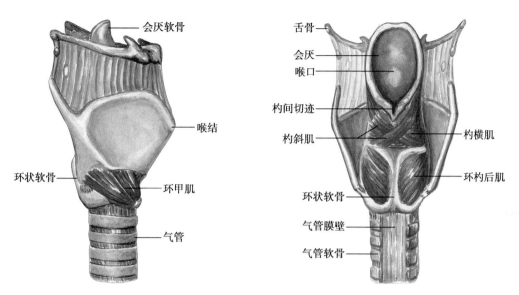

图 4-7　喉肌（侧面观）

图 4-8　喉肌（后面观）

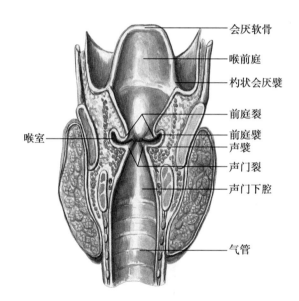

图 4-9　喉腔冠状切面（后面观）

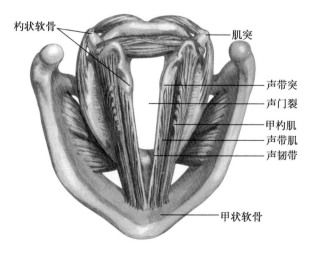

图 4-10　声韧带及声带肌

1. 喉前庭　为喉口至前庭襞之间的部分。

2. 喉中间腔　为喉腔中声襞与前庭襞之间的部分,喉中间腔向两侧突出的囊状间隙,称**喉室**。

3. 声门下腔　为声襞以下的喉腔,此区黏膜下组织比较疏松,炎症时易引起水肿,婴幼儿喉腔窄小,常因水肿而引起喉阻塞,出现呼吸困难。

四、气管和主支气管

(一) 气管

气管(trachea)位于颈前正中,食管的前方,上端在第6颈椎椎体下缘平面连于环状软骨,向下入胸腔,至胸骨角平面分为左、右主支气管(图4-11),其分杈处称**气管杈**。气管杈内面形成一个凸向上的半月状嵴,称**气管隆嵴**,常偏向左侧,是支气管镜检查的定位标志。

气管由16~20个呈C形的软骨环以及各软骨环之间的环状韧带和平滑肌和结缔组织所构成。气管腔面衬贴有黏膜。气管软骨环后壁的缺口由平滑肌和结缔组织构成的膜壁所封闭。

以胸骨颈静脉切迹为界将气管分为颈部和胸部两部分。颈部较短,位置表浅,在第2~4气管软骨前面有甲状腺峡部横过,两侧有甲状腺侧叶和颈部大血管,后面与食管相贴。临床发生急性喉阻塞时,常在第3~5气管软骨环处行气管切开术。气管胸部较长,位于胸腔内。

(二) 主支气管

主支气管(principal bronchus)是气管的第1级分支,左、右各一,经肺门入肺(图4-11)。左主支气管细长,长约4~5cm,与气管中线延长线间形成45°~50°夹角,故走行较横斜。右主支气管粗短,长约2~3cm,与气管中线延长线间形成22°~25°夹角,走行较陡直。且右肺通气量较左肺通气量大,故气管异物易坠入右主支气管。

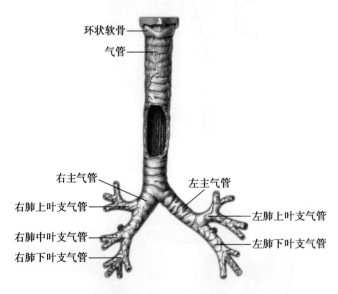

环状软骨
气管
右主气管
左主气管
右肺上叶支气管
左肺上叶支气管
右肺中叶支气管
左肺下叶支气管
右肺下叶支气管

图 4-11　气管与主支气管

(三) 气管与主支气管的微细结构

气管与主支气管的管壁由内向外依次为黏膜、黏膜下层和外膜三层(图4-12)。

1. **黏膜**　由上皮和固有层构成。上皮为假复层纤毛柱状上皮,上皮内有大量的杯状细胞(图4-13)。固有层位于上皮深面,由富含弹性纤维的结缔组织构成,内有小血管、腺的导管和淋巴组织等。

2. **黏膜下层**　由疏松结缔组织构成,内有血管、淋巴管、神经和气管腺。气管腺为混合

笔记

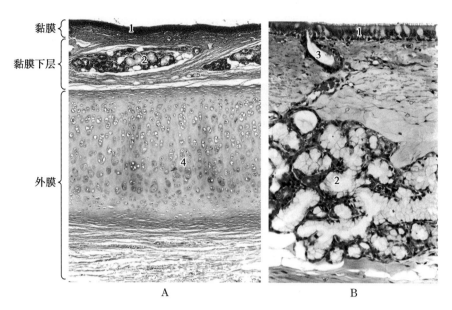

黏膜

黏膜下层

外膜

A   B

图 4-12　气管光镜像

A. 低倍(郝立宏图);B. 高倍(新乡医学院　高福莲图)

1. 上皮　2. 气管腺分泌部　3. 气管腺导管　4. 透明软骨

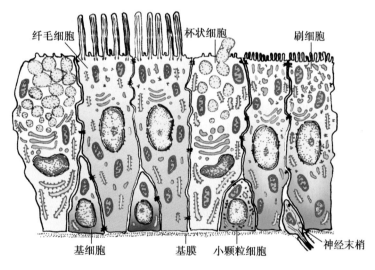

纤毛细胞　　　杯状细胞　　　刷细胞

基细胞　　　基膜　　　小颗粒细胞　　　神经末梢

图 4-13　气管上皮超微结构模式图

性腺,其导管经固有层开口于上皮的游离面。混合性腺和上皮中杯状细胞的分泌物共同形成厚的黏液层,覆盖在黏膜表面,可黏附吸入空气中的灰尘和细菌,通过上皮纤毛有节律地向咽部摆动,将黏附物排出。

3. **外膜**　主要由 C 形气管软骨和疏松结缔组织构成,气管软骨的缺口处,有弹性纤维和平滑肌束,构成气管膜壁。咳嗽反射时平滑肌收缩,使气管腔缩小,有助于清除痰液。

第二节　肺

一、肺的位置和形态

肺(lungs)位于胸腔内,纵隔的两侧,膈的上方,左、右各一。因右侧膈下有肝以及心脏

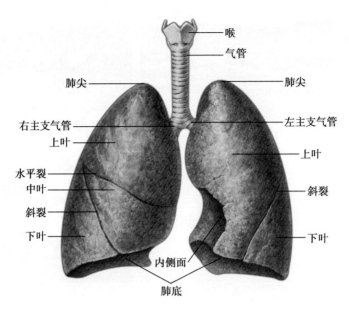

图 4-14　气管、主支气管和肺(前面观)

位置偏左,故右肺宽短,左肺狭长。(图 4-14)。

　　肺质软,呈海绵状,富有弹性。肺表面被覆一层光滑的浆膜,即脏胸膜。透过脏胸膜可见多边形的肺小叶轮廓。肺表面的颜色可随年龄和职业的不同而异。幼儿的肺呈淡红色,成人由于吸入空气中的尘埃沉积于肺内,颜色逐渐变为灰暗色,并出现许多蓝黑色斑点,吸烟者更甚。

　　肺形似半圆锥体,1 尖,1 底,2 面和 3 个缘。**肺尖**钝圆,经胸廓上口突至颈根部,高出锁骨内侧 1/3 上方 2~3cm。**肺底**坐落于膈上,向上凹陷,与膈穹隆一致,又称**膈面**。肋面隆凸,邻贴肋和肋间隙。内侧面邻贴纵隔,又称**纵隔面**,其中份凹陷处,称**肺门**(hilum of lung),是主支气管、肺血管、淋巴管和神经等进出肺的部位(图 4-16,图 4-17)。出入肺门的所有结构被结缔组织和胸膜包裹,构成**肺根**(root of lung)。肺的前缘锐利,左肺前缘下部有一弧形切迹,称**心切迹**。切迹下方向右侧的突出部分,称**左肺小舌**。肺的后缘圆钝,下缘较薄。每侧肺都有深入肺内的裂隙,肺借此分成肺叶。左肺被自后上斜向前下的斜裂分为上、下 2 叶,右肺除斜裂外,还有一条呈水平走行的水平裂,因此右肺分为上、中、下 3 叶(图 4-15,图 4-16)。

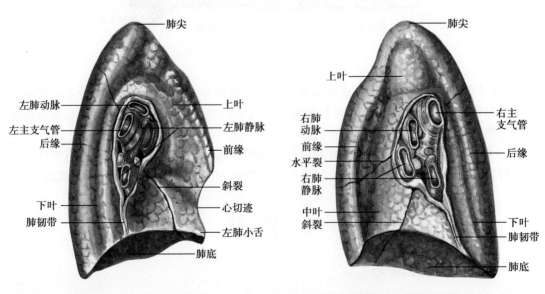

图 4-15　左肺内侧面观　　　　　　　　　　图 4-16　右肺内侧面观

二、肺内支气管和支气管肺段

左、右主支气管至肺门处分出肺叶支气管(左侧分为 2 支,右侧分为 3 支),肺叶支气管入肺后再分为肺段支气管,并在肺内反复分支。每一肺段支气管及其分支和它所属的肺组织,构成一个**支气管肺段**,简称**肺段**(图 4-17)。肺段呈圆锥形,尖向肺门,底朝肺的表面。一般左、右肺各分为 10 个肺段(表 4-1)。临床上常以肺段为单位进行定位诊断及肺段切除。

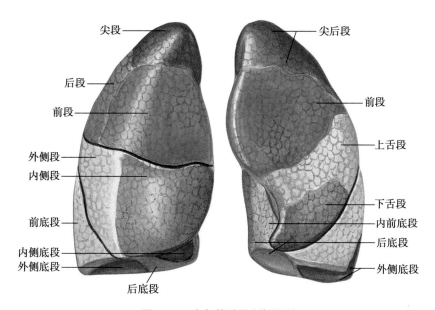

图 4-17 支气管肺段(前面观)

表 4-1 肺段

右肺		左肺	
上叶	尖段(SⅠ) 后段(SⅡ) 前段(SⅢ)	上叶	尖段(SⅠ) ⎫ 尖后段(SⅠ+SⅡ) 后段(SⅡ) ⎭ 前段(SⅢ) 上舌段(SⅣ) 下舌段(SⅤ)
中叶	外侧段(SⅣ) 内侧段(SⅤ)		
下叶	上段(SⅥ) 内侧底段(SⅦ) 前底段(SⅧ) 外侧底段(SⅨ) 后底段(SⅩ)	下叶	上段(SⅥ) 内侧底段(SⅦ) ⎫ 前内侧底段(SⅦ+SⅧ) 下前底段(SⅧ) ⎭ 外侧底段(SⅨ) 后底段(SⅩ)

肺段

三、肺的微细结构

肺组织可分为实质和间质,实质包括肺内各级支气管及终末的大量肺泡,间质是指肺内结缔组织、血管、神经和淋巴管等结构。

主支气管自肺门入肺后反复分支,呈树枝状,故称**支气管树**。肺实质按功能,可分为导气部和呼吸部两部分(图 4-18)。主支气管分支进入每个肺叶,称**肺叶支气管**。肺叶支气管

笔记

入肺段后分支,称**肺段支气管**,肺段支气管多次分支,统称**小支气管**。管径在1mm左右时,称**细支气管**。细支气管继续分支,管径约0.5mm时,称**终末细支气管**。终末细支气管再分支,直至管壁有肺泡开口时,称**呼吸性细支气管**。呼吸性细支气管再分支至管壁有许多肺泡和肺泡囊的开口时,称**肺泡管**。自肺叶支气管到终末细支气管仅有通气作用,故称**导气部**;呼吸性细支气管直至肺泡,有气体交换作用,故称**呼吸部**。

每一细支气管及其各级分支和肺泡共同构成一个**肺小叶**(pulmonary lobule)(图4-19)。肺小叶是肺的结构单位,呈锥体形,其尖端朝向肺门,底面朝向肺的表面,肺表面可见肺小叶底部的轮廓,直径约1.0~2.5cm。每个肺叶内有50~80个肺小叶。

(一) 导气部

导气部各级支气管的微细结构与主支气管基本相似,但随着分支的变细,管壁逐渐变薄,其微细结构也愈趋简单,变

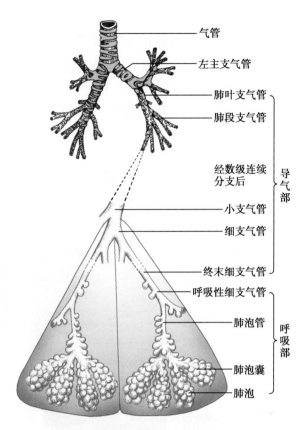

图 4-18　肺实质示意图

化主要特点是(图4-20A):①黏膜逐渐变薄,上皮由假复层纤毛柱状上皮,逐渐变为单层纤毛柱状上皮或单层柱状上皮,杯状细胞逐渐减少,最后消失;②黏膜下层的气管腺逐渐减少,最后消失;③外膜中的软骨环也随之变为软骨碎片,减少甚至消失。平滑肌相对增多,最后形成完整的环形肌层。至终末细支气管,上皮移行为单层柱状上皮,杯状细胞、腺体和软骨均消失,平滑肌已成为完整的环形平滑肌。平滑肌的收缩与舒张,可直接控制管腔的大小,从而影响出入肺泡的气体量,如果细支气管的平滑肌发生痉挛收缩,可使管腔持续狭窄,造成呼吸困难,临床称为支气管哮喘。

(二) 呼吸部

肺呼吸部是呼吸系统完成气体交换功能的部位,其各部的共同特点是管壁上都有肺泡。

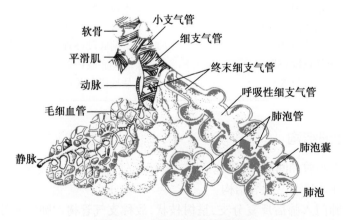

图 4-19　肺小叶立体模式图

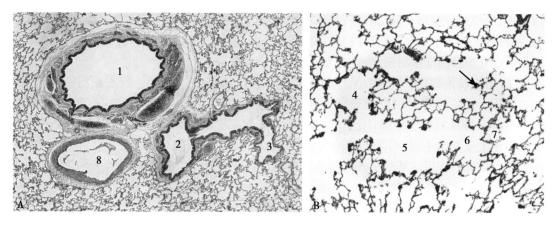

图 4-20　肺光镜像

A.导气部(郝立宏图);B.呼吸部(新乡医学院　高福莲图)

1.小支气管　2.细支气管　3.终末细支气管　4.呼吸性细支气管　5.肺泡管　6.肺泡囊　7.肺泡　8.肺动脉分支　↑结节状膨大

1.呼吸性细支气管(respiratorybronchiole)　是终末细支气管的分支,管壁上有少量肺泡开口,管壁内面衬以单层立方上皮,其外周有少量结缔组织和环形平滑肌(图 4-20B)。

2.肺泡管(alveolar duct)　是呼吸性细支气管的分支,管壁上有许多肺泡和肺泡囊的开口,管壁不完整,上皮下有薄层结缔组织和少量平滑肌,故肺泡管断面上,在肺泡开口处的肺泡隔末端呈结节状膨大。

3.肺泡囊(alveolar sac)　为数个肺泡共同开口的囊状腔隙,相邻肺泡开口之间没有环行平滑肌束,仅有少量结缔组织,故无膨大的结节。

4.肺泡(pulmonary alveoli)　呈半球形囊状,由单层上皮构成,开口于肺泡囊、肺泡管或呼吸性细支气管,是肺进行气体交换的场所。成人肺内约有 3 亿~4 亿个肺泡。

肺泡上皮由Ⅰ型肺泡细胞和Ⅱ型肺泡细胞构成(图 4-21)。

(1)**Ⅰ型肺泡细胞**:覆盖肺泡约 95% 的表面积,细胞呈扁平状,含核部分较厚并向肺泡腔

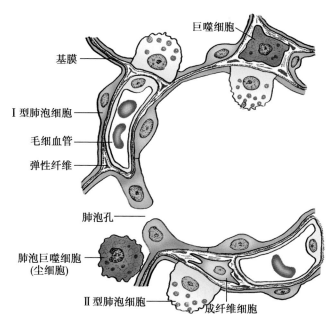

图 4-21　肺泡及肺泡孔模式图

内突出,无核部分胞质菲薄,是进行气体交换的部位。细胞质内有少量细胞器及大量吞饮小泡,内有吞入的微小粉尘,并将它们转运到肺泡外的间质内清除。Ⅰ型肺泡细胞无增殖能力,损伤后由Ⅱ型肺泡细胞增殖、分化补充。

(2) **Ⅱ型肺泡细胞**:体积较小,但数量多,散在凸起于Ⅰ型肺泡细胞之间,覆盖肺泡约5%的表面积。呈圆形或立方形,胞核圆形,胞质着色浅,呈泡沫状。细胞内除有一般细胞器外,还含有许多特殊的板层小体(图4-22)。Ⅱ型细胞分泌肺泡表面活性物质(磷脂类物质),释放于肺泡上皮的内表面,可降低肺泡表面张力,防止肺泡塌陷及肺泡过度扩张,起到稳定肺泡大小与结构的作用。某些早产儿的Ⅱ型肺泡细胞尚未发育完善,不能产生表面活性物质,出生后肺泡不能扩张,出现呼吸困难,甚至死亡。

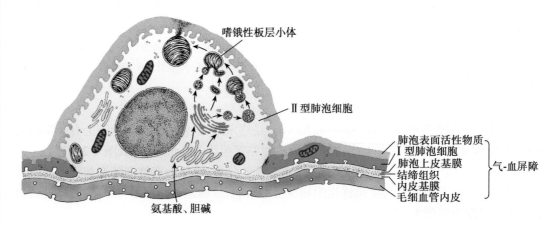

图 4-22　Ⅱ型肺泡细胞超微结构和血-气屏障模式图

(3) **肺泡隔**:相邻肺泡之间的薄层结缔组织构成肺泡隔,属肺间质,其内含有丰富的毛细血管、大量的弹性纤维及成纤维细胞、肺巨噬细胞和肥大细胞等多种细胞。肺泡隔内的大量弹性纤维与吸气后肺泡的弹性回缩有关。当肺泡弹性纤维变性时,可使肺泡弹性减弱,久之肺泡扩大,导致肺气肿。肺泡隔内的肺巨噬细胞是构成机体防御体系的重要成分之一,该细胞能吞噬吸入的灰尘、细菌等异物,吞噬了较多尘粒的肺巨噬细胞称为**尘细胞**。肺淤血时吞噬大量渗出的红细胞的肺巨噬细胞,称**心衰细胞**。

(4) **肺泡孔**:相邻肺泡之间有小孔相通,称肺泡孔,有均衡肺泡气量和侧支通气作用。肺感染时,肺泡孔也是炎症扩散的渠道。

(5) **气-血屏障**(bloood-air barrier):又称呼吸膜。是肺泡与血液间进行气体交换所通过的结构,包括肺泡表面液体层、Ⅰ型肺泡细胞及其基膜、肺泡和毛细血管之间的薄层结缔组织、毛细血管基膜及内皮(图4-22)。但在大部分区域肺泡上皮基膜与毛细血管基膜直接融合在一起。气-血屏障很薄,总厚度约为0.2~0.5μm。当肺纤维化或肺水肿时,气-血屏障增厚,肺的气体交换功能障碍,导致机体缺氧。

肺泡孔

四、肺的血管

肺有两套血管,一套为功能血管,与肺的气体交换有关,由肺动脉和肺静脉组成。肺动脉入肺后,随着气管的分支而分支,到肺泡形成毛细血管网,经气体交换后,汇集成小静脉,小静脉逐渐汇集,最后形成肺静脉出肺。

另一套为营养血管,由支气管动脉和支气管静脉组成。支气管动脉入肺后,与支气管伴行沿途分支形成毛细血管网,营养各级支气管和胸膜,然后汇集成小静脉,其中一部分注入肺静脉,另一部分合成支气管静脉出肺。

第三节 胸膜与纵隔

一、胸膜

(一)胸膜与胸膜腔的概念

胸膜(pleura)是一层薄而光滑的浆膜,分为脏、壁两层。紧贴于肺的表面的浆膜,称**脏胸膜**,并深入肺叶间裂隙内(图4-23)。衬贴于胸壁内面、膈上面和纵隔两侧的浆膜,称**壁胸膜**。壁胸膜按贴附部位不同,可分为四部分(图4-24):①**胸膜顶**:突出胸廓上口,覆盖在肺尖上方;②**肋胸膜**:衬于胸壁内表面;③**膈胸膜**:贴于膈的上面;④**纵隔胸膜**:贴附于纵隔两侧。纵隔胸膜中部包被肺根并向外侧移行为脏胸膜,移行部的胸膜前、后两层相贴,在肺根下方形成**肺韧带**,对肺有固定作用,也是肺手术时的标志性结构。

脏、壁胸膜在肺根处相互移行共同围成封闭的潜在性腔隙,称**胸膜腔**(pleural cavity)。胸膜腔左、右各一,互不相通。腔内为负压,含少量浆液,可减少呼吸运动时脏、壁胸膜间的摩擦。壁胸膜各部相互转折处存有一定的间隙,即使在深吸气时,肺缘也不能充满其间,这部分胸膜腔称**胸膜隐窝**(或胸膜窦)。其中最重要的是**肋膈隐窝**。

肋膈隐窝(又称肋膈窦)是肋胸膜与膈胸膜相互移行转折处形成一个半环形间隙,即使在深吸气时,肺也不能深入其中。它是胸膜腔的最低部位,当胸膜发生炎症时,渗出液首先积聚于此处,是临床上行胸膜腔穿刺抽液或引流的常选部位。同时,也是易发生胸膜粘连的部位。

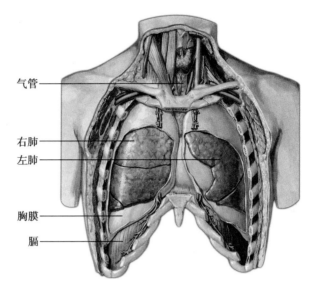

图 4-23 肺与胸膜

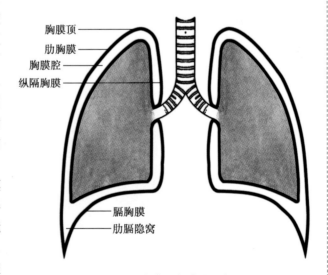

图 4-24 胸膜和胸膜腔示意图

肋膈隐窝

(二)肺与胸膜的体表投影

肺尖高出锁骨内侧 1/3 上方 2~3cm,相当于第 7 颈椎棘突的高度。左、右肺的前缘,自肺尖开始,斜向内下,经过胸锁关节的后方,至第 2 胸肋关节的水平,左、右靠近,并垂直下降,右侧直达第 6 胸肋关节,移行为右肺的下界;左侧下降至第 4 胸肋关节后,因有左肺心切迹,而转向左,沿第 4 肋软骨的下缘行向外下,继而转向下内,至第 6 肋软骨的中点(距前正中线约 4cm)处,移行于左肺的下界(图4-25)。

笔记

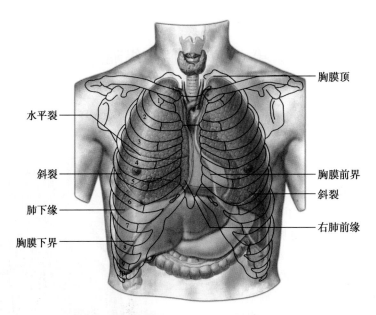

图 4-25　肺和胸膜的体表投影(前面观)

　　两肺下界体表投影基本相同,均沿第 6 肋软骨下缘斜向外下方,在锁骨中线处与第 6 肋相交,在腋中线处与第 8 肋相交,在肩胛线处与第 10 肋相交,在后正中线处平第 10 胸椎棘突。

　　胸膜下界即肋胸膜与膈胸膜的转折线。右侧起自第 6 胸肋关节后方,左侧起自第 6 肋软骨后方,两侧均行向外下方,在锁骨中线处与第 8 肋相交,在腋中线处与第 10 肋相交,在肩胛线处与第 11 肋相交,在近后正中线处平第 12 胸椎棘突。在右侧由于膈的位置较高,胸膜下界的投影位置也较左侧略高(图 4-26、表 4-2)。

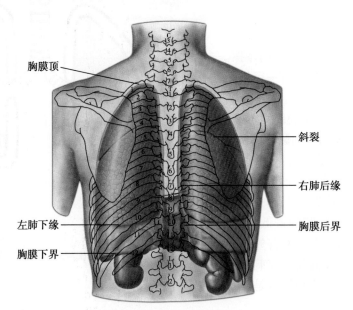

图 4-26　肺和胸膜的体表投影(后面观)

表 4-2　肺和胸膜下界的体表投影

	锁骨中线	腋中线	肩胛线	后正中线
肺下界	第 6 肋	第 8 肋	第 10 肋	第 10 胸椎棘突
胸膜下界	第 8 肋	第 10 肋	第 11 肋	第 12 胸椎棘突

二、纵隔

纵隔（mediastinum）是两侧纵隔胸膜之间所有器官和组织的总称（图 4-27，图 4-28）。

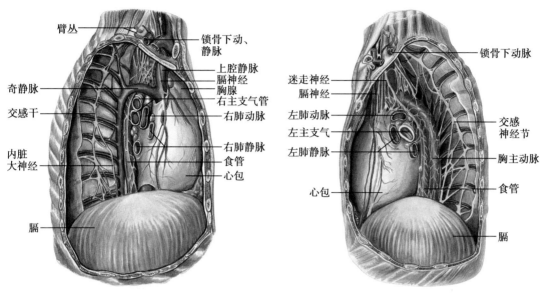

图 4-27 纵隔右侧面　　　　　　　图 4-28 纵隔左侧面

（一）纵隔的分界

前界是胸骨，后界为脊柱胸段，两侧为纵隔胸膜，上界是胸廓上口，下界为膈。

（二）纵隔的分部

通常以胸骨角与第 4 胸椎体下缘之间的连线为界，分为上纵隔和下纵隔。下纵隔又以心包为界，分为前纵隔、中纵隔和后纵隔（图 4-29）。

（三）纵隔的内容

上纵隔内主要有胸腺或胸腺遗迹、头臂静脉和上腔静脉、主动脉弓及其分支、膈神经、迷走神经、喉返神经以及后方的气管、食管和胸导管等。前纵隔内有少量淋巴结及疏松结缔组织。中纵隔内有心包、心和出入心的血管根部、膈神经、奇静脉弓、心包膈血管及淋巴结等。后纵隔内有主支气管、食管、胸导管、奇静脉、半奇静脉、迷走神经、胸交感干和淋巴结等。

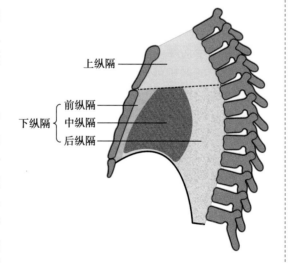

图 4-29 纵隔的分部示意图

扫一扫
测一测

（史　芳）

第五章

泌尿系统

泌尿系统(urinary system)由肾、输尿管、膀胱和尿道组成(图5-1)。主要功能是产生和排出尿液,排泄机体新陈代谢产生的废物和多余的水分,保持机体内环境的平衡和稳定。肾还有内分泌功能。肾是产生尿液的器官,尿液经输尿管、膀胱和尿道排出体外。

第一节 肾

一、肾的形态

肾(kidney)为实质性器官,左、右各一,形似蚕豆,新鲜肾呈红褐色,重130~150g。肾可分为上、下两端,前、后两面,内、外侧两缘。上端宽而薄,下端窄而厚。前面较凸,后面较平。外侧缘隆凸,内侧缘中部凹陷,称**肾门**(renal hilum),是肾的血管、淋巴管、神经和肾盂出入的部位。进出肾门的结构被结缔组织包裹,称**肾蒂**(renal pedicle)。肾门向肾实质内凹陷的腔隙,称**肾窦**(renal sinus),内含肾动脉的分支、肾静脉的属支、肾小盏、肾大盏、肾盂、淋巴管、神经和脂肪组织等(图5-2,图5-5)。

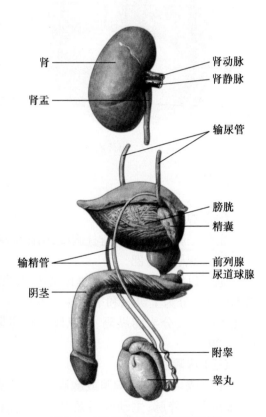

肾 —— 肾动脉
肾静脉
肾盂 ——
—— 输尿管
—— 膀胱
—— 精囊
输精管 ——
阴茎 —— —— 前列腺
尿道球腺
—— 附睾
—— 睾丸

图5-1 泌尿生殖系统概观(男性)

二、肾的位置

正常成年人的肾位于脊柱两侧,腹后壁上部,为腹膜外位器官(图5-2)。两肾上端距离较近,下端稍远,呈八字形排列。左肾上端平第11胸椎体下缘,下端平第2腰椎体下缘,右肾上端平第12胸椎体上缘,下端平第3腰椎体上缘。故右肾较左肾略低半个椎体。两侧的第12肋分别斜过左肾后面的中部和右肾后面的上部(图5-3)。肾门约平第1腰椎体平面,在正中线外侧约5cm。肾门的体表投影位于竖脊肌外侧缘与第12肋之间的夹角,称**肾区**。某些肾脏患者该处可出现叩击痛。肾的位置一般女性低于男性,儿童低于成人。

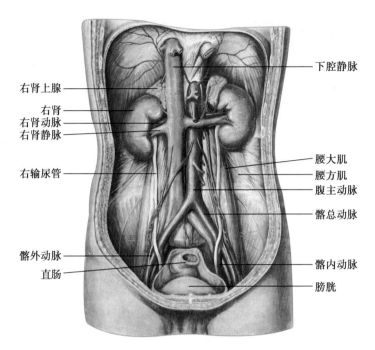

图 5-2　肾及输尿管的位置

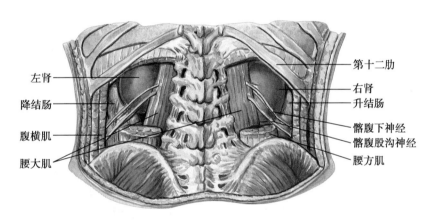

图 5-3　肾的位置(后面观)

三、肾的被膜

肾表面覆盖有 3 层被膜,由内向外分别为纤维囊、脂肪囊和肾筋膜(图 5-4)。

(一)纤维囊

纤维囊(fibrous capsule)紧贴肾实质表面,薄而坚韧,由致密结缔组织和弹性纤维构成。正常情况下,纤维囊与肾连接疏松,易于剥离。若剥离困难,即属病理现象。

(二)脂肪囊

脂肪囊(adipose capsule)又名**肾床**。是位于纤维囊外周、包裹肾的脂肪层,对肾起缓冲作用。脂肪囊经肾门进入肾窦,形成充填肾窦的脂肪组织。临床上作肾囊封闭,即将药物注入脂肪囊内。

(三)肾筋膜

肾筋膜(renal fascia)位于脂肪囊的外面,分前后两层包裹肾和肾上腺。肾筋膜前后两层在肾上腺上方和肾的外侧缘互相融合。在肾内侧,肾筋膜前层经腹主动脉、下腔静脉前面与

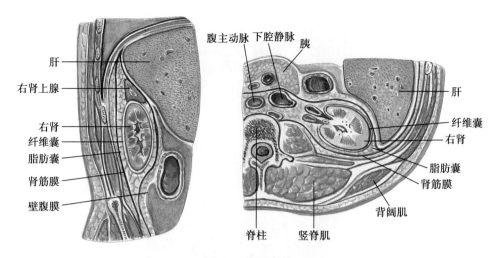

图 5-4　肾的被膜

对侧肾筋膜前层相延续;后层与腰大肌筋膜融合,向内附于椎体前面。在肾的下方,肾筋膜前后两层分离,其间有输尿管通过。肾筋膜向深部发出许多结缔组织小束,穿过脂肪囊与纤维囊相连,对肾起固定作用。由于肾筋膜的下方完全开放,当腹壁肌力弱、肾周脂肪少、肾的固定结构薄弱时,可出现肾下垂或游走肾。肾周围积脓时,脓液可沿前后筋膜间隙向下蔓延至髂窝或大腿根部。

四、肾的剖面结构

在肾的冠状切面上,肾实质分为肾皮质和肾髓质(图 5-5)。

肾皮质(renal cortex)位于浅部,富含血管,新鲜标本上为红褐色,富含血管,由肾小体和肾小管构成。肾皮质伸入肾髓质的部分称**肾柱**(renal columns)。皮质与肾锥体的底相连接,从锥体底部向皮质呈放射状行走的条纹称髓放线。两条髓放线之间的皮质称皮质迷路。

肾髓质(renal medulla)位于深部,血管较少,色淡红。肾髓质内有 15~20 个圆锥形的**肾锥体**(renal pyramids)。肾锥体的底朝向肾皮质,尖端朝向肾窦,称肾乳头。在肾乳头顶端有许多小孔,称乳头孔。肾乳头被漏斗形的肾小盏包绕,肾产生的终尿经乳头孔流入肾小盏。相邻 2~3 个肾小盏汇合 1 个肾大盏,2~3 个肾大盏再汇合成 1 个**肾盂**(renal pelvis)。肾盂呈前后略扁的漏斗状,出肾门后,向下弯行,逐渐变细移行为输尿管。

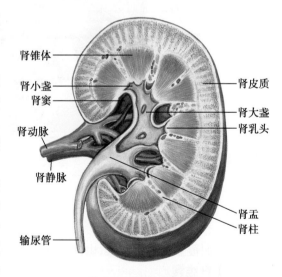

图 5-5　肾的冠状切面

五、肾的微细结构

肾实质主要由肾单位和集合管组成,其间有少量结缔组织、血管和神经等构成肾间质。肾单位由肾小体和肾小管构成,能形成尿液。集合管对尿液进行浓缩。肾小管和集合管均属于泌尿管道,合称**泌尿小管**(uriniferous tubule)。

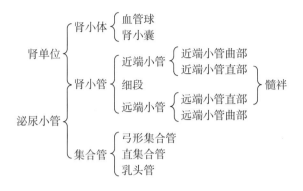

（一）肾单位

肾单位（nephron）是肾结构和功能的基本单位，每侧肾约有 100 万个以上的肾单位，其与集合管共同行使泌尿功能。肾单位由肾小体和与其相连的肾小管组成（图 5-6）。

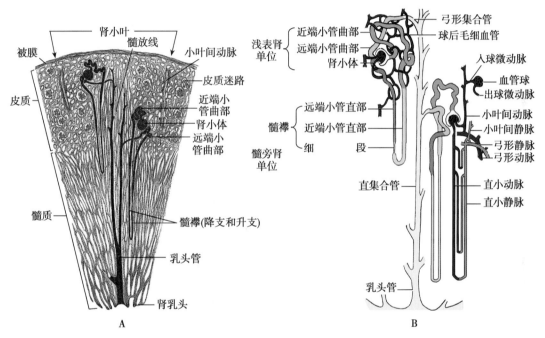

图 5-6 肾实质组成、分布与血液循环图

A. 泌尿小管组成及其在肾内分布示意图；B. 肾实质组成与血液循环示意图

1. **肾小体**（renal corpuscle） 位于皮质和肾柱内，似球形，直径约 200μm，由血管球和肾小囊构成。肾小体有两极，微动脉出入的一端为血管极；与肾小管相连的一端为尿极（图 5-7）。

（1）**血管球**（glomerulus）：为包在肾小囊内的一团盘曲呈球状的毛细血管网。入球微动脉自血管极进入肾小囊，随后分支形成毛细血管网，继而汇合成出球微动脉，从血管极离开肾小囊。入球微动脉较出球微动脉粗，使得两者间的毛细血管内压力高。电镜下毛细血管为有孔型，孔径为 50~100nm，多无隔膜，有利于血液中的小分子物质滤出（图 5-7，图 5-8）。

（2）**肾小囊**（renal capsule）：是肾小管起始部膨大并凹陷而成的杯状双层囊，分脏层和壁层。两层间的狭小腔隙称肾小囊腔，与近端小管曲部相通（图 5-6，图 5-7）。壁层由单层扁平上皮构成，在肾小体的尿极处与近端小管曲部上皮相连续，在血管极处反折为脏层。脏层由一层多突起的**足细胞**（podocyte）构成。电镜下观察，足细胞体积较大，从胞体伸出几个大的初级突起，每个初级突起再分出许多指状的次级突起。相邻的次级突起相互穿插成栅栏状，紧贴在毛细血管基膜外面。相邻突起间的裂隙，称裂孔，孔上覆盖一层薄膜，称**裂孔膜**（slit

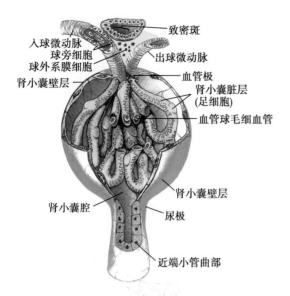

图 5-7　肾小体和球旁复合体立体模式图

图中标注：致密斑、入球微动脉、球旁细胞、球外系膜细胞、肾小囊壁层、血管极、肾小囊脏层（足细胞）、出球微动脉、血管球毛细血管、肾小囊壁层、肾小囊腔、尿极、近端小管曲部

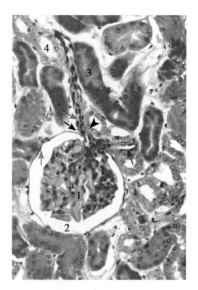

图 5-8　肾皮质迷路

1. 血管球　2. 肾小囊腔　3. 近曲小管　4. 远曲小管

↑肾小囊壁层　↑血管极　↑入球微动脉　↑出球微动脉　▲致密斑

membrane)（图 5-9）。

　　当血液流经血管球毛细血管时，其内小分子物质通过有孔毛细血管内皮、基膜和裂孔膜滤入肾小囊腔内，这 3 层结构称**滤过膜**（filtration membrane）或**滤过屏障**（filtration barrier）（图 5-9）。滤入肾小囊腔内的液体称为**原尿**，原尿中除不含大分子蛋白质外，其余成分与血浆相似。若滤过膜受损，大分子蛋白质甚至血细胞也可滤入肾小囊腔内，出现蛋白尿或血尿。

　　2. **肾小管**（renal tubule）　为连于肾小囊与集合管之间的泌尿管道，分为近端小管、细段和远端小管。有重吸收原尿和排泄等作用。

　　（1）**近端小管**（proximal tubule）：是肾小管中最粗最长的一段。按其行程分曲部和

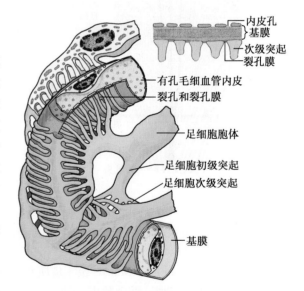

图 5-9　足细胞和滤过膜超微结构模式图

图中标注：内皮孔、基膜、次级突起、裂孔膜、有孔毛细血管内皮、裂孔和裂孔膜、足细胞胞体、足细胞初级突起、足细胞次级突起、基膜

直部。管壁厚，管腔小不规则。管壁上皮细胞为单层立方形或锥形，细胞分界不清，核圆位于基底部，胞质嗜酸性。细胞游离面有刷状缘，基底面有纵纹。电镜下，刷状缘即由排列整齐的微绒毛构成。细胞侧面有许多侧突相互嵌合，故光镜下细胞界限不清。细胞基部有发达的质膜内褶，形成光镜下的纵纹。上皮细胞的刷状缘、侧突和纵纹，扩大了细胞表面积，有利于物质交换（图 5-10，图 5-11）。

　　近端小管曲部简称**近曲小管**。位于皮质迷路和肾柱内，盘曲于肾小体附近。是肾小管的起始段，一端连接肾小囊，另一端移行为近端小管直部。

　　近端小管直部简称**近直小管**，位于髓放线和锥体内，结构与曲部相似，但上皮细胞较矮，微绒毛、侧突和质膜内褶不如曲部发达，故吸收功能略差。

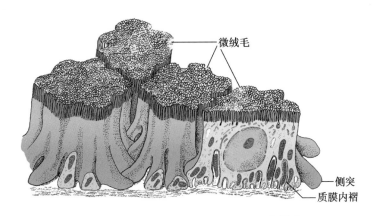

图 5-10 近端小管上皮细胞超微结构立体模式图

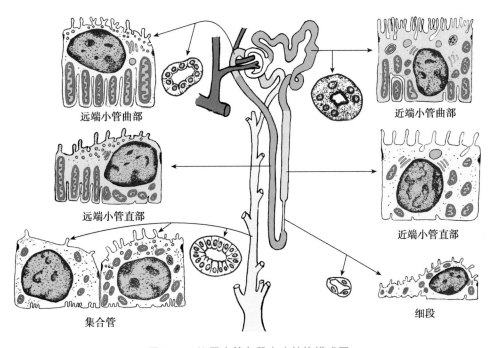

图 5-11 泌尿小管各段上皮结构模式图

近端小管是原尿重吸收的主要场所,原尿中85%的水,以及营养物质如葡萄糖、氨基酸、蛋白质、尿素和离子等大部分在此被重吸收。同时近端小管还通过主动分泌的方式将某些代谢终产物及药物等排入管腔,如 H^+、NH_3、肌酐、肌酸、马尿酸、青霉素、酚红等。临床上常用酚红排泄实验检测近端小管的功能状态。

(2) **细段**(thin segment):位于髓放线和锥体内,连于近端小管直部和远端小管直部之间,共同构成 U 字形的**髓襻**,又称**肾单位襻**。细段管壁由单层扁平上皮构成,较薄,水和离子易透过管壁进入肾间质(图 5-11)。

(3) **远端小管**(distal tubule):连于细段和集合管之间,按其行程分为直部和曲部。管腔较大而规则,管壁上皮由单层立方上皮组成,细胞体积较近端小管小,着色浅,分界清楚,核位于中央,细胞无刷状缘,纵纹明显。

远端小管直部简称**远直小管**。位于锥体和髓放线内,一端接续细段,随后经髓放线返回皮质,移行为远端小管曲部。

远端小管曲部简称**远曲小管**。位于皮质迷路和肾柱内,盘曲于肾小体附近。弯曲程度不如近端小管曲部,其末端通入弓形集合管(图 5-11)。

远端小管曲部是离子交换的重要部位,肾上腺皮质分泌的醛固酮,能促使远端小管曲部重吸收 Na^+ 和排出 K^+、H^+、NH_3 等,对维持体液的酸碱平衡起重要作用。垂体分泌的抗利尿激素,能促进远端小管曲部对水的重吸收,使尿液浓缩,尿量减少。

(二) 集合管

集合管分为弓形集合管、直集合管和乳头管。**弓形集合管**很短,位于皮质迷路内,一端连接远端小管曲部,另一端汇入直集合管。**直集合管**自肾皮质经髓放线行向肾锥体,管径由细逐渐变粗,随着管径增粗,管壁上皮由单层立方逐渐增高为单层柱状,至肾乳头处改称**乳头管**,开口于肾乳头。集合管上皮细胞界限清晰,胞质着色浅,核圆着色深,位于细胞中央。集合管亦可重吸收水、Na^+,分泌 K^+、H^+ 和 NH_3 等。其功能活动也受抗利尿激素和醛固酮的调节(图 5-11)。

两侧肾脏每昼夜可产生大约 180L 的原尿,流经肾小管各段和集合管后,其中 99% 的水分、无机盐和几乎全部的营养物质被重吸收入血,同时又将体内的一些代谢产物经上皮细胞排入滤液中,最后形成**终尿**。机体每天排出终尿 1~2L,仅占原尿的 1%。

(三) 球旁复合体

球旁复合体(juxtaglomerular complex)又称**球旁器**(juxtaglomerular appartus)。包括球旁细胞、致密斑和球外系膜细胞等(图 5-7,图 5-8)。

1. **球旁细胞**(juxtaglomerular cell) 是肾小体近血管极处的入球微动脉管壁平滑肌细胞特化成的上皮样细胞。细胞呈立方形,核圆居中,胞质弱嗜碱性。球旁细胞分泌肾素,肾素使血管紧张素原变成血管紧张素。血管紧张素可使血管平滑肌收缩,导致血压升高;还可促进肾上腺皮质分泌醛固酮,促进远端小管曲部和集合管重吸收 Na^+ 和水,导致血容量增大,血压升高。

2. **致密斑**(macular densa) 为远端小管曲部近血管极一侧的上皮细胞增高、变窄而形成椭圆形的斑块状隆起。致密斑是一种离子感受器,能感受远端小管内 Na^+ 浓度变化,当 Na^+ 浓度降低时,致密斑将信息传给球旁细胞,促使球旁细胞分泌肾素,增强远端小管和集合管重吸收 Na^+。

3. **球外系膜细胞**(extraglomerular mesangial cell) 又称**极垫细胞**(polar cushion cell)。是位于入球微动脉、出球微动脉和致密斑组成的三角区内的一群细胞。细胞体积小,有短小突起,染色浅淡。球外系膜细胞在球旁复合体功能活动中起信息传递作用。

六、肾的血液循环

肾的血液循环与尿液的形成和浓缩密切相关(图 5-6)。有如下特点:①肾动脉粗短,直接起于腹主动脉,故肾内血流量大,流速快。②肾内血管走行较直,90% 的血液供应皮质,血流很快进入肾小体后被滤过。③入球微动脉较出球微动脉粗,因而血管球内压力较高,有利于滤过。④肾内血管两次形成毛细血管网,入球微动脉分支形成血管球毛细血管网,有利于原尿形成;出球微动脉在肾小管周围分支形成**球后毛细血管网**,其内的胶体渗透压较高,有利于肾小管上皮细胞重吸收的物质进入血液。⑤髓质内的直血管襻与髓襻伴行,有利于泌尿小管的重吸收和尿液的浓缩。

第二节　输　尿　管

输尿管(ureter)为细长的肌性管道,左、右各一,长约 25~30cm,管径约 0.5~0.7cm。大约平第 2 腰椎体上缘起自肾盂末端,终于膀胱。输尿管有较厚的平滑肌层,其舒缩可使输尿管作节律性蠕动,使尿液不断地流入膀胱。输尿管按行程分为腹部、盆部和壁内部(图 5-2)。

一、输尿管腹部

输尿管自肾盂下端起始后,在腹后壁腹膜的深面,沿腰大肌前面下降至小骨盆上口处,

肾盂和输尿管 X 像

左侧输尿管越过左髂总动脉末端、右侧输尿管越过右髂外动脉起始部的前面,该段称腹部。随后进入盆腔,移行为盆部。

二、输尿管盆部

输尿管自小骨盆入口处,先沿盆侧壁向下向后,约在坐骨棘水平转向前内侧达膀胱底,该段称盆部。在女性,输尿管距子宫颈外侧约 2.5cm 处,从子宫动脉后下方绕过。在子宫手术结扎子宫动脉时应注意防止损伤或结扎输尿管。

三、输尿管壁内部

输尿管自膀胱底向内下斜穿膀胱壁,以输尿管口开口于膀胱,该段称壁内部,长约 1.5cm。当膀胱充盈时,膀胱内压的增高引起壁内部管腔闭合,可阻止尿液由膀胱向输尿管反流。

输尿管全长有 3 处生理性狭窄:①起始处;②跨越小骨盆上口处;③壁内部。这些狭窄是输尿管结石易滞留嵌顿的部位。

第三节　膀　　胱

膀胱(urinary bladder)是储存尿液的囊状肌性器官,其形状、大小和位置随充盈程度、年龄和性别的不同而变化。正常成人的膀胱容量为 350~500ml,最大容量可达 800ml,新生儿膀胱的容量约为成人的 1/10,女性膀胱的容量较男性小。

一、膀胱的形态和分部

膀胱充盈时呈卵圆形,空虚时呈三棱锥体形。分膀胱尖、膀胱体、膀胱底和膀胱颈四部分。**膀胱尖**细小,朝向前上方。**膀胱底**近似三角形,朝向后下方。尖与底之间的部分为**膀胱体**。膀胱的最下部称**膀胱颈**,以尿道内口与尿道相通(图 5-12)。膀胱各部间无明显界线。

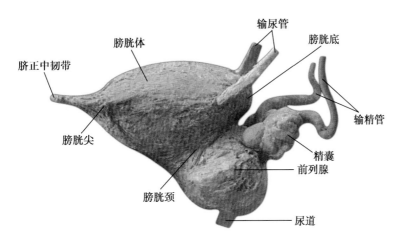

图 5-12　膀胱侧面观

膀胱空虚时,内面黏膜由于肌层的收缩而出现许多皱襞,这些皱襞可随膀胱充盈而消失。在膀胱底内面,两侧输尿管口与尿道内口之间的三角形区域,称**膀胱三角**(trigone of bladder),无论膀胱充盈或空虚时此三角区黏膜均光滑无皱襞。膀胱三角是膀胱肿瘤、结核和炎症的好发部位(图 5-13)。在两侧输尿管口之间,有一苍白色的横行皱襞,称**输尿管间襞**。膀胱镜检时,可将其作为寻找输尿管口的标志。

笔记

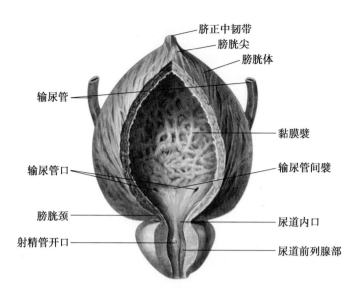

脐正中韧带
膀胱尖
膀胱体

输尿管

黏膜襞

输尿管口

输尿管间襞

膀胱颈

尿道内口

射精管开口

尿道前列腺部

图 5-13   膀胱壁内面结构

男性骨盆冠
状切面

二、膀胱的位置和毗邻

成人的膀胱空虚时位于盆腔前部,耻骨联合的后方,膀胱尖不超过耻骨联合上缘。新生儿膀胱的位置比成人高,大部分位于腹腔内。随着年龄的增长和盆腔的发育,膀胱的位置逐渐下降,约在青春期达成人位置。老年人因盆底肌肉松弛,膀胱位置较低(图 6-9,图 6-10)。膀胱充盈时,膀胱尖可上升至耻骨联合以上,腹前壁折向膀胱的腹膜返折线亦随之上移,此时可在耻骨联合上方行膀胱穿刺术,不会伤及腹膜和污染腹膜腔。

在男性,膀胱后方与精囊腺、输精管壶腹和直肠相邻,下方与前列腺邻接(图 6-6,图 6-9)。在女性,膀胱后方为子宫和阴道,下方邻接尿生殖膈(图 6-10)。

三、膀胱壁的组织结构

膀胱壁由黏膜、肌层和外膜构成。

(一)黏膜

由上皮和固有层构成。上皮为移行上皮,膀胱空虚时,上皮较厚,有 8~10 层细胞,表层细胞大,呈立方形,能盖住下面各层细胞,称盖细胞。当膀胱充盈时,上皮变薄,仅 3~4 层细胞,盖细胞也变扁。

(二)肌层

较厚,由内纵、中环、外纵 3 层平滑肌构成。各层肌纤维相互交错,分界不清,构成膀胱逼尿肌。中层环形平滑肌在尿道内口处增厚为尿道内括约肌。

(三)外膜

膀胱顶部为浆膜,其余部分为纤维膜。

第四节   尿   道

尿道(urethra)为膀胱与体外相通的一段管道,男女性差别很大。男性尿道见男性生殖系统。

女性尿道长约 5cm,起于膀胱的尿道内口,经耻骨联合与阴道之间,向前下穿尿生殖膈,终于阴道前庭的尿道外口(图 6-10)。穿尿生殖膈时,有骨骼肌形成的尿道阴道括约肌环绕,可控制排尿。由于女性尿道较男性短、宽而直,故易引起逆行性尿路感染。

扫一扫
测一测

笔记

(李金钟   付淑芬)

第六章 生殖系统

生殖系统（reproductive system）包括男性生殖系统和女性生殖系统。按部位可分为内生殖器和外生殖器（表6-1）。内生殖器多位于盆腔内。外生殖器显露于体表，是性交器官。生殖系统的功能是产生生殖细胞，繁衍后代；分泌性激素，维持男、女性的性功能和第二性征。此外，女性的乳房以及两性外生殖器所在的会阴与生殖功能密切相关，故在生殖系统叙述。

表 6-1 生殖系统的组成

分部	生殖器	男性生殖系统	女性生殖系统
内生殖器	生殖腺	睾丸	卵巢
	生殖管道	附睾、输精管、射精管、男性尿道	输卵管、子宫、阴道
	附属腺	精囊腺、前列腺、尿道球腺	前庭大腺
外生殖器		阴囊、阴茎	女阴（阴阜、大阴唇、小阴唇、阴道前庭、阴蒂）

第一节 男性生殖系统

男性生殖系统（male reproductive system）的内生殖器由生殖腺（睾丸）、生殖管道（附睾、输精管、射精管和男性尿道）及附属腺（精囊腺、前列腺和尿道球腺）组成。外生殖器为阴囊和阴茎（图6-1）。

睾丸产生精子和分泌雄激素，精子先储存于附睾内，附睾能促进精子的成熟。射精时精子经输精管、射精管和尿道排出体外。精囊腺、前列腺和尿道球腺的分泌物参与精液的组成，供给精子营养并有利于其活动。

一、内生殖器

（一）睾丸

睾丸（testis）为男性的生殖腺，产生精子和分泌雄激素。

1. 睾丸的形态 睾丸位于阴囊内，左、右各

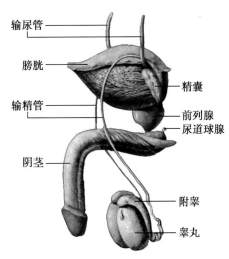

图 6-1 男性生殖系统概观

输尿管
膀胱
输精管
阴茎
精囊
前列腺
尿道球腺
附睾
睾丸

一,呈略扁的椭圆形,表面光滑,分为上、下两端,前、后两缘,内、外侧两面(图6-2)。上端被附睾头遮盖,下端游离。前缘游离,后缘与附睾和输精管相接触,有血管、淋巴管和神经出入。内侧面较平坦,外侧面较隆凸。

2. 睾丸的微细结构　睾丸表面有一层坚韧的**白膜**。白膜在睾丸后缘增厚伸入睾丸实质,形成**睾丸纵隔**。纵隔发出许多呈放射状的**睾丸小隔**连于白膜,将睾丸实质分成 200 多个**睾丸小叶**。每个小叶内有 1~4 条盘曲的**生精小管**,其上皮产生精子。生精小管在近睾丸纵隔处汇合成短而直的**直精小管**。直精小管进入睾丸纵隔相互交织成**睾丸网**。睾丸网发出 12~15 条**睾丸输出小管**,经睾丸后缘上部进入附睾(图6-3)。生精小管之间的疏松结缔组织,称**睾丸间质**。

(1) **生精小管**:为细长弯曲的管道,管壁由**生精上皮**构成。生精上皮的细胞由生精细胞和支持细胞组成(图6-4)。

1) **生精细胞**:在青春期前,睾丸生精小管为实心小管,生精细胞仅为精原细胞。青春期开始,在生精小管管壁中可见处于不同发育阶段的生精细胞,分为**精原细胞**、**初级精母细胞**、**次级精母细胞**、**精子细胞**和**精子**。多层生精细胞自基膜向管腔有序排列,反映了精子发生的过程。

精原细胞:紧靠生精上皮基膜,体积较小,圆形或椭圆形,核圆形,染色深,染色体核型为 46,XY(2nDNA)。青春期开始,一部分细胞经多次分裂体积增大,逐渐移向腔面,形成初级精母细胞;另一部分细胞体积不增大,仍保持在基膜上,保留分裂产生新的精原细胞的能力,这部分细胞即为干细胞。

初级精母细胞:位于精原细胞近管腔侧,体积较大,常有数层,核大而圆,呈丝球状,染色体核型为 46,XY(4nDNA)。经过 DNA 复制后(4nDNA),进行第一次减数分裂,产生 2 个次级精母细胞。在这次分裂中,每对同源染色体分别进入

生精小管扫描电镜像

精子发生示意图

笔记

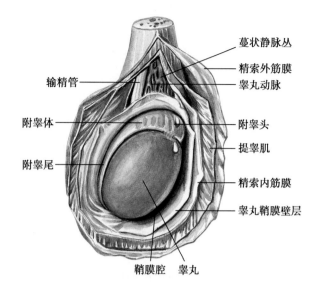

图 6-2　睾丸与附睾

输精管
附睾体
附睾尾

蔓状静脉丛
精索外筋膜
睾丸动脉
附睾头
提睾肌
精索内筋膜
睾丸鞘膜壁层

鞘膜腔　睾丸

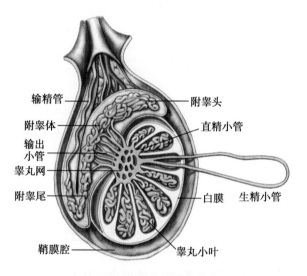

图 6-3　睾丸和附睾的结构

输精管
附睾体
输出小管
睾丸网
附睾尾

附睾头
直精小管
白膜
生精小管
鞘膜腔
睾丸小叶

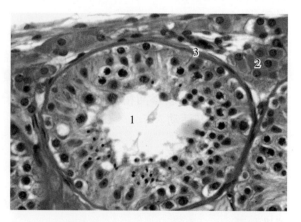

图 6-4　生精小管及睾丸间质
1. 生精小管　2. 睾丸间质细胞　3. 基膜

子细胞,次级精母细胞染色体数目减半。

次级精母细胞:位于初级精母细胞近管腔侧,体积较小,核圆形,染色较深,染色体核型为 23,X 或 23,Y(2nDNA)。在短期内完成第二次减数分裂,产生 2 个精子细胞。这次分裂未经 DNA 合成和染色体复制,染色体的两个染色单体分别进入子细胞。染色体数目不变,DNA 数目减半。

精子细胞:位于近腔面,体积较小,数量较多,核圆形,染色深,染色体核型为 23,X 或 23,Y(1nDNA)。为单倍体细胞,不再分裂,经过复杂的形态变化而形成精子,此过程称精子生成。

2) 支持细胞:细胞呈高锥体形,其基部附着在基膜上,顶部伸至管腔面。由于其各面镶嵌着各级生精细胞,故光镜下轮廓不清。支持细胞的细胞核呈椭圆形,染色浅,核仁明显(图6-5)。光镜下,相邻支持细胞近基底部的质膜形成牢固的紧密连接,构成**血 - 睾屏障**的主要结构。支持细胞具有支持、保护和营养生精细胞的作用。

精子光镜像
(精液涂片)

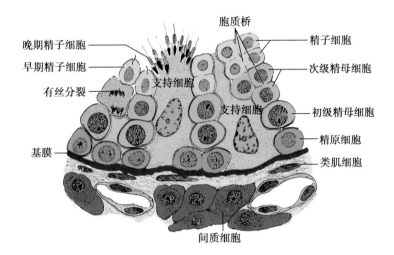

图 6-5　支持细胞与生精细胞关系模式图

血 - 睾屏障:由间质中的毛细血管内皮及其基膜、结缔组织、生精上皮基膜和支持细胞紧密连接组成。该屏障可限制血液中大分子物质进入生精小管,对保持生精小管稳定的内环境具有重要作用。

(2) **睾丸间质**:是位于生精小管之间的疏松结缔组织,富含血管和淋巴管,并含成群分布的睾丸间质细胞(又称 Leydig 细胞)。光镜下细胞呈圆形或多边形,胞体较大,胞质嗜酸性,核圆形,常位于中央。电镜下有分泌类固醇激素细胞的结构特点。青春期开始,睾丸间质细胞合成和分泌**雄激素**,促进精子发生及男性生殖器官的发育,并维持男性的第二性征和性功能。

(二)输精管道

1. 附睾(epididymis)　呈新月形,紧贴睾丸上端和后缘。上部膨大为附睾头,中部为附睾体,下部较细为附睾尾。附睾头由睾丸输出小管构成,末端汇合成一条附睾管,附睾管迂回盘曲构成附睾体和尾,附睾尾向后上弯曲移行为输精管(图6-1,图6-2,图6-3)。

附睾具有贮存精子,分泌附睾液营养精子,促进精子进一步成熟的作用。

2. 输精管(ductus deferens)　是附睾管的直接延续,壁厚腔小,活体触摸时呈坚实的圆索状,全长约 50cm,依行程分为四部分(图6-1,图6-3):①**睾丸部**:起于附睾尾,沿睾丸后缘上行,至睾丸上端。②**精索部**:介于睾丸上端与腹股沟管浅环之间,位置表浅,容易触及,输精管结扎术常在此部进行。③**腹股沟部**:位于腹股沟管内。④**盆部**:为最长的一段,起自腹股沟管深环处,沿盆侧壁行向后下,经输尿管末端的前方至膀胱底的后面,两侧输精管逐渐

笔记

靠近并膨大成输精管壶腹。

3. **射精管**（ejaculatory duct）　输精管壶腹末端变细，与精囊腺的排泄管合成射精管，长约 2cm，穿前列腺实质，开口于尿道前列腺部（图 6-1，图 6-6）。

精索（spermatic cord）为位于睾丸上端和腹股沟管深环之间的一对柔软的圆索状结构。其内主要有输精管、睾丸动脉、蔓状静脉丛、输精管动脉及静脉、淋巴管和神经等。精索表面有 3 层被膜，由浅至深依次为精索外筋膜、提睾肌和精索内筋膜。

（三）附属腺

附属腺包括精囊腺、前列腺和尿道球腺（图 6-1，图 6-6）。

1. **精囊腺**（seminal vesicle）　简称**精囊**。位于膀胱底后方，输精管壶腹的外侧，为一对长椭圆形的囊状腺体，表面凹凸不平，其排泄管与输精管的末端汇合成射精管。精囊分泌的液体参与精液组成，并稀释精液有利于精子活动。

2. **前列腺**（prostate）　为一栗子形的实质性器官，位于膀胱与尿生殖膈之间。其上端宽大称**前列腺底**，与膀胱颈相接，有尿道穿入。下端尖细称**前列腺尖**，与尿生殖膈相邻，尿道由此穿出。底与尖之间的部分称**前列腺体**。体的后正中有一纵行浅沟称**前列腺沟**，在活体经直肠可触及，前列腺肥大时此沟消失。前列腺分泌前列腺液，为精液的主要成分之一。

前列腺分 5 叶，即前叶、中叶、后叶和左、右两侧叶（图 6-7）。前叶很小，位于尿道前方；中叶呈楔形，位于尿道和射精管之间；两侧叶紧贴尿道的侧壁；后叶位于中叶和两个侧叶的后方。

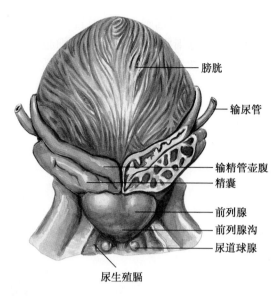

图 6-6　前列腺与精囊（后面观）

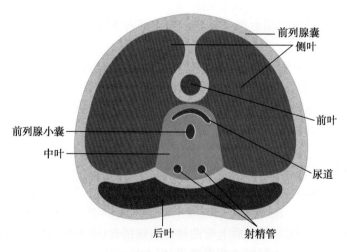

图 6-7　前列腺的分叶

3. **尿道球腺**（bulbourethral gland）　是一对豌豆大的球形腺体，位于会阴深横肌内，其导管开口于尿道球部，分泌物参与精液的组成。

精液由输精管道各部和附属腺的分泌物及大量精子组成，呈乳白色，弱碱性，适于精子的生存和活动。一次排精量约 2~5ml，含精子 3~5 亿个。

二、外生殖器

(一)阴囊

阴囊(scrotum)为一皮肤囊袋,位于阴茎的后下方(图6-1,图6-2)。阴囊由皮肤和肉膜组成。阴囊壁皮肤薄而柔软,有色素沉着,成人有少量阴毛。肉膜位于皮肤深面,是阴囊的浅筋膜,缺乏脂肪组织,含有少量平滑肌。平滑肌随外界温度变化而舒缩,以调节阴囊内的温度,有利于精子的生存和发育。肉膜在正中线向深处发出阴囊中隔,将阴囊腔分为左、右两腔,各容纳一侧的睾丸和附睾。

阴囊壁深面有包被睾丸、附睾和精索的被膜,由外向内为精索外筋膜、提睾肌、精索内筋膜和睾丸鞘膜(图6-2)。睾丸鞘膜分脏、壁两层。脏层包于睾丸及附睾表面,壁层贴于精索内筋膜内面,两层在睾丸后缘返折移行,围成鞘膜腔,内有少量浆液,起润滑作用。若液体增多则为鞘膜积液。

(二)阴茎

阴茎(penis)悬于耻骨联合前下方,由前向后分为**阴茎头**、**阴茎体**和**阴茎根**三部分。阴茎头与阴茎体移行处有环状沟称**阴茎颈**(图6-8)。

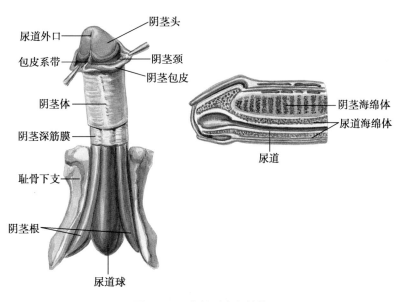

图6-8　阴茎的形态和结构

1. **阴茎结构**　阴茎由2条**阴茎海绵体**和1条**尿道海绵体**组成。每条海绵体被外面坚厚的纤维膜(白膜)所包绕,其外共同包以筋膜和皮肤。

阴茎海绵体位于阴茎的背侧,左、右各一。其前端变细嵌入阴茎头,后端分开,形成左、右阴茎脚,分别附于两侧的耻骨下支和坐骨支。尿道海绵体位于阴茎海绵体的腹侧,尿道贯穿其全长,其前端膨大为阴茎头,后端膨大为尿道球。海绵体内部由许多海绵体小梁和腔隙构成,腔隙与血管相通,充血时,阴茎变粗变硬而勃起。

阴茎皮肤薄而柔软,富有伸展性。皮肤在阴茎颈处游离,向前延伸并返折成双层皮肤皱襞包绕阴茎头,称**阴茎包皮**。在阴茎头腹侧中线处,包皮与尿道外口相连的皮肤皱襞,称**包皮系带**,做包皮环切术时,注意勿伤及包皮系带,以免影响阴茎的勃起。

2. **男性尿道**(male urethra)　起于膀胱的尿道内口,止于尿道外口,兼有排尿和排精的功能(图6-1,图6-9)。成年男性尿道长16~22cm,管径平均为0.5~0.7cm。全长分为三部

分：①**前列腺部**：为尿道贯穿前列
腺的部分。长约 2.5cm，管径较宽，
其后壁上有射精管的开口。②**膜
部**：为尿道贯穿尿生殖膈的部分。
短而窄，长约 1.5cm，其周围有尿道
括约肌（骨骼肌）环绕，可控制排尿。
③**海绵体部**：为尿道贯穿尿道海绵
体的部分。长约 15cm，尿道球内
的尿道较宽阔，称**尿道球部**，尿道
球腺管开口于此。在阴茎头内尿
道扩大称**尿道舟状窝**。临床上将
前列腺部和膜部称为**后尿道**，海绵
体部称为**前尿道**。

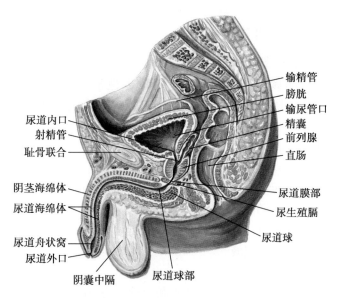

图 6-9　男性盆腔正中矢状切面

男性尿道全长有 3 处狭窄、3
处扩大和 2 个弯曲。3 处狭窄分别
为**尿道内口**、膜部和**尿道外口**。3 处扩大分别为前列腺部、尿道球部和尿道舟状窝。2 个弯
曲是**耻骨下弯**和**耻骨前弯**，耻骨下弯在耻骨联合下方，凹向前上方，此弯恒定无变化；耻骨前
弯在耻骨联合前下方，凹向后下方，是阴茎自然下垂形成，如将阴茎向上提起，此弯曲可以消
失。临床上男性尿道插入导尿管时，可采取此位。

第二节　女性生殖系统

女性生殖系统（female reproductive system）内生殖器由生殖腺（卵巢）和生殖管道（输卵管、
子宫和阴道）以及附属腺（前庭大腺）组成。卵巢产生卵细胞和分泌女性激素，输卵管是生殖
细胞受精及输送受精卵至子宫的肌性管道，子宫是形成月经或孕育胎儿的器官，阴道是性交
接器官也是胎儿娩出的通道。外生殖器即女阴，包括阴阜、大阴唇、小阴唇、阴道前庭和阴蒂
（图 6-10）。

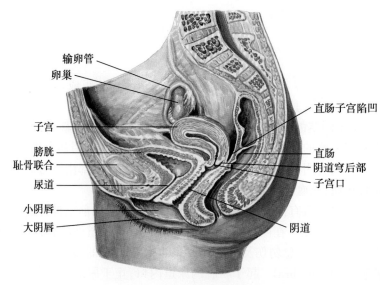

图 6-10　女性盆腔正中矢状切面

一、内生殖器

(一) 卵巢

卵巢(ovary)为女性的生殖腺,为成对的实质性器官,产生卵子和分泌雌、孕激素。

1. **卵巢的位置和形态**　卵巢位于盆腔侧壁的卵巢窝内(图 6-11)。卵巢呈扁卵圆形,分上、下两端,前、后两缘和内、外侧两面。上端借**卵巢悬韧带**连于盆壁。卵巢悬韧带内有卵巢动脉和静脉、淋巴管和神经等。下端借**卵巢固有韧带**连于子宫底的两侧。前缘借卵巢系膜连于子宫阔韧带,中部略凹陷,称**卵巢门**,为卵巢血管、淋巴管和神经出入的部位。后缘游离。内侧面朝向盆腔。外侧面贴卵巢窝。

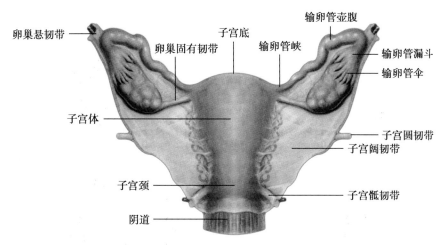

图 6-11　女性内生殖器(后面)

2. **卵巢的微细结构**　卵巢表面被有一层生殖上皮,幼年时为单层立方或柱状,是卵细胞的生发处,性成熟后转变成单层扁平上皮。上皮的深面是薄层致密结缔组织,称白膜。白膜深面为实质,可分为外周的皮质和中央的髓质,二者之间无明显界限。皮质较厚,由不同发育阶段的卵泡、黄体、闭锁卵泡和结缔组织等构成;髓质较狭小,由血管、淋巴管、神经和疏松结缔组织构成(图 6-12)。

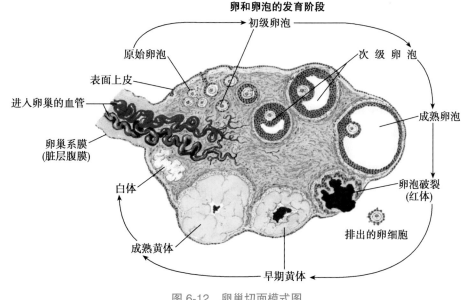

图 6-12　卵巢切面模式图

卵巢的形态和大小有明显的年龄变化。幼女的卵巢较小,表面光滑。青春期(12~14岁)开始,卵泡开始发育成熟并排卵,至性成熟期卵巢体积最大。此后经多次排卵,卵巢表面形成许多瘢痕而凹凸不平。35~40岁时,卵巢功能逐渐减退,开始缩小。更年期至绝经期(45~55岁),卵巢功能进一步退化,最后萎缩不再排卵。

(1)卵泡的发育:卵泡(follicle)是由中央的一个卵母细胞及其周围的卵泡细胞组成的泡状结构。卵泡发育始于胚胎时期,第5个月时双侧卵巢有近700万个原始卵泡,出生时为100万~200万个,青春期时约4万个。从青春期开始,在垂体分泌的促性腺激素作用下,卵泡开始分批进入发育与成熟的连续生长过程,其结构也发生一系列变化。根据卵泡发育的结构特点,将卵泡的发育分为原始卵泡、生长卵泡和成熟卵泡三个阶段(图6-13)。

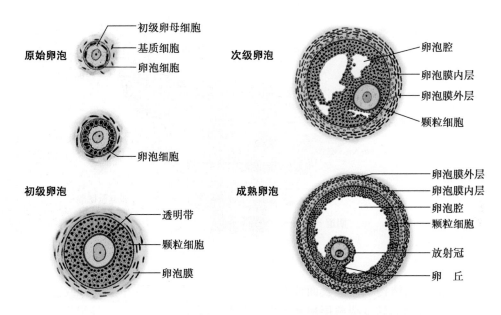

图 6-13　卵泡的不同发育阶段

1) **原始卵泡**(primordial follicle):位于卵巢皮质浅层,数量多,体积小,为相对静止的卵泡。卵泡中央为初级卵母细胞,周围是单层扁平的卵泡细胞。初级卵母细胞体积较大,圆形,胞质嗜酸性,核大而圆,染色浅,核仁大而明显。卵泡细胞体积较小,扁平形,核扁圆形,染色较深,与周围结缔组织之间有基膜。初级卵母细胞在胚胎期由卵原细胞分化而来,随后开始进行第一次减数分裂,并长期停留在分裂前期,直至排卵前才完成第一次减数分裂。

2) **生长卵泡**(growing follicle):自青春期开始,部分原始卵泡开始生长发育,称生长卵泡。生长卵泡包括初级卵泡和次级卵泡两个阶段。

初级卵泡(primary follicle):卵泡开始生长到出现卵泡腔之前称为初级卵泡。其主要变化为:卵泡细胞由扁平变为立方或柱状、由单层变为多层;初级卵母细胞体积增大。初级卵母细胞和卵泡细胞之间出现了一层均质状嗜酸性膜,称为**透明带**。随着初级卵泡的增大,卵泡周围的结缔组织逐渐分化成**卵泡膜**。

次级卵泡(secondary follicle):初级卵泡后期,卵泡细胞之间出现一些大小不等的腔隙,称**卵泡腔**,此时改称为次级卵泡。随着卵泡继续发育增大,卵泡腔逐渐融合成一个大腔。卵泡腔内充满**卵泡液**。随着卵泡液的增多和卵泡腔的扩大,初级卵母细胞及其周围的卵泡细胞被挤至卵泡的一侧,形成一个凸向卵泡腔的丘状隆起,称**卵丘**。紧靠透明带周围的一层卵泡细胞逐渐变为柱状,呈放射状排列,称为**放射冠**。卵泡腔周边的卵泡细胞构成了卵泡壁,称为**颗粒层**,颗粒层的细胞称为**颗粒细胞**。此时卵泡膜也逐渐分化为内、外两层。内层含有较多的多边形或梭形的膜细胞和丰富的毛细血管,膜细胞具有分泌类固醇激素细胞的结构特征;外层胶原纤维较多,并有少量平滑肌。

3) **成熟卵泡**(mature follicle):是次级卵泡发育的最后阶段。由于卵泡液急剧增多,使卵泡体积显著增大,直径可达 1~2cm,并向卵巢表面凸出,颗粒层变薄,称为成熟卵泡。在排卵前 36~48 小时,初级卵母细胞完成第一次减数分裂,产生 1 个**次级卵母细胞**和 1 个小的**第一极体**。次级卵母细胞随即进入第二次减数分裂,停滞在分裂中期。

在每个月经周期中,两侧卵巢有数十个原始卵泡同时发育,但只有一个卵泡发育成熟并排卵,其余卵泡在不同发育阶段逐渐退化,形成闭锁卵泡。

(2) **排卵**:成熟卵泡破裂,次级卵母细胞及其周围的透明带、放射冠随卵泡液一起排出卵巢的过程,称**排卵**(ovulation)(图 6-14)。正常情况下,自青春期开始至绝经前,卵巢每 28 天左右排卵 1 次,排卵时间约在每个月经周期的第 14 天。通常双侧卵巢交替排卵,每次排卵 1 个,偶尔也可同时排 2 个或以上。女性一生中可排出约 400 个卵。

卵排出后,如果 24 小时内未受精,次级卵母细胞即退化消失;若受精,次级卵母细胞则迅速完成第二次减数分裂,产生 1 个成熟的卵细胞和 1 个第二极体。由于第一极体也分裂,因此前后共有 3 个极体生成。卵母细胞经过两次减数分裂后,染色体数目减半,即 23,X。

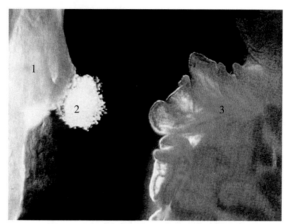

图 6-14 卵巢排卵(腹腔内摄影)
1. 卵巢 2. 卵母细胞和放射冠 3. 输卵管漏斗

(3) **黄体的形成和发育**:排卵后,残留的卵泡颗粒层和卵泡膜向卵泡腔内塌陷,在黄体生成素的作用下,逐渐演化成一个较大且富于血管的内分泌细胞团,新鲜时呈黄色,称为**黄体**(corpus luteum)(图 6-12)。其中,颗粒细胞分化为**颗粒黄体细胞**,常位于黄体中央,数量多,胞体大,染色浅,分泌孕激素;膜细胞分化为**膜黄体细胞**,常位于黄体边缘,数量少,胞体小,染色深,与颗粒黄体细胞协同作用分泌**雌激素**(图 6-15)。

若未受精,黄体较小,维持 14 天左右即退化,称**月经黄体**;若受精并妊娠,在胎盘分泌的绒毛膜促性腺激素的作用下,黄

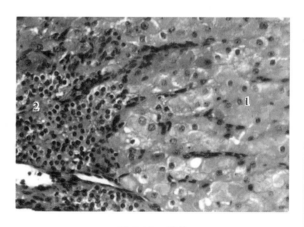

图 6-15 黄体
1. 颗粒黄体细胞 2. 膜黄体细胞

体继续发育,直径可达 4~5cm,称**妊娠黄体**。妊娠黄体除分泌孕激素和雌激素外,还分泌松弛素。这些激素可使子宫内膜增生,子宫平滑肌松弛,以维持妊娠。妊娠 4~6 个月时,由胎盘取代黄体。无论何种黄体,最终均退化而逐渐被结缔组织取代形成**白体**(图 6-12)。

(二) 输卵管

1. **位置和形态** 输卵管(uterine tube)为一对输送卵的肌性管道,包在子宫阔韧带上缘内,连于子宫底两侧(图 6-11,图 6-16)。其外侧端游离,开口于腹膜腔,内侧端连于子宫,开

笔记

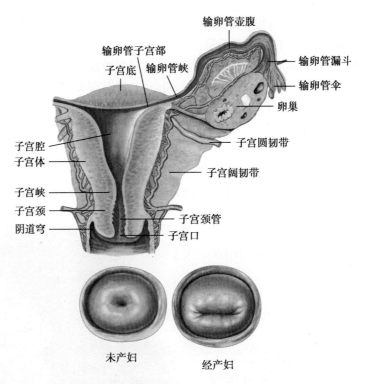

图 6-16 子宫的分部

口于子宫腔。输卵管全长约 10~14cm,由内侧向外侧分为 4 部分。

（1）**输卵管子宫部**：为穿过子宫壁的一段,以输卵管子宫口通子宫腔。

（2）**输卵管峡**：短而直,管壁较厚,管腔狭窄,是输卵管结扎术常选部位。

（3）**输卵管壶腹**：约占输卵管全长的 2/3,管径较粗,行程弯曲,卵细胞通常在此受精。

（4）**输卵管漏斗**：为末端膨大的部分,呈漏斗状,以输卵管腹腔口开口于腹膜腔,漏斗末端的游离缘形成许多细长突起,称**输卵管伞**,盖在卵巢的表面,是手术时识别输卵管的标志。

2. **输卵管壁的微细结构**   输卵管壁可分三层,由内向外为:黏膜层、肌层和外膜。黏膜形成许多纵行而分支的皱襞,以壶腹部最发达。黏膜上皮为单层柱状上皮,由纤毛细胞和分泌细胞构成。纤毛细胞的纤毛向子宫方向摆动,有助于受精卵向子宫移动;分泌细胞的分泌物参与输卵管液的组成,对卵起到营养和辅助运行的作用。固有层为薄层细密的结缔组织。肌层为平滑肌,峡部最厚,漏斗部最薄。外膜为浆膜。

（三）子宫

子宫(uterus)为一中空的肌性器官,是孕育胎儿和产生月经的器官。

1. **形态和分部**   成年未产妇的子宫呈前后略扁的倒置的梨形,长 7~9cm,最宽径 4~5cm,厚 2~3cm。子宫分子宫底、子宫体和子宫颈三部分(图 6-16)。两侧输卵管子宫口以上圆凸的部分,称**子宫底**;下段狭窄呈圆柱状的部分,称**子宫颈**,分为伸入阴道内的**子宫颈阴道部**和阴道以上的**子宫颈阴道上部**,子宫颈是肿瘤的好发部位;子宫底与子宫颈之间的部分,称**子宫体**。子宫颈上端与子宫体连接处狭细的部分,称**子宫峡**,长约 1cm,妊娠末期可延长至 7~11cm,产科常在此处进行剖宫术。

子宫内腔分为两部分。子宫底与体围成的腔,称**子宫腔**,呈底向上、尖向下的三角形;位于子宫颈内的腔,称**子宫颈管**,呈梭形,上口通子宫腔,下口通阴道,称**子宫口**,未产妇的子宫口为圆形,边缘光滑而整齐,分娩后呈横裂状。子宫口的前、后缘分别称前唇和后唇,后唇较长,位置也较高。

2. **子宫的位置和固定装置** 子宫位于盆腔中央,膀胱与直肠之间。两侧连有输卵管,下接阴道。临床常把输卵管和卵巢合称子宫附件。成年未孕女性的子宫底位于小骨盆上口平面以下,子宫颈位于坐骨棘平面以上。成年女性子宫呈**前倾前屈位**。**前倾**即整个子宫向前倾斜,子宫长轴与阴道长轴之间形成的一个向前开放的钝角。**前屈**指子宫体与子宫颈之间形成的一个向前开放的钝角。当人体直立,膀胱空虚时,子宫体伏于膀胱上面,几乎与地面平行。子宫的位置主要依靠 4 对韧带维持(图 6-17)。

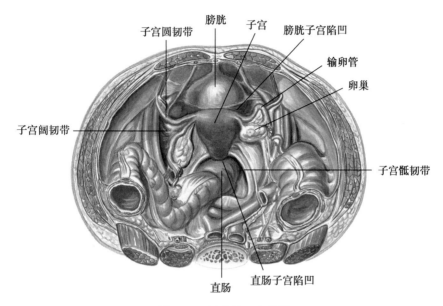

图 6-17 子宫的固定装置

(1) **子宫阔韧带**:是连于子宫两侧与骨盆侧壁间的双层腹膜。其上缘游离,包绕输卵管。子宫阔韧带可限制子宫向两侧移位。

(2) **子宫圆韧带**:是由平滑肌和结缔组织构成的圆索状结构,起自输卵管与子宫连接处的下方,在阔韧带两层间行向前外,通过腹股沟管,止于阴阜和大阴唇皮下。子宫圆韧带是维持子宫前倾的主要结构。

(3) **子宫主韧带**:位于阔韧带的下部,自子宫颈两侧连于骨盆侧壁,由结缔组织和平滑肌构成。它是维持子宫颈的正常位置,防止子宫向下脱垂的主要结构。

(4) **子宫骶韧带**:起自子宫颈后面,向后绕过直肠两侧,止于骶骨前面,由结缔组织和平滑肌构成。有牵引子宫颈向后,维持子宫的前屈位的作用。

3. **子宫壁的微细结构** 子宫壁由内向外分为子宫内膜、肌层和子宫外膜(图6-18)。

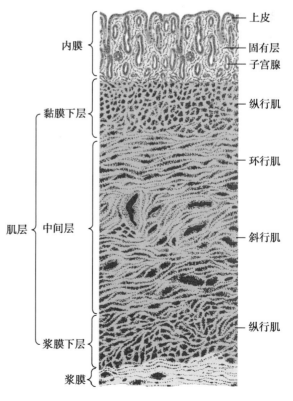

图 6-18 子宫壁的结构

（1）**子宫内膜**：由上皮和固有层组成。上皮属单层柱状上皮，由柱状细胞和纤毛细胞组成。固有层较厚，由结缔组织构成，内含基质细胞、子宫腺、血管和淋巴管等。**基质细胞**数量较多，呈梭形或星形细胞，可合成和分泌胶原蛋白。**子宫腺**为内膜上皮向固有层内陷形成的许多单管状腺，其末端靠近肌层，并常有分支。子宫动脉的分支垂直进入子宫内膜，发出短而直的小支营养基底层，其主干进入功能层后，弯曲呈螺旋状，称**螺旋动脉**。该动脉至内膜浅层分成若干终支，彼此吻合成毛细血管网和较大的窦状毛细血管（图 6-19）。

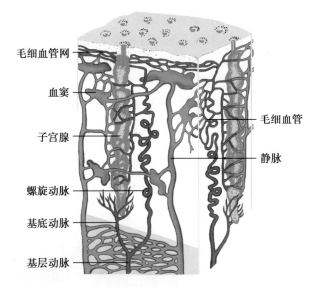

图 6-19　子宫腺与血管分布模式图

子宫内膜可分为浅、深两层。浅层较厚，约占内膜厚度的 4/5，称**功能层**。自青春期开始，此层每月发生 1 次剥脱和出血，即为月经。妊娠时，此层则继续增厚以适应受精卵的植入和发育。深层较薄，约占内膜厚度的 1/5，称**基底层**。此层紧靠肌层，经期时不脱落，有增生和修复功能层的作用。

（2）**肌层**：很厚，由大量平滑肌束组成。肌束走行不规则，有纵行、环行和斜行。

（3）**子宫外膜**：为浆膜，即腹膜的脏层。

子宫内膜的周期性变化：自青春期开始，在卵巢分泌的雌激素和孕激素作用下，子宫底部和体部的内膜功能层出现周期性变化，即每 28 天左右发生 1 次内膜的剥脱、出血、增生和修复过程，称**月经周期**（menstrual cycle）。月经周期指从月经来潮第 1 天起至下次月经来潮的前 1 天止，一般分为三期（图 6-20）。

（1）**增生期**：又称**卵泡期**。月经周期的第 5~14 天（图 6-20A）。此期卵巢若干卵泡开始发育，并分泌雌激素。在雌激素的作用下，子宫内膜增厚，子宫腺增多，螺旋动脉增长和弯曲，至增生期末即第 14 天，发育成熟的卵泡破裂排卵，子宫内膜随之转入分泌期。

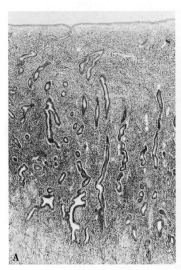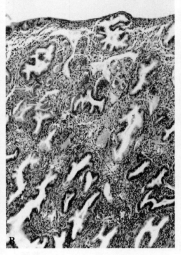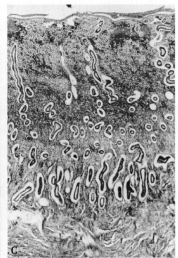

图 6-20　子宫内膜
A. 增生期；B. 分泌期；C. 月经早期

（2）**分泌期**：又称**黄体期**。月经周期第 15~28 天（图 6-20B）。排卵后，卵巢内形成黄体，在黄体分泌的雌激素和大量孕激素作用下，子宫内膜继续增厚，子宫腺更加弯曲，腺腔扩大，腺细胞开始分泌，螺旋动脉进一步增长、弯曲。若妊娠，分泌期的子宫内膜继续增厚；若未妊娠，黄体退化，雌激素和孕激素水平下降，内膜功能层则于第 28 天脱落，转入月经期。

（3）**月经期**：月经周期的第 1~4 天（图 6-20C）。此时月经黄体退化，雌激素和孕激素的分泌突然减少，子宫内膜功能层的螺旋动脉持续性收缩，内膜缺血坏死。螺旋动脉在收缩之后，又突然短暂地扩张，毛细血管骤然充血破裂，血液涌入内膜功能层，使其崩解，最后血液与坏死内膜组织一起从阴道排出，称**月经**。在月经期终止之前，基底层残留的腺体底部细胞迅速分裂增生，向子宫腔面推进，上皮逐渐修复而转入增生期。

（四）阴道

阴道（vagina）为前后略扁的肌性管道，富于伸展性，连接子宫和外生殖器，是女性的性交器官，也是排出月经和娩出胎儿的通道。阴道的下端以阴道口开口于阴道前庭。阴道口周围附有环形黏膜皱襞，称**处女膜**，破裂后形成处女膜痕。阴道上端宽阔，包绕子宫颈阴道部，二者之间形成的环行凹陷称阴道穹。阴道穹分为前部、后部及两侧部，以阴道穹后部最深，与直肠子宫陷凹仅隔以阴道后壁和一层腹膜。当腹膜腔积液时，可经阴道穹后部进行穿刺或引流。

（五）前庭大腺

前庭大腺（又称 Bartholin 腺），位于前庭球后端，形如豌豆。导管向内侧开口于阴道口与小阴唇中、后 1/3 交界处的沟内，前庭大腺相当于男性的尿道球腺，分泌物有润滑阴道口的作用。

二、外生殖器

女性外生殖器又称**女阴**，包括以下结构（图 6-21）。

（一）阴阜

为耻骨联合前方的皮肤隆起，其深面富含脂肪组织。性成熟后长有阴毛。

（二）大阴唇

位于阴阜的后下方，为一对纵行隆起的皮肤皱襞，性成熟后皮肤色素沉着并长有阴毛。两侧大阴唇前端和后端相互连合形成唇前和唇后连合。

（三）小阴唇

位于大阴唇内侧，是一对较薄的皮肤皱襞。表面光滑无阴毛。两侧小阴唇前端形成阴蒂包皮和阴蒂系带，后端彼此连合形成**阴唇系带**。

（四）阴道前庭

是位于两侧小阴唇之间的裂隙，前部有尿道外口，后部有阴道口。

（五）阴蒂

位于尿道外口的前上方，由两个阴蒂海绵体组成，相当于男性的阴茎海绵体。后端以两个阴蒂脚固定于耻骨下支和坐骨支，两脚前端结合成阴蒂体，表面盖以阴蒂包皮，体的前端露于表面为阴蒂头，富有神经末梢，感觉敏锐。

月经周期与性激素、脑垂体、下丘脑关系示意图

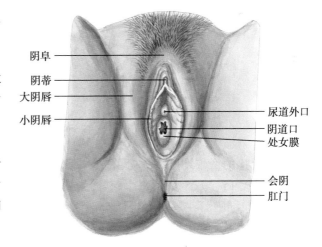

阴阜
阴蒂
大阴唇
小阴唇
尿道外口
阴道口
处女膜
会阴
肛门

图 6-21　女性外生殖器

笔记

（六）前庭球

相当于男性的尿道海绵体,呈蹄铁形环绕阴道前庭。分为细小的中间部和较大的外侧部。中间部位于尿道外口与阴蒂体之间的皮下,外侧部位于大阴唇的皮下。

第三节　乳房和会阴

一、女性乳房

乳房（mamma）为哺乳动物特有的结构。男性乳房不发达。女性乳房自青春期后开始发育,妊娠期和哺乳期有分泌活动。

1. **位置和形态**　乳房位于胸大肌及其筋膜的表面,上至第2~3肋,下至第6~7肋,内侧至胸骨旁线,外侧可达腋中线。

成年未哺乳女性的乳房呈半球形。中央的突起为**乳头**,其顶端有输乳管的开口。乳头周围颜色较深的环形区域,称**乳晕**,其深面含乳晕腺,可分泌脂性物质润滑乳头（图6-22）。乳头和乳晕的皮肤较薄弱,易损伤而感染。

乳房模式图
（纵切面）

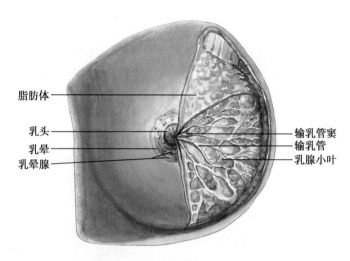

脂肪体

乳头
乳晕
乳晕腺

输乳管窦
输乳管
乳腺小叶

图 6-22　女性乳房

2. **乳房的微细结构**　乳房由皮肤、乳腺、脂肪组织和纤维结缔组织构成。乳腺被结缔组织分隔成15~20个腺叶,每个腺叶又被分隔成若干**乳腺小叶**。乳腺小叶间结缔组织中有大量的脂肪细胞。乳腺小叶由腺泡和导管构成,最后的总导管又称**输乳管**,开口于乳头。由于输乳管和乳腺均以乳头为中心呈放射状排列,乳房手术时应宜做放射状切口,以免损伤输乳管和乳腺组织。乳房皮肤与乳腺深面的胸大肌筋膜之间连有许多结缔组织小束,称乳房悬韧带（又称Cooper韧带）,有支持和固定乳房的作用。

女性乳房自青春期开始生长发育,性成熟后根据乳腺有无分泌活动分为**静止期乳腺**和**活动期乳腺**。静止期乳腺是指未孕女性的乳腺,无分泌活动。腺体不发达,仅见少量导管和小的腺泡,脂肪组织和结缔组织丰富（图6-23A）。排卵后,腺泡和导管轻度增生。活动期乳腺指妊娠期和哺乳期乳腺,有分泌活动。妊娠期在雌激素和孕激素的作用下,腺泡和小导管迅速增生,结缔组织和脂肪组织相应减少（图6-23B）。妊娠后期,在催乳素的作用下,腺泡开始分泌。分泌物中含脂滴、乳蛋白、乳糖和抗体等,称为初乳。哺乳期乳腺腺体更发达,腺泡腔增大,结缔组织更少（图6-23C）。断乳后,腺组织逐渐萎缩,结缔组织和脂肪组织增多,转入静止期。

笔记

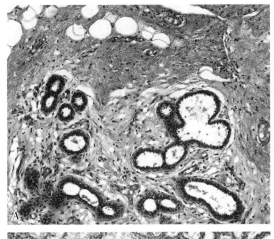
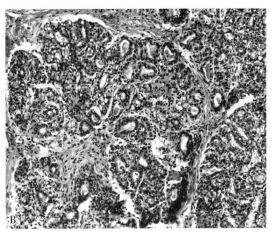
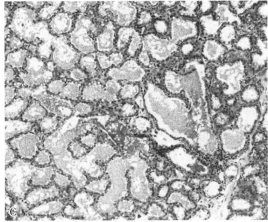

乳腺结构模式图(a.静止期;b.活动期)

图 6-23 乳腺光镜像(哈尔滨医科大学图)
A.静止期;B.活动期早期;C.活动期晚期

二、会阴

会阴(perineum)有广义和狭义之分(图 2-61)。**狭义会阴**是指肛门与外生殖器之间狭小的区域,即临床上产科所指的会阴,女性分娩时应注意保护此区,以免造成撕裂。**广义会阴**是指封闭小骨盆下口的所有软组织,其境界呈菱形,与骨盆下口一致。前界为耻骨联合下缘,后界为尾骨尖,两侧界为耻骨下支、坐骨支、坐骨结节和骶结节韧带。以两侧坐骨结节之间的连线为界,可将会阴分为前、后两个三角形区域,前部为**尿生殖三角**,男性有尿道通过,女性有尿道和阴道通过;后部为**肛门三角**,有肛管通过。两个三角被肌肉和筋膜共同构成的尿生殖膈和盆膈所封闭。

尿生殖膈由会阴深横肌和尿道膜部括约肌及上、下面的尿生殖膈上、下筋膜共同形成,封闭尿生殖三角。**盆膈**由肛提肌、尾骨肌及覆盖于二者上、下面的盆膈上、下筋膜共同构成,封闭肛三角。

(王 倩)

扫一扫
测一测

第七章

脉 管 系 统

脉管系统（angiological system）包括心血管系统和淋巴系统两部分。

心血管系统是一封闭的管道系统，由心、动脉、毛细血管和静脉组成，其内流动着血液。血液循环流动不断把氧、营养物质及激素等运送到全身器官的组织和细胞，同时又将组织和细胞的代谢产物及 CO_2 运至排泄器官排出体外，以保证人体新陈代谢的正常进行。

淋巴系统由淋巴管道、淋巴器官和淋巴组织组成。淋巴管道内流动着淋巴，淋巴通过淋巴管道最后汇入静脉。淋巴系统有辅助静脉回流，产生淋巴细胞，过滤淋巴液及参与免疫应答的功能。

第一节 心血管系统

一、概述

（一）心血管系统组成

心血管系统（cardiovascular system），包括心、动脉、毛细血管和静脉。

1. **心**（heart） 主要由心肌构成，为推动血液循环的"动力泵"。心腔被心间隔分为互不相通的左、右两部分，每侧又分为心房和心室，故心有左心房、右心房和左心室、右心室 4 个腔。同侧的房、室之间借房室口相通，在左、右心室的房室口和动脉口处均有瓣膜附着，防止血液反流。静脉连于心房，动脉连于心室。

2. **动脉**（artery） 将血液导出心室运送至全身的血管。发自左、右心室，走行过程中不断分支，最终移行为毛细血管。

3. **静脉**（vein） 将全身的血液导回心房的血管。起于毛细血管，在向心行进中不断接受属支并逐级汇合，最后注入心房。

4. **毛细血管**（capillary） 连于动、静脉之间的微细管道。分支多，互相连接成网状，是血液与组织进行物质交换的部位。分布在除被覆上皮、软骨、牙釉质、角膜、晶状体、毛发等以外的全身各处。代谢旺盛的器官（如心、肝、肾）毛细血管丰富，反之（如肌腱、韧带等）则较稀疏。

（二）血液循环途径

血液离开心室，经动脉、毛细血管、静脉又返回心房的过程，称**血液循环**。根据其循环途径，分为体循环和肺循环（图 7-1），两个循环相互连续，同时进行。

1. **体循环**（systemic circulation）或**大循环** 动脉血由左心室搏出，经主动脉及其各级分支到达全身的毛细血管，再经各级静脉汇成上、下腔静脉返回右心房。

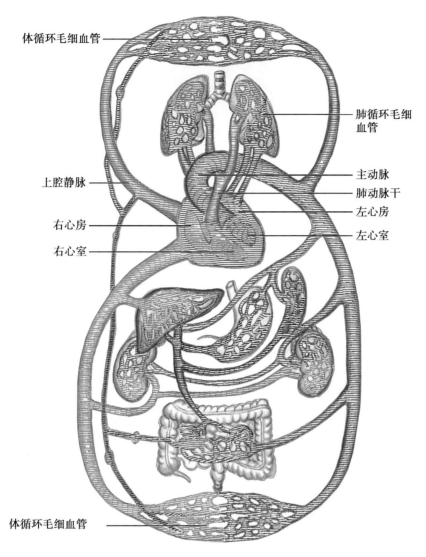

体循环毛细血管

肺循环毛细
血管

主动脉

上腔静脉

肺动脉干

左心房

右心房

左心室

右心室

体循环毛细血管

图 7-1　血液循环示意图

2. **肺循环**(pulmonary circulation)或**小循环**　静脉血由右心室搏出,经肺动脉干及其各级分支到达肺泡壁的毛细血管,再经左、右肺静脉返回左心房。

二、心

(一)心的位置和外形

心位于胸腔中纵隔内,形似前后略扁的倒置圆锥体,外裹心包。约 2/3 位于身体正中线的左侧,1/3 在正中线右侧。前方紧贴胸骨体和第 2~6 肋软骨,后方平对第 5~8 胸椎,两侧为纵隔胸膜,上方连有出入心的大血管,下方邻膈(图 7-2)。

心分为一尖、一底、二个面和三个缘,表面有三条沟(图 7-3、图 7-4)。

心尖:由左心室构成,朝向左前下方,贴近左胸前壁。在左侧第 5 肋间隙锁骨中线内侧 1~2cm 处,可扪及心尖搏动。

心底:朝向右后上方,大部分由左心房构成,小部分由右心房构成。左心房两侧分别有左、右肺静脉注入,右心房上、下方分别有上、下腔静脉注入。

前面(胸肋面):朝向前上方,大部分由右心房和右心室构成,小部分由左心耳和左心室构成。该面大部分被肺和胸膜遮盖,只有左肺心切迹内侧的部分与胸骨体下部和左侧第

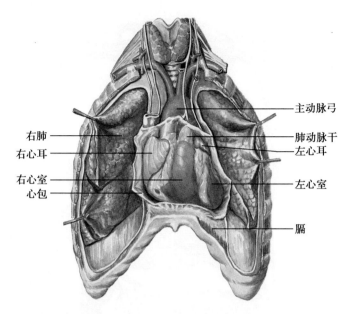

图 7-2　心的位置和外形

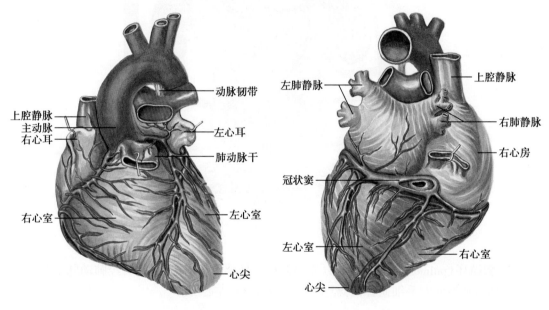

图 7-3　心的外形和血管（前面）　　　　　图 7-4　心的外形和血管（后下面）

4~6 肋软骨相邻。临床进行心内注射时,常在左侧第 4 肋间隙靠近胸骨左缘处进针,可避免伤及肺和胸膜。

　　下面(膈面):与膈相对,大部分由左心室,小部分由右心室构成。

　　心的右缘近似垂直,由右心房构成;左缘大部分由左心室构成;下缘近水平位,由右心室和心尖构成。

　　在心底部有一近似环形的**冠状沟**,是心房与心室在心表面的分界标志。在心的前面和下面各有一条自冠状沟伸向心尖右侧的浅沟,分别称为**前室间沟**和**后室间沟**,是左、右心室在心表面的分界标志。前、后室间沟在心尖右侧交汇处稍凹陷,称**心尖切迹**。上述各沟内均被心的血管和脂肪组织填充。

　　(二)心腔的结构

　　1. **右心房**(right atrium)　构成心的右上部分,腔大壁薄。在上、下腔静脉口前缘之间纵行于右心房表面的凹陷为**界沟**,其内面突起的肌性结构为**界嵴**,以此为界,右心房分为**固有心房**和**腔静脉窦**两部分。

(1) **固有心房**:构成右心房的前部,向左前方突出的部分称**右心耳**(right auricle),其内面有许多平行的肌性隆起,称**梳状肌**(pectinate muscles)(图 7-5)。当心功能障碍血流淤滞时,易在心耳内形成血凝块,一旦脱落形成栓子,可引起肺动脉栓塞。

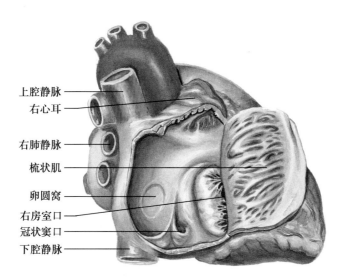

图 7-5　右心房

(2) 腔静脉窦:构成右心房的后部,内壁光滑,无肌性隆起。有 3 个入口:上、下方分别有**上腔静脉口**和**下腔静脉口**,在下腔静脉口与右房室口之间还有**冠状窦口**。

右心房一侧房间隔的中下部有一卵圆形的浅窝,称**卵圆窝**(fossa ovalis),为胚胎时期卵圆孔闭锁后的遗迹,是房间隔缺损的好发部位。

右心房的出口为右房室口,位于右心房的前下方,通向右心室。

2. **右心室**(right ventricle)　位于右心房的左前下方,构成心前面的大部分。右心室出、入口之间的肌性隆起,称**室上嵴**,将右心室分为流入道和流出道两部分(图 7-6)。

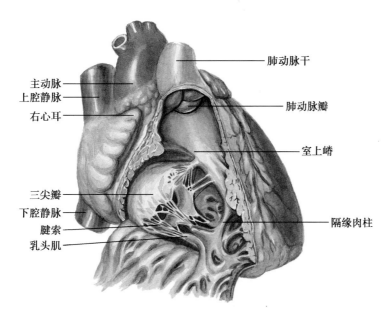

图 7-6　右心室

（1）**流入道**：又称窦部。右心室腔面有许多纵横交错的肌性隆起称**肉柱**,其中3个突入室腔的锥形隆起,称**乳头肌**。每个乳头肌尖端有数条结缔组织细索,称腱索。连于室间隔右侧面的下部至右心室前壁的肌束,称**隔缘肉柱**(又称节制索),可防止心室过度扩张。

流入道的入口即右房室口,口周围的纤维环上附有3个三角形瓣膜,称**三尖瓣**(tricuspid valve),瓣膜的游离缘借腱索连于乳头肌。三尖瓣环、三尖瓣、腱索和乳头肌合称**三尖瓣复合体**,能有效地关闭右房室口,防止血液逆流。

（2）**流出道**：又称动脉圆锥或漏斗部。位于右心室的前上部,内壁光滑,形似倒置的漏斗。流出道的出口即肺动脉口,口周围的纤维环上附有3个半月形瓣膜,称**肺动脉瓣**(pulmonary valve)。当右心室收缩时,血流冲开肺动脉瓣流入肺动脉干;右心室舒张时,肺动脉瓣彼此靠拢,使肺动脉口关闭,阻止肺动脉干血液逆流回右心室。

3. **左心房**(left atrium)　构成心底的大部分。左心房向右前方突出的部分,称左心耳,其内面也有发达的梳状肌。左心房后壁两侧各有2个入口,称**肺静脉口**,分别是左肺上、下静脉口和右肺上、下静脉口,导入由肺回流的动脉血。左心房前下方的出口为**左房室口**,通向左心室(图7-7)。

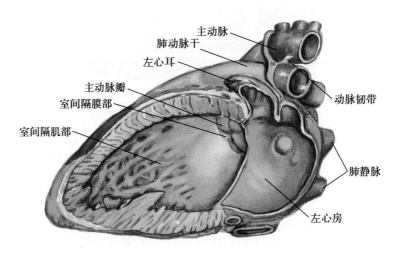

图7-7　左心房和左心室

4. **左心室**(left ventricle)　位于右心室的左后方。左心室腔以二尖瓣前瓣为界分为**流入道**和**流出道**两部分(图7-8)。

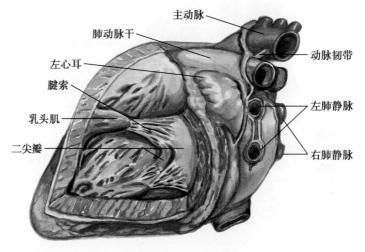

图7-8　左心室

（1）**流入道**：又称窦部。入口为左房室口,口周围的纤维环上附有 2 个三角形瓣膜,称**二尖瓣**(mitral valve)。瓣膜的游离缘借腱索连于乳头肌。二尖瓣环、二尖瓣、腱索和乳头肌合称**二尖瓣复合体**,可防止血液逆流。

（2）**流出道**：又称主动脉前庭。出口为主动脉口,口周围纤维环上附有 3 个半月形瓣膜,称**主动脉瓣**(aortic valve),可防止血液逆流。每个瓣膜相对应的主动脉壁向外膨出,形成**主动脉窦**,分为左、右及后 3 个窦,其中主动脉左、右窦分别有左、右冠状动脉的开口。

（三）心的构造

1. **心壁**　从内向外由心内膜、心肌膜和心外膜组成(图 7-9)。

（1）**心内膜**(endocardium)：是衬于心壁内面的一层光滑的薄膜,与出入心的大血管内膜相延续(图 7-10)。内皮为单层扁平上皮,表面光滑,利于血液流动;内皮下层为细密结缔组织;心内膜下层为疏松结缔组织,心室的该层有普肯耶纤维分布。心内膜在房室口和动脉口处形成心瓣膜,表面为内皮,内部是致密结缔组织,并与纤维环相连。

（2）**心肌膜**(myocardium)：构成心壁的主体,主要由心肌纤维构成。心室肌较心房肌厚,左心室肌最厚,心室肌有三种走向,即内纵行、中环行和外斜行(图 7-11)。在房室口、动脉口,由致密结缔组织分别形成 4 个纤维环和左、右 2 个纤维三角,构成**心纤维性支架**(图 7-12,图 7-13),是心瓣膜、心肌的附着处。心房肌与心室肌分别附着在纤维支架上,互不连续,所以不会同时收缩。

（3）**心外膜**(epicardium)：是一层光滑的浆膜,属浆膜性心包的脏层。

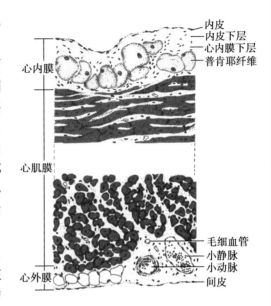

图 7-9　心壁结构模式图

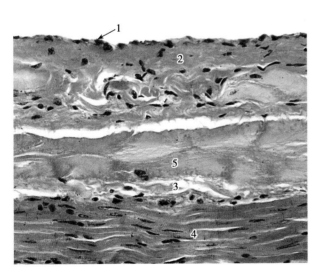

图 7-10　心内膜和心肌膜光镜(窦肇华图)

1.内皮　2.内皮下层　3.心内膜下层　4.心肌纤维　5.浦肯野纤维

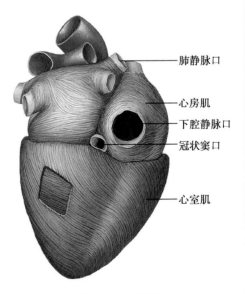

图 7-11　心肌膜

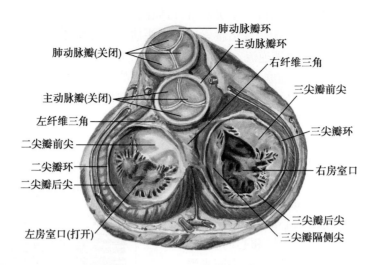

图 7-12　心的瓣膜和纤维环(心室舒张期)

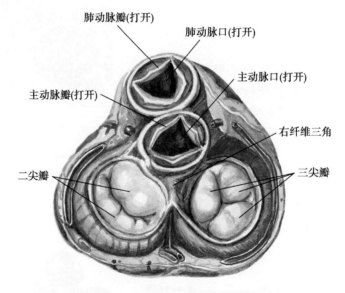

图 7-13　心的瓣膜和纤维环(心室收缩期)

2. **心间隔**　心间隔将心分隔为容纳动脉血的左半心和容纳静脉血的右半心。

（1）**房间隔**：位于左、右心房之间,由 2 层心内膜和其间的结缔组织及少量心肌纤维构成。

（2）**室间隔**：位于左、右心室之间,分为肌部和膜部(图 7-14)。**肌部**较厚,主要由心肌构成。**膜部**较薄,主要由结缔组织构成,是室间隔缺损的好发部位。

（四）心的传导系统

心传导系统由特殊心肌纤维构成,有自律性和传导性,能产生和传导冲动,控制心的节律性活动。包括**窦房结、结间束、房室结、房室束、房室束的左、右束支和浦肯野（Purkinje）纤维网**(图 7-15)。窦房结(sinuatrial node)是心的正常起搏点,位于上腔静脉与右心房交界处的心外膜深面,由它发出的冲动经结间束、房室结、房室束、房室束的左、右束支和浦肯野纤维网到达心室肌,完成一个心动周期。

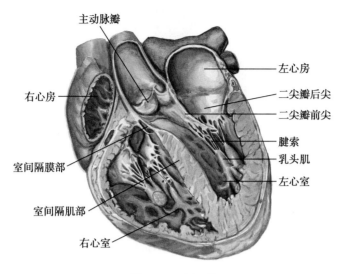

图 7-14 室间隔

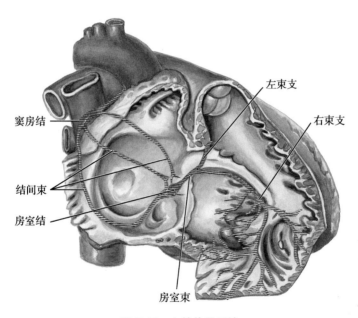

图 7-15 心的传导系统

(五) 心的血管

心的血液供应来自于左、右冠状动脉,心的静脉回流主要经冠状窦进入右心房(图 7-16、图 7-17)。

1. **动脉** 营养心壁的动脉是左、右冠状动脉。

(1) **左冠状动脉**(left coronary artery):起于主动脉左窦,经左心耳与肺动脉干之间左行,至冠状沟分为 2 支。①**前室间支**:也称前降支,沿前室间沟下行,绕过心尖切迹与后室间支吻合。分支分布于左心室前壁、右心室前壁一部分及室间隔前上 2/3。②**旋支**:沿冠状沟向左行绕过心左缘至左心室膈面,主要分布于左心房、左心室的侧壁和后壁。

(2) **右冠状动脉**(right coronary artery):起于主动脉右窦,经右心耳和肺动脉干之间沿冠状沟向右行,绕过心的右缘至膈面的冠状沟内,分为 2 支。①**后室间支**:也称后降支,较粗,沿后室间沟下行,分布于后室间沟两侧的心室壁和室间隔后下 1/3。②**左室后支**:较细,向左

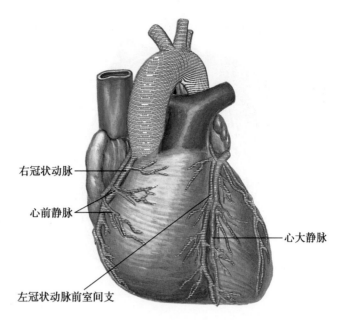

图 7-16　心的血管（前面观）

行,分支分布于左心室后壁（膈面）。

2. **静脉**　心的静脉通过三个途径回流入心腔,即**冠状窦**、**心前静脉**和**心最小静脉**。心壁的大部分静脉与动脉伴行,最后汇入冠状窦,再经冠状窦口注入右心房。冠状窦的主要属支有:①**心大静脉**:在前室间沟内与前室间支伴行。②**心中静脉**:在后室间沟内与后室间支伴行。③**心小静脉**:在冠状沟内与右冠状动脉伴行。心前静脉和心最小静脉直接开口于右心房。

（六）心包

心包（pericardium）为包裹心及大血管根部的纤维浆膜囊（图 7-18）,分为外层的纤维心包和内层的浆膜心包。**纤维心包**是厚而坚韧的致密结缔组织囊,其上方与出入心的大血管外膜相续,下方附着于膈的中心腱。**浆膜心包**为薄而光滑的浆膜,分为脏层和壁层,脏层被覆于心的表面,构成心外膜;壁层紧贴于纤维心包的内表面。浆膜心包脏层和壁层在出入心

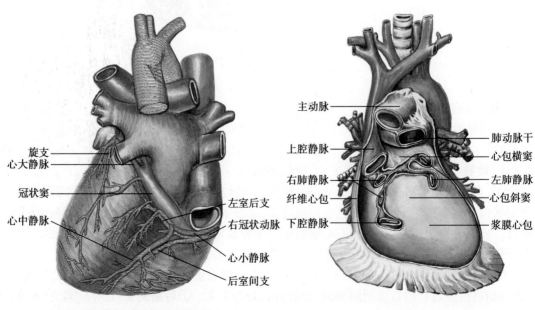

图 7-17　心的血管（后下面观）　　　　　图 7-18　心包

的大血管根部相互移行,两层之间的潜在性腔隙,称**心包腔**(pericardial),内含少量浆液,起润滑作用。

浆膜心包脏、壁两层返折处的间隙,称**心包窦**,包括心包横窦、心包斜窦和心包前下窦,其中心包前下窦是位于浆膜心包胸肋部与膈部转折处的间隙,人体直立时位置最低,临床上,经左剑肋角行心包穿刺,可较安全地进入此窦。

心包的主要功能是可以减少心跳动时的摩擦,防止心过度扩张,以及防止邻近脏器的炎症向心脏蔓延和维持心的正常位置等。

(七) 心的体表投影

心的边界可在胸前壁用下列四点连线来表示(图7-19)。①**左上点**:位于左侧第2肋软骨下缘,距胸骨左缘约1.2cm处。②**右上点**:位于右侧第3肋软骨上缘,距胸骨右缘约1cm。③**左下点**:位于左侧第5肋间隙,距前正中线7~9cm。④**右下点**:在右侧第6胸肋关节处。用弧线连接以上四点,即为心在胸前壁的体表投影位置。

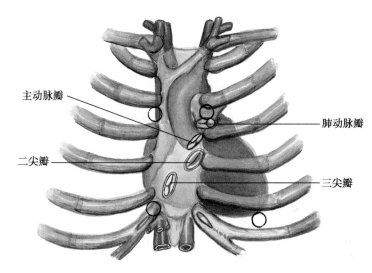

主动脉瓣　　　　　　　　　　肺动脉瓣

二尖瓣　　　　　　　　　　三尖瓣

图 7-19　心的体表投影

三、血管概述

(一) 血管吻合

体内中、小血管尤其是毛细血管之间的相互吻合现象十分广泛。毛细血管普遍吻合成毛细血管网,动脉之间吻合成动脉网和动脉弓,静脉之间吻合成静脉网和静脉丛,小动脉和小静脉之间有动静脉吻合等(图7-20)。血管吻合对保证器官的血液供应,维持血液循环的正常进行,具有重要作用。

有些较大的血管,在其行径中常发出与主干大致平行的侧支,该侧支的末端与同一主干或主干的侧支相吻合,称侧支吻合。当血管主干血流受阻(如结扎或堵塞)时,侧支即逐渐变粗,代替主干运送血液形成侧支循环。侧支循环的建立对保证器官在病理状态下的血液供应十分重要。

(二) 血管壁的一般结构

血管壁由内向外分为内膜、中膜和外膜三层(图7-22)。

1. **内膜**(tunica intima)　位于最内层,由内皮和内皮下层组成。内皮是衬贴于血管腔面的单层扁平上皮,内皮下层为薄层结缔组织。有的动脉内皮下层深面还有一层内弹性膜,由弹性蛋白组成,一般作为内膜与中膜的分界。

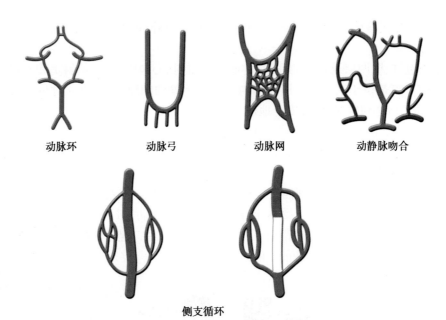

动脉环　　　　动脉弓　　　　动脉网　　　　动静脉吻合

侧支循环

图 7-20　血管吻合和侧支循环示意图

2. **中膜**(tunica media)　位于内、外膜之间,其厚度和成分因血管种类不同而异。

3. **外膜**(tunica adventitia)　位于最外层,由疏松结缔组织构成,含小的营养血管、淋巴管和神经纤维束等。

(三) 各段血管的结构特点

1. **动脉**　根据管径的大小,分为大动脉、中动脉、小动脉和微动脉。主动脉和肺动脉属大动脉,除大动脉外,凡解剖学上命名的动脉大多属中动脉。

(1) **大动脉**:又称**弹性动脉**。内膜较厚,与中膜无明显分界。中膜很厚,由 40~70 层弹性膜构成,其间夹有少量平滑肌和胶原纤维,外膜较薄(图 7-21)。

(2) **中动脉**:又称**肌性动脉**。内膜较薄,内弹性膜明显,在横切面上,内弹性膜因血管收缩,常呈波浪状(图 7-22)。中膜较厚,由 10~40 层环形平滑肌构成,其间有少量弹性纤维和

内膜
中膜
外膜

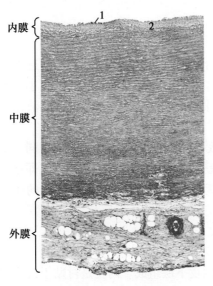

内膜
中膜
外膜

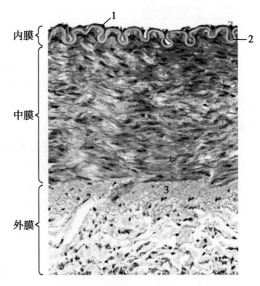

笔记

图 7-21　大动脉光镜像(大连医科大学图)
1.内皮　2.内皮下层

图 7-22　中动脉光镜像(大连医科大学图)
1.内皮　2.内弹性膜　3.外弹性膜

胶原纤维。外膜厚度与中膜相同，与中膜交界处有明显的外弹性膜。

（3）**小动脉**：管径在 0.3~1mm 的动脉（图 7-23）。结构与中动脉相似，管壁各层均变薄。较小的动脉没有内、外弹性膜，中膜仅有数层平滑肌。

（4）**微动脉**：管径在 0.3mm 以下的动脉。中膜有 1~2 层平滑肌，外膜较薄。小动脉和微动脉通过管壁平滑肌的舒缩，调节局部组织器官的血流量和血压，又称外周阻力血管。

2. **静脉**　分**大静脉**、**中静脉**、**小静脉**和**微静脉**。与动脉相比，静脉管壁较薄，管腔较大，弹性小。管壁也分为内膜、中膜和外膜，但 3 层结构分界不明显（图 7-24）。管壁平滑肌和弹性组织少，结缔组织较多。外膜较厚，大静脉外膜的结缔组织内还含有较多的纵形平滑肌。

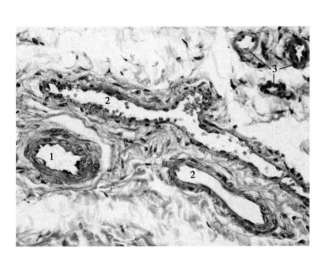

图 7-23　小血管光镜像（窦肇华图）
1. 小动脉　2. 小静脉　3. 微动脉

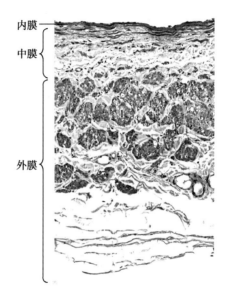

图 7-24　大静脉光镜像（大连医科大学图）
1. 外膜纵行平滑肌束

3. **毛细血管**　管径一般为 6~8μm。主要由一层内皮细胞和外面薄层的基膜构成（图 7-25），内皮和基膜间有散在的周细胞。毛细血管管壁最薄，通透性大，分布广泛，利于血液与组织细胞的物质交换。

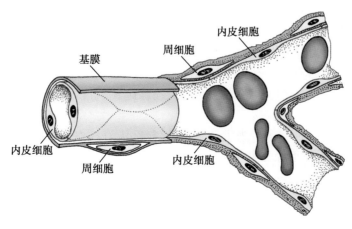

图 7-25　毛细血管结构模式图

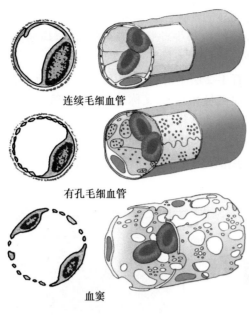

连续毛细血管

有孔毛细血管

血窦

图 7-26　毛细血管类型模式图

根据管壁特点,毛细血管分为**连续毛细血管**、**有孔毛细血管**和**血窦**三种(图 7-26)。连续毛细血管主要分布在结缔组织、肌组织、肺和中枢神经系统等处,有孔毛细血管主要分布于胃肠道黏膜、内分泌腺和肾小体血管球等处,血窦主要分布于肝、脾和骨髓等处。

四、肺循环的血管

(一)肺循环的动脉

肺动脉干(pulmonary trunk)粗短,起于右心室的肺动脉口,向左后上斜行至主动脉弓的下方,分为左、右肺动脉(图 7-3),分别经肺门入左、右肺。在肺内经多次分支,最后在肺泡的周围形成毛细血管网。

在肺动脉干分叉处的稍左侧与主动脉弓下缘之间有一结缔组织索,称**动脉韧带**(arterial ligament),是胚胎时期动脉导管闭锁后的遗迹。

(二)肺循环的静脉

肺静脉(pulmonary veins)每侧 2 条,分别为左肺上、下静脉和右肺上、下静脉,由肺内各级静脉在肺门处汇合而成,向内穿过心包,注入左心房(图 7-4)。

五、体循环的动脉

体循环动脉的行程和分布有一定规律:①身体每一个大局部都有 1~2 条动脉主干供血。②动脉分支具有明显的对称性。③动脉常以最短距离到达所分布的器官。④位于躯干的动脉分为壁支和脏支。⑤动脉常与静脉、神经、淋巴管伴行。⑥动脉行于身体的屈侧和不易受损的部位。⑦动脉配布与器官功能相适应,活动较多、功能旺盛的器官血管供应丰富。

主动脉(aorta):是体循环的动脉主干,由左心室发出,依次分为升主动脉、主动脉弓和降主动脉三部分(图 7-27)。

升主动脉(ascending aorta):起自左心室,先斜向右上行,在右侧第 2 胸肋关节后方,移行为主动脉弓。升主动脉发出左、右冠状动脉。

主动脉弓(aortic arch):呈弓形弯向左后方,至第 4 胸椎体下缘左侧移行为降主动脉。由弓的凸侧自右向左发出**头臂干**、**左颈总动脉**和**左锁骨下动脉**。头臂干粗短,向右上斜行,至右胸锁关节的后方分为**右颈总动脉**和**右锁骨下动脉**。

在主动脉弓壁内含有压力感受器,反射性地调节血压。在主动脉弓稍下方有 2~3 个粟粒状小体,称**主动脉小球**,属化学感受器,可感受动脉血氧、二氧化碳含量和血液 pH 的变化,反射性地调节呼吸。

降主动脉(aorta descendens):为主动脉弓的延续,沿脊柱左前方下行,穿膈的主动脉裂孔入腹腔,在第 4 腰椎体下缘分为左、右髂总动脉。降主动脉以膈为界分为胸主动脉和腹主动脉。

全身各局部的动脉主干概括分布为:颈总动脉分布于头颈部,锁骨下动脉分布于上肢,胸主动脉分布于胸部,腹主动脉分布于腹部,髂外动脉分布于下肢,髂内动脉分布于盆部。

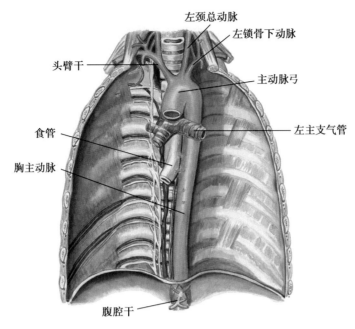

图 7-27　主动脉及分支

(一) 颈总动脉

颈总动脉(common carotid artery)是头颈部动脉主干,左侧起自主动脉弓,右侧起自头臂干(图 7-28)。两侧颈总动脉均在同侧胸锁关节后方进入颈部,沿气管、喉和食管的外侧上行,于甲状软骨上缘水平,分为颈内动脉和颈外动脉。颈总动脉上段位置表浅,在活体上可摸到其搏动。当头部大出血时,可在胸锁乳突肌前缘、平环状软骨高度向后内将颈总动脉压向第6 颈椎横突上,进行暂时性急救止血。

在颈总动脉分叉处有两个重要的结构:①**颈动脉窦**(carotid sinus)是颈总动脉末端和颈内动脉起始处的膨大的部分,窦壁内有压力感受器。②**颈动脉小球**(carotid glomus)是位于

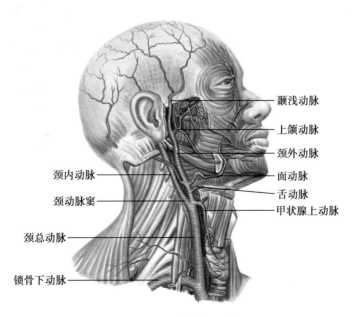

图 7-28　颈外动脉及分支

颈总动脉分叉处后壁的一个扁椭圆形小体,属化学感受器。

1. 颈外动脉(extemal carotid artery) 自颈总动脉发出后,沿胸锁乳突肌深面上行,穿入腮腺至下颌颈处分为颞浅动脉和上颌动脉两个终支。其主要分支有:

(1) **甲状腺上动脉**(superior thyroid artery):自颈外动脉起始部发出,行向前下方,到达甲状腺侧叶上端,分支布于甲状腺上部和喉。

(2) **舌动脉**(lingual artery):平舌骨大角处自颈外动脉发出,经舌骨舌肌深面入舌,分支布于舌、舌下腺和腭扁桃体等。

(3) **面动脉**(facial artery):自舌动脉稍上方发出,经下颌下腺深面,至咬肌止点前缘绕下颌骨体下缘至面部,经口角和鼻翼外侧上行至眼内眦,移行为**内眦动脉**。面动脉分支布于下颌下腺,面部和腭扁桃体等处。在下颌骨下缘与咬肌前缘交界处,位置表浅,可触及面动脉的搏动,当面部浅层组织出血时,可在此处进行压迫止血。

(4) **颞浅动脉**(superficial temporal artery):穿出腮腺后,经耳屏前方上行至颞部皮下,分支分布于腮腺及额、顶、颞部软组织。在耳屏前上方、颧弓根部可触及颞浅动脉搏动,当头前外侧部出血时,可在此处进行压迫止血。

(5) **上颌动脉**(maxillary artery):经下颌支深面入颞下窝,分支分布于外耳道、鼓室、牙及牙龈、鼻腔、腭、咀嚼肌和硬脑膜等处。其中分布到硬脑膜的 1 支,称**脑膜中动脉**,该动脉向上穿过棘孔入颅腔,紧贴颅骨内面走行,并分为前、后 2 支,分布于颅骨和硬脑膜。前支经过颅骨翼点内面,此处骨折时易受损伤,引起硬膜外血肿。

2. 颈内动脉 沿咽的两侧上行至颅底,经颈动脉管入颅腔。分支分布于脑和视器等处(详见中枢神经系统)。

(二) 锁骨下动脉

锁骨下动脉(subclavian artery)左侧起自主动脉弓,右侧起自头臂干(图 7-29)。两侧均从胸锁关节后方斜向外上,穿斜角肌间隙至第 1 肋外侧缘移行为腋动脉。在锁骨上缘中点处稍上方,可以触及锁骨下动脉的搏动。当上肢出血时,在此处向后下方深压,达到止血目的。

锁骨下动脉的主要分支有**椎动脉、胸廓内动脉**和**甲状颈干**,分布于脑和脊髓、胸前壁、乳房、心包、膈、腹直肌、甲状腺、肩部等。椎动脉从前斜角肌内侧起于锁骨下动脉,向上穿第6~1颈椎横突孔,经枕骨大孔入颅腔,分支分布于脑与脊髓。胸廓内动脉在椎动脉起点的相对侧发出,向下入胸腔,沿第1~6肋软骨后面下降,距胸骨侧缘约1cm。甲状颈干为一短干,在椎动脉外侧发出,分成数支至颈部和肩部。

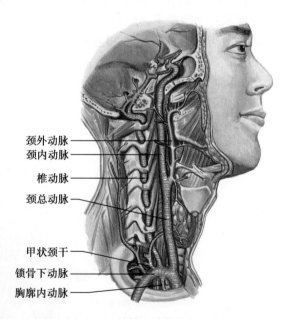

图 7-29　锁骨下动脉及其分支

颈外动脉
颈内动脉
椎动脉
颈总动脉
甲状颈干
锁骨下动脉
胸廓内动脉

1. 腋动脉(axillary artery) 是上肢的动脉主干。在第1肋外侧缘处移行自锁骨下动脉,向外下方行至大圆肌下缘,移行为肱动脉(图7-30)。发出的主要分支有胸肩峰动脉、胸外侧动脉、肩胛下动脉、旋肱后动脉和旋肱前动脉,分支分布于肩肌、胸肌、背阔肌和乳房等处。

2. 肱动脉(brachial artery) 为腋动脉的延续,沿肱二头肌内侧下行至肘窝,平桡骨颈高

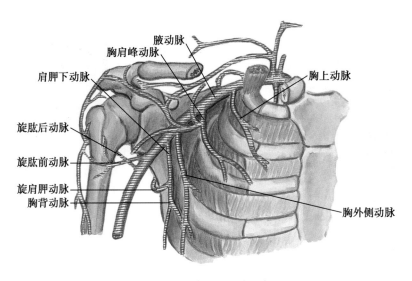

图 7-30　腋动脉及其分支

度分为桡动脉和尺动脉(图 7-31),分支分布于臂部和肘关节。肱动脉的主要分支为肱深动脉,与桡神经伴行,分布于肱骨和肱三头肌。肱动脉在肘窝肱二头肌腱的内侧上方位置表浅,可触及其搏动,是临床测量血压时听诊的部位。上肢远侧部出血时,可在臂中部肱二头肌内侧向肱骨压迫肱动脉进行止血。

3. **桡动脉**(radial artery)　行于前臂前面的外侧,先走行在肱桡肌和旋前圆肌之间,后于肱桡肌腱和桡侧腕屈肌腱之间下行,在腕关节前方绕桡骨茎突至手背面,穿第 1 掌骨间隙达手掌前面,末端与尺动脉的掌深支吻合成掌深弓(图 7-33)。桡动脉在靠近腕关节处发出掌浅支入手掌。桡动脉在前臂远端、桡侧腕屈肌腱外侧的一段位置表浅,是临床触摸脉搏和中医诊脉的部位。

4. **尺动脉**(ulnar artery)　斜向下内侧,在指浅屈肌和尺侧腕屈肌之间下行,经屈肌支持带浅

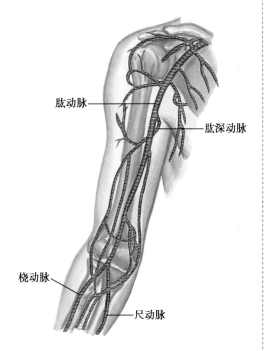

桡动脉和尺动脉

图 7-31　肱动脉及其分支

面、豌豆骨桡侧入手掌,发出掌深支后,其末端与桡动脉的掌浅支吻合成掌浅弓(图 7-32)。

5. **掌浅弓和掌深弓**

(1) **掌浅弓**(superficial palmar arch):由尺动脉的末端和桡动脉的掌浅支吻合而成,位于掌腱膜的深面(图 7-32)。弓的远端平对掌骨的中部。掌浅弓发出 3 条**指掌侧总动脉**和 1 条**小指尺掌侧动脉**,前者行至掌指关节附近,每支又分为 2 条**指掌侧固有动脉**,分别沿第 2~5 指的相对缘走行。后者分布于小指掌面的尺侧缘。

(2) **掌深弓**(deep palmar arch):由桡动脉末端和尺动脉掌深支吻合而成,位于屈指肌腱的深面(图 7-33)。掌深弓发出 3 条**掌心动脉**,至第 2~4 掌指关节处与指掌侧总动脉吻合。掌浅弓和掌深弓及其交通支保证手在握拿物体时的血液供应。

笔记

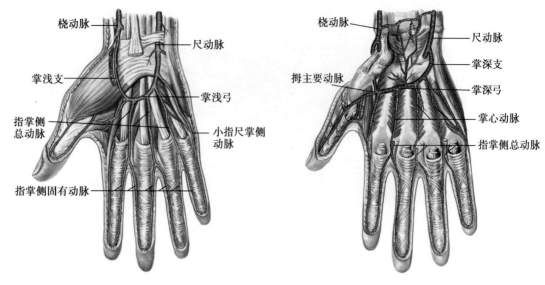

图 7-32　右手掌面动脉（浅层）　　　　　　图 7-33　右手掌面动脉（深层）

锁骨下动脉和上肢动脉主要分支示意图如下：

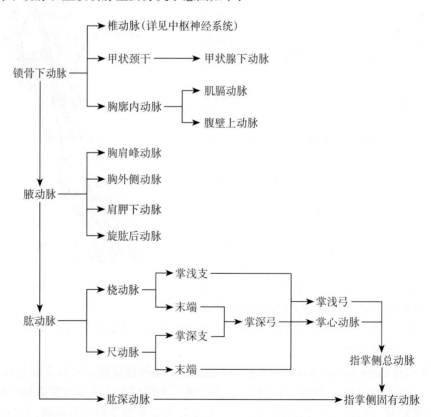

（三）胸主动脉

胸主动脉（thoracic aorta）是胸部动脉的主干。于第 4 胸椎体下缘续于主动脉弓，位于脊柱的左前方下行（图 7-27），穿膈的主动脉裂孔入腹腔移行为腹主动脉。胸主动脉分支有壁支和脏支。

1. **壁支**　包括有肋间后动脉和肋下动脉。**肋间后动脉**共 9 对，位于第 3~11 肋间隙内，主干沿肋沟走行。**肋下动脉** 1 对,沿第 12 肋的下缘走行。壁支分布于胸壁、腹壁上部、背部和脊髓等处。

2. **脏支** 较细小,主要有支气管支、食管支和心包支,分布于气管、支气管、食管和心包等处。

(四) 腹主动脉

腹主动脉(abdominal aorta)是腹部动脉的主干。于主动脉裂孔处移行自胸主动脉,沿腰椎的左前方下降,在第 4 腰椎体下缘分为左、右髂总动脉,其右侧与下腔静脉相邻。腹主动脉发出壁支和脏支(图 7-34)。

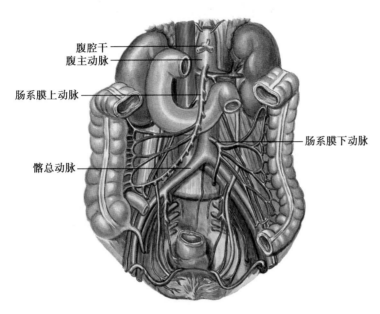

图 7-34 腹主动脉及其分支

1. **壁支** 主要有膈下动脉、腰动脉和骶正中动脉。分布于膈下面、腹后壁、脊髓、肾上腺和盆腔后壁等处。

2. **脏支** 分为成对的脏支和不成对的脏支。

(1) 成对的脏支:①**肾上腺中动脉**(middle suprarenal artery):分布于肾上腺。②**肾动脉**(renal artery):约在第 2 腰椎高度起自腹主动脉,横行向外侧达肾门,分 2~3 支入肾。③**睾丸动脉**(testicular artery):于肾动脉起始处稍下方起自腹主动脉,沿腰大肌前面斜向外下方走行,跨过输尿管前面,经腹股沟管至阴囊,分布于睾丸和附睾。在女性为卵巢动脉(ovarian artery)分布于卵巢和输卵管的远侧部。

(2) 不成对的脏支:①**腹腔干**(celiac trunk):在主动脉裂孔稍下方发自腹主动脉前壁,随即分为胃左动脉、肝总动脉和脾动脉(图 7-35)。分支分布于胃、肝、胆囊、胰和十二指肠等。②**肠系膜上动脉**(superior mesenteric artery):平第 1 腰椎高度起自腹主动脉前壁(图 7-34),分支分布于胰头下部及十二指肠至横结肠左曲段消化管等(图 7-36)。③**肠系膜下动脉**(inferior mesenteric artery):约平第 3 腰椎高度发自腹主动脉前壁(图 7-34),分支分布于降结肠、乙状结肠和直肠上部(图 7-37)。

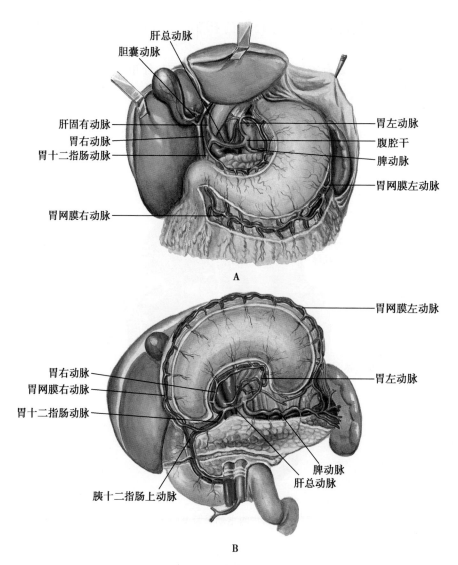

图 7-35　腹腔干及其分支
A. 胃前面;B. 胃后面

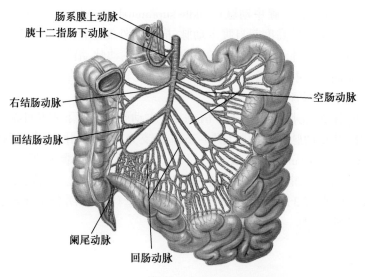

图 7-36　肠系膜上动脉及其分支

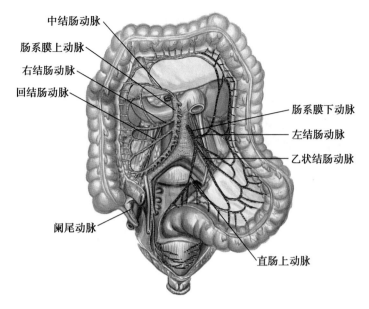

中结肠动脉
肠系膜上动脉
右结肠动脉
回结肠动脉
肠系膜下动脉
左结肠动脉
乙状结肠动脉
阑尾动脉
直肠上动脉

图 7-37　肠系膜上、下动脉及其分支

腹部动脉主要分支示意图如下：

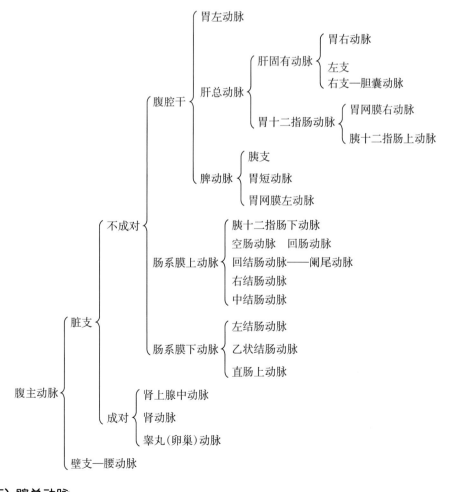

(五) 髂总动脉

髂总动脉(common iliac artery)在第 4 腰椎体下缘由腹主动脉分出左、右髂总动脉,沿腰大肌内侧下行,至骶髂关节前分为髂内动脉和髂外动脉(图7-38)。

1. **髂内动脉**(internal iliac artery)　为盆部动脉主干,沿盆腔侧壁下行,分脏支和壁支(图7-38)。

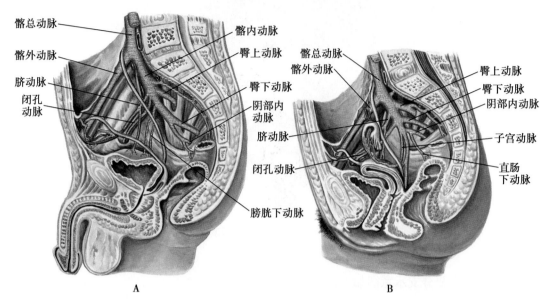

图 7-38　盆腔的动脉(正中矢状切面)
A.男性右侧;B.女性右侧

(1) **壁支**:主要分支有闭孔动脉、臀上动脉、臀下动脉、髂腰动脉等,分布于髋关节、臀肌和大腿内侧肌群等处。

(2) **脏支**:主要分支有:①**膀胱下动脉**:分支分布于膀胱底、前列腺、精囊腺等处;②**直肠下动脉**:分支分布于直肠下部;③**阴部内动脉**:分支分布于会阴部;④**子宫动脉**:沿盆腔侧壁下行于子宫阔韧带两层腹膜之间,在子宫颈外侧约1~2cm处向内跨过输尿管的前面,再沿子宫颈两侧迂曲上升至子宫底,分支分布于子宫、阴道、输尿管和卵巢。临床手术要结扎子宫动脉时,需注意该动脉与输尿管的交叉关系。

2. **髂外动脉**(external iliac artery)　沿腰大肌内侧缘下行,经腹股沟韧带深面,移行为股动脉(图7-39)。其分支主要有腹壁下动脉和旋髂深动脉。

(1) **股动脉**(femoral artery):下肢动脉的主干,为髂外动脉的直接延续。在股三角内行于股静脉和股神经之间,穿收肌管进入腘窝,移行为腘动脉(图7-40)。股动脉分支分布于股部、髋关节和股骨等处。在腹股沟韧带中点的稍下方,股动脉位置表浅,可触及其搏动,当下肢外伤出血时,可在此进行压迫止血。股动脉也是动脉穿刺和动脉插管的常用血管。

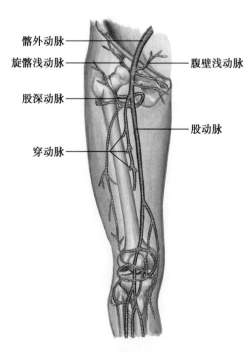

图 7-39　股动脉及分支

股动脉的主要分支为股深动脉,在腹股沟韧带下方 3~4cm 处起自股动脉,向内后下方走行,沿途发出分支分布于大腿肌群和股骨。此外,股动脉还发出腹壁浅动脉和旋髂浅动脉。

(2) **腘动脉**(popliteal artery):为股动脉的直接延续,沿腘窝深部中线下行,在腘窝下部,分为胫前动脉和胫后动脉,分支分布于膝关节及附近诸肌。

(3) **胫前动脉**(anterior tibial artery):自腘动脉发出后,向前穿过小腿骨间膜,沿小腿前群肌之间下行,至踝关节前方移行为足背动脉(图 7-41)。胫前动脉分支分布于小腿前群肌和附近皮肤。

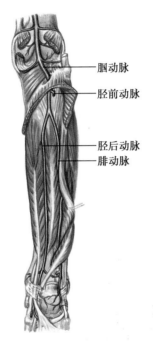

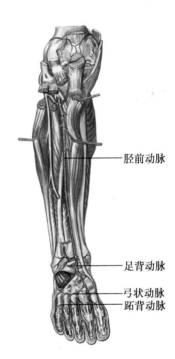

图 7-40　小腿的动脉(后面观)　　　图 7-41　小腿的动脉(前面观)

足背动脉(dorsal artery of foot)是胫前动脉的直接延续,经踇长伸肌腱和趾长伸肌腱之间前行,至第 1 跖骨间隙近侧,分为第 1 跖背动脉和足底深支,沿途分支分布于足背和足趾等处。足背动脉位置表浅,在踝关节前方,内、外踝连线中点、踇长伸肌腱的外侧,可触及其搏动。

(4) **胫后动脉**(posterior tibial artery):自腘动脉发出后,沿小腿后群浅、深两层肌之间下行,经内踝后方至足底,分为**足底内侧动脉**和**足底外侧动脉**。胫后动脉的分支分布于小腿肌后群及外侧群。足底内侧动脉较细小,沿足底内侧前行分布于足底内侧部肌肉和皮肤;足底外侧动脉较粗,沿足底外侧前行至第 5 跖骨底处,转向内侧至第 1 跖骨间隙,与足背动脉发出的足底深支吻合,形成足底弓,足底外侧动脉分支分布于足底大部分。胫后动脉起始处发出**腓动脉**,分支分布于胫、腓骨及附近诸肌。

六、体循环的静脉

与动脉相比,静脉在结构和配布上有以下特点:①静脉数量多,管径大,管壁薄。②体循环静脉分**浅静脉**和**深静脉**。浅静脉位于皮下浅筋膜内,又称**皮下静脉**。临床常选取浅静脉进行注射、输液和输血等。深静脉位于深筋膜深面或体腔内,多与同名动脉伴行,收集同名动脉分布区的静脉血,又称伴行静脉。③静脉之间的吻合较丰富。浅静脉一般吻合成静脉网,深静脉则在某些器官周围或器官的壁内吻合成静脉丛。浅、深静脉之间有广泛的吻合,浅静

足底动脉

笔记

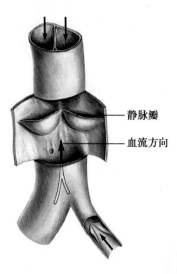

图7-42　静脉瓣

脉最后注入深静脉。④有静脉瓣,由内膜折叠形成,呈半月形,多成对排列,游离缘向心开放(图7-42)。四肢静脉瓣数量多,下肢多于上肢。静脉瓣可以保证血液向心流动,防止逆流,如静脉回流受阻可引起静脉曲张和淤血。

体循环的静脉包括上腔静脉系、下腔静脉系和心静脉系(见心的静脉)。

（一）上腔静脉系

由上腔静脉及其属支组成,收集头颈、上肢、胸部(心除外)的静脉血。

上腔静脉(superior vena cava)为一粗短的静脉干,由左、右头臂静脉(又称无名静脉)汇合而成,沿升主动脉右侧垂直下降,注入右心房。注入右心房前还接纳奇静脉。**头臂静脉**(brachiocephalic vein)由同侧颈内静脉与锁骨下静脉在胸锁关节后方汇合而成,汇合处所形成的夹角,称**静脉角**,是淋巴导管注入静脉的部位。

1. **头颈部的静脉**　主要有颈内静脉、颈外静脉和锁骨下静脉(图7-43)。

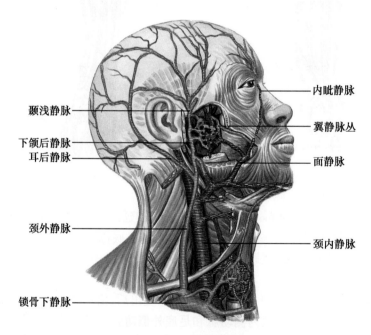

图7-43　头颈部的静脉

(1) **颈内静脉**(internal jugular vein):在颅底颈静脉孔处续于乙状窦,在颈动脉鞘内下行,于胸锁关节后方与锁骨下静脉汇合成头臂静脉。收集颅、脑、视器、面部、颈部等处的静脉血。颈内静脉属支较多,可分为颅内属支和颅外属支。颅内属支经乙状窦汇入颈内静脉。颅外属支主要有面静脉和下颌后静脉,此外还有舌静脉、咽静脉和甲状腺上、中静脉。

1) **面静脉**(facial vein):收集面前部的静脉血。起自**内眦静脉**,在面动脉后方与面动脉伴行,汇入颈内静脉。面静脉通过内眦静脉与颅内海绵窦相交通,面静脉在口角平面以上缺少静脉瓣,面部发生感染时,若处理不当(如挤压)可导致颅内感染。临床上将鼻根至两侧口角之间的三角区,称**危险三角**。

2) **下颌后静脉**(retromandibular vein):由颞浅静脉与上颌静脉在腮腺内汇合而成,至腮腺下端分为前、后 2 支。前支汇入面静脉,后支与耳后静脉及枕静脉汇合形成颈外静脉。

(2) 颈外静脉(external jugular vein):颈部最大的浅静脉,由下颌后静脉后支、耳后静脉和枕静脉汇合而成。沿胸锁乳头肌表面下行,在锁骨上方穿颈深筋膜注入锁骨下静脉,收纳头皮、面部及部分深组织的静脉血。颈外静脉位置表浅,临床常用于静脉穿刺和插管。当心脏疾病或上腔静脉阻塞引起颈外静脉回流不畅时,在体表可见静脉充盈,称颈静脉怒张。

【头皮静脉】

头皮有许多浅静脉,婴儿的头皮静脉清晰可见,是儿科临床静脉输液的常用部位。如在额部有滑车上静脉、颞部有颞浅静脉、枕部有枕静脉和耳后部的耳后静脉等。

(3) 锁骨下静脉(subclavian vein):在第 1 肋的外缘续于腋静脉,与同名动脉伴行,至胸锁关节的后方与颈内静脉汇合成头臂静脉。锁骨下静脉位置固定,管腔较大,临床上常在此进行静脉穿刺或静脉导管插入。

2. **上肢的静脉** 分为浅静脉和深静脉。深静脉与同名动脉伴行,收集同名动脉分布区域的静脉血;浅静脉位于皮下浅筋膜内,主要有头静脉、贵要静脉、肘正中静脉和其他小的浅静脉及其属支(图 7-44)。

(1) **头静脉**(cephalic vein):起自手背静脉网的桡侧,沿前臂桡侧向上,转行至前臂前面,于肘的前外侧,向上至肱二头肌外侧,经三角肌胸大肌间沟,穿深筋膜注入腋静脉或锁骨下静脉。

(2) **贵要静脉**(basilic vein):起自手背静脉网的尺侧,沿前臂的尺侧转向前臂前面,向上经肱二头肌内侧上行至臂中部,穿深筋膜注入肱静脉或腋静脉。

(3) **肘正中静脉**(median cubital vein):位于肘前皮下,粗短,连接头静脉和贵要静脉。是临床药物注射、采血和输血的常用部位。

3. **胸部的静脉** 分胸腹壁静脉和奇静脉系。

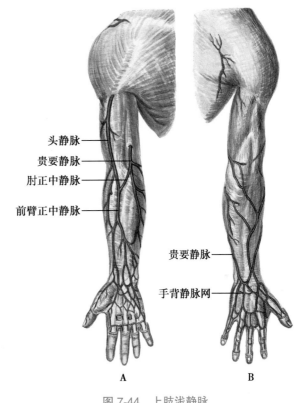

图 7-44 上肢浅静脉
A. 前面;B. 后面

图中标注:头静脉、贵要静脉、肘正中静脉、前臂正中静脉、贵要静脉、手背静脉网

(1) **胸腹壁静脉**:行于胸腹壁的前外侧浅筋膜内,其将腹壁浅静脉与胸外侧静脉相连,使股静脉和腋静脉相交通,借以连通上、下腔静脉。

(2) **奇静脉**(azygos vein):起自右腰升静脉,沿胸椎体右前方上行,至第 4 胸椎高度呈弓形跨过右肺根上方,注入上腔静脉(图 7-45)。沿途收纳右侧肋间后静脉、食管静脉、支气管静脉及半奇静脉和副半奇静脉的静脉血。奇静脉是沟通上、下腔静脉的重要通道之一。**半奇静脉**起自左腰升静脉,沿脊柱左侧上行,达第 8 胸椎高度跨越脊柱前方注入奇静脉,收集左侧下部肋间后静脉、副半奇静脉和食管静脉的血液。**副半奇静脉**收集左侧中、上部肋间后静脉的血液,注入半奇静脉或直接注入奇静脉。

(3) **椎静脉丛**(vertebral venous plexus):位于脊柱前、后面和椎管内,纵贯脊柱全长,收集脊髓、椎骨及邻近诸肌的静脉血,注入椎静脉、肋间后静脉和腰静脉。椎静脉丛向上与颅内硬脑膜窦相沟通,向下与盆部静脉广泛交通。因此,椎静脉丛是沟通上、下腔静脉系的又一

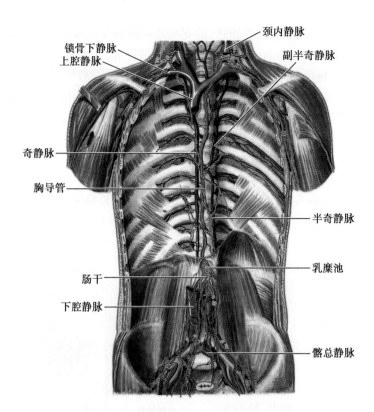

图 7-45　体腔后壁的静脉和淋巴回流图

重要通路。

（二）下腔静脉系

由下腔静脉及其属支组成，收集腹部、盆部和下肢的静脉血。

下腔静脉（inferior vena cava）是人体最大的静脉干。在第 5 腰椎的右前方由左、右髂总静脉汇合而成，沿腹主动脉的右侧上行，经肝的腔静脉沟，穿膈的腔静脉孔入胸腔，注入右心房。

1. **盆部的静脉**　髂总静脉（common iliac vein）由髂内静脉和髂外静脉在骶髂关节前方汇合而成（图 7-45）。①**髂内静脉**（internal iliac vein）：起始于盆腔器官壁内或表面的静脉丛，如膀胱静脉丛、直肠静脉丛、子宫静脉丛等，收集同名动脉分布区的静脉血。②**髂外静脉**（external iliac vein）：续于股静脉，自腹股沟韧带后方上行至骶髂关节前下方，与髂内静脉汇合形成髂总静脉。收集下肢及腹前外侧壁下部的静脉血。

2. **下肢的静脉**　分浅静脉和深静脉，最后经股静脉汇入髂外静脉。深静脉与同名动脉伴行，收集同名动脉分布区的静脉血。浅静脉主要有大隐静脉和小隐静脉（图 7-46）。

（1）**大隐静脉**（great saphenous vein）：是人体最长的静脉，起自足背静脉弓内侧，经内踝前方，沿小腿内侧，经膝关节内后方、在大腿前内侧上行，至耻骨结节外下方 3~4cm 处穿隐静脉裂孔注入股静脉。在穿隐静脉裂孔前还收纳股内侧浅静脉、股外侧浅静脉、阴部外静脉、腹壁浅静脉和旋髂浅静脉等 5 条属支。大隐静脉收集足、小腿和大腿内侧部、大腿前部浅层、腹壁下部和外阴的静脉血。大隐静脉经内踝前方位置表浅且恒定，是静脉切开和输液的常用部位。

（2）**小隐静脉**（small saphenous vein）：起自足背静脉弓外侧，经外踝后方，沿小腿后面中线上行，穿深筋膜，注入腘静脉。小隐静脉收集足外侧面和小腿后面的静脉血。

3. **腹部的静脉**　可分壁支和脏支，多与同名动脉伴行。成对的壁支和脏支直接或间接注入下腔静脉，不成对的脏支（肝静脉除外）汇合成肝门静脉。

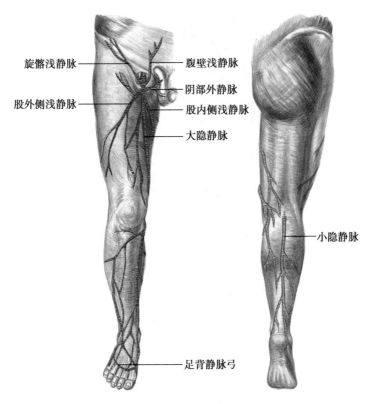

旋髂浅静脉 —— 腹壁浅静脉

—— 阴部外静脉

股外侧浅静脉 —— 股内侧浅静脉

—— 大隐静脉

—— 小隐静脉

—— 足背静脉弓

图 7-46　大、小隐静脉及属支

（1）**壁支**：主要有 1 对膈下静脉和 4 对腰静脉。各腰静脉间纵行相连形成腰升静脉，左、右腰升静脉纵行向上分别移行为半奇静脉和奇静脉，向下注入髂总静脉。

（2）**成对脏支**：①**肾静脉**：起自肾门，注入下腔静脉。左肾静脉长于右肾静脉，跨越腹主动脉前面，并收纳左睾丸静脉和左肾上腺静脉。②**睾丸静脉**：起自睾丸和附睾，行于精索内，形成蔓状静脉丛缠绕睾丸动脉，经腹股沟管后进入盆腔，合成睾丸静脉。右侧者以锐角注入下腔静脉，左侧者以直角注入左肾静脉。故睾丸静脉曲张多发生于左侧。在女性该静脉称卵巢静脉，起自卵巢，注入部位同睾丸静脉。③**肾上腺静脉**：右侧者直接注入下腔静脉，左侧者注入左肾静脉。④**肝静脉**：在肝的腔静脉沟处由小叶下静脉汇合成肝左、中、右静脉直接注入下腔静脉，引流肝的血液。

（3）**不成对脏支**：收集腹腔消化管、胰、脾、胆囊等的静脉血，汇合形成肝门静脉系入肝，再经肝静脉注入下腔静脉。

肝门静脉系是下腔静脉系的一部分，由肝门静脉及其属支组成（图 7-47）。收集腹腔内除肝以外的所有不成对器官的静脉血。

肝门静脉（hepatic portal）为一粗短的静脉干，长约 6~8cm，起自肠壁等处的毛细血管，终于肝血窦，由肠系膜上膜静脉和脾静脉在胰头后方汇合而成。肝门静脉及其属支均无静脉瓣，故当肝门静脉内压升高时，血液可以逆流。

1）肝门静脉的主要属支有：①**肠系膜上静脉**：行于小肠系膜内，在胰头后面与脾静脉汇合成肝门静脉。②**脾静脉**：沿胰的后方伴脾动脉横行向右，与肠系膜上静脉汇合成肝门静脉。③**肠系膜下静脉**：至胰头后面注入脾静脉或肠系膜上静脉。④**胃左静脉**：在小网膜的两层之间，沿胃小弯向右注入肝门静脉。⑤**胃右静脉**：在胃小弯近幽门处向右注入肝门静脉。胃右静脉在胃小弯处与胃左静脉吻合。⑥**胆囊静脉**：注入肝门静脉或其支。⑦**附脐静脉**：起于腹前壁脐周围静脉网，沿肝圆韧带走行，注入肝门静脉。

L0703

肝门静脉及其属支

笔记

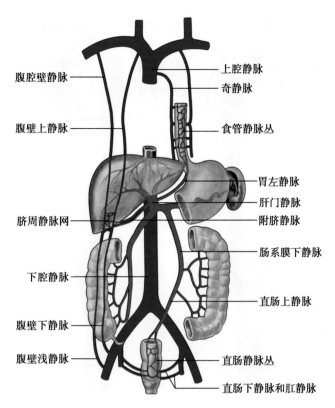

图 7-47　肝门静脉与上、下腔静脉系吻合模式图

肝门静脉高压案例

　　2) 肝门静脉与上、下腔静脉系间的吻合(图 7-47):肝门静脉与上、下腔静脉之间存在丰富的吻合,最重要的有**食管静脉丛**、**直肠静脉丛**和**脐周静脉网** 3 处。正常情况下这些吻合支细小,血流量少,均按正常方向回流至所属的静脉系。当肝门静脉血流受阻(如肝硬化致肝门脉静脉高压)时,其血液可通过吻合支,经上、下腔静脉回流入心。随着血流量增多,吻合部位的静脉增粗迂曲,曲张的静脉一旦破裂可引起大出血。当肝门静脉高压时,曲张的食管静脉丛破裂,会导致呕血;曲张的直肠静脉丛破裂,会导致便血;脐周静脉网的小静脉曲张,呈现自脐向周围放射状分布的特征,称"海蛇头"。肝门静脉与上、下腔静脉系主要吻合途径如下:

　　① 肝门静脉——→胃左静脉——→食管静脉丛——→食管静脉——→奇静脉——→上腔静脉。
　　② 肝门静脉——→脾静脉——→肠系膜下静脉——→直肠上静脉——→直肠静脉丛——→直肠下静脉及肛静脉——→髂内静脉——→髂总静脉——→下腔静脉。
　　③ 肝门静脉——→附脐静脉——→脐周静脉网——

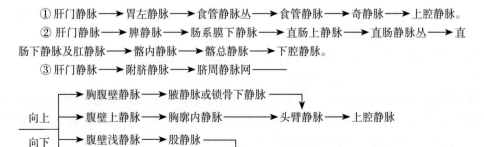

笔记

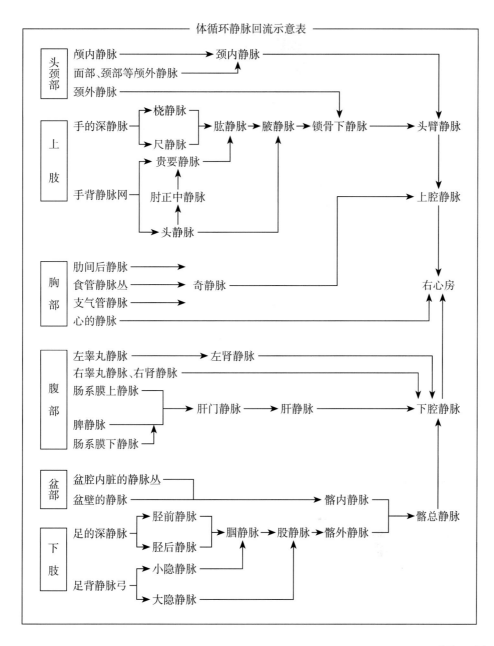

体循环静脉回流示意表

（夏 青）

第二节 淋 巴 系 统

淋巴系统（lymphatic system）由淋巴管道、淋巴器官和淋巴组织构成（图7-48）。在淋巴管道内流动的无色透明液体，称为**淋巴**。淋巴结、脾、胸腺、腭扁桃体等属于淋巴器官。淋巴组织是含有大量淋巴细胞的组织，广泛分布于消化道和呼吸道等器官的黏膜内。

血液经动脉运行到毛细血管动脉端时，含有某些成分的液体从毛细血管壁滤出，进入组织间隙，形成组织液。组织液与细胞进行物质交换后，大部分经毛细血管静脉端被吸收入小静脉，小部分进入毛细淋巴管成为淋巴。淋巴为无色透明的液体，来自小肠的淋巴因含有小肠绒毛吸收来的脂肪滴，所以呈乳糜状。淋巴沿淋巴管向心流动，途中经过若干淋巴结，最后汇入静脉，故淋巴管道可视为是静脉的辅助部分。淋巴器官和淋巴组织还具有产生淋巴细胞、抗体和过滤淋巴等功能。

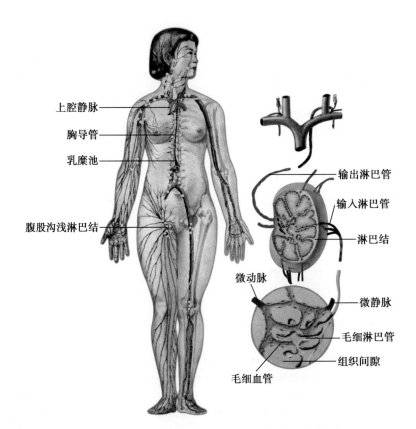

图 7-48　全身浅、深淋巴管和淋巴结示意图

一、淋巴管道

淋巴管道包括毛细淋巴管、淋巴管、淋巴干和淋巴导管。

(一) 毛细淋巴管 (lymphatic capillary)

是淋巴管道的起始部分,以膨大的盲端起始于组织间隙,彼此吻合成网。毛细淋巴管常与毛细血管伴行,管径较毛细血管粗,管壁薄,仅由一层不连续的内皮构成,内皮连接疏松、间隙较大,无基膜,其通透性大于毛细血管,一些大分子物质如细菌、癌细胞等较易进入毛细淋巴管。毛细淋巴管分布广泛,除中枢神经系、软骨、骨髓、牙釉质、角膜、玻璃体、上皮和内耳等处外,几乎遍布全身。

(二) 淋巴管 (lymphatic vessel)

淋巴管由毛细淋巴管汇合而成,其管壁结构与静脉相似,但管壁较薄,管腔较细,有丰富的瓣膜,故外观呈串珠状。淋巴管在向心的行程中,通常经过一个或多个淋巴结。依据淋巴管所在的位置分为浅、深两种。浅淋巴管行于皮下,深淋巴管多与深部血管和神经伴行。二者之间有广泛的小支相交通。

(三) 淋巴干 (lymphatic trunk)

全身各部的浅、深淋巴管经过一系列的淋巴结群后,其最后一群淋巴结的输出管汇合成较大的淋巴干。全身淋巴干共 9 条(图 7-49),即:①**左、右颈干**:收集头颈部淋巴;②**左、右锁骨下干**:收集上肢和部分胸壁的淋巴;③**左、右支气管纵隔干**:收集胸腔器官和部分胸腹壁的淋巴;④**左、右腰干**:收集腹腔成对器官及部分腹、盆部和下肢的淋巴;⑤**肠干**:收集腹腔内不成对器官的淋巴。

(四) 淋巴导管 (lymphatic duct)

由 9 条淋巴干分别汇合成 2 条淋巴导管,即胸导管和右淋巴导管(图 7-49),最后分别注入左、右静脉角。

1. 胸导管（thoracic duct）　是人体内最粗大的淋巴导管，长 30~40cm，起于第 1 腰椎体前方的乳糜池。**乳糜池**（cisterna chyli）为胸导管起始处的膨大部分，由左、右腰干和肠干汇合而成，穿膈的主动脉裂孔入胸腔，在食管的后方，沿脊柱右前方上行，至第 5 胸椎高度附近转向左侧上行，出胸廓上口达左颈根部，呈弓状弯曲注入左静脉角。注入静脉角前还接纳左颈干、左锁骨下干和左支气管纵隔干。胸导管通过 6 条淋巴干引流收集下肢、盆部、腹部、左胸部、左上肢和左头颈部的淋巴，即全身 3/4 区域的淋巴。

2. 右淋巴导管（right lymphatic duct）为一短干，长约 1.5cm。由右颈干、右锁骨下干和右支气管纵隔干汇合而成，注入右静脉角。收纳右胸部、右上肢和右头颈部的淋巴，即全身 1/4 区域的淋巴。

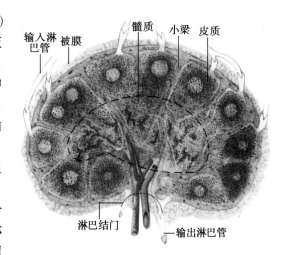

图 7-49　淋巴干和淋巴导管

图中标注：右颈干、左颈干、右锁骨下干、左锁骨下干、右支气管纵隔干、左支气管纵隔干、右淋巴导管、胸导管、奇静脉、乳糜池、肠干、右腰干、左腰干、下腔静脉

二、淋巴器官

淋巴器官是以淋巴组织为主要成分构成的器官，具有免疫功能，又称免疫器官。包括淋巴结、脾、胸腺和扁桃体等。

（一）淋巴结

1. 淋巴结的结构　淋巴结（lymph nodes）为大小不等的圆形或卵圆形小体，质软呈灰红色。其一侧隆凸，有数条输入淋巴管进入，另一侧凹陷，有 1~2 条输出淋巴管和血管、神经出入，称淋巴结门。在淋巴回流的行程中，淋巴结的输出淋巴管成为下一个淋巴结的输入淋巴管（图 7-50）。

淋巴结表面有薄层被膜，由致密结缔组织构成。被膜下有淋巴窦（图 7-51，图 7-52），经淋巴结实质走向淋巴结门。淋巴结实质分为皮质和髓质两部分，皮质浅层含有许多**淋巴小结**，主要由 B 淋巴细胞和少量巨噬细胞构成，皮质深层含有**弥散淋巴组织**，主要由密集的 T 淋巴细胞和少量巨噬细胞构成。髓质位于淋巴结的中央，主要由 B 淋巴细胞、浆细胞和巨噬细胞等构成。各种细胞的数量和比例可因免疫状态的不同而有很大的变化。

图中标注：输入淋巴管、被膜、髓质、小梁、皮质、淋巴结门、输出淋巴管

图 7-50　淋巴结模式图

淋巴由输入淋巴管流入被膜下窦，经皮质和髓质的淋巴窦，至淋巴结门汇合成 1~2 条输出淋巴管流出淋巴结。淋巴在窦内流动缓慢，有利于巨噬细胞清除细菌、异物及抗原物质等。

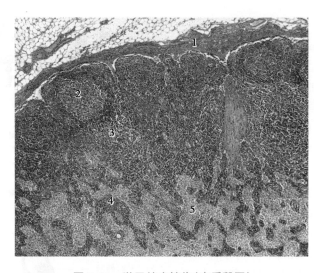

图 7-51　淋巴结光镜像(李质馨图)
1. 被膜　2. 淋巴小结　3. 副皮质区　4. 髓索　5. 髓窦

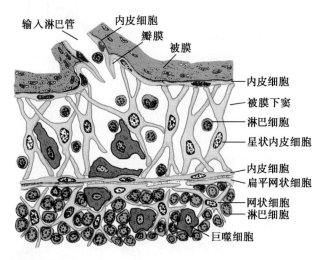

图 7-52　被膜下窦模式图

2. 淋巴结的功能　①滤过淋巴:巨噬细胞能够将随淋巴流经淋巴结的病菌等抗原物质及时吞噬加以清除,起到过滤淋巴的作用。②参与免疫应答:巨噬细胞捕获和处理进入淋巴结内的病菌等抗原物质,激活 T、B 淋巴细胞,参与细胞免疫和体液免疫应答。

3. 全身主要淋巴结群　淋巴结常聚集成群,引流某一个器官或某个部位淋巴的第一级淋巴结群称为该器官或部位的**局部淋巴结**。当局部发生感染或肿瘤时,细菌或癌细胞等致病因子可沿淋巴管到达相应的淋巴结群,此时淋巴结会出现淋巴细胞增殖,淋巴结肿大等病理变化,对致病因子进行滤过、阻截和清除。如果局部淋巴结不能阻止其扩散,则病变可沿淋巴管继续蔓延和转移。所以熟悉人体局部淋巴结的位置、收集范围和注流方向,具有一定的临床意义。

(1) **头颈部的淋巴结群**(图 7-53):

1) **头部淋巴结**:多位于头、颈交界处,由后向前依次有,**枕淋巴结、乳突淋巴结、腮腺淋巴结、下颌下淋巴结**和**颏下淋巴结**。主要收纳头面部的淋巴,其输出管直接或间接注入颈外侧深淋巴结。

2) **颈部的淋巴结**:分为**颈前淋巴结**和**颈外侧淋巴结**,各分为浅、深两群。颈前淋巴结收

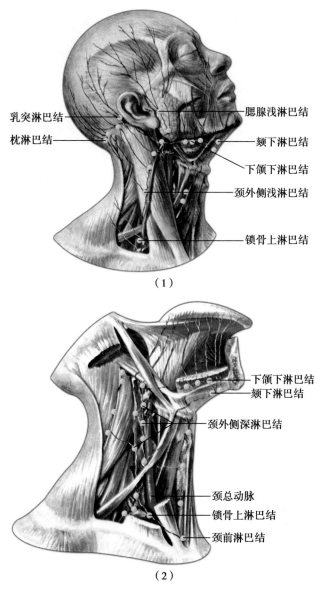

（1）

（2）

图 7-53　头颈部的淋巴管和淋巴结

纳喉、气管颈部和甲状腺的淋巴管,其输出管注入颈外侧深淋巴结。

颈外侧淋巴结分为颈外侧浅淋巴结和颈外侧深淋巴结。①**颈外侧浅淋巴结**:位于胸锁乳突肌的浅面,沿颈外静脉排列,收集耳后、枕部和颈浅部的淋巴,其输出管注入颈外侧深淋巴结。②**颈外侧深淋巴结**:沿颈内静脉排列,其近颈根部的淋巴结,沿锁骨下血管排列的称**锁骨上淋巴结**。颈外侧深淋巴结直接或间接收集头颈部浅、深各群淋巴结的输出管以及胸壁上部等处的淋巴,其输出管合成颈干。颈干注入淋巴导管处,常无瓣膜,故胃癌或食管癌患者的癌细胞可经胸导管,逆流入左颈干转移至左锁骨上淋巴结,导致其肿大。

（2）**上肢的淋巴结群**:

1）**肘淋巴结**:位于肱骨内上髁的上方,有 1~2 个,其输出管注入腋淋巴结。

2）**腋淋巴结**:位于腋窝,数目较多,沿腋血管及其分支排列,按其位置分为 5 群(图7-54):
胸肌淋巴结、**外侧淋巴结**、**肩胛下淋巴结**、**中央淋巴结**和**尖淋巴结**。收集上肢、胸前外侧壁、乳房和肩背部的淋巴,其输出管组成锁骨下干。乳腺癌常向此群淋巴结转移。

（3）**胸部淋巴结群**:

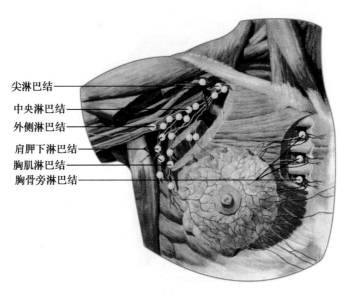

图 7-54　乳房的淋巴引流和腋淋巴结

1) **胸壁的淋巴结**：胸壁的浅淋巴管主要注入腋淋巴结；胸壁的深淋巴管分别注入沿胸廓内血管排列的**胸骨旁淋巴结**(图 7-55)和沿肋间后血管排列的**肋间淋巴结**。收集胸前壁、腹前壁上部、乳房内侧等处的淋巴，其输出管注入支气管纵隔干。

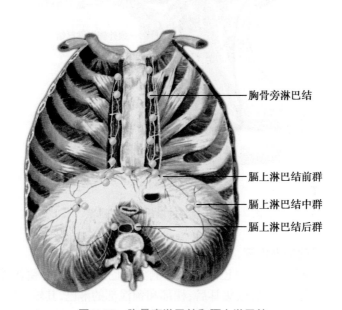

图 7-55　胸骨旁淋巴结和膈上淋巴结

2) **胸腔器官的淋巴结**：主要有位于肺门的**肺门淋巴结**(又称支气管肺淋巴结)，其输出管注入气管杈周围的**气管支气管淋巴结**(图 7-56)。该淋巴结的输出管注入气管周围的气管旁淋巴结。**气管旁淋巴结**的输出管与纵隔前淋巴结的输出管汇合成左、右支气管纵隔干。

(4) **腹部的淋巴结群**：

1) **腹壁及腹腔内成对脏器的淋巴结**：以脐平面为界，腹前壁浅、深淋巴管分别向上、下注入腋淋巴结和腹股沟浅淋巴结等。腹后壁的深淋巴管注入腰淋巴结(图 7-57)。**腰淋巴结**位于下腔静脉和腹主动脉周围，数目较多，它还接受腹腔内成对脏器的淋巴，以及髂总淋巴

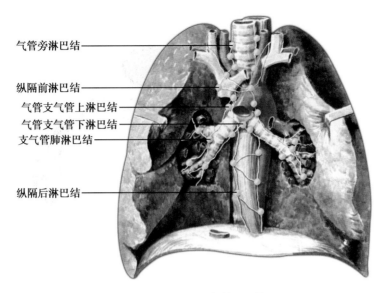

图 7-56 胸腔器官的淋巴结

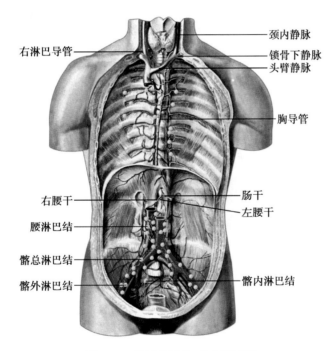

图 7-57 胸导管及腹、盆部淋巴结

结的输出管。腰淋巴结的输出管形成左、右腰干,注入乳糜池。

2) 腹腔内不成对脏器的淋巴结:数目较多,但多沿腹腔干、肠系膜上、下动脉及其分支排列,组成同名淋巴结群,并引流该动脉供应区的淋巴(图 7-58,图 7-59)。**腹腔淋巴结、肠系膜上淋巴结和肠系膜下淋巴结**三者的输出管共同汇合成为 1 条肠干,注入乳糜池。

(5) 盆部的淋巴结群:盆部的淋巴结沿髂内、外动脉及髂总动脉排列,分别称**髂内淋巴结、髂外淋巴结和髂总淋巴结**(图 7-57)。收集同名动脉分布区的淋巴,最后经髂总淋巴结的输出管注入腰淋巴结。

(6) 下肢的淋巴结群:下肢的淋巴结主要有腘淋巴结和腹股沟淋巴结,各分浅、深两群。

1) 腹股沟浅淋巴结:位于腹股沟韧带及大隐静脉上端周围,收集腹前壁下部、臀部、会

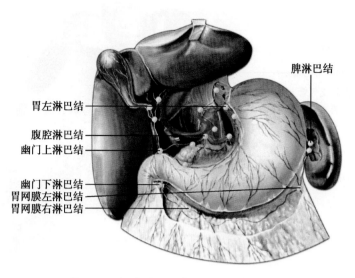

图 7-58　沿腹腔干及其分支排列的淋巴结

胃左淋巴结

腹腔淋巴结

幽门上淋巴结

幽门下淋巴结

胃网膜左淋巴结

胃网膜右淋巴结

脾淋巴结

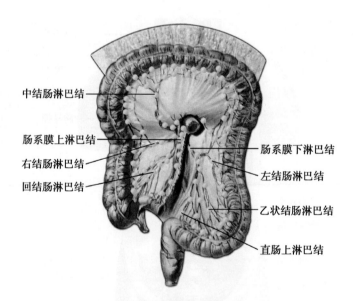

中结肠淋巴结

肠系膜上淋巴结

右结肠淋巴结

回结肠淋巴结

肠系膜下淋巴结

左结肠淋巴结

乙状结肠淋巴结

直肠上淋巴结

图 7-59　大肠的淋巴管和淋巴结

阴、外生殖器及下肢大部分浅淋巴管,其输出管注入腹股沟深淋巴结。

2)腹股沟深淋巴结:位于股静脉根部周围。收集腹股沟浅淋巴结的输出管及下肢深淋巴管,以及从足外侧缘和小腿后外侧浅层结构回流的淋巴,其输出管注入髂外淋巴结。

(二)脾

1. 脾的位置和形态结构

脾(spleen)是人体最大的淋巴器官。位于左季肋区,与第 9~11 肋相对,其长轴与第 10 肋一致,正常情况下脾在左肋弓下不能被触及。脾为暗红色,略呈扁椭圆形,质软而脆,左季肋区受暴力冲击易致脾破裂。

脾分为内、外两个面和上、下两个缘。膈面平滑隆凸,与膈相贴。脏面凹陷,近中央处为**脾门**(hilum of spleen),是血管、神经出入的部位。脾的上缘有 2~3 个**脾切迹**,脾肿大时是触诊脾的标志(图 7-60)。

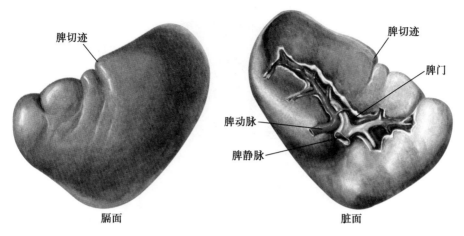

脾切迹

脾切迹
脾门
脾动脉
脾静脉

膈面　　　　　　脏面

图 7-60　脾的形态

脾的表面有腹膜包被,被膜下致密结缔组织较厚,内含少量的平滑肌纤维。结缔组织和平滑肌纤维深入脾内形成小梁,小梁及其分支互相连接成网,形成脾的支架。脾的实质由淋巴组织构成,分为白髓、红髓和边缘区(图7-61)。①**白髓**:由密集的淋巴组织组成,包括动脉周围淋巴鞘和脾小体。动脉周围淋巴鞘是弥散淋巴组织,主要含T淋巴细胞。脾小体位于动脉周围淋巴鞘的一侧,结构与淋巴小结相似,主要由B淋巴细胞组成。②**红髓**:由脾索及脾窦组成。脾索为富含血细胞的淋巴组织索,内有B淋巴细胞、浆细胞和巨噬细胞。脾窦是位于脾索之间的不规则的血窦,窦壁附近有较多的巨噬细胞。③**边缘区**:位于白髓和红髓之间,含B淋巴细胞、T淋巴细胞和较多的巨噬细胞。该区是血液及淋巴细胞进入淋巴组织的重要通道,是捕获抗原,识别抗原和诱发免疫反应的重要部位。

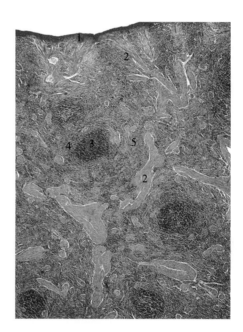

图 7-61　脾光镜(李质馨图)
1. 被膜　2. 小梁　3. 白髓　4. 边缘区　5. 红髓

2. **脾的功能**　①滤血:脾索和边缘区的巨噬细胞可吞噬和清除血液中的细菌、异物、衰老死亡的红细胞和血小板。当脾肿大或功能亢进时,可因吞噬过度而引起红细胞和血小板减少。②造血:脾在胚胎时期能产生各种血细胞,出生后脾只能产生淋巴细胞,但保留着产生多种血细胞的能力。③免疫应答:脾内T、B淋巴细胞参与相应的免疫应答。脾是体内产生抗体最多的器官。

(三)胸腺

1. **胸腺位置和形态结构**

胸腺(thymus)位于上纵隔前部,胸骨柄的后方。分为左、右不对称的两叶(图7-62)。新生儿及幼儿时期胸腺较大,随着年龄的增长胸腺继续发育,青春期后逐渐萎缩退化,被脂肪组织代替。

胸腺表面有结缔组织形成的被膜,被膜的结缔组织随同神经和血管深入胸腺内,将其分

笔记

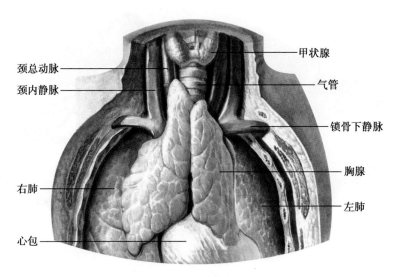

图 7-62　胸腺的形态和位置

隔成许多不全的胸腺小叶。每个胸腺小叶可分为表浅部的皮质和深部的髓质(图 7-63,图 7-64)。胸腺皮质的淋巴细胞密集,髓质的淋巴细胞较少。皮质和髓质内的淋巴细胞均为 T 淋巴细胞。

　　2. **胸腺的功能**　是形成初始 T 淋巴细胞的重要器官,T 淋巴细胞随血液被输送到淋巴结、脾和淋巴组织。

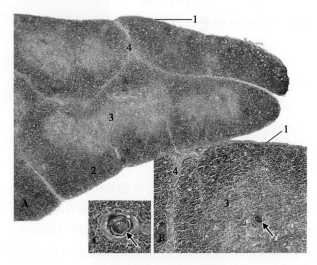

图 7-63　胸腺光镜(李质馨图)

A.40×;B.100×;C.400×

1. 被膜　2. 皮质　3. 髓质　4. 小叶间隔　↑胸腺小体

扫一扫
测一测

笔记

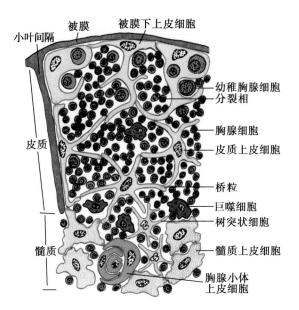

图 7-64 胸腺内细胞分布模式图

（孙津民）

第八章　感　觉　器

感觉器(sensory organs)是感受器及其附属结构的总称,是机体感受内、外环境刺激的装置。感受器根据分化程度,分为一般感受器和特殊感受器两类。

1. **一般感受器**　根据分布的部位分三种:①**浅感受器**:分布于皮肤、黏膜等处,能感受温度觉、痛觉、触觉和压觉刺激;②**深感受器**(即本体觉感受器):分布于肌肉、肌腱、骨和关节等处,可以感受机体各部的位置、运动和振动刺激;③**内脏感受器**:分布于内脏和心血管等处,能感受来自体内环境的物理或化学刺激,如压力、渗透压、温度、离子及化合物浓度等。

2. **特殊感受器**　分布于头部,是能感受嗅觉、味觉、视觉、听觉和头部位置觉等特殊刺激的感受器。

本章主要叙述视器和前庭蜗器这两种特殊的感觉器,此外,含有丰富一般感受器的皮肤内容也在本章讲述。

第一节　视　　器

视器即眼,是重要的视觉感受器官,由眼球和眼副器组成。

一、眼球

眼球(eyeball)是眼的主要部分,位于眶内,后方借视神经连于脑。眼球近似球形,前面正中点称前极,后面正中点称后极。前、后极的连线称**眼轴**。由瞳孔中央至视网膜中央凹的连线,称**视轴**。眼轴与视轴两者呈锐角交叉。眼球由眼球壁和眼球内容物组成(图8-1)。

(一)眼球壁

眼球壁由外向内分为纤维膜、血管膜和视网膜三层(图8-2,图8-3)。

1. **纤维膜**　即外膜。分为角膜和巩膜两部分。

(1)**角膜**:占纤维膜的前1/6,略向前凸,无色透明,其内无血管,但神经末梢丰富,故感觉敏锐。角膜具有屈光作用。

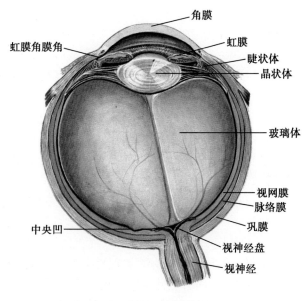

图 8-1　眼球水平切面(模式图)

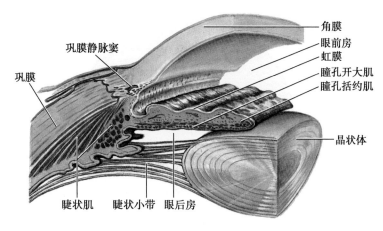

图 8-2　眼球前半局部放大

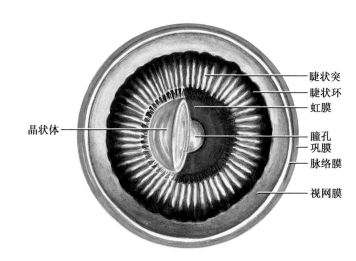

图 8-3　眼球前部后面观

（2）**巩膜**：占纤维膜的后 5/6,乳白色,厚而坚韧。在巩膜与角膜交界处深部有一环行管道,称巩膜静脉窦,为房水流出的通道。

2. **血管膜**　即中膜。富含血管、神经和色素,呈棕黑色,有营养眼球壁和遮光作用。由前向后分为虹膜、睫状体和脉络膜三部分。

（1）**虹膜**：位于血管膜的前部,为冠状位圆盘状薄膜。虹膜中央有一圆孔,称**瞳孔**。虹膜内有两种平滑肌,**瞳孔括约肌**环绕瞳孔周围,由副交感神经支配,使瞳孔缩小;**瞳孔开大肌**放射状走行,由交感神经支配,使瞳孔开大。

（2）**睫状体**：位于巩膜与角膜移行处的内面,是虹膜后方环行增厚部分。前部较厚,有许多向内突出呈放射状排列的皱襞,称**睫状突**,其发出放射状的**睫状小带**连于晶状体。后部较光滑平坦,称**睫状环**。睫状体内含有**睫状肌**,受副交感神经支配,该肌牵动睫状小带,能调节晶状体的曲度。

（3）**脉络膜**：占血管膜的后 2/3,是富含血管和色素细胞的薄膜。内面紧贴视网膜,外面与巩膜相连。脉络膜的作用是输送营养物质,吸收眼内分散的光线。

3. **视网膜**（retina）　即内膜。位于血管膜内面,自前向后分为两部分,即视网膜盲部和视网膜视部。**盲部**衬在虹膜和睫状体的内面,无感光作用;**视部**衬在脉络膜的内面,有感光作用。

在视部的内面,视神经起始处圆盘形的白色区域,称**视神经盘**。该处有视神经、视网膜中央动脉、静脉穿过,无感光细胞,故称**生理性盲点**。在视神经盘颞侧约 3.5mm 处有一黄色

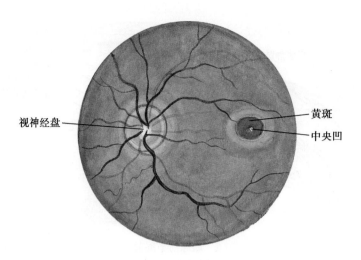

图 8-4 眼底（右侧）

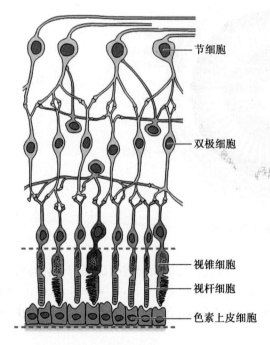

图 8-5 视网膜结构示意图

的小区，称**黄斑**；其中央凹陷，称**中央凹**，是感光和辨色最敏锐的部位（图 8-4）。

视网膜视部分为内、外两层，外层为色素上皮层，内层为神经层（图 8-5）。

（1）**色素上皮层**：位于视部的外层，由单层色素上皮细胞构成，内含色素颗粒。

（2）**神经层**：位于视部的内层，主要由三层神经细胞构成，由外向内依次为视细胞、双极细胞和节细胞。**视细胞**是感光细胞，包括视杆细胞和视锥细胞。**视杆细胞**感受弱光，**视锥细胞**有感受强光和辨色的功能。**双极细胞**为联络神经元，将来自视细胞的视觉冲动传至节细胞。**节细胞**为多级神经元，轴突向视神经盘处集中，穿过脉络膜和巩膜后组成视神经。

（二）眼球内容物

眼球内容物包括房水、晶状体和玻璃体。它们均无血管、无色透明，与角膜一起组成眼的屈光系统（图 8-1）。

1. **房水**（aqueous humor） 房水充满于眼房内，为无色透明的液体。角膜与晶状体之间的腔隙，称**眼房**（图 8-2）。以虹膜为界分为**前房**和**后房**，二者借瞳孔相通。在前房内，虹膜与角膜交界处构成**虹膜角膜角**，又称前房角。

房水由睫状体产生，自后房经瞳孔入前房，于虹膜角膜角处入巩膜静脉窦，最后进入眼静脉。房水具有屈光、营养角膜和晶状体以及维持眼压的功能。若房水回流受阻，引起眼压升高，致使视力受损，临床上称青光眼。

2. **晶状体** 位于虹膜与玻璃体之间，无血管和神经，透明而有弹性，形似双凸透镜。晶状体外包薄而透明的晶状体囊，周缘借睫状小带连于睫状突（图 8-2，图 8-3）。晶状体实质分为周围较软的晶状体皮质和中央较硬的晶状体核。晶状体若因代谢或创伤等原因而变浑浊，称白内障。

晶状体是重要的屈光装置，富有弹性，其曲度可随睫状肌的舒缩而改变。看近物时，睫状肌收缩使睫状突向前内移位,睫状小带松弛,晶状体由于本身的弹性而变厚,折光力增强;看远物时,则相反。随着年龄的增长,晶状体核逐渐增大变性,晶状体弹性减退,以及睫状肌功能减退,造成视近物时物象模糊,称老视眼,俗称老花眼。

3. 玻璃体　充满于晶状体与视网膜之间,为无色透明的胶状物质。具有屈光和支撑视网膜的作用。如玻璃体发生混浊,可出现飞蚊症。

二、眼副器

眼副器包括眼睑、结膜、泪器、眼外肌和眶内结缔组织等结构(图8-6),有保护、支持和运动眼球的功能。

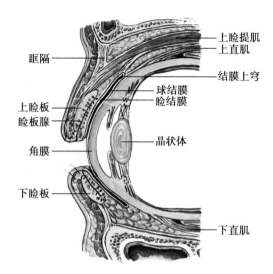

图 8-6　眼眶(矢状切面)

(一)眼睑

眼睑(eyelids)遮盖于眼球前方,分为上睑和下睑,有保护眼球的功能。上、下睑之间的裂隙,称**睑裂**。睑裂的内、外侧角分别称**内眦**和**外眦**。眼睑的游离缘,称睑缘。睑缘的前缘有 2~3 行向前生长的**睫毛**,睫毛有防止灰尘进入眼内和减弱强光照射的作用。睫毛根部的皮脂腺,称睫毛腺,开口于毛囊,若腺导管阻塞,发炎肿胀称睑腺炎,亦称麦粒肿。

眼睑由浅至深依次分为皮肤、皮下组织、肌层、睑板和结膜五层。眼睑的皮肤细薄,皮下组织疏松,可因积水或出血而肿胀。肌层主要是眼轮匝肌,收缩时能使眼睑闭合。在上睑内还有上睑提肌,可上提眼睑。睑板由致密结缔组织构成,呈半月形,对眼睑有支撑作用。睑板内有许多睑板腺,与睑缘垂直排列,其导管开口于眼睑后缘,分泌物有润滑睑缘和防止泪液外溢的作用。该腺导管阻塞,可致睑板腺囊肿,亦称霰粒肿。

(二)结膜

结膜(conjunctiva)为一层透明而光滑的薄膜,富含血管,衬于眼睑的内表面和覆于巩膜的前面。按其所在部位可分为**睑结膜**、**球结膜**和**结膜穹**,球结膜与睑结膜移行返折处分别形成结膜上穹和结膜下穹。眼睑闭合时,结膜围成的囊状腔隙,称结膜囊,经睑裂与外界相通。

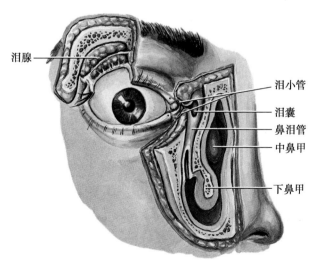

图 8-7　泪器

(三)泪器

泪器由泪腺和泪道组成(图8-7)。

1. **泪腺**　位于眼眶上壁前外侧部的泪腺窝内,有 10~20 条排泄小管,开口于结膜上穹外侧部。泪腺分泌的泪液借瞬目活动可湿润和清洁角膜,冲刷结膜,对眼球起保护作用。泪液含有溶菌酶,有杀菌作用。

2. **泪道**　包括泪点、泪小管、泪囊和鼻泪管。

(1) **泪点**:上、下睑缘在近内眦处各有一小突起,突起中央有一小孔,称泪点,为上、下泪小管的入口。

(2) **泪小管**:上、下各一,分别起于

笔记

上、下泪点,开始均垂直向上、下走行,继而呈水平方向转向内侧,通入泪囊。

(3) **泪囊**:位于眼眶内侧壁前下部的泪囊窝内,上端为盲端,下端移行于鼻泪管。

(4) **鼻泪管**:为泪囊向下延伸的管道,上部位于骨性鼻泪管中,下部位于鼻腔外侧壁深面,开口于下鼻道外侧壁的前部。

(四) 眼外肌

眼外肌包括运动眼球的肌和运动眼睑的肌,均为骨骼肌(图8-8,图8-9)(表8-1)。

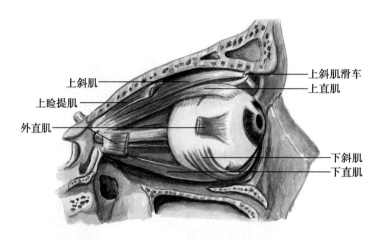

图 8-8　眼球外肌(外侧面观)

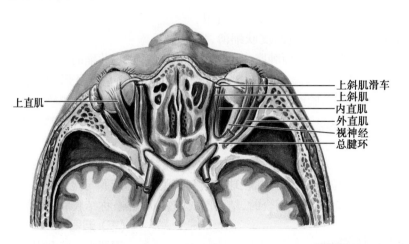

图 8-9　眼球外肌(上面观)

表 8-1　眼球外肌的起止点及作用

眼外肌	起点	止点	作用
上睑提肌	视神经管上壁	上眼睑	上提上睑
上直肌	总腱环	中纬线前方的上部巩膜	眼球转向上内侧
下直肌	总腱环	中纬线前方下部巩膜	眼球转向下内侧
内直肌	总腱环	中纬线前方内侧部巩膜	眼球转向内侧
外直肌	总腱环	中纬线前方外侧部巩膜	眼球转向外侧
上斜肌	总腱环	中纬线后方外上部巩膜	眼球转向下外侧
下斜肌	眼眶的前内侧壁	中纬线后方外下部巩膜	眼球转向上外侧

(平眼轴中点,在眼球表面所作的环行线,称眼球的中纬线)

运动眼球的肌有4块直肌和2块斜肌,即**上直肌**、**下直肌**、**内直肌**、**外直肌**、**上斜肌**和**下斜肌**。6块肌相互协调完成眼球的运动。如俯视时,两眼的下直肌和上斜肌同时收缩;侧视时,一侧眼的外直肌和另一侧眼的内直肌同时收缩。

三、眼的血管

眼的血液供应主要来自眼动脉。眼动脉在颅腔内自颈内动脉发出后,伴视神经穿视神经管入眶,沿途发出分支供应眼球、眼外肌、泪腺和眼睑等。其最重要的分支是视网膜中央动脉(图8-10)。该动脉在视神经下方由眼动脉发出,于眼球后方穿经视神经中央至视神经盘,分出4支,即视网膜鼻侧上、下动脉和视网膜颞侧上、下动脉,营养视网膜内层,但中央凹无血管分布。临床上常用检眼镜观察此动脉及视神经盘和黄斑等,以协助诊断某些疾病。

眼球的静脉主要为视网膜中央静脉和涡静脉,最后经眼上静脉、眼下静脉向后经眶上裂入颅腔,汇入海绵窦。眼的静脉无静脉瓣,向前在内眦处与面静脉相吻合,向后注入海绵窦,故面部感染可通过眼静脉引起眶内或颅内感染。

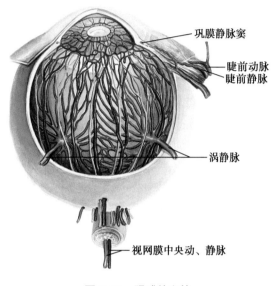

图 8-10 眼球的血管

第二节 前 庭 蜗 器

前庭蜗器(vestibulocochlear organ)又称耳或位听器,分为外耳、中耳和内耳三部分(图8-11)。外耳和中耳是收集和传导声波的装置,内耳是头部位置觉和听觉感受器所在部位。

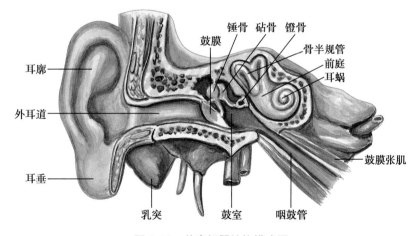

图 8-11 前庭蜗器结构模式图

一、外耳

外耳包括耳廓、外耳道和鼓膜三部分。

耳廓

笔记

(一) 耳廓

耳廓位于头部两侧,有收集声波的作用。大部分以弹性软骨为支架,外覆皮肤。皮下组织薄,血管神经丰富。前外侧面的前部借外耳门与外耳道相续。下方无软骨的部分,称耳垂,仅有结缔组织和脂肪。外耳门前方的隆起称为耳屏。耳廓有收集声波的作用。

(二) 外耳道

外耳道是外耳门与鼓膜之间弯曲的管道,长约 2.5cm。外 1/3 为软骨部,以软骨为基础;内 2/3 为骨部,位于颞骨内。外 1/3 朝向内后上,内 2/3 朝向内前下。行外耳道检查时,成人向后上方牵拉耳廓,使外耳道变直,方可观察外耳道深部和鼓膜。儿童的外耳道短而平直,几乎全部为软骨,且鼓膜接近于水平位,故在检查时需将耳廓拉向后下方。

外耳道的皮肤较薄,缺少皮下组织,与软骨膜和骨膜结合紧密,故发生疖肿时疼痛剧烈。外耳道的皮肤含有**耵聍腺**,分泌黏稠性液体,称耵聍。

(三) 鼓膜

鼓膜(tympanic)是外耳道与鼓室之间椭圆形半透明的薄膜(图 8-12)。鼓膜在外耳道底呈倾斜位,婴幼儿鼓膜更为倾斜,几乎呈水平位。鼓膜中心向内凹陷,称**鼓膜脐**,锤骨柄末端附着其内面处。鼓膜上 1/4 为**松弛部**,在活体呈红色;下 3/4 为**紧张部**,在活体呈灰白色,其前下方有一三角形反光区,称**光锥**。当鼓膜异常时,光锥可变形或消失。

二、中耳

中耳大部分位于颞骨岩部内,是传导声波的主要部分。包括鼓室、咽鼓管、乳突窦和乳突小房(图 8-11,图 8-13,图 8-14)。

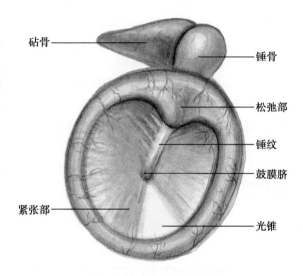

图 8-12　鼓膜(右侧外面)

(标注:砧骨、锤骨、松弛部、锤纹、鼓膜脐、紧张部、光锥)

(一) 鼓室

鼓室(tympanic cavity)是颞骨岩部内含气的不规则空腔,位于鼓膜与内耳外侧壁之间,向前经咽鼓管通咽,向后经乳突窦通乳突小房,鼓室内有听小骨、听小骨肌、韧带、血管和神经。鼓室内表面衬以黏膜,与咽鼓管、乳突窦和乳突小房的黏膜相续。

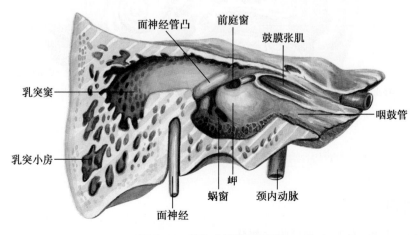

图 8-13　鼓室内侧壁(右侧)

(标注:面神经管凸、前庭窗、鼓膜张肌、乳突窦、咽鼓管、乳突小房、岬、蜗窗、颈内动脉、面神经)

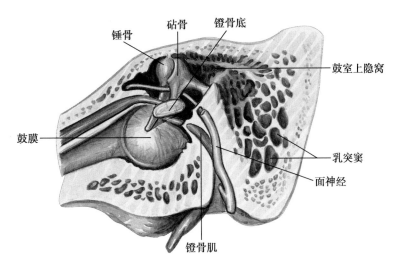

图 8-14　鼓室外侧壁（右侧）

1. **鼓室壁**　鼓室的形态结构不规则,分为 6 个壁。

(1) **上壁**:即鼓室盖,是分隔鼓室和颅中窝的薄骨板。鼓室炎症侵蚀此壁,可引起耳源性颅内感染。

(2) **下壁**:即颈静脉壁,是分隔鼓室和颈静脉窝的薄层骨板。

(3) **前壁**:即颈动脉壁,是分隔鼓室和颈动脉管的薄层骨板。此壁的上方有咽鼓管的开口。

(4) **后壁**:即乳突壁,上部有乳突窦的开口。

(5) **外侧壁**:即鼓膜壁,大部分由鼓膜构成。

(6) **内侧壁**:即迷路壁,为内耳外侧壁。此壁后上方有一卵圆形孔,称**前庭窗**,由镫骨底封闭;后下方有圆形的孔,称**蜗窗**,被第二鼓膜封闭。前庭窗后上方有面神经管凸,内有面神经通过。中耳炎或中耳手术时易损伤面神经。

2. **听小骨**　位于鼓室内,共 3 块,由外向内分别为**锤骨**、**砧骨**和**镫骨**(图8-15)。锤骨柄紧贴鼓膜内面,镫骨底周缘借镫骨环韧带连于前庭窗的周缘。3 块听小骨相互连结成听骨链,将声波振动自鼓膜传至内耳。

(二) 咽鼓管

咽鼓管(auditory tube)是连通咽与鼓室的管道,长约 3.5~4.0cm。近鼓室侧的 1/3 为骨部,以咽鼓管鼓室口开口于鼓室的前壁;近鼻咽侧的 2/3 为软骨部,借咽鼓管咽口开口于鼻咽侧壁。平时咽鼓管咽口呈闭合状态,当吞咽或尽力张口时开放,空气进入鼓室,使鼓室和外界的大气压相等。小儿的咽鼓管短而粗,走向较水平,故咽部感染易经咽鼓管侵入鼓室,引起中耳炎。

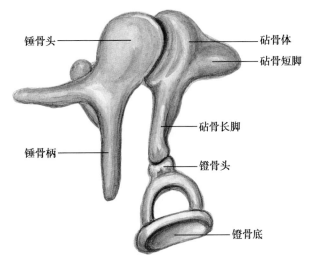

图 8-15　听小骨

乳突小房、乙状窦及面神经投影图

(三) 乳突窦和乳突小房

乳突窦(mastoid antrum)为位于中耳鼓室的后方的一个较大的气腔,向后下通入乳突小房,向前开口于鼓室后壁上部。**乳突小房**为颞骨乳突内许多相互连通的含气小腔,经乳突窦与鼓室相通。乳突窦和乳突小房壁内均衬以黏膜,且与鼓室黏膜相连续,故中耳炎经乳突窦可蔓延到乳突小房,而引起乳突炎。

三、内耳

内耳位于颞骨岩部内,介于鼓室内侧壁与内耳道底之间,由一系列构造复杂的弯曲管道组成,故又称**迷路**,是头部位置觉和听觉感受器的所在部位。内耳包括**骨迷路**和**膜迷路**,二者间充满外淋巴,膜迷路内充满内淋巴,内、外淋巴互不相通。

(一) 骨迷路

骨迷路(bony labyrinth)是骨性管道,包括**骨半规管**、**前庭**和**耳蜗**三部分(图 8-16,图 8-17),彼此相互连通,沿颞骨岩部的长轴由后外向前内依次排列。

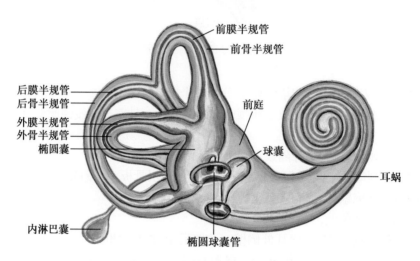

图 8-16　骨迷路及膜迷路(右侧)

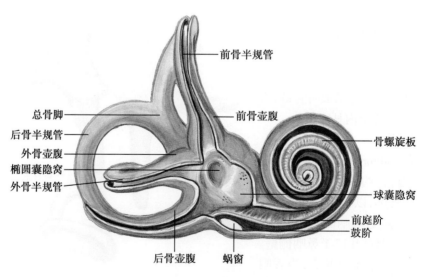

图 8-17　骨迷路(内面观)

1. **骨半规管**(bony semicircular canals)　为 3 个相互垂直的 C 形小管。按其位置可分为前骨半规管、后骨半规管和外骨半规管。每个骨半规管各有一个单骨脚,一个壶腹骨脚。前、后骨半规管的单骨脚合成一个总骨脚,故 3 个骨半规管共有 5 个孔开口于前庭。

2. **前庭**(vestibule)　位于骨迷路中部,为一不规则略呈椭圆形的腔隙,其内侧壁为内耳道底,有前庭蜗神经通过;外侧壁即鼓室内侧壁,有前庭窗和蜗窗;前部有一大孔通耳蜗;后部有骨半规管的5个开口。

3. **耳蜗**(cochlear)位于前庭的前方,形似蜗牛壳。尖朝向前外,称蜗顶;底朝向后内,称蜗底。耳蜗由**蜗轴**和**蜗螺**旋管构成(图8-18)。蜗螺旋管为一螺旋形骨管,起自前庭,环绕蜗轴约两圈半。蜗轴为圆锥形,构成耳蜗的中轴,有血管和神经穿行其间。蜗轴向蜗螺旋管伸出骨螺旋板,其游离缘伸入腔内,并与蜗管相连。二者将蜗螺旋管分成上、下两部分,故耳蜗内共有3条管道,即上方的**前庭阶**,通到前庭,于前庭窗处被镫骨封闭;下方是**鼓阶**,通到前庭,终于蜗窗上的第二鼓膜;位于外侧的是蜗管。前庭阶和鼓阶在蜗顶处借蜗孔彼此相通。

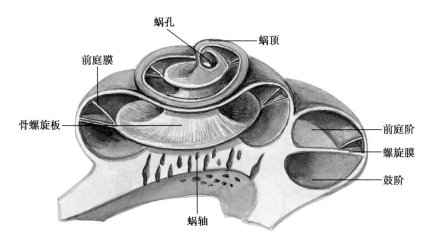

图 8-18 耳蜗模式图

(二)膜迷路

膜迷路(membranous labyrinth)是套在骨迷路内封闭的膜性管或囊,借纤维束固定于骨迷路。由**椭圆囊和球囊**、**膜半规管**和**蜗管**三部分组成(图8-19),它们相互连通,含有内淋巴。

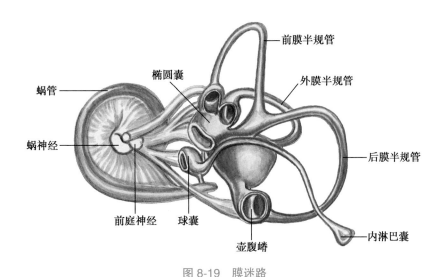

图 8-19 膜迷路

1. **椭圆囊**(utricle)和**球囊**(saccule) 位于前庭内。两囊之间借细管连通。椭圆囊与膜半规管相连,球囊与蜗管相通。椭圆囊位于后上方,较大,近似椭圆形。球囊位于前下方,较小,近似球形。椭圆囊和球囊壁的内面局部上皮增厚,分别形成**椭圆囊斑**和**球囊斑**,均为位置觉感受器,能感受头部的静止位置及直线变速运动的刺激,其神经冲动由前庭神经传入脑。

2. **膜半规管**(semicircular ducts)　位于骨半规管内。形态与骨半规管相似,但管径约为骨半规管的1/4。在骨壶腹内,膜半规管膨大形成膜壶腹,其壁上黏膜增厚形成的嵴状隆起,称壶腹嵴,是位置觉感受器,能感受头部旋转运动的刺激。

3. **蜗管**(cochlear duct)　位于蜗螺旋管内,底端突入前庭内借细管与球囊相通,顶端以盲端终于蜗顶。蜗管介于骨螺旋板与蜗螺旋管外壁之间,其横切面呈三角形,由3个壁构成(图8-20)。上壁为蜗管前庭膜,把前庭阶和蜗管分开;外壁较厚,富含血管,贴附于蜗螺旋管的骨膜上;下壁为螺旋膜或称基底膜,把鼓阶和蜗管分开。基底膜上有**螺旋器**(Corti器),是听觉感受器,能感受声波刺激,冲动沿蜗神经传入脑。

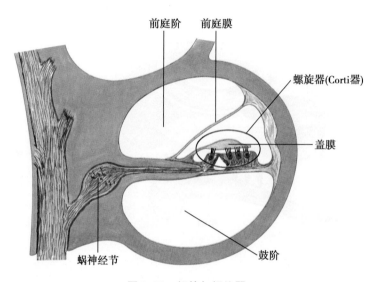

图 8-20　蜗管与螺旋器

(三) 声波传导

声波传入内耳有两条途径,即空气传导和骨传导。正常情况下以空气传导为主。

1. **空气传导**　声波经外耳道引起鼓膜的振动,再由听骨链于前庭窗处推动前庭内的外淋巴波动,外淋巴的波动引起蜗管内淋巴的波动,内淋巴的波动刺激螺旋器;螺旋器将刺激转变成冲动,经蜗神经传入脑,产生听觉。

2. **骨传导**　声波经颅骨传入内耳,推动内耳淋巴波动,刺激螺旋器,产生听觉冲动。临床上可通过检查患者空气传导和骨传导受损的情况,判断听觉异常产生的部位和原因。

(王　倩)

第三节　皮　肤

皮肤(skin)是人体最大的器官,约占成人体重的16%,总面积1.2~2.0m²,由表皮和真皮组成,并通过皮下组织与深部组织相连。皮肤内有毛、皮脂腺、汗腺和指(趾)甲,它们是由表皮衍生的皮肤附属器。皮肤有屏障、保护、排泄、感觉、吸收、调节体温和参与免疫应答等功能。

一、皮肤的微细结构

(一) 表皮

1. **表皮的分层和角化**　表皮(epidermis)位于皮肤的浅层。组成表皮的主要细胞是角质形成细胞与非角质形成细胞。前者构成表皮的主体,分层排列;后者数量较少,分散在角质形成细胞之间,在HE染色下不易辨认。人体各部的表皮厚薄不一,以手掌及足底最厚。

厚表皮由基底到表面依次分出典型的五层结构（图8-21,图8-22）。在薄表皮,棘层、颗粒层及角质层均较薄,无透明层。

（1）**基底层**（stratum basale）:附着于基膜上,由一层立方形或矮柱状细胞组成,称**基底细胞**。细胞核较大,圆形或椭圆形。胞质较少,呈强嗜碱性。电镜下,胞质内含丰富的游离核糖体;角蛋白丝交织排列,形成光镜下可见的张力原纤维。在有色皮肤内还可见黄褐色的黑素颗粒。相邻基底细胞间以桥粒相连,基底面以半桥粒与基膜相连。基底细胞属幼稚细胞,有较强的增殖能力,新生的细胞向浅层推移,分化成表皮其他各层细胞。

（2）**棘层**（stratum spinosum）:位于基底层上方,由4~10层多边形的棘细胞组成。由于细胞表面伸出许多细而短的棘状突起,故称棘层。相邻棘细胞突起之间以桥粒相连。棘层细胞核圆形,胞质丰富呈弱嗜碱性,胞质中有丰富的游离

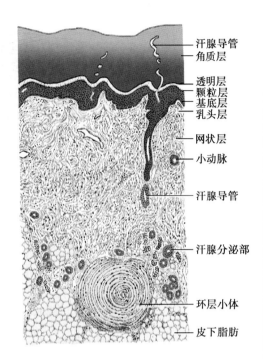

图 8-21 手指皮肤模式图

汗腺导管
角质层
透明层
颗粒层
基底层
乳头层
网状层
小动脉
汗腺导管
汗腺分泌部
环层小体
皮下脂肪

核糖体、成束分布的角蛋白丝以及卵圆形的板层颗粒,板层颗粒由高尔基复合体生成。棘层细胞向浅层推移,细胞逐渐变为扁平。

（3）**颗粒层**（stratum granulosum）:位于棘层的上方,由3~5层扁梭形细胞组成。细胞核和细胞器渐趋退化,胞质内出现许多**透明角质颗粒**,故称颗粒层,HE染色呈强嗜碱性。该层细胞质内板层颗粒增多,其所含的糖脂释放到细胞间隙内,在细胞外面形成多层膜状结构,构成阻止物质透过表皮的主要屏障。

（4）**透明层**（stratum lucidum）:位于颗粒层的上方,由数层扁平细胞构成。细胞界限不清,细胞核及细胞器均消失。HE染色细胞呈均质透明状,嗜酸性。胞质内充满角蛋白丝,该层只在厚皮中明显。

（5）**角质层**（stratum corneum）:位于表皮最浅层,由多层扁平的角化细胞构成。这些细胞干硬,是已完全角化的死细胞,已无细胞核和细胞器。胞质中充满密集平行的角蛋白丝,浸埋在均质状物质中,共同形成**角蛋白**（keratin）,充满于胞质。HE染色细胞呈均质状,嗜酸性,轮廓不清。浅层角质细胞间的桥粒消失,细胞连接松散,脱落后形成皮屑。

表皮由基底层到角质层的结构变化,反映了角蛋白形成细胞增殖、分化、移动和脱落的过程,同时也是细胞逐渐生成角蛋白和角化的过程。表皮角蛋白形成细胞定期脱落和增殖,使表皮各层得以保持正常的结构和厚度。表皮是皮肤的重要保护层,对多种物理和化学性刺激有很强的耐受力,能阻挡异物和病原侵入,并能防止组织液丢失。

2. 非角质形成细胞

（1）**黑素细胞**（melanocyte）:细胞体散于基底细胞之间,有多个较长的突起伸入基底细胞和棘细胞间（图8-24）。细胞质内含特征性的**黑素体**（melanosome）,由高尔基复合体生成,有界膜包被,含酪氨酸酶,能将酪氨酸转化成黑色素,形成**黑素颗粒**（图8-22）。黑素颗粒经突起末端转移到周围基底细胞和棘细胞内。皮肤的颜色主要取决于黑素颗粒的大小、数量、分布和所含黑色素的多少。黑色素可吸收紫外线,保护深部组织免受辐射损害。

（2）**朗格汉斯细胞**（langerhans cell）:位于表皮的棘细胞之间,细胞有多个突起（图8-23）。细胞质内有特殊形状的**伯贝克颗粒**（Birbeck granule）,有膜包裹,呈盘状或扁囊形,颗粒的切

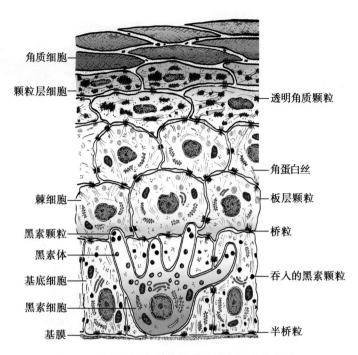

图 8-22 角质形成细胞和黑素细胞超微结构模式图

图中标注：角质细胞、颗粒层细胞、棘细胞、黑素颗粒、黑素体、基底细胞、黑素细胞、基膜、透明角质颗粒、角蛋白丝、板层颗粒、桥粒、吞入的黑素颗粒、半桥粒

朗格汉斯细胞电镜

梅克尔细胞电镜

面为杆状或球拍形。朗格汉斯细胞是一种抗原呈递细胞,能识别、结合和处理侵入皮肤的抗原,该细胞迁移到淋巴结内后,将抗原呈递给 T 细胞,引起免疫应答。

(3) **梅克尔细胞**(Merkel cell):常分布于基底层。细胞基底部胞质含许多致密核心的小泡,基底面与感觉神经末梢形成类似突触的结构。该细胞可能是感受触觉刺激的感觉上皮细胞。

(二)真皮

真皮(dermis)位于表皮深部,由致密结缔组织构成,分为乳头层和网织层,二者间无明显界限(图 8-21)。

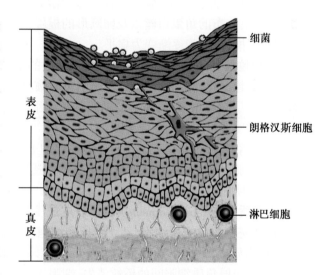

图 8-23 表皮内的朗格汉斯细胞模式图

图中标注：表皮、真皮、细菌、朗格汉斯细胞、淋巴细胞

1. **乳头层** 为紧邻表皮薄层结缔组织,向表皮基底部突起,形成大量乳头状结构,称**真皮乳头**(dermal papilla),扩大了表皮与真皮的连接面,有利于两者牢固连接及表皮从真皮的血管获得营养。真皮乳头内含丰富的毛细血管、游离神经末梢和触觉小体。

2. **网织层** 位于乳头层的深部,较厚。由致密结缔组织组成,粗大的胶原纤维密集成束,并有许多弹性纤维,使皮肤有韧性和弹性。网织层内有较大的血管、淋巴管、神经以及汗腺、皮脂腺和毛囊,可见环层小体。

皮下组织(hypodermis)即浅筋膜,由疏松结缔组织及脂肪组织构成,将皮肤和深部组织连在一起,使皮肤有一定的活动性。皮下组织的厚度因年龄、性别和部位而有较大差别。一般以腹部和臀部最厚,眼睑、阴茎和阴囊等部位皮下组织最薄,不含脂肪组织。除脂肪外,皮下组织还有丰富的血管、淋巴管与神经。皮下组织有保持体温、缓冲机械压力和贮存能量等作用。

笔记

二、皮肤的附属器

皮肤内有由表皮衍生的毛、皮脂腺、汗腺和指(趾)甲等,称皮肤附属器(图 8-24)。

(一) 毛(hair)

人体皮肤除手掌和足底等处外,均有毛分布。毛由毛干、毛根和毛球组成。露在皮肤外的部分,称**毛干**;埋在皮肤内的部分,称**毛根**;包在毛根外面的上皮及结缔组织形成的鞘,称**毛囊**。毛根和毛囊末端膨大,称**毛球**,是毛的生长点。毛球基底凹陷,结缔组织随神经和毛细血管突入其内,形成毛乳头,对毛的生长起诱导和营养作用。

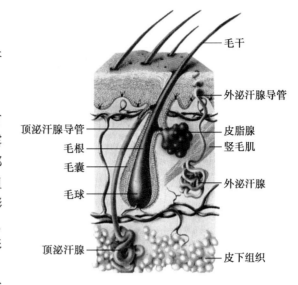

图 8-24　皮肤及附属器模式图

毛干和毛根由排列规则的角化上皮细胞组成,细胞内充满角蛋白并含黑色素。毛球的上皮细胞为幼稚细胞,称毛母质细胞。生长期的毛母质细胞分裂活跃,能增殖和分化为毛根的细胞,使毛生长。

毛和毛囊与皮肤表面呈钝角的一侧,有一束斜行平滑肌,称**立毛肌**(arrector pili muscle),其受交感神经支配,收缩时使毛竖立,可帮助皮脂腺排出分泌物。

(二) 皮脂腺(sebaceous gland)

多位于毛囊和立毛肌之间,由一个或几个囊状的腺泡与一个共同的短导管构成,导管大多开口于毛囊上部。每个腺泡均由多层细胞组成,最外层为较小的幼稚细胞,细胞不断分裂增殖,新生的细胞逐渐变大,并向腺泡中心移动。细胞质内充满脂滴,胞核固缩溶解,最终细胞解体,连同脂滴一起排出,其分泌物称皮脂,有润滑皮肤、保护毛和抑菌等作用。皮脂腺的分泌受性激素的调节,青春期分泌旺盛。

(三) 汗腺(sweat gland)

分外泌汗腺和顶泌汗腺。

1. **外泌汗腺**　又称小汗腺,广泛分布于全身皮肤内。分泌部位于真皮深部或皮下组织内,盘曲成团,管径较粗,管腔较小。腺细胞呈立方形或锥体形,腺细胞与基膜之间有肌上皮细胞,收缩时有助于分泌物的排出。导管较细而直,由两层立方形细胞围成,由真皮深部上行,穿过表皮,开口于皮肤表面的汗孔。汗腺以胞吐的方式分泌汗液,汗液分泌有湿润皮肤、调节体温、排出部分代谢产物及参与水和电解质平衡的调节等作用。

2. **顶泌汗腺**　又称大汗腺,主要分布于腋窝、乳晕、肛门及会阴等处。分泌部由一层立方形或矮柱状细胞围成,管腔大;导管较细而直,也由两层上皮细胞组成,开口于毛囊上部。分泌物为黏稠的乳状液,含蛋白质、碳水化合物和脂类。分泌物被细菌分解后产生特殊的气味,俗称狐臭。大汗腺受性激素的调节,青春期开始分泌活跃,至老年期则萎缩退化。

(四) 指(趾)甲(nail)

包括外露的甲体和埋在皮肤下的甲根。**甲体**是由多层角化细胞构成的角质板,甲体下面的皮肤,称**甲床**。甲根周围的复层扁平上皮,称**甲母质**,其基底层细胞分裂活跃,是甲的生长区。甲母质新增殖的细胞发生角化,并不断向指(趾)端方向移动构成甲体。指(趾)甲受损或拔除后,若能保留甲母质,甲仍能再生。甲体周围的皮肤,称**甲襞**,甲体与甲襞间的浅沟,称**甲沟**。甲对指(趾)末端起保护作用。

(付淑芬)

毛干扫描电镜

扫一扫
测一测

第九章 神经系统

第一节 概 述

神经系统（nervous system）是机体内起主导作用的调节系统。调控人体内各系统、器官的活动,使人体成为一个完整的有机体。神经系统还可以对内、外环境变化做出相应的反应,从而维持人体内部环境的相对恒定,保障机体正常的生命活动。因此,神经系统在结构和功能上的任何异常,都将引起机体的系统或器官的功能异常。

一、神经系统的区分

神经系统按其所在位置和功能,分为中枢神经系统和周围神经系统(图 9-1)。中枢神经系统(central nervous system,CNS)包括脑和脊髓,分别位于颅腔和椎管内。周围神经系统(peripheral nervous system,PNS)包括脑神经和脊神经。脑神经与脑相连,共 12 对;脊神经与脊髓相连,共 31 对。周围神经系统按其分布部位的不同又分为躯体神经和内脏神经。躯体神经分布于皮肤、骨、关节和骨骼肌;内脏神经分布于内脏、心血管和腺体。根据其功能又分为感觉神经和运动神经。感觉神经(传入神经)将感受器产生的神经冲动传向中枢;运动神经(传出神经)将神经冲动由中枢传向效应器。内脏运动神经又称为植物神经或自主神经,包括交感神经和副交感神经。

二、神经系统的活动方式

神经系统在调节机体活动中,对内、外环境的刺激做出相应的反应,称**反射**(reflex)。反射是神经系统的基本活动方式。完成反射的结构基础是**反射弧**(reflex arc)。反射弧包括感受器→传入(感觉)神经→中枢→传出(运动)神经→效应器五部分(图 9-2)。如果反射弧任何一部分损伤,反射即出现障碍。因此,临床上常用检查反射的方法来

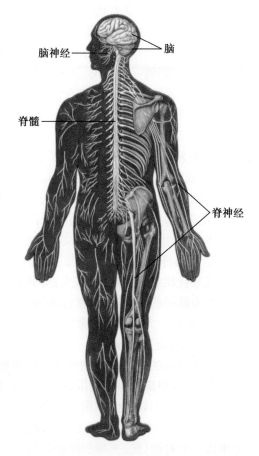

脑神经

脑

脊髓

脊神经

图 9-1 神经系统概观

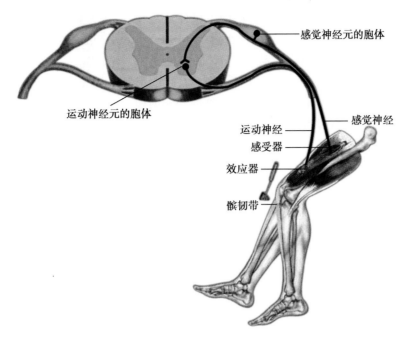

感觉神经元的胞体

运动神经元的胞体

感觉神经

运动神经

感受器

效应器

髌韧带

图 9-2 反射弧示意图

诊断神经系统疾病。

三、神经系统的常用术语

(一)灰质和白质

在中枢神经系统,神经元胞体和树突聚集的部位色泽灰暗,称**灰质**(gray matter);在大脑和小脑表层的灰质,称**皮质**(cortex)。在中枢神经系统,神经纤维聚集的部位色泽白亮,称**白质**(white matter);在大脑和小脑深部的白质,称**髓质**(medulla)。

(二)神经核与神经节

形态和功能相似的神经元胞体聚集成的灰质团块,在中枢神经系统称**神经核**(nucleus);在周围神经系统,称**神经节**(ganglion)。

(三)纤维束和神经

在中枢神经系统,起止和功能基本相同的神经纤维集聚成束,称**纤维束**(fasciculus)。在周围神经系统,神经纤维聚集成条索状结构,称**神经**(nerve)。

(四)网状结构

在中枢神经系统,灰质和白质混合而成的结构,称**网状结构**(reticular formation),即神经纤维交织成网格状,灰质团块散在网眼中。

第二节 中枢神经系统

一、脊髓

(一)脊髓的位置和外形

脊髓(spinal cord)位于椎管内,上端在平枕骨大孔处与延髓相接,下端在成人平第 1 腰椎体下缘,新生儿约平第 3 腰椎体下缘。脊髓呈前后略扁的圆柱形,成人长约 40~45cm。脊髓全长有两处膨大,即**颈膨大**和**腰骶膨大**,分别连有分布到上肢和下肢的神经。脊髓末端变

笔记

细,呈圆锥状,称**脊髓圆锥**。自脊髓圆锥向下延伸出一条由软膜形成的细丝,称**终丝**,终止于尾骨背面(图9-3)。

　　脊髓表面有6条纵行的沟或裂,位于脊髓前面正中的称**前正中裂**;位于脊髓后面正中的称**后正中沟**;在前正中裂和后正中沟的两侧,各有一条浅沟分别称前外侧沟和后外侧沟。前外侧沟内传出31对脊神经前根,后外侧沟内传入31对脊神经后根。前根由运动纤维组成,后根由感觉纤维组成。后根上附有一个膨大的**脊神经节**(spinal ganglion),该节由感觉性的假单极神经元组成,其周围突参加脊神经,而中枢突组成后根,进入脊髓。相对应的前根和后根在椎间孔处合并为脊神经,从相对应的椎间孔穿出椎管(图9-4)。

　　脊神经共31对,即颈神经8对、胸神经12对、腰神经5对、骶神经5对、尾神经1对。脊髓在外形上无明显的节段性,通常把每对脊神经所连的一段脊髓,称为一个脊髓节段。脊髓共分为31个节段,即颈髓8节、胸髓12节、腰髓5节、骶髓5节、尾髓1节。

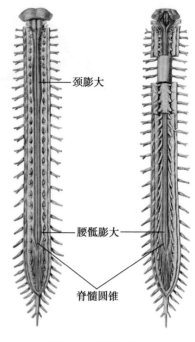

图9-3　脊髓的外形

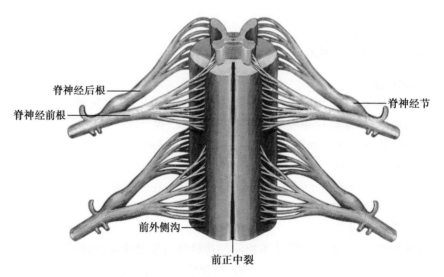

图9-4　脊髓结构示意图

(二) 脊髓节段与椎骨的位置关系

　　脊髓节段与椎骨的对应关系出生前后不尽相同。在胚胎早期,脊髓和椎管的长度基本相同,脊髓各节段与相应的椎骨大致平齐,所有的脊神经根均大致呈水平方向行向相应的椎间孔。自胚胎第4个月起,脊髓增长的速度比脊柱迟缓,由于脊髓上端与脑相连,位置固定,因而脊髓各节段逐渐高于相应的椎骨。出生时,脊髓下端与第3腰椎体平齐,至成年,脊髓下端仅达第1腰椎体的下缘。由于脊髓相对升高,致使腰、骶和尾神经根行至相应的椎间孔之前,在椎管内几乎都垂直下行,并在脊髓圆锥以下围绕终丝,形成**马尾**(cauda equina)(图9-5)。由于成人第1腰椎体以下椎管内已无脊髓而只有马尾,因此临床上常选择第3、4或第4、5腰椎之间进行穿刺,可避免损伤脊髓。

　　由于脊髓长度短于脊柱,故脊髓各节段与同序数的椎骨不完全相对应(图9-6)。熟悉脊

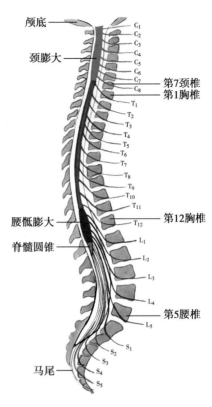

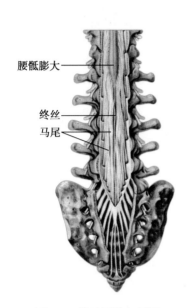

图 9-5　脊髓圆锥与马尾　　　　图 9-6　脊髓节段与椎骨的对应关系

髓节段与椎骨的对应关系,对确定脊髓和脊柱病变的部位和范围有重要的临床意义。脊髓节段与椎骨的对应关系见表(表 9-1)。

表 9-1　脊髓节段与椎骨的对应关系

脊髓节段	对应椎骨	推算举例
上颈髓 C_{1-4}	与同序数椎骨同高	如第 3 颈髓节平对第 3 颈椎
下颈髓 C_{5-8}	较同序数椎骨高 1 个椎骨	如第 5 颈髓节平对第 4 颈椎
上胸髓 T_{1-4}	较同序数椎骨高 1 个椎骨	如第 3 胸髓节平对第 2 胸椎
中胸髓 T_{5-8}	较同序数椎骨高 2 个椎骨	如第 6 胸髓节平对第 4 胸椎
下胸髓 T_{9-12}	较同序数椎骨高 3 个椎骨	如第 11 胸髓节平对第 8 胸椎
腰髓 L_{1-5}	平对第 10~12 胸椎	
骶、尾髓 S_{1-5}、Co	平对第 12 胸椎和第 1 腰椎	

(三)脊髓的内部结构

脊髓横切面上可见中央有中央管,贯穿脊髓全长,内含脑脊液。灰质围绕中央管呈 H 形,两侧灰质连接的部分称**灰质连合**。白质位于脊髓灰质的周围,前正中裂后方的白质为**白质前连合**。脊髓前、后角之间的外侧,灰质和白质混合交织形成**网状结构**(图 9-7,图 9-8)。

1. **灰质**　脊髓灰质围绕中央管略呈 H 形,每侧灰质分别向前、向后伸出前角(前柱)和后角(后柱);前、后角之间的灰质称中间带,在胸髓和上 3 个腰髓的中间带有向两侧突出的侧角。

(1)**前角**(anterior horn)(前柱):主要由运动神经元组成。其轴突组成脊神经前根,加入脊神经后构成脊神经躯体运动纤维,直接支配骨骼肌运动。前角运动神经元主要有两种类

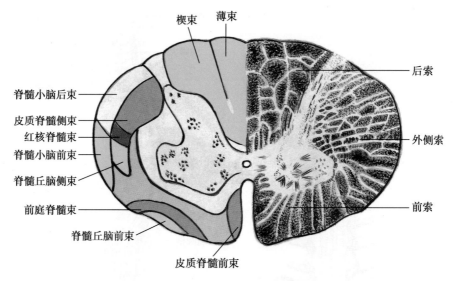

图 9-7　脊髓颈段横切面

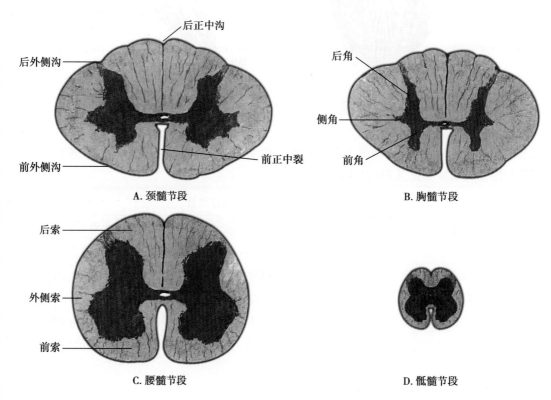

图 9-8　各部脊髓横切面

型,即大型的 α 运动神经元,主要支配骨骼肌的运动;小型的 γ 运动神经元,调节肌张力和参与反射。故脊髓前角受损时,引起同侧相应骨骼肌的随意运动障碍、肌张力低下、反射消失和肌萎缩等,临床称为软瘫。

(2) **后角**(posterior horn)(后柱):主要由联络神经元组成。连接后根的传入纤维,由后角发出的纤维向上组成上行传导束到脑,有的则在脊髓各节段间起联络作用。后角从后向前可分为4个核团,即缘层、胶状质、后角固有核和胸核(又称背核)。其中后角固有核位于胶状质的前方,由大、中型细胞组成,其发出纤维经白质前连合交叉到对侧,组成脊髓丘脑束并上行,止于背侧丘脑。

（3）**侧角**（lateral horn）由中间带向外侧突出形成,仅见于胸₁~腰₃脊髓节段,内含交感神经元,是交感神经的低级中枢,其发出的轴突随前根出椎管。在骶髓₂~₄节,相当于侧角的部位,含有副交感神经元,称**骶副交感核**,是副交感神经低级中枢的骶部,它发出的轴突也随前根出椎管。

2. **白质**　每侧白质借脊髓表面的沟和裂分为3个索。后正中沟和后外侧沟之间的称后索;前、后外侧沟之间的称**外侧索**;前正中裂和前外侧沟之间的称**前索**。白质由纵行排列的神经纤维组成。在白质中向上传递神经冲动的传导束,称上行纤维束(感觉传导束);向下传递神经冲动的传导束,称下行纤维束(运动传导束)。另外,还有联系脊髓各节段的上、下行纤维,并完成各节间的反射活动,它们紧靠灰质边缘的一层短距离纤维束,称**脊髓固有束**。

（1）上行纤维束:主要有薄束、楔束、脊髓丘脑束、脊髓小脑前束和脊髓小脑后束等。

1）**薄束**（fasciculus gracilis）和**楔束**（fasciculus cuneatus）:分别位于脊髓后索的内侧与外侧,此两束均由脊神经节细胞的中枢突组成,经脊神经后根入同侧脊髓后索直接上行;周围突分布到肌、腱、关节和皮肤的感受器。由第4胸节以下来的神经纤维组成薄束,由第4胸节及以上脊髓节段来的神经纤维组成楔束,向上分别止于延髓内的薄束核和楔束核。薄束和楔束的功能是向大脑传导本体感觉(来自肌、腱和关节等处的位置觉、运动觉和振动觉)和精细触觉(如辨别两点距离和物体的纹理粗细等)信息。脊髓后索病变可导致精细触觉障碍以及患者闭目时不能确定自身肢体所处的位置。

2）**脊髓丘脑束**（spinothalamic tract）:位于脊髓前索和外侧索的前部。后根传导痛、温觉和粗触觉及压觉的纤维先上升1~2个节段后终于后角,由后角固有核发出纤维,大部分经白质前连合交叉到对侧,在外侧索和前索内上行,行经脑干,终止于背侧丘脑。传导躯干、四肢的痛觉和温度觉冲动的纤维交叉至对侧外侧索前半上行,组成**脊髓丘脑侧束**;传导躯干、四肢的粗触觉、压觉冲动的纤维交叉到对侧前索内上行,组成**脊髓丘脑前束**。

（2）下行纤维束:主要有皮质脊髓束、红核脊髓束、前庭脊髓束、网状脊髓束等。

1）**皮质脊髓束**:是脊髓中最大的下行传导束。其纤维起自于大脑皮质运动中枢,经内囊和脑干,在延髓大部分经锥体交叉至对侧脊髓外侧索下行,称皮质脊髓侧束。未经交叉的小部分纤维,在同侧的前索中下行,称皮质脊髓前束,此束一般不超过脊髓胸段。皮质脊髓束将来自大脑皮质的神经冲动,传至脊髓前角运动神经元,控制骨骼肌的随意运动,特别是肢体远端的灵巧运动。

2）**红核脊髓束**:位于外侧索,在皮质脊髓束的前方。起自中脑的红核,终止于脊髓前角运动神经元,参与调节肌紧张和协调骨骼肌的随意运动。

（四）脊髓的功能

1. **传导功能**　来自躯干、四肢各种感受器的传入信息,经脊神经后根进入脊髓,然后经上行纤维束将感觉信息传至大脑皮质;同时,脊髓又通过下行纤维束接受高级中枢的调控。因此脊髓成为脑和周围神经系统联系的重要通路。

2. **反射功能**　脊髓作为低级中枢,有多种反射中枢位于脊髓灰质内,如腱反射、屈肌反射、排尿和排便反射中枢等。在正常情况下,脊髓的反射活动始终在脑的控制下进行。

二、脑

脑（brain or encephalon）位于颅腔内,由端脑、间脑、小脑及脑干组成（图9-9）。

（一）脑干

脑干（brain stem）自下而上由延髓、脑桥和中脑三部分组成。延髓在枕骨大孔处下连脊髓,中脑向上与间脑衔接,脑干的背面与小脑相连。

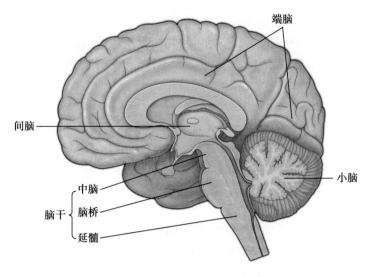

图 9-9　脑的正中矢状切面

1. 脑干的外形

(1) **腹侧面**:**延髓**(medulla oblongata):其腹侧面上有与脊髓相连续的沟裂,在前正中裂的两侧各有一纵形隆起,称为**锥体**。在延髓下端,锥体内由端脑发出的皮质脊髓束纤维大部分交叉至对侧脊髓侧索内下行,形成**锥体交叉**。锥体外侧的卵圆形隆起,称**橄榄**,内含下橄榄核(图 9-10)。

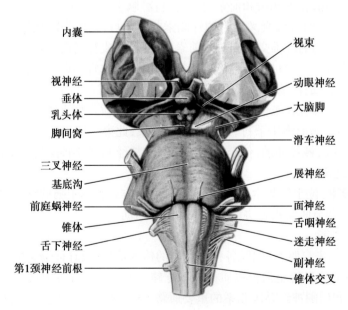

图 9-10　脑干腹侧面

脑桥(pons):下缘借延髓脑桥沟与延髓分界,上缘与中脑相连。脑桥腹侧面宽阔膨隆,称脑桥基底部,正中线上有纵形的**基底沟**,容纳基底动脉。基底部两侧逐渐缩细为**脑桥臂**(小脑中脚),与背侧的小脑相连。

中脑(midbrain):腹侧面有一对柱状结构,称**大脑脚**。由来自大脑皮质的下行纤维束组成。两脚之间的凹窝,称**脚间窝**。

(2) **背侧面**:延髓下部后正中沟的两侧,各有两个纵形隆起,内侧的称**薄束结节**,外侧的称**楔束结节**。两者的深面分别有薄束核与楔束核。

延髓背面上部和脑桥的背面共同形成的菱形浅凹,称**菱形窝**,即第四脑室底(图 9-11)。

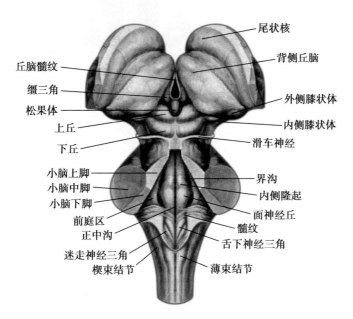

图 9-11　脑干背侧面

中脑的背面有上、下两对隆起,上方的一对称**上丘**,与视反射有关;下方的一对称**下丘**,与听反射有关。中脑内的管腔称中脑水管。

脑神经共有 12 对,除嗅神经和视神经分别连于端脑和间脑外,其余 10 对脑神经均与脑干相连。

与延髓相连的脑神经共有 4 对:在延髓橄榄的后方,自上而下依次有舌咽神经、迷走神经和副神经根出入,锥体与橄榄之间,有舌下神经根出脑。

与脑桥相连的脑神经共有 4 对:脑桥基底部与脑桥臂移行处有粗大的三叉神经根出入。在延髓脑桥沟,由内侧向外侧依次是展神经、面神经和前庭蜗神经。

与中脑相连的脑神经共有 2 对:在腹侧面,脚间窝内有动眼神经穿出;在背侧面,下丘的下方有滑车神经穿出。

2. 脑干的内部结构　脑干的内部也是由灰质、白质和网状结构构成,但其结构远比脊髓复杂。

(1) **灰质**:脑干灰质分散于脑干的白质中形成神经核,主要有两种:一种是不与脑神经相连,经过脑干的上、下行纤维束在此进行中继换神经元,称**传导中继核**;另一种是直接与第III~XII 对脑神经相连的,称**脑神经核**。

1) **传导中继核:薄束核和楔束核**:是薄束和楔束的终止核,位于延髓薄束结节和楔束结节的深面,是躯干四肢本体感觉和精细触觉传导通路第 2 级神经元所在处(图 9-12)。**红核**:发出红核脊髓束,管理对侧半脊髓前角运动细胞。**黑质**:含黑色素和多巴胺等递质,临床上因黑质病变,多巴胺减少,可引起帕金森病(图 9-13)。

2) **脑神经核**:多与其相连的脑神经名称一致,如动眼神经核、滑车神经核(图 9-14)等。脑神经核在脑干的位置,也多与其相连脑神经的连脑部位相对应。如在延髓内含有与舌咽神经、迷走神经、副神经和舌下神经有关的脑神经核;脑桥内则有与三叉神经、展神经、面神经和前庭蜗神经有关的脑神经核;中脑内则含有与动眼神经和滑车神经有关的脑神经核。

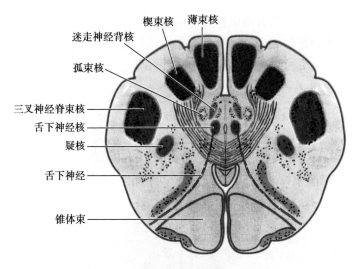

图 9-12　经延髓内侧丘系交叉横切面

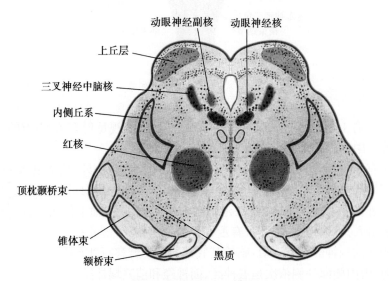

图 9-13　经中脑上丘横切面

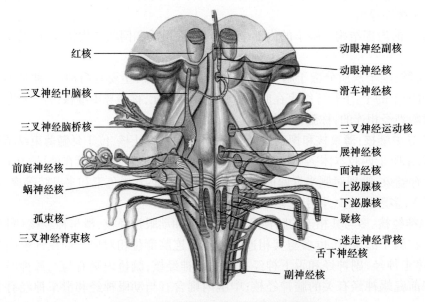

图 9-14　脑神经核在脑干背侧面的投影

脑神经核在脑干内由内向外纵向排列,依次为:躯体运动核、内脏运动核、内脏感觉核和躯体感觉核(表9-2)。

表 9-2　脑干脑神经核的排列及其功能

核功能及位置	核的位置	脑神经核名称及相连脑神经	分布范围
躯体运动核(第四脑室底最内侧)	上丘平面	动眼神经核(Ⅲ)	上直肌、下直肌、内直肌、下斜肌、上睑提肌
	下丘平面	滑车神经核(Ⅳ)	上斜肌
	脑桥中部	三叉神经运动核(Ⅴ)	咀嚼肌、二腹肌前腹、下颌舌骨肌等
	脑桥中下部	展神经核(Ⅵ)	外直肌
	脑桥中下部	面神经核(Ⅶ)	表情肌、二腹肌后腹、茎突舌骨肌等
	延髓上部	舌下神经核(Ⅻ)	舌内肌、舌外肌
	延髓上部	疑核(Ⅸ、Ⅹ、Ⅺ)	腭肌、咽喉肌、食管上段骨骼肌
	延髓下部、1~5颈髓	副神经核(Ⅺ)	斜方肌、胸锁乳突肌
内脏运动核(躯体运动核外侧)	上丘平面	动眼神经副核(Ⅲ)	瞳孔括约肌、睫状肌
	脑桥下部	上泌涎核(Ⅶ)	泪腺、舌下腺、下颌下腺等
	延髓上部	下泌涎核(Ⅸ)	腮腺
	延髓中下部	迷走神经背核(Ⅹ)	胸、腹腔大部分脏器
内脏感觉核(界沟外侧)	延髓上中部	孤束核(Ⅶ、Ⅸ、Ⅹ)	味觉及一般内脏感觉
躯体感觉核(内脏感觉核腹外侧)	中央灰质外侧	三叉神经中脑核(Ⅴ)	面肌、眼肌、咀嚼肌本体觉
	脑桥中部	三叉神经脑桥核(Ⅴ)	头面部、口腔、鼻腔触觉
	脑桥延髓	三叉神经脊束核(Ⅴ)	头面部的痛觉、温度觉
	延髓与脑桥交界处	前庭神经核(Ⅷ)	内耳前庭器官(壶腹嵴、椭圆囊斑、球囊斑)
		蜗神经核(Ⅷ)	内耳螺旋器

(2) **白质**:白质主要由上行和下行纤维束组成。纤维束大多是脊髓内纤维束的延续,多数位于脑干的腹侧部和外侧部。上行纤维束主要分为四个丘系:即内侧丘系、脊髓丘系、三叉丘系和外侧丘系。下行纤维束主要为锥体束。

　1) **四个丘系**

　内侧丘系:由薄束核及楔束核发出的传导本体觉和精细触觉的纤维,呈弓状绕过中央管的腹侧,左右交叉形成**内侧丘系交叉**,交叉后组成内侧丘系继续上行,止于背侧丘脑的腹后外侧核。

　脊髓丘系:传导对侧躯干及四肢的温度觉、痛觉、粗触觉和压觉的脊髓丘脑束进入脑干后,延续为脊髓丘系。脊髓丘系行在延髓的外侧部,向上行于内侧丘系的背外侧,止于背侧丘脑的腹后外侧核。

　三叉丘系:由三叉神经脑桥核和三叉神经脊束核发出的传入纤维交叉至对侧,组成三叉丘系,于内侧丘系的背外侧上行,止于背侧丘脑的腹后内侧核。传导对侧头面部的触觉、痛觉和温度觉。

　外侧丘系:由蜗神经核发出的纤维,横行穿经内侧丘系,形成**斜方体**。交叉的纤维折向上行,与部分未交叉的在同侧走行的纤维合成外侧丘系,止于内侧膝状体(大部纤维经下丘核换神经元),传导双侧听觉信息。

2) **锥体束**(pyramidal tract):是大脑皮质发出的控制骨骼肌随意运动的下行传导束。锥体束可分为两部分纤维:一部分纤维在脑干下行过程中陆续止于脑神经运动核,称**皮质脑干束或称皮质核束**;另一部分纤维,继续下降至延髓的上部形成锥体。在锥体的下端,大部分纤维左、右相互交叉至对侧,形成锥体交叉。3/4 的纤维交叉后下行于脊髓的外侧索,称为皮质脊髓侧束;其余 1/4 的纤维不交叉,在脊髓前索内下行,称皮质脊髓前束。

(3) **网状结构**:脑干的网状结构最为发达,位于脑干的中央区域,由大量的纵横交织的神经纤维和散在其间的大小不等的神经元胞体构成。脑干的网状结构与中枢神经的各部分具有广泛的联系。

3. 脑干的功能

(1) **传导功能**:大脑皮质与脊髓、小脑相互联系的上行和下行纤维束,都经过脑干。所以脑干在三者之间起重要的联络作用。

(2) **反射功能**:脑干内具有多个反射的低级中枢。脑桥内有角膜反射中枢,中脑内有瞳孔对光反射中枢,尤为重要的是在延髓内有调节呼吸运动和心血管运动的生命中枢,对正常生命活动的维持起重要作用,故延髓受压或受损会导致生命危险。

(3) **网状结构的功能**:脑干内的网状结构有多种重要功能,涉及对大脑皮层兴奋性的影响、躯体运动控制、躯体感觉调节以及各种内脏活动的调节等。有维持大脑皮质觉醒、引起睡眠、调节骨骼肌张力以及内脏活动等功能。

1) 调节骨骼肌张力:网状结构内有使肌张力降低的抑制区和增强肌张力的易化区。通过下行纤维束影响脊髓前角细胞,维持正常肌张力。

2) 对大脑皮质活动的影响:上行纤维束在脑干不断发出侧支至网状结构,这些特异性冲动,经网状结构多突触中继后,变为非特异性冲动,投射到大脑皮质广泛区域,维持大脑皮质细胞觉醒状态,称上行激动系统。临床上病变侵犯网状结构引起的昏迷,以及有些麻醉药、镇静药如乙醚、巴比妥类都是阻断了网状结构上行激动系统,而引起昏迷和起到麻醉、镇静的作用。

(二) 小脑

1. 小脑的位置和外形

小脑(cerebellum)位于颅后窝,大脑枕叶的下方,脑干的后方,借小脑脚与脑干相连,小脑与脑干间的腔隙为第四脑室。

小脑上面平坦,借小脑幕与大脑枕叶相邻。小脑中间部分缩窄,称**小脑蚓**,两侧膨隆,称**小脑半球**。半球上面前 1/3 与后 2/3 交界处,有一深沟,称**原裂**(图 9-15,图 9-16)。在小脑半

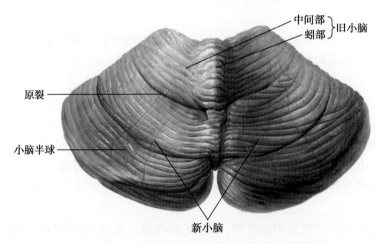

图 9-15　小脑外形(上面)

笔记

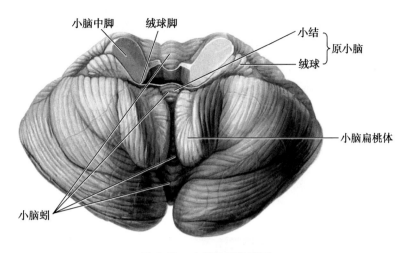

图 9-16　小脑外形（下面）

球的下面,靠近小脑蚓两侧有一对隆起,称**小脑扁桃体**。小脑扁桃体靠近枕骨大孔,当颅压突然增高时被挤压而嵌入枕骨大孔,称小脑扁桃体疝或称枕骨大孔疝,从而压迫延髓,危及生命。

　　根据小脑的发生、功能和纤维联系,可把小脑分为 3 叶(图 9-15,图 9-16)。

　　(1) **绒球小结叶**:位于小脑下面的最前部,包括半球上的绒球和小脑蚓前端的小结,两者之间有绒球脚相连。在种系发生上最古老,故称**原小脑**。

　　(2) **前叶**:位于小脑上面原裂以前的部分。在种系发生上较晚,称**旧小脑**。

　　(3) **后叶**:为原裂以后的部分,占小脑的大部分。在进化过程中是发生最晚的结构,称**新小脑**。

　　2. **小脑的内部结构**　小脑表面的灰质,称**小脑皮质**,深部为白质,称**小脑髓质**(图 9-17)。髓质内有 4 对灰质团块,总称**小脑核**。包括齿状核、顶核、栓状核和球状核,其中齿状核最大,接受来自新小脑皮质的纤维,并发出的纤维经小脑上脚,在中脑交叉后止于对侧红核以及背侧丘脑的腹前核和腹中间核。

　　3. **小脑的功能**　小脑主要接受端脑、脑干和脊髓的有关运动信息,传出纤维也主要与各运动中枢有关。因此,小脑是一个重要的运动调节中枢。原小脑主要维持身体姿势平衡,原小脑病变,患者平衡失调,站立不稳,步态蹒跚。旧小脑主要与调节肌张力有关,旧小脑的病变,主要表现肌张力降低。新小脑主要协调骨骼肌的运动,新小脑病变表现为小脑共济失

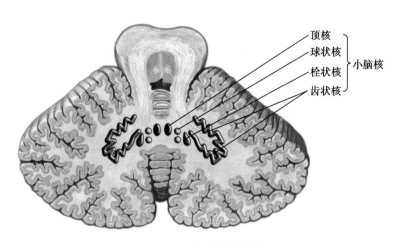

图 9-17　小脑内部结构

调,即随意运动中肌肉收缩的力量、方向、限度和各肌群间的协调运动出现混乱,如跨越步态,持物时手指过度伸开,指鼻试验阳性,轮替不能等,同时有运动性震颤。

　　第四脑室是位于延髓、脑桥和小脑之间的室腔。底即菱形窝,顶朝向小脑,向上借中脑水管与第三脑室相通,向下通延髓下部和脊髓中央管,并借正中孔和外侧孔与蛛网膜下隙相通(图 9-18)。

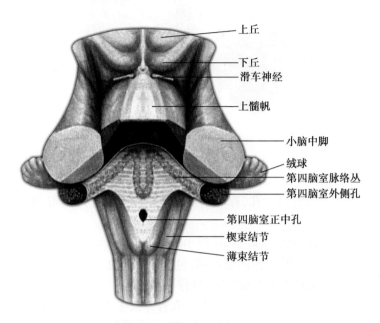

上丘
下丘
滑车神经
上髓帆
小脑中脚
绒球
第四脑室脉络丛
第四脑室外侧孔
第四脑室正中孔
楔束结节
薄束结节

图 9-18　第四脑室脉络组织

(三) 间脑

　　间脑(diencephalon)位于中脑上方,大部分被大脑半球覆盖。间脑包括背侧丘脑、上丘脑、下丘脑、后丘脑和底丘脑五部分(图 9-19)。间脑内的室腔称第三脑室。

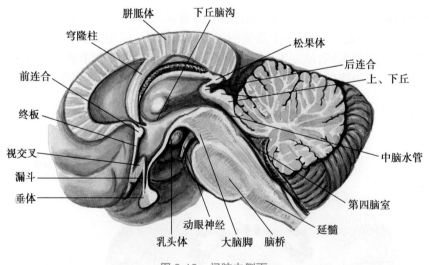

胼胝体
下丘脑沟
穹隆柱
松果体
前连合
后连合
上、下丘
终板
视交叉
中脑水管
漏斗
第四脑室
垂体
动眼神经
大脑脚　脑桥
延髓
乳头体

图 9-19　间脑内侧面

　　1. 背侧丘脑(dorsal thalamus)　又称**丘脑**。为位于间脑背侧份的一对卵圆形灰质团块,两侧丘脑借丘脑间粘合(中间块)相连。背侧丘脑被 Y 形的由白质构成的内髓板分隔为三部分,即丘脑前核、丘脑内侧核和丘脑外侧核。

（1）**丘脑前核**：位于内髓板分叉部的前上方，是边缘系统中一个重要的中继站，其功能与内脏活动和近期记忆有关。

（2）**丘脑内侧核**：居内髓板的内侧，其功能可能是联络躯体和内脏感觉冲动的整合中枢。

（3）**丘脑外侧核**：位于内髓板的外侧，分为腹、背两部分。腹侧份的后部称**腹后核**。全身各部的躯体感觉性冲动，都需经腹后核中继后，才能传至大脑皮质。腹后核又分为**腹后内侧核**和**腹后外侧核**，它们是躯体感觉传导路中第3级神经元胞体所在处。腹后外侧核接受内侧丘系和脊髓丘系的纤维。腹后内侧核接受三叉丘系及味觉纤维（图9-20）。

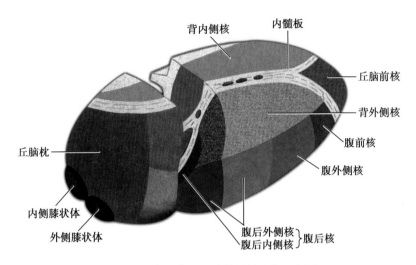

图 9-20　右侧背侧丘脑核团的立体示意图

背侧丘脑的主要功能是感觉传导通路的中继站，也是复杂的综合中枢。背侧丘脑受损害时，常见的症状是感觉丧失、过敏和失常，并可伴有剧烈的自发疼痛。

2. **上丘脑**　位于第三脑室顶部的周围，主要包括**丘脑髓纹**、**缰三角**、**缰连合**和**松果体**。参与调节内脏活动。

3. **后丘脑**　位于丘脑枕的下部。包括一对内侧膝状体和一对外侧膝状体，前者借下丘臂连于下丘；后者借上丘臂连于上丘。内侧膝状体与听觉传导有关，外侧膝状体与视觉传导有关。

4. **底丘脑**　位于间脑和中脑被盖的过渡区，参与锥体外系对运动的调节。

5. **下丘脑**（hypothalamus）　又称**丘脑下部**。位于背侧丘脑的前下方，构成第三脑室的下壁和侧壁的下份。下丘脑主要包括**视交叉**、**灰结节**、**漏斗**、**垂体**和**乳头体**等。视交叉由左、右视神经会合而成，向后延为视束，并绕大脑脚上端后止于外侧膝状体。在视交叉的后方有向腹侧微凸的灰结节，灰结节向前下方移行为漏斗，漏斗下端与垂体相连。灰结节后方的一对圆形隆起称乳头体。垂体是人体内重要的内分泌腺，乳头体与内脏活动有关。

下丘脑的结构比较复杂，含有多个神经核群，其主要特点是神经元的联系广泛，有些神经元不仅能接受神经冲动，而且还接受血液和脑脊液的理化信息；另外，还有部分神经元，有合成激素的功能，其轴突既能传导神经冲动，又能将合成的激素运送至末梢释放。

下丘脑的主要核团有：**视上核**位于视交叉的上方。**室旁核**位于第三脑室的侧壁。视上核和室旁核分泌血管加压素和催产素，经各自神经元的轴突，穿过漏斗直接输送到神经垂体贮存并释放入血液，再运送至靶器官（图9-21）。

下丘脑与大脑边缘系统共同调节内脏活动，是内脏活动的较高级中枢，另外，通过与垂体的联系，成为调节内分泌活动的重要中枢。下丘脑将神经调节和体液调节融为一体，对体

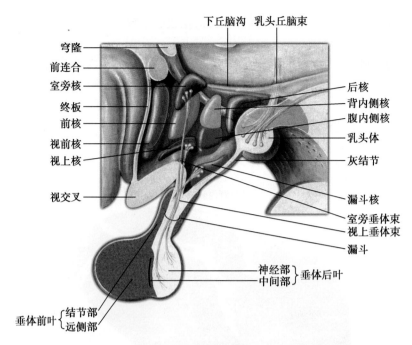

图 9-21　下丘脑主要核团

温、摄食、生殖和水盐平衡等起着重要的调节作用,同时也参与睡眠和情绪反应活动。

6. **第三脑室**　是位于间脑正中的矢状裂隙,其两侧壁和下壁由背侧丘脑和下丘脑构成。前部借室间孔与侧脑室相通,向后下经中脑水管与第四脑室相通。

(四) 端脑

端脑(telencephalon)又称大脑,主要包括左、右大脑半球。人类大脑半球高度进化,覆盖在间脑、中脑和小脑上面,为中枢神经结构最复杂、体积最大的部分。两侧大脑半球之间的深裂,称**大脑纵裂**。裂的底部有连结两大脑半球的横行纤维,称为**胼胝体**(corpus callosum)。大脑半球后部与小脑之间的裂隙,称**大脑横裂**。

1. **大脑半球的外形**　大脑半球的表面凹凸不平,布满深浅不一的沟称大脑沟,沟和沟之间的隆起称大脑回。

(1) **大脑半球的分叶**:每侧大脑半球都可分为上外侧面、内侧面和底面。借 3 条叶间沟分为 5 个叶,3 条叶间沟是:

中央沟:在大脑半球的上外侧面,自大脑半球上缘中点的稍后方向前下斜行,几乎达到外侧沟。

外侧沟:大部分在大脑半球的上外侧面,是一条自前下向后上行的深裂。

顶枕沟:位于大脑半球内侧面的后部,自胼胝体后端的稍后方斜向后上,并略延伸至大脑半球的上外侧面。

每侧大脑半球的 5 个叶是:①**额叶**:位于外侧沟之上,中央沟的前方。②**顶叶**:位于外侧沟的上方,顶枕沟和中央沟之间。③**枕叶**:位于顶枕沟的后方。④**颞叶**:位于枕叶的前方,外侧沟的下方。⑤**岛叶**:藏于外侧沟的深处,略呈三角形。

(2) **大脑半球重要的沟回**:

1) **上外侧面**:

额叶:在中央沟的前方有与之平行的中央前沟。两沟之间的脑回,称**中央前回**(precentral gyrus)。自中央前沟水平向前分出两条沟,分别称额上沟和额下沟。额上沟以上的部分为额上回,额上、下沟之间的部分称额中回。额下沟和外侧沟之间的部分称额下回(图 9-23)。

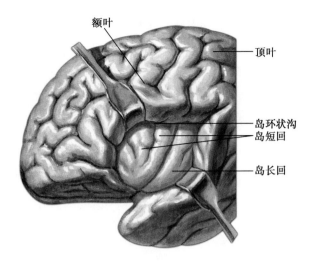

图 9-22 岛叶

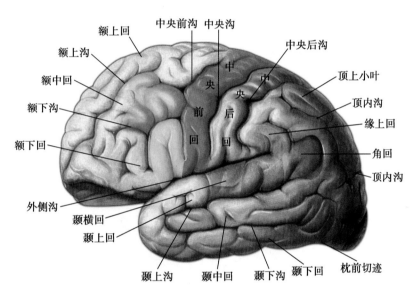

图 9-23 大脑半球上外侧面

顶叶:在中央沟的后方有与之平行的中央后沟,两沟之间的脑回,称**中央后回**(postcentral gyrus)。围绕颞上沟末端的脑回,称**角回**,围绕外侧沟末端的脑回,称**缘上回**。

颞叶:有两条与外侧沟平行的沟,分别称为颞上沟和颞下沟。将颞叶分为 3 条平行的大脑回,分别称为颞上回、颞中回和颞下回。在颞上回深入外侧沟内的 2~3 条短而横行的脑回,称**颞横回**。

枕叶:在大脑背外侧面的沟回多不恒定。

岛叶:周围以环状沟与额、顶、颞叶等脑叶分界。

2）**内侧面**:大脑内侧面由额、顶、枕和颞叶组成。中部有前后方向上略呈弓形的胼胝体,围绕胼胝体的沟为胼胝体沟,该沟绕过胼胝体的后端向前下方延伸为海马沟。胼胝体的上方有与之平行的沟,称扣带沟,其间是**扣带回**。扣带回中部的上方,有中央前、后回在大脑半球内侧面的延续部分,合称**中央旁小叶**。自胼胝体后端的下方开始有一条弓形伸向枕叶的深沟,称距状沟(图 9-24)。

3）**底面**:大脑半球底面由额、枕和颞叶组成(图 9-25)。额叶的底面有一对卵圆形的膨大,称**嗅球**,其后端缩窄向后延为嗅束,嗅束的后端扩展为嗅三角,嗅球和嗅束都与嗅觉冲动的

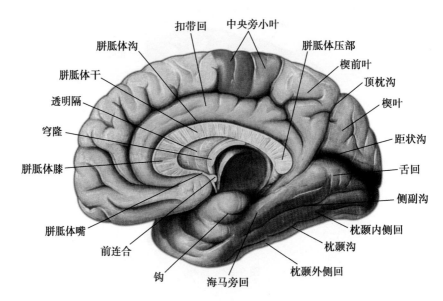

图 9-24 大脑半球内侧面

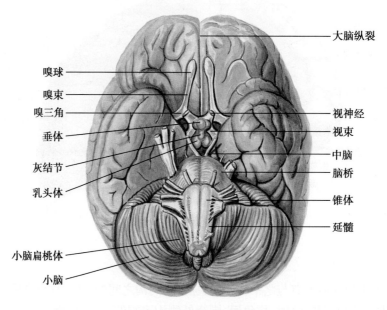

图 9-25 大脑半球底面

传导有关。一般将嗅球、嗅束、嗅三角、海马旁回前部和钩,总称**嗅脑**。颞叶底面有与半球下缘平行的枕颞沟,在此沟内侧并与之平行的为侧副沟,侧副沟的内侧为**海马旁回**,其前端弯曲成钩形,称**钩**。在海马旁回上内侧为海马沟,在海马沟的上方有呈锯齿状的窄条皮质,称**齿状回**。在齿状回的外侧,侧脑室下角底壁上有一呈弓状的隆起,称**海马**(图 9-26)。

2. **大脑半球的内部结构** 大脑半球的表面为灰质,称大脑皮质。深部为白质称大脑髓质。在大脑半球的基底部,包埋于白质中的灰质团块,称基底核。大脑半球内的室腔称侧脑室(图 9-27)。

(1) **大脑皮质及其功能定位**:

大脑皮质(cerebral cortex)是人体功能活动的高级中枢。大脑皮质由大量的神经元、神经纤维和神经胶质细胞构成,成人大脑皮质约有 140 亿个神经元。大脑皮质的不同部位,存

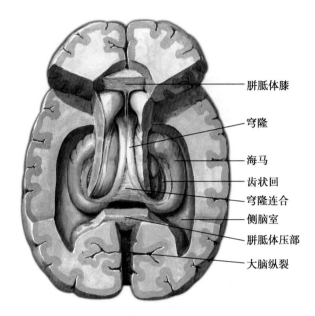

图 9-26 海马结构

胼胝体膝
穹隆
海马
齿状回
穹隆连合
侧脑室
胼胝体压部
大脑纵裂

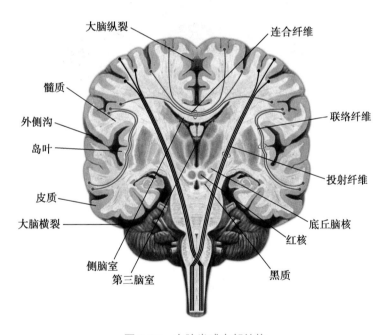

大脑纵裂
连合纤维
髓质
外侧沟
岛叶
联络纤维
投射纤维
皮质
大脑横裂
底丘脑核
红核
侧脑室
第三脑室
黑质

图 9-27 大脑半球内部结构

在着皮质厚度、细胞形态、排列层次和纤维联系等方面的不同。不同的皮质区具有不同的功能,且功能相似的神经元胞体聚集在某些特定的脑区(图 9-28)。

1) **躯体运动区**:也称第 I 躯体运动区,主要位于中央前回和中央旁小叶前部,此区管理对侧半身的骨骼肌运动。身体各部在此区内的局部定位关系像一个倒立的人形(头面部不倒立)。运动区某一局部损伤,可引起对侧半身相应部位的骨骼肌运动障碍。

大脑皮层的运动区对躯体运动的控制具有下列特征:①上下颠倒,但头部正立,中央前回最上部和中央旁小叶前部与下肢、会阴部运动有关,中部与躯干、上肢的运动有关,下部与面、舌、咽、喉的运动有关。②左右交叉支配,即一侧运动区支配对侧肢体的运动,但一些与联合运动有关的肌则受两侧运动区支配,如面上部肌、眼外肌、咽喉肌、咀嚼肌、呼吸肌和会

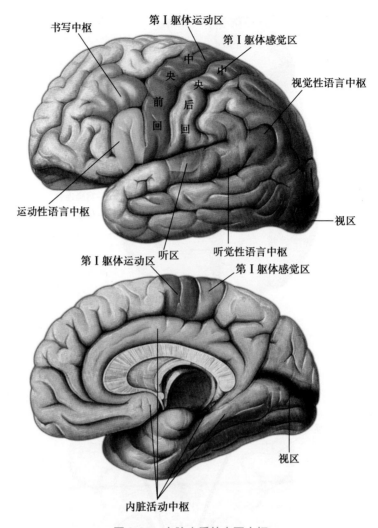

图 9-28　大脑皮质的主要中枢

阴肌等。③机体内执行越精细、越复杂运动的部分,其相应的皮质代表区也越大。如拇指代表区大于躯干。

2) 躯体感觉区:也称为第Ⅰ躯体感觉区,位于中央后回和中央旁小叶后部,接受背侧丘脑腹后核传来的对侧半身的痛觉、温度觉、触觉、压觉以及本体感觉。身体各部投影与躯体运动区相似,其投射特点为:①上下颠倒,但头部正立;②左右交叉管理;③身体感觉敏感的部位在投射区面积大,如手指、唇和舌的投射区大。躯体感觉区某部位受损,可引起对侧半身相应部位的感觉障碍。

人脑在中央前回和岛叶之间存在第二体表感觉区,它能对感觉做比较粗糙的分析,还与痛觉有较密切的关系。体表感觉在第二感觉区内的投射是双侧性的,其分布正立而不倒置,定位也较差。人类在切除第二体表感觉区后,并不产生显著的感觉障碍。

3) 视觉区:位于枕叶内侧面距状沟两侧的皮质。左侧视觉区接受左眼颞侧和右眼鼻侧视网膜传入纤维的投射;右侧视觉区接受右眼颞侧和左眼鼻侧视网膜传入纤维的投射。一侧视觉区受损时出现双眼对侧视野同向性偏盲。

4) 听觉区:位于颞叶的颞横回。听觉投射成双侧性,即一侧听觉区接受双侧耳蜗听觉感受器传来的冲动。故一侧听觉区受损,不会引起全聋。

5) **内脏活动区**:由扣带回、海马旁回、钩及海马和齿状回等共同组成**边缘叶**。边缘叶及其相邻的皮质和皮质下结构(眶回和颞极等皮质区及杏仁体、隔核、上丘脑、丘脑前核群和中脑被盖区等皮质下结构)统称**边缘系统**。边缘系统的功能复杂,主要与内脏活动、情绪行为、生殖活动和记忆活动等有关。

6)**语言区**:人类进行语言表达,依赖于大脑皮质相应的语言中枢。一般认为左侧半球是语言"优势半球",90%以上失语症都是左侧大脑半球损伤的结果。语言区包括说话、听话、阅读和书写四个区。①**说话中枢**(运动性语言中枢):位于额下回后部。此区受损,喉肌不瘫痪,也能发音,但丧失了说话能力,称运动性失语症。②**听话中枢**(听觉性语言中枢):位于颞上回后部,功能是理解别人的语言和监听自己所说的话。此区受损,虽无听觉障碍,但不能理解别人的语言,也不能监听自己的表达,称感觉性失语症。③**阅读中枢**(视觉性语言中枢):位于角回,靠近视觉区。此区损伤患者无视觉障碍,但不能阅读和理解文字符号,称失读症。④**书写中枢**:位于额中回后部。此区受损伤,手虽能运动,但丧失了原有书写文字符号的能力,称失写症。

现在认为,大脑半球在功能上存在着不对称性。语言中枢常集中在一侧大脑半球,称为语言中枢的**优势半球**。一般是指左侧大脑半球,包括习惯用右手的人(右利人)和部分善于用左手的人(左利人)。左半球主要对语言、文字、符号、计算、求同、抽象思维和逻辑思维等起主导作用,就大多数人而言,只有损伤左侧大脑半球,才可能出现语言方面的障碍。而右半球则在具体形象感知、空间定位、实体认知、面貌识别和音乐、美术的欣赏以及情感思维等方面起主导作用。因此,左、右大脑半球在功能上各有优势并实现优势互补。

(2)**基底核**(basal nuclei):为位于大脑半球基底部髓质中的灰质团块,因位置靠近脑底而得名。包括尾状核、豆状核、屏状核和杏仁体等(图9-29)。

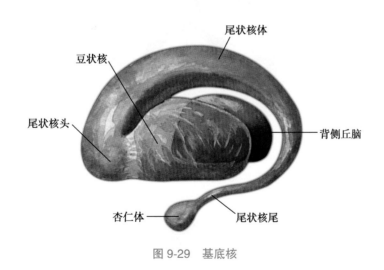

图9-29　基底核

1)**尾状核**:弯曲如弓,从三面环绕豆状核和背侧丘脑。全长都与侧脑室相邻,分为头、体、尾三部,尾部末端连接杏仁体。

2)**豆状核**:位于背侧丘脑的外侧、岛叶深面,在水平切面上呈三角形,底向外侧,尖向内侧。此核被穿行其中的纤维分为内侧、中间和外侧三部。外侧部最大,称壳;内侧的两部分合称**苍白球**。

3)**屏状核**:为位于豆状核与岛叶间的薄层灰质板,其功能不明。

4)**杏仁体**:连于尾状核的末端,属于边缘系统的一部分,其功能与内分泌、内脏活动、行为和情绪活动有关。

纹状体(corpus striatum)由尾状核和豆状核组成。在种系发生上,苍白球较为古老,称

旧纹状体;尾状核和壳发生较晚,称**新纹状体**。纹状体的主要功能是维持骨骼肌的张力和协调肌群的运动,属于锥体外系的重要组成部分,是运动调节中枢。临床上纹状体病变出现两种综合征:一种为运动减少综合征,病变在旧纹状体,表现为肌张力增高、运动减少、表情呆板和静止性震颤,称帕金森病(Parkinson 征);另一种为运动增多综合征,病变在新纹状体,表现为肌张力低下、上肢和头部出现不自主、无目的的运动,称舞蹈病。

(3) **大脑髓质**:位于大脑皮质的深面,由大量的神经纤维构成。纤维可分为三种:①连合纤维:连接左、右大脑半球的横行纤维束(如胼胝体);②联络纤维:联络同侧大脑半球各叶或各脑回的纤维;③投射纤维:连接大脑皮质与皮质下结构的上、下行纤维束。其中重要的结构就是内囊。

内囊(internal capsule):位于尾状核、背侧丘脑与豆状核之间,是投射纤维高度集中的白质区。在大脑水平切面上,左、右略呈 >< 状(图 9-30、图 9-31)。内囊可分为三部分:位于尾状核头和豆状核之间的部分,称内囊前肢;位于豆状核和背侧丘脑之间的部分,称内囊后肢;内囊前、后肢之间的结合部,称内囊膝。

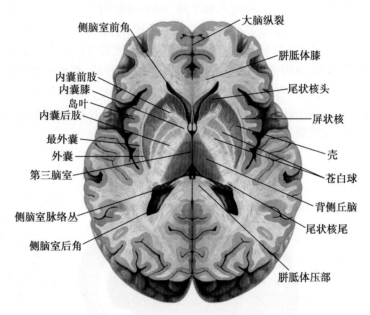

图 9-30 大脑半球水平切面

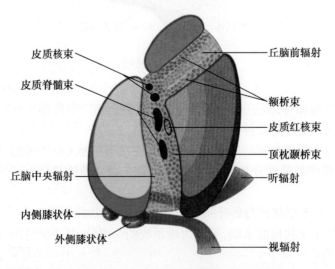

图 9-31 内囊模式图

1）**内囊前肢**：通过前肢的纤维有额桥束、丘脑前辐射。

2）**内囊膝**：皮质核束经此下行，是大脑皮质至脑干支配头颈肌的下行运动纤维。

3）**内囊后肢**：通过后肢的纤维主要有：①皮质脊髓束：是大脑皮质至脊髓，支配躯干四肢肌的下行运动纤维；②丘脑中央辐射：是丘脑腹后核至中央后回和中央旁小叶后部的上行纤维束，传导对侧躯体感觉；③视辐射：是外侧膝状体至视觉区的上行纤维束，传导双眼对侧半视野视觉；④听辐射：是内侧膝状体至颞横回的上行纤维束，传导双耳听觉；此外后肢还有皮质红核束和顶枕颞桥束的纤维通过。

临床常见脑出血大多发生在内囊附近，血肿压迫内囊，造成内囊损伤，从而阻断了投射纤维的传导，出现所谓的三偏综合征。可引起对侧肢体偏瘫（皮质核束、皮质脊髓束受损），偏身感觉障碍（丘脑中央辐射受损）和双眼对侧视野同向性偏盲（视辐射受损）。

（4）**侧脑室**：位于大脑半球内，是左、右对称的腔隙，略呈 C 形，内含脑脊液。左、右侧脑室各自借室间孔与第三脑室相通（图 9-32）。

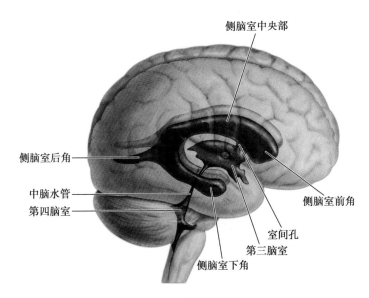

图 9-32　脑室投影图

三、脑和脊髓的被膜、血管及脑脊液循环

（一）脑和脊髓的被膜

脑和脊髓的外面包有三层膜。由外向内依次为硬膜、蛛网膜和软膜。这些被膜对脑和脊髓具有支持和保护作用。

1. **硬膜**　是一层厚而坚韧的结缔组织膜。其包被于脑的部分称硬脑膜；包被于脊髓的部分称硬脊膜。

（1）**硬脊膜**：呈管状包绕脊髓和脊神经根，自椎间孔处变薄延为脊神经的外膜。硬脊膜的上端附于枕骨大孔处的周缘，并与硬脑膜相续。下端自第 2 骶椎以下包裹终丝，末端附于尾骨的背面。硬脊膜与椎管内面骨膜之间有一潜在的腔隙，称**硬膜外隙**（epidural space）。隙内除有脊神经根通过外，还含有淋巴管、静脉丛及大量的脂肪组织。硬膜外隙不与颅内相通，略呈负压。临床上硬膜外麻醉，就是将麻醉药物注入此隙，以阻断神经根的传导（图 9-33）。

（2）**硬脑膜**：厚而坚韧，由外层的颅骨内面骨膜和内层的硬膜合成，两层之间有硬脑膜的神经和血管走行。硬脑膜与颅骨内面骨膜的连接各部不同，在颅盖两者连接较疏松，在颅底两者连接则十分紧密。因而颅底骨折时，易连同硬脑膜及深面的蛛网膜一起撕裂，引起脑脊

脊髓的被膜
立体图

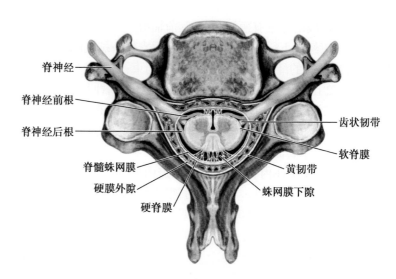

图 9-33　脊髓的被膜

液外漏。颅顶外伤时,则易形成硬膜外血肿。

　　硬脑膜在某些部位,内层折叠形成不同形态的板状结构,伸入大脑的某些裂隙内形成硬脑膜隔(图 9-34)。①**大脑镰**:呈镰刀状,前附于鸡冠,后连于小脑幕,呈矢状位垂直插入大脑纵裂内。②**小脑幕**:呈新月形,横向伸入大脑横裂中。小脑幕前缘游离,呈一弧形切迹,称**小脑幕切迹**,切迹前有中脑通过。当幕上占位性病变致颅内压增高时,两侧大脑海马旁回和钩可挤入小脑幕切迹下方,压迫中脑,形成危及生命的小脑幕切迹疝。

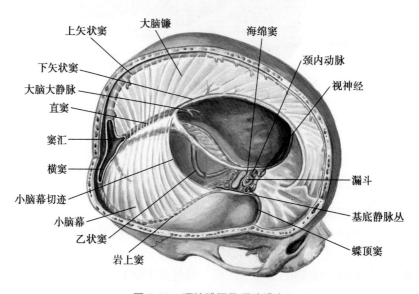

图 9-34　硬脑膜隔及硬脑膜窦

　　硬脑膜在某些部位,两层未愈合,形成含有静脉血的腔隙,这些腔隙称硬脑膜静脉窦。其中较大的窦有:①**上矢状窦**:位于大脑镰的上缘。②**下矢状窦**:位于大脑镰的下缘。③**横窦和乙状窦**:横窦位于小脑幕的后缘,其外侧端向前延续为乙状窦,乙状窦向前下经颈静脉孔续为颈内静脉。④**直窦**:位于大脑镰和小脑幕的连接处。⑤**海绵窦**:位于蝶骨体的两侧,由形似海绵的小血窦相交通而成。海绵窦内有颈内动脉、动眼神经、滑车神经、展神经及三叉神经的分支眼神经通过。因此海绵窦病变时,可波及这些血管、神经而出现相应的临床症状(海绵窦综合征)。⑥**窦汇**:位于横窦、上矢状窦和直窦的连接处。

上矢状窦借贯穿颅骨的导静脉与颅外静脉相通。海绵窦向前经眼静脉与面静脉相交通。因此,颅外感染有可能经上述途径蔓延到颅内。硬脑膜窦的血液流注关系及与颅外静脉的交通途径如图 9-35。

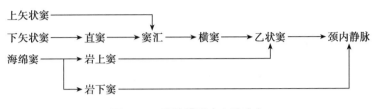

图 9-35 硬脑膜窦内血流方向

2. **蛛网膜** 薄而透明,缺乏血管和神经。蛛网膜与软膜之间的腔隙,称**蛛网膜下隙**(subarachnoid space),内含脑脊液。蛛网膜下隙的某些部分较扩大,称蛛网膜下池。其中位于小脑和延髓之间较大的蛛网膜下池,称**小脑延髓池**;位于脊髓圆锥与第 2 骶椎平面之间的蛛网膜下池,称**终池**。终池内有马尾、终丝和脑脊液,临床抽取脑脊液或注入麻醉药时,常在此处进行穿刺而不伤及脊髓。

蛛网膜在上矢状窦的两侧形成许多细小的突起,突入上矢状窦内,称**蛛网膜粒**。脑脊液通过蛛网膜粒渗入上矢状窦,进入血液。

3. **软膜** 薄而透明,富含血管,分为软脊膜和软脑膜,分别紧贴脊髓和脑的表面,并深入其沟和裂。软脊膜在脊髓圆锥以下形成终丝。

软脑膜的血管,在脑室的某些部位反复分支,形成毛细血管丛。这些毛细血管丛与覆盖在它表面的软脑膜和室管膜上皮(衬于脑室和脊髓中央管壁的一层上皮)共同突入脑室,形成**脉络丛**。脉络丛能产生脑脊液。

(二)脑和脊髓的血管

1. 脊髓的血管

(1) 动脉:脊髓的动脉来自椎动脉、肋间后动脉和腰动脉的分支。椎动脉经枕骨大孔入颅后,发出脊髓前动脉和脊髓后动脉,沿脊髓的表面下降。脊髓前、后动脉在下降的过程中,先后与来自肋间后动脉和腰动脉的分支吻合,并在脊髓的表面形成血管网。由血管网发出分支营养脊髓(图 9-36)。

(2) 静脉:脊髓的静脉与动脉伴行,较动脉多而粗。收集脊髓内的小静脉,最后汇集成脊髓前、后静脉,通过前、后根静脉注入硬膜外隙的椎内静脉丛,再转注入椎外静脉丛返回心。

2. 脑的血管

(1) **脑的动脉**:脑的动脉来源于颈内动脉和椎动脉(图 9-37)。以顶枕沟为界,颈内动脉供应大脑半球前 2/3 和部分间脑。椎动脉供应大脑半球后 1/3、间脑后部、小脑和脑干。两者都发出皮质支和中央支。皮质支供应端脑和小脑的皮质及浅层髓质;中央支供应间脑、基底核及内囊等。

颈内动脉起自颈总动脉,自颈动脉管入颅后,向前穿过海绵窦,至视交叉外侧,发出眼动脉经视神经管入眶,其余分支均布于脑。颈内动脉的主要分支有:

1) **大脑前动脉**:斜经视交叉上方,进入大脑纵裂内,沿胼胝体上方向后行。皮质支分布于顶枕沟以前的半球内侧面、额叶底面和半球上外侧面上缘部分。左、右大脑前动脉进入大脑纵裂前有横行吻合支相连,称**前交通动脉**。在大脑前动脉起始部发出一些细小的中央支穿入脑实质,供应豆状核、尾状核前部和内囊前肢(图 9-38)。

2) **大脑中动脉**:是颈内动脉的直接延续,进入大脑外侧沟向后行,沿途发出皮质支,分布于大脑半球上外侧面大部分(顶枕沟前)和岛叶。其起始处发出一些细小的**中央支**(又称**豆纹动脉**)垂直向上穿入脑实质,分布于尾状核、豆状核、内囊膝和后肢的前部,在动脉硬化和高血压时,这些动脉容易破裂,导致严重的脑出血,因此有出血动脉之称(图 9-39、图 9-40)。

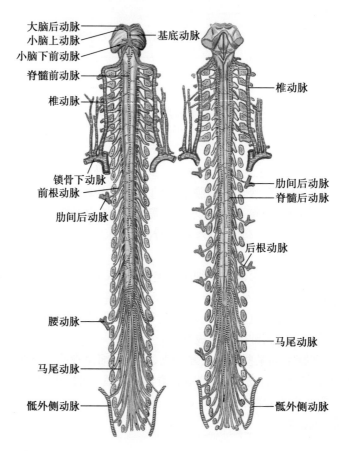

图 9-36　脊髓的动脉

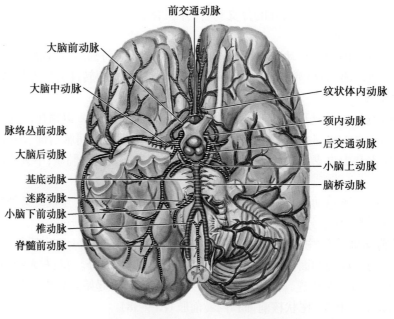

图 9-37　脑底面的动脉

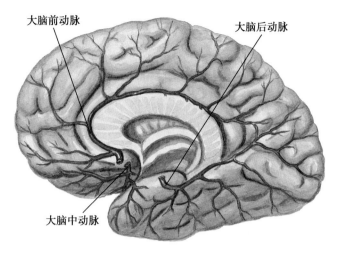

图 9-38 大脑半球内侧面的动脉

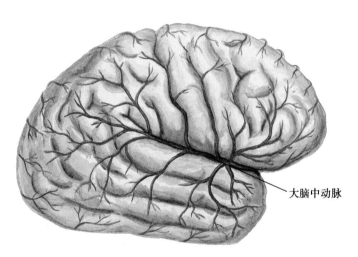

图 9-39 大脑半球上外侧面的动脉

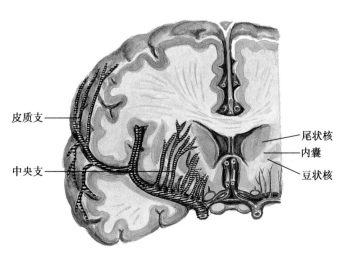

图 9-40 大脑中动脉的皮质支和中央支

大脑中动脉粗大,供血量占大脑半球的80%,其皮质支供应许多重要中枢,如躯体运动、躯体感觉和语言中枢,而中央支又供应内囊等处,一旦栓塞或破裂,都可产生严重的临床症状。

3) 后交通动脉:自颈内动脉发出,向后与大脑后动脉吻合,将颈内动脉系与椎 - 基底动脉系吻合在一起。

椎动脉起自锁骨下动脉,向上依次穿过第6至第1颈椎横突孔,向内弯曲经枕骨大孔入颅腔,沿延髓腹侧上行,至脑桥下缘,左、右椎动脉会合成一条**基底动脉**。基底动脉沿脑桥基底沟上行,至脑桥上缘分为左、右大脑后动脉。

大脑后动脉:是基底动脉的终支,该动脉向外侧绕大脑脚向后,行向颞叶下面,枕叶内侧面。其皮质支分布于颞叶底面、内侧面及枕叶。视觉中枢属此动脉供应范围内。大脑后动脉起始处也发出一组细小的中央支,供应丘脑枕,内、外侧膝状体和下丘脑等处。

椎动脉在合成基底动脉前,还先后发出脊髓前、后动脉和小脑下后动脉,分别营养脊髓、小脑下面后部和延髓。基底动脉沿途发出数支分别营养小脑下面前部、内耳、脑桥和小脑上面等处。

大脑动脉环:又称 Willis 环(图 9-37),围绕在视交叉、灰结节和乳头体的周围,由前交通动脉、大脑前动脉、颈内动脉、后交通动脉和大脑后动脉吻合而成。该环将颈内动脉系与椎 - 基底动脉系相交通,大脑动脉环发育不良者,若其中某一处动脉血流发生障碍,就会发生严重的脑缺血。

(2) 脑的静脉:脑的静脉壁薄无瓣膜,不与动脉伴行,可分浅、深静脉,都注入硬脑膜窦。①浅静脉:浅静脉引流皮质和皮质下的血液,主要有大脑上静脉、大脑中静脉和大脑下静脉。三者相互吻合成网,分别注入上矢状窦、海绵窦和横窦等。②深静脉:收集大脑髓质、基底核、间脑和脑室脉络丛的静脉血,在胼胝体后下方,注入大脑大静脉(Galen 大静脉),再注入直窦。

(三) 脑脊液的产生和循环

脑脊液(cerebral spinal fluid CSF)是一种无色透明的液体,充满于脑室、脊髓中央管和蛛网膜下隙内,对中枢神经系统起缓冲、保护、营养、运输代谢产物以及维持正常颅压的作用。成人总量约 150ml,它处于不断产生、循环和回流的相对平衡状态。正常脑脊液有恒定的化学成分和细胞数,脑的某些疾病可引起脑脊液成分的改变,因此临床上检验脑脊液,可协助诊断。

脑脊液由脑室脉络丛产生(图 9-41)。侧脑室中的脑脊液经室间孔流入第三脑室,汇同第三脑室脉络丛产生的脑脊液,经中脑水管入第四脑室,再汇合第四脑室脉络丛产生的脑脊液,经第四脑室的正中孔和外侧孔进入蛛网膜下隙,最后经蛛网膜粒渗入上矢状窦,流入颈内静脉。如脑脊液循环途径受阻,可引起脑积水而导致颅压升高。脑脊液循环途径如下:

左、右侧脑室 $\xrightarrow{\text{室间孔}}$ 第三脑室 $\xrightarrow{\text{中脑水管}}$ 第四脑室 $\xrightarrow{\text{正中孔、外侧孔}}$ 蛛网膜下隙

$\xrightarrow{\text{蛛网膜粒}}$ 上矢状窦 $\longrightarrow$ 颈内静脉

(四) 血 - 脑屏障

在中枢神经内,毛细血管内的血液与脑组织之间,隔有一层有选择性、通透性作用的结构,这层结构称**血 - 脑屏障**(blood-brain barrier)。血 - 脑屏障的结构是由毛细血管的内皮、内皮细胞之间的紧密连接、毛细血管内皮的基膜和神经胶质细胞突起形成的胶质膜构成(图 9-42)。血 - 脑屏障具有阻止有害物质进入脑组织,维持脑细胞内环境的相对稳定,以实现其生理功能的作用。临床选用药物治疗脑部疾病时,需要考虑其通过血 - 脑屏障的能力,才能达到预期的效果。

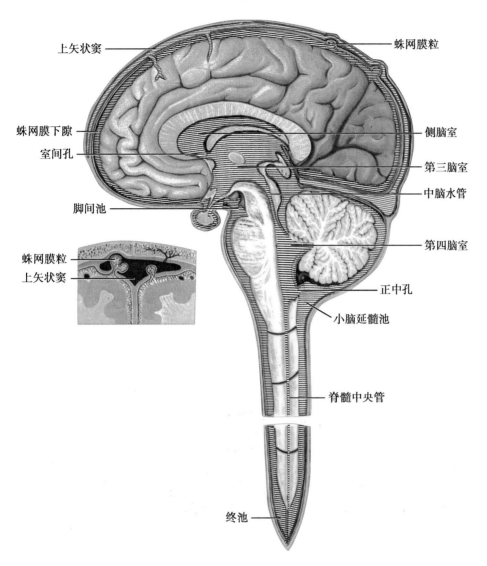

上矢状窦

蛛网膜粒

蛛网膜下隙

室间孔

脚间池

蛛网膜粒

上矢状窦

侧脑室

第三脑室

中脑水管

第四脑室

正中孔

小脑延髓池

脊髓中央管

终池

图 9-41 脑脊液循环模式图

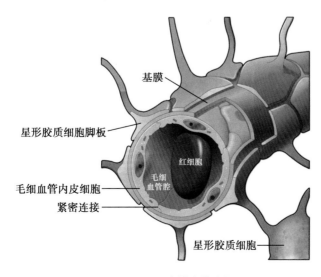

基膜

星形胶质细胞脚板

红细胞

毛细血管内皮细胞

紧密连接

毛细血管腔

星形胶质细胞

图 9-42 血 - 脑屏障模式图

第三节 周围神经系统

周围神经系统是指中枢神经系统以外的神经部分,主要由神经和神经节构成。周围神经的传入纤维把来自各器官的感觉传入中枢,经中枢整合分析后,再通过传出神经发出冲动,反射性的调节各器官的活动。为了叙述方便通常将周围神经分为三部分:与脊髓相连的脊神经,主要分布在躯干和四肢;与脑相连的脑神经,主要分布在头颈部;内脏神经作为脊神经和脑神经的纤维成分,分别与脊髓和脑相连,分布于内脏、心血管和腺体。

一、脊神经

脊神经(spinal nerves),共 31 对。左、右对称,包括颈神经 8 对、胸神经 12 对、腰神经 5 对、骶神经 5 对和尾神经 1 对。每条脊神经借前根和后根与脊髓相连,前、后根均由许多神经纤维构成。前根为运动性纤维,后根为感觉性纤维,两根在椎间孔附近合成脊神经。脊神经后根在近椎间孔处有一膨大,称脊神经节,节内主要由假单极神经元胞体聚集而成(图 9-43)。

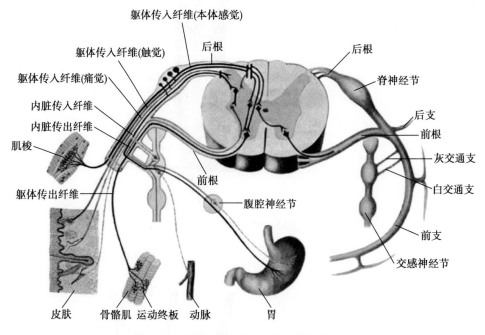

图 9-43 脊神经的组成、分支和分布模式图

每一对脊神经均为混合性神经,含有 4 种纤维成分:①躯体感觉纤维:分布于皮肤、肌、腱和关节,将皮肤的浅感觉和肌、腱和关节的深感觉冲动传入中枢;②内脏感觉纤维:分布于内脏、心血管和腺体,传导这些结构的感觉冲动;③躯体运动纤维:分布于骨骼肌,支配其运动;④内脏运动纤维:分布于内脏、心血管和腺体,支配平滑肌和心肌的运动,控制腺体的分泌。

脊神经在椎间孔内,其前方是椎间盘和椎体,后方是关节突关节的关节囊和黄韧带。当这些结构发生病变时,常可累及脊神经,出现相应区域的感觉或运动障碍。

脊神经干很短,出椎间孔后立即分为前、后两支。后支细短,向后主要布于项背部和腰骶部的深层肌和皮肤。前支较粗大,主要分布于颈部、胸部、腹部和四肢的骨骼肌和皮肤。

脊神经前支除第 2~11 对胸神经前支外,其余脊神经前支都分别相互交织成神经丛。

由神经丛发出分支,分布于各自的分布区域。脊神经的神经丛,包括**颈丛**、**臂丛**、**腰丛**和**骶丛**。

(一) 颈丛

1. 组成和位置　**颈丛**(cervical plexus)由第1~4颈神经前支组成,位于胸锁乳突肌上部的深面。

2. 分支与分布　颈丛的分支分为皮支和肌支两组。

皮支较粗大,位置表浅,由胸锁乳突肌后缘的中点浅出,呈放射状分布于枕部、耳后、颈部和肩部的皮肤,其浅出点为颈部皮肤的阻滞麻醉点(图9-44)。

肌支中最重要的是**膈神经**(phrenic nerve)(C_3~C_5),从前斜角肌上端的外侧浅出,向下达锁骨下动、静脉之间进入胸腔,经肺根前方,心包外侧下降至膈。该神经的运动纤维支配膈,其感觉纤维分布于胸膜及心包。一般认为,右膈神经的感觉纤维还分布于肝、胆囊和肝外胆道等。膈神经受刺激可出现膈肌痉挛产生呃逆,一侧膈神经麻痹时可引起呼吸障碍。

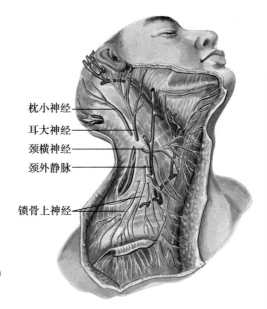

枕小神经
耳大神经
颈横神经
颈外静脉

锁骨上神经

图 9-44　颈丛皮支的分布

(二) 臂丛

1. 组成和位置　**臂丛**(brachial plexus)由第5~8颈神经前支和胸1前支的大部分纤维组成。臂丛的5个根在斜角肌间隙组成内、外、后三束,并从三面包围腋动脉(图9-45)。臂丛的上部位于锁骨下动脉的后方,向外下经锁骨的后方,进入腋窝,其分支布于胸、背部的浅层肌(斜方肌除外),以及上肢肌和皮肤。在锁骨中点后上方,臂丛神经最为集中且位置表浅,是临床臂丛神经阻滞麻醉的常选部位。

2. 分支与分布　臂丛的主要分支有:

(1) **胸长神经**(long thoracic nerve)(C_5~C_7):沿前锯肌表面伴随胸外侧动脉下降,分布于

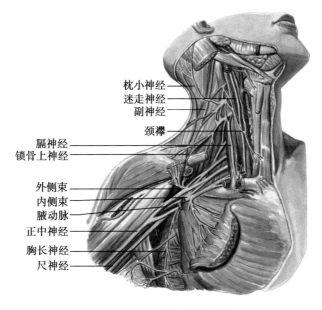

枕小神经
迷走神经
副神经
颈襻

膈神经
锁骨上神经

外侧束
内侧束
腋动脉
正中神经
胸长神经
尺神经

图 9-45　臂丛组成模式图

前锯肌和乳房(图9-45)。此神经受到损伤时,可导致前锯肌瘫痪,出现翼状肩。

(2) **胸背神经**(thoracodorsal nerve)(C_6~C_8):沿肩胛骨外侧缘伴同名血管下降,支配背阔肌(图9-46)。

(3) **肌皮神经**(musculocutaneousnerve)(C_5~C_7):发自外侧束,穿喙肱肌下行于肱二头肌和肱肌之间,沿途发肌支支配上述3肌(图9-46)。在肘关节附近,于肱二头肌腱外侧穿出深筋膜续为前臂外侧皮神经,分布于前臂外侧部的皮肤。该神经主干损伤主要表现为屈肘力减弱,前臂外侧皮肤感觉障碍。

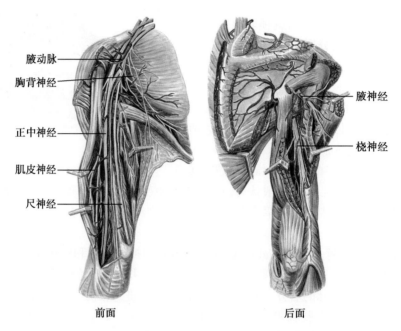

图 9-46   肩部和臂部的神经

(4) **正中神经**(median nerve)(C_6~T_1):由内、外侧束在腋动脉前外侧合成(图9-45~图9-49)。在臂部正中神经与肱动脉伴行,先在肱动脉外侧下行,在喙肱肌止点处经肱动脉浅层或深面转至肱动脉内侧,降至肘窝至前臂正中行于指浅、指深屈肌之间达腕部。穿腕管后至手掌,在掌腱膜深方分出3条**指掌侧总神经**,每条指掌侧总神经至掌骨远端处,分为**指掌侧固有神经**。

正中神经在臂部无分支。在前臂发出的肌支,支配除肱桡肌、尺侧腕屈肌和指深屈肌尺侧半以外的前臂肌前群。在手部,肌支支配第1、2蚓状肌和鱼际肌(拇收肌除外),皮支分布于手掌桡侧部及手掌桡侧3个半指掌面及示指、中指和环指桡侧半中、远节手指背侧面皮肤。

正中神经损伤的表现为屈腕力弱,不能旋前,拇指、示指、中指不能屈曲,拇指不能对掌,鱼际肌萎缩,手掌平坦,称为猿手。手掌桡侧半,桡侧三个半手指掌面及示指、中指和环指桡侧半中、远节手背侧面皮肤感觉障碍(图9-49)。

(5) **尺神经**(ulnar nerve)(C_8~T_1):发自内侧束,伴肱动脉下行,至臂中部离开肱动脉行向后下,绕肱骨内上髁后下方的尺神经沟至前臂,在尺侧腕屈肌和指深屈肌之间,伴尺动脉内侧下行经腕入手掌(图9-45~图9-49)。

尺神经在前臂上部发出肌支,支配尺侧腕屈肌和指深屈肌尺侧半。在手部,肌支支配小鱼际肌、拇收肌、骨间肌和第3、4蚓状肌,皮支在手背分布于手背尺侧半和尺侧2个半指背皮肤。在手掌分布于小鱼际区及尺侧1个半手指掌面皮肤。

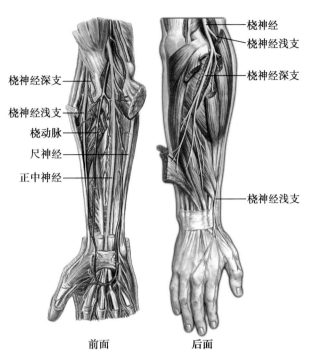

前面　　　后面

图 9-47　前臂的神经

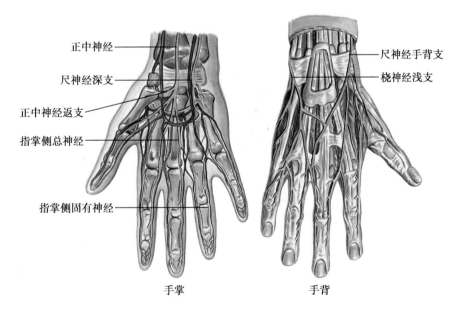

手掌　　　手背

图 9-48　手掌与手背的神经分布

猿手(正中神经损伤)

枪手(正中神经损伤)

爪形手(尺神经损伤)

垂腕征(桡神经损伤)

图 9-49　正中神经、尺神经、桡神经损伤时的病理手形

肱骨内上髁骨折和肘关节脱位常伴尺神经损伤,表现为屈腕力弱,小指运动受限,不能屈掌指关节,拇指不能内收,各指的内收与外展运动丧失、小鱼际平坦,表现为爪形手。同时,小鱼际区及尺侧1个半手指掌面皮肤及手背尺侧半和尺侧两个半指背皮肤感觉障碍。

(6) **桡神经**(radial nerve)($C_5 \sim T_1$):发自后束,行于肱三头肌长头与内侧头之间,经桡神经沟向外至肱骨外上髁上方,随即分浅、深两支。浅支为皮支,分布于手背桡侧半和桡侧2个半手指近节背面皮肤(图9-45~图9-49)。深支主要为肌支,支配肱三头肌、肱桡肌和前臂肌后群。在腋窝处发出皮支,分布于臂背面和前臂背面皮肤。

肱骨中段骨折易伤及桡神经,表现为前臂伸肌瘫痪,桡腕关节不能伸,呈垂腕状态,并伴有前臂背面和手背面桡侧半皮肤感觉障碍。

(7) **腋神经**(axillary nerve)($C_5 \sim C_6$):起自后束,绕肱骨外科颈至三角肌深面,分支支配三角肌、小圆肌及分布于肩部、臂上1/3外侧部皮肤(图9-46)。

肱骨外科颈骨折、肩关节脱位及腋杖不适可伤及该神经,表现为三角肌瘫痪,呈方肩,臂不能外展,三角肌区皮肤感觉障碍。

(三)胸神经前支

胸神经前支(anterior branch of the thoracic nerve)共12对,除第1对和第12对的部分纤维,分别参与臂丛和腰丛的组成外,其余均不形成神经丛。第1~11对胸神经前支,各自行于相应的肋间隙内,称**肋间神经**。第12胸神经的前支,行于第12肋下缘,故称**肋下神经**(图9-50)。

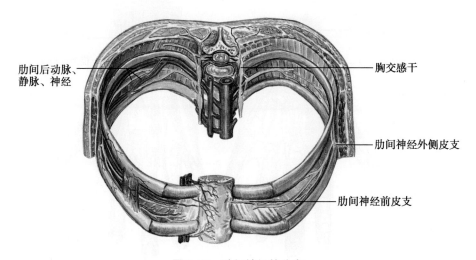

图9-50 肋间神经的分布

胸神经的肌支支配肋间肌和腹肌的前外侧群,皮支分布于胸、腹部的皮肤以及胸膜和腹膜壁层。

胸神经皮支在胸、腹壁的分布有明显的阶段性,呈环带状分布。其规律是:第2胸神经分布于胸骨角平面;第4胸神经分布于乳头平面;第6胸神经分布于剑突平面;第8胸神经分布于肋弓平面;第10胸神经分布于脐平面;第12胸神经分布于脐与耻骨联合上缘连线中点平面。了解这种分布规律,有利于脊髓疾病的定位诊断。

(四)腰丛

1. 组成和位置 **腰丛**(lumbar plexus)位于腰大肌的深面,由第12胸神经前支的一部分和第1~3腰神经前支和第4腰神经前支的一部分组成(图9-51)。第4腰神经的其余部分和第5腰神经前支,共同组成腰骶干,加入骶丛。

胸神经前支的节段性分布

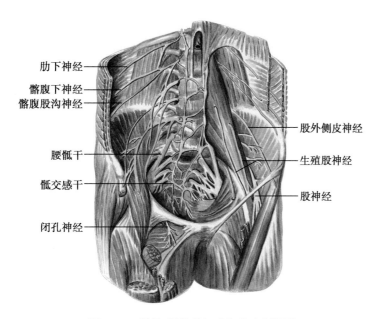

图 9-51 腰丛、骶丛的组成和分支（前面）

肋下神经
髂腹下神经
髂腹股沟神经
腰骶干
骶交感干
闭孔神经
股外侧皮神经
生殖股神经
股神经

2. 分支与分布 **腰丛**除发出短小分支,分布于髂腰肌和腰方肌之外,还发出下列分支布于大腿的前部和内侧部,以及腹股沟区(图 9-52)。

(1) **髂腹下神经**(iliohypogastricnerve)(T_{12}~L_1):穿出腰大肌外侧缘,沿腰方肌和肾之间行向外下方。皮支分布于腹股沟区附近的皮肤,肌支支配腹壁诸肌。

(2) **髂腹股沟神经**(ilioinguinal nerve)(L_1):在髂腹下神经的下方基本与之并行。皮支分布阴囊或大阴唇、腹股沟区附近的皮肤,肌支支配腹壁诸肌。

(3) **生殖股神经**(genitofemoral nerve)(L_1、L_2):自腰大肌前面穿出并下降,在腹股沟韧带上方分为生殖支和股支。**生殖支**进入腹股沟管,分布于提睾肌(子宫圆韧带)和阴囊(阴唇)皮肤;**股支**分布于腹股沟韧带下方隐静脉裂孔附近的皮肤。

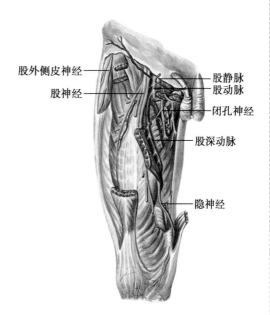

股外侧皮神经
股神经
股静脉
股动脉
闭孔神经
股深动脉
隐神经

图 9-52 大腿前内面的神经

(4) **股外侧皮神经**(lateral femoral cutaneus nerve)(L_2、L_3):出腰大肌外侧缘,经腹股沟韧带深面入股部,分布于大腿外侧部的皮肤。

(5) **股神经**(femoral nerve)(L_2~L_4):是腰丛最大分支,在腰大肌与髂肌之间下行。经腹股沟韧带深面,股动脉外侧进入股三角,分布于大腿前群肌和大腿前面的皮肤。股神经的皮支,称隐神经,伴大隐静脉下行至足的内侧缘,分布于小腿内侧面和足内侧缘的皮肤。

股神经损伤时可出现屈髋无力,不能屈膝,膝跳反射消失,大腿前面、小腿内侧面和足背内侧缘的皮肤感觉障碍。

(6) **闭孔神经**(obturator nerve)(L_2~L_4):在腰大肌内侧缘处浅出,沿小骨盆侧壁前行,经闭孔出骨盆,分前、后两支,支配大腿内收肌群和大腿内侧的皮肤。闭孔神经损伤后,除股内侧皮肤感觉障碍外,股内收肌群瘫痪,大腿不能内收,即坐位时患肢放在健肢上有困难。

(五)骶丛

1. 组成和位置　**骶丛**(sacral plexus)由腰骶干和全部骶、尾神经前支组成(图9-51)。位于盆腔内,骶骨和梨状肌的前方。

2. 分支及分布　骶丛的分支布于盆壁、会阴、臀部、股后部、小腿和足。有以下几个重要分支(图9-53)。

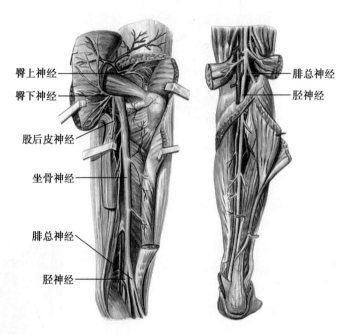

图 9-53　下肢后面的神经

(1) **臀上神经**(superior gluteal nerve)($L_4 \sim S_1$):伴臀上动、静脉经梨状肌上孔出骨盆,行于臀中、小肌之间,支配臀中、小肌和阔筋膜张肌。

(2) **臀下神经**(inferior gluteal nerve)($L_5 \sim S_1$):伴臀下动、静脉经梨状肌下孔出骨盆,支配臀大肌。

(3) **阴部神经**(pudendal nerve)($S_2 \sim S_4$):伴阴部内动、静脉经梨状肌下孔出骨盆,绕过坐骨棘,进入坐骨肛门窝,向前分布于会阴部、外生殖器及肛门周围的肌和皮肤。

(4) **股后皮神经**(posterior femoral cutaneous nerve)($S_1 \sim S_3$):出梨状肌下孔,至臀大肌下缘浅出,沿股后正中线到腘窝分布于臀区、大腿后部和腘窝的皮肤。

(5) **坐骨神经**(sciatic nerve)($L_4 \sim S_3$):是全身最粗大的神经,自梨状肌下孔出骨盆,位于臀大肌的深面,经股骨大转子和坐骨结节之间连线中点下降,在大腿后面行于股二头肌长头的深面,达腘窝上角处分为**胫神经**和**腓总神经**。该神经是大腿肌后群、小腿肌和足底肌的运动神经,也是小腿和足的重要感觉神经(图9-53)。

坐骨结节和股骨大转子连线的中点到股骨内、外侧髁之间中点的连线,为坐骨神经的体表投影,坐骨神经痛时,在此投影线上有压痛。

1) **胫神经**(tibial nerve):沿腘窝的中线下降,在小腿比目鱼肌深面伴胫后动脉下行,经内踝后方进入足底,分为足底内侧神经和足底外侧神经。肌支支配小腿肌后群和足底肌,皮支分布于小腿后面、足底和足外侧缘的皮肤(图9-53、图9-54)。胫神经损伤时,足不能跖屈,内

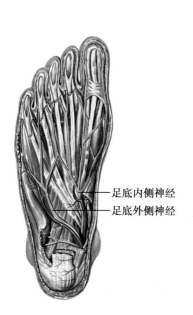

图 9-54　足底的神经

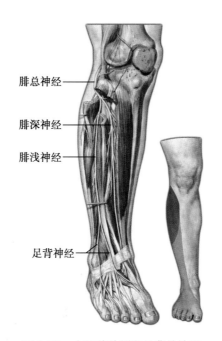

腓总神经

腓深神经

腓浅神经

足背神经

图 9-55　小腿前外侧和足背的神经

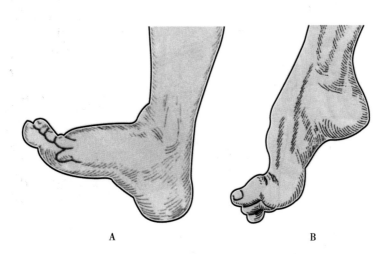

A　　　　　　　　　　　　　　　B

图 9-56　胫神经和腓总神经损伤后的病理性足形
A. 钩状足；B. 马蹄内翻足

翻力弱呈现钩状足,小腿后面和足底皮肤感觉迟钝或丧失(图 9-56)。

　　2）**腓总神经**(common peroneal nerve):沿股二头肌内侧缘行向外下,绕至腓骨头的外下方,分为腓浅神经和腓深神经(图 9-55)。

　　腓浅神经(superficial peroneal nerve)下行于腓骨长、短肌之间,并支配这 2 块肌。其主干于小腿中、下 1/3 交界处浅出于皮下,分布于小腿前外侧面、足背及第 2~5 趾背面相对缘皮肤。

　　腓深神经(deep peroneal nerve)在小腿肌前群深面,伴胫前动脉下降,支配小腿肌前群和足背肌,末支分布于第 1~2 趾背面相对缘皮肤。

　　腓总神经在腓骨头的下方位置表浅,容易受损伤。腓总神经损伤后,由于小腿肌前群和外侧群瘫痪,表现为足不能屈背、外翻和伸趾,足呈马蹄内翻足,小腿外侧、足背及趾背皮肤感觉迟钝或消失(图 9-56)。

二、脑神经

脑神经(cranial nerves)是连于脑的周围神经,共 12 对(图 9-57、图 9-58),一般用罗马数字表示其顺序:Ⅰ嗅神经、Ⅱ视神经、Ⅲ动眼神经、Ⅳ滑车神经、Ⅴ三叉神经、Ⅵ展神经、Ⅶ面神经、Ⅷ前庭蜗神经、Ⅸ舌咽神经、Ⅹ迷走神经、Ⅺ副神经、Ⅻ舌下神经。脑神经主要分布于头颈部,其中迷走神经主要分布于胸腔和腹腔器官。

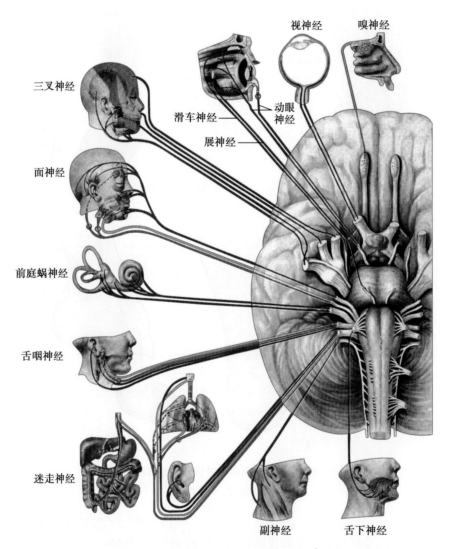

图 9-57　脑神经概观

脑神经和脊神经一样,其中含有 4 种神经纤维,即躯体感觉纤维,内脏感觉纤维,躯体运动纤维和内脏运动纤维。其中内脏运动纤维均属副交感成分,仅存在于第Ⅲ、Ⅶ、Ⅸ、Ⅹ对脑神经中。每对脑神经内所含神经纤维种类,少者 1 类,多者 3~4 类,故根据脑神经所含神经纤维的性质不同,将 12 对脑神经分为:①**感觉性神经**:Ⅰ、Ⅱ、Ⅷ对脑神经。②**运动性神经**:Ⅲ、Ⅳ、Ⅵ、Ⅺ、Ⅻ对脑神经。③**混合性神经**:Ⅴ、Ⅶ、Ⅸ、Ⅹ对脑神经。

(一)嗅神经

嗅神经(olfactory nerve)为感觉性神经。起自鼻黏膜嗅区内的嗅细胞,其轴突组成嗅丝,向上穿过筛板入颅腔,终于嗅球,传导嗅觉。

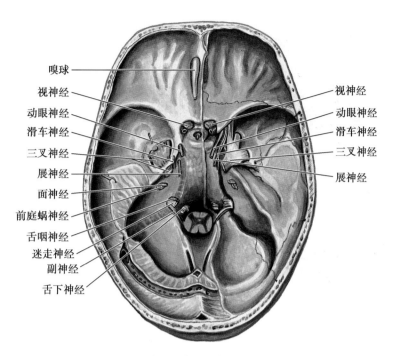

图 9-58 脑神经进出颅腔部位（颅底内面观）

（二）视神经

视神经（optic nerve）为感觉性神经。它的纤维由视网膜节细胞轴突组成。视神经离开眼球后，行于眶内，向后经视神经管入颅腔，连于视交叉，传导视觉冲动。

（三）动眼神经

动眼神经（oculomotor nerve）为运动性神经。包括来自动眼神经核的躯体运动纤维和来自动眼神经副核的内脏运动（副交感）纤维。动眼神经自中脑的脚间窝出脑，经海绵窦外侧壁向前，穿眶上裂进入眶内（图 9-59）。躯体运动纤维支配除外直肌和上斜肌以外的所有眼球外肌；内脏运动纤维支配瞳孔括约肌和睫状肌。动眼神经损伤时，上述诸肌瘫痪，可出现眼睑下垂、眼外斜视、瞳孔散大及瞳孔对光反射消失等症状。

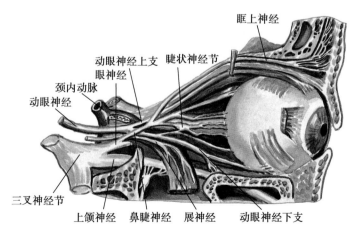

图 9-59 眶内的神经（侧面观）

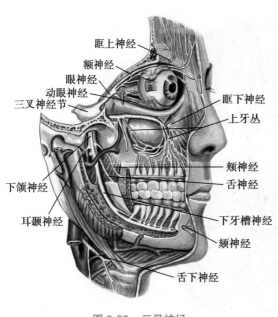

眶上神经
额神经
眼神经
动眼神经
三叉神经节
眶下神经
下颌神经
上牙丛
颊神经
舌神经
耳颞神经
下牙槽神经
颏神经
舌下神经

图 9-60 三叉神经

(四)滑车神经

滑车神经(trochlear nerve)为运动性神经,自中脑下丘的下方出脑,绕大脑脚外侧,向前穿过海绵窦,经眶上裂入眶,支配上斜肌。滑车神经损伤,可致眼球不能转向外下方,出现复视。

(五)三叉神经

三叉神经(trigeminal nerve)含有躯体感觉和躯体运动两种纤维:①躯体感觉纤维:胞体位于三叉神经节内。三叉神经节又称半月神经节,位于颞骨岩部的三叉神经压迹处,其周围突组成三叉神经的三大分支:眼神经、上颌神经和下颌神经(图9-60)。分布于面部皮肤、眼球、口腔、鼻腔、鼻窦的黏膜、牙和脑膜等处,传导痛觉、温度觉、触觉和压觉等感觉;中枢突汇集成粗大的三叉神经感觉根,自脑桥基底部和小脑中脚交界处入脑干,止于三叉神经感觉核。②躯体运动纤维:起自三叉神经运动核,纤维组成细小的三叉神经运动根,行于感觉根的前内侧,加入下颌神经,支配咀嚼肌等。

1. **眼神经**(ophthalmic nerve) 为感觉性神经。经眶上裂入眶,分三支:

(1)额神经:在上睑提肌的上方前行,主干较为粗大,在眶中发出分支,其中经眶上切迹(或眶上孔)出眶者称为眶上神经,分布于上睑内侧部和额顶部皮肤。

(2)泪腺神经:沿外直肌上缘前行至泪腺,分布于泪腺、结膜和上睑外侧部皮肤。

(3)鼻睫神经:在上直肌的深面,越过视神经的上方达眶内侧壁,分布于眼球壁、泪囊、鼻腔黏膜和鼻背皮肤。

2. **上颌神经**(maxillary nerve) 为感觉性神经,经圆孔出颅后,穿眶下裂入眶,分支如下:

(1)眶下神经:为上颌神经的终支,通过眶下沟向前穿眶下管,出眶下孔到面部,分支分布下睑、外鼻和上唇的皮肤。

(2)神经节支:即翼腭神经,连于上颌神经与翼腭神经节之间,为2~3支细短的神经,分支分布于鼻腔、腭和咽壁的黏膜。

(3)上牙槽神经:在翼腭窝自上颌神经发出后,分为前、中、后3支,穿上颌骨体后面进入牙槽骨质,3支在上牙槽骨质内吻合,形成上牙丛神经丝,分支分布于上颌窦、上颌各牙和牙龈。

3. **下颌神经**(mandibular nerve) 为混合性神经,经卵圆孔出颅,立即分为数支。其中运动纤维支配咀嚼肌;感觉纤维布于颞部、耳前、口裂以下皮肤、口腔底和舌前2/3黏膜以及下颌诸牙和牙龈。下颌神经最大分支是**下牙槽神经**,其感觉纤维经下颌孔入下颌管。在管内发出众多小支,布于下颌诸牙、牙周膜、牙龈和牙槽骨。下牙槽神经的终支自颏孔穿出,称**颏神经**,分布于下唇和颏部皮肤(图9-61、图9-62)。

三叉神经损伤,可因损伤部位的不同而有不同表现:三叉神经节以上受损时,可出现头面部及舌的一般感觉障碍,角膜反射消失,患侧咀嚼肌瘫痪、萎缩,张口时下颌偏向患侧;三叉神经节以下受损时,可出现各支单独损伤的症状;眼神经损伤时,出现患侧睑裂以上感觉障碍,角膜反射消失;上颌神经损伤时可致患侧下睑及上唇间皮肤、上颌牙齿、牙龈与硬腭黏膜感觉障碍;下颌神经损伤时可致患侧下颌牙齿、牙龈及舌前2/3和下颌皮肤的一般感觉障

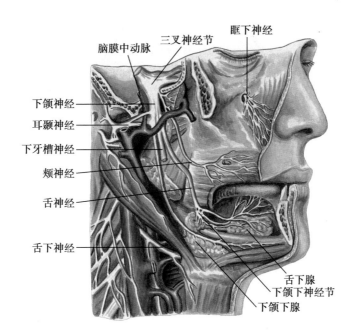

图 9-61 下颌神经

碍,并有患侧咀嚼肌运动障碍。

(六) 展神经

展神经（abducent nerve）为运动性神经。自延髓脑桥沟中线两侧出脑,向前经眶上裂入眶,支配眼外直肌（图 9-59）。一侧展神经损伤时,患侧眼内斜视。

(七) 面神经

面神经（facial nerve）含有四种纤维成分:①躯体运动纤维:起自脑桥的面神经核,主要支配面肌;②内脏运动（副交感）纤维:起自脑桥的上泌涎核,换元后的节后纤维控制泪腺、下颌下腺和舌下腺等分泌;③内脏感觉（味觉）纤维:分布于舌前 2/3 味蕾,传导味觉至孤束核上部;④躯体感觉纤维:传导耳部皮肤的躯体感觉和面肌的本体感觉。

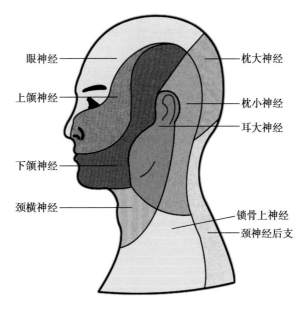

图 9-62 三叉神经皮支分布区

面神经在展神经外侧出延髓脑桥沟后进入内耳门,经内耳道底进入面神经管,由茎乳孔出颅后,主干前行进入腮腺实质,在腮腺内分为数支并相互交织成丛,呈放射状出腮腺前缘,分为 5 支,即颞支、颧支、颊支、下颌缘支和颈支,分支支配面肌和颈阔肌（图 9-63）。

在面神经管的起始弯曲部有膨大的膝神经节,此节由内脏感觉神经元胞体组成。面神经在面神经管内主要分支:

1. **鼓索**（chorda tympani） 是面神经的重要分支,在面神经出茎乳孔前发出,由面神经管进入鼓室后继续前行至颞下窝,从后侧加入舌神经中。鼓索含有两种纤维:内脏感觉（味觉）纤维随舌神经分布于舌前 2/3 的味蕾,传导味觉;内脏运动（副交感）纤维在下颌下神经节换神经元,节后纤维支配舌下腺和下颌下腺的分泌。**下颌下神经节**为副交感神经节,位于下颌

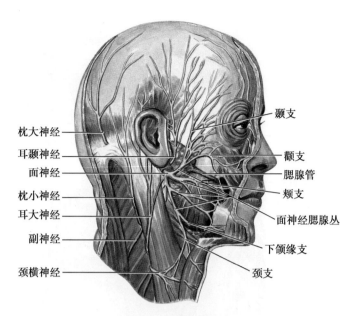

枕大神经
耳颞神经
面神经
枕小神经
耳大神经
副神经
颈横神经

颞支
颧支
腮腺管
颊支
面神经腮腺丛
下颌缘支
颈支

图 9-63　面神经在面部的分支

下腺和舌神经之间。

2. **岩大神经**（greater petrosal nerve）　含内脏运动（副交感）纤维。它自膝神经节处离开面神经，至翼腭窝进入翼腭神经节，在节内更换神经元，节后纤维分布于泪腺和鼻、腭部的黏液腺，支配腺体的分泌活动。**翼腭神经节**为副交感神经节，位于翼腭窝内，上颌神经的下方。

3. **镫骨肌神经**（stapedial nerve）　支配镫骨肌。

根据面神经行程，因损伤部位不同。可出现不同的临床表现：①面神经管外损伤：主要是患侧面肌瘫痪，表现为患侧额纹消失、不能闭眼皱眉、鼻唇沟变浅、口角偏向健侧，不能做吹口哨动作；②面神经管内损伤：除上述表现外，还伴有患侧舌前 2/3 的味觉障碍，甚至出现同侧舌下腺和下颌下腺分泌障碍。

（八）前庭蜗神经

前庭蜗神经（vestibulocochlear nerve）为感觉性神经，由前庭神经和蜗神经组成（图 9-64）。

1. **前庭神经**（vestibulocochlear nerve）：感觉神经元胞体位于内耳道底附近的前庭神经节

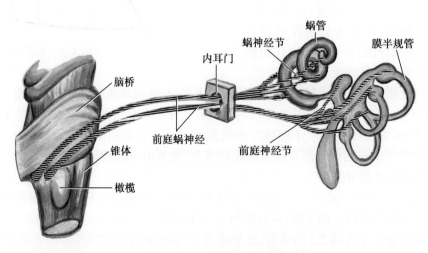

蜗管
蜗神经节
内耳门
膜半规管
脑桥
前庭蜗神经
前庭神经节
锥体
橄榄

图 9-64　前庭蜗神经模式图

笔记

内,为双极神经元。其周围突分布于内耳的壶腹嵴、椭圆囊斑和球囊斑;中枢突聚集成前庭神经,伴蜗神经出内耳门,止于脑桥的前庭神经核。前庭神经传导头部位置觉神经冲动。

2. **蜗神经**(cochlear nerve):感觉神经元胞体位于内耳蜗轴内的蜗神经节内,也是双极神经元,其周围突分布于内耳的螺旋器;中枢突在内耳道聚集成蜗神经,出内耳门进入颅后窝,在延髓脑桥沟外侧部入脑,到达脑桥蜗神经核。蜗神经传导听觉神经冲动。

(九) 舌咽神经

舌咽神经(glossopharyngeal nerve)含有四种纤维成分:①躯体运动纤维:起自疑核,支配茎突咽肌;②内脏运动(副交感)纤维:发自下泌涎核,在卵圆孔下方的耳神经节内交换神经元,节后纤维控制腮腺的分泌;③躯体感觉纤维:胞体位于上神经节,其周围突分布于耳后皮肤,中枢突至三叉神经脊束核;④内脏感觉纤维:胞体位于下神经节,其周围突分布于舌后1/3的味蕾及黏膜、咽、咽鼓管、鼓室的黏膜以及颈动脉窦和颈动脉小球等,中枢突至孤束核下部。舌咽神经的根丝连于延髓侧面与迷走神经和副神经三者经颈静脉孔出颅。在此孔内外,神经干上有上神经节和下神经节。舌咽神经出颅后在颈内动、静脉之间下行,经舌骨舌肌深面至舌根。其分支分布如下(图9-65):

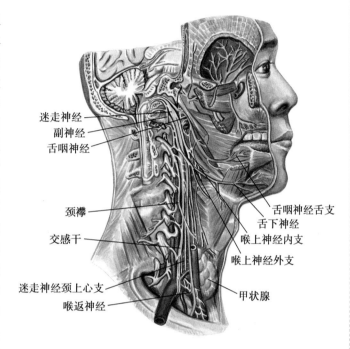

图 9-65　舌咽神经、迷走神经、副神经和舌下神经

1. **鼓室神经**(tympanic nerve)　起自下神经节,其中所含的副交感节前神经纤维进入鼓室,参与形成鼓室丛,自该丛发出的岩小神经进入耳神经节更换神经元,其节后纤维分布于腮腺,支配腮腺的分泌活动。

2. **颈动脉窦支**(carotid sinus branch)　在颈静脉孔下方发出1~2支,分布于颈动脉窦和颈动脉小球,反射性地调节血压和呼吸。

3. **舌支**(lingual branch)　是舌咽神经的终支,位于舌咽神经的上方,在舌骨舌肌深面分支分布于舌后1/3的味蕾及黏膜,传导一般感觉和味觉。

舌咽神经损伤时,可出现患侧舌后1/3味觉丧失和舌根与咽峡区痛觉障碍,以及患侧咽肌肌力减弱。

(十) 迷走神经

迷走神经(vagus nerve)是脑神经中行程最长、分布范围最广的神经。含有四种纤维成分。①躯体运动纤维:发自疑核,支配咽喉肌;②内脏运动(副交感)纤维:起自迷走神经背核,至器官旁或壁内的副交感神经节换神经元,节后纤维分布于颈、胸、腹部的器官,控制心肌、平滑肌和腺体的活动;③躯体感觉纤维:胞体位于上神经节,其周围突分布于硬脑膜、耳廓和外耳道皮肤,中枢突终止于三叉神经脊束核;④内脏感觉纤维:胞体位于下神经节,其周围突伴随内脏运动纤维分布,中枢突终止孤束核。

迷走神经连于延髓橄榄的后方,与舌咽神经及副神经一起经颈静脉孔出颅腔,进入颈部的颈动脉鞘内,下行于颈内、颈总动脉与颈内静脉之间的后方,经胸廓上口入胸腔。左、右迷走神经在下降的行程中略有不同:左迷走神经于左颈总动脉与左锁骨下动脉之间下降,越过主动脉弓的前面,经左肺根的后方下行至食管前面分出若干细支,构成**左肺丛**和**食管前丛**,并在食管下端延续为**迷走神经前干**;右迷走神经在右锁骨下动、静脉之间,沿气管右侧下行,在右肺根的后方转至食管后面分出若干细支,构成**右肺丛**和**食管后丛**,向下延续成**迷走神经后干**。迷走神经前、后干向下与食管一起穿膈的食管裂孔进入腹腔。

1. 颈部的分支　迷走神经在颈部发出**脑膜支**、**耳支**、**颈心支**和**咽支**,分别分布于硬脑膜、耳廓后面、外耳道的皮肤以及咽部和心。其主要分支为喉上神经。

喉上神经来自下神经节,在迷走神经出颅处发出分支,于舌骨大角处分为内、外两支,内支伴喉上动脉穿甲状舌骨膜入喉,分布于声门裂以上喉黏膜;外支支配环甲肌。

2. 胸部的分支

(1) **喉返神经**:左喉返神经发自左迷走神经,位置较低,从前向后绕主动脉弓返回颈部;右喉返神经发自右迷走神经,发出部位较高,由前向后绕过右锁骨下动脉;左、右喉返神经向上,行于气管和食管间的沟内,其末支称**喉下神经**。在甲状腺侧叶深面环甲关节后方入喉,其感觉纤维分布于声门裂以下的喉黏膜。运动纤维支配除环甲肌以外的所有喉肌。

喉返神经在入喉前与甲状腺下动脉相交叉。在甲状腺手术时,钳夹或结扎甲状腺下动脉时,应注意保护喉返神经,以免引起喉肌麻痹,导致声音嘶哑或呼吸困难(图9-66、图9-67)。

(2) **支气管支**和**食管支**:是迷走神经在胸部发出的数条小支,含有一般内脏运动和一般内脏感觉纤维,分别加入肺丛和食管丛。

3. 腹部的分支

(1) **胃前支**:为迷走神经前干的终支之一,沿胃小弯分布于胃前壁、幽门及十二指肠上部和胰头。

(2) **肝支**:为迷走神经前干的另一终支,随肝动脉分支走行,分布于肝、胆囊和胆道。

(3) **胃后支**:为迷走神经后干的终支,分出多支,分布于胃的后壁。

(4) **腹腔支**:为迷走神经后干的另一终支,此支向后参加腹腔丛,并与交感神

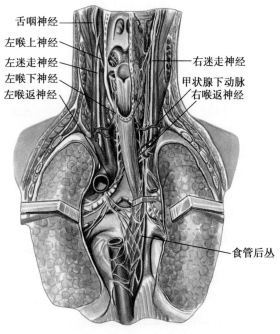

图 9-66　迷走神经在颈、胸部的行程(后面观)

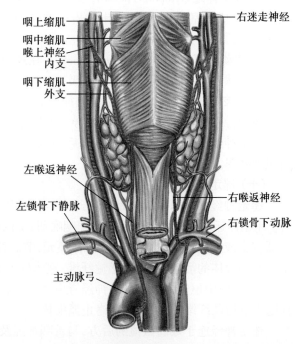

图 9-67　喉上神经和喉返神经后面观

经纤维伴行,分支分布于肝、胆、胰、脾、肾、肾上腺以及结肠左曲以上的消化管。

(十一) 副神经

副神经(accessory nerve)为运动性神经,自迷走神经根下方出延髓,经颈静脉孔出颅,出颅后分内、外两支:内支加入迷走神经支配咽喉肌;外支较粗,支配胸锁乳突肌和斜方肌。副神经损伤后,发生斜颈和抬肩困难(图9-65)。

(十二) 舌下神经

舌下神经(hypoglossal nerve)为运动性神经,自延髓前外侧沟发出,经舌下神经管出颅,分支支配舌内肌,茎突舌骨肌,舌骨舌肌和颏舌肌(图9-65)。一侧舌下神经损伤时,患侧颏舌肌瘫痪,故伸舌时,舌尖偏向患侧。

与脑神经有关的神经核、纤维成分、分布和损伤后的表现,见(表9-3)。

表 9-3　脑神经概要

脑神经	脑神经核名称	连脑部位	出入颅部位	分布范围	损伤后主要表现
Ⅰ嗅神经		嗅球	筛孔	嗅黏膜	嗅觉障碍
Ⅱ视神经		外侧膝状体	视神经孔	视网膜	视觉障碍
Ⅲ动眼神经	动眼神经核(运) 动眼神经副核(副)	脚间窝	眶上裂	上、下、内直肌,下斜肌,上睑提肌 睫状肌及瞳孔括约肌 上斜肌	眼向外下斜视 上睑下垂 对光反射消失
Ⅳ滑车神经	滑车神经核(运)	下丘下方	眶上裂 眼神经:眶上裂	额、顶部及颜面部皮肤、眼球及眶内结构,口、鼻黏膜、舌前2/3黏膜、牙及牙龈	眼不能向外下斜视
Ⅴ三叉神经	三叉神经运动核(感) 三叉神经中脑核(感) 三叉神经脑桥核(感) 三叉神经脊束核(运)	脑桥基底部与小脑中脚交界处	上颌神经;圆孔 下颌神经:卵圆孔	咀嚼肌	头面部皮肤、口鼻腔黏膜感觉障碍,咀嚼肌瘫痪,张口时下颌偏向患侧,角膜反射消失
Ⅵ展神经	展神经核(运)	延髓脑桥沟锥体上方	眶上裂	外直肌	眼球不能向外转(眼内斜视)
Ⅶ面神经	面神经核(运) 上泌涎核(副) 孤束核(感)	延髓脑桥沟展神经根外侧	内耳门→内耳道→面神经管→茎乳孔	面肌、颈阔肌 泪腺、下颌下腺、舌下腺、鼻腔及腭腺体 舌前2/3黏膜的味蕾	表情肌瘫痪,额纹消失,口角歪向健侧,眼睑不能闭合,分泌障碍、角膜干燥、患侧舌前2/3味觉障碍
Ⅷ前庭蜗神经	蜗神经核(感) 前庭神经核(感)	延髓脑桥沟面神经根外侧	内耳门	螺旋器 壶腹嵴 球囊斑及椭圆囊斑	听力下降 眩晕、眼球震颤。
Ⅸ舌咽神经	疑核(运) 下泌涎核(副) 孤束核(感) 三叉神经脊束核(感)	延髓橄榄后沟上部	颈静脉孔	咽肌 腮腺 咽壁、鼓室黏膜、颈动脉窦、颈动脉小球、舌后1/3黏膜和味蕾 耳后皮肤	咽反射消失 分泌障碍 咽、舌后1/3味觉障碍、一般感觉障碍

续表

脑神经	脑神经核名称	连脑部位	出入颅部位	分布范围	损伤后主要表现
X迷走神经	疑核(运) 迷走神经背核(副) 孤束核(感) 三叉神经脊束核(感)	延髓橄榄后沟中部	颈静脉孔	咽、喉的骨骼肌 胸腹腔脏器的平滑肌、腺体、心肌 胸腹腔脏器及咽、喉的黏膜 硬脑膜、耳廓及外耳道皮肤	发音困难、声音嘶哑、吞咽困难 内脏运动障碍、腺体分泌障碍、心率加快、内脏感觉障碍 耳廓及外耳道皮肤感觉障碍
XI副神经	疑核(运) 副神经脊髓核(运)	延髓橄榄后沟下部	颈静脉孔	随迷走神经至咽喉肌 胸锁乳突肌 斜方肌	面部能转向健侧、不能上提患侧肩胛骨
XII舌下神经	舌下神经核(运)	锥体外侧	舌下神经管	舌内肌 舌外肌	舌肌瘫痪、萎缩,伸舌时,舌尖偏向患侧

三、内脏神经

内脏神经(visceral nerve)是主要分布于内脏、心血管和腺体的神经。内脏神经和躯体神经一样,按性质可分为内脏运动神经和内脏感觉神经。内脏运动神经支配平滑肌、心肌的运动和腺体的分泌,以控制和调节人体的新陈代谢活动,因它不受人的意志支配,故又称植物神经或**自主神经**。内脏感觉神经将来自内脏、心血管等处的感觉冲动传入中枢,通过反射调节内脏、心血管等处的活动。内脏运动神经和内脏感觉神经在分布到脏器的过程中,通常交织在一起共同组成内脏神经丛,再由丛发出分支分布于胸腔、腹腔及盆腔的器官。

(一)内脏运动神经

内脏运动神经和躯体运动神经一样,都受大脑皮质和皮质下各级中枢的控制和调节,而且两者之间在功能上互相依存,互相协调及相互制约,以维持机体内、外环境的统一和相对平衡。

内脏运动神经由低级中枢发出后,需要在周围部内脏神经节交换神经元,再由节内神经元发出纤维,才能到达效应器。因此,内脏运动神经从低级中枢到所支配的器官一般需经过2个神经元。第1个神经元(**节前神经元**)的胞体位于脑干和脊髓内,由此发出的轴突称**节前纤维**。第2个神经元(**节后神经元**)的胞体位于周围内脏神经节内,它们发出轴突称**节后纤维**,节后纤维经常攀附着脏器或血管形成神经丛,再由神经丛分支至效应器。根据形态和功能特点,可将内脏运动神经分为交感神经和副交感神经两部分(图9-68)。

1. **交感神经**(sympathetic nerve) 分为中枢部和周围部。中枢部:交感神经的低级中枢位于脊髓第1胸节到第3腰节的侧角。周围部:交感神经周围部包括交感神经节和交感干及其发出神经纤维等。

(1) **交感神经节**:因所在部位不同,分为椎旁神经节和椎前神经节两种。①**椎旁神经节**:椎旁神经节列于脊柱两旁,共有23~24对,每侧椎旁节借节间支连成一条交感干,它上端附着于颅底,下端附着在第3尾椎前面,两侧交感干于尾骨的前面合并,终于一个奇神经节。②**椎前神经节**:位于脊柱前方,包括位于腹腔干根部附近的**腹腔神经节**、位于肠系膜上、下动脉根部附近的**肠系膜上神经节**和**肠系膜下神经节**等。

(2) **交感干的分支**:交感干神经节与相应脊神经相连接的交通支分为白交通支和灰交通支。**白交通支**主要由自脊髓灰质侧角发出的具有髓鞘的节前神经纤维组成,因髓鞘呈白色

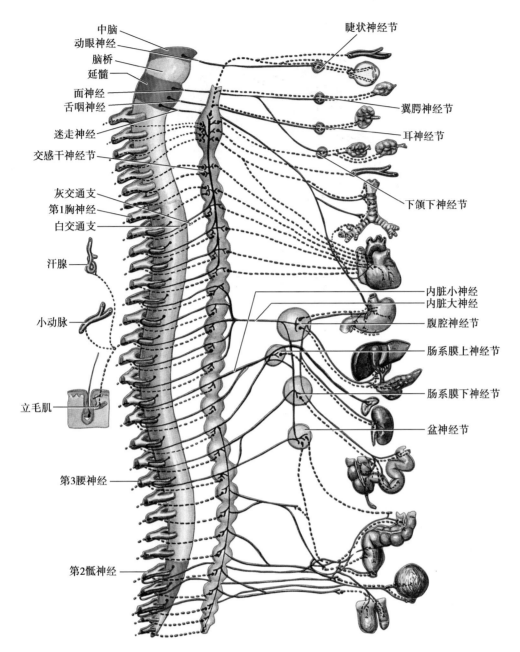

图 9-68　内脏神经分布模式图

　　而称白交通支,它在脊柱两侧进入交感干神经节;**灰交通支**是由自椎旁神经节细胞发出的节后纤维组成,它离开交感干后返回脊髓,因多无髓鞘,色泽灰暗而称灰交通支。由此可见,白交通支局限于与脊髓 T_1~L_3 节段相应的脊神经前支与之对应的交感干神经节之间;灰交通支连于交感干与 31 对脊神经之间,贯穿交感干的全长(图 9-69)。

　　交感神经的节前纤维经白交通支进入交感干后有 3 种去向:①终止于相应的椎旁神经节并交换神经元。②在交感干内上升或下降,然后终止于上方或下方的椎旁神经节并交换神经元;节间支由交感干内的上升或下降的神经纤维构成。③穿出椎旁神经节,至椎前神经节交换神经元。

　　交感神经的节后纤维分布到相应的器官,也有 3 种去向:①返回脊神经,随 31 对脊神经分布于躯干、四肢的血管、汗腺和立毛肌。②直接分布于内脏器官。③攀附动脉周围形成神经丛,随动脉分布到所支配的器官。

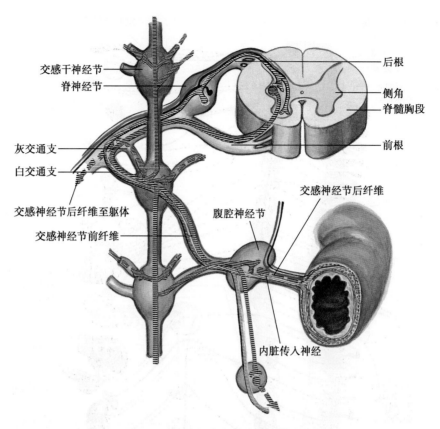

图 9-69　白交通支和灰交通支模式图

（3）交感神经节及节后纤维的分布概况：

1）颈部交感干：每侧有 3 个颈神经节，分别为颈上神经节、颈中神经节、颈下神经节。颈上神经节呈梭形，位于第 1~3 颈椎横突前方；颈中神经节通常位于第 6 颈椎横突处；颈下神经节位于第 7 颈椎横突根部，常与第 1 胸交感神经节合并成颈胸神经节，又称星状神经节。其节后纤维主要分布于瞳孔开大肌、唾液腺及头、颈、上肢的血管、汗腺和立毛肌等。

2）胸部交感干：有 10~12 对胸神经节。它们位于肋头的前方，其节后纤维分布于心、肺、食管等器官和胸、腹壁的血管、汗腺和立毛肌等。胸部交感干的主要分支有内脏大神经和内脏小神经。**内脏大神经**由穿过第 6~9 胸交感干神经节的节前纤维在胸椎前外侧面组合成一干，向下穿膈脚，主要终于腹腔神经节和主动脉肾节，在此交换神经元。**内脏小神经**由穿过第 10~12 胸交感干神经节的节前纤维组成，向下穿膈脚进入腹腔，主要终于主动脉肾节和肠系膜上神经节，交换神经元。腹腔神经节、主动脉肾节和肠系膜上神经节，发出节后纤维与迷走神经分支共同组成腹腔丛，分布于肝、胰、脾、肾和结肠左曲以上的消化管。

3）腰部交感干：有 4 对腰神经节。其节后纤维随血管分布于下肢的血管、汗腺和立毛肌。穿过腰交感节的节前纤维终止于肠系膜下神经节，交换神经元，再由这些神经节发出节后纤维，分布于结肠左曲以下的消化管和盆腔脏器。

4）盆部交感干：有 2~3 对骶节和一个尾节。其节后纤维加入盆丛，分布于盆腔脏器。

2. 副交感神经（parasympathetic nerve）　低级中枢是脑干的副交感神经核和脊髓第 2 至第 4 骶节的骶副交感神经核。副交感神经的周围神经节包括位于器官附近的**器官旁神经节**和位于器官内部的**壁内神经节**。所以与交感神经相比较，副交感神经的节前纤维长，而节后纤维短。

（1）脑干的副交感神经：脑干内的副交感神经核（内脏运动核）发出的节前纤维，分别随

Ⅲ、Ⅶ、Ⅸ和Ⅹ四对脑神经走行,到达器官旁神经节或壁内神经节,在这些神经节内交换神经元后,再发出节后纤维到达所支配的器官,管理各器官的活动。

由中脑的动眼神经副核发出的节前纤维,随动眼神经入眶后,进入睫状神经节内换神经元,其节后纤维穿入眼球壁分布于瞳孔括约肌和睫状肌。

由脑桥的上泌涎核发出的节前纤维加入面神经。一部分至翼腭神经节换神经元,其节后纤维分布于泪腺、鼻腔及腭部黏膜的腺体。另一部分经鼓索加入舌神经,至下颌下神经节换神经元,其节后纤维分布于舌下腺、下颌下腺及口腔黏膜的腺体。

由延髓的下泌涎核发出的节前纤维,加入舌咽神经,经鼓室神经到鼓室丛,由丛发出分支出鼓室进入耳神经节换神经元,其节后纤维分布于腮腺。

由延髓的迷走神经背核发出的节前纤维,加入迷走神经,分支到胸、腹腔内所支配的器官旁神经节或壁内神经节换神经元,其节后纤维分布于心、肺、肝、脾、胰及结肠左曲以上消化管。

(2) **骶部的副交感神经**:节前纤维起自脊髓第2~4骶节的骶副交感神经核,随第2至第4骶神经出骶前孔后,从骶神经分出,组成盆内脏神经,加入盆丛,随盆丛分布到所支配的脏器的器官旁神经节或壁内神经节换神经元。其节后纤维支配结肠左曲以下的消化管、盆腔脏器及外生殖器。

3. **交感神经与副交感神经的比较**　见表9-4、表9-5。

表9-4　交感神经和副交感神经结构和分布比较

	交感神经	副交感神经
低级中枢位置	脊髓第1胸节至第3腰节侧角	脑干内的副交感神经核,脊髓2~4骶髓节段的骶副交感神经核
神经节	椎旁节和椎前节	器官旁节和壁内节
节前、节后纤维	节前纤维短,节后纤维长	节前纤维长,节后纤维短
分布范围	全身血管及胸腔、腹腔和盆腔内脏的平滑肌、心肌、腺体及竖毛肌和瞳孔开大肌	胸腔、腹腔和盆腔内脏的平滑肌、心肌及腺体(肾上腺髓质除外)、瞳孔括约肌、睫状肌

表9-5　交感神经和副交感神经对器官的作用比较

系统	器官	交感神经	副交感神经
脉管系统	心脏	心率加快,收缩力加强	心率减慢,收缩力减弱
	冠状动脉	舒张	轻度收缩
	躯干、四肢的动脉	收缩	无作用
呼吸系统	支气管平滑肌	舒张	收缩
消化系统	胃肠平滑肌	抑制蠕动	增强蠕动
	胃肠括约肌	收缩	舒张
泌尿系统	膀胱	平滑肌舒张、括约肌收缩(贮尿)	平滑肌收缩、括约肌舒张(排尿)
视器	瞳孔	散大	缩小
	泪腺	抑制分泌	增加分泌
皮肤	汗腺	促进分泌	无作用
	竖毛肌	收缩	无作用

(二) 内脏感觉神经

内脏器官除受交感神经和副交感神经支配外,也有内脏感觉神经分布,将内脏感觉性冲动传入中枢。

1. 内脏感觉神经的特点   内脏感觉的传入途径较为分散。即一个脏器的感觉纤维可经几对脊神经传入中枢,而一条脊神经又可包含来自几个脏器的感觉纤维。因此,内脏疼痛往往是弥散的,而且定位也不准确。内脏无本体感觉,温度觉和触觉很少,主要是痛觉。与皮肤痛相比,内脏痛具有一些显著的特点:①疼痛发起缓慢,持续时间较长;②定位不准确、不清晰;③对于机械性牵拉、痉挛、缺血、炎症等刺激敏感,而对于切割、烧灼等刺激不敏感。

2. 内脏感觉神经与牵涉性痛   机体某些内脏器官病变时,常在体表的一定区域产生感觉过敏或疼痛的现象,称**牵涉性痛**(referred pain) (图 9-70)。牵涉性痛有时发生在患病器官附近的皮肤区,有时则发生在距患病器官较远的皮肤区。如心绞痛时,常在胸前区及左上肢内侧皮肤感到疼痛;肝胆疾患时,常在右肩部感到疼痛。据分析,发生牵涉性疼痛的体表部位与病变器官往往接受同一节段脊神经的支配,两者的感觉神经也进入脊髓同一节段后角的内脏感觉接受区和躯体感觉接受区,并在脊髓后角内密切联系。因此,从患病脏器传来的冲动可以扩散或影响到邻近的躯体感觉神经元,除内脏症状外,同时也有相应躯体感觉接受区产生的牵涉性痛。临床上根据牵涉性痛产生的部位,可以协助某些疾病的诊断。

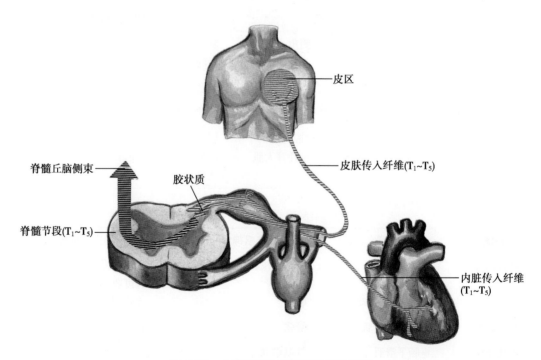

图 9-70 心的牵涉性痛反射途径示意图

第四节   神经传导通路

神经传导通路是传导神经冲动的通路。自感受器将神经冲动传入大脑皮质高级感觉中枢称为感觉神经传导通路(上行传导通路);自大脑皮质运动中枢将神经冲动传出至效应器者称为运动神经传导通路(下行传导通路)。

一、感觉传导通路

（一）躯干和四肢的本体感觉和精细触觉神经传导通路

本体感觉又称深感觉，是指肌腱、关节、肌的位置觉、运动觉和振动觉。精细触觉感受器位于皮肤，能辨别两点距离和物体的纹理粗细。两者传导通路相同，由三级神经元组成（图9-71）。

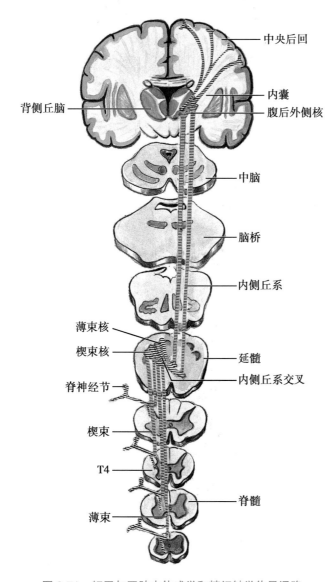

图 9-71　躯干与四肢本体感觉和精细触觉传导通路

第一级神经元胞体在脊神经节，属于假单极神经元。其周围突随脊神经分布于肌腱、关节、肌和皮肤精细触觉感受器；中枢突经脊神经后根入脊髓后索。其中来自第5胸节以下的纤维组成薄束行于后正中沟两侧，止于延髓背侧的薄束核；来自第4胸节以上的纤维行于薄束的外侧组成楔束止于延髓背侧的楔束核。

第二级神经元胞体在薄束核和楔束核，此二核发出轴突向前内绕过中央灰质交叉至对侧形成内侧丘系交叉，交叉后的纤维组成内侧丘系，上行经脑桥、中脑，最后止于丘脑腹后外侧核。

第三级神经元胞体在丘脑腹后外侧核，其发出的纤维组成丘脑中央辐射，经内囊后肢投射到中央后回上2/3和中央旁小叶后部。

（二）躯干和四肢的痛觉、温度觉和粗触觉神经传导通路

痛觉、温度觉和粗触觉传导通路又称浅感觉传导通路,传导皮肤、黏膜的痛觉、温度觉和粗略触觉。该传导通路也由三级神经元组成(图9-72)。

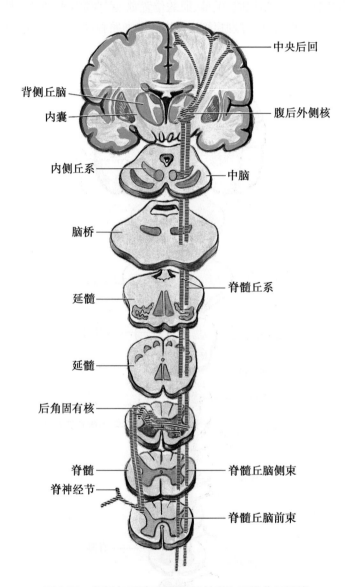

图 9-72　躯干与四肢痛温觉、粗触觉和压觉传导通路

第一级神经元胞体在脊神经节,其周围突随脊神经分布于皮肤的感受器;中枢突经后根进入脊髓,上升1~2脊髓节后止于脊髓灰质后角固有核。

第二级神经元胞体主要位于脊髓后角的固有核,发出的纤维经白质前连合交叉至对侧的外侧索和前索组成脊髓丘脑束,其中传导痛觉和温度觉的纤维进入对侧脊髓白质的外侧索,形成脊髓丘脑侧束;传导粗触觉和压觉的纤维进入对侧脊髓白质前索,形成脊髓丘脑前束。两者均上行终止于丘脑腹后外侧核。

第三级神经元胞体在丘脑腹后外侧核,发出纤维组成丘脑中央辐射,经内囊后肢,投射到中央后回上 2/3 和中央旁小叶后部。

（三）头面部的痛觉、温度觉和触觉神经传导通路

第一级神经元的胞体位于三叉神经节内。其周围突经三叉神经分布于头面部的痛觉、

温度觉和触觉感受器,中枢突构成三叉神经感觉根进入脑桥,传导触觉和压觉纤维止于三叉神经脑桥核,传导痛觉、温度觉的纤维止于三叉神经脊束核。

第二级神经元的胞体位于脑干的三叉神经脑桥核和脊束核内,发出的纤维交叉至对侧形成三叉丘系,在内侧丘系背侧上升至丘脑,止于丘脑腹后内侧核。

第三级神经元的胞体位于丘脑腹后内侧核,发出的纤维组成丘脑中央辐射,经内囊后肢,投射到中央后回的下 1/3(图 9-73)。

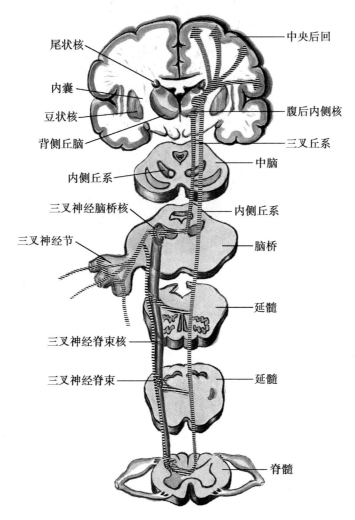

图 9-73 头面部痛温觉、粗触觉和压觉传导通路

(四) 视觉传导通路

视觉传导通路由三级神经元组成。

第一级神经元为视网膜上的双极神经元,其周围突与视网膜最外层的视锥细胞和视杆细胞形成突触,中枢突与内层的节细胞形成突触。

第二级神经元是节细胞,其轴突在视神经盘(视神经乳头)处合成视神经,左、右视神经穿视神经管入颅后形成视交叉,向后延为视束,视束向后绕大脑脚终于外侧膝状体。在视交叉中,来自两眼视网膜鼻侧半的纤维交叉,加入对侧视束;来自视网膜颞侧半的纤维不交叉,进入同侧视束。因此,每侧视束都是由来自同侧眼视网膜颞侧半的纤维和对侧眼视网膜鼻侧半的纤维共同组成的。

第三级神经元的胞体位于外侧膝状体内,由外侧膝状体发出的纤维组成视辐射,经内囊后肢投射到大脑皮质距状沟两侧的皮质。

　　视觉传导通路的不同部位损伤,临床表现不同的视野缺失。一侧视神经损伤,同侧视野全盲;视交叉中部损伤,双眼颞侧视野偏盲;一侧视交叉外侧部损伤,同侧眼鼻侧视野偏盲;一侧视束、外侧膝状体、视辐射或视觉中枢损伤,双眼对侧视野同向性偏盲(图 9-74)。

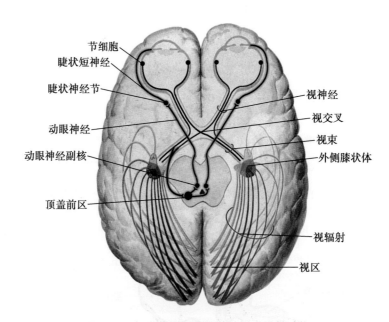

图 9-74　视觉传导通路及瞳孔对光反射通路

　　瞳孔对光反射通路　光照一侧瞳孔引起两眼瞳孔缩小的反射称瞳孔对光反射。其中光照侧的反应,称直接对光反射;未照侧的反应,称间接对光反射,该反射是在视觉传导通路的基础上,与动眼神经副核发生联系而完成的。其过程为:光线刺激视网膜细胞,经视神经、视交叉到视束,视束的一部分纤维经上丘臂至中脑顶盖前区,与顶盖前区的细胞形成突触。顶盖前区为对光反射中枢,发出的纤维与两侧动眼神经副核联系。动眼神经副核发出的副交感节前纤维经动眼神经至睫状神经节,自该节发出的副交感节后纤维分布于瞳孔括约肌,使瞳孔缩小,借此完成瞳孔对光反射(图 9-74)。

　　一侧视神经损伤时,传入信息中断,光照患侧眼时,两侧瞳孔均不缩小,但光照健侧眼时,两侧瞳孔都缩小,即患侧直接对光反射消失,间接对光反射存在。一侧动眼神经损伤时,由于反射途径的传出部分中断,无论光照哪一侧眼球,患侧眼的瞳孔都无反应,即患侧直接及间接对光反射均消失。

(五) 听觉传导通路

　　第一级神经元为蜗神经节内的双极神经元,其周围突分布于内耳的螺旋器,中枢突组成蜗神经,与前庭神经一起组成前庭蜗神经入脑。

　　第二级神经元是蜗神经核。发出的纤维大部分在脑桥内交叉形成斜方体,然后折返上行形成外侧丘系;小部分不交叉的纤维加入同侧外侧丘系上行。外侧丘系纤维先止于下丘,换神经元后经下丘臂终于内侧膝状体。

　　第三级神经元是内侧膝状体的细胞。发出的纤维组成听辐射,经内囊后肢止于大脑皮质颞横回。听觉反射的中枢在下丘,下丘发出的纤维至上丘和内侧膝状体。上丘发出的纤维组成顶盖脊髓束,直接或间接终于脊髓前角运动细胞完成听觉反射(图 9-75)。

　　由于外侧丘系传导双侧听觉冲动,故一侧外侧丘系、听辐射或听区损伤时,不会产生明显的听觉障碍。

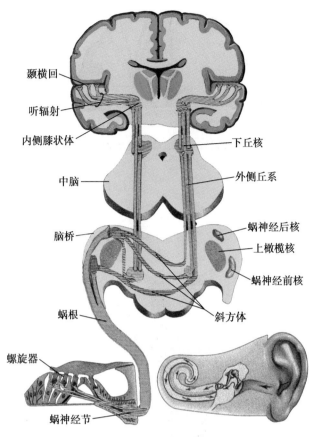

颞横回

听辐射

内侧膝状体

中脑

脑桥

蜗根

螺旋器

蜗神经节

下丘核

外侧丘系

蜗神经后核

上橄榄核

蜗神经前核

斜方体

图 9-75　听觉传导通路

二、运动传导通路

大脑皮质对躯体运动的调节和控制是通过锥体系和锥体外系下传的神经冲动实现的，两者在功能上互相协调、互相配合，共同完成各种复杂的随意运动。

(一) 锥体系

由两级神经元组成，即上运动神经元和下运动神经元。上运动神经元为锥体细胞，其胞体位于中央前回和中央旁小叶前部以及其他一些皮质区域中，发出轴突组成锥体束，通过内囊下行入脑干，大部分纤维在延髓腹侧高度集中于锥体，故名锥体束。锥体束中的部分纤维陆续终于脑神经躯体运动核，这些纤维称皮质核束；大部分纤维下行入脊髓，逐节终于脊髓灰质前角，这些纤维称皮质脊髓束。下运动神经元胞体是位于脑神经躯体运动核和脊髓灰质前角运动神经元，发出的轴突分别参与组成脑神经和脊神经，直达骨骼肌的运动终板，司骨骼肌的随意运动。

1. 皮质脊髓束　上运动神经元主要是中央前回上 2/3 和中央旁小叶前部等处皮质区域的锥体细胞，发出的轴突组成皮质脊髓束下行，经内囊后肢的前部、大脑脚、脑桥基底部、延髓锥体下行，在锥体的下端大部分纤维交叉至对侧，形成锥体交叉，交叉后的纤维进入对侧脊髓外侧索的后部，形成皮质脊髓侧束，纵贯脊髓全长，此束纤维在下行过程中，逐节止于前角运动神经元。在锥体交叉处未交叉的纤维，在同侧脊髓前索内下行，形成皮质脊髓前束。该束仅达脊髓上胸段，皮质脊髓前束中大部分纤维逐节经白质前连合交叉止于对侧前角运动神经元(图 9-76)。

下运动神经元为脊髓前角运动神经元，其轴突经前根出椎间孔构成脊神经，支配躯干肌

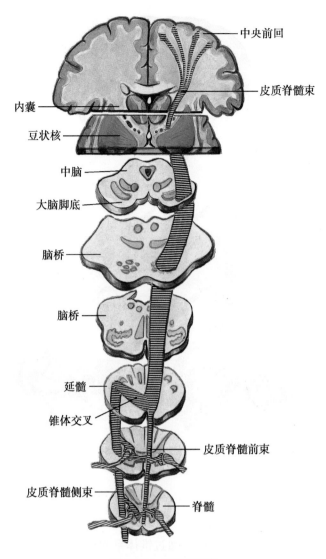

图 9-76 皮质脊髓束

锥体交叉示意图

和四肢肌。皮质脊髓前束中有一小部分纤维始终不交叉而止于同侧脊髓前角运动神经元，支配躯干肌。所以，躯干肌受双侧大脑皮质支配。一侧皮质脊髓束在锥体交叉前损伤，主要引起对侧肢体瘫痪，而躯干肌运动无明显影响。

锥体系的任何部位损伤都可引起支配区的随意运动障碍，即瘫痪。上、下运动神经元受损后瘫痪的临床表现各不相同，见表 9-6。

表 9-6   上、下运动神经元损伤的区别

症状与体征	上运动神经元损伤	下运动神经元损伤
瘫痪范围	较广泛	较局限
瘫痪特点	痉挛性瘫痪（硬瘫）	弛缓性瘫痪（软瘫）
肌张力	增高	降低
深反射	亢进	消失
浅反射	减弱或消失	消失
病理反射	出现（阳性）	不出现（阴性）
早期肌萎缩	不明显	明显

2. **皮质核束**　上运动神经元主要是中央前回下 1/3 的锥体细胞,发出轴突组成皮质核束经内囊膝、大脑脚底内侧、脑桥基底部和延髓下行。在脑干沿途分出纤维陆续终止于脑干躯体运动核。在这些神经核中,除面神经核下部(支配睑裂以下面肌)和舌下神经核(支配舌内、外肌)只接受对侧皮质核束纤维外,其余神经核均接受双侧皮质核束的纤维。因此,当一侧上位神经元受损,仅出现对侧睑裂以下面肌和对侧舌肌的瘫痪(核上瘫)。核上瘫时,瘫痪肌不发生萎缩。

下运动神经元胞体即脑神经躯体运动核,其轴突构成相应的脑神经,支配头、颈及咽、喉等部的骨骼肌。在此路径上的下神经元受损引起的瘫痪称核下瘫,表现为同侧骨骼肌瘫痪(图 9-77、图 9-78)。

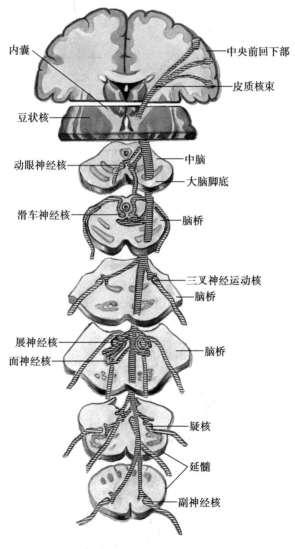

图 9-77　皮质核束与脑神经运动核的联系

(二) 锥体外系

是锥体系以外的与躯体运动有关的神经传导路的总称,是多突触组成的神经元链。其主要作用是调节肌张力,协调肌的运动和维持身体平衡等。

1. **皮质 - 纹状体系**　大脑额叶、顶叶、枕叶和颞叶皮质细胞发出的纤维,直接或间接通过背侧丘脑终止于尾状核和壳,在此交换神经元后止于苍白球。苍白球发出的传出纤维穿

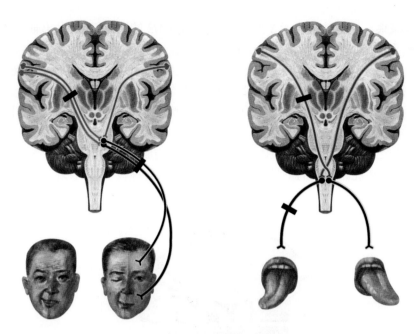

图 9-78 核上瘫与核下瘫

过内囊,止于背侧丘脑的腹前核和腹中间核。这两个核发出的纤维再投射到大脑皮质躯体运动区。这一环路对发出锥体束的大脑皮质躯体运动区有重要的反馈调节作用。另外,黑质和纹状体间还有往返的纤维联系形成环路。黑质合成多巴胺递质,向尾状核与壳运输。

2. **皮质 - 脑桥 - 小脑系**   皮质脑桥束分两路下行(图 9-79)。由大脑皮质额叶起始的纤维组成额桥束,经内囊前肢、大脑底内侧下行。由顶、枕和颞叶起始的纤维组成顶枕桥束和颞桥束,经内囊后肢、大脑底外侧下行。上述纤维束均进入脑桥,终止于同侧脑桥核。脑桥核发出的纤维,交叉组成对侧小脑中脚进入小脑,主要终止于新小脑皮质。新小脑皮质发出的纤维,终止于齿状核。齿状核发出的纤维组成小脑上脚,在中脑左右相互交叉后终于对侧

扫一扫
测一测

笔记

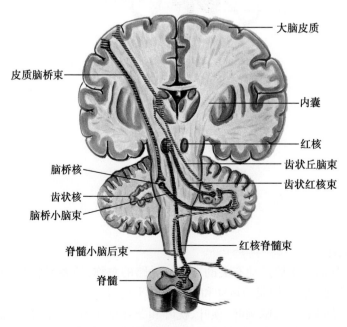

大脑皮质

皮质脑桥束

内囊

红核

脑桥核

齿状丘脑束

齿状核

齿状红核束

脑桥小脑束

脊髓小脑后束

红核脊髓束

脊髓

图 9-79 锥体外系(皮质 - 脑桥 - 小脑系)

的红核和背侧丘脑的腹前核和腹中间核。由红核发出的纤维左右相互交叉后组成红核脊髓束下行,终于脊髓前角运动细胞,下达的神经冲动最后经脊神经到骨骼肌。由丘脑腹中间核和腹前核发出的纤维至大脑皮质运动区,形成皮质-脑桥-小脑-皮质环路,小脑借此对大脑皮质发出的冲动进行反馈调节。

(华 超)

第十章　内分泌系统

　　内分泌系统（endocrine system）由内分泌腺和内分泌组织组成（图10-1）。内分泌腺包括垂体、甲状腺、甲状旁腺、肾上腺和松果体等。内分泌组织是指分散在其他器官或组织内的内分泌细胞团，如胰岛、睾丸间质细胞、卵巢内的卵泡和黄体以及消化道、呼吸道、神经组织内的内分泌细胞等。内分泌系统是机体生命活动的重要调节系统，与神经系统关系密切，两者共同完成对人体代谢、生长、发育和生殖及行为、情绪、记忆和睡眠等活动的调节。

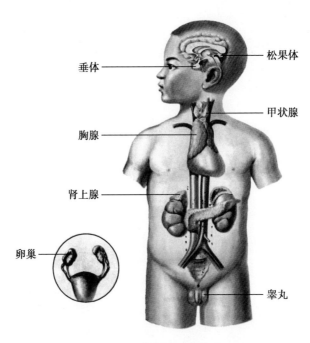

图 10-1　内分泌系统概观

　　内分泌腺的结构特点是：腺细胞排列成索状、团块状或围成滤泡，腺泡间有丰富的毛细血管。内分泌腺无导管，其分泌的生物活性物质，称为**激素**（hormone），直接进入血液运送到全身各处，作用于特定的靶器官或靶细胞。少数激素可通过组织液直接作用于邻近的细胞，称**旁分泌**。靶细胞具有与相应激素相结合的受体，受体与相应激素结合后产生效应。激素按其化学性质分为含氮激素和类固醇激素两大类。含氮激素的受体位于靶细胞的膜上，而类固醇激素的受体一般在靶细胞的胞质和核内。

第一节 甲 状 腺

一、甲状腺的位置和形态

甲状腺(thyroid gland)是人体最大的内分泌腺,位于喉及气管上部的前方及两侧,吞咽时可随喉上、下移动。甲状腺呈 H 形,分左、右两个侧叶,中间以峡部相连。侧叶上至甲状软骨中部,下达第 6 气管软骨环;甲状腺峡位于第 2~4 气管软骨环的前面。约半数人峡部上方伸出一锥状叶(图 10-2)。

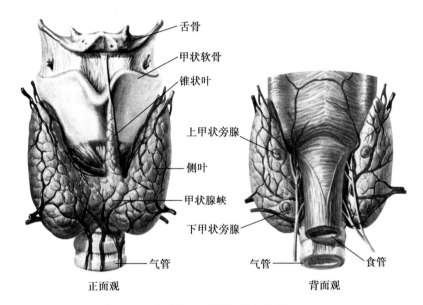

图 10-2 甲状腺及甲状旁腺的位置和形态

二、甲状腺微细结构

甲状腺表面包有薄层结缔组织被膜。结缔组织伸入腺实质,将其分成许多大小不等的小叶,每个小叶内有许多甲状腺滤泡和滤泡旁细胞(图 10-3)。

(一)甲状腺滤泡

滤泡(follicle)大小不等,呈圆形或不规则形,是由单层立方的滤泡上皮细胞围成,滤泡腔内充满透明的胶质。滤泡上皮细胞的高度可随腺体功能状态而变化。当功能活跃时,细胞增高呈低柱状,腔内胶质减少;反之,当功能减弱时,细胞变矮呈扁平状,腔内胶质增多。胶质是滤泡上皮细胞的分泌物,呈均质状,嗜酸性,主要成分为碘化的甲状腺球蛋白。滤泡间有少量结缔组织、丰富的毛细血管网和成群的滤泡旁细胞。

电镜下,滤泡上皮细胞游离面有少量微绒毛和质膜凹陷;侧面有紧密连接,以防止滤泡内容物漏出;基底部有少量质膜内褶。胞质内有散在的线粒体、发达的粗面内质网及溶酶体。近游离面的胞质内有高尔基复合体、中等电子密度的分泌颗粒和含有胶质的低电子密度的膜包吞饮泡,即胶质小泡。

甲状腺滤泡上皮细胞合成和分泌甲状腺激素,可促进机体的新陈代谢,提高神经兴奋性,促进生长发育,尤对婴幼儿的骨骼发育和中枢神经系统发育影响显著。

(二)滤泡旁细胞

滤泡旁细胞(parafollicular cell)又称 C 细胞,常单个嵌在滤泡上皮细胞之间,或成群分布

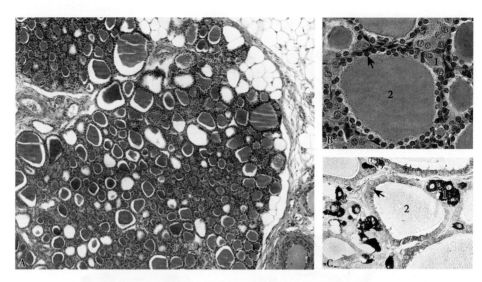

图 10-3　甲状腺光镜像(郝立宏图)

A、B. HE 染色;C. 镀银染色;↑滤泡上皮细胞

1.滤泡旁细胞　2.胶质

在滤泡间的结缔组织内。细胞较大,在 HE 染色标本中胞质着色较浅,银染法可见胞质内有嗜银颗粒。滤泡旁细胞分泌降钙素,能促进成骨细胞的活动,使骨盐沉着,并抑制胃肠道和肾小管吸收 Ca^{2+},而使血钙降低。

第二节　甲状旁腺

一、甲状旁腺的位置和形态

甲状旁腺(parathyroid gland)位于甲状腺左、右侧叶的背面,上、下各一对。甲状旁腺呈扁椭圆形,形状大小似黄豆(图 10-2)。

二、甲状旁腺微细结构

甲状旁腺表面包有薄层结缔组织被膜,实质的腺细胞排列成团、索状,其间有丰富的毛细血管。腺细胞有主细胞和嗜酸性细胞两种(图 10-4)。

主细胞(chief cell)数量多,呈圆形或多边形,核圆居中,HE 染色胞质着色浅。主细胞构成腺实质的主体,能分泌**甲状旁腺素**,使血钙升高,机体在甲状旁腺素和降钙素协同作用下,维持血钙的稳定。

嗜酸性细胞(oxyphil cell)数量较少,单个或成群存在于主细胞之间。细胞体积稍大于主细胞,为多边形,核较小,染色深,胞质内含密集的嗜酸性颗粒,故呈强嗜酸性。嗜酸性细胞随年龄而增多,此细胞的功能还不明确。

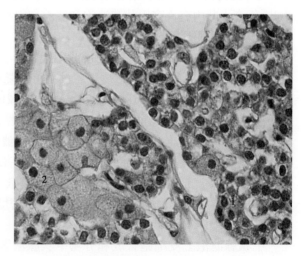

图 10-4　甲状旁腺光镜像(郝立宏图)

1.主细胞　2.嗜酸性细胞

第三节　肾　上　腺

一、肾上腺的位置和形态

肾上腺（suprarenal gland）位于肾的上方，左、右各一。肾上腺呈灰黄色，其大小和重量随年龄和功能状态不同而变化。右侧肾上腺呈三角形，左侧呈半月形（图 10-5）。

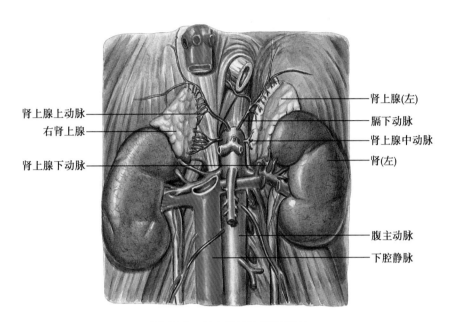

图 10-5　肾上腺的位置和形态

二、肾上腺的微细结构

肾上腺表面有结缔组织被膜，少量结缔组织伴随神经和血管深入肾上腺实质。肾上腺实质由周围的皮质和中央的髓质构成（图 10-6）。

（一）皮质

皮质约占肾上腺体积的 80%~90%，根据皮质细胞的形态、排列和功能等特征，可将皮质由外向内分为球状带、束状带和网状带。

1. **球状带**　位于皮质浅层，被膜下方，较薄。细胞较小，呈矮柱状或多边形，排列成球状，细胞团之间为血窦和少量结缔组织。球状带细胞分泌盐皮质激素，主要成分为醛固酮，能促进肾远曲小管和集合管重吸收 Na^+ 及排出 K^+，维持血容量。

2. **束状带**　位于球状带的深部，此带最厚。细胞大，呈多边形，胞质内含有大量的脂滴，因制片过程中脂滴被溶解，故 HE 染色浅而呈空泡状。细胞排列成单行或双行细胞索，索间为血窦和少量结缔组织。束状带细胞分泌糖皮质激素，主要为皮质醇和皮质酮，可促使蛋白质及脂肪分解并转变成糖（糖异生），还有抑制免疫应答及抗炎症等作用。

3. **网状带**　位于皮质的最深层，紧靠髓质。细胞排列成索并相互吻合成网，网间为血窦和少量结缔组织。网状带细胞主要分泌雄激素和少量雌激素。

（二）髓质

髓质位于肾上腺中央，占肾上腺体积的 10%~20%，主要由排列成索或团状的髓质细胞组成，其间为血窦和少量结缔组织。髓质细胞体积大，呈多边形。如用含铬盐的固定液固定

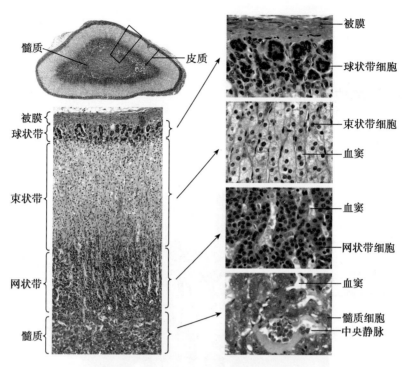

图 10-6　肾上腺光镜像（郝立宏图）

标本,胞质内可见黄褐色的嗜铬颗粒,故髓质细胞又称**嗜铬细胞**。另外,髓质内还散在分布少量交感神经节细胞。

髓质细胞分为**肾上腺素细胞**和**去甲肾上腺素细胞**。前者占多数,分泌**肾上腺素**;后者数量较少,分泌**去甲肾上腺素**。肾上腺素可使心肌收缩力增强,心率加快,去甲肾上腺素的主要作用是促进全身小血管收缩,使血压升高。

第四节　垂　　体

一、垂体的位置和形态

垂体(hypophysis)位于蝶骨体的垂体窝内,呈椭圆形,灰红色。垂体分前方的腺垂体和后方的神经垂体(图 10-7)。垂体是重要的内分泌腺,分泌多种激素,可调节其他内分泌腺活动。

二、垂体的微细结构

(一)腺垂体

腺垂体(adenohypophysis)分为远侧部、中间部和结节部三部分。

1. 远侧部　又称**垂体前叶**。此部最大,腺细胞排列成团索状,少数围成小滤泡,细胞间有丰富的血窦和少量结缔组织。在 HE 染色切片中,依据腺细胞着色的差异,可将其分为嗜色细胞和嫌色细胞。嗜色细胞又分为嗜酸性

垂体(矢状切面)光镜像

笔记

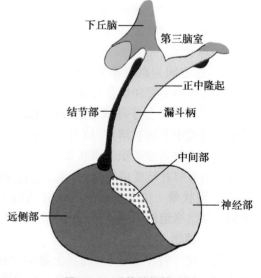

图 10-7　垂体结构模式图

细胞和嗜碱性细胞(图 10-8A)。各类腺细胞胞质内颗粒的形态结构、数量及所含激素的性质存在差异,并以其所分泌的激素而命名。

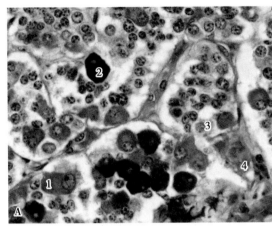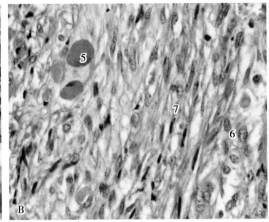

图 10-8　垂体远侧部(A)及神经部(B)光镜像(郝立宏图)

1. 嗜酸性细胞　2. 嗜碱性细胞　3. 嫌色细胞　4. 血窦　5. 赫令体　6. 垂体细胞　7. 神经纤维

(1) **嗜酸性细胞**:数量较多,为圆形或椭圆形,胞质内充满粗大的嗜酸性颗粒。根据所分泌激素的不同,嗜酸性细胞又分为两种:①**生长激素细胞**:数量较多,分泌**生长激素**(GH),主要促进骨骼的生长。在幼年时期,生长激素分泌不足可致垂体侏儒症,分泌过多引起巨人症,成人则发生肢端肥大症。②**催乳激素细胞**:分泌**催乳激素**(PRL),能促进乳腺发育和乳汁分泌。

(2) **嗜碱性细胞**:数量少,细胞大小不等,呈椭圆形或多边形,胞质内含有嗜碱性颗粒。按所分泌激素的不同,嗜碱性细胞可分为三种:①**促甲状腺激素细胞**:数量少,分泌的**促甲状腺激素**(TSH),促甲状腺滤泡上皮细胞合成和分泌甲状腺激素。②**促肾上腺皮质激素细胞**:分泌**促肾上腺皮质激素**(ACTH),促进肾上腺皮质束状带细胞分泌糖皮质激素。③**促性腺激素细胞**:数量较多,分泌**卵泡刺激素**(FSH)和**黄体生成素**(LH)。在女性卵泡刺激素可促进卵泡发育,在男性则刺激生精小管的支持细胞合成雄激素结合蛋白,以促进精子的发生。黄体生成素在女性促进排卵和黄体形成,在男性刺激睾丸间质细胞分泌雄激素。

(3) **嫌色细胞**:数量多,体积小,呈圆形或多角形,胞质少,着色浅,细胞界限不清楚。电镜下,部分嫌色细胞胞质内含少量分泌颗粒,因此认为这些细胞可能是脱颗粒的嗜色细胞,或是处于形成嗜色细胞的初期阶段。其余大多数嫌色细胞具有长的分支突起,突起伸入腺细胞之间起支持作用。

2. **中间部**　位于远侧部与神经部之间的狭窄部分,由嫌色细胞、嗜碱性细胞和含胶体的滤泡组成。

3. **结节部**　呈套状包围着神经垂体的漏斗,含有很丰富的纵行毛细血管。腺细胞主要是嫌色细胞以及少数嗜酸性细胞和嗜碱性细胞。

(二) 神经垂体

神经垂体(neurohypophysis)分为神经部和漏斗两部分。漏斗上半部以正中隆起与下丘脑相连,下半部以漏斗柄与神经部相联系。神经部主要由无髓神经纤维和神经胶质细胞组成,并含有较丰富的毛细血管和少量网状纤维(图 10-8B)。

神经垂体与下丘脑在结构和功能上有直接联系。下丘脑的视上核与室旁核等处的大型神经内分泌细胞的分泌颗粒沿轴突经漏斗输送至神经部。分泌颗粒在轴突沿途中常聚集成团,呈串珠状膨大,形成光镜下大小不等的嗜酸性团块,称**赫令体**(herring body)。无髓神经纤维间的神经胶质细胞,称垂体细胞,对神经纤维有支持、营养作用。

视上核的神经内分泌细胞合成**抗利尿素**(ADH),又称**加压素**(VP),主要作用是促进肾远曲小管和集合管对水的重吸收,使尿量减少;当超过生理剂量时,可导致小动脉平滑肌收缩,血压升高。室旁核的神经内分泌细胞合成**催产素**(OT),可引起妊娠末期子宫平滑肌收缩,并促进乳腺分泌。

下丘脑释放的激素进入神经部的窦状毛细血管,经血液循环作用于靶器官(图 10-9)。因此,下丘脑与神经垂体是一个整体,两者之间的神经纤维构成下丘脑-神经垂体束。

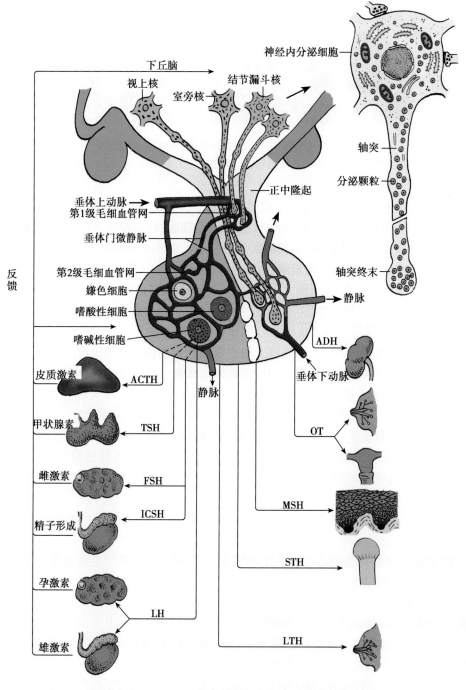

图 10-9　垂体血管分布及其与下丘脑的关系模式图

扫一扫
测一测

(王　倩)

第十一章　人体胚胎早期发育

人体胚胎学（human embryology）是研究人体的发生、发育及其机制与规律的科学。研究包括生殖细胞发生、受精、胚胎发育、胚胎与母体关系及先天性畸形形成原因等内容。

人胚胎在母体子宫中发育需经历 38 周（约 266 天），可分成两个时期：①**胚期**：指从受精到第 8 周末，此期依次发生受精卵卵裂、胚层的形成和器官原基的建立等变化，至第 8 周末初具人体雏形。②**胎期**：指从第 9 周至出生，此期胎儿逐渐长大，各器官和系统的结构和功能逐渐发育完善。

人体胚胎早期发育是指自从受精卵至第 8 周末的发育期，本章主要叙述该期人胚的发育变化特点以及胚胎与母体的关系。

第一节　生殖细胞的发育与受精

一、生殖细胞的发育

生殖细胞（germ cell）又称**配子**，包括精子和卵子，生殖细胞在发生过程中经过两次成熟分裂，染色体数目减少一半，为单倍体细胞，即仅有 23 条染色体，其中 22 条常染色体，1 条性染色体。

1. **精子的成熟**　精子由睾丸生精小管的生精细胞发育而成，在附睾进一步发育成熟。射出的精子有运动能力，但由于精子头部被一层来源于精液的糖蛋白包裹，阻止了顶体酶的释放，此时尚无受精能力。当精子进入女性生殖管道后，该糖蛋白被子宫和输卵管分泌的酶降解，精子才能释放顶体酶，溶解卵子周围的放射冠和透明带，从而获得受精能力，称**获能**（capacitation）。

2. **卵子的成熟**　卵子由卵巢内的卵泡发育形成。成熟卵泡破裂后，排出的次级卵母细胞处于第二次成熟分裂的中期，通常在输卵管壶腹受精时才完成第二次成熟分裂，若未受精，则于排卵后 24 小时内退化。

二、受精

受精（fertilization）是成熟获能的精子与卵子结合形成受精卵的过程。受精的部位多在输卵管壶腹部。

1. **受精的过程**　①顶体反应：获能的精子与卵子相遇，顶体释放顶体酶的过程称为顶体反应。②精卵融合：顶体酶溶解放射冠、透明带及卵细胞膜，精子与卵子的细胞膜融合，精子进入卵细胞内（图 11-1）。此时透明带和卵细胞膜立即发生一系列结构上的变化，阻止其

生殖细胞发生过程示意图

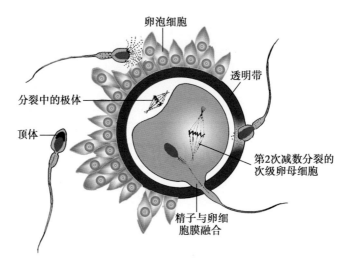

图 11-1　受精过程示意图

精子和卵子
体外结合扫
描电镜像

他精子的进入,从而保证了单精受精。③**原核融合**:精子的进入,激发卵细胞完成第二次成熟分裂,形成 1 个成熟卵细胞和 1 个第二极体。此时卵细胞核称为**雌原核**,精子细胞核称为**雄原核**。雄原核与雌原核相互靠近,核膜消失,二者的染色体合在一起,重新组成二倍体细胞,即**受精卵**。

2. **受精的意义**　①精子与卵子的结合,恢复了二倍体,维持物种的稳定性。②受精决定遗传性别,带有 Y 染色体的精子与卵子结合发育为男性,受精卵核型为 46,XY,带有 X 染色体的精子与卵子结合则发育为女性,受精卵核型为 46,XX。③新个体既有双亲的遗传特征,又有不同于亲代的新性状。受精卵的染色体来自父母双方,且生殖细胞在成熟分裂时发生染色体联合和片段交换,使遗传物质重新组合,使新个体具有与亲代不完全相同的性状。④激发卵裂。受精激活了卵细胞的代谢过程,受精卵进行快速的分裂和分化,直至发育成一个新个体。

3. **受精的条件**　精子与卵子要完成受精,需满足以下条件:①男、女性生殖管道通畅。②有足够数量的精子,若每毫升精液内的精子数低于 500 万个,则不能受精。③精子的形态正常并获能,且有活跃的直线运动和爬高运动能力。④卵细胞发育正常,并在排卵后 24 小时内与精子相遇。⑤雌激素、孕激素水平正常。

第二节　胚胎的早期发育

一、卵裂

受精卵一旦形成,便开始细胞分裂,同时向子宫方向移行。受精卵被透明带包裹,由于细胞在分裂间期无生长过程,受精卵的胞质被不断分割到子细胞中,随着细胞数目的增加,细胞体积也逐渐变小。受精卵这种特殊的有丝分裂形式,称**卵裂**(cleavage)。卵裂产生的子细胞,称**卵裂球**。到第 3 天,形成一个含 12~16 个卵裂球的实心细胞团,外观形似桑葚,称**桑葚胚**(morula)。卵裂中的受精卵继续向子宫方向推进,于第 4 天,桑葚胚进入子宫腔内(图 11-2)。

人受精卵相
差显微镜像
(示雄、雌原
核)

二、胚泡、植入和蜕膜形成

(一)胚泡的形成

桑葚胚的细胞继续分裂,当卵裂球数增至 100 个左右时,细胞间开始出现小的腔隙,最

笔记

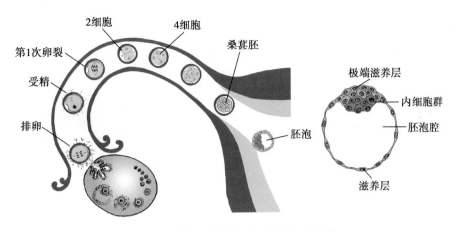

图 11-2　排卵、受精与卵裂过程及胚泡结构

后融合形成一个大腔,腔内充满液体,称**胚泡腔**。此时透明带溶解,整个胚呈囊泡状,称**胚泡**(blastocyst)(图 11-2)。胚泡壁由单层扁平细胞围成,称**滋养层**,与吸收营养有关;腔内的一侧有一细胞团,称**内细胞群**,具有多种分化潜能。紧靠内细胞群侧的滋养层,称**极端滋养层**。胚泡形成后,其外面的透明带变薄及逐渐消失,胚泡接近子宫内膜,准备植入。

(二)植入

胚泡逐渐埋入子宫内膜的过程,称**植入**(implantation),又称**着床**(imbed)。植入在受精后第 5~6 天开始,第 11~12 天完成。

1. **植入过程**　植入时胚泡的极端滋养层侧逐渐与子宫内膜接触,极端滋养层分泌蛋白酶溶解与其接触的子宫内膜,形成一个缺口,胚泡沿缺口埋入子宫内膜功能层。植入的同时,胚泡滋养层迅速增殖,并分化为内、外两层。外层细胞界限不清,称**合体滋养层**,内层细胞界限清楚,呈立方形,排列整齐,称**细胞滋养层**。胚泡全部埋入子宫内膜后,缺口由子宫内膜上皮增生修复,植入完成(图 11-3)。

2. **植入条件**　胚泡植入时必须具备的条件是,母体性激素正常分泌,子宫内膜处于分泌期,胚泡透明带及时脱落和胚泡适时进入子宫腔。

3. **植入部位**　胚泡的植入部位通常在子宫体和子宫底部,多见于后壁。若植入位于近子宫颈处,在此形成的胎盘,称前置胎盘,妊娠晚期易发生胎盘早期剥离,造成大出血,或分娩时可堵塞产道,导致难产。若植入部位在子宫以外,称异位妊娠(图 11-4),常见于输卵管,还可发生在卵巢、腹膜腔及肠系膜等处。植入输卵管的胚胎发育到较大后,可引起输卵管破裂,导致孕妇大出血。

(三)蜕膜形成

在植入的刺激下,分泌期子宫内膜进一步增厚,血液供应更加丰富,腺体分泌更旺盛,基质细胞变肥大并含丰富糖原和脂滴,这些变化称蜕膜反应。发生了蜕膜反应的子宫内膜,称**蜕膜**(decidua)。

根据胚泡与蜕膜的位置关系,可将蜕膜分为三部分(图 11-4):①**基蜕膜**:位于胚泡深部的蜕膜,参与胎盘的形成。②**包蜕膜**:覆盖在胚泡宫腔侧的蜕膜,随着胚体的长大,逐渐与壁蜕膜相贴,使子宫腔消失。③**壁蜕膜**:为子宫壁其余部分的蜕膜。壁蜕膜与包蜕膜之间为子宫腔。

三、胚层形成

(一)二胚层形成(第 2 周)

人胚发育的第 2 周主要变化是胚泡植入完成,滋养层分化形成绒毛膜,内细胞群分化形

包埋在子宫蜕膜中的胚(约 4 周龄)

笔记

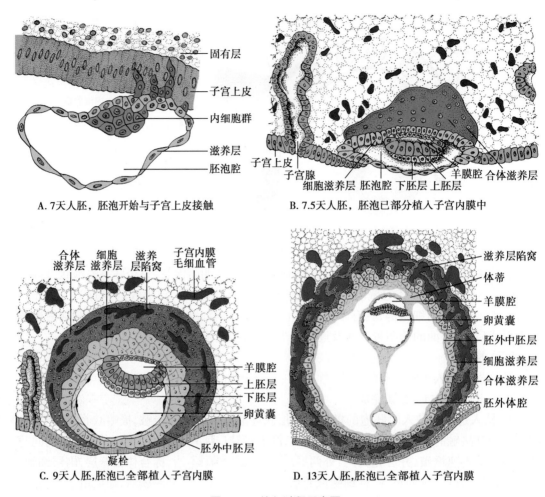

A. 7天人胚,胚泡开始与子宫上皮接触

B. 7.5天人胚,胚泡已部分植入子宫内膜中

C. 9天人胚,胚泡已全部植入子宫内膜

D. 13天人胚,胚泡已全部植入子宫内膜

图 11-3 植入过程示意图

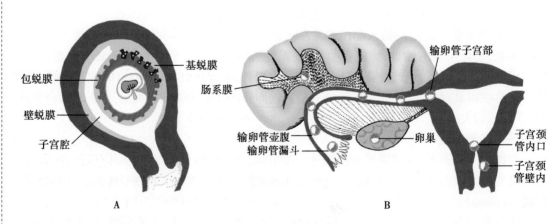

图 11-4 植入部位示意图
A. 正常植入;B. 异常植入

成上胚层和下胚层以及卵黄囊和羊膜腔的形成(图 11-3)。

　　1. **二胚层胚盘形成**　第 2 周初,内细胞群细胞不断增殖,朝向胚泡腔一侧的细胞逐渐形成一层整齐的立方形细胞,称**下胚层**(hypoblast),下胚层上方其余的内细胞群细胞重新排列,形成一层柱状细胞,称**上胚层**(epiblast)。上胚层和下胚层紧密相贴,外形呈椭圆形盘状,

笔记

称二胚层胚盘（embryonic disc）。胚盘是发生胚体各部组织、器官的原基,胚盘以外的结构形成胚体的辅助结构。

2. 羊膜腔形成 在二胚层形成的同时,上胚层与极端滋养之间出现一个腔,称羊膜腔,内含羊水。羊膜腔的壁,称羊膜。羊膜与上胚层的周缘相连,故羊膜腔的底层细胞即为上胚层。

3. 卵黄囊形成 第2周末,下胚层周边的细胞向腹侧延伸,围成一个囊,称**卵黄囊**。故卵黄囊顶层的细胞即为下胚层。

4. 胚外中胚层形成 在卵黄囊和羊膜囊形成的同时,细胞滋养层向胚泡腔内分化出一些排列疏松的星形多突起细胞,称**胚外中胚层**。第2周末,在胚外中胚层内出现一个大腔,称**胚外体腔**。胚外体腔将胚外中胚层分为两层,即附着在细胞滋养层内面和羊膜腔外表面的称胚外中胚层壁层,被覆于卵黄囊外表面的称胚外中胚层脏层。另外,在羊膜腔顶壁尾侧与细胞滋养层之间相连的一束密集的胚外中胚层,称**体蒂**,体蒂是形成脐带的原基。

(二) 三胚层形成(第3周)

人胚发育第3周的主要变化是原条的出现及三胚层胚盘的形成(图11-5)。

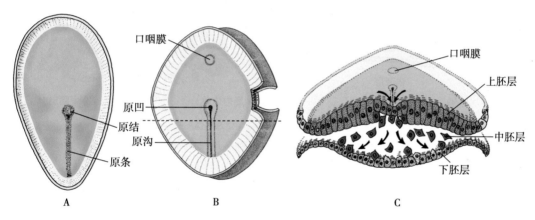

图 11-5 胚盘、示原条、中胚层的形成
A. 14 天;B. 16 天;C. 16 天胚盘横断面

1. 原条的发生 第3周初,胚盘上胚层细胞迅速增生,由胚盘两侧向尾端中线迁移,形成一条细胞索,称**原条**(primitive streak)。原条的出现决定了胚盘的头、尾端和左、右侧,即原条所在侧为尾端,其前方为头端。原条头端的细胞增殖较快,形成结节状膨大,称**原结**。继而在原条的中线出现浅沟,称**原沟**。原结中心出现一浅凹,称**原凹**。

2. 中胚层的形成 原条的细胞迅速增生,从原沟处开始,在上、下胚层间向胚盘左、右两侧及头、尾两端迁移、扩展,形成一层新细胞层,即为胚内中胚层,简称**中胚层**。一部分细胞迁入下胚层,并逐渐全部替换了下胚层细胞,形成一新的细胞层,称**内胚层**(endoderm)。当内胚层和中胚层形成之后,上胚层改称**外胚层**(ectoderm)。第3周末,胚盘即变成由内、中、外三个胚层组成,外形呈梨形,头端大,尾端小,称**三胚层胚盘**。在胚盘头端和尾端各有一个小的无中胚层区域,此处的内、外胚层直接相贴,呈薄膜状,分别称**口咽膜**和**泄殖腔膜**。口咽膜前端的中胚层称**生心区**,是心发生的原基。

3. 脊索的发生 在中胚层形成的同时,原结的细胞增殖,自原凹向头端迁移,在内、外胚层间形成一条单独的细胞索,称**脊索**(notochord)。原条和脊索构成了胚盘的中轴,并成为胚胎早期发育阶段的支持组织,脊索以后演化为椎间盘的髓核。

随着胚体发育,脊索向胚盘头端增长迅速,原条生长缓慢相对缩短,最终消失。若原条细胞残留,胎儿出生后常于骶尾部形成源于三个胚层组织的肿瘤,称**畸胎瘤**。

4. **神经管的形成**   脊索形成后,诱导其背侧中线的外胚层细胞增厚成板状,称**神经板**。随即神经板中央沿长轴下陷形成**神经沟**。神经沟两侧隆起构成**神经褶**。第 3 周末,神经褶由中部开始逐渐愈合,并向头、尾两端延伸形成管状,称**神经管**(图 11-6)。

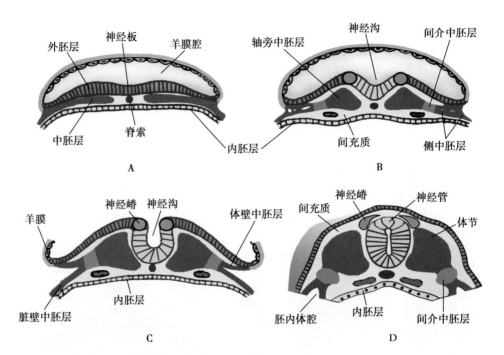

图 11-6   中胚层的早期分化及神经管、神经嵴的形成
A. 17 天;B. 19 天;C. 20 天;D. 21 天

(三) 三胚层分化

1. **外胚层分化**

(1) **神经管的分化**:神经管头、尾两端分别留有**前神经孔**和**后神经孔**(图 11-7)。前神经孔闭合后发育成脑,后神经孔闭合后发育成脊髓。如前神经孔未闭合,则发育成**无脑儿**,后神经孔未闭合,则发育成**脊柱裂**或**脊髓裂**。

(2) **神经嵴的分化**:当神经管形成时,神经褶的一些细胞与神经管分离,迁移到神经管背外侧,形成左右两条纵行细胞索,称**神经嵴**。它将分化成周围神经系统和肾上腺髓质等。

外胚层分化为:神经系统、皮肤表皮及附属器、口腔、鼻腔与肛门的上皮、牙釉质、角膜上皮、晶状体、视网膜、外耳、内耳迷路、腺垂体、肾上腺髓质等。

2. **中胚层的分化**   位于脊索两侧的中胚层

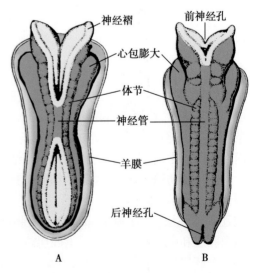

图 11-7   神经管及体节的形成
A. 约 22 天;B. 约 23 天

首先分化为三部分,由中轴向两侧依次为,轴旁中胚层、间介中胚层和侧中胚层(图 11-6)。

(1) **轴旁中胚层**:为脊索两侧的细胞索,逐渐增殖并呈分节状,称**体节**(somite)(图 11-7,图 11-8)。体节左右成对,从颈部向尾侧依次发生,每天约出现 3~4 对,至第 5 周时,体节全

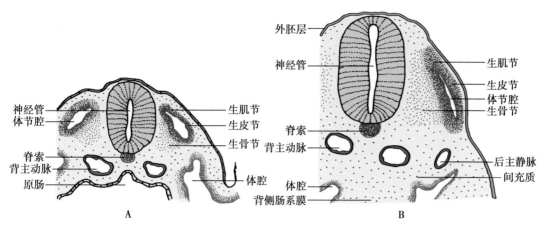

图 11-8　体节的分化

A. 16 体节胚体横切面；B. 30 体节胚体横切面

部形成,共约 42~44 对。在胚体表面即可分辨,是推测胚龄的重要标志之一。体节将分化成脊柱、肌肉及真皮。

(2) **间介中胚层**:位于轴旁中胚层与侧中胚层之间。间介中胚层细胞不断增殖并向体腔突出,形成两条纵行的细胞索,该细胞索将分化成泌尿、生殖系统的主要器官。

(3) **侧中胚层**:又称**侧板**,位于中胚层最外侧。随着胚体的发育,侧中胚层迅速裂为 2 层。与外胚层相贴的一层,称**体壁中胚层**,将分化为体壁的骨骼、肌肉、结缔组织和血管。与内胚层相贴的一层,称**脏壁中胚层**,将分化为消化、呼吸系统的肌组织、结缔组织和血管。体壁中胚层与脏壁中胚层之间的腔,称**胚内体腔**,将分化为胸膜腔、腹膜腔和心包腔。此外,中胚层还分化出一些散在的星形细胞,充填在各个胚层之间,称**间充质**,将分化为各种结缔组织、肌组织和心血管等。

中胚层分化为:皮肤真皮、结缔组织、肌组织、脉管系统、泌尿系统、生殖系统、肾上腺皮质等。

3. **内胚层的分化**　随着扁平状胚盘逐渐变为圆柱状胚体,内胚层卷入胚体内,形成一条纵行的管状结构,称**原始消化管**。原始消化管头端部分为**前肠**,由口咽膜封闭;尾端部分为**后肠**,由泄殖腔膜封闭。位于前、后肠之间与卵黄囊相连的部分为**中肠**。原始消化管将分化为消化系统和呼吸系统的上皮(图 11-9)。

三胚层分化
示意图

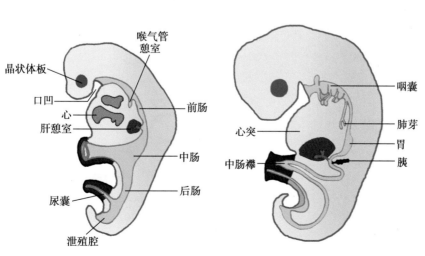

图 11-9　原始消化管的早期演变

内胚层分化为:消化管、消化腺、呼吸道和肺的上皮;膀胱、尿道、阴道的上皮等;甲状腺、甲状旁腺和中耳的上皮等。

四、胚体的形成

随着三胚层的形成与分化,发育至第 4 周,扁平形胚盘逐渐演变为圆柱形的胚体(图 11-10)。由于各部分生长速度不均衡,胚盘中轴部分的生长速度远较胚盘边缘部分快,致使扁平的胚盘向羊膜腔内隆起。在胚盘的周缘出现了明显的卷折,头、尾端的卷折称**头褶**和**尾褶**,

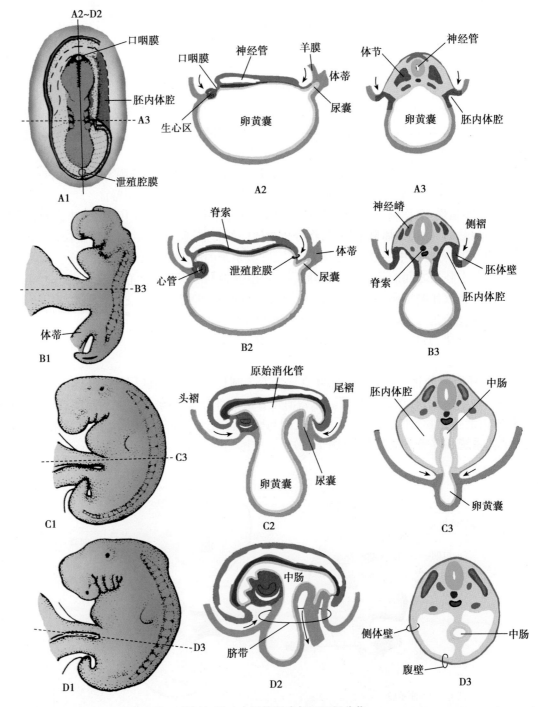

图 11-10　人胚体形成与三胚层分化

两侧缘的卷折称**侧褶**。随着胚的生长,头、尾褶及侧褶逐渐加深,胚盘由圆盘状变为圆柱状的胚体,至第 5 周,胚体弯曲呈 C 字形。第 5~8 周胚体外形有明显的变化,腮弓出现,眼泡和耳泡出现,肢芽和鼻窝出现,至第 8 周末初具人形,各器官原基初步形成。

五、胎儿外形特征

根据大量胚胎标本的观察研究,总结归纳出各期胚胎的外形特征、长度和体重,可以作为推算胚胎龄的依据(表 11-1,表 11-2)。

表 11-1　人胚的外形特征与长度

胎龄(周)	外形特征	长度(mm)
1	受精、卵裂、胚泡形成,植入开始	
2	植入完成,二胚层胚盘形成,绒毛膜初步形成	0.1~0.4(GL)
3	原条、脊索、神经管、体节出现,三胚层胚盘形成	0.5~1.5(GL)
4	胚体逐渐形成,前后神经孔闭合,眼、耳、鼻原基初现,脐带与胎盘形成	1.5~5.0(GL)
5	肢芽出现,手板明显,心膨隆,体节 30~44 对	4~8(CRL)
6	肢芽分两节,足板明显,视网膜出现色素,耳廓突明显	7~12(CRL)
7	胚体渐直,体节消失,手指明显,足趾可见,颜面形成	10~21(CRL)
8	胚体变直,颜面似人形,腹部膨隆、脐疝明显,指、趾明显,外生殖器发生,性别不分,初具人形	27~35(CRL)

注:此表主要参照 Jirasek(1983)。最长值(greatest length,GL),多用于 4 周前的人胚,因此期胚体较直,便于直接测量;顶臀长(crown-rump length,CRL),又称坐高,从头部最高点至尾部最低点之间的长度,此法用于测量 4 周以后胚胎

表 11-2　胎儿各期外形主要特征、身长及体重

胎龄(周)	外形特征	身长(CRL,mm)	体重(g)
9	眼睑闭合,外阴性别不可分辨	50	8
10	指甲开始生长,眼睑闭合,肠袢退回腹腔	61	14
12	颈明显,外阴可分辨性别	87	45
14	头竖直,趾甲出现,下肢发育良好	120	110
16	耳竖起,骨骼、肌肉发育,胎动明显	140	200
18	胎脂出现	160	320
20	胎毛出现,有吞咽活动,可听出胎心音	190	460
22	皮肤薄而红皱	210	630
24	指甲发育良好,胎体瘦	230	820
26	眼睑部分睁开,睫毛出现	250	1000
28	眼张开,头发明显,体瘦有皱纹	270	1300
30	趾甲全出现,睾丸开始下降	280	1700
32	指甲平达指尖,皮肤粉红且平滑	300	2100
36	胎体较丰满,胎毛开始脱落,趾甲越过趾尖,四肢弯曲	340	2900
38	胸部发育好,乳腺略隆出,四肢变圆,睾丸降入阴囊	360	3400

注:此表主要参照 Moore(1988)

羊膜腔中的
胎儿

第三节　胎膜与胎盘

　　胎膜和胎盘是胚胎发育过程中形成的附属结构,对胚胎起保护、营养、呼吸、排泄等作用,还有一定的内分泌功能。胎儿娩出后,胎膜和胎盘一并排出,总称**衣胞**。

一、胎膜

　　胎膜(fetal membrane)包括绒毛膜、羊膜、卵黄囊、尿囊和脐带(图 11-11)。

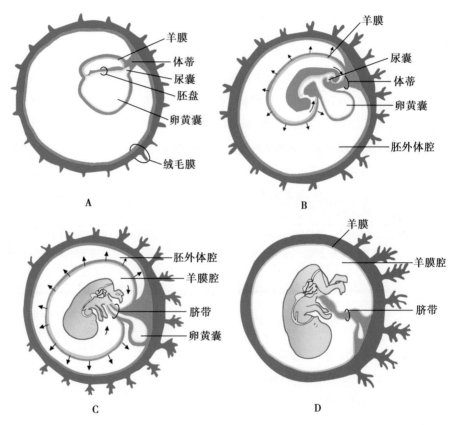

图 11-11　胎膜的演变
A. 3 周;B. 4 周;C. 10 周;D. 20 周

　　1. 绒毛膜(chorion)　由合体滋养层、细胞滋养层和衬于其内面的胚外中胚层发育而成(图 11-12)。胚泡植入子宫内膜后,以细胞滋养层为中轴,外裹合体滋养层,在胚泡表面形成许多绒毛样的突起,称初级绒毛干,是早期的绒毛。胚外中胚层形成后,与滋养层紧密相贴形成**绒毛膜板**。至第 3 周时,胚外中胚层逐渐伸入初级绒毛干内,形成次级绒毛干。次级绒毛干和绒毛膜板合称**绒毛膜**(chorion)。此后,次级绒毛干内的间充质分化为结缔组织和血管,并与胚体内的血管相连通,形成三级绒毛干。

　　绒毛末端的细胞滋养层细胞增殖,穿出合体滋养层插入蜕膜内,形成一层细胞滋养层壳,使绒毛膜与子宫蜕膜牢固连接。绒毛干之间的间隙,称**绒毛间隙**。绒毛间隙内充满母体血液,绒毛浸浴其中,胚胎通过绒毛汲取母血中的营养物质并排出代谢产物。

　　胚胎发育早期,绒毛均匀分布于绒毛膜的表面。第 8 周后,基蜕膜侧的绒毛因血供丰富而生长茂盛,形成**丛密绒毛膜**,参与构成胎盘。包蜕膜侧的绒毛因血供不足而退化,形成**平**

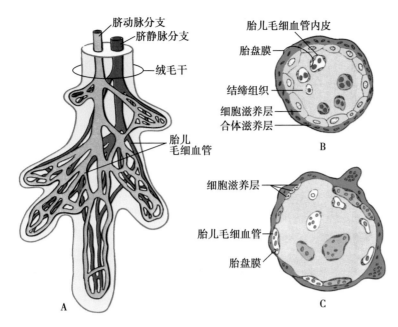

图 11-12 绒毛膜结构模式图

A.纵切面;B、C.横切面(B.早期绒毛;C.晚期绒毛)

滑绒毛膜,参与构成衣胞。此后,随着胚胎的发育增长及羊膜腔的不断扩大,羊膜、平滑绒毛膜和包蜕膜最终与壁蜕膜愈合,子宫腔逐渐消失(图 11-13)。

在绒毛膜发育过程中,如果绒毛膜中的血管发育不良,则会影响胚胎发育甚至死亡。如果绒毛表面的滋养层细胞过度增生,绒毛中轴间质变性水肿,血管消失,胚胎被吸收而消失,整个胎块变成囊泡状,成葡萄状结构,称**葡萄胎**。如果滋养层细胞恶变称**绒毛膜上皮癌**。

2. **羊膜**(amnion membrane) 是一层半透明的薄膜。由羊膜上皮和胚外中胚层构成。羊膜早期附着于胚盘的边缘,随着胚体的形成、羊膜腔的迅速扩大和胚体凸入羊膜腔内,羊膜也随之向胚胎腹侧移动,将卵黄囊、体蒂及尿囊等包围起来,形成原始脐带。羊膜腔内充满羊水,胚胎在羊水中生长发育(图 11-11,图 11-13)。

羊水由羊膜上皮细胞的分泌物和胚胎的排泄物组成。羊水不断产生,又不断被羊膜吸收和胎儿吞饮入消化管,使羊水不断更新。正常足月胎儿的羊水约有 1000~1500ml,若羊水少于 500ml,为羊水过少,易发生羊膜与胚体粘连出现畸形;若羊水多于 2000ml,为羊水过

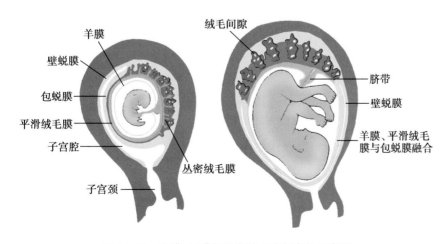

图 11-13 胎膜、蜕膜与胎盘的形成与变化示意图

多,可使子宫异常增大。羊水含量异常,可能与某些先天畸形有关,如胎儿无肾或尿道闭锁可致羊水过少,胎儿消化管闭锁、无脑儿或脑积水等可致羊水过多。

羊膜和羊水对胚胎有保护作用。胎儿浸在羊水中,可防止胎儿肢体粘连;能缓冲外力对胎儿的振动和压迫;分娩时有扩张宫颈和冲洗产道作用。穿刺吸取羊水进行细胞染色体检查或测定羊水中某些生化指标,能早期诊断某些遗传性疾病。

3. **卵黄囊**(yolk sac)　位于原始消化管腹侧,由胚外内胚层和胚外中胚层组成(图 11-11)。人胚卵黄囊不发达,退化早。第 4 周,卵黄囊顶壁的内胚层随着胚盘向腹侧包卷形成原始消化管。留在胚外的部分被包入脐带后成为卵黄蒂,后者于第 5 周闭锁,退化消失。若卵黄蒂退化不全,在成人回肠壁上仍保留一盲囊,称为梅克尔憩室。如果卵黄蒂未闭锁,肠道与脐相通,出生后腹压增高时,肠内容物可从脐部溢出,称**脐粪瘘**。人体造血肝细胞来源于卵黄囊壁上的胚外中胚层,人体原始生殖细胞来源于卵黄囊顶部的内胚层。

4. **尿囊**(allantois)　是从卵黄囊尾侧的内胚层向体蒂内长入的一个盲管。尿囊为遗迹性器官,其壁的胚外中胚层分化形成尿囊动脉和尿囊静脉。尿囊根部参与膀胱顶部的形成,其余部分退化并卷入脐带内。尿囊动脉和尿囊静脉演化为脐动脉和脐静脉。

5. **脐带**(umbilical cord)　是羊膜包绕体蒂、卵黄囊及尿囊形成的一条圆索状结构,连于胚胎脐部与胎盘之间,是胎儿与胎盘间物质运输的通道。脐带内的卵黄囊和尿囊闭锁消失后,尿囊动脉、静脉保留,成为脐动脉和脐静脉。脐带内主要有 2 条脐动脉、1 条脐静脉,**脐动脉**将胚胎的静脉血液运送到胎盘绒毛,与绒毛间隙内的母体血液进行物质交换,**脐静脉**将绒毛汇集的动脉血送回胚胎。足月胎儿脐带长 40~60cm,脐带过短可影响胎儿娩出或分娩时引起胎盘早期剥离,脐带过长可缠绕胎儿颈部或其他部位,影响胎儿发育甚至导致胎儿死亡。

二、胎盘

胎盘(placenta)是保证胚胎正常发育的重要器官,具有物质交换、营养、代谢、分泌激素和屏障外来微生物侵入等功能。

(一) 胎盘的结构

1. **胎盘的一般结构**　足月胎盘呈圆盘状,重约 500g,直径 15~20cm,中央厚,周边薄,平均厚 2~3cm。胎盘的胎儿面被覆羊膜而光滑,中央或近中央处有脐带附着。胎盘母体面粗糙,可见 15~20 个由浅沟分隔的胎盘小叶(图 11-14)。

胎盘是由胎儿的丛密绒毛膜与母体的基蜕膜构成的。胎儿面被覆羊膜,深面为绒毛膜板,其发出 40~60 根**绒毛干**,由绒毛干又发出许多小绒毛,呈树枝状分布。每 1~4 个绒毛干及其所属的绒毛分支,称为一个**胎盘小叶**。母体基蜕膜向绒毛间隙发出胎盘隔,不完全分隔绒毛间隙,所以绒毛间隙互相连通,母体血液可以在胎盘小叶之间流动。子宫动脉和静脉穿过基蜕膜开口于绒毛间隙,绒毛浸在母体血液中(图 11-15)。

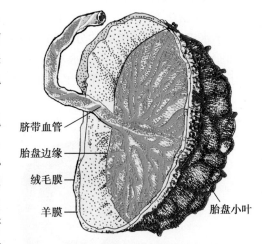

脐带血管
胎盘边缘
绒毛膜
羊膜
胎盘小叶

图 11-14　胎盘的外形模式图

2. **胎盘的血液循环**　胎盘内有母体和胎儿两套血液循环,二者的血液在各自的封闭管道内循环,互不相通,但能进行物质交换。母体动脉血由子宫动脉经子宫内膜的螺旋动脉注入绒毛间隙,与绒毛毛细血管中胎儿血进行物质交换后,静脉血汇入子宫内膜小静脉返回子

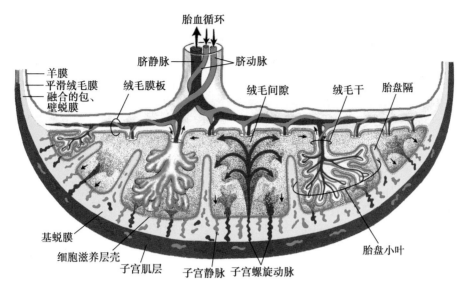

图 11-15 胎盘的结构与血液循环模式图

宫静脉回流入母体。胎儿静脉血经脐动脉进入绒毛中轴的毛细血管,与绒毛间隙中母体血进行物质交换后,成为动脉血,汇入脐静脉回流到胎儿体内。

3. **胎盘屏障**(placental barrier) 是指胎儿血与母体血在胎盘内进行物质交换所经过的结构,又称**胎盘膜**。早期胎盘屏障较厚,由合体滋养层、细胞滋养层及基膜、绒毛结缔组织、毛细血管基膜及内皮构成(图 11-16)。随着胚胎的发育,绒毛结缔组织逐渐减少,细胞滋养层退化,胎盘屏障变薄,胎儿血与母体血间仅隔合体滋养层、基膜、绒毛毛细血管内皮及基膜,更有利于物质交换。在正常情况下,胎盘屏障能阻挡母血内大分子物质进入胎体,对胎儿具有保护作用。

(二)胎盘的功能

1. **物质交换** 选择性物质交换是胎盘的主要功能。胎儿通过胎盘从母血中获得营养和O_2,排出代谢产物和CO_2。某些药物、病毒和激素可以通过胎盘屏障进入胎儿体内,影响胎儿发育,故孕妇用药需慎重。

2. **内分泌功能** 胎盘的合体滋养层细胞能分泌多种激素,对维持妊娠、保证胎儿正常发育起着极为重要的作用。①**人绒毛膜促性腺激素**(human chorionic gonadotropin,HCG):能

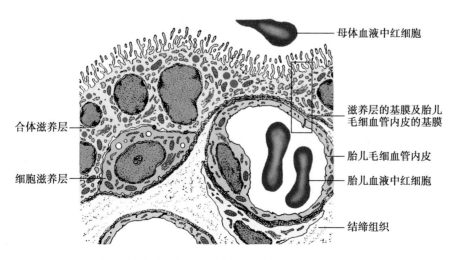

图 11-16 胎盘屏障模式图(框内为晚期胎盘屏障)

促进黄体的生长发育,维持妊娠。还能抑制母体对胎儿、胎盘的免疫排斥作用。HCG 在受精后第 2 周末即出现于母体血液中,第 9~11 周达高峰,以后逐渐减少直到分娩。由于该激素在妊娠早期可以从孕妇尿液中检出,常作为诊断早孕的指标之一。②**人胎盘催乳素**(human placental lactogen,HPL):能促使母体乳腺生长发育,又能促进胎儿的代谢和生长发育。③**孕激素**和**雌激素**:于妊娠第 4 月开始分泌,逐渐替代黄体的功能,继续维持妊娠。

第四节　双胎、多胎与联胎

一次分娩出两个新生儿称**双胎**,又称**孪生**(twins),其发生率约占新生儿的 1%。

1. **双卵双胎**　一次排出两个卵细胞,分别受精后发育成两个胎儿。它们有各自的胎膜和胎盘,性别相同或不同,相貌和生理特性的差异如同一般的同胞兄妹。

2. **单卵双胎**　一个卵细胞受精后发育成两个胎儿。此种孪生儿的遗传基因型完全相同,两个个体之间可以互相进行组织和器官移植而不引起免疫排斥反应。

单卵双胎的发生可以有几种情况(图 11-17):①由两个卵裂球各自发育成一个胎儿,有各自的胎膜和胎盘。②在胚泡时期形成两个内细胞群,各自发育成一个胎儿,两个胎儿具有共同的绒毛膜和胎盘,但各有自己的羊膜腔和脐带。③在一个胚盘上形成两个原条,诱导周围组织细胞各自发育成一个胎儿,两个胎儿共用一个绒毛膜、羊膜腔和胎盘,各有一条脐带。

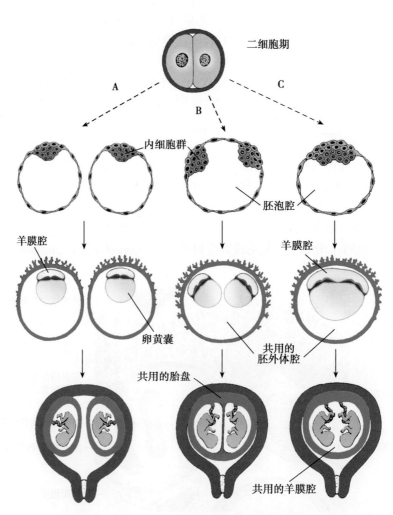

图 11-17　单卵双胎的形成示意图

在单卵孪生中,当一个胚盘出现两个原条并分别发育为两个胚胎时,若两原条靠得较近,胚体形成时发生局部联接,称**联胎**。联胎有对称型和不对称型两类,对称型指两个胚胎大小相同,可有头联体双胎、臀联体双胎、胸腹联体双胎等。不对称型联胎是双胎一大一小,小者常发育不全,形成寄生胎或胎中胎。

一次分娩出两个以上的新生儿,称**多胎**。多胎形成的原因与双胎相同,有多卵多胎、单卵多胎和混合性多胎几种类型。

联体双胎

第五节 胎儿的血液循环和出生后的变化

一、 胎儿血液循环途径

来自胎盘的富含营养物质和氧气的血液,经脐静脉流入胎儿肝后,大部分经静脉导管进入下腔静脉,小部分经脐静脉分支进入肝血窦后经肝静脉流入下腔静脉。同时下腔静脉还收集下肢、盆腔和腹腔器官的血液,混合性血液经下腔静脉进入右心房后,大部分经卵圆孔进入左心房;小部分与来自上腔静脉的血液混合后,进入右心室。

经卵圆孔到左心房的血液与来自肺静脉的少量血液混合后进入左心室。左心室输出的血液,大部分经主动脉弓上的 3 个分支供应头、颈和上肢,小部分进入降主动脉。

右心室的血液进入肺动脉干后,大部分经动脉导管进入降主动脉,由于胎儿肺无呼吸功能,仅不足 10% 的血液进入肺,再经肺静脉流入左心房。

降主动脉的血液,除小部分供给躯干、腹腔、盆腔和下肢外,大部分经髂内动脉发出的脐动脉进入胎盘,与母体血液进行物质交换后,再由脐静脉返回胎儿体内。

胎儿血液循环特点:①胎儿通过脐血管和胎盘与母体之间以弥散方式进行物质交换。②胎儿时期只有体循环,几乎无肺循环。③胎儿体内绝大部分是混合血,至上肢、头部、心、肝的氧含量及营养较多,至肺和下肢的氧含量及营养较少。④静脉导管、卵圆孔及动脉导管是胎儿血液循环中的特殊通道。

二、胎儿出生后血液循环的变化

胎儿出生后脐带结扎,胎盘血液循环中断,肺开始呼吸,主动脉血液含氧量增高的同时,肺释放缓激肽,使动脉导管、脐动脉和脐静脉等收缩发生功能性关闭,继而再逐渐发生组织学变化后,血液循环的途径即与成年人相同。具体变化如下:①卵圆孔关闭,胎儿出生后,肺静脉的血液大量回流入左心房,左心房的压力升高,使卵圆孔关闭。生后 1 年左右解剖上闭合,并在房间隔的右心房侧形成卵圆窝。②动脉导管闭锁,绝大多数婴儿生后 3 个月左右在解剖上逐渐闭合成为动脉韧带。③静脉导管闭锁为静脉韧带。④脐动脉大部分闭锁成为脐外侧韧带,仅尾侧段演化为膀胱上动脉。⑤脐静脉闭锁为肝圆韧带。

胎儿血液循环模式图

第六节 常见先天性畸形及形成原因

先天性畸形(congenital malformation)是由于胚胎发育紊乱所致的出生时即可见的形态结构异常。而器官内部的结构异常或生化代谢异常,则在出生后一段时间或相当长时间内才显现。故将形态结构、功能、代谢和行为等方面的先天性异常,统称**出生缺陷**。

一、先天性畸形形成的原因

先天性畸形是胚胎发育紊乱的结果,在整个胚胎发育过程中,都有可能因为遗传因素调控

笔记

或者环境因素刺激而导致发育异常。多数的先天畸形是遗传因素和环境因素相互作用的结果。

  1. **遗传因素**　包括基因突变和染色体畸变。如果这些遗传改变累及了生殖细胞,由此引起的畸形就会遗传给后代。以染色体畸变引起的较多,包括染色体数目的异常和染色体结构异常。

  2. **环境因素**　能引起出生缺陷的环境因素,统称**致畸因子**(teratogen)。影响胚胎发育的环境因素包括母体周围环境、母体内环境和胚胎周围的微环境。环境致畸因子主要有五类:①生物性致畸因子:如风疹病毒、单纯疱疹病毒、梅毒螺旋体等;②物理性致畸因子:如各种射线、机械性压迫和损伤等;③致畸性药物:多数抗癌药物、某些抗生素、抗惊厥药物和激素等均有不同程度的致畸作用;④致畸性化学物质:在工业"三废"、食品添加剂和防腐剂中,含有一些有致畸作用的化学物质;⑤其他致畸因子:大量吸烟、酗酒、缺氧、严重营养不良等均有致畸作用。

  3. **环境因素与遗传因素的相互作用**　在畸形的发生中,环境因素与遗传因素的相互作用是非常明显的,这不仅表现在环境致畸因子通过引起染色体畸变和基因突变而导致先天性畸形,而且更表现在胚胎的遗传特性,即基因型决定和影响胚胎对致畸因子的易感程度。

先天性畸形
的宫内诊断
技术

二、致畸敏感期

  胚在 2 周以内,受致畸因子损伤后多致早期流产或胚胎死亡、吸收,若能存活,则说明胚未受损或已由未受损细胞代偿而不产生畸形。胚在发育的第 3~8 周是人体外形及其内部许多器官、系统原基发生的重要时期,此期对致畸因子(如某些药物、病毒、微生物等)的影响极其敏感,易发生先天性畸形,称**致畸敏感期**(sensitive period),孕妇在此期应特别注意避免与致畸因子接触。第 9 周直至分娩的胎期,胎儿生长发育快,各器官进行组织和功能分化,受致畸因子作用后也会发生畸形,但多属组织结构和功能缺陷,一般不出现器官形态畸形。由于胚胎各器官的发生分化时期不同,故致畸敏感期也不尽相同(图 11-18)。

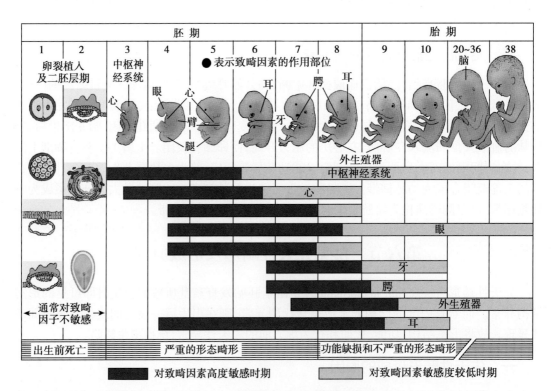

图 11-18　人体主要器官的致畸易感期

三、先天性畸形类型

1. 颜面及四肢　①唇裂:常发生于上唇,多偏于人中一侧,也可见双侧唇裂。②腭裂:常与唇裂同时存在,发生在硬腭部位。③面斜裂:位于眼内眦与口角之间。④肢体畸形:无臂无手、无指、骨畸形、多指(趾)和马蹄内翻足等。

2. 消化系统　①消化管狭窄或闭锁:消化管在发育过程中,管腔上皮细胞发生细胞凋亡,若细胞吸收不完全,导致相应部位管腔狭窄或闭锁。②脐瘘:卵黄蒂未退化,在肠与脐之间残存一瘘管,肠腔内容物从脐孔溢出。③梅克尔憩室:卵黄蒂退化不全,在回肠壁上留有一小盲囊。④先天性脐疝:脐腔未闭锁,留有一腔与腹腔相通,腹压增高时,肠管从脐部膨出形成脐疝。⑤先天性巨结肠:多见于乙状结肠。结肠壁中神经丛缺乏含有来自神经嵴的副交感神经节细胞,肠壁收缩乏力,使肠内容物堆积,肠管扩张。⑥不通肛:又称肛门闭锁。由于肛膜未破裂,未与肛管相通所致。⑦肠袢转位异常:肠袢在退回腹腔时,逆时针旋转180°,若反向转位会形成各种消化管异位,常出现左位阑尾和肝,右位胃和乙状结肠等器官异位。

3. 呼吸系统　①气管食管瘘:气管食管隔发育不全形成。②透明膜病:肺泡Ⅱ型细胞分化不良,肺泡表面活性物质缺乏,出生后胎儿肺泡不能扩张而出现呼吸困难。

4. 泌尿系统　①多囊肾:肾小管未能与集合小管连接贯通,肾小管内滤液积聚,肾内出现许多囊泡状结构。②异位肾:肾最初形成于盆腔,若肾在上升过程中因某些原因未达到正常位置,称异位肾,多见盆腔肾。③脐尿瘘:若膀胱顶端与脐之间的脐尿管未闭锁,出生后尿液可经脐部流出。

5. 生殖系统　①隐睾:若出生后睾丸未下降至阴囊,仍留在腹腔或腹股沟管内,称隐睾。②先天性腹股沟疝:睾丸外的鞘膜腔和腹腔之间的通道未闭锁,肠管可突入鞘膜腔形成。③两性畸形:a. 真两性畸形:患者染色体组型是 46,XY 和 46,XX 嵌合体,体内同时有睾丸和卵巢,外生殖器不辨男女,第二性征于男女之间。b. 假两性畸形:男性假两性畸形患者染色体为 46,XY,体内有发育不佳的睾丸,外生殖器似女性。女性假两性畸形患者染色体为 46,XX,体内有卵巢,外生殖器介于男女之间。④睾丸女性化综合征:患者染色体组型为 46,XY,体内有睾丸,但因组细胞和中肾管细胞缺乏雄激素受体,使睾丸产生的雄激素不能发挥作用,致使外阴女性化,且具有女性第二性征。⑤阴道闭锁:阴道板未形成管腔或处女膜未穿通。⑥双子宫:见于双角子宫或双子宫双阴道。⑦尿道下裂:阴茎腹侧面有尿道开口。

6. 心血管系统　①房间隔缺损:最常见卵圆孔未闭锁,使左、右心房相通。②室间隔缺损:室间隔分隔不完全,使左、右心室相通,多见于室间隔膜部缺损。③法洛四联症:包括四种缺陷,肺动脉狭窄,室间隔缺损,主动脉骑跨和右心室肥大。④动脉导管未闭:主动脉和肺动脉干之间通道未闭锁。

7. 神经系统　①神经管缺陷:是由于神经管闭合和发育不完全所致的一类畸形。包括无脑畸形、脊髓裂,同时伴有相应部位的颅骨或脊柱发育不全。②脑积水:脑室系统发育异常,脑脊液不能正常流通循环,脑室或蛛网膜下腔积存大量液体。主要表现为颅脑增大,颅骨变薄,颅缝变宽。

(夏　青)

唇裂

无脑畸形伴脊髓脊柱裂

扫一扫
测一测

高等职业教育创新教材
国家精品资源共享课程建设改革教材
供临床医学、护理等医药类各专业用

第 3 版

正常人体结构与功能（下）
人体生理学

主　　　编　冯润荷　夏　青

下 册 主 编　冯润荷

下册副主编　罗　萍　谭俊珍　刘志强

下 册 编 者（按姓氏笔画排序）

王笑梅（天津医学高等专科学校）

王静雅（天津医科大学）

冯润荷（天津医学高等专科学校）

刘志强（天津医科大学）

张　娜（军事医学科学院卫生学环境医学研究所）

张引国（武警后勤学院）

张承玉（天津医学高等专科学校）

罗　萍（天津医学高等专科学校）

莎日娜（天津医学高等专科学校）

景文莉（天津医学高等专科学校）

蔡凤英（天津医学高等专科学校）

谭俊珍（天津中医药大学）

人民卫生出版社

图书在版编目（CIP）数据

正常人体结构与功能：全2册 / 冯润荷，夏青主编 . —3 版 . —北京：人民卫生出版社，2018

ISBN 978–7–117–27052–6

Ⅰ.①正… Ⅱ.①冯…②夏… Ⅲ.①人体结构 – 高等职业教育 – 教材 Ⅳ.①Q983

中国版本图书馆 CIP 数据核字（2018）第 182144 号

人卫智网	www.ipmph.com	医学教育、学术、考试、健康，购书智慧智能综合服务平台
人卫官网	www.pmph.com	人卫官方资讯发布平台

正常人体结构与功能（第 3 版）
（上、下册）

主　　编：冯润荷　夏　青
出版发行：人民卫生出版社（中继线 010-59780011）
地　　址：北京市朝阳区潘家园南里 19 号
邮　　编：100021
E - mail：pmph @ pmph.com
购书热线：010-59787592　010-59787584　010-65264830
印　　刷：中农印务有限公司
经　　销：新华书店
开　　本：889×1194　1/16　　总印张：36
总 字 数：966 千字
版　　次：2010 年 8 月第 1 版　　2018 年 9 月第 3 版
　　　　　2021 年 2 月第 3 版第 3 次印刷（总第 7 次印刷）
标准书号：ISBN 978-7-117-27052-6
定价（上、下册）：116.00 元

前 言

医学高等职业教育坚持全面贯彻党的十九大精神,以新时代中国特色社会主义思想为指导,坚持立德树人,培养德智体美全面发展的实用型高素质医学人才。加强医学生"以人为本"健康中国的服务理念,培养学生"敬佑生命,救死扶伤,甘于奉献,大爱无疆"的崇高精神,强化职业能力和职业素质的培养。为了适应医学各专业人才培养和专业建设方案,以及现代科学技术的发展需要,编写新版《正常人体结构与功能》纸媒体和富媒体资源融合的教材。

《正常人体结构与功能》始创于2005年,2010年内容重新整合出版第一版教材,2015年重新修订出版第二版,经过4年的使用,虽然其内容深度和广度与高职护理专业的人才培养目标相适宜,但随着教育理念和教学改革的发展,需要更新一些内容,增加新知识、新进展、新科技手段,以满足广大师生对目前基础医学发展的需要。所以,在原教材的基础上重新编写《正常人体结构与功能》。新版《正常人体结构与功能》分为上、下两分册,上册为《人体解剖学和组织胚胎学》,下册《人体生理学》,并同时出版与教材配套的《学习指导》。教材适用于临床医学、护理、口腔医学、康复治疗技术等各个医学及相关专业。

《人体生理学》是在人体解剖学和组织胚胎学的基础上,阐述生命现象的基本活动规律,教材共包括十二章:绪论、细胞的基本功能、血液、循环、呼吸、消化和吸收、能量代谢和体温、肾的排泄功能、感觉器官的功能、神经系统、内分泌、生殖与衰老。每章内容由两大部分组成,即纸质版教材内容和电子资源(ER)。教材特点如下:

1. 坚持"三基、五性、三特定"原则,以基本理论、基本知识、基本技能为教材基本内容,注重思想性、科学性、创新性、启发性、先进性相结合,定位于医学专科应用技能型人才培养教材。

2. 注重体现"四结合一统一",即与临床实践相结合,与学科发展相结合,与职业能力相结合,与岗位需求相结合,融传授知识、培养能力、提高技能、提升职业素质为一体,将立德树人教育贯穿教学全过程。

3. "纸媒体和富媒体融合"特色教材,教材各章提供PPT、微课、动画等电子资源,帮助师生利用移动终端共享配套的优质网络资源。

教材中每章的"学习目标",说明学生掌握、熟悉和了解的知识点。难点内容,力求简单明确,简化学科系统中过难过深的理论机制,采用图表解读,有利于学生对复杂和抽象知识的理解和记忆。"知识链接",使学生了解学科发展前沿,临床和生活实际中的应用及实践,现代社会常见病的发生趋势和预防等,提高学生分析问题和解决问题的能力。绪论中增加实验动物保护条例,使学生们珍惜生命,爱护动物。教材中还增加老年期生理特征和衰老等相关内容,为专业课奠定必要的基础理论知识。

　　教材参编者由教学经验丰富的一线教师编写,特别感谢天津医科大学、天津中医药大学、军事医学科学院、武装后勤学院的老师参与并指导。其内容和插图参考了本科和高职高专教材,"十二五"全国规划教材等,特向原作者表示感谢。编写工作,得到校领导、教务处、基础医学部的支持和帮助,在此表示感谢。教材中如有不妥之处,欢迎各位同仁给以批评指正,谢谢。

冯润荷

2018 年 5 月

目　录

绪　论

🔊 学习目标

1. **掌握**　生命活动的基本特征,机体内环境和稳态的概念及生理意义,机体生理功能的反馈控制。
2. **熟悉**　正常人体功能的调节方式。
3. **了解**　人体生理学的研究内容、学习方法及与医学的关系。

生理学(physiology)是生物科学中的一门重要学科。是研究生物体正常生命活动规律的科学,是以生物体的生命活动现象和各个组成部分的功能为研究对象的一门科学。生物体(organism)也称机体,是自然界中有生命的物体总称,包括一切动物、植物和微生物。根据研究对象的不同,生理学可分为植物生理学、动物生理学、人体生理学。本书主要阐述人体生理学,人体生理学(human phsiology)是研究构成人体各个系统的细胞和器官正常生命活动规律的科学。其研究的任务是,阐明人体及其各组成部分正常的功能活动规律及其产生机制,内外环境变化对其功能活动的影响,以及机体为适应环境变化和维持整体生命活动所作的相应调节。包括肌肉收缩、血液循环、呼吸、消化、排泄、生殖等生理过程。

中医学的经典著作《黄帝内经》成书于公元前 300~400 年,其中有生理功能的描述,是最早的人体生理现象的记载。古罗马名医 C.Galen(130~200)曾从人体解剖知识来推断生理功能。生理学是一门实验性科学,生理学知识主要来源于实验研究,以科学实验研究为特征的近代生理学是从 17 世纪开始的,英国医生威廉·哈维(William Harvey,1578~1657)用动物活体实验的方法,第一次科学地阐明了血液循环的途径和规律,证明心脏是循环系统的中心,血液由心脏射入动脉,再由静脉回流心脏不断循环,并于 1628 年正式出版了《心与血的运动》一书,这是历史上第一本基于实验证据的生理学著作,它揭开了科学研究生命活动的序幕。因此,哈维被公认为是近代生理学的奠基人。19 世纪,法国著名生理学家克劳德·伯尔纳(Claude Bernard,1813~1878)阐述了机体必须有一个恒定的内环境的经典概念。美国生理学家 WB.Cannon 在此基础上创造了一个新名词"稳态"。19 世纪中叶,英国著名生理学家谢灵顿(Charles Scott Sherrington,1857~1952)出版了他的经典著作《神经系统的整合作用》,他对脊髓反射的规律进行了长期而精细的研究,为神经系统的生理学奠定了坚固的基础。俄国的巴浦洛夫研究了大脑皮质的功能,提出了高级神经活动学说,又称条件反射学说;20 世纪科学技术的飞速发展为生理学研究提供了新的理论和技术,如生物电的记录和应用疾病的诊断,细胞离子通道概念,电压钳技术等。新技术的应用,促进了现代生理学研究实验技术、手段、方法的改进和提高,人类揭示生命活动的规律更客观和日益深入,研究的手段

1

更先进、方法更科学,生理学知识和理论得到不断的更新和发展。

人体是由各种器官和系统组成,各种器官和系统又由不同的组织和细胞组成。由于人体的结构与功能极为复杂,在研究生命活动变化规律,探讨人体生理作用发生机制以及环境条件对机体功能的影响时,需要从各个不同的角度提出问题进行研究。根据研究的层次不同,生理学的研究可分为三个水平:①整体水平的研究;②器官和系统水平的研究;③细胞和分子水平的研究。各器官的功能都是由构成该器官的各种细胞特性决定的,而细胞生理特性又是由构成细胞的分子特别是生物大分子的物理和化学特性决定的。在整体情况下,体内各器官、系统之间相互联系和相互影响,各种功能相互协调使机体成为一个完整的整体,在变化的环境中维持正常生命活动。上述三个水平的研究,其之间不是孤立的,而是互相联系、互相补充。生理学和医学界越来越重视不同水平之间的交叉、结合和转化,因此学习生理学时,要用发展的、联系的、对立统一的观点来认识生命活动规律。

第一节　人体生命活动的基本特征

从单细胞生物体到各种多细胞低等或高等动物,通过研究发现生命现象至少表现有四种基本形式:即新陈代谢、兴奋性、适应性和生殖,它们是一切生物体包括人体生命活动的基本特征。

一、新陈代谢

新陈代谢(metabolism)就是指生物体与外界环境之间的物质交换和能量交换,以及生物体内部的物质变化和能量转变的过程。概括地说就是生物体的新老交替,不断自我更新。新陈代谢包括同化作用和异化作用两个方面。机体从外界环境中摄取营养物质,合成自身物质,同时伴随着能量的贮存称为同化作用;另一方面机体不断地分解自身物质,释放出能量供给机体生命活动的需要,并将代谢产物排出体外称为异化作用。在新陈代谢的过程中伴随着物质的合成与分解,在物质代谢的过程中伴随着能量的贮存、转移、释放和利用。

新陈代谢是生命活动的最基本特征,机体表现出生长、发育、运动、分泌、生殖等生命活动都是建立在新陈代谢的基础之上。新陈代谢一旦停止,生命也就立即终止。

二、兴奋性

生物体具有对刺激发生反应的能力或特性称为兴奋性(excitability)。它使生物体对环境条件的变化发生相应的反应,是生物体生存的必要条件。和新陈代谢一样,兴奋性是机体生命活动的基本特征之一。

(一) 刺激与反应

人体生活在千变万化的环境中,变化的环境条件对人体产生作用,影响人体的功能活动。生理学上,把能引起机体发生反应的内外环境变化称为刺激(stimulus)。按照刺激的性质不同,可以将刺激分为:①物理刺激:如声、光、电、机械、温度等。②化学刺激:酸、碱、盐各种化学物质等。③生物刺激:细菌、病毒、病原微生物等。④社会心理性刺激:如情绪波动、战争、灾害以及社会变革等。

在刺激的作用下人体发生内部和外部功能活动的改变称为反应(reaction)。任何组织或细胞对刺激发生反应有两种不同的形式:一种为由相对静止变为活动状态,或活动状态的加强,称为兴奋(excitation)。另一种是由活动变为相对静止状态,或活动状态的减弱称为抑制(inhibition)。机体受到刺激后发生的反应无论是兴奋或抑制都是功能活动状态发生改变的形式,如正常人体运动时心跳加快,运动停止后心跳逐渐减慢到恢复正常。

(二) 衡量细胞兴奋性的指标

在兴奋性基础上,刺激还应具备三个条件:刺激强度、刺激时间和刺激强度-时间变化率。在生理学实验研究中通常用电刺激,电刺激的强度、时间和强度-时间变化率容易控制和改变,对组织损伤小。如果刺激的作用时间和强度变化率固定不变,从小到大逐步加大刺激强度,而能引起组织或细胞发生反应的最小刺激强度称为阈强度,又称为阈值(threshold)。刺激强度等于阈值的刺激称为阈刺激(threshold stimulus)。刺激强度小于阈值的刺激称为阈下刺激,刺激强度大于阈值的刺激称为阈上刺激。不同的组织细胞或同一组织细胞在不同的状态下其阈值会不相同,所以阈值是衡量组织或细胞兴奋性高低的重要指标。阈值的大小与组织兴奋性的高低呈反变关系,即阈值愈小,组织兴奋性愈高,对刺激反应愈灵敏;反之,阈值愈大,组织兴奋性愈低,对刺激的反应愈迟钝。

当强度-时间变化率固定不变时,引起组织兴奋所需的最小刺激强度和刺激持续时间在一定范围内互呈反变关系。当延长刺激时间时,可降低刺激强度。但是刺激持续时间超过一定限度时,时间因素就不再影响刺激强度,那么无论刺激持续多长时间,也必须有一个最小的基本强度(基强度)才能引起组织兴奋。反之,如果增加刺激强度,则可缩短刺激持续时间,但刺激强度无论多大,也必须有一个最短的基本作用时间(时值),否则,即使再大的刺激强度,也不能引起组织兴奋。

(三) 可兴奋组织及其兴奋性的变化

各种组织或细胞兴奋性高低不同,兴奋后其功能活动的外部表现也不相同。一般神经和肌细胞以及某些腺细胞表现出较高的兴奋性,这就是说它们只需接受较小强度的刺激,就能表现出某种形式的反应。因此,习惯上称它们为可兴奋细胞或可兴奋组织。如肌细胞表现出机械收缩,腺细胞表现出分泌活动,神经细胞在受刺激兴奋时虽无肉眼可见的外部反应,但可记录出动作电位(action potential)的产生,而且动作电位是大多数可兴奋细胞受刺激时共有的特征性表现,是细胞表现其功能活动的前提或触发因素。因此兴奋性又可理解为细胞在受刺激时产生动作电位的能力,动作电位的产生才是兴奋。

可兴奋组织或细胞受到一次刺激后,在兴奋及其后的短时间内,其兴奋性将经历一系列有规律的变化,可分为绝对不应期、相对不应期、超常期和低常期。

1. 绝对不应期(absolute refractory period)　此期兴奋性降低到零,任何强大的刺激都不会引起细胞再次兴奋。

2. 相对不应期(relative refractory period)　此期兴奋性逐渐恢复,但仍低于正常,刺激强度必须大于阈值则有可能引起细胞兴奋。

3. 超常期(supranormal period)　此期兴奋性略高于正常,给予一定强度的阈下刺激也有可能引起细胞再次兴奋。

4. 低常期(subnormal period)　即兴奋性低于正常,这段时间内要使组织兴奋,刺激强度必须大于阈值。此后,细胞的兴奋性恢复到原来静息时的正常水平。组织兴奋时,以上各期持续的时间随不同组织细胞而异,所经历的时间也很短,这种兴奋性的变化规律在可兴奋细胞中普遍存在。如神经纤维和骨骼肌细胞的绝对不应期为 0.5~2.0ms,而心肌细胞的绝对不应期可长达 200ms 左右。其他各期时程也因组织不同而存有差异,但是同一细胞随着它的功能状态不同其兴奋性也有很大的差异。绝对不应期的时程正常情况下与动作电位峰电位时程相当。绝对不应期的长短决定了组织、细胞两次兴奋的最短时间间隔。也就是说组织细胞在兴奋的绝对不应期内无论给予多大强度的刺激,该组织或细胞不可能在该期内产生动作电位的融合。

三、适应性

动物或人体所处的环境包括大气、气压、温度、湿度等,无时不在发生着变化。在环境的影响下,机体在长期的进化过程中逐渐形成一种特殊的、适合自身生存的反应方式。机体按环境条件的变化调整自身生理功能的过程称为适应(adaption)。机体根据外环境变化而调整体内各种活动,以适应变化的能力称为适应性(adaptability)。适应分为生理性适应和行为性适应两种。

如长期居住在高原地区的人,其红细胞数和血红蛋白含量远远超过居住在平原地区的人,这样就增加了血液运氧的能力,以适应高原缺氧的生存需要;又如在强光照射下,瞳孔缩小以减少光线的进入眼内,使视网膜免遭损伤,这些属生理性适应。寒冷时人们通过添衣和取暖活动来抵御严寒;动物的趋热活动,这些属行为性适应。

四、生殖

生殖(reproduction)是指生物体生长、发育成熟后,能够产生与自己相似的新个体,以延续种系的生命过程。高等动物或人是通过雄性、雌性的生殖细胞结合,以生成子代个体。一切生物个体的生命是有限的,只有通过生殖过程进行自我复制和繁殖,才能达到种系的延续。因此,生殖也是生物体区别于非生物体的生命活动基本特征之一。

第二节　内环境及其稳态

一、内环境

人体生活在环境之中,当环境发生改变时,人体的功能活动会随之受到影响。人体生活的环境包括外环境和内环境。外环境(external environment)是指人生活的自然环境和社会环境。人体所处的外环境不断变化着,如光照、气压、温度、湿度等的变化,变化形成刺激,不断作用于人体,引起人体做出适应性反应,以维持正常生命活动。

组成人体的细胞,绝大多数并不直接与外界环境接触,而是生活在细胞外液之中。将机体细胞直接生存的环境 - 细胞外液,称为内环境(internal environment)。细胞外液主要包括组织液、血浆和淋巴液。

内环境是细胞直接进行新陈代谢的场所,既能为细胞代谢提供所需要的氧和营养物质,又将细胞代谢产生的二氧化碳等代谢产物,通过血液的运输,由排泄器官排出体外。因此内环境对细胞生存和正常生理功能的维持起着十分重要的作用。

二、稳态

内环境与外环境明显不同的是机体内环境的各项物理、化学因素(如温度、酸碱度、渗透压、各种离子和营养成分浓度等)在一个非常小的范围内波动,我们把内环境的理化性质保持相对稳定的状态称为稳态(homeostasis)。也称自稳态。

内环境稳态一方面是指细胞外液的理化特性在一定范围内保持相对稳定,不随外环境的变化而发生明显的改变;另一方面,内环境稳态并不是说内环境的理化因素完全静止不变;相反,细胞在时刻不停地进行新陈代谢,不断和内环境进行物质交换,破坏或打乱内环境稳态。此外,外环境的变化也会干扰内环境稳态。例如,气温升高或降低会影响内环境的温度。机体则通过改变内部功能活动、调整产热和散热来维持体温。再如改变呼吸活动可以调节氧气吸入和二氧化碳的排出,维持细胞外液氧和二氧化碳的相对恒定;通过肾的排泄,进入机体的药物、毒素和各种代谢产物会被排出体外,以维持细胞外液营养物质和代谢产物浓度的相对恒定等。所以,内环境其理化性质保持相对稳定状态是通过机体各器官、系统、组织的功能活动调节来实现的,是一个复杂的生理过程,人体的生命活动就是在内环境的稳态不断被破坏和恢复的动态平衡中进行。

稳态具有十分重要的生理意义。因为细胞的各种代谢活动都是酶促反应,因此,细胞外液中需要足够的营养物质、氧、水分以及适宜的温度、酸碱度、离子浓度和渗透压等。如果内环境稳态遭到严重破坏,甚至超过机体的调节能力,将会影响人体细胞的正常功能活动,并导致细胞功能严重损害,引起疾病甚至危及生命。因此,稳态是细胞进行正常生命活动的必要条件。

第三节　人体生理功能的调节

人体之所以能在复杂多变的外环境中,通过体内器官组织的功能活动发生相应改变,机体能适应各种外界环境的变化,使被扰乱的内环境重新得到恢复,维持稳态,是因为人体具有完善的调节机制。

一、人体功能的调节方式

(一) 神经调节

通过神经系统的活动对机体功能进行的调节称为神经调节(nervous regulation),它是人体的主要调节方式。神经调节的基本方式是反射(reflex)。反射是指在中枢神经系统的参与下机体对内、外环境的变化所作出的规律性反应。反射发生的结构基础是反射弧(reflex arc),它由感受器、传入神经、神经中枢、传出神经和效应器五个部分组成(图绪 -1)。

感受器能接受内、外环境的刺激,并将刺激转换成神经信息(即神经冲动),经传入神经传向中枢。神经中枢对传入信号处理后发出指令,经传出神经传至效应器,改变它的活动,使其发生与环境变化相适应的反应。反射的完成,有赖于反射弧的结构与功能的正常,其中任何一个部分结构被破坏或功能障碍,反射就不能完成。如当动脉血压因某种原因突然升高时,位于主动脉弓和颈动脉窦的压力感受

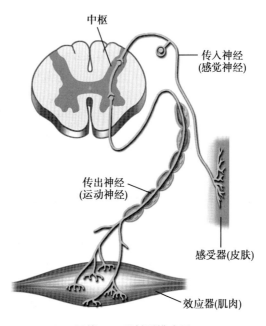

图绪 -1　反射弧模式图

器可感受血压的变化,并将这种信息以神经冲动的形式传到中枢神经系统,中枢神经系统对传入信息进行分析后,即发出指令通过传出神经改变心脏和血管的活动,使血压回降到原来的水平。这一调节机制就是压力感受性反射,在维持动脉血压的稳态中起重要作用。神经调节的特点是:反应迅速、准确、作用局限而短暂,是人体内起主导作用的调节方式。

(二) 体液调节

体液调节(humoral regulation)是指机体的某些细胞产生并分泌某些特殊的化学物质,通过体液运输被送到全身各处,对机体器官或组织细胞的功能活动进行调节。体内有多种内分泌腺细胞,能分泌各种激素(hormone),由血液运输至全身调节细胞的活动。如胰岛 B 细

胞分泌的胰岛素经血液输送至全身,促进组织细胞对葡萄糖的摄取和利用,以维持人体血糖浓度的相对稳定,这种调节称为全身性体液调节。某些组织细胞产生一些化学物质可不经过血液运输,而是经组织液的扩散作用于邻近细胞,调节这些细胞的活动,这种调节称为局部性体液调节。体液调节的特点是:反应速度较慢,作用广泛而持久,对调节机体新陈代谢等生理过程有重要意义。

神经调节与体液调节是密切联系、相辅相成的,一般讲神经调节处于主导地位。另外,人体内有不少内分泌腺或内分泌细胞还直接或间接地受神经系统的调节,体液调节有时是反射传出通路的延伸,形成神经调节传出环节的一个组成部分,这种调节称为神经-体液调节(图绪-2)。

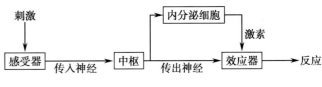

图绪-2　神经-体液调节示意图

(三)自身调节

自身调节(autoregulation)是指内、外环境改变时,器官、组织、细胞不依赖于神经或体液调节自身对刺激产生的一种适应性的反应。如当小动脉的灌注压力升高时,对血管壁的牵张刺激增加,小动脉的血管平滑肌就收缩,使小动脉的口径缩小,以至于当小动脉灌注压升高时其血流量不至于增大。这种自身调节对于维持组织和器官局部血流量的相对恒定起一定作用。自身调节的特点是:调节范围局限、调节幅度小、灵敏度低,但对于生理功能的调节仍有一定的意义。

(四)行为调节

行为调节(behavioral regulation)是指人们通过行为活动或行为方式的变化,调节机体的生理活动和活动规律,从而对个体健康或疾病产生重要影响的调节方式。行为调节存在于多种组织和器官的功能调节过程中,具有十分重要的生理调控作用。目前认为,行为调节包括本能行为调节和社会(习得)行为调节。

1. 本能行为调节　机体的本能行为调节是正常生理功能调控的重要方式之一。例如人体在不同温度环境中采取不同的姿势和活动方式来调节体热平衡,也就是人体通过有意识的行为活动来调节体温的过程,称为行为性体温调节(详见第六章)。睡眠和觉醒是人类重要的本能行为,科学、规律、良好的睡眠行为是机体精力恢复、体力恢复和免疫功能平衡的重要前提条件。

2. 社会(习得)行为调节　社会(习得)行为调节对于人类健康的影响和个体疾病的发生发展和转归具有重要的影响。一方面个体的不良习惯或生活方式是导致疾病发生发展的重要因素,如吸烟、酗酒等;另一方面健康科学的生活方式和行为习惯可以预防或减少疾病的发生,提高健康水平。

行为调节的特点是灵敏度低,时间长、需要反复训练。行为调节在人体生理功能调控中的作用和作用机制,需要医学科学界进一步研究和探讨。

(五)免疫调节

人体的免疫系统由免疫器官和免疫细胞共同组成。免疫系统是体内重要的功能调节系统。免疫调节(immunoregulation)包括免疫自身调节、整体调节和群体调节。免疫调节的特点是调控范围宽泛、发挥作用相对缓慢。既有急性免疫调控,也有影响持久的慢性反应。免疫调节将在免疫学课程中详细阐述。

二、人体功能调节的自动控制原理

人们通常用工程技术中控制论的原理和方法来分析和认识人体各种功能的调节。控制论(cybernetics)的诞生是 20 世纪最伟大的科学成就之一。现代社会的许多新概念和新技术都与控制论有密切联系。控制论是自动控制、电子技术、无线电通讯、计算机技术、神经生理学、数理逻辑、语言等多种学科相互渗透的产物,它以各类系统所共同具有的通讯和控制方面的特征为研究对象,不论是机器还是生物体,甚至是社会,尽管各属不同性质的系统,但它们都是根据周围环境的某些变化来调整和决定自己的运动。控制论的创始人是美国数学家诺伯特·维纳(Norbert Wiener,1894~1964)。

人体功能调节的控制方式主要有两种:一种是开环式的非自动控制系统;另一种是闭环式的自动控制系统。

开环式非自动控制系统,即系统内受控制部分的活动不会反过来影响控制部分的活动,控制方式是单向的,仅由控制部分对受控部分发出活动指令,在人体功能的调节中非常少见。闭环式自动控制系统又称反馈控制系统,是人体功能调节控制中最普遍的方式(图绪-3),控制部分发出信号指示受控部分活动,受控部分则发出反馈信号返回到控制部分,使控制部分根据反馈信号来改变自己的活动,从而对受控部分的活动进行调节。在这样的控制系统中,控制部分和受控部分之间形成一个闭环联系,它既有中枢传向效应器的指令,又有效应器传回中枢的反馈信息。受控部分(效应器)影响控制部分(中枢)的活动称为反馈(feedback)。这样往返于控制部分(中枢)与受控部分(效应器)之间的信息往来,相互作用,使人体功能调节更准确、更完善、达到最佳效果。

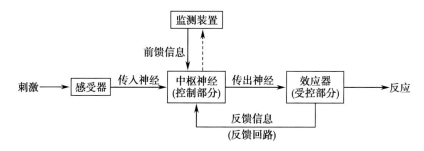

图绪 -3　自动控制系统和前馈控制系统模式图

在反馈控制系统中,反馈信号对控制部分的活动有两种不同影响。一种是反馈信号能减低控制部分的活动称为负反馈(negative feedback);另一种是反馈信号能加强控制部分活动,称为正反馈(positive feedback)。正常的人体内,大多数情况下是通过负反馈控制系统的作用维持生理功能的相对稳定,如动脉压力感受性反射就是负反馈控制的典型例子。与负反馈相反,正反馈不可能维持系统的稳态或平衡,而是使生理过程加快、加强,直到全部过程完成为止。正反馈控制系统在人体内很少,如血液凝固过程、排尿反射、分娩过程、细胞膜钠通道激活与开放等。

第四节　医学与人体生理学

一、生理学是医学的科学基础

人体生理学是一门重要的医学基础课程,它是以人体解剖组织学为基础,并为药理学、病理生理学和临床各专业课奠定理论基础。人体生理学课程是临床医学、护理学、口腔医学等各医药专业的基础课程。只有学习正常人体生理学的知识,才能发现疾病、认识疾病、预防疾病。应用生理学知识,指导临床医疗和护理实践,解决临床工作所遇到的实际问题,并在临床实践过程中不断地对生理学研究提出新的课题,从而不断丰富和发展生理学知识。

法国著名生理学家克劳德·伯尔纳(Claude Bernard)指出:"医学是关于疾病的科学,而生理学是关于生命的科学"。所以后者比前者更有普遍性,这就是为什么说生理学必然是医学的科学基础。一个医师要研究生病的人,要用生理学来阐明和发展关于疾病的科学。

生命科学的迅猛发展既满足了我们对未知的好奇心,也极大地增加了人类的福祉。生命科学是当今最活跃、也是影响人类生活最深刻的研究领域之一。借助于日新月异的实验技术和不断创新的研究方法,研究人员正逐步拓宽对生命世界的认识,同时更好地造福人类的生活和未来。

二、生理学研究方法

生理学是一门实验性的科学。从事实验性的研究,首先通过长期的观察捕捉"有趣的现象"(interesting phenomena)。例如科学家观察到神经、肌肉细胞膜内外存在着一个内负外正的电位差,许多人考虑为什么? 于是,1902 年 Berenstein 提出假说(hypothesis),膜电位是由于膜内外 K^+ 分布不均,而静息细胞膜只对 K^+ 有通透性,但他未能加以证实。后来由 Hodgkin 和 Huxley 设计一系列严密的实验(experiment),特别是找到了一个理想的实验材料——枪乌贼的巨大神经,证明 Berenstein 的假说基本上是正确的。得出静息膜电位接近 K^+ 的平衡电位的结论,而这一结论又被许多实验室加以再验证。由此,科学家们发表了一系列出色的研究论文。动物实验是生理学最为常用的方法。

(一) 动物实验(experiment on animals)

一般可分为急性实验(acute experiment)和慢性实验(chronic experiment)。急性实验又分为离体实验和在体实验两类。离体实验是指将动物的器官、组织或细胞游离出来,在适当条件下进行实验。例如,坐骨神经腓肠肌标本、蛙心灌流等。在体实验,大多数是在麻醉条件下,观察某一器官系统的功能活动。例如在家兔颈总动脉插入套管测定动脉血压,刺激减压神经、静脉注射某些药物时观察动脉血压的变化。急性实验一般取得实验结果后,动物按法规处死。慢性实验,一般是指首先在麻醉条件下,例如摘除某一内分泌腺,等动物恢复后数天,观察可能出现的功能变化。再例如 Ivan Pavlov(1849-1936)在狗的腹部做一个胃瘘,长期观察分析胃液分泌。

20 世纪 80 年代分子生物学的进展,生理学的研究也可以用分子克隆技术将某种受体的基因加以分离,从 DNA 序列和氨基酸的序列研究受体的特性。采用什么方法技术加以研究,要根据实验研究的目的来确定。

(二) 医学实验动物的伦理和福利

1. 实验动物的法规　1988 年颁布的《实验动物管理条例》是我国实验动物法规体系中最重要的文件,其中第 27 条规定:"从事实验动物工作的人员对实验动物必须爱护,不得戏弄或虐待。"2006 年国家科技部发布了《关于善待实验动物的指导性意见》,这是我国第一个关于实验动物福利和动物实验伦理的法规性文件。第二条明确规定,"善待实验动物,是指在饲养管理和使用实验动物过程中,要采取有效措施,使实验动物免遭不必要的伤害、饥渴、不适、惊恐、折磨、疾病和疼痛,保证动物能够实现自然行为,受到良好的管理与照料,为其提供清洁、舒适的生活环境,提供充足的、保证健康的食物、饮水,避免或减轻疼痛和痛苦等。"随后国家科技部发布的第 11 号令《国家科技计划实施中科研不端行为处理办法》,明确将"违反实验动物保护规范"列为 6 种不端行为之一。因此,目前在我国实验动物福利伦理观念正在逐步以理性的方式深入公众之心,特别是重视实验动物福利的立法。

2. 善待医学实验动物　用于科研的实验动物中,大部分用于医学研究,因此实验动物为人类健康作出了巨大的牺牲。然而,作为一种生命形式,实验动物与人类一样,具有感觉和情感,能感知疼痛,也恐惧死亡,而医学实验又不可避免对动物造成伤害和痛苦。要关爱动物,善待动物,尊重生命。随着国内外动物保护呼声的渐增和人们对生命理解的深入,在医学实验中应尽量减少动物痛苦,维护动物的福利,使医学研究符合伦理学规范。实验动物是生命科学研究和发展重要的基础和支撑条件,对医学发展和人类健康具有十分重要的意义。

3. 保护动物的意义　动物是人类的朋友,每一种生物都有它存在的意义,它们都在以自然的法则生存。动物保护的原因之一是保护生物的多样性,丰富多彩的大自然是人类社会进步的物质基础。在遗传学看来,大自然是丰富的基因库,保护各种动物就是保护各种基因。了解各种基因的组成和功能,有助于人类从更深层次上认识自然、认识自身。保护动物是维持生态平衡的重要内容,生态环境对人类的重要性应该受到充分的重视。如果生物链的一头断了,那么另一种动物就会大肆繁殖,甚至威胁到人类,保护动物就是保护人类自己。

三、医学生的责任和使命

生理学研究的最终目的是解决医学中的科学理论问题和促进人类健康事业,医务工作者和医学生要坚持"以人为本"健康中国的服务理念,为推进健康中国建设,提高人民健康水平,实现国民健康长寿,国家富强、民族振兴,做出我们的贡献。发扬"敬佑生命,救死扶伤,甘于奉献,大爱无疆"的崇高精神。

医学生誓言:"健康所系,性命相托。当我步入神圣医学学府的时刻,谨庄严宣誓:我志愿献身医学,热爱祖国,忠于人民,恪守医德,尊师守纪,刻苦钻研,孜孜不倦,精益求精,全面发展。我决心竭尽全力除人类之病痛,助健康之完美,维护医术的圣洁和荣誉,救死扶伤,不辞艰辛,执着追求,为祖国医药卫生事业的发展和人类身心健康奋斗终生。"

 知识链接

内环境的发生

法国著名实验生理学家克劳德·伯尔纳(Claude Bernard,1813~1878)早在一百多年以前就已提出内环境的概念。他认为,机体生活在两个环境中,一个是不断变化着的外环境,另一个是比较稳定的内环境。内环境是围绕在多细胞动物细胞周围的体液,包括血液、淋巴和组织液等,为多细胞生物体的细胞提供了一个适宜的生活环境。

通常认为,生命起源于海洋中。在海水中,生物从最原始形式发展到较复杂的形式。以后,有的仍居住在海洋中,有的移向淡水,有的甚至迁移到陆地上。生活在海洋中的单细胞生物只有一个生活环境,就是它周围的海水。海水既可提供其食物和氧气,又可带走其排泄出来的代谢终产物;且海水是如此的浩瀚,海水的性质变动很慢。由于海水的比热较高,因而海水的温度变化极小;由于海水的黏滞度较大,剧烈的机械动荡对其受影响也很小。因此,对单细胞生物来说,其生活环境是非常稳定的。但在单细胞发展为多细胞生物后,情况就大不相同了。若仅以海水为生活环境,则在机体外表面的细胞离海水近,就会"近水楼台先得月",而深居内部的细胞就得不到充足营养,代谢终产物也不能排泄,从而将导致死亡,生物进化也因此而不可能发生。正因为内环境的产生,才敲开了动物进化的第一扇大门。

(冯润荷)

 笔记

思考题

1. 人体生命活动有哪些基本特征?
2. 说明刺激与反应之间的关系。
3. 人体在正常情况下通过哪些功能活动的调节方式来适应环境条件的变化?
4. 反应与反射、兴奋性与兴奋有何区别?
5. 简述正反馈与负反馈的区别和生理意义。
6. 机体内环境的稳态是如何维持的? 有何生理意义?

第一章 细胞的基本功能

1. 掌握　细胞膜的物质转运方式；静息电位、动作电位的概念。
2. 熟悉　静息电位、动作电位的产生原理；极化、去极化、超极化、阈电位、受体的概念；受体的功能；兴奋-收缩耦联的概念，神经-肌接头的兴奋传递过程；影响肌肉收缩的因素。
3. 了解　细胞膜的分子结构模式，细胞的跨膜信号转导功能，骨骼肌的收缩机制及形式。

　　细胞是构成人体的最基本的结构和功能单位。细胞活动是人体生命活动的基础，因此了解细胞的基本功能，有助于深刻认识和理解机体各器官、系统生命活动的规律，对于机体各系统生理功能的学习有着重要意义。构成人体细胞的数量极多，其形态、结构和功能差异甚大，但在细胞和分子水平实现的基本生命活动及其原理，却具有高度的一致性。本章重点介绍细胞膜的物质转运功能和跨膜信号传导功能、细胞的生物电现象与肌细胞的收缩功能等。

第一节　细胞膜的基本功能

　　细胞膜是一种具有特殊结构和功能的生物膜，可将细胞内外成分分隔开来，使细胞成为相对独立的功能单位。

一、细胞膜的基本结构

　　细胞膜也称质膜，和细胞内各种细胞器的膜结构及其化学组成基本相同，主要由脂质、蛋白质和少量糖类等物质组成。这几种物质分子在细胞膜中以怎样的形式排列和存在，是决定膜的基本生物学特性的重要因素，目前广为接受的是 Singer 和 Nicholson 于 1972 年提出的液态镶嵌模型（fluid mosaic model），即膜以液态的脂质双分子层为基本骨架，其中镶嵌着具有不同生理功能的蛋白质，糖类分子与脂质，蛋白质结合后附着在膜的表面（图 1-1）。

　　细胞膜的脂质以磷脂为主，占大多数细胞磷脂总量的 70% 以上，以双层形式整齐地排列。脂质分子都是双嗜性分子，双嗜特性使得脂质在质膜中以双分子层形式存在。每个磷脂分子的一端由磷酸和碱基、胆固醇分子中的羟基和糖脂分子中的糖链等构成亲水性极性基团，与水相吸引，朝向膜细胞外液或胞质；另一端由两条较长的脂肪酸烃链构成疏水性非极性基团,它们在膜的内部两两相对排列,这样的结构最稳定。另外,膜脂质的熔点较低,在正常体温条件下是溶胶态,从而使膜具有一定程度的流动性,使细胞可以承受较大的压力而不致破裂,即使细胞膜发生一些较小的断裂,也易于自动融合和修复。细胞的许多基本活动都有赖于膜的流动性。除了温度,质膜的流动性还与其膜脂质的成分和膜蛋白含量有关。

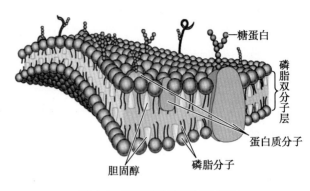

图 1-1　细胞膜的液态镶嵌模型

细胞膜的功能主要通过膜蛋白来实现。膜蛋白以 α-螺旋或球形结构分散镶嵌于脂质双分子构架中,根据其在膜中的存在形式,分为表面蛋白和整合蛋白两类。整合蛋白占膜蛋白的 70%~80%,一般与物质跨膜转运功能和受体功能有关的都属于整合蛋白,如载体、通道、离子泵等。

细胞膜中的糖类主要是一些寡糖和多糖链,以共价键和膜蛋白或膜脂质形成糖蛋白或糖脂。

二、细胞膜的物质转运功能

细胞膜以脂质双分子为基架,其特殊结构决定了它对物质的通过有严格的选择性,脂溶性的物质可以通过细胞膜,水溶性物质和离子一般不能自由通过其疏水区。而细胞的新陈代谢需要多种营养物质,同时也会产生许多代谢产物。细胞外营养物质的进入以及细胞内代谢产物的排出,都要经过细胞膜的物质转运才能实现。细胞维持生命活动很大程度上是通过物质的跨细胞膜转运而实现的,根据进出细胞物质的分子大小、脂溶性和带电性,细胞膜对它们有着不同的转运机制。现将几种常见的跨膜物质转运形式分述如下。

(一)单纯扩散

单纯扩散(simple diffusion)是指小分子脂溶性物质通过细胞膜由高浓度一侧向低浓度一侧扩散的过程。这是一种简单的物理现象,无需代谢耗能和膜蛋白的参与,也称简单扩散。如图 1-2 所示,人体体液中的脂溶性(非极性)物质(如氧气、二氧化碳、一氧化氮等),或少数不带电荷的极性小分子(如尿素、甘油等)可以依靠浓度差经单纯扩散进行跨细胞膜转运。影响单纯扩散的主要有两方面的因素:①浓度差:这是物质扩散的动力,浓度差愈大,单位时间内扩散的量也愈大。②通透性:即该物质通过细胞膜的难易程度。脂溶性越高、分子量越小越容易通过。如各种带电离子,尽管直径很小,也不能经单纯扩散通过脂质双分子层。

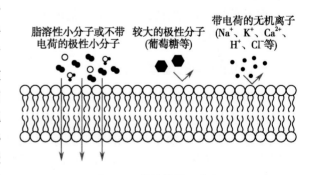

图 1-2　单纯扩散示意图

(二)易化扩散

在膜蛋白的介导下,非脂溶性的小分子或带电离子顺浓度梯度和(或)电位梯度进行的跨膜转运,称为易化扩散(facilitated diffusion)。易化扩散同单纯扩散一样,不需要细胞代谢提供能量,但是需要膜蛋白的帮助才能进行。根据膜蛋白质的不同,可将易化扩散分为经载体易化扩散和经通道易化扩散两种类型。

1. 经载体易化扩散　经载体易化扩散(diffusion via carrier)是指水溶性小分子物质或离子在载体蛋白介导下顺浓度梯度进行的跨膜转运。载体蛋白在溶质浓度高的一侧与物质结合后，即引起膜蛋白质的构象变化，把物质转运到浓度低的另一侧，然后与物质分离(见图1-3)。在转运中载体蛋白质并不消耗，可以反复使用。经载体易化扩散具有以下特性：①结构特异性：即某种载体只选择性地识别结合具有特定化学结构的底物。以葡萄糖为例，同样浓度差时，右旋葡萄糖(人体可利用的葡萄糖都是右旋的)的转运量超过左旋葡萄糖。②饱和现象：即被转运物质在细胞膜两侧的浓度差超过一定限度时，扩散量保持恒定。其原因是由于载体蛋白质分子的数目以及与物质结合的位点的数目固定，出现饱和。③竞争性抑制：如果一个载体可以同时运载结构相似的 A 和 B 两种物质，而物质通过细胞膜的总量又是一定的，那么当 A 物质扩散量增多时，B 物质的扩散量必然会减少，这是因为量多的 A 物质占据了更多的载体。

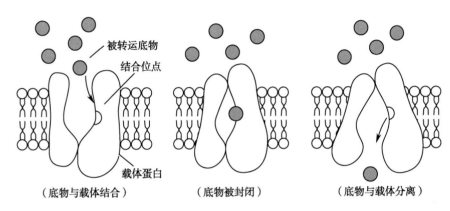

图 1-3　载体转运示意图

许多重要的营养物质如葡萄糖、氨基酸、核苷酸等都是以经载体易化扩散方式进行转运的。

2. 经通道易化扩散　各种带电离子在通道蛋白的介导下，顺浓度梯度和(或)电位梯度的跨膜转运，称为经通道易化扩散(ficilitated diffusion via channel)。由于经通道转运的溶质几乎都是离子，这类通道也称离子通道。离子通道均无分解 ATP 的能力，介导的跨膜转运都是被动的。通道蛋白关闭时，离子不能通过；当通道蛋白受到某种刺激而发生构型改变时，分子内部便形成允许某种离子通过的孔道，即通道开放，相应的离子可以通过通道由膜的高浓度一侧转移到低浓度一侧(图1-4)与载体不同，通道蛋白贯穿细胞膜，离子通过时也无需

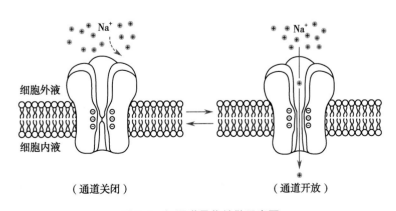

图 1-4　经通道易化扩散示意图

和通道蛋白结合,能以极快速度跨膜。各种离子如 K^+、Na^+、Ca^{2+}、Cl^- 等,主要就是通过这种方式进出细胞的。细胞膜上有 20~40 种离子通道。

离子通道具有两个特点:①离子选择性:即每种通道只对一种或几种离子有较高的通透能力,而对其他离子的通透性很小或不通透,可分为钠通道、钙通道、钾通道、氯通道和非选择性氧离子通道等;通透性大小取决于孔道口径、内壁化学结构和带电状况等。②门控特性:即通道蛋白分子内有一些可移动的结构或化学基团,在通道内起"闸门"作用,许多因素可引起闸门的运动,导致通道的开放或关闭,这一过程称为门控。根据闸门开放所需要的条件不同,可分为化学门控通道、电压门控通道和机械门控通道等。化学门控通道的开闭取决于某种化学物质的存在,例如骨骼肌终板膜中的 N_2 型乙酰胆碱通道,结合乙酰胆碱后通道构象改变,闸门开放;电压门控通道的开闭取决于膜两侧的电位差,电位差改变时通道蛋白分子内的一些带电化学基团发生移动,引起闸门的开闭,例如神经细胞轴突膜上的电压门控钠通道。机械门控通道的开闭由机械刺激调控,如动脉血管平滑肌细胞膜中的机械门控钙通道等。

在单纯扩散和易化扩散中,物质分子或离子移动的动力是膜两侧的浓度差或电位差所含的势能,扩散的过程不需要细胞另外提供能量。因此,单纯扩散和易化扩散都属于被动转运(passive transport)。

(三) 主动转运

与被动转运完全不同,主动转运(active transport)是指某些物质在膜蛋白的帮助下,细胞通过自身代谢供能,将物质分子(或离子)逆浓度梯度和(或)电位梯度进行跨膜转运的过程。根据主动转运时膜蛋白是否消耗能量,可分为原发性主动转运和继发性主动转运。一般所说的主动转运是指原发性主动转运。

1. 原发性主动转运　细胞直接利用代谢产生的能量将物质逆浓度梯度和(或)电位梯度转运的过程,称为原发性主动转运(primary active transport)。其转运的物质通常为带电离子,因此,介导这一过程的膜蛋白称为离子泵(ion pump)。离子泵的化学本质是 ATP 酶,具有水解 ATP 的能力。

离子泵转运物质分子(或离子)是逆浓度差或电位差进行的,即把物质分子(或离子)从低浓度一侧"泵"到高浓度的另一侧,从低电位一侧"泵"到高电位一侧,就像水泵把水从低处泵到高处一样,必须另外提供能量才能实现物质转运。细胞要为离子泵的运转提供能量,而能量来源于细胞的代谢过程,所以原发性主动转运与细胞代谢紧密相关。如果细胞代谢障碍,离子泵的功能就会受到影响。离子泵有多种,常以其所转运的离子种类来命名。例如转运 Na^+ 和 K^+ 的钠 - 钾泵,转运 Ca^{2+} 的钙泵等。

钠 - 钾泵也可简称为钠泵,普遍存在于哺乳动物细胞膜,是镶嵌在细胞膜中对 Na^+ 和 K^+ 进行跨膜转运的特殊蛋白质。在膜内 Na^+ 和膜外 K^+ 共同参与下它具有 ATP 酶的活性,可以分解 ATP 使之释放能量,并利用此能量进行 Na^+ 和 K^+ 逆浓度差的转运。因此,钠泵也被称为 Na^+-K^+ 依赖式 ATP 酶。近年来的研究发现,钠泵是由 α 和 β 亚单位组成的二聚体蛋白质,转运 Na^+、K^+ 和促使 ATP 分解的功能主要由 α 亚单位完成。钠泵的活性可被细胞内 Na^+ 的增加和细胞外 K^+ 的增加所激活,α 亚单位上结合的 ATP 分解为 ADP,释放的能量用于 K^+、Na^+ 的主动转运。钠泵活动时,它泵出 Na^+ 和泵入 K^+ 这两个过程是同时进行的。在一般生理情况下,每分解一个 ATP 分子可以使 3 个 Na^+ 移出膜外,同时有 2 个 K^+ 移入膜内(图 1-5)。

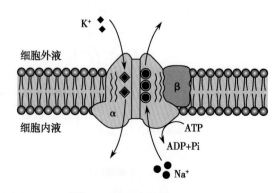

图 1-5　钠泵主动转运示意图

钠泵活动的意义主要是保持 K^+、Na^+ 在细胞内外的浓度差。以神经细胞为例,正常状态下,细胞内 K^+ 浓度约高于细胞外 28 倍,细胞外 Na^+ 浓度约高于细胞内 13 倍。这种 K^+、Na^+ 在细胞内外分布不均匀的现象是依靠钠泵的作用来保持的,而 K^+、Na^+ 在细胞内外的浓度差形成的势能贮备(细胞内 K^+ 有顺浓度差向细胞外扩散的趋势,细胞外 Na^+ 有顺浓度差向细胞内扩散的趋势),是一些重要生理功能如生物电产生的物质基础。钠钾泵还维持着细胞内的渗透压和容积,防止细胞水肿。细胞内高 K^+ 也是许多代谢反应所必须的。细胞能量代谢产生的 ATP 有 1/3 以上用于维持钠 - 钾泵的活动,可以看出钠 - 钾泵的活动对机体具有重要的意义。

另一种广泛存在于体内的是钙泵,如质膜的钙泵每分解一分子 ATP 可将一个 Ca^{2+} 从胞质移到胞外;内质网或肌浆网的钙泵则每分解一分子 ATP 将两个 Ca^{2+} 从胞质转移到内质网或肌浆网内。这种胞浆低 Ca^+ 的维持,为肌细胞收缩、神经递质释放等 Ca^{2+} 依赖生理调节过程的发生提供了条件。

2. 继发性主动转运 钠泵活动造成的势能贮备,还可以促使某些其他物质进行逆浓度差的跨膜转运。有些物质在进行逆浓度梯度或电位梯度的跨膜转运时,所需的能量不是直接由 ATP 分解供给,而是利用原发性主动转运形成的离子浓度梯度进行的,在这些离子顺浓度梯度扩散的同时,使其他物质逆浓度梯度或电位梯度进行跨膜转运,这种间接利用 ATP 能量的主动转运方式称为继发性主动转运(secondary active transport),也称联合转运。如小肠内的葡萄糖,能够逆浓度差由肠腔进入小肠上皮细胞,就是因为钠泵的持续活动,形成了膜外 Na^+ 的高势能。当 Na^+ 顺浓度差进入膜内时,所释放的势能可用于葡萄糖分子的逆浓度差转运。根据联合转运物质的转运方向不同,又分为同向转运和逆向转运。同向转运中,被转运的分子或离子都向同一方向运动,例如葡萄糖在小肠黏膜上皮的吸收和在肾近端小管上皮的重吸收都是通过 Na^+- 葡萄糖同向转运体实现的。2 个 Na^+ 在上皮细胞顶端膜两侧浓度梯度或电位梯度的作用下,被转入胞内,1 个葡萄糖分子则在 Na^+ 进入细胞的同时逆浓度梯度被带入胞内。反向转运是被转运的分子或离子向相反的方向运动的联合转运,也称交换,如心肌细胞的 Na^+-Ca^{2+} 交换就是利用钠泵活动造成的膜两侧 Na^+ 浓度势能,将胞内的 Ca^{2+} 移到胞外,来维持胞浆内低 Ca^{2+} 的状态。兴奋 - 收缩耦联过程中流入胞内的 Ca^{2+} 大部分是经 Na^+-Ca^{2+} 交换排出胞外的。此外,肾近端小管上皮细胞可将胞外 1 个 Na^+ 转入胞内,同时将胞内的一个 H^+ 排出到小管液中,这对维持体内酸碱平衡具有重要意义。

(四)膜泡运输

大分子颗粒物进出细胞并不直接穿过细胞膜,而是由膜包围形成囊泡,通过膜包裹、融合、断离等一系列过程穿过细胞膜的,称为膜泡运输(vesicular transport)。膜泡运输是一个主动的过程,需要消耗能量和多种蛋白质的参与,包括入胞和出胞两种形式。

1. 入胞 细胞外的大分子物质或物质团块被细胞膜包裹后以囊泡的形式进入细胞内的过程称为入胞(endocytosis)。如白细胞吞噬细菌就属于入胞作用。根据摄入物不同,入胞又分为两种,液体物质进入细胞称为吞饮(pinocytosis),固体物质进入细胞称为吞噬(phagocytosis)。吞饮可发生于体内几乎所有细胞,是多数大分子物质如蛋白质进入细胞的唯一途径。吞噬仅发生在一些特殊的细胞,如单核细胞、巨噬细胞和中性粒细胞等。入胞时,首先是被吞噬的物质与细胞膜接触,引起该处的细胞膜发生内陷或伸出伪足,然后包裹被吞噬的物质,再出现膜结构的断离,被吞噬的物质连同包裹在外面的细胞膜一同进入细胞质形成吞噬小泡。吞噬小泡与细胞质中的溶酶体融合后,吞入的物质可被溶酶体中的蛋白水解酶消化分解(图 1-6A)。

2. 出胞 细胞内的大分子物质或物质团块以分泌囊泡的形式被排出细胞的过程称为出胞(exocytosis)。出胞主要见于腺细胞分泌酶原颗粒、黏液和激素以及神经末梢递质的释放等。这类物质在细胞内粗面内质网的核糖体合成,转移到高尔基体加工成分泌囊泡,囊泡向细胞膜移动,然后与细胞膜融合,融合部位破裂,囊泡内物质一次性全部排出细胞外(图1-6B)。出胞分为持续性出胞和调节性出胞两种形式。前者是指细胞在安静的情况下,分泌囊泡自发地与细胞膜融合而使囊泡内大分子物质不断排出细胞的过程,如小肠黏膜杯状细胞分泌黏液;后者指细胞受到某些化学信号或电信号的诱导时,存储于细胞内某些部位的分泌囊泡与细胞膜融合并将内容物排出的过程,如动作电位到达神经末梢时引起的神经递质释放。

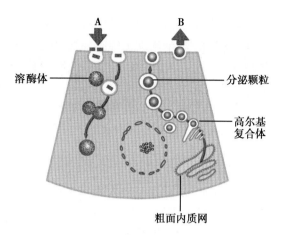

图1-6　膜泡运输示意图
A. 入胞;B. 出胞

溶酶体　　　　　分泌颗粒

高尔基复合体

粗面内质网

综上所述,物质跨细胞膜的转运是人体内普遍存在的重要功能。单纯扩散和易化扩散是顺浓度差进行的,其扩散的动力来源于物质的浓度差或电位差形成的势能,并不需要细胞提供能量,故可称为被动转运。主动转运则是逆浓度差或电位差进行的,必须由细胞提供能量。出胞和入胞主要依靠细胞本身的活动来完成,也需要细胞代谢提供能量。细胞膜跨膜物质转运功能归纳见表1-1。

表1-1　细胞膜物质转运方式比较

物质转运方式		概念	特点	主要转运物质
单纯扩散		脂溶性物质 顺浓度差转运	直接扩散 不消耗能量	O_2、CO_2、类固醇激素等
易化扩散	通道转运	非脂溶性物质 通道蛋白帮助 顺浓度差转运	蛋白质帮助, 不消耗能量	K^+、Na^+、Ca^{2+} 等离子
	载体转运	非脂溶性物质 载体蛋白帮助 顺浓度差转运	特异性 饱和现象 竞争性抑制	葡萄糖、氨基酸等分子
主动转运		泵蛋白参与 逆浓度差耗能转运	逆浓度差 消耗能量	离子、分子等
出胞、入胞		大分子物质或 物质团块的转运	细胞膜的运动	递质释放、白细胞吞噬等

三、细胞的跨膜信号转导功能

机体各器官、组织和细胞的活动,都是通过神经和体液联系构成一个有机的整体,它们相对独立又密切联系,相互配合,相互协调,以适应内外环境的变化。但无论是神经调节还是体液调节,都要求细胞间有完善的信息联系。在细胞间传递信息的信号分子作用于靶细胞,被细胞膜上具有特殊感受结构的蛋白质即受体识别后,通过膜上的信号转换系统,引起细胞内信号改变,进而调节细胞功能的过程称为信号转导(signal transduction)。信号转导本质上就是细胞和分子水平的功能调节,是机体生命活动中生理功能调节的基础。信号既可以是生物学信号,也可以是机械牵张等物理信号,更多的是激素、神经递质、细胞因子等化学信号。受体(receptor)是细胞的某一特殊部分,存在于细胞膜上或细胞内,是能与某种化学分子特异性识别、结合,引发细胞特定的生理效应的蛋白质。受体主要存在于细胞膜表面,称膜受体。一般说的受体就是指膜受体。但细胞胞浆和细胞核内也有受体,分别称为胞浆受体和核受体。受体的化学本质是大分子复合蛋白质或酶系,亦是细胞膜中的一种镶嵌蛋白质。

根据受体分子结构和作用方式不同,信号转导主要包括以下三种:①由离子通道受体介导的信号转导;②由 G 蛋白耦联受体介导的信号转导;③由酶耦联受体介导的信号转导。

(一) 由离子通道受体介导的跨膜信号转导

由通道蛋白质介导的跨膜信号传递有多种类型,根据控制通道开放的因素分类,主要有化学门控通道、电压门控通道和机械门控通道等。

化学门控通道是指由某种特定的化学物质决定其开放的通道。这类通道蛋白裸露于膜外,存在着能与某种特定化学物质发生特异性结合的位点。一旦某种特定化学物质与之相结合,即能引起通道蛋白分子发生构型改变,导致通道开放而允许某些离子进出。可见,化学门控性通道兼有受体和离子通道功能。其对离子的转运既是一种跨膜物质转运的过程,也是一种跨膜信号传递的过程。由于离子带有一定的电荷,因此,能引起跨膜电位的改变,并引发细胞功能状态的改变。例如:神经兴奋引起肌肉收缩,就是由神经末梢释放乙酰胆碱(acetylcholine,ACh),ACh 与终板膜上的离子通道蛋白结合,引起终板膜化学门控 Na^+ 通道开放,最终导致骨骼肌细胞的兴奋和收缩。

电压门控通道和机械门控通道不称为受体,但它们也能将接受的物理信号转换成细胞膜电位的改变,具有与化学门控通道类似的信号转导功能。它们接受电信号或机械信号后,通过离子通道的活动和跨膜离子电流将信号转导到胞内。电压门控通道蛋白的分子结构中,有一些对细胞膜两侧的跨膜电位改变敏感的基团或亚单位,在跨膜电位改变时,产生蛋白分子会产生构象的改变,由此诱发通道蛋白的开放,导致细胞膜两侧相应离子的流动,然后引起细胞功能的改变。神经元细胞膜上存在的某些 Na^+ 通道和 K^+ 通道就属于这一类通道。机械门控通道能感受机械性刺激并引起细胞功能改变。例如,内耳毛细胞顶部膜中的听毛受到外力的作用而弯曲,进而引起听毛根部膜的变形,从而激活了膜中的机械门控通道,出现离子跨膜流动,产生感受器电位,实现了由机械刺激完成的跨膜信号传递,这是听觉产生的重要前提。

(二) 由 G 蛋白耦联受体介导的跨膜信号转导

G- 蛋白耦联受体分布于所有真核细胞,是最大的细胞表面受体家族之一。这类受体结构上均由形成 7 个跨膜区段单条多肽链构成,故又称七次跨膜受体。这类受体激活后作用于膜内与之耦联的 G 蛋白(鸟苷酸结合蛋白),引发一系列级联反应完成跨膜信号转导。它所触发的信号蛋白之间的相互作用主要是通过改变细胞内代谢活动而发挥作用,故又称促代谢型受体。

在这一跨膜信号传递系统中,把作用于细胞膜的化学信号(如激素)看作第一信使,由它引起细胞内有关酶系和功能改变而产生的物质(如 cAMP)称为第二信使(second messenger)。第二信使一般是指由 G 蛋白激活的效应器酶再分解细胞内底物而产生的胞内信号分子。可作为第二信使的物质还有环 - 磷酸鸟苷(cGMP)、三磷酸肌醇(IP_3)、二酰甘油(DG)和 Ca^{2+} 等。第二信使的产生至少与膜中三类特殊蛋白质有关,即受体、G- 蛋白和效应器酶。

它的作用过程是:胞外的信号分子(第一信使,如儿茶酚胺、乙酰胆碱、氨基酸类递质以及几乎所有的多肽和蛋白质类递质、激素等)与细胞膜表面受体蛋白结合后,通过受体变构激活了膜内侧的另一种三个亚单位构成的蛋白质,即 G- 蛋白,后者的激活又导致膜结构中靠近膜内侧面的第三类蛋白质,即 G 蛋白效应器酶(酶、离子通道和膜转运蛋白等)的激活。主要的 G 蛋白效应器酶有腺苷酸环化酶(AC)、磷脂酶 A_2(PLA$_2$)、磷脂酶 C(PLC)等,其作用是催化生成或分解第二信使物质。第二信使是指激素、神经递质、细胞因子等细胞外信号分子作用于膜受体后产生的胞内信号分子,这样胞外信号分子携带的信息被转导到胞内,后者通过蛋白激酶系统影响细胞内生理过程(图1-7)。如G蛋白激活效应器酶AC,催化细胞内的ATP分解产生第二信使环-磷酸腺苷(cAMP)。cAMP在细胞内可以激活相应的激酶,如cAMP依赖性蛋白激酶A(PKA),激活的蛋白激酶使其底物功能蛋白(如离子通道、受体等)发生磷酸化,以调节细胞的各种生物效应。

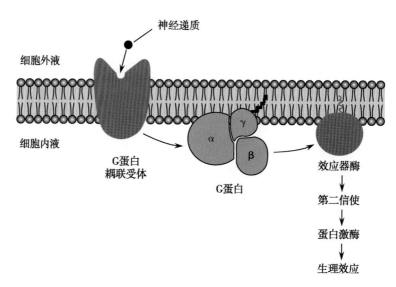

图 1-7   G 蛋白耦联受体介导的信号转导示意图

G蛋白耦联受体介导的信号转导需要经过多级信号分子的中继,较离子通道型受体介导的信号转导较慢,但其信号分子作用的空间范围更大,且具有信号放大效应。这种信号转导不仅可以调节离子通道活动,在调节细胞生长、代谢、通过改变转录因子活性调控基因表达等方面发挥着重要作用。目前已知的有一百多种配体可以通过和G蛋白耦联受体作用实现跨膜信号转导。配体受体结合后,仅通过为数不多的几条信号转导途径把信息转导到胞内,引发生物效应,较为重要的有受体-G蛋白-AC途径和受体-G蛋白-PLC途径。临床上许多药物都是通过G蛋白耦联受体发挥作用的,如阿托品是胆碱能M受体的阻断剂,可用于扩瞳,解除胃肠痉挛。

(三)由酶联型受体介导的跨膜信号转导

酶联型受体(enzyme-linked receptor)是指其自身具有酶的活性或能与酶结合的膜受体。这类受体的结构特征是每个受体分子只有一个跨膜区段,其胞外结构域含有可结合配体的部位,而胞内结构域则具有酶的活性或含有能与酶结合的位点。这类受体的主要类型有三种。

1. 酪氨酸激酶受体   酪氨酸激酶受体(tyrosine kinase receptor,TKR)也称受体酪氨酸激酶(receptor tyrosine kinase),其膜外侧有配体结合位点,胞内结构域具有酪氨酸激酶活性。激活这类受体的配体主要是各种生长因子,如表皮生长因子、血小板源生长因子等。在其细胞外部分与配体结合后,其胞内侧的酪氨酸激酶即被激活,继而磷酸化下游蛋白的酪氨酸残基。

2. 酪氨酸激酶结合型受体   酪氨酸激酶结合型受体(tyrosine kinase associated receptor,TKAR)与胞外配体结合后会激活胞浆内某种酪氨酸激酶,可接受的胞外信号主要由巨噬细胞和各种淋巴细胞产生的细胞因子和肽类激素,如白细胞介素、干扰素、促红细胞生成素等。

3. 鸟苷酸环化酶受体   鸟苷酸环化酶受体(guanylate cyclase receptor,GCR)胞外为配体结合域,而胞内有鸟苷酸环化酶活性。激活该受体的配体主要是心房钠尿肽(atrial natriuretic peptide,ANP)和脑钠尿肽(brain natriuretic peptide,BNP)。当受体被配体激活后,即可通过其 GC 活性催化胞质中的 GTP 生成 cGMP,后者作为第二信使可进一步激活 cGMP 依赖的蛋白激酶 G(protein kinase G,PKG)。另外,作为气体信号分子的一氧化氮(nitric oxide,NO),也通过 cGMP-PKG 通路而产生生物效应,如引起血管平滑肌的舒张。

第二节 细胞的生物电现象

细胞在生命过程中始终伴有电现象,称为生物电(bioelectricity)。如心电图、脑电图、肌电图,可分别记录心肌、大脑皮质、肌肉活动时在器官水平上所记录的生物电。细胞生物电是由一些带电离子跨细胞膜流动而产生的,表现为一定的跨膜电位(transmembrane potential),简称膜电位(membrane potential)。生物电现象是一种所有细胞都有的基本生命现象,也是生理学重要的基础理论。它主要包括静息电位和动作电位。

一、静息电位

(一)静息电位的概念

静息电位(resting potential,RP)是指细胞安静时存在于细胞膜两侧外正内负且相对平稳的电位差。图 1-8 是记录神经纤维静息电位的示意图,参考电极(A)至于细胞外液,并将其接地,使之保持零电位;测量电极(B)是尖端极细的微电级,插入细胞内后,测量两个电极之间的电位差。当把电级 B 插入到细胞内时,荧光屏上的扫描线立刻向下移动,并停留在一个较稳定的

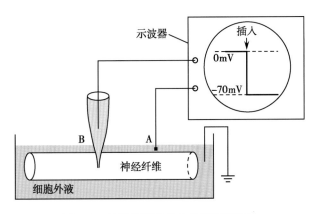

图 1-8 神经纤维静息电位测定示意图

负值水平,即静息电位水平。大多数细胞的静息电位都表现为膜内电位低于膜外。生理学上把膜外电位规定为零,膜内电位即为负值,静息电位用膜内电位表示,细胞内负值越大,表示膜两侧的电位差越大,亦即静息电位越大。大多数细胞的静息电位都在 -10~-100mV 之间。例如,哺乳动物骨骼肌细胞的静息电位为 -90mV,神经细胞的静息电位为 -70mV,红细胞的静息电位为 -10mV,心室肌细胞的静息电位为 -90mV。

生理学中,通常把安静时细胞膜两侧所保持的外正内负状态,称为膜的极化(polarization)状态。静息电位增大表示膜的极化状态增强,这种过程或状态称为超极化(hyperpolarization);静息电位减小表示膜的极化状态减弱,这种过程或状态称为去极化(depolarization);去极化至零电位后膜电位若进一步变为正值,使膜两侧电位的极性与原来的极化状态相反,称为反极化(reverse polarization),膜电位高于零电位的部分称为超射(overshoot);细胞膜去极化后再向静息电位方向的恢复,称为复极化(repolarization)。静息电位与极化是一个现象的两种表达方式,它们都是细胞处于静息状态的标志。极化状态表达的是膜两侧电荷分布的情况,静息电位表达的是膜两侧的电位差。

(二)静息电位产生机制

静息电位仅存在于质膜内外表面之间,质膜外表面有一层正离子,内表面有一层负离子,形成这种状态的基本原因是带电离子的跨膜转运。离子转运速率主要取决于离子在膜两侧的浓度差和膜对它的通透性。

1. 细胞膜两侧离子浓度差和平衡电位 如前所述,细胞膜上钠 - 钾泵的活动使得细胞内外 Na^+、K^+ 的浓度和分布不均衡,细胞内的正电荷主要是 K^+,胞外存在大量 Na^+。如哺乳

静息电位产生机制

笔记

动物骨骼肌膜两侧的离子浓度，其中细胞外液 Na^+ 浓度约为其细胞内液浓度的 12 倍；而细胞内液 K^+ 浓度约为其细胞外液浓度的 39 倍（表 1-2）。若质膜只对一种离子通透，该离子将在浓度差驱动下进行跨膜扩散，扩散的同时也使膜两侧形成逐渐增大的电位差，该电位差对离子产生的作用与浓度差相反，将阻止该离子的扩散。某种离子在膜两侧的电位差和浓度差两个驱动力的代数和，称为该离子的电 - 化学驱动力。当电位差驱动力增加到与浓度差驱动力相等时，电 - 化学驱动力为零，该离子的净扩散量为零，膜两侧的电位差达到稳定。这种离子净扩散量为零时的跨膜电位差称为该离子的平衡电位（equilibrium potential）。

表 1-2　哺乳动物骨骼肌细胞内外离子浓度（mmol/L）和平衡电位比较

	细胞内	细胞外	细胞内外浓度比	平衡电位
Na^+	12	145	1：12	+67mv
K^+	155	4	39：1	−95mv
Cl	4.2	116	1：29	−89mv
有机负离子	155			

2. 安静时细胞膜对离子的相对通透性　细胞膜在安静状态下如果只对一种离子具有通透性，那么实际测得的静息电位应等于该离子的平衡电位；如果安静状态下细胞膜对几种或多种离子同时具有通透性，静息电位的大小则取决于细胞膜对这些离子的相对通透性和这些离子各自在膜两侧的浓度差。膜对某种离子的通透性愈高，该离子的扩散对静息电位形成的作用就愈大，静息电位也就愈接近于该离子的平衡电位。安静状态下，细胞膜对各种离子的通透性以 K^+ 最高，因为细胞膜中存在持续开放的非门控钾通道。如神经细胞膜中有钾通道，对 K^+ 的通透性是对 Na^+ 的 50~100 倍，因此静息电位更接近于 K^+ 的平衡电位。

由于安静状态下细胞膜主要对 K^+ 有通透性，并且细胞内的 K^+ 浓度远远高于细胞膜外，K^+ 在浓度差的驱动下从细胞内向细胞外扩散（K^+ 外流）。此时，细胞内的蛋白有机负离子在 K^+ 的吸引下也有外流的趋势，但因细胞膜对其几乎没有通透性而被阻隔在膜的内表面，并牵制细胞外的 K^+ 不能远离细胞膜。K^+ 带正电，使膜外电位升高；蛋白质带负电，使膜内电位下降，由此产生膜两侧电位差，该电位差对 K^+ 的继续外流构成阻力。随着 K^+ 的外流，膜两侧 K^+ 浓度差（动力）逐渐减小，电位差（阻力）逐渐增大。当促使 K^+ 外流的浓度差与阻止 K^+ 外流的电位差这两种相互拮抗的力量达到平衡时，K^+ 净外流停止，膜两侧电位差不再继续增大，而是稳定在 K^+ 平衡电位即静息电位。

事实上静息电位的测量值并不等于 K^+ 的平衡电位，因为安静时细胞膜对 Na^+ 也有一定的通透性，少量进入细胞的 Na^+ 可部分抵消由 K^+ 外流形成的膜内负电位。钠 - 钾泵的活动本身也具有生电作用，每次活动将 3 个 Na^+ 转运到胞外，只将 2 个 K^+ 转运到胞内，相当于把一个净正电荷移出膜外，造成胞内负电位。钠钾泵活动越强，对胞内负电位的贡献越大，其对静息电位形成的作用并不大，如在神经纤维上不可能超过 5%。

综上所述，静息电位主要受细胞外液 K^+ 浓度影响。在安静情况下，细胞膜对 K^+ 的通透性相对较大，改变细胞外 K^+ 浓度即可影响 K^+ 平衡电位。此外，静息电位还受到膜对 K^+ 和 Na^+ 的相对通透性和钠泵活动影响。如果膜对 K^+ 的通透性增大，静息电位将增大，反之对 Na^+ 的通透性增大，静息电位减小；钠泵活动增强时，其生电效应增强，可使静息电位增大。

二、动作电位

（一）动作电位的概念

细胞在静息电位基础上接受有效刺激后产生的快速、可逆、可向远处传播的膜电位波动称为动作电位（action potential，AP），是细胞处于兴奋状态的标志。不同细胞的动作电位具有不同波形,本节以神经细胞为例,讨论动作电位的一些基本问题。

在神经轴突上记录到的动作电位波形由锋电位和后电位两部分组成(图 1-9)。当神经细胞受到刺激兴奋时,膜内电位由 –70mV 迅速升高到 0mV(去极化),进而由 0mV 升到 +30mV(反极化),膜的带电状态由"内负外正"变为"内正外负",构成动作电位的上升支(去极相)。膜内电位升高到 +30mV 以后立即快速下降,由 +30mV 回到 –70mV,膜的带电状态由"内正外负"又变为"内负外正",构成动作电位的下降支(复极相)。神经细胞动作电位快速的去极化和复极化表现为短促而尖锐的尖峰状的电位变化,称之为锋电位(spike potential)。锋电位是动作电位的主要组成部分,具有动作电位的主要特征,锋电位持续约 1ms,锋电位之后膜电位低

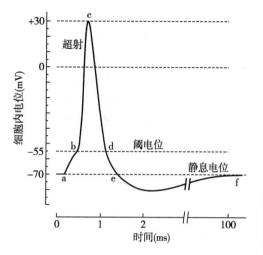

图 1-9 神经纤维动作电位示意图

ab. 膜电位逐渐去极化达到阈电位水平;bc. 动作电位快速去极相;cd. 动作电位快速复极相;bcd. 锋电位;de. 负后电位;ef. 正后电位

幅缓慢波动,称为后电位(after potential)。后电位包括两部分,前一部分膜电位仍小于静息电位,成为后去极化电位(after depolarization)也称负后电位;后一部分大于静息电位,称为后超极化电位(after hyperpolarization),也称正后电位。只有在后电位结束之后,细胞内电位才完全恢复到静息电位的水平。

动作电位的特点:①"全或无"现象:动作电位产生需要一定的刺激强度,刺激强度不达到阈值,动作电位不会产生;一旦产生就达到最大值,其变化幅度不会因刺激的加强而增大,也就是说,动作电位要么不产生(无),一旦产生就达到最大(全);②不衰减性传导:动作电位一旦在细胞膜的某一部位产生,它就会立即向整个细胞膜传布,直至整个细胞都依次产生一次动作电位,称为动作电位的可传播性,而且它的幅度不会因为传布距离的增加而减小,即幅度和波形始终保持不变;③脉冲式:连续刺激所产生的多个动作电位总有一定间隔而不会融合起来,呈现一个个分离的脉冲式发放。这是因为动作电位的整个锋电位过程中细胞兴奋性降低到零,在这段时间里给任何强大的刺激,细胞不会产生动作电位。

不同细胞的动作电位具有不同的波形,如上所述神经细胞的动作电位时程很短,锋电位持续时间约 1ms;骨骼肌细胞的动作电位时程为数毫秒,但波形仍呈尖峰状;心室细胞动作电位时程可达 300ms。

(二)动作电位产生的机制

动作电位产生的机制也是离子跨膜移动的结果。在安静时,细胞膜上的 Na^+ 通道多数处于关闭状态(备用状态),膜对 Na^+ 相对不通透,当细胞膜受到刺激时,细胞膜对 Na^+ 的通透性开始增大,Na^+ 在电 - 化学驱动力的作用下内流,膜电位减小到零时,依然可在膜外较高 Na^+ 浓度势能的作用下继续内流,继而出现正电位,膜内电位升高,形成锋电位陡峭的上升支,是为去极化时相。当大量内流的 Na^+ 形成的电场力足以阻止 Na^+ 继续内流时,Na^+ 内流停止,即达到了 Na^+ 的平衡电位,也就达到了动作电位上升支的顶点,去极化结束。在这个过程中,大量钠通道又迅速失活而关闭,钾通道则被激活而开放,导致 Na^+ 内流停止并产生 K^+ 的快速外流,细胞内电位迅速下降,又恢复到负电位状态,成为锋电位的下降支,是为复极化时相。这时细胞膜电位基本恢复,但离子分布状态并未恢复,因为去极化进入细胞的 Na^+ 和复极化流出细胞的 K^+ 并未各回原位。这时,通过钠泵的活动,可将流入细胞的 Na^+ 泵出,将流出的 K^+ 泵入,继续维持兴奋前细胞膜两侧 Na^+、K^+ 不均衡分布,钠通道也进入备用

状态,为下一次兴奋做准备。

总之,动作电位的上升支主要是由于电压门控 Na^+ 通道激活后 Na^+ 大量、快速内流形成 Na^+ 平衡电位的结果;下降支主要是由于电压门控 Na^+ 通道失活使得 Na^+ 内流停止以及电压门控 K^+ 通道激活 K^+ 快速外流的结果。改变电压门控通道本身的特性或改变细胞膜两侧两种离子的浓度差、膜两侧的电位差,均可影响动作电位。动作电位是组织或细胞产生兴奋的标志,Na^+ 内流和 K^+ 外流都属于经通道的易化扩散,不需要消耗能量。

(三) 动作电位的产生条件

1. 阈电位　只有当某些刺激引起膜内正电荷增加,即负电位减小(去极化),静息电位减小到某一临界值时,才能引起细胞膜上大量钠通道的开放,触发动作电位的产生。这种能触发动作电位的临界膜电位的数值称为阈电位(threshold potential,TP)。从静息电位去极化达到阈电位是产生动作电位的必要条件。阈电位的数值约比静息电位的绝对值小 $10 \sim 20mV$。

刺激使膜电位上升到阈电位水平,就能触发动作电位。静息电位去极化达到阈电位是产生动作电位(即兴奋)的必要条件。所谓阈强度或阈值,就是使细胞膜的静息电位去极化到阈电位的刺激强度。刺激引起膜去极化,只是使膜电位从静息电位达到阈电位水平,而动作电位的爆发则是膜电位达到阈电位后其本身进一步去极化的结果,与施加的刺激强度无关。

2. 局部兴奋和总和　刺激强度低于阈强度的阈下刺激虽不能触发动作电位,但它也会引起少量的 Na^+ 内流,从而产生较小的去极化,这种去极化的幅度不足以使膜电位达到阈电位的水平。这种只限于受刺激的局部,不能向远距离传播,称为局部兴奋(local excitation)。

局部兴奋的特点是:①电紧张性扩布:即且呈衰减性传导,随传播距离的增加而迅速减少,最后消失。②非"全或无"式:局部反应可随阈下刺激强度的增强而增大。③总和效应:一次阈下刺激引起的一个局部反应固然不能引发动作电位,但局部反应没有不应期,如果多个阈下刺激引起的多个局部反应在时间上(多个刺激在同一部位连续给予)或空间上(多个刺激同时在相邻的部位给予)叠加起来,就可能使膜的去极化达到阈电位,从而引发动作电位(图 1-10)。

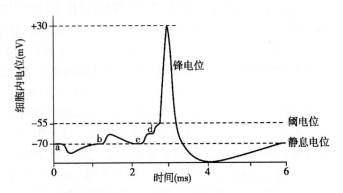

图 1-10　刺激引起膜超极化、局部反应及其在时间上的总和效应

a:刺激引起膜超极化,与阈电位的距离加大;b:阈下刺激引起的局部反应,达不到阈电位,不产生动作电位;c、d:均为阈下刺激,产生时间总和,达到阈电位,引发动作电位

3. 组织的兴奋性和周期性变化　细胞在兴奋后最初一段时间,不论施加多强刺激也不会使它再次兴奋,这段时间称为绝对不应期,可认为这时细胞阈值无限大。之后细胞的兴奋性开始恢复,只有受到阈上刺激后方可发生兴奋,这段时间称为相对不应期,这是细胞的兴奋性从无恢复到有的时期。相对不应期之后细胞兴奋性先轻度增高,称为超常期;随后出现的兴奋性轻度降低,称为低常期(图 1-11)。细胞动作电位的锋电位相当于绝对不应期,所以锋电位不会发生融合,负后电位的前段相当于相对不应期,负后电位的后段相当于超常期,正后电位相当于低常期。

综上所述,阈刺激或阈上刺激,能使静息电位去极化达到阈电位,从而爆发动作电位,即发生兴奋。而单个阈下刺激虽不能引发动作电位,但却能使受刺激部位的细胞膜轻度去极化,几个阈下刺激引起的局部兴奋总和起来,也可使膜的静息电位去极化达到阈电位水平而产生兴奋。

三、兴奋的引起和传导

细胞某一部分产生的动作电位可沿细胞膜不衰减地传播到整个细胞,动作电位在同一细胞上的传播称为传导。动作电位的传导原理可用局部电流学说解释。

无髓纤维某一处受刺激兴奋时,兴奋部位的反极化状态与邻近未兴奋部位的极化状态之间就会产生电位差。由于膜两侧的溶液均为导电溶液,因此在兴奋部位和未兴奋部位之间将产生电荷移动,称为局部电流(local current)(图1-12,A、B)。在细胞膜内,局部电流由兴奋部位流向

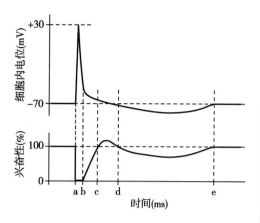

图 1-11 动作电位和兴奋性变化的时间关系
ab. 锋电位(上图)/绝对不应期(下图);bc. 负后电位的前部分/相对不应期;cd. 负后电位的后部分/超常期;de. 正后电位/低常期

未兴奋部位;在细胞膜外,局部电流由未兴奋部位流向兴奋部位。这种局部电流形成对未兴奋部位的有效刺激,使未兴奋部位去极化,当去极化达到阈电位水平时,触发新的动作电位的产生,使它转变为新的兴奋部位。由于局部电流可以同时在神经纤维兴奋部位两端产生,动作电位可从受刺激的兴奋点向两侧传导,称为双向传导。局部电流由近及远依次向周围扩布,就会使动作电位从受刺激的局部迅速地沿着整个细胞膜扩布,直到整个细胞膜都产生动作电位。动作电位在其他可兴奋细胞膜上的传导机制与无髓纤维兴奋传导基本相同。

无髓神经纤维或肌纤维,兴奋传导过程中局部电流在细胞膜上是顺序发生的,即整个细胞都依次发生 Na^+ 内流和 K^+ 外流介导的动作电位;而有髓神经纤维兴奋的传导比较特殊,因为有髓神经纤维的轴突外包有一层不导电的髓鞘,髓鞘不是连续的,约每隔 1mm 就有一个轴突裸露区,即郎飞结。在有髓鞘包裹的区域,轴突膜中几乎没有钠通道,且轴浆和细胞外液之间电阻大,跨膜电流大大减小,膜电位波动达不到阈电位。在髓鞘间断的郎飞结处,轴突膜与细胞外液直接接触,此外轴突膜上有密集的 Na^+、K^+ 通道,因而跨膜电流大,膜电位波动容易达到阈电位。所以,有髓纤维受到刺激时,动作电位只能在郎飞结处产生。兴奋传导时的局部电流也只能发生在相邻的郎飞结之间,局部电流对相邻的郎飞结起着刺激

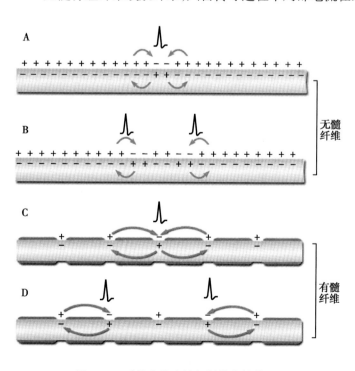

图 1-12 动作电位在神经纤维上的传导
A、B. 动作电位在无髓神经纤维上的传导;C、D. 动作电位在有髓神经纤维的跳跃传导

作用,使之兴奋。然后又以相同的方式使下一个郎飞结兴奋,使之继续传导下去。这样的传导方式称为跳跃式传导(图 1-12,C、D)。由于每一个郎飞结之间距离较大,故其传导速度远大于无髓神经纤维。在神经纤维上传导的动作电位称为神经冲动。

细胞之间电阻一般很大,无法形成有效的局部电流,因此动作电位不能直接在细胞之间传播,但在某些组织,如心肌和某些种类的平滑肌,细胞间存在缝隙连接,可使动作电位在细胞之间传播。

知识链接

生物电的临床应用

人体生物电是一切活细胞普遍存在又十分重要的生命现象。人体许多生理活动都与生物电变化有密切关系,器官结构和功能的改变也可通过其生物电反映出来。临床上的心电图、脑电图、胃电图、肌电图等检查,就是借助于不同的仪器记录的器官电图变化波形。它们对相关疾病的诊断、进程观察与治疗效果的评估有着重要的意义。

另外,通过对生物电的干预还能起到一定的治疗作用,如电击除颤对心脏骤停的抢救、残疾肢体特定部位埋藏电子芯片对促进患者的功能康复等,都已经获得了成功。甚至人的思维活动也会通过脑神经细胞的电活动表现出来,这对于探索人的心理变化有着重要的实用价值。

第三节　肌细胞的收缩功能

人体各种形式的运动,主要是通过肌肉组织的活动来实现的。人体的肌组织分为骨骼肌、心肌和平滑肌三类。如躯体运动和呼吸运动由骨骼肌来完成;心脏的射血活动由心肌的收缩来完成;一些中空器官如胃肠道、膀胱、子宫等内脏器官和血管的活动,则由平滑肌的收缩来完成。不同肌肉组织在功能上各有特点,但收缩的基本形式和原理是相似的。因为骨骼肌是人体最多的组织,对它的研究也比较充分,因此,本节以骨骼肌细胞为代表,说明肌细胞的收缩功能。

一、神经 - 肌接头处的兴奋传递

骨骼肌属于随意肌,其收缩是在中枢神经控制下完成的,支配骨骼肌的神经纤维发生兴奋,神经冲动传到末梢,经神经 - 骨骼肌接头传递给肌肉,肌肉发生兴奋和收缩。运动神经末梢在接近骨骼肌细胞时失去髓鞘,轴突末梢部位形成膨大并嵌入到骨骼肌细胞膜形成的凹陷中,形成神经 - 肌接头(neuromuscular junction)。

(一)神经 - 肌接头的结构

骨骼肌神经 - 肌接头由接头前膜、接头后膜和接头间隙三部分构成(图 1-13)。

1. 接头前膜　运动神经末梢在接近肌细胞处失去髓鞘,形成膨大并嵌入到细胞膜凹陷中的轴突末梢细胞膜称为接头前膜。在神经末梢中含有大量的囊泡,称为突触小泡,每个囊泡内约含有 10 000 个乙酰胆碱(ACh)分子。乙酰胆碱是传递信息的化学物质。

2. 接头后膜　与接头前膜相对应的凹陷的肌细胞膜为接头后膜,又称终板膜或终板。终板上有许多褶皱,能扩大和接头前膜的接触面积,有利于兴奋的传递。在接头后膜上存在乙酰胆碱受体,以及分解乙酰胆碱的胆碱酯酶。

3. 接头间隙　接头前膜与接头后膜之间的窄小空隙称为接头间隙,与细胞外液相通。

（二）神经 - 肌接头处兴奋的传递过程

当神经冲动沿神经纤维传到末梢时,轴突末梢产生动作电位,在去极化的影响下,该处膜上的电压门控式 Ca^{2+} 通道开放,细胞外液中的 Ca^{2+} 进入轴突末梢内,触发囊泡向前膜内侧面移动,并与前膜融合,进而破裂。囊泡内的乙酰胆碱分子倾囊式释放入接头间隙。据估算,一次动作电位大约能使 200 个至 300 个囊泡内乙酰胆碱全部释放,约有 10^7 个乙酰胆碱分子进入接头间隙。乙酰胆碱分子通过接头间隙到达接头后膜(终板膜)时,立即与终板膜上的乙酰胆碱受体蛋白结合,使通道开放,引起 Na^+ 内流,也有少量 K^+ 外流,其总的结果使终板膜的静息电位减小,出现终板膜的局部去极化,这一局部去极化的电位变化称为终板电位(end-plate potential,EPP)。终板电位属于局部电位,它的大小与接头前膜释放的乙酰胆碱的量呈正相关,可以总和;并以电紧张形式向周围细胞膜扩布,使邻近的肌细胞膜发生局部去极化,当总和的结果使周围肌细胞膜电位达到阈电位水平时,就会产生动作电位,向整个肌细胞膜进行传导,并引起收缩,从而完成神经 - 肌接头处的兴奋传递(图 1-13)。

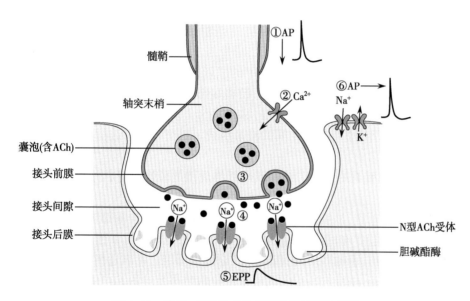

图 1-13 神经 - 肌接头结构及其传递过程示意图

神经 - 肌接头处的兴奋传递可概括为电(神经末梢的动作电位)- 化学(ACh)- 电(终板膜电位变化)过程。其实,在正常生理状态下,接头前膜每次释放的递质乙酰胆碱量都足以引起终板膜电位达到阈电位的 3~4 倍而引起周围细胞膜兴奋,保证每次传来的神经冲动的有效性。与终板膜上的受体蛋白结合发挥作用后的乙酰胆碱,以及接头间隙中大量多余的乙酰胆碱分子,都会迅速地被接头间隙中或终板膜上的胆碱酯酶分解而破坏,避免骨骼肌细胞持续地兴奋和收缩而痉挛,保证一次神经冲动仅引起一次细胞兴奋和收缩,表现为兴奋与效应呈一对一的关系。同时,接头处又做好了下一次兴奋传递的准备。

（三）神经 - 肌接头处兴奋传递的特点

1. **单向传递** 即兴奋只能由运动神经末梢传向肌肉,而不能反向传递,这是因为乙酰胆碱存在于神经轴突囊泡中,从接头前膜释放,与接头后膜受体结合的缘故。

2. **时间延搁** 兴奋通过神经 - 肌接头至少需要 0.5~1.0ms,比兴奋在同一神经纤维上传导同样距离的时间要长得多。因为接头处兴奋传递过程包括乙酰胆碱的释放、扩散以及与后膜上通道蛋白分子的结合等,均需花费时间。据测定,终板电位的出现约比神经冲动抵达接头前膜处晚 0.5~1.0ms。

3. **易受内环境因素变化的影响** 细胞外液的 pH、温度、病理变化、药物和细菌毒素等都可影响传递过程,这一特点具有重要的临床意义。人们可以通过调控这一过程的任一环节来治疗骨骼肌疾病或研究它的功能。例如,使用 Ca^{2+} 能促使乙酰胆碱的释放而加强传递过程;筒箭毒碱能与乙酰胆碱争夺终板膜的通道蛋白,使之不能引发终板电位,起到抑制肌细胞兴奋使肌肉松弛的作用;有机磷酯类能与胆碱酯酶结合而使其失效,从而使得乙酰胆碱在终板膜处堆积,导致骨骼肌持续兴奋和收缩,故有机磷酯类农药中毒时出现肌肉震颤;而药物解磷定能复活胆碱酯酶,因而能治疗有机磷酯类中毒。

二、骨骼肌的收缩原理

(一)骨骼肌细胞的结构特征

骨骼肌是体内最多的组织,约占体重的40%。在光学显微镜下呈现明暗交替的横纹,故称为横纹肌。它由大量的肌原纤维和丰富的肌管系统组成。这些结构排列规则有序,具有功能上的意义。

1. 肌原纤维和肌节　在电镜下观察,肌原纤维在横纹肌细胞上纵向平行排列,呈现规则的明暗相间的节段,分别称为明带和暗带,这是粗、细肌丝在肌节中规律排列的结果。暗带中主要含有粗肌丝,其长度与暗带相同。暗带的中央有一条横线称为 M 线,粗肌丝的中央固定于 M 线,两端游离伸向 Z 线。明带中的肌丝较细,称为细肌丝。明带的中央也有一条横线称为 Z 线。细肌丝一端固定于 Z 线,游离端部分的伸入到暗带中间与粗肌丝重叠,暗带中央仅有粗肌丝的部分透光度相对较好,称为 H 带。两条相邻 Z 线之间的节段称为肌节。每一个肌节由两侧的各 1/2 明带和中间的暗带组成。肌节是肌肉进行收缩和舒张的最基本的功能单位。

2. 肌管系统　肌管系统是指包绕在肌原纤维周围的膜性囊管状结构,由横管和纵管两个独立的系统组成。

横管与肌原纤维垂直,是肌细胞膜在 Z 线部位向内凹陷并向深部延伸而成的膜性管道。当动作电位沿肌细胞膜扩布时,可沿着横管将动作电位传导到肌细胞的内部。纵管是与肌原纤维平行的膜性管道,也称肌质网,包绕在肌原纤维周围。在靠近横管末端处形成膨大或呈扁平状,称为终池(terminal cisterna),内有浓度比胞质高万倍的 Ca^{2+},膜上有丰富的 Ca^{2+} 释放通道,横管膜的动作电位可使终池释放 Ca^{2+};而终池膜上大量的钙泵,能将肌浆中的 Ca^{2+} 泵入终池。

在骨骼肌中,横管与两侧的终池共同构成三联管结构,横管和终池并不相通,三联管的作用是把从横管传来的动作电位转化为终池 Ca^{2+} 的释放,而终池释放的 Ca^{2+} 则是引起肌细胞收缩的直接动因。因此三联管是把肌细胞膜的电位变化和细胞内的收缩过程耦联起来的关键部位。

(二)肌丝的分子组成

1. 粗肌丝　粗肌丝由肌球蛋白(肌凝蛋白)组成,一条粗肌丝大约含有 200~300 个肌球蛋白分子。肌球蛋白呈豆芽状,分为两个豆瓣状的头部和一个长的杆部。许多肌球蛋白杆部朝向 M 线聚合成束,形成粗肌丝的主干;头部有规律的裸露于主干表面形成横桥,头和杆的连接处类似关节,可以活动。当肌肉安静时,横桥与主干垂直(图 1-14)。

横桥有两个特性:①在一定条件下可以和细肌丝上的肌动蛋白分子呈可逆性结合;②具有 ATP 酶作用,可分解 ATP 提供能量,引起横桥向 M 线方向扭动,牵引细肌丝向 M 线方向滑行。

2. 细肌丝　细肌丝由三种蛋白质分子组成:①肌动蛋白(肌纤蛋白):占60%。其单体呈球形,许多肌动蛋白分子聚合成双螺旋状的两条链,构成细肌丝的主干,直接参与肌丝滑行,故把肌球蛋白和肌动蛋白称为收缩蛋白。在肌动蛋白分子上有与横桥结合的位点。②原肌

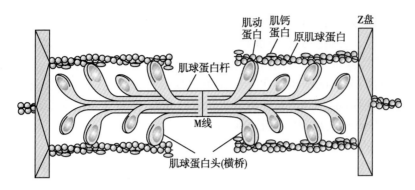

图 1-14 肌丝的分子结构示意图

球蛋白(原肌凝蛋白):呈长杆状,分子首尾相接,也聚合成双螺旋结构,与肌动蛋白的双螺旋并行。当肌肉舒张时,原肌球蛋白的位置正好介于肌动蛋白和横桥之间,遮盖肌动蛋白上与横桥结合的位点,阻碍横桥与肌动蛋白结合。③肌钙蛋白:呈球形,以一定间隔分布在原肌球蛋白的双螺旋结构上。对原肌球蛋白起固定作用,从而阻止肌动蛋白与横桥的结合。肌钙蛋白与 Ca^{2+} 有很强的亲和力,当肌钙蛋白与 Ca^{2+} 结合后,其构型发生改变,原肌球蛋白位移,暴露出肌动蛋白分子上与横桥结合的位点,使横桥与肌动蛋白上的位点结合。因为原肌球蛋白、肌钙蛋白不直接参与肌丝间的相互作用,但可以影响和控制收缩蛋白之间的相互作用,故称为调节蛋白。

(三) 肌肉收缩的过程

肌细胞收缩机制一般用肌丝滑行理论来解释,即肌肉的缩短和伸长是粗肌丝和细肌丝在肌节内相互滑行所致,而粗肌丝和细肌丝的长度并不改变。

粗肌丝和细肌丝的相互滑行是通过横桥和肌动蛋白结合、扭动、复位的过程。舒张状态下,横桥以 ATP 酶活性将 ATP 分解,能量用于复位上次收缩时发生的扭动,使横桥和肌细胞保持垂直的方向,此时横桥对细肌丝的肌动蛋白结合位点有高亲和力。当肌细胞膜上的动作电位引起肌浆中 Ca^{2+} 浓度升高时,Ca^{2+} 与肌钙蛋白相结合,使肌钙蛋白分子构型改变,这种改变使原肌球蛋白发生位移,从而暴露出肌动蛋白上的横桥结合点,解除原肌球蛋白的位阻效应。此时,横桥与肌动蛋白结合,横桥的 ATP 酶活性被激活,分解 ATP 释放能量,引发横桥向 M 线同向连续的摆动,拉动细肌丝向 M 线方向滑行,结果是肌节缩短、肌细胞收缩(图 1-15)。如

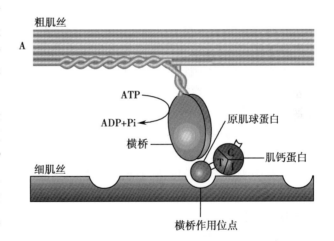

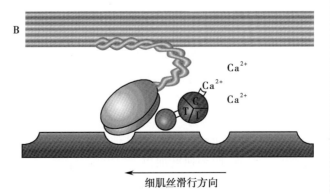

图 1-15 肌丝滑行机制示意图
A. 肌肉舒张;B. 肌肉收缩

果 Ca^{2+} 浓度依然保持较高水平,肌动蛋白上的结合位点仍然暴露,横桥就再与细肌丝上的下一个结合位点结合。粗肌丝上的横桥就与细肌丝上的肌动蛋白结合、摆动、复位,反复这样的过程,使细肌丝持续向 M 线方向滑行,肌节逐渐缩短,表现为肌肉收缩。横桥摆动一次后便与肌动蛋白分离,分离的横桥再次分解 ATP 而使横桥重新复位,重复上述过程。当肌浆中 Ca^{2+} 被泵回终池而浓度降低时,横桥与肌动蛋白分离,原肌球蛋白恢复原来的构型,肌动蛋白上横桥结合位点再次被原肌球蛋白掩盖,横桥就和肌动蛋白分离,细肌丝从肌节中央滑出,肌节恢复原来的长度,表现为肌肉舒张。

肌肉的收缩需要消耗 ATP 进行横桥的摆动,因此活化横桥数和肌球蛋白的 ATP 酶活性是控制收缩力的主要因素。而一定浓度 Ca^{2+} 的存在,在细肌丝滑行中起着重要的触发作用。肌肉的舒张也要消耗 ATP,用于钙泵将肌浆中的 Ca^{2+} 泵回到肌浆网内。肌肉的收缩和舒张都要消耗能量,都属于主动过程。

(四) 骨骼肌的兴奋 - 收缩耦联

肌细胞兴奋时,首先在肌细胞膜上产生动作电位,然后才出现肌细胞的收缩反应。将肌细胞产生动作电位的电兴奋过程与肌丝滑行的机械收缩联系起来的中间过程称为兴奋 - 收缩耦联(excitation-contraction coupling)。兴奋 - 收缩耦联的耦联因子是 Ca^{2+},结构基础是三联管。

兴奋 - 收缩耦联过程有三个主要步骤:①动作电位经横管传导到肌细胞内部;②三联管的信息传递,纵管终池膜上的 Ca^{2+} 通道开放;③终池释放 Ca^{2+} 启动肌丝滑行,触发肌肉收缩。

三、骨骼肌的收缩效能和收缩形式

(一) 骨骼肌的收缩效能

当肌肉接受刺激发生收缩时,可发生长度和张力的变化。肌肉收缩效能是指肌肉收缩时产生的张力大小、缩短程度以及产生张力或缩短的速度。其具体表现取决于肌肉是否能自由地缩短。肌肉收缩效能受前负荷、后负荷、肌肉收缩能力以及收缩总和的影响。对骨骼肌而言,影响收缩效能的主要因素是收缩总和。

1. 前负荷　肌肉收缩之前(即舒张时)所承受的负荷称为前负荷(preload)。肌肉收缩之前的长度称为初长度。前负荷使肌肉在收缩前就处于被拉长状态而使肌肉的初长度增加。在一定范围内初长度增加,可使肌肉收缩力量增强;但超过一定范围,肌肉收缩力量反而减弱。这是因为肌肉初长度适当增加,横桥与细肌丝结合数目增多,肌肉收缩力量增强;但初长度过长时,细肌丝从粗肌丝之间滑出,横桥与细肌丝的结合数目反而减少,导致肌肉收缩力量减弱。

2. 后负荷　肌肉收缩过程中所承受的负荷称为后负荷(afterload),是肌肉收缩时遇到的阻力。由于后负荷阻碍肌肉缩短,所以肌肉收缩首先表现为增加张力以克服负荷,即首先进行等长收缩;当肌张力超过后负荷时,肌肉便开始缩短,而肌张力不再增加。因此,肌肉在有后负荷的条件下收缩时,总是张力变化在前,长度缩短在后。增加后负荷,肌肉开始缩短的时间推迟,缩短的速度减慢,肌肉缩短长度也减小。如后负荷过大,超过最大肌张力,则肌肉只能进行等长收缩。

3. 肌肉收缩能力　肌肉收缩能力(contractility)是指与前后负荷无关的,影响肌肉收缩效能的肌肉内在收缩特性。在其他条件不变的情况下,肌肉收缩能力增强,可使肌肉收缩产生的张力增加,收缩速度加快,做功效率增加。肌肉收缩能力受神经体液因素、化学物质及机体代谢状况影响。如缺氧、酸中毒、低钙、能量供应不足、机械损伤等可使肌收缩能力下降;而咖啡因、Ca^{2+}、肾上腺素等可使肌肉收缩能力增强。此外,体育锻炼能够增强肌肉收缩能力。肌肉收缩能力主要取决于兴奋 - 收缩耦联中,胞浆内 Ca^{2+} 水平和横桥 ATP 酶的活性。

许多神经递质、体液因子、病理因素和某些药物等都可以通过这两条途径影响肌肉收缩能力。

4. 收缩的总和 收缩的总和(summation)是指肌细胞收缩的叠加特性,是骨骼肌快速调节其收缩效能的主要方式,心肌不会发生收缩总和。有两种形式:运动单位总和与频率总和。骨骼肌在整体情况下都以一个运动神经元及其轴突分支所支配的全部肌纤维所构成的运动单位为基本单元进行收缩。运动单位总和,是中枢神经系统通过改变参与收缩的运动单位(motor unit)数量来改变肌肉收缩强度的一种调节方式,运动单位指一个神经元及其所支配的肌纤维。运动单位大小相差很大,收缩较弱时,仅有少量较小的运动单位发生收缩,随着收缩强度的增加,越来越多、越来越大的运动单位参加收缩,产生的张力也越来越大;而当舒张时,最大的运动单位先停止收缩。这样能实现收缩强度的调控和精细调节。骨骼肌细胞收缩的叠加效应常是多根肌纤维同步收缩产生的叠加效应,又称多纤维总和(fiber summation)。频率总和是指提高骨骼肌收缩频率而产生的叠加效应,是运动神经通过改变发放频率调节骨骼肌收缩形式和效能的一种方式。

(二)骨骼肌的收缩形式

1. 单收缩和强直收缩 当诱发骨骼肌收缩的动作电位频率很低时,每次动作电位之后出现一次完整的收缩和舒张过程,这种收缩形式称为单收缩(twitch)。当动作电位频率增加到一定程度时,由前后两个动作电位发出的两次收缩就有可能叠加起来,产生收缩的总和。如果后一次收缩过程叠加在前一次的舒张期,所产生的总和称为不完全强直收缩(incomplete tetanus),记录的收缩曲线呈锯齿状(图 1-16);若后一次收缩过程叠加在前一次收缩过程的收缩期,所产生的收缩总和则称为完全强直收缩(complete tetanus),记录的曲线平滑而连续,无舒张造成的痕迹。在等长收缩条件下,完全强直收缩所产生的张力可达单收缩的 3~4 倍。在生理情况下,骨骼肌的收缩几乎都是以完全强直收缩形式进行的,这样利于产生强度大的收缩张力,即使安静状态下,运动神经也经常发出低频冲动,使骨骼肌进行一定程度的强直收缩,这种微弱而持续的收缩即为肌紧张。

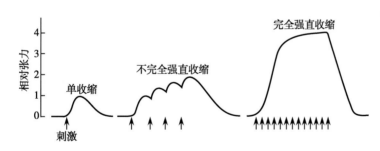

图 1-16 骨骼肌收缩的频率效应总和

2. 等长收缩和等张收缩 根据肌肉收缩的外部表现,可将收缩分为等长收缩(isometric contraction)和等张收缩(isotonic contraction)两种形式。

等张收缩是指肌肉收缩时,表现为肌肉的长度缩短,而肌肉的张力不变,是肌肉收缩产生的张力等于或大于后负荷时出现的肌肉收缩形式,主要作用是使物体发生位移。等长收缩表现为肌肉的长度保持不变而其张力发生变化,是在阻力较大、肌肉收缩产生的张力不足以克服后负荷时产生的一种收缩形式。如提重物但没有提起时,上肢肌肉的收缩就属于等长收缩。在人体内,既有等张收缩,又有等长收缩,而且经常是两种收缩形式不同程度的复合,通常是张力增加在前,长度缩短在后。例如,肢体的自由运动和屈曲主要为等张收缩,而在臂力测验时的肌肉活动则主要是等长收缩。

(刘志强 王静雅)

思考题

1. 细胞膜物质转运有哪些方式？各有何特点？
2. 举例说明原发性主动转运和继发性主动转运的区别。
3. 试比较动作电位和静息电位的不同。
4. 简述神经 - 肌接头处兴奋的传递过程。

第二章 血 液

学习目标

1. 掌握 内环境、血细胞比容的概念;血浆渗透压的组成及生理意义;各种血细胞的正常值及生理功能;血液凝固的基本过程;血量正常值、ABO 血型系统分型依据及输血原则。

2. 熟悉 红细胞、血小板的生理特性;内、外源性凝血途径;抗凝及促凝因素的作用;红细胞凝集反应。

3. 了解 红细胞的生成调节;纤维蛋白溶解;交叉配血试验;Rh 血型系统分型及临床意义。

血液(blood)是一种在心血管系统中循环流动的流体组织,由血浆和悬浮于其中的血细胞组成。血液是体液的重要组成部分,是内环境中最活跃的部分,也是人体各组织细胞和外环境之间进行物质交换的桥梁。很多疾病可导致血液成分或性质发生特征性的变化,故临床上检验血液成分的变化有助于某些疾病的诊断。

血液在维持机体内环境的稳态中起着非常重要的作用,其生理功能概括如下:

1. 运输功能 运输是血液的基本功能。血液将 O_2、营养物质和激素等输送到各组织器官,同时将 CO_2 及其他代谢终产物运送到肾脏等排泄器官,排出体外。

2. 缓冲功能 血液含有的多种缓冲物质,可以调节酸碱平衡。

3. 调节体温 血液中的水分比热较大,可以吸收大量的热量,有助于维持体温的相对恒定。

4. 防御和保护的功能 血液中的血小板、凝血因子等参与生理性止血和凝血过程。中性粒细胞、单核细胞和淋巴细胞等参与机体对细菌、病毒等微生物引起的感染和各种免疫反应。

第一节 血液的组成和理化特性

一、血液的组成

(一) 体液与内环境

体液(body fluid)是指机体内液体的总称。它由水和溶解于其中的各种电解质组成。正常成人的体液量约占体重的 60%。体液可分为两大部分(图 2-1):其中约 2/3 分布于细胞内,称为细胞内液,约占体重的 40%;其余约 1/3 分布于细胞外,称为细胞外液,约占体重的 20%

（其中血浆约占 5%，淋巴液、脑脊液和组织液等占 15%）。细胞外液是细胞直接接触和赖以生存的液体环境，也称机体内环境（internal environment），以区别于整个机体所处的外环境。

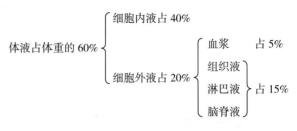

图 2-1 体液的分布

（二）血液的基本组成

血液由血浆和悬浮于其中的血细胞组成。若取一定量的血液加入抗凝剂（如柠檬酸钠或肝素）混匀，置于比容管中，以每分钟 3000 转的速度旋转离心 30 分钟后，血细胞会下沉压紧而使管中血液明显分为三层（图 2-2）：上层浅黄色的液体为血浆，占总体积的 50%~60%；下层为深红色不透明的红细胞，占总体积的 40%~50%；中间一薄层灰白色的是白细胞和血小板，约占总体积的 1%。血液的组成示意图如下：

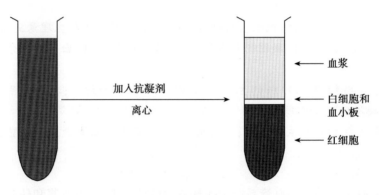

图 2-2 血液组成示意图

血细胞在全血中所占的容积百分比，称为血细胞比容（hematocrit）。血细胞比容反映了全血中血细胞数量的相对值。正常成年男性的血细胞比容为 40%~50%；女性为 37%~48%；新生儿为 55%。由于血液中的有形成分主要是红细胞，而白细胞和血小板仅占容积 0.15%~1%，故血细胞比容主要反映血液中红细胞的相对含量。临床上，某些贫血患者由于红细胞数量减少，血细胞比容降低；严重呕吐、腹泻或大面积烧伤患者，由于血浆水分丢失过多，血细胞比容则增大。由于红细胞在血管系统中的分布不均匀，大血管中血液的血细胞比容略高于微血管。

血浆（blood plasma）是由水分和溶解于其中的多种电解质、小分子有机化合物和一些气体组成的混合溶液。血浆主要成分是水，占血浆成分的 91%~92%，溶质分子占 8%~9%。血浆中的溶质和水都很容易通过毛细血管壁与组织液交换，因此，血浆中各种电解质的浓度与组织液的基本相同。

血液的基本组成如下：(图 2-3)

（三）血浆的化学成分及其作用

1. 血浆蛋白 血浆蛋白（plasma protein）是血浆中多种蛋白质的总称。用盐析法可将血浆蛋白分为白蛋白、球蛋白和纤维蛋白原三类。正常成人血浆蛋白含量约为 60~80g/L，其中白蛋白为 40~50g/L，球蛋白为 20~30g/L，白蛋白与球蛋白之比（A/G 比值）为 1.5~2.5：1，白蛋白和大多数球蛋白主要由肝脏产生。故肝脏疾病时，常致 A/G 比值下降，甚至倒置。

血浆蛋白的主要功能包括：①形成血浆胶体渗透压，调节血管内外水的分布；②运输功能：作为载体运输脂质、离子、维生素、代谢废物及一些异物（包括药物）等低分子物质；③参与血液凝固、抗凝和纤溶等生理过程；④免疫功能：抵御病原微生物的入侵；⑤缓冲功能：血

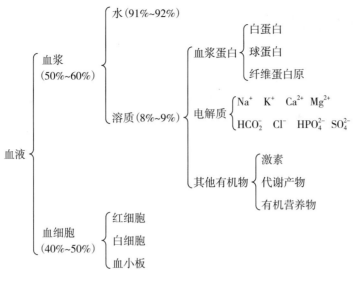

图 2-3 血液的基本组成

浆白蛋白及其钠盐组成的缓冲对具有缓冲作用;⑥营养功能等。

2. 无机盐 血浆中的无机盐大部分以离子状态存在,其中以 Na^+、Cl^- 为主,还有少量的 K^+、Ca^{2+}、Mg^{2+}、HCO_3^-、HPO_4^- 等。它们在维持血浆晶体渗透压、酸碱平衡、神经和肌肉正常兴奋性等方面起着重要作用。

3. 非蛋白氮化合物 血浆中除蛋白质以外的含氮化合物总称为非蛋白氮化合物,主要有尿素、尿酸、肌酸、肌酐、氨基酸、多肽、氨和胆红素等。临床上把这些物质中所含的氮,称为非蛋白氮(non-protein nitrogen,NPN)。正常人血浆 NPN 为 14.3~21.4mmol/L,其中 1/3~1/2 为尿素氮(blood urea nitrogen,BUN),正常值为 3.2~7.1mmol/L。它们主要通过肾脏排泄,测定 BUN 可以了解肾脏排泄功能。

4. 其他成分 血浆中还含有不含氮的有机化合物,如葡萄糖、肽类、酮体、乳酸、激素、维生素等。另外,血浆中含有一定的气体,主要是 O_2 和 CO_2,与细胞呼吸和物质的代谢有关。人体血浆中的主要化学成分见表 2-1。

表 2-1 人体血浆主要化学成分

化学成分	正常值	化学成分	正常值
总蛋白	60~80g/L	Na^+	135~148mmol/L
白蛋白(A)	40~50g/L	K^+	4.1~5.6mmol/L
球蛋白(G)	20~30g/L	Ca^{2+}	2.25~2.9mmol/L
白蛋白/球蛋白(A/G)	1.5~2.5：1	Mg^{2+}	0.8~1.2mmol/L
纤维蛋白原(血浆)	2~4g/L	Cl^-	96~107mmol/L
肌酐	53~106μmol/L(男性)	$HPO_4^{2-}/H_2PO_4^-$	2mmol/L
	44~97μmol/L(女性)	SO_4^{2-}	0.5mmol/L
尿素	3.2~7.1mmol/L	O_2	0.1mmol/L
尿酸(全血)	0.02~0.4g/L	CO_2	1mmol/L
葡萄糖	5.6(100mg/dl)	N_2	0.5mmol/L
氨基酸	2.0(40mg/dl)		
磷脂	7.5(500mg/dl)		
胆固醇	4~7(150~250mg/dl)		

二、血液的理化特性

(一) 颜色

血液呈红色,这是红细胞内含有血红蛋白的缘故。动脉血中的血红蛋白含氧量高,呈鲜红色;静脉血中的血红蛋白含氧量低,呈暗红色。血浆中因含有微量的胆色素,故呈淡黄色。进餐后血浆中因悬浮较多脂蛋白微粒而浑浊,故临床进行某些血液生化检验时需要空腹采血,以避免食物对检测结果产生影响。

(二) 血液的比重

正常人全血的比重为1.050~1.060,血液中红细胞数量越多,全血比重越大。血浆的比重为1.025~1.030,主要取决于血浆蛋白的含量。红细胞的比重为1.090~1.092,其高低与红细胞内血红蛋白的含量呈正相关。测定全血或血浆比重可间接估算红细胞数或血浆蛋白的含量。

(三) 血液的黏度

液体的黏度来源于液体内部分子或颗粒间的摩擦,即内摩擦。如果以水的黏度为1,则全血的黏度约为水的4~5倍,主要取决于血细胞比容的高低;血浆的黏度约为水的1.6~2.4倍,主要取决于血浆蛋白的含量。血液的黏度是形成血流阻力的重要因素之一。长期生活在高原的人,由于红细胞数目增多,血液的黏滞性增大;大面积烧伤的病人,由于血浆的大量渗出,血液的黏滞性增高;此外,血液流速小于一定速度时,红细胞发生叠连,血液黏滞性亦增高。

 知识链接

高 黏 血 症

高黏血症(或称高黏滞血症)由于影响全血或血浆黏度的相关因素,引致血液黏滞度增高,超过了正常生理范围,就称为高黏滞血症即高黏血症。通俗地讲,就是血液过度黏稠了,是由于血液中红细胞聚集成串,丧失应有的间隙和距离,或者血液中红细胞在通过微小毛细血管时的弯曲变形能力下降,使血液的黏稠度增加,循环阻力增大,微循环血流不畅所致。

血液黏稠,流速减慢,血液中脂质便沉积在血管的内壁上,管腔狭窄、供血不足,导致心肌缺血、脑血栓、肢体血管血栓等疾病的发生。有些中老年人经常感觉头晕、困倦、记忆力减退等,这就是高黏血症造成的恶果。

早期主要表现:①晨起头晕,晚上清醒;②午餐后犯困;③蹲着干活气短;④阵发性视力模糊;⑤体检验血时,往往针尖阻塞和血液很快凝集在针管中;血流变测定时,血液黏度"+++"以上,其他各项指数也显著增高。

(四) 酸碱度

正常人血液呈弱碱性,血浆pH为7.35~7.45。血液pH低于7.35时,称为酸中毒;高于7.45时,称为碱中毒。如果血浆pH低于6.9,或高于7.8,将危及生命。血浆pH之所以能保持相对恒定,有赖于血液中的缓冲物质以及肺和肾在酸碱平衡调节中发挥的重要作用。血浆中的缓冲物质主要包括$NaHCO_3/H_2CO_3$、Na_2HPO_4/NaH_2PO_4、蛋白质钠盐/蛋白质三个缓冲对;红细胞中主要有血红蛋白钾盐/血红蛋白、氧合血红蛋白钾盐/氧合血红蛋白、K_2HPO_4/KH_2PO_4、$KHCO_3/H_2CO_3$等缓冲对。其中,$NaHCO_3/H_2CO_3$是血液中最重要的缓冲对。血浆pH的相对稳定对维持正常生命活动相当重要,无论过高或过低都会影响细胞新陈代谢的正常进行。

(五) 血浆渗透压

渗透压是指溶质分子通过半透膜的一种吸引水分子的力量,其大小与溶质颗粒的数目成正比,而与溶质的种类和分子大小无关。渗透压表示单位主要是千帕(kPa)和毫摩尔/升(mmol/L),1mmol/L=2.56kPa。

1. 血浆渗透压的形成　血浆渗透压包括血浆晶体渗透压和血浆胶体渗透压两种。

(1) 血浆晶体渗透压(crystal osmotic pressure):是由溶解在血浆中的晶体物质(主要是Na^+、Cl^-,约占80%)形成的渗透压,其数值是298.7mmol/L或766.7kPa;由于血浆中晶体溶质数目远远大于胶体数目,所以血浆渗透压主要由晶体渗透压构成,晶体渗透压约占血浆总渗透压的99.6%。

(2) 血浆胶体渗透压(colloid osmotic pressure):是由血浆中的胶体物质形成的渗透压,主要由蛋白质分子形成。在血浆蛋白中,白蛋白分子量较小,但其分子数目远多于球蛋白,故血浆胶体渗透压的75%~80%来自于白蛋白。由于蛋白质的分子量大,分子数量小,所以形成的胶体渗透压小,仅占血浆总渗透压的0.4%,数值一般为1.3mmol/L或25mmHg。

在临床中,将渗透压与血浆渗透压相等的溶液称为等渗溶液,如0.9%NaCl溶液(又称生理盐水)和5%葡萄糖溶液。高于或低于血浆渗透压的溶液则被称为高渗或低渗溶液。

2. 血浆渗透压的生理意义

(1) 血浆晶体渗透压:由于血浆和组织液的晶体物质中绝大部分不易透过细胞膜,而水分可以自由通过,所以细胞外液的晶体渗透压相对稳定,这对于保持细胞内、外的水平衡和细胞的正常体积极为重要。正常情况下,细胞内外的晶体物质浓度相等,所形成的晶体渗透压也相等,故血浆晶体渗透压对维持红细胞内、外的水平衡和红细胞的正常形态起到了重要作用。如果某种原因使血浆晶体渗透压明显升高或降低,细胞内、外的水平衡将受到破坏。例如,血浆晶体渗透压过高,红细胞就会脱水而皱缩;血浆晶体渗透压过低,红细胞就会肿胀,甚至破裂,红细胞中的血红蛋白逸出,造成渗透性溶血(osmotic hemolysis)。

(2) 血浆胶体渗透压:血浆蛋白不易通过毛细血管壁,所以血浆胶体渗透压虽小,但对于调节血管内外的水平衡有重要作用。由于血浆胶体渗透压大于组织液胶体渗透压,因而组织中水分可以进入毛细血管,这对于维持正常的血浆容量具有重要作用(图2-4)。当肝、肾疾病或营养不良时,导致血浆蛋白含量降低,血浆胶体渗透压降低,组织液回流减少而滞留于组织间隙,可形成组织水肿。

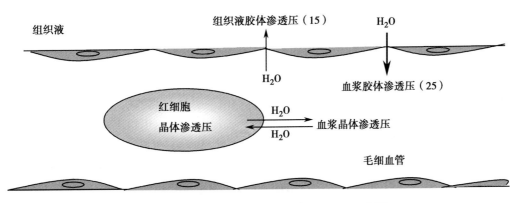

图2-4　血浆晶体渗透压与胶体渗透压作用示意图

图标红细胞膜内与血浆晶体渗透压基本相等,可维持红细胞正常形态;而血浆胶体渗透压大于组织液胶体渗透压,可将组织中的水转移到血管内(图中数字的单位为mmHg)

第二节   血细胞的功能

血细胞包括红细胞、白细胞和血小板,它们均起源于造血干细胞。在个体发育的过程中,造血中心不断迁移,逐渐由胚胎早期的卵黄囊造血转移到肝、脾,并过渡到骨髓造血。出生后血细胞几乎都是在骨髓生成,但在造血需要增加时,骨髓外造血组织仍具有一定的代偿作用。到 18 岁左右,只有椎骨、髂骨、肋骨、胸骨、颅骨和长骨近端骨骺处有造血骨髓,其造血组织总量完全能够满足正常需要。若成年人出现骨髓外造血,是造血功能紊乱的表现。

一、红细胞

(一) 红细胞的形态、数量和功能

1. 红细胞的形态   正常红细胞(red blood cell,RBC)呈双凹圆碟形,直径约为 7~8.5μm,中央较薄,周边较厚,无核。

2. 红细胞的数量   红细胞是血液中数量最多的细胞。成年男性红细胞的数量为 $(4.0~5.5)×10^{12}$/L,成年女性红细胞的数量为 $(3.5~5.0)×10^{12}$/L。新生儿红细胞的数量为 $(6.0~7.0)×10^{12}$/L,出生后数周逐渐下降,在儿童期一直保持在较低水平,且无明显性别差异,直到青春期才逐渐增加,接近成人水平。红细胞内的主要成分是血红蛋白(hemoglobin,Hb),成年男性血红蛋白浓度为 120~150g/L,女性血红蛋白浓度为 110~140g/L,新生儿血红蛋白浓度为 170~200g/L。若人体外周血液中红细胞数量、血红蛋白浓度低于正常,称为贫血。

3. 红细胞的功能   红细胞的主要功能是运输 O_2 和 CO_2。血液中 98.5% 的 O_2 是与红细胞中的血红蛋白结合成氧合血红蛋白的形式存在和运输的;血液中的 CO_2 主要以碳酸氢盐和氨基甲酰血红蛋白两种形式进行运输,分别占 CO_2 的 88% 和 7%。另外,红细胞含有多种缓冲对,对血液中的酸、碱物质有一定的缓冲作用。此外,红细胞还具有免疫功能,其表面有 1 型补体的受体(CR_1),能吸附抗原 - 抗体,形成免疫复合物,并将其运载给吞噬细胞,予以清除。

(二) 红细胞的生理特性

1. 红细胞的可塑变形性 正常成人红细胞体积约 $90μm^3$,表面积约为 $140μm^2$。红细胞在血管内循环运行时,当通过口径比它小的毛细血管和血窦孔隙时,红细胞将发生卷曲变形,通过后又恢复原状,这种特性称可塑变形性(plastic deformation)。新生的红细胞这种变形能力较大,衰老或受损的红细胞、血红蛋白异常以及某些红细胞遗传性疾病患者的红细胞变形能力降低,例如,镰刀型贫血、遗传性球形红细胞增多症等。

2. 红细胞的悬浮稳定性(suspension stability)   指红细胞能相对稳定地悬浮于血浆中而不易下沉的特性。通常以红细胞在第 1 小时末下沉的距离表示红细胞沉降速度,称红细胞沉降率(erythrocyte sedimentation rate,ESR),简称血沉。方法是将盛有抗凝血的血沉管垂直静置,红细胞由于比重大于血浆而下沉,1 个小时后观察结果。用魏氏法测定的正常值,男性为 0~15mm/h;女性 0~20mm/h。生理状况下,如女性月经期、妊娠期内血沉可加快;病理情况下,见于活动性肺结核、风湿热、肿瘤或贫血等,血沉也加快。目前认为血沉加快的原因是由于:血浆中球蛋白与纤维蛋白原含量增加,导致红细胞彼此以凹面相贴,形成红细胞叠连(rouleaux formation)。红细胞叠连后,其总表面积与总体积之比值减小,与血浆的摩擦力减小,于是下沉速度加快。

3. 红细胞的渗透脆性   红细胞在低渗盐溶液中发生膨胀破裂的特性,称红细胞的渗透脆性(osmotic fragility),简称脆性。正常人红细胞在等渗溶液(如 0.9% NaCl 溶液)中能维持正常形态大小;在 0.6%~0.8% NaCl 溶液中,由于水分的渗入使红细胞膨胀成球形;在

0.40%~0.45% NaCl 溶液中,开始有部分红细胞破裂溶血;在 0.30%~0.35% NaCl 溶液中,全部的红细胞破裂溶血。说明红细胞对低渗溶液具有一定抵抗力,其抵抗力的大小用红细胞的渗透脆性来表示。红细胞的脆性越大,对低渗盐溶液的抵抗力越小;红细胞的脆性越小,则对低渗盐溶液抵抗力越大。生理情况下,新生的红细胞对低渗溶液的抵抗力大,脆性小;衰老的红细胞对低渗溶液的抵抗力小,脆性大。某些疾病可影响红细胞的脆性,如遗传性球形红细胞增多症的患者红细胞脆性变大,故测定红细胞的渗透脆性有助于一些疾病的临床诊断。

(三) 红细胞生成与破坏

1. 红细胞的生成 生成部位:胚胎时期,红细胞的生成部位为肝、脾和骨髓;婴儿出生后则主要由骨髓造血;成人长骨的骨髓被脂肪所替代,因此,只有胸骨、肋骨、颅骨、髂骨等扁骨、不规则骨和长骨的近端骨骺处的红骨髓,才有终生造血功能。红细胞在骨髓中生成的过程为:由红骨髓中多潜能干细胞分化成原红母细胞,然后经早幼红细胞、中幼红细胞、晚幼红细胞、网织红细胞阶段,最后生成为成熟红细胞。红细胞在发育成熟过程中,细胞体积逐渐由大变小;细胞核由大变小直至消失;细胞浆内血红蛋白从无到有而逐渐增多。发育成熟的红细胞进入周围血液,外周血液中含有少量的网织红细胞。当骨髓造血功能受到放射线、某些药物(氯霉素、抗癌药物)等理化因素抑制时,可造成全血象下降,称为再生障碍性贫血。

生成原料:在红细胞生成过程中,需要足够的原料蛋白质和铁,必要的成熟因子叶酸和维生素 B_{12},此外,还需要维生素 B_6、B_2、C、E 和微量元素铜、锰、钴、锌等。

(1) 铁:铁是合成血红蛋白必需的原料,正常成人每天需要 20~30mg。用于合成血红蛋白的铁 95% 来自体内铁的再利用,内源性铁主要来自破坏的红细胞,剩下的 5% 外源性铁从食物中获得,即每天仅需从食物中吸收 1mg 铁,以补充排泄的铁即可。由于慢性出血或铁摄入不足,胃肠道吸收障碍、儿童生长期、妇女月经期、妊娠和哺乳期等对铁的需求量增加或造血功能增强而供铁不足,可使血红蛋白合成减少,引起小细胞低色素性贫血,即缺铁性贫血。

(2) 叶酸和维生素 B_{12}:叶酸和维生素 B_{12} 是合成 DNA 所需要的重要辅酶。叶酸的活化需要维生素 B_{12} 参与,维生素 B_{12} 缺乏时,叶酸的利用率下降,可引起叶酸的相对不足。维生素 B_{12} 也称钴胺素(coalmine),其吸收需要与胃黏膜壁细胞分泌的内因子(intrinsic factor)形成内因子 -B_{12} 复合物,才能抵抗小肠内蛋白酶的水解,保护维生素 B_{12} 不被破坏,同时,复合物运行至回肠远段时,可促进维生素 B_{12} 吸收进入血液。当机体缺乏内因子时,可造成维生素 B_{12} 吸收障碍,称为恶性贫血。机体缺乏叶酸和维生素 B_{12},会发生巨幼红细胞性贫血,即大细胞性贫血。如患萎缩性胃炎、胃癌等疾病或部分胃切除的病人,可因内因子缺乏,引起维生素 B_{12} 吸收障碍而发生巨幼红细胞性贫血。

2. 红细胞生成的调节

(1) 促红细胞生成素(erythropoietin,EPO):促红细胞生成素是由肾合成的一种糖蛋白,肝细胞和巨噬细胞亦可少量合成。其主要作用是促使造血干细胞向原红细胞转化,同时促进红细胞发育和血红蛋白合成,并能促使成熟的红细胞释放入血。当组织缺氧或耗氧量增加时,促红细胞生成素的合成和释放增加,使红细胞生成增多,增加循环血中红细胞数量,提高血液的运氧能力,以满足组织对氧的需要(图 2-5)。因此,高原居民、长期从事强体力劳动或体育锻炼的人,其体内红细胞数量往往较多,是由于缺氧的刺激,肾合成促红细胞生成素增加所致。严重的肾疾患时,肾合成促红细胞生成素减少,出现难以纠正的肾性贫血。

(2) 雄激素:雄激素直接刺激骨髓造血组织,促进红细胞生成。同时雄激素还可以刺激肾脏产生促红细胞生成素,使红细胞数量、血红蛋白含量增加。所以,青春期后男性红细胞数量多于女性。

此外,甲状腺素、生长素、糖皮质激素对红细胞的生成也有一定的促进作用。

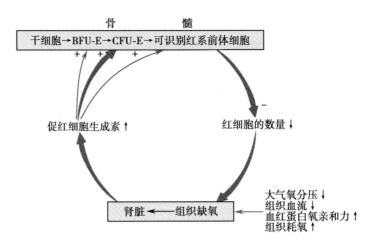

图 2-5   促红细胞生成素调节红细胞生成的示意图

3. 红细胞的寿命与破坏   红细胞平均寿命约 120 天。每天约有 0.8% 的红细胞更新。衰老红细胞因其变形能力减弱而渗透脆性增加,在血流湍急处因受机械冲击或因通过直径小的毛细血管及血窦微小的孔隙时破损,破损的红细胞主要被肝、脾的巨噬细胞吞噬。

    知识链接

何谓"生理性贫血"

刚出生的新生儿,红细胞的数量和血红蛋白含量较成人高,红细胞为 $(5.0\sim7.0)\times10^{12}$/L。血红蛋白为 150~230g/L,这是胎儿期低氧血症的表现,即胎儿血中氧的含量较少,刺激红细胞增生的结果。出生后,随着肺呼吸功能的建立,气体交换的改善,骨髓造血功能有所减弱,红细胞数和血红蛋白量逐渐下降。2~3 个月时下降达最低点,红细胞可减到 $(3.5\sim4.0)\times10^{12}$/L,血红蛋白降到 95~110g/L,在未成熟儿往往还要低。这种种新生婴儿出现的贫血现象,一般叫做生理性贫血,应与病理性贫血相鉴别。

生理性贫血是一种正常现象,为机体适应胎外生活所引起的骨髓造血功能改变的结果。目前,对生理性贫血的原因,倾向于认为主要是促红细胞生成素的形成过少所致。出生以后,呼吸功能的改善,血氧增高,抑制了肾组织红细胞生成酶的分泌,从而减少了血中促红细胞生成素的形成,骨髓缺乏这种主要的体液性刺激作用,因而造血功能处于较低的水平,表现为生理性贫血。

二、白细胞

(一) 白细胞的分类和正常值

白细胞(leukocyte,或 white blood cell,WBC)是一类无色有核的球形血细胞。根据白细胞胞浆中的颗粒,可将其分为有粒和无粒白细胞两大类。粒细胞又依所含嗜色颗粒特性不同,分为中性粒细胞、嗜酸性粒细胞和嗜碱性粒细胞。无粒细胞包括单核细胞和淋巴细胞。

正常成年人白细胞总数为 $(4.0\sim10.0)\times10^9$/L,新生儿白细胞总数大于成年人,为 $(12.0\sim20.0)\times10^9$/L。白细胞总数的生理变动范围较大,如餐后剧烈运动、月经期、妊娠及分娩期白细胞数量均有增加。分别计算各类白细胞在白细胞总数中的百分比,称为白细胞分类计数(表 2-2)。在各种急慢性炎症、组织损伤或白血病等情况下,白细胞总数和分类计数可发生特征性变化,对临床工作有重要参考价值。

表 2-2　白细胞正常值及主要功能

分类名称	正常值（×10⁹/L）	百分比（%）	主要功能
粒细胞			
中性粒细胞	2.04~7	50~70	吞噬与消化细菌和衰老的红细胞
嗜酸性粒细胞	0.02~0.3	0.5~3	抑制过敏反应物质、参与蠕虫的免疫反应
嗜碱性粒细胞	0.0~0.1	0~1	参与过敏反应、释放肝素抗凝
无粒细胞			
单核细胞	0.12~0.8	3-8	吞噬抗原、诱导特异性免疫应答
淋巴细胞	0.8~4.0	20~40	细胞免疫和体液免疫

（二）白细胞的生理功能

白细胞的主要功能是通过吞噬和免疫反应，实现对机体的保护和防御。除淋巴细胞外，所有的白细胞都能伸出伪足做变形运动，凭借这种运动，白细胞得以穿过血管壁，这一过程称为白细胞渗出（diapedesis）。白细胞朝向某些化学物质运动的特性，称为趋化性（chemotaxis）。体内具有趋化作用的物质包括人体细胞的降解产物、抗原-抗体复合物、细菌毒素和细菌等。游走到这些物质的周围，将其包围起来并吞入胞浆内的过程称为吞噬作用。

1. 中性粒细胞　中性粒细胞在血液的非特异性细胞免疫系统中有非常活跃的变形运动和吞噬能力。它处于机体抵御微生物病原体，特别是化脓性细菌入侵的第一线。当急性化脓性炎症时，中性粒细胞常增多，它们被趋化性物质吸引到炎症部位。胞浆内含大量溶酶体酶，能将吞噬入细胞内的细菌和组织碎片分解，自身也常常受损而坏死，成为脓细胞。中性粒细胞数减少到 1×10⁹/L 时，会使机体抵抗力明显降低，很容易感染。此外，中性粒细胞还可吞噬和清除衰老的红细胞和抗原-抗体复合物。故中性粒细胞在机体中具有重要的防御功能。

2. 嗜酸性粒细胞　嗜酸性粒细胞的胞质内含有较大的椭圆形的嗜酸性颗粒，颗粒内含有过氧化物酶和碱性蛋白质，由于缺乏溶菌酶，基本上无杀菌作用，仅有微弱的吞噬能力。嗜酸性粒细胞在体内的主要作用是：①限制嗜碱性粒细胞和肥大细胞在 I 型超敏反应中的作用；②参与对蠕虫的免疫反应。在有寄生虫感染、过敏反应等情况时，常伴有嗜酸性粒细胞增多。

3. 嗜碱性粒细胞　嗜碱性粒细胞在血管内停留约 12 小时，其胞浆中存在较大的嗜碱性颗粒，颗粒内含有肝素（heparin）、组胺（histamine）、嗜酸性粒细胞趋化因子和慢反应物质。肝素具有抗凝血作用，有利于血管通畅，还可加快脂肪分解为游离脂肪酸的过程；组胺和过敏性慢反应物质可使毛细血管壁通透性增加，并使平滑肌收缩，特别是支气管的平滑肌收缩而引起哮喘、荨麻疹等过敏反应的症状。嗜碱性粒细胞被激活时释放嗜酸性粒细胞趋化因子，能把嗜酸性粒细胞吸引过来，聚集于局部以限制嗜碱性粒细胞在过敏反应中的作用。某些过敏性疾病时可引起嗜碱性粒细胞增多。

4. 单核细胞　单核细胞体较大，直径约为 15~30μm，胞质内没有嗜染颗粒。单核细胞来源于骨髓中的造血干细胞，并在骨髓中发育、释放入血，在血液中停留 2~3 天后，以其活跃的变形运动穿过毛细血管壁进入组织。进入组织中的单核细胞称为巨噬细胞，直径可达 60~80μm，胞质内含较多的非特异性酯酶、溶酶体颗粒和线粒体。激活了的单核-巨噬细胞具有更强的吞噬作用，并合成与释放多种细胞因子调节其他细胞生长，在特异性免疫应答的诱导和调节中起关键作用。

5. 淋巴细胞　淋巴细胞在免疫应答反应过程中起核心作用。根据细胞生长发育的过程、细胞表面标志和功能的不同，可将淋巴细胞分成 T 淋巴细胞和 B 淋巴细胞两大类。在功能上 T 淋巴细胞主要与细胞免疫有关,B 淋巴细胞则主要与体液免疫有关。

(三) 白细胞的生成和调节

1. 白细胞的生成　白细胞起源于骨髓中的造血细胞,在细胞发育过程中经历定向祖细胞、可识别的前体细胞,而后成为具有各种细胞功能的成熟白细胞。白细胞的分化和增殖受到一组造血生长因子(hematopoietic growth factor,HGF)的调节,此外,还有一类抑制因子,如乳铁蛋白和转化生长因子 -β(TGF-β)等,它们或是直接抑制白细胞的增殖、生长,或是限制生长因子的释放或作用。

2. 白细胞的破坏　粒细胞和单核细胞主要在组织中发挥作用,淋巴细胞往返于血液、组织液、淋巴之间,并可增殖分化,因此,白细胞的寿命较难准确判断。一般来说,中性粒细胞在循环血液中停留 6~8 小时后进入组织,4~5 天后衰老死亡或经消化道黏膜从胃肠道排出。若有细菌入侵,粒细胞在吞噬活动中可因释放出的溶酶体酶过多而发生自我溶解,与被破坏的细菌和组织碎片等共同构成脓液。单核细胞在血液中停留 2~3 天,然后进入组织,并发育成巨噬细胞,在组织中可生存 3 个月左右。

三、血小板

(一) 血小板的形态和数量

血小板(platelet)是从骨髓中成熟的巨核细胞胞质裂解脱落下来的具有生物活性的小块胞质。呈双面微凸的圆盘状,直径仅 2~3μm。当血小板被激活时,可伸出伪足呈不规则形状。

正常成年人的血小板数量是 $(100~300)×10^9$/L。妇女月经期血小板减少,妊娠、进食、运动及缺氧可使血小板增多。机体受较大损伤时,血小板增多,损伤后 7~10 天可达高峰。当血小板数量减少到 $50×10^9$/L 以下时,微小创口或仅血压增高也能使皮肤和黏膜下出现淤点,甚至出现大块紫癜,称血小板减少性紫癜;血小板数量超过 $1000×10^9$/L,称血小板过多,易发生血栓。

(二) 血小板的生理特性

血小板具有黏附、聚集、释放、收缩、吸附等多种生理特性。

1. 黏附　血小板与非血小板表面的黏着称为血小板黏附。血小板不能黏附与正常的内皮细胞的表面,而当血管内皮受损时,血小板即可黏附于内皮下组织。参与血小板黏附的主要有三种成分:血小板膜上的糖蛋白;血管内皮下成分,主要是胶原纤维;血浆成分,主要包括 von Willebrand 因子(vWF 因子)的参与,vWF 是血小板黏附于胶原纤维的桥梁。黏附启动了生理性止血和血液凝固的过程。

2. 聚集　血小板与血小板之间相互黏着的现象称血小板聚集。这一现象分为两个时相:第一时相是非常快的可逆性聚集,第二时相是由受损组织释放的二磷酸腺苷(ADP)引起的,血小板聚集后不再解聚,称不可逆性聚集。能促进第二时相血小板聚集的因素有生理性致聚剂,如 ADP、5-HT、儿茶酚胺类等;病理性致聚剂包括病毒、细菌、免疫复合物、药物等。血小板聚集后,血小板膜的通透性增大,水分进入血小板内,使血小板肿胀、破裂、解体。

3. 释放　血小板受到刺激后,血小板颗粒中的储存物被排出细胞外,这一过程称血小板释放。其颗粒成分有 5-HT、ADP、ATP、Ca^{2+}、血小板因子(PF_3)等,其中 5-HT、儿茶酚胺类物质可使小血管收缩,有助于止血。PF_3 参与凝血。

4. 收缩　血小板具有收缩能力。血小板的收缩与其所含收缩蛋白有关。当收缩蛋白活化时,血小板发挥收缩作用,可使血凝块回缩和血栓硬化,有助于止血。

5. 吸附　血小板表面能吸附血浆中的多种凝血因子,当血管内皮受损,血小板黏附和聚集于破损的局部,可使局部凝血因子浓度升高,有利于血液凝固和生理止血。

(三) 血小板的生理功能

1. 参与生理性止血　正常情况下,小血管破损后引起的出血在几分钟内就会自行停止,这种现象称为生理性止血。血小板可在破损血管部位聚集形成血小板血栓,使受损部位局部血流减慢甚至阻断血流,限制出血。临床上常用小针刺破耳垂或指尖使血液自然流出,然后测定出血延续的时间,这段时间称为出血时间(bleeding time)。正常出血时间一般为1~4分钟,不超过9分钟(模板法)。出血时间的长短可反应生理性止血功能的状态。

生理性止血包括三个过程:

(1) 血管收缩:若损伤不大,可使血管破口封闭,从而制止出血。

(2) 血小板血栓形成:损伤的血管暴露内膜下的胶原组织,激活血小板,使血小板黏附、聚集于血管破损处,形成血小板血栓堵塞伤口,实现初步止血,称一期止血。

(3) 血液凝固:血管受损也可启动凝血系统,在局部迅速发生血液凝固(详见后文),使血浆中可溶性的纤维蛋白原转变成不溶性的纤维蛋白,并交织成网,以加固止血栓,称二期止血。

最后,局部纤维组织增生,并长入血凝块,达到永久性止血(图2-6)。三个过程相继发生并相互促进,使生理性止血能及时快速地进行。

2. 参与血液凝固　血小板能释放多种与凝血有关的血小板因子(PF),有很强的促进血凝的作用。其中PF_3提供血小板磷脂膜,使凝血因子 II、V、VIII、IX、X 和 Ca^{2+} 吸附于其表面,大大加快凝血过程;PF_2 为纤维蛋白激活因子;PF_4 有抗肝素作用;PF_6 为抗纤溶因子。

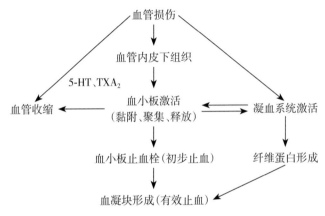

图 2-6　生理性止血过程示意图
5-HT:5-羟色胺;TXA_2:血栓烷 A_2

3. 维持血管内皮细胞的完整性　血小板对毛细血管内皮具有营养、支持作用,可随时融入毛细血管内皮细胞,填补血管内皮细胞脱落的空隙,以维持血管内皮的完整性。临床上,当血小板数减少到 50×10^9/L 以下时,患者的毛细血管脆性增高,微小的创伤或仅血压升高即可使之破裂而出现小的出血点。在血小板减少的动物输入新鲜血小板后,可在电镜下观察到血小板黏附并融合到血管内皮中,从而维持血管内皮的完整性。

正常情况下,人体内的小血管破损时,血液并不会经伤口一直外流,而是在短时间内,通过止血和凝血过程形成止血栓和血凝块,堵塞破口,使出血停止。但这一过程仅限于受损的局部,不会扩展到全身并阻碍血液循环。因为体内还存在着与凝血系统相对抗的抗凝系统。

第三节　血液凝固与纤维蛋白溶解

一、血液凝固

血液凝固(blood coagulation),简称血凝,指血液由流动的液体状态变成不流动的凝胶状态的过程。其实质是血浆中的可溶性纤维蛋白原变成不溶性的纤维蛋白的过程。纤维蛋白交织成网,把血细胞和血液的其他成分网罗在内,从而形成血凝块。血液凝固是一系列复杂的酶促反应过程,需要多种凝血因子的参与。

血液凝固后析出淡黄色液体成分为血清(blood serum)。血清与血浆的区别在于血清中缺乏纤维蛋白原及血凝发生时消耗掉的一些凝血因子,但增添了一些血凝时由血管内皮和血小板释放的化学物质。临床生化检验、血型鉴定和血清免疫学测定等均采用血清标本检查。

(一) 凝血因子

血浆与组织中直接参与血液凝固的物质,统称为凝血因子(blood clotting factor)。目前已知的凝血因子有14种,其中已按国际命名法用罗马数字编号的有12种,即凝血因子Ⅰ~ⅩⅢ,简称FⅠ~FⅩⅢ,其中FⅥ被证实是活化的FⅤ,已不再视为一个独立的凝血因子,因而被取消(表2-3)。此外,还有前激肽释放酶、高分子激肽原等。

表 2-3 按国际命名法编号的凝血因子

编号	同义名	编号	同义名
因子Ⅰ	纤维蛋白原	因子Ⅷ	抗血友病因子
因子Ⅱ	凝血酶原	因子Ⅸ	血浆凝血激酶
因子Ⅲ	组织因子	因子Ⅹ	斯图亚特因子
因子Ⅳ	钙离子	因子Ⅺ	血浆凝血激酶前质
因子Ⅴ	前加速素	因子Ⅻ	接触因子
因子Ⅶ	前转变素	因子ⅩⅢ	纤维蛋白稳定因子

在凝血因子中,除FⅣ为Ca^{2+}外,其他凝血因子都是蛋白质。通常在血液中,FⅡ、FⅦ、FⅨ、FⅩ、FⅪ、FⅫ都是以无活性的酶原形式存在,必须通过其他酶的有限水解而暴露或形成活性中心后,才能变为有活性的蛋白酶,这个过程称为凝血因子激活。被激活的蛋白酶称为活化因子,在其右下角加一个"a"(activated)表示其活化型。除FⅢ存在于组织中,为组织因子外,其他全部凝血因子均存在于血浆中。目前知道的是FⅠ、FⅡ、FⅦ、FⅨ、FⅩ在肝脏合成,FⅡ、FⅦ、FⅨ、FⅩ的合成需要维生素K参与。如肝功能受损或机体维生素K缺乏,都可导致凝血功能障碍。

(二) 凝血过程

血液凝固是由凝血因子按一定顺序相继激活而生成的凝血酶(thrombin)最终使纤维蛋白原(fibrinogen)变为纤维蛋白(fibrin)的过程。因此凝血过程大体可分为三个阶段:第一个阶段凝血酶原激活物形成;第二个阶段凝血酶原被激活生成凝血酶;第三个阶段纤维蛋白原在凝血酶作用下生成纤维蛋白(图2-7)。

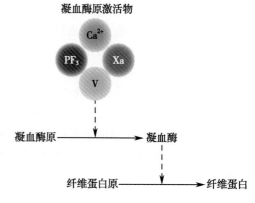

图 2-7 血液凝固的基本过程

通常依据凝血酶原激活物形成的启动方式和参与凝血的因子不同,将凝血过程分为内源性凝血途径和外源性凝血途径两种。但两条途径中某些凝血因子可以相互激活,故二者间相互密切联系,并不各自完全独立。

1. 内源性凝血途径 内源性凝血途径是指参与凝血过程的全部凝血因子都存在于血浆中,其启动因子为FⅫ。内源性凝血的具体过程是:

(1) 凝血酶原激活物的形成:当血管受到损伤时,血管内膜下组织特别是胶原纤维与

FXII接触,使 FXII被激活为 FXIIa,随即 FXIIa 再激活 FXI 成为 FXIa,FXIIa 还可激活前激肽释放酶使之成为激肽释放酶,后者又正反馈加速对 FXII的激活。在 Ca^{2+} 参与下,FIX、FVIII相继被激活,FIXa、FVIIIa、Ca^{2+} 吸附在血小板第三因子(PF₃)的磷脂表面上形成复合物。该复合物可使 FX激活形成 FXa,FXa 与 F V 被 Ca^{2+} 连接在 PF₃血小板磷脂表面上,形成凝血酶原激活物。

FVIII是一辅助因子,对FX被水解激活起加速作用,缺乏 FVIII则发生 A 类血友病,凝血缓慢,甚至微小创伤也出血不止。

(2) 凝血酶的形成:凝血酶原激活物可激活凝血酶原(FII),使之成为具有活性的凝血酶(FIIa)。

(3) 纤维蛋白的形成:凝血酶能迅速催化纤维蛋白原使之成为纤维蛋白单体。在 Ca^{2+} 作用下,凝血酶能激活 FXIII成为 FXIIIa,FXIIIa 使纤维蛋白单体变为牢固的不溶性的纤维蛋白多聚体,后者交织成网,把血细胞网罗其中形成血凝块,完成内源性凝血过程。

2. 外源性凝血途径　外源性凝血是指在凝血过程中,启动因子不是来自血液,而是来自血液之外的组织因子(tissue factor,TF)。外源性凝血途径与内源性凝血途径主要区别在于凝血酶原激活物形成的过程不同。

外源性凝血的具体过程是损伤的组织释放出凝血因子III(组织因子),与血浆中的 FVII、Ca^{2+} 形成复合物,并激活 FX 为 FXa,随后的反应与内源性凝血完全相同。外源性凝血过程简单,时间短。在通常情况下,机体发生的凝血过程,多是内源性凝血和外源性凝血两条途径相互促进、同时进行的(图 2-8)。

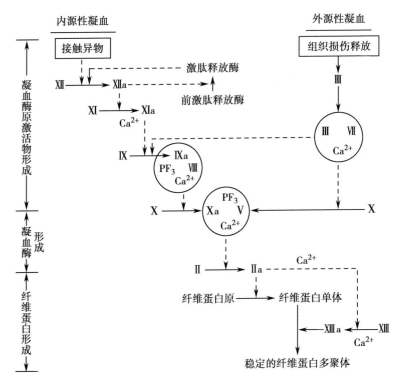

图 2-8　血液凝固过程示意图

应该强调的是:①凝血过程是一种正反馈,一旦触发,就会迅速连续进行,并产生逐级放大效应,形成瀑布样反应链,直到完成为止。②Ca^{2+}(因子IV)在多个凝血环节中起作用,任何去掉 Ca^{2+} 或加 Ca^{2+} 的方法都可延缓或加速血液的凝固。③凝血过程本质是酶促反应,每一步骤都是密切联系的,一个环节受阻则整个凝血过程就会停止。试管法正常人血液凝固时间为 4~12 分钟,称为凝血时间。

二、抗凝和促凝

正常情况下,血管内的血液能保持流体状态而不发生凝固,在生理止血时,凝血也只限于受伤的一小段血管,并不蔓延到其他部位,这是一个多因素作用的结果,包括血管内皮的光滑完整、纤维蛋白的吸附、单核细胞的吞噬、血浆中含有多种抗凝物质及纤溶系统的作用等。

(一) 抗凝物质

目前知道体内的抗凝物质主要包括丝氨酸蛋白酶抑制物、肝素、蛋白质 C 系统、组织因子途径抑制物等。

1. 丝氨酸蛋白酶抑制物　血浆中含有多种丝氨酸蛋白酶抑制物,主要有抗凝血酶,其中最重要的是肝细胞和血管内皮细胞分泌的抗凝血酶Ⅲ,它通过本身分子中的精氨酸残基与凝血因子Ⅸa、Ⅹa、Ⅺa、Ⅻa 及凝血酶等分子活性中心的丝氨酸残基结合,从而抑制其活性,发挥抗凝作用。在正常情况下,抗凝血酶Ⅲ的直接抗凝作用非常慢而弱,不能有效地抑制凝血,但它与肝素结合后,其抗凝作用可增强 2000 倍以上。但在正常情况下,循环血浆中几乎无肝素存在,抗凝血酶主要通过与内皮细胞表面的硫酸乙酰肝素结合而增强血管内皮的抗凝功能。

2. 肝素　肝素是一种酸性黏多糖,主要由肥大细胞和嗜碱性粒细胞产生。肝、肺、心、肌肉等组织中含量丰富,生理情况下血浆中几乎不含肝素。其抗凝机制主要与血浆中的一些抗凝蛋白质结合,增强抗凝蛋白质的抗凝活性而发挥间接抗凝作用。如肝素与抗凝血酶Ⅲ结合,可使抗凝血酶Ⅲ与凝血酶的亲和力增强,对凝血因子Ⅸa、Ⅹa、Ⅺa、Ⅻa 的抑制作用大大增强;肝素与肝素辅助因子Ⅱ结合后,使后者灭活凝血酶的速度加快 1000 倍;此外,肝素刺激血管内皮细胞释放纤溶酶原激活物,以促进纤维蛋白的溶解。

3. 蛋白质 C 系统　蛋白质 C 系统主要包括蛋白质 C(protein C,PC)、凝血酶调节蛋白、蛋白质 S 和蛋白质 C 抑制物。蛋白质 C 是由肝细胞合成的依赖于维生素 K 的因子,以酶原的形式存在于血浆中。可水解灭活因子Ⅴa 和Ⅷa,抑制因子Ⅹa 的活性,以及促进纤维蛋白的降解等。

4. 组织因子途经抑制物　组织因子途经抑制物是一种主要由小血管内皮细胞产生的糖蛋白,是外源性凝血途经的特异性抑制剂。它的作用是可抑制 FⅩa 的活性,并在 Ca^{2+} 作用下,与因子Ⅶa-Ⅲ复合物及Ⅹa 结合形成因子Ⅶa-Ⅲ-组织因子途经抑制物-Ⅹa 四聚体,从而灭活因子Ⅶa-Ⅲ复合物,抑制外源性凝血途经。

(二) 加速或延缓血凝的方法

利用血凝原理,可采取一定措施,加快或延缓血凝。

1. 加速血凝的方法　外科手术中,常用 37℃温热的生理盐水纱布、明胶海绵压迫止血,其目的是利用纱布提供粗糙面,使血小板黏附并解体,并在一定范围内提高温度可加快整个凝血过程中酶所催化的反应速度。手术前应用维生素 K 可促进某些凝血因子的合成,预防手术中伤口的大量渗血。

2. 延缓和防止血液凝固的方法　降低温度和增加异物表面的光滑度(如表面涂有硅胶或石蜡的表面)可延缓凝血过程。此外,血液凝固的多个环节中都需要 Ca^{2+} 的参加,抗凝剂如草酸盐类可以和血液中游离的 Ca^{2+} 结合生成草酸钙而沉淀,发挥抗凝作用;又如枸橼酸钠(柠檬酸钠)和血液中的 Ca^{2+} 结合生成一种难电离的可溶性的络合物,可以用于体内、外抗凝。临床上采用口服抗凝药物如华法令(warfarin)对抗维生素 K,产生抗凝血作用,使病人血液不容易发生凝固而预防血栓形成。

三、纤维蛋白溶解

(一) 纤维蛋白溶解系统

纤维蛋白溶解(fibrinolysis)是指纤维蛋白在纤维蛋白溶解酶的作用下被降解液化的过程,简称纤溶。纤溶的作用是使生理止血过程中所产生的局部或一过性的纤维蛋白凝块能随时溶解,从而防止血栓形成,保证血流通畅;此外,纤溶系统还参与组织修复、血管再生等多种功能。

纤维蛋白溶解系统简称纤溶系统。纤溶系统主要包括纤维蛋白溶解酶原(plasminogen,简称纤溶酶原,又称血浆素原)、纤溶酶(plasmin,又称血浆素)、纤溶酶原激活物与纤溶抑制物。纤溶的基本过程分为两个阶段,即纤溶酶原的激活与纤维蛋白(或纤维蛋白原)的降解。

1. 纤溶酶原的激活 纤溶酶原主要在肝、骨髓、嗜酸性粒细胞、肾等处合成,以血浆中含量最高。机体内多种物质都可使无活性的纤溶酶原激活为纤溶酶。纤溶酶原激活物主要有:

(1) 血管激活物:由小血管内皮细胞合成和释放,如果血管内的纤维蛋白或血小板释放的5-HT增多,或交感-肾上腺髓质活动增强,血管激活物的量随之增加。

(2) 组织激活物:子宫、前列腺、肺以及甲状腺等处较多,组织损伤时释放。所以上述组织在手术过程中或术后特别容易发生伤口渗血,术后应严密观察伤口出血等情况;月经血因为含有这类激活物而不凝固。另外,肾及输尿管等处释放的尿激酶,是一种活性很强的组织激活物,可以从尿中得到,临床用于早期血栓形成病人的治疗。

(3) 血浆激活物:血浆中的因子XIIa,将前激肽释放酶激活成激肽释放酶,后者可将纤溶酶原激活。这一过程还需要分子激肽原的参与,而这一类激活物又称依赖于因子XII的激活物,此激活物可使血凝与纤溶两个系统互相配合并保持平衡。

2. 纤维蛋白的降解 纤溶酶为一内切溶酶,对血浆中的纤维蛋白原或已形成的纤维蛋白肽链上的赖氨酸-精氨酸键裂解,将其分割成可溶性的小肽,这一作用称纤维蛋白降解。其降解的产物具有抗凝的作用(图2-9)。

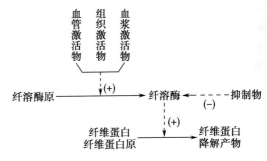

图 2-9 纤维蛋白溶解系统示意图

(二) 纤溶抑制物及其作用

纤溶抑制物存在于血浆和组织中,纤溶抑制物有两类:一类为抗纤溶酶,是一种球蛋白,能与纤溶酶结合成复合物,使之失去活性;另一类为纤溶酶原激活物的抑制物,能有效抑制纤溶酶的激活。

机体的凝血、抗凝、纤溶系统是人体的三大保险系统。当人体由于血管破裂出血时,凝血系统能有效的调动一系列凝血因子发挥止血功能,同时迅速启动抗凝和纤溶两大系统来防止血凝块的形成所造成的血管堵塞,从而保障和维持生理情况下血液循环正常进行。在血管内,若凝血作用大于纤溶,就会导致血栓形成;相反,则引起机体出现出血倾向。

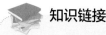

知识链接

血 栓 形 成

在活体的心脏或血管腔内,血液发生凝固或血液中的某些有形成分互相黏集,形成固体质块的过程,称为血栓形成(thrombosis),在这个过程中所形成的固体质块称为血栓(thrombus)。

血液中存在着相互拮抗的凝血系统和抗凝血系统(纤维蛋白溶解系统)。在生理状态下,血液中的凝血因子不断地被激活,从而产生凝血酶,形成微量纤维蛋白,沉着于血管内膜上,但这些微量的纤维蛋白又不断地被激活了的纤维蛋白溶解系统所溶解,同时被激活的凝血因子也不断地被单核吞噬细胞系统所吞噬。上述凝血系统和纤维蛋白溶解系统的动态平衡,即保证了血液有潜在的可凝固性又始终保证了血液的流体状态。然而,有时在某些能促进凝血过程的因素作用下,打破了上述动态平衡,触发了凝血过程,血液便可在心血管腔内凝固,形成血栓。

凝血系统在流动的血液中被激活,必须具备一定的条件:①心血管内膜的损伤;内皮细胞损伤暴露出皮下的胶原,活化血小板和凝血因子Ⅻ。如长期高血压。②血流缓慢;如长期卧床、寒冷等。③血液凝固性增加,或称血液的高凝状态,是指血液比正常易于发生凝固的状态,见于弥散性血管内凝血(DIC)和游走性血栓性脉管炎。

第四节 血型与输血

一、血量

血量(blood volume)指人体内血液的总量。正常成年人血液总量约占体重的7%~8%,即每公斤体重有70~80ml血液。一个体重60kg的人,其血量为4.2~4.8L。大部分血液在心血管系统内循环流动,称为循环血量;小部分血液滞留于肝、肺、腹腔静脉和皮下静脉丛内,流动缓慢,称为储存血量。当剧烈运动、情绪激动或大失血时,储存血量可被动员出来以补充循环血量,维持机体的需要。

当人体急性失血,失血量不超过血液总量10%时,可通过神经和体液因素的调节,如心脏活动加强,血管收缩,血管容积减少,从而使血管内血液的充盈度可不发生明显改变。同时动员储存血量补充到循环中来,血浆中丢失的水和电解质可在1~2小时内由组织液透入血管而得到补充;丢失的血浆蛋白可在1天内由肝脏合成得到补充;红细胞在促红细胞生成素的调节下,加速骨髓造血功能,1个月内可恢复。因此,少量出血(或献血),失血不超过全身血量的10%,不会影响人体的血压和生理功能。如急性失血达全身血量的20%(中等失血),虽机体各种调节机制仍发挥作用,但由于调节能力有限,不足以使心血管功能得到代偿和维持正常血压,则血压快速下降继而出现一系列临床症状,如脉搏细速、四肢冰冷、口渴、乏力、眩晕甚至晕厥等。当失血量超过全身血量的30%(严重失血),如不及时抢救,将危及生命。因此,大量失血必须争分夺秒地予以输血治疗。

二、血型

血型(blood group)通常是指红细胞膜上特异性凝集原的类型。凝集原是镶嵌于红细胞膜上在红细胞凝集反应中起抗原作用的特异性物质。与之对应的有凝集素,是存在于血浆中能与红细胞膜上相应的凝集原起凝集反应的特异性抗体。凝集原(抗原)和与之对应的凝集素(抗体)相遇红细胞即凝集成簇,这种现象称为红细胞凝集反应(agglutination reaction)。其本质是抗原与抗体的结合反应,在补体作用下,可引起凝集的红细胞破裂,发生溶血,甚至可危及生命。因此,在临床上血型鉴定是输血及组织器官移植成败的关键。

白细胞和血小板除存在一些与红细胞相同的血型抗原外,还有它们自己特有的血型抗原。白细胞上最强的同种抗原是人类白细胞抗原(human leukocyte antigen,HLA),HLA系统是一个极为复杂的抗原系统,在体内分布广泛,是引起器官移植后免疫排斥反应的最重要的抗原。HLA的分型已成为法医学上用于鉴定个体或亲子关系的重要手段之一。人类血小板表面也有一些特异的血小板抗原系统,如PI、Zw、Ko等。血小板抗原与输血后血小板减少症的发生有关。

1901年Landsteiner发现了第一个人类血型系统——ABO血型系统,也因而获得1930年诺贝尔生理学或医学奖。1995年国际输血协会认可的红细胞血型系统有23个,193种抗原,至今已发现了30个不同的红细胞血型系统,抗原近300个。医学上重要的血型除了ABO、Rh外,还有MNSs、Lewis等,它们都可产生溶血性输血反应。本节仅介绍与临床关系最为密切的ABO血型系统和Rh血型系统。

(一) ABO血型系统

1. ABO血型分型　ABO血型的分型是依据红细胞膜上所含特异性凝集原(抗原)的有无及种类进行分型的,将血液分成四种血型,即A型、B型、AB型、O型。ABO血型系统中有A、B两种凝集原。凡红细胞膜上只含有A凝集原的称A型血;只含B凝集原的称B型血;既含A凝集原又含B凝集原的称AB型血;A和B凝集原都不存在的称O型血。ABO血型系统存在两种凝集素(抗体):抗A凝集素(抗体)和抗B凝集素(抗体),不同血型的人其血清中含有不同的凝集素(抗体):A型血的血清中只含有抗B凝集素;B型血的血清中只含有抗A凝集素;AB型血的血清中没有抗A和抗B凝集素;而O型血的血清中则含有抗A和抗B两种凝集素。各种血型凝集原和凝集素分布情况见(表2-4)。ABO血型系统中还有亚型,与输血关系密切的是A型中有A_1与A_2亚型,在A_1型红细胞膜上含有A与A_1凝集原,而A_2型红细胞膜上仅含有A凝集原;在A_1型血清中含有抗B凝集素,而A_2型血清中则含有抗B凝集素和抗A_1凝集素。我国汉族人中A_2型和A_2B型仅占A型和AB型人的1%以下,容易使A_2型和A_2B型被误定为O型和B型,因此,输血时应注意亚型的存在。

表2-4　ABO血型系统中的凝集原和凝集素

血型	红细胞膜上的凝集原	血清中的凝集素
A型:A_1	$A+A_1$	抗B
A_2	A	抗B+抗A_1
B型	B	抗A
AB型:A_1B	$A+A_1+B$	无
A_2B	$A+B$	抗A_1
O型	无A,无B	抗A+抗B

2. ABO血型的遗传　ABO血型系统中控制A、B、O凝集原生成的基因位于9号染色体的复等位基因同一位点上,一对染色体上只可能出现上述三个基因中的两个,分别由父母双方各遗传一个给子代。A和B基因是显性基因,而O基因是隐性基因,三个基因可组成六组基因型,但只有四种表现型(表2-5)。血型相同的人其遗传基因型不一定相同。例如,表现型为A型血型的人,其遗传型可为AA或AO;表现型为B型血型的人,其遗传型可为BB或BO;但表现型为AB型血型的人,其遗传型仅为AB;表现型为O型血型的人,其遗传型只能是OO基因型。表现型为A或B者,其基因型可能分别来自AO和BO基因型,故A型或B

型血型的父母完全可能生下 O 型表现型的子女。利用血型的遗传规律,可以推知子女可能有的血型和不可能有的血型,因此,也就可能从子女的血型表现型来推断亲子关系。但必须注意的是,遗传规律在法医学上判断亲子关系时只作为否定的参考依据,而不能做出肯定的判断。

表 2-5　ABO 血型的基因型和表现型

基因型	表现型	基因型	表现型
OO	O	BB,BO	B
AA,AO	A	AB	AB

3. ABO 血型的鉴定　正确鉴定血型是保证输血安全的基础。测定 ABO 血型的方法是在玻片上分别滴上 1 滴抗 B 的标准血清、1 滴抗 A 的标准血清,在每 1 滴血清上再加 1 滴待测的血液,3~5 分钟后观察结果,根据有无凝集现象,分析待测细胞膜上的凝集原类型鉴定血型。

(二) Rh 血型系统

1940 年,Landsteiner 和 Wiener 用恒河猴(Rhesus monkey)红细胞重复多次注射入家兔体内,引起家兔血清中产生抗恒河猴红细胞的抗体,再用含这种抗体的血清与人的红细胞混合,一部分人的红细胞可被这种血清凝集,表明其红细胞上具有与恒河猴同样的抗原,称为 Rh 阳性血型;另一部分人的红细胞不被这种血清凝集,称为 Rh 阴性血型。这种血型系统称为 Rh 血型系统。在我国各族人群中,汉族和其他大部分民族的人群中,Rh 阳性者约占 99%,Rh 阴性者只占 1% 左右。在有些民族的人群中,Rh 阴性者较多,如塔塔尔族约 15.8%,苗族约 12.3%,布依族和乌孜别克族约 8.7%。在这些民族居住的地区,Rh 血型的问题应受到特别重视。

1. Rh 血型系统分型　Rh 血型系统是红细胞血型中最复杂的一个系统。已发现 40 多种 Rh 抗原(即 Rh 因子),与临床关系密切的有五种,且抗原性由强到弱依次为 D、E、C、c、e。在 5 种 Rh 血型抗原中,D 抗原的抗原性最强,故对临床意义最为重要。医学上通常将红细胞表面含有 D 抗原者称为 Rh 阳性,没有 D 抗原者称为 Rh 阴性。

2. Rh 血型的特点及其临床意义　与 ABO 血型系统不同,人的血清中不存在抗 Rh 的天然抗体,只有当 Rh 阴性者在接受 Rh 阳性的血液后,才会通过体液性免疫产生抗 Rh 的免疫性抗体,输血后 2~4 月血清中抗 Rh 抗体的水平达到高峰。

(1) 输血方面:Rh 阴性的人,如果第一次接受 Rh 阳性人的输血,由于他们体内没有天然的抗 Rh 抗体,一般不产生明显的输血反应。但是他们体内将产生原来不存在的抗 Rh 抗体,当他们再次或多次接受 Rh 阳性输血时,就会发生抗原 - 抗体反应,输入的 Rh 阳性红细胞将被破坏而发生溶血,而引起严重的后果。

(2) 妊娠方面:Rh 阴性妇女怀孕后,如果胎儿是 Rh 阳性,则胎儿的 Rh 抗原有可能进入母体,使母体产生免疫性抗体;或 Rh 阴性的母体曾接受过 Rh 阳性的血液,产生了抗 Rh 抗体,抗 Rh 抗体是不完全抗体 IgG,其分子较小,能透过胎盘。当抗 Rh 抗体透过胎盘进入胎儿血液时,将与胎儿血液中的红细胞发生凝集反应而溶血,造成新生儿溶血性贫血,严重时可导致胎儿死亡(图 2-10)。

由于一般只有在妊娠末期或分娩时才有足量的胎儿红细胞进入母体,而母体血液中的抗体的浓度是缓慢增加的,故 Rh 阴性的母体怀第 1 胎 Rh 阳性的胎儿时,很少出现新生儿溶血的情况;但在第 2 次妊娠时,母体内的抗 Rh 抗体可进入胎儿体内引起新生儿溶血。若在 Rh 阴性的母亲生育第 1 胎后,及时输注特异性抗 D 免疫球蛋白,中和进入母体的 D 抗原,以避免 Rh 阴性母亲致敏,可预防第 2 次妊娠新生儿溶血的发生。

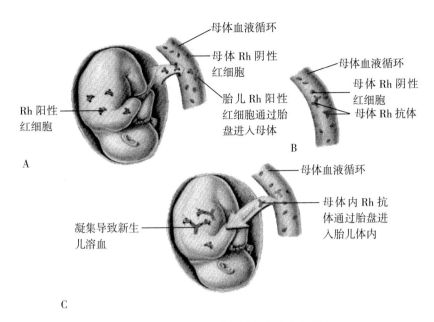

图 2-10 Rh 血型系统与新生儿溶血

三、输血原则

输血(blood transfusion)已成为治疗某些疾病、抢救急性大量出血的病人和保证某些手术顺利进行的重要手段,为了保证输血的安全、提高输血效果,必须遵守输血原则,注意输血的安全、有效和节约。

(一)输血前必须鉴定血型

输血前进行血型鉴定,保证供血者和受血者的血型相符,对于在生育年龄的女性和反复输血的病人,必须检查他们的 Rh 血型,尤其是 Rh 阴性的人,以免在被致敏后产生抗 Rh 的抗体。

(二)同型血相输

A 型血可输给 A 型人,B 型血可输给 B 型人,AB 型血可输给 AB 型人,O 型血可输给 O 型人。ABO 血型系统中还有亚型,因此,输血前必须做交叉配血试验。

(三)交叉配血试验

临床上输血时为了避免亚型或其他类型的血型系统不同,必须做交叉配血试验。即使在 ABO 血型系统血型相同的人之间进行输血,在输血前仍然要进行交叉配血试验(cross-match test),试验的方法,是把供血者的红细胞与受血者的血清进行配合试验,称为交叉配血试验主侧,受血者的红细胞与供血者的血清进行配合试验,称为交叉配血试验次侧(图 2-11)。

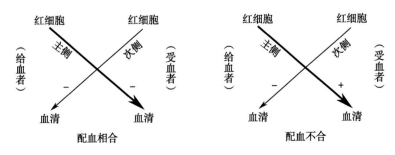

图 2-11 交叉配血试验
+ 表示凝集;- 表示不凝集

这样既可检验血型鉴定是否有误,又能发现供血者和受血者的红细胞或血清中是否还存在其他不相容的血型抗原或血型抗体。

如主侧和次侧均不出现凝集反应,即配血相合,可以输血;如主侧出现凝集,即配血不合,绝对不能输血;如主侧不发生凝集,次侧凝集,称为配血基本相合,一般也不宜输血。以往曾把 O 型血的人称为万能供血者,认为 O 型人的血可以输给其他血型的人,因为 O 型人的红细胞膜上既无 A 凝集原又无 B 凝集原,因而不会被其他血型人血浆中的凝集素所凝集;还把 AB 型血的人称为万能受血者,认为 AB 型的人可以接受其他血型人的血,因 AB 型的人的血清中既无抗 A 凝集素又无抗 B 凝集素,不会凝集其他人的红细胞。目前认为这是不可取的,因为在输血时,一般输入的是全血,在输入红细胞的同时,也输入了大量的血浆,而且量比较大,如这些血浆中的凝集素得不到充分稀释,会反过来去凝集受血者(患者)的红细胞。因此,输血时还应首先考虑同型血相输,除非在缺乏同型血源的紧急情况下可输入少量配血基本相合的血液(<200ml),但血清中抗体效价不能太高(<1∶200),输血速度也不宜太快,并在输血过程中应密切观察受血者的情况,如发生输血反应,必须立即停止输注。

四、输血的几种类型

输血可分为异体输血(allogenetic transfusion)和自体输血(autologous transfusion);又根据输入血液的成分可分为全血输血和成分输血。自体输血是指在手术前先抽取并保存病人本人部分血液,在手术时可按需要再将血液回输给病人。

成分输血(transfusion of blood components)是指把人血中各种有效成分,如红细胞、粒细胞、血小板和血浆分别制备成高纯度或高浓度的制品,针对不同病情、不同需要再输注。成分输血不但可提高疗效,减少不良反应,还能节约血源。

 知识链接

血型的发现

卡尔·兰德斯坦纳(Karl Landsteiner,1868~1943)是奥地利维也纳大学的著名医学家。1900 年他在 22 位同事的正常血液中发现红细胞和血浆之间能够发生"反应",即某些人的血浆能够促使另一些人的红细胞凝集。1901 年,他发现了人类第一个血型系统。开始时,他只发现了人类红细胞血型 A、B、O 三型。1902 年他的学生 Decastello 和 Sturli 又发现了 A、B、O 之外的第四型。1927 年经国际会议公认,采用兰德斯坦纳原定的字母命名,即确定血型有 A、B、O、AB 型四种类型,这就是现在人们熟知的红细胞 ABO 血型系统。30 多年后,他又提出 Rh 血型系统。这些成果为人类揭开了血型的奥秘,使输血成为安全性较大的临床治疗手段。由于 Landsteiner 的重大贡献,于 1930 年获得诺贝尔生理学及医学奖。2001 年国际卫生组织等将每年的 6 月 14 日(Landsteiner 诞辰日)确立为"世界献血日"。

(蔡凤英)

 思考题

1. 试述血液的组成及其主要生理特性。
2. 血浆和血清有何差异？如何制备血清、血浆标本？

3. 试述凝血过程中内源性与外源性凝血的主要区别。

4. 何谓红细胞凝集反应? 列表说明 ABO 血型之凝集原及凝集素种类。

5. 为什么反复输同一个人的血,仍要做交叉配血试验?

6. Rh 血型分型原则是什么? 在输血方面有何意义?

第三章 循环

机体的循环系统由心脏和血管组成,是一个连续的、闭锁的管状回路系统。血液在循环系统中按一定方向周而复始地流动称为血液循环(blood circulation)或循环(circulation)。

心脏是血液循环的动力器官,血管是输送、分配血液的管道和物质交换的场所。血液循环的主要功能是完成体内的物质运输,运输营养物质和代谢产物,使机体完成新陈代谢,运输激素或其他体液物质,实现机体的体液调节;血液不断循环流动,保证机体内环境的相对稳定和血液防御功能的实现。循环一旦停止,机体各器官组织将因失去正常的物质转运而发生新陈代谢的障碍。

第一节 心脏的功能

心脏的主要功能是泵血,其进行着节律性的收缩和舒张,收缩时将血液射入动脉,为血液流动提供能量,舒张时接受由静脉回流的血液,为下次射血做准备。心脏的这种由节律性收缩和舒张所产生的泵血活动是在心肌生理特性的基础上产生的,心肌的各种生理特性又是以心肌细胞电活动为基础。

 知识链接

血液循环意义

血液循环的主要功能是物质运输,血液循环一旦停止,机体各器官组织将因失去正常的物质转运而发生新陈代谢的障碍。同时体内一些重要器官的结构和功能将受到损害，尤其是对缺氧敏感的大脑皮质，只要大脑中血液循环停止 3~10 分钟，人就丧失意识，血液循环停止 4~5 分钟，半数以上的人发生永久性的脑损害，停止 10 分钟，智力会受到很大的影响。临床上的体外循环方法就是在进行心脏外科手术时，保持病人周身血液不停地流动。

一、心肌细胞的跨膜电位

心肌细胞按组织学、电生理特点和功能可将分为两大类。一类是普通的心肌细胞，含有丰富的肌原纤维，具有收缩功能，称为工作细胞。包括心房肌和心室肌。另一类是特殊分化的心肌细胞，主要包括 P 细胞和浦肯野细胞。具有自动产生节律性兴奋的能力，故又称自律细胞，自律细胞与另一些不具收缩功能的细胞组成心脏的特殊传导系统，包括窦房结、房室交界、房室束和浦肯野纤维。各类心肌细胞动作电位的形状(图 3-1)及其形成机制不完全相同。

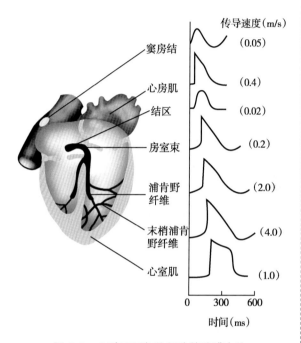

图 3-1　心脏不同部位细胞的跨膜电位

(一) 心室肌细胞的生物电现象

1. 静息电位　人和哺乳动物心室肌细胞的静息电位约为 –90mV，形成机制与神经纤维和骨骼肌基本相同，其主要是由于 K^+ 外流形成的 K^+ 平衡电位。

2. 动作电位　心室肌细胞包括的动作电位去极化过程和复极化过程，复极化过程比较复杂，持续时间较长，动作电位整个过程分为 0 期、1 期、2 期、3 期、4 期五个时期。

(1) 0 期(去极化期)：在适宜的刺激作用下，膜内电位由 –90mV 迅速上升到 +30mV 左右，即膜两侧由原来的极化状态，变成反极化状态(超射)，构成动作电位的上升支。0 期形成的机制是在刺激作用下，细胞膜上的钠通道部分开放，少量 Na^+ 内流，使膜部分去极化，当去极化达到阈电位水平(–70mV)时，大量钠通道被激活，Na^+ 迅速内流，膜内电位急剧上升，直到 Na^+ 平衡电位，此时钠通道已失活关闭。钠通道激活快，失活也快，因此又称快通道。

(2) 1 期(快速复极化初期)：动作电位达到峰值后，出现一快速而短暂的复极化。膜内电位迅速降到 0mV 左右，称为 1 期。1 期形成的原因是一种以 K^+ 为主要离子成分的一过性外向电流。

(3) 2 期(平台期或缓慢复极化期)：膜内电位降到 0mV 左右时，复极化过程变得非常缓慢，膜电位基本停滞于接近 0mV 的水平。在动作电位的曲线上形成坡度很小的平台。平台期的形成是由于同时存在的 Ca^{2+} 和 Na^+ 的内向离子流和 K^+ 的外向离子流处于平衡状态的结果。钙离子通道其激活、失活的时间均长于钠通道，故又称慢通道。平台期使复极化过程明显延长。这是心室肌细胞生物电的主要特征之一。

(4) 3 期(快速复极末期)：平台期后，复极化速度加快，膜内侧电位迅速下降到 –90mV，形成快速复极末期。此时,钙通道已失活,K^+大量外流,使复极化过程快速完成。

(5) 4 期(静息期):3 期后,膜内侧电位恢复并稳定于静息电位水平。但膜内外离子的分布尚未恢复,此时钠泵活动增强,将动作电位期间进入细胞内的 Na^+ 泵出细胞,将流出细胞外的 K^+ 泵入细胞,进入细胞的 Ca^{2+} 也主动转运至细胞外。这样,细胞内外离子浓度恢复至原先水平,以保持细胞正常的兴奋性(图 3-2)。

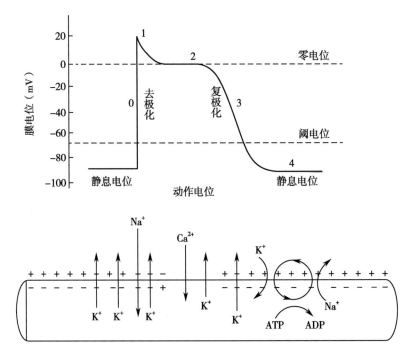

图 3-2　心室肌细胞的动作电位示意图

(二) 自律细胞的跨膜电位特点

自律细胞的动作电位在 3 期复极末到达最大复极电位后,4 期的膜电位并不稳定于这一水平,而是开始自动除极,除极达到阈电位后,自动引起下一个动作电位的产生。因此,4 期自动除极是自律性的基础。不同类型的自律细胞,形成的机制也不同。

1. 窦房结的 P 细胞的跨膜电位　窦房结细胞属于慢反应自律细胞。其动作电位的幅值小,由 0 期、3 期和 4 期组成。最大复极电位为 $-60 \sim -65mV$。在此电位下,钠通道已失活。当 4 期自动去极化达到阈电位水平时(约 40mV),膜上钙通道被激活,Ca^{2+} 内流引起 0 期去极化。随后钙通道逐渐失活,Ca^{2+} 内流逐渐减少。与此同时,在复极初期有一种 K^+ 通道被激活,K^+ 开始外流,由于 Ca^{2+} 内流逐渐减少和 K^+ 外流逐渐增加,形成了复极化过程。当膜复极化达 $-40mV$ 时,这种 K^+ 通道便逐渐失活,K^+ 外流渐渐减少。与此同时,一种内向的 Na^+ 流逐渐增强,导致膜内电位缓慢上升,因而出现 4 期自动去极化。

目前认为,有三种因素参与窦房结 P 细胞 4 期自动除极的过程:①K^+ 通道逐渐失活致 K^+ 外流的进行性衰减;②Na^+ 内流的进行性增强;③Ca^{2+} 通道开放,Ca^{2+} 内流。三种因素共同作用,使膜自动除极达阈电位水平,引起 0 期除极(图 3-3)。

2. 浦肯野细胞的跨膜电位特点　浦肯野细胞属快反应自律细胞,其动作电位与心室肌细胞相似,产生的离子基础也基本相同,不同之处在于 4 期缓慢自动去极化,主要是逐渐增强的 Na^+ 内流和 K^+ 外流的进行性衰减所致(图 3-4)。4 期自动去极化的速度较窦房结 P 细胞慢,其自律性较低。在生理状态下,浦肯野细胞的活动受窦房结发出的冲动控制。

心房肌细胞和心室肌细胞复极化过程中具有的平台期,使其复极化过程明显长于其他

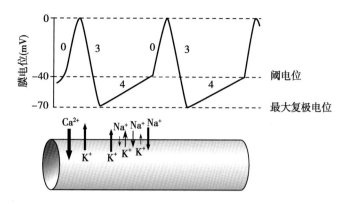

图 3-3 窦房结的 P 细胞的跨膜电位

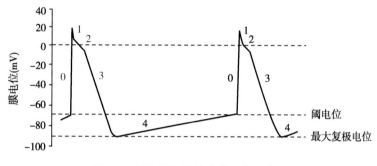

图 3-4 浦肯野细胞的跨膜电位示意图

可兴奋细胞;心脏内特殊传导系统的自律细胞 4 期膜电位不稳定,形成 4 期自动去极化的特点。这些特点是形成心肌生理特性的重要基础。

二、心肌的生理特性

心肌具有自律性、兴奋性、传导性、收缩性四种生理特性。其中自律性、兴奋性、传导性是在心肌细胞生物电活动的基础上形成的,属于心肌的电生理特性.收缩性属于心肌的机械特性。

(一)自动节律性

组织、细胞在没有外在刺激作用下,能够自动地发生节律性兴奋的特性,称为自动节律性,简称自律性(autorhythmicity)。具有自律性的组织或细胞称为自律组织或自律细胞。自律性的高低用单位时间(每分)内能自动发生兴奋的次数,即兴奋的频率来衡量。在心内传导系统中,不同部位的自律细胞自律性高低不一。

1. 心脏起搏点 心的自律细胞分别存在于窦房结、房室交界和浦肯野纤维。其中窦房结细胞自律性最高,每分钟约 100 次,房室交界次之,每分钟约 50 次。浦肯野纤维自律性最低,每分钟约 25 次。正常情况下,由窦房结发出的兴奋,向四周扩布。心各部按一定顺序接受由窦房结传来的冲动而发生兴奋和收缩。故把窦房结称为心脏起搏点(pacemaker),把由窦房结控制的心搏节律,称为窦性心律(sinus rhythm)。其他部位的自律细胞由于自律性较窦房结低,受来自窦房结冲动的控制,本身的自律性表现不出来,称为潜在起搏点。在某些异常情况下,窦房结自律性降低,兴奋的传导受阻或其他自律组织的自律性异常升高时,潜在起搏点也会表现出来,以这些部位为起搏点的心脏活动,则称为异位心律。

知识链接

窦房结对潜在起搏点的控制机制

1. 抢先占领：由于窦房结的自律性最高，4 期自动去极化的速度最快，所以在潜在起搏点 4 期自动去极到达阈电位之前，就已受到窦房结的兴奋激动，产生了动作电位，故正常时潜在起搏点的自律性没表现出来，在心脏兴奋过程中仅起传导兴奋的作用。

2. 超速驱动压抑：自律细胞在受到高于其固有频率的刺激时，就按外加刺激的频率发生兴奋，称为超速驱动。受到驱动的自律组织，在外来超速驱动刺激停止后不能立即呈现其固有的自律性活动，须经一定静止期后才能逐渐恢复自律性，此现象称为超速驱动压抑。超速驱动压抑具有频率依赖性，即抑制程度与两个起搏点之间自动兴奋的频率差成平行关系，频率差越大，抑制效应越强，驱动中断后恢复自律性越慢；反之亦然。因此，临床上装有人工起搏器的病人，如要更换起搏器时，在中断驱动之前，必须使驱动频率逐步减慢，以缩小频率差，避免发生心脏停搏。

2. 影响自律性的因素

(1) 4 期自动去极化的速度：自律性形成的基础是自律细胞的 4 期自动去极化。其他条件不变，如果 4 期自动去极化的速度加快、膜内侧电位上升到阈电位所需的时间缩短，则单位时间内发生的兴奋次数就会增多，即自律性增高。反之，则自律性降低。例如，交感神经兴奋，其末梢释放的递质去甲肾上腺素和肾上腺髓质分泌的儿茶酚胺，均可使窦房结细胞 4 期 Na^+ 内流加速，使 4 期自动去极化速度加快，故可提高自律性，使心率加快(图 3-5)。

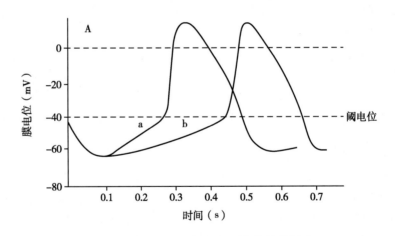

图 3-5　去极化的速度 (a,b) 对自律性的影响

(2) 最大复极电位和阈电位水平：自律性的高低还取决于 4 期自动去极化由最大复极电位达到阈电位所需的时间。如去极化速度不变，所需时间决定于最大复极电位与阈电位之间的差距。当最大复极电位减小或阈电位下移，两者之间差距缩小时，去极化达到阈电位所需的时间缩短，自律性增高。反之，则自律性降低。如迷走神经兴奋时，末梢释放的递质乙酰胆碱可提高窦房结自律细胞对 K^+ 的通透性，3 期复极化 K^+ 外流增多，最大复极电位增大，则自律性降低，心率变慢(图 3-6)。

因此，凡是能影响自律细胞 4 期自动去极化速度、最大复极电位和阈电位水平的神经、体液因素以及药物都能影响心肌的自律性。

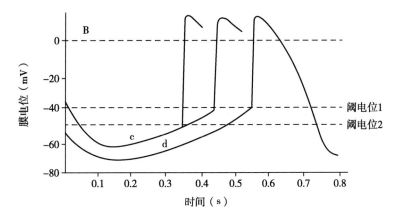

图 3-6　最大复极电位(c.d)和阈电位(1,2)对自律性的影响

 知识链接

心脏起搏器

　　心脏起搏器(cardiac pacemaker)是一种植入于体内的电子治疗仪器,通过脉冲发生器发放由电池提供能量的电脉冲,通过导线电极的传导,刺激电极所接触的心肌,使心脏激动和收缩,从而达到治疗由于某些心律失常(主要是缓慢性心律失常)所致的心脏功能障碍的目的。

　　自 1958 年第一台心脏起搏器植入人体以来,起搏器制造技术和工艺快速发展,功能日趋完善。在应用起搏器成功地治疗缓慢性心律失常,挽救了成千上万患者生命的同时,起搏器也开始应用到快速性心律失常及非心电性疾病,如预防阵发性房性快速心律失常、颈动脉窦晕厥、双室同步治疗药物难治性充血性心力衰竭等。

(二)兴奋性

　　心肌的兴奋性和其他可兴奋细胞一样,也表现为受到刺激后产生动作电位的能力。兴奋性的高低也用刺激的阈值来衡量,阈值大表示兴奋性低,阈值小兴奋性高。

　　1. 兴奋性的周期性变化

　　(1) 绝对不应期和有效不应期:心肌细胞从去极化开始至复极化约 −55mV 相当于动作电位的 0、1、2 期和 3 期的初段,为绝对不应期(absolute refractory period)。此期间,钠通道处于失活状态,细胞兴奋性为零,施以任何强大的刺激均不发生反应。在膜电位从 −55mV 复极化到 −60mV 期间,钠通道开始复活,尚未达到备用状态,给予足够强度的刺激可引起局部反应,但不能引起动作电位。此期和绝对不应期合称有效不应期(effective refractory period),即对任何刺激均不能产生动作电位的时期。在有效不应期内,心肌细胞是不可能发生兴奋和收缩的。

　　(2) 相对不应期:膜电位复极化从 −60~−80mV,这一期间为相对不应期(relative refractory period)。在此期内钠通道活性逐渐恢复,但开放能力尚未达到正常状态。细胞的兴奋性虽比有效不应期有所恢复,但仍低于正常,施以阈上刺激方可引起细胞兴奋,而且此时动作电位去极化的速度和幅度均小于正常,兴奋的传导速度也比较慢。

　　(3) 超常期:复极化从 −80~−90mV 期间为超常期(supranormal period)。在此期内钠通道已基本恢复到备用状态。由于膜电位在 −80~−90mV 之间,与阈电位之间的差距小于正常,容易产生兴奋,因而细胞兴奋性高于正常,此时小于阈值的刺激即可引起细胞兴奋,故称超常期。此时,动作电位去极化的速度和幅度也都小于正常,兴奋传导的速度也较慢。

复极化完毕,膜电位恢复至正常水平,细胞的兴奋性也恢复正常(图3-7)。

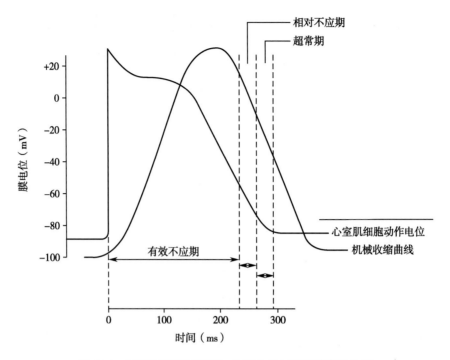

图3-7　心室肌细胞动作电位、收缩曲线与兴奋性变化关系

2. 影响兴奋性的因素

(1) 静息电位和阈电位水平:静息电位增大或阈电位水平上移时,两者之间的差距增大,此时引起兴奋所需的刺激阈值增大,兴奋性降低。反之,由于静息电位减小或阈电位水平下移,使二者之间的差距缩小时,则兴奋性增高。

(2) Na^+ 通道的状态:心肌细胞兴奋的产生是以钠通道能够被激活为前提的。钠通道有备用(能被激活)、激活和失活三种状态,处于何种状态取决于当时的膜电位和有关的时间进程。以心室肌细胞为例,膜电位为正常静息电位 –90mV 时,膜上的钠通道处于备用状态,细胞兴奋性正常。当受到刺激,去极化到 –70mV 时钠通道被激活而迅速开放,进入激活状态,Na^+ 快速内流。钠通道激活后很快即失活而关闭,进入失活状态,而且暂时不能再次被激活。此时细胞的兴奋性暂时丧失。等到膜电位复极化回到静息电位水平时,钠通道即完全复活到备用状态,细胞兴奋性也恢复正常。细胞膜上大部分钠通道是否处于备用状态,是该心肌细胞是否具兴奋性的前提。

 知识链接

心肌不应期的离散度

单个心肌细胞的不应期主要反映细胞膜离子通道的状态。钠通道处于失活状态,对传来的兴奋不能发生反应,是不应期产生的内在原因。但是,只分析单个心肌细胞不应期的长短往往不能反映不应性与动作电位在心肌细胞、全心脏传导中和心律失常中所起的作用,而需分析一块心肌不应期的长短,一块心肌中细胞的不应期是否均匀,其不应期的离散度如何,才能说明心肌的不应期对于兴奋传导的影响。

3. 期前收缩和代偿性间歇 引发心搏动的兴奋来自窦房结,在两次窦房结兴奋之间,给予心室肌一次额外刺激,是否能引起兴奋,就要看这次刺激的时间是在前一次窦房结传来兴奋的有效不应期之内,还是之后。如在有效不应期之内,则不能引起兴奋,如在有效不应期之后,就可能引发一次兴奋和收缩。由于它发生在下一个心动周期的窦房结节律性兴奋传来之前,故称之为期前兴奋和期前收缩,亦称早搏。期前兴奋同样有较长的有效不应期,随后一次来自窦房结的节律性兴奋往往会落在期前兴奋的有效不应期内而失去作用,形成一次"脱失"。必须到再下一次窦房结的节律性兴奋传来时才能引起心室的兴奋和收缩。因此,在一次期前收缩之后往往有一段较长的心舒期,称为代偿性间歇(图 3-8)。

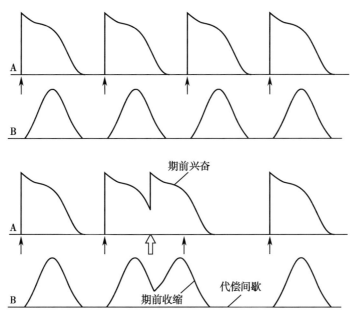

图 3-8 期前收缩和代偿性间歇示意图

 知识链接

心 脏 早 搏

早搏是指异位起搏点发出的过早冲动引起的心脏搏动,为最常见的心律失常。根据早搏起源部位的不同将其分为房性、室性和结性。其中以室性早搏最常见,其次是房性,结性较少见。早搏可见于正常人,或见于器质性心脏病患者,常见于冠心病、风湿性心脏病、高血压性心脏病、心肌病等。早搏亦可见于奎尼丁、普鲁卡因酰胺、洋地黄或锑剂中毒;血钾过低;心脏手术或心导管检查时对心脏的机械刺激等。

无症状偶发早搏不须治疗。如连发、多源的室性早搏,应首选利多卡因静注或静滴,早搏减少后改用口服药物维持。

(三) 传导性

兴奋在单个心肌细胞上传导的机制和其他可兴奋细胞一样,也是局部电流流动的结果。心肌细胞之间,由于存在电阻很小的闰盘,兴奋可以不衰减地从一个细胞直接传到与其相邻的细胞。因此,只需有一个心肌细胞兴奋,动作电位就会迅速扩布,引起所有心肌细胞兴奋。这就使心肌成为一种功能上的合胞体。但心房与心室之间有纤维结缔组织环将二者隔开,心房和心室能按一定的顺序先后收缩与舒张,是因为心内有传导速度较快的特殊传导系统传导兴奋。

1. 心内兴奋传导的途径　心内的兴奋正常来自窦房结,窦房结发出的兴奋通过心房肌直接传到右心房和左心房,引起两心房的兴奋和收缩。同时兴奋经由心房肌组成的优势传导通路迅速传到房室交界区,再传入心室。由于心房与心室之间有结缔组织分隔,心内特殊传导系统房室交界区的心肌纤维就成为兴奋从心房进入心室的唯一通道,从房室交界区经过房室束、左、右束支和浦肯野纤维网传到心室肌,引起心室肌兴奋,最后传到整个心室。这就是心内兴奋正常传布的途径。兴奋在各部位传导的速度不同,心房肌传导速度约为 0.4m/s。兴奋传遍左右心房只需 0.06 秒,这就使两心房肌细胞几乎同步兴奋和收缩。房室交界区的传导速度很慢,其中的结区仅为 0.02m/s。兴奋通过房室交界,约需 0.1 秒,称为房 - 室延搁。传导速度最快的是浦肯野纤维网,约 4m/s,心室肌传导速度约 1m/s。即兴奋从房室束传遍左右心室也仅 0.06 秒,因此两心室肌细胞也几乎是同步兴奋和收缩的。房 - 室延搁使心室在心房收缩完毕后才开始收缩,房室不可能同时收缩。

2. 影响传导性的因素　兴奋在不同心肌细胞上的传导速度与其直径呈正变关系。直径大者,细胞内电阻小,传导速度快。反之,则传导速度慢。在同一心肌细胞上,兴奋传导的速度受下列因素影响。

(1) 0 期去极化的速度和幅度:已知兴奋传导是局部电流的作用,局部电流是兴奋部位细胞膜 0 期去极化引起的。0 期去极化速度快,则局部电流形成快;0 期去极化幅度大,则形成的局部电流强。局部电流形成越快越强,使邻近部位细胞膜去极化达到阈电位所需的时间越短。因此,兴奋部位 0 期去极化的速度快幅度大时,传导速度就快,反之传导速度就慢。

(2) 邻近部位细胞膜的兴奋性:邻近部位细胞膜的兴奋性取决于静息电位与阈电位之间的差距。邻近部位兴奋性高,即邻近部位膜静息电位与阈电位之间的差距小,传导速度就快。兴奋性降低时,邻近部位膜静息电位与阈电位之间的差距增大,产生动作电位所需的时间延长,则传导速度减慢。

(3) 心肌细胞的直径:兴奋传导的速度与心肌纤维的直径呈正变关系。心房肌、心室肌、浦肯耶纤维的直径大于窦房结和房室结细胞,故前者传导速度比后者快。

(四) 收缩性

心肌收缩原理与骨骼肌基本相同,但其收缩性有以下明显不同于骨骼肌的特点。

1. 不发生强直收缩　心肌细胞兴奋时兴奋性变化的主要特点是有效不应期特别长,约 200~300ms(平均 250ms),相当于心肌的整个收缩期和舒张早期。因此,心肌不可能像骨骼肌那样发生多个收缩过程的融合,形成强直收缩。这就使心肌始终保持收缩与舒张交替进行的节律性活动,从而保证心脏有序的充盈与射血。

2. 同步收缩　由于心肌细胞间存在的低电阻闰盘结构,兴奋可通过缝隙链接在细胞之间迅速传播,引起所有细胞几乎同步兴奋和收缩,心肌可看成是一个功能合胞体。心肌一旦兴奋,使心房和心室所有心肌细胞将先后发生同步收缩,但在一次兴奋后的有效不应期中,任何强大刺激均不能使心房或心室兴奋和收缩,也称为“全或无”式收缩。这种同步收缩的特性,有利于心脏产生强大的泵血功能。

3. “绞拧”作用　心室壁较厚,其中的心肌可分为浅、中、深三层,部分心肌纤维呈螺旋状排列(图 3-9)。心肌纤维的这种排列方式,使之在收缩时产生

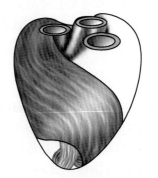

图 3-9　心室肌纤维排列模式图

"绞拧"作用,收缩合力使心尖作顺时针方向旋转,以最大限度地减小心室的容积而将更多的血液射入动脉。

4. 对细胞外液 Ca^{2+} 依赖性大 兴奋-收缩耦联需要 Ca^{2+} 作为中间媒介。在骨骼肌 Ca^{2+},主要是来自肌质网的内源性 Ca^{2+}。心肌的肌质网不如骨骼肌发达,Ca^{2+} 的贮存和释放量均较少,兴奋-收缩耦联过程所需 Ca^{2+} 要从细胞外液转运进来。心肌细胞兴奋时,膜上钙通道的开放正好起到这个作用。因此,在一定范围内,细胞外液的 Ca^{2+} 浓度升高,细胞兴奋时内流的 Ca^{2+} 量增多时,心肌收缩力增强;细胞外液 Ca^{2+} 浓度降低,则心肌收缩力减弱。当细胞外液 Ca^{2+} 浓度显著降低时,心肌虽可兴奋,但不发生收缩,称为兴奋-收缩脱耦联。临床上见到心跳已停但心电图依然存在的病人即属于此种情况。

在生理和病理情况下,许多因素都可以影响心肌的收缩。例如,正常机体在运动状态下,体内交感神经-肾上腺髓质系统兴奋,心肌收缩能力增强,射出更多的血量以满足机体增强的代谢需要;各种因素所致的心肌缺血缺氧,代谢紊乱,能量供应不足,酸性代谢产物生成增多等因素,均可以使心肌的收缩力减弱。

以上心肌生理特性多与心肌细胞生物电活动的特点有关,而心肌细胞的生物电活动又是以跨膜离子流为基础的。因此,细胞外液中离子浓度的变化必然会对心肌生理特性产生影响。

(五) 理化因素对心肌生理特性的影响

1. 温度 温度可影响心肌的代谢速度,特别是对窦房结的自律性影响较显著,当体温在一定范围内升高时,可使心率增快,反之心率减慢。一般体温升高 1℃,心率可增加大约 10 次 /min。

2. pH 当 H^+ 浓度升高,血液 pH 降低时,由于 H^+ 与 Ca^{2+} 有竞争性抑制作用,H^+ 会取代 Ca^{2+} 与心肌细胞中肌钙蛋白的结合,使心肌收缩力减弱;当血液 pH 升高时,心肌收缩力增强。

3. 离子对心肌生理特性的影响

K^+、Ca^{2+}、Na^+ 对心肌生理特性影响较明显,其保持适当浓度和比例,心肌活动才能保持正常。

(1) K^+:一定浓度的 K^+ 是维持细胞兴奋性的基本条件。K^+ 对心肌的主要影响是抑制作用,血 K^+ 浓度升高时,心肌兴奋性降低,表现为心率减慢,传导阻滞和心肌收缩力减弱,严重时心脏停在舒张状态。如果血钾浓度高达正常值的 2~3 倍时,可引起死亡。所以,临床上,在给病人补 K^+ 时,不能直接由静脉推注,必须低浓度缓慢滴注,以防心跳骤停;低血 K^+ 对心肌的主要是兴奋作用,自律性增高,易导致期前收缩和异位节律。

(2) Ca^{2+}:Ca^{2+} 是心肌收缩所必需的物质,有增强心肌收缩力的作用。Ca^{2+} 浓度增高可使心肌收缩力增强,血 Ca^{2+} 浓度降低时,可使心肌收缩力减弱。血 Ca^{2+} 浓度过高,可使心肌呈痉挛性收缩,停止与收缩状态。

(3) Na^+:Na^+ 是维持心肌细胞正常兴奋性所必需的离子,当血 Na^+ 浓度降低时,心脏的兴奋性和传导性都减弱;血 Na^+ 浓度在一定范围升高时,可提高心肌的兴奋性和传导性,能减轻 K^+ 浓度过高所引起的传导阻滞。所以,当高血钾引起传导阻滞时,可静脉输入 NaCl 溶液。由于 Na^+ 可竞争性抑制 Ca^{2+} 内流,故高血钠时可使心肌收缩力减弱。

 知识链接

高 血 钾

正常血清钾的浓度是 3.5~5.5mmol/L,低于 3.5mmol/L 为低钾血症;高于 5.5mmol/L 称为高钾血症。高血钾最常见的原因是肾衰竭,主要表现极度倦怠,肌肉无力,四肢末梢厥冷,腱反射消失,也可出现动作迟钝、嗜睡等中枢神经症状。心音低钝、心率减慢、室性期前收缩、房室传导阻滞、心室纤颤或心脏停搏。

三、心电图

利用心电图机在体表一定部位描记的心电变化曲线,称为心电图(electrocardiogram,ECG)。它可以反映心脏兴奋的产生,传导和恢复过程中综合生物电的变化,临床上对帮助诊断某些心脏疾病有重要参考价值。

(一)心电图的导联

在描记心电图时,引导电极安放的位置和连接方式,称为心电图的导联。临床常用的有标准导联(Ⅰ、Ⅱ、Ⅲ)、加压单极肢体导联(aVR、aVL、aVF)、以及单极胸导联(V_1、V_2、V_3、V_4、V_5、V_6)。标准导联描记的心电图波形反映两电极下的电位差;加压单极肢体导联和单极胸导联直接反映电极下的心电变化。

(二)正常心电图的波形及意义

正常心电图的基本波形由P波、QRS波群、T波及各波间线段所组成(图3-10)。心电图纸上有纵、横线相交划出许多长和宽均为1mm的小方格,纵线上的格表示电压,一般情况下每1小格为0.1mV,横线上的格表示时间,每1小格为0.04秒。根据图3-10可测出心电图各波段的波幅和时程。

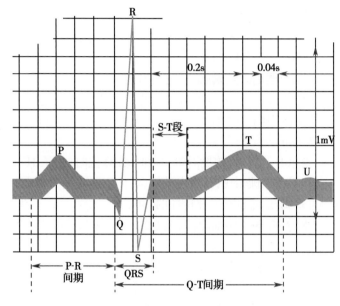

图 3-10　正常人体心电图模式图

1. P波　P波反映两心房的去极化过程。其波形小而钝圆,历时0.08~0.11秒,波幅不超过0.25mV。

2. QRS波群　QRS波群反映两心室的去极化过程。由向下的Q波,高尖向上的R波及向下的S波组成。波群历时0.06~0.10秒。

3. T波　T波反映两心室的复极化过程。其方向与R波一致,历时0.05~0.25秒,波幅为0.1~0.8mV。心房的复极化过程产生Ta波,因其幅度小,并与QRS波重叠,故多不显示。

4. P-R间期　P-R间期是指从P波起点到QRS波起点之间的时程,历时0.12~0.2秒。它反映从窦房结产生的兴奋经心内传导系统,到达心室肌所需要的时间。P-R间期延长,提示有房-室传导阻滞。

5. Q-T间期　从QRS波的开始到T波结束之间的时程。它反映心室肌去极化开始到复极化结束所需的时间。Q-T间期的时程与心率成反变关系,心率越快,Q-T间期越短。

6. S-T段　是指从QRS波群终点到T波起点之间与基线平齐的线段。是心室各部分都处于去极化状态的一个时期,心肌细胞之间无电位差存在。S-T段低于正常时,表示有心肌损伤或心肌缺血等。

四、心脏的泵血功能

心脏的节律性收缩和舒张对血液的驱动作用称为心脏的泵血功能,是心脏的主要功能。心脏收缩时将血液射入动脉,并通过动脉系统将血液分配到全身各组织;心脏舒张时则通过

笔记

静脉系统使血液回流到心脏,为下一次射血做准备。正常成年人安静时,心脏每分钟可泵出血液 5~6L。

(一)心动周期

心脏的一次收缩和舒张构成一个机械活动周期,称为心动周期(cardiac cycle)。在一个心动周期中,心房和心室的机械活动都可分为收缩期(systole)和舒张期(diastole)。由于心室在心脏泵血活动中起主要作用,故心动周期通常是指心室的活动周期。

每分钟心跳的次数称为心率(heart rare),即每分钟心动周期的次数。正常成人安静时心率为每分钟 60~100 次 / 分,平均 75 次 / 分。心率因年龄、性别和生理状况不同而异。新生儿心率每分钟可达 140 次以上。随着年龄增长心率逐渐减慢,至青春期接近成人。成年女性心率略快于男性。经常进行体育锻炼或从事体力劳动者,心率较慢。温度升高可引起心率加快、温度下降可引起心率减慢。安静或睡眠时心率较慢,情绪激动或运动时心率加快。心率是临床常用的指标之一,但是在评价所测得的心率是否正常时,必须考虑到以上各种生理因素,才能得出正确结论。

一个心动周期历时 0.8 秒。在心房的活动周期中,先是左、右心房收缩,持续约 0.1 秒,继而心房舒张,持续约 0.7 秒。在心室的活动周期中,也是左、右心室先收缩,持续约 0.3 秒,随后心室舒张,持续约 0.5 秒。当心房收缩时,心室仍处于舒张状态;心房开始舒张时,心室开始收缩。心室舒张期的前 0.4 秒期间,心房也处于舒张状态,这一时期称为全心舒张期(图 3-11)。

在一个心动周期中,心房和心室的活动按一定的顺序和时程先后进行,左、右两个心房的活动是同步进行的,左、右两个心室的活动也

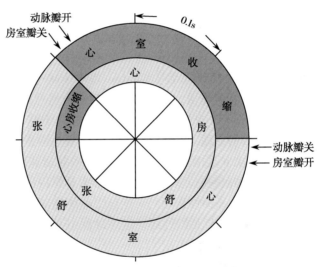

图 3-11　心动周期中心房和心室活动的顺序和时间关系

是同步进行的,心房与心室其舒张期均明显长于收缩期。这样使心脏有足够时间接纳由静脉回流的血液以保证其收缩前的充盈,又能让心肌得到充分休息,有利于心脏的持久工作。由于在泵血过程中心室起主要作用,通常所说的心缩期和心舒期都是指心室的收缩期和舒张期。

(二)心脏的泵血过程

现以左心室为例,说明心室射血的过程,以便了解心脏泵血的机制(图 3-12)。

1. 心室收缩与射血过程

(1)等容收缩期:心室收缩开始前,心房已收缩完毕转入舒张。此时,室内压低于房内压和动脉压,房室瓣处于开放状态,动脉瓣处于关闭状态。心室开始收缩后,室内压快速上升,很快超过房内压,这就顺势推动房室瓣,使之关闭,防止血液倒流入心房。此时室内压仍低于动脉压,动脉瓣仍处于关闭状态,血液既不能进入和流出心室,也不能被压缩。因此,心室容积不可能发生变化,这一时期称为等容收缩期。相当于从房室瓣关闭至动脉瓣开放之间的时程,约 0.05 秒。在等容收缩期内,心室肌做强烈的等长收缩,肌张力快速增大,室内压急剧上升。显然,如果心肌收缩力下降,室内压上升速率减慢,或者动脉压增高使射血时间推迟,等容收缩期均将延长。

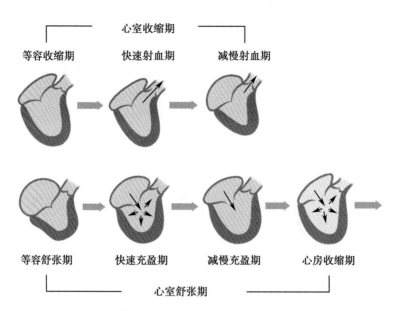

图 3-12　心脏泵血过程示意图

（2）快速射血期：等容收缩期末，室内压超过动脉压，动脉瓣被推开，心室开始射血。此时，室内压上升至峰值，心室肌急剧缩短，射血速度很快，心室容积迅速缩小，称为快速射血期，历时约 0.1 秒。此期射入动脉的血量相当于整个心缩期内全部射血量的 80%~85%。

（3）减慢射血期：快速射血期后，因大量血液进入动脉，动脉内压力上升，与此同时，由于心室内血液减少，心室收缩强度减弱。导致射血速度逐渐变慢，称为减慢射血期，历时约 0.15 秒。在减慢射血期内，室内压已略低于大动脉内压，但由于血液受到心室肌收缩的推挤作用获得较大动能，靠惯性作用仍可逆压力差缓慢进入动脉。减慢射血期末，心室容积缩至最小。

2. 心室舒张与充盈过程　这一过程中，先是等容舒张期，然后进入充盈期，包括心房收缩充盈。

（1）等容舒张期：减慢射血期结束，心室开始舒张，室内压下降。动脉内血液顺压力差向心室返流时推动动脉瓣，使之关闭，防止血液回流入心室。此时室内压仍大于房内压，房室瓣仍处于关闭状态。等容舒张期与等容收缩期形成的道理相似，心室的容积不能发生变化，故称为等容舒张期，历时约 0.07 秒，相当于从动脉瓣关闭到房室瓣开放之间的时程。

（2）快速充盈期：当心室进一步舒张，室内压继续下降，降到低于房内压时，血液顺压力差冲开房室瓣快速流入心室，心室容积急剧增大，称为快速充盈期，历时约 0.11 秒。此时心房亦处于舒张状态，心房内的血液向心室内快速流动，主要是由于心室舒张时，室内压下降所形成的"抽吸"作用。大静脉内的血液此时也源源不断经心房流入心室。因此，心室有力地收缩和舒张，不仅有利于向动脉内射血，而且有利于静脉血液向心房回流和心室的充盈，此期流入心室的血量约占总充盈量的 2/3。

（3）减慢充盈期：随着心室内血量的增多，房室之间的压力差逐渐减小，血流速度减慢，称减慢充盈期，此期全心处于舒张状态，房室瓣仍是开放状态，房内压与室内压接近大气压。大静脉内的血液经心房缓缓流入心室，心室容积缓慢增大，历时约 0.22 秒。接着进入下一心动周期，心房开始收缩。

（4）房缩充盈期：心室减慢充盈期后心房开始收缩，房内压上升，血液顺压力差快速输入心室，使心室进一步充盈。房缩期历时约 0.1 秒。即由心房收缩增加的心室充盈量仅占心室总充盈量的 10%~30%。心室充盈过程至此完成，并立即开始下一次心室收缩与射血的过程（图 3-13、表 3-1）。

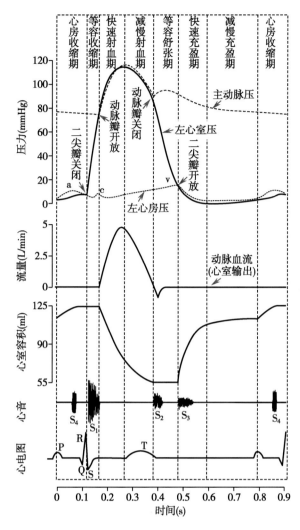

图 3-13　心动周期各时相中,左心室内压、容积、瓣膜变化
a、c、v:心动周期中三个向上的心房波;S_1、S_2、S_3、S_4:表示第
一、二、三、四心音;P、Q、R、S、T:表示心电图基本波形

表 3-1　心脏的泵血过程中,室内压、容积、瓣膜启闭与血流方向

心动周期分期		室内压	瓣膜开闭		心室容积	血流方向
			房室瓣	动脉瓣		
心缩期	等容收缩期	快速上升	关	关	不变	存于心室
	快速射血期	上升达峰值	关	开	迅速↓	心室→动脉
	缓慢射血期	下降	关	开	继续↓	心室→动脉
心舒期	等容舒张期	快速下降	关	关	不变	存于心房
	快速充盈期	不明显	开	关	迅速↑	心房→心室
	缓慢充盈期	不明显	开	关	继续↑	心房→心室
	房缩期	轻度升高	开	关	继续↑	心房→心室

　　从心室射血与充盈的全过程不难看出,心室收缩与舒张引起的心室内压力变化是造成
室内压与房内压、室内压与动脉压之间压力差的主要原因。血液顺压力差流动时推动瓣膜
关闭或开放,是血液只能单向流动,从心房流向心室,再从心室流向动脉的关键。心的泵血

过程就是这样在心室活动的主导作用下进行的。心房在此过程中不起主要作用。临床上心房肌发生异常收缩心房不能正常射血时,心室充盈量虽有所减少,但不致引起严重后果。但是,如果心室肌收缩异常心室不能正常射血,则心的泵血功能立即发生障碍,如不及时抢救,将危及病人生命。

左右心的活动过程基本相同,但因肺动脉压较低,仅为主动脉内压的1/6。右心室射血时所遇到的阻力远小于左心室,在射血过程中右心室内压变化的幅度也明显小于左心室内压。左心室内压的峰值可达 17.3kPa(130mmHg),而右心室内压的峰值仅有 3.2kPa(24mmHg)。

(三) 心音

在心动周期中,心肌收缩、瓣膜关闭、血液流速改变和血流冲击等引起的机械振动,通过周围组织的传导到胸壁,用听诊器在胸壁上可以听到这些振动形成的声音,称为心音(heart sound)。

正常心脏在一次搏动过程中可产生 4 个声音,分别称为第一、第二、第三和第四心音。

1. 第一心音　音调较低,持续时间较长,发生在心室收缩期,标志着心室收缩开始,于心尖搏动(左锁骨中线第 5 肋间)处听得最清楚。它由房室瓣关闭、心室收缩时血流冲击房室瓣引起心室振动及心室射出的血液撞击动脉壁引起的振动而产生。它可反映心肌收缩力强弱。

2. 第二心音　音调较高,持续时间短,发生在心室舒张早期,标志着心室舒张开始,于胸骨旁第 2 肋间(主动脉瓣和肺动脉瓣听诊区)处听得最清楚。它由主动脉瓣和肺动脉瓣迅速关闭、血流冲击大动脉根部及心室内壁振动而形成。它可反映主动脉和肺动脉压力的高低。

3. 第三心音　出现在心室舒张早期,是低频低振幅的心音,其发生可能与血液从心房突然冲入心室引起心室壁和乳头肌振动有关。

4. 第四心音　又称心房音,出现在心室舒张的晚期。可能与强烈的心房收缩和左室壁顺应性降低有关。

大部分正常人只能听到第一和第二心音。在某些健康儿童和青年可听到第三心音。40 岁以上的健康人可能会出现第四心音。心脏的某些病变可以产生异常的心音,所以听取心音对心脏疾病的诊断有一定意义。

(四) 心脏泵血功能的评价

心脏泵血功能是在单位时间内心脏是否输出足够的血量,以适应机体各器官组织新陈代谢的需要。评价心功能的常用的指标有以下几项:

1. 心排出量和每搏排出量　每搏排出量一侧心室一次收缩射入动脉的血量称为每搏排出量,简称搏出量(stroke volume),相当于心室舒张期末容量与收缩期末容量之差。一侧心室一分钟内射入动脉的血量称为每分排出量,简称心排出量(cardiac output)。等于搏出量与心率的乘积。正常成人安静状态下,搏出量为 60~80ml,按心率平均每分钟 75 次计算,心排出量为 4.5~6.0L,即 5.0L 左右。成年女性比同体重男性心排出量约低 10%,青年时期高于老年时期。重体力劳动或剧烈运动时,心排出量可比安静时提高 5~7 倍。情绪激动时心排出量可增加 50%~100%。心输出血量的多少是评价心功能最基本的指标。

2. 心指数　身材不同的个体,新陈代谢所需心排出量不同。故单纯用心排出量来衡量不同个体的心功能,予以评价,显然是不全面的,应该把身材的大小也考虑进去。人体安静时,心排出量与其体表面积(m^2)成正比。以每 m^2 体表面积计算的心排出量(L/min·m^2)称为心指数(cardiac index)。体表面积用身高和体重求得,计算方法见第六章。我国中等身材成人的体表面积约为 1.6~1.7m^2,安静空腹情况下心排出量约为 4.5~6.0L/min,因此心指数约为 3.0~3.5L/(min·m^2),称为静息心指数。是临床常用指标之一。

心指数和其他生理数据一样,也因不同生理条件而异。一般 10 岁左右的儿童,静息心指数最大,可达 4L/(min·m²)以上。以后随年龄增长逐渐下降,到 80 岁时,静息心指数降到接近于 2L/(min·m²)。运动、妊娠、情绪激动、进食等情况下,心指数均增大。

3. 射血分数 心室收缩时并不能将心室内的血液全部射入动脉。正常成人静息状态下,心室舒张期末的容积,左心室约为 145ml,右心室约为 137ml,而搏出量仅为 60~80ml。即射血完毕时心室内尚有一定量的余血。搏出量占心室舒张期末容积的百分比称为射血分数(ejection fraction),健康成人射血分数为 60%。心室肌收缩力增强时,射血分数可增大。目前射血分数已成为临床应用较为广泛的评定心功能的重要指标之一。

4. 心脏做功量 心脏向动脉内射血要克服动脉血压所形成的阻力才能完成。在不同动脉血压的条件下,心脏射出相同血量所消耗的能量或做功量是不同的。当动脉血压升高时,心脏射出相同的血量,必须加强收缩,做出更大的功,否则射出的血量将减少。在动脉血压降低时,心脏做同样的功,可以射出更多的血液。可见,结合心脏做功这一指标,比单用心室射血量作为评价心功能的指标更为全面。

心室收缩射血一次所做的功,称为搏出功(stroke work)。搏出功与心率的乘积,称为每分功(minute work)。心室收缩射血时,其心肌张力与缩短距离的变化可以转为室内压力与容积的变化。以左心室搏出功为例:由于心室收缩射血中室内压力是一个动态变化的过程,计算比较困难,故在实际工作中用平均动脉血压代替左心室收缩期内压,用平均左心房压代替左心室舒张末期充盈压,因此,每搏功可以用下式计算:

左心室每搏功(J)= 搏出量(L)×(平均动脉血压 − 左心房)(mmHg)×13.6×9.807×(1/1000)

以搏出量为 70ml,平均动脉血压为 92mmHg,平均左心房压为 6mmHg,左心室每搏功为 0.803J。按心率为 75 次/分计算,左心室每分功为 60.2J。

左右心室搏出量基本相等,但肺动脉的平均血压仅为主动脉平均血压的 1/6,故右心室做功量只有左心室做功量的 1/6。

知识链接

心 力 衰 竭

多种原因导致心脏收缩和(或)舒张功能障碍,引起心排出量下降,不能满足是体代谢需要的病理过程或临床综合征称为心力衰竭。心力衰竭是绝大多数心脏病的最终结果。

根据病程可把心力衰竭分为两种类型。急性心力衰竭和慢性心力衰竭。急性心力衰竭起病急,心排出量下降明显,机体无充分时间代偿,常伴有心源性休克。慢性心力衰竭,既往也称充血性心力衰竭,起病较缓,心排出量下降较轻,因机体有充分时间代偿,血压大致正常、以肺循环和体循环淤血为主要表现。

(五)心脏泵血功能的调节

心泵血功能受神经体液因素的调节,随时调整其泵出的血量以满足人体新陈代谢的需要。下面分析影响心排出量的因素。

1. 影响搏出量的因素 搏出量取决于心室肌收缩的强度和速度。心肌和骨骼肌一样,其收缩强度与速度也受前负荷、后负荷和肌肉收缩能力的影响。

(1)前负荷:这里所说的前负荷是指心室肌收缩前所承受的负荷。其决定着心肌的初长度,而心室肌的初长度取决于心室舒张末期充盈量或充盈压。心室舒张末期充盈量是静脉回心血量和心室射血后剩余血量的总和。实验证明:心室最适前负荷时心室肌细胞的长度为最适初长度。在充盈压超过前负荷后,心室肌的长度便不再随着充盈压的增加而增加。

因此,临床输液应限制量和速度。静脉回心血量受两个因素的影响:心室舒张充盈持续的时间和静脉回流速度。关于静脉回流的问题将在血管功能中讨论。此外,心房收缩也能影响心室舒张末期充盈量。

(2) 后负荷:这里所说的后负荷是指心室肌收缩后所承受的负荷。心室肌收缩时必须克服来自动脉压的阻力,推开动脉瓣才能将血液射入动脉。因此动脉压是心室收缩射血时所承受的后负荷。如其他条件不变、若动脉压升高,后负荷将增大,导致等容收缩期延长,射血期缩短,射血速度减慢,此时搏出量必然减少。然而在正常情况下,搏出量的减少会造成射血期末心室内的余血量增多,如果此时静脉回流量不变,将使心室舒张期末的充盈量增加,心肌初长度增加,通过上述心肌自身调节的作用,心室肌收缩强度就会增大,搏出量可逐步恢复到原有水平。若动脉压持续保持较高水平,心室肌长期加强收缩,将会引起心室肌肥厚等病理变化。反之,当其他条件不变,动脉压降低时,搏出量将增大。临床上常用舒血管药降低动脉血压(即降低后负荷)来改善心的泵血功能。

(3) 心肌收缩能力:人体在劳动或运动时搏出量明显增大,但此时心室舒张期末的容积不一定增大,甚至有所减小,动脉血压也有所增高。可见还存在一种与负荷无关的影响搏出量的因素,这就是心肌收缩能力。心肌收缩能力是指心肌不依赖前、后负荷而改变其力学活动的一种内在特性。这种特性形成的基础主要是心肌细胞兴奋-收缩耦联过程中活化的横桥数量和 ATP 酶的活性。心肌细胞的收缩能力可因活化的横桥数量不同而改变。活化的横桥增多,心肌细胞的收缩能力增强,排出量即增大,反之则减少。神经、体液、药物等都可通过改变心肌收缩能力来调节心搏出量。如肾上腺素能使心肌收缩力增强,乙酰胆碱则使心肌收缩力减弱。

2. 心率　心排出量是每搏排出量和心率的乘积。在一定范围心率与心排出量呈正变关系,但是,心率过快时,如每分钟 180 次时,心脏过度消耗供能物质,会使心肌收缩力降低。其次,心率过快时,舒张期缩短而影响心室充盈量,导致心排出量反而减少。另一方面,心率过慢,低于每分钟 40 次时,心舒期过长,心室充盈早已接近最大限度,充盈量即不再增加,搏出量也不会相应增大,心排出量同样会减少。

(六) 心脏泵血功能的储备

心泵功能的储备又称为心力储备(cardiac reserve)。是指心排出量随人体代谢需要而提高的能力。正常成人静息时心排出量约为每分钟 5L。剧烈运动或重体力劳动时可提高 5~7倍,达到每分钟 25~35L,说明健康人的心脏具有相当大的储备力量。心力储备来自心率变化和搏出量变化两个方面。

1. 心率储备　健康成人静息时,心率平均为 75 次/分。在剧烈活动时可增快至 180~200 次/分。此时虽然心率增快很多,但不会因心舒期缩短而使心排出量减少。这是因为在剧烈运动或重体力劳动时,静脉回流速度大大加快,心室充盈速度也大大加快的缘故。一般情况下,动用心率储备是提高心排出量的主要途径,如果充分动用可使心排出量增加 2~2.5 倍。

2. 搏出量储备　正常人静息时搏出量约为 70ml,剧烈活动时可增加到 150ml 左右。搏出量的增加,与心缩期射血量和心舒期充盈量的增加有关。前者称为收缩期储备,后者称为舒张期储备。一般情况下,心室射血期末,心室内余血约 75ml。当心室做最大程度收缩,提高射血分数,可使心室内余血减少到不足 20ml。因此,充分动用收缩期储备,可以使排出量增加 55~65ml。一般心室舒张期末的容积为 145ml,由于心肌伸展性很小,心室容积最大只能达到 160ml,因此舒张期储备只有 15ml 左右。心力储备在很大程度上反映心的功能状况。

3. 体育锻炼对心力储备的影响　经常进行体育锻炼的人,心肌收缩力增强,心射血能力增强,心力储备增大。运动员的最大心排出量可增大到静息时的 7~8 倍。不从事体育锻炼或有心脏疾病的人,虽然在安静状态下心排出量能满足代谢的需要,但因心力储备较小,当体力活动增加时,心排出量不能相应增加,而出现心慌气短、头晕目眩等现象。

 知识链接

心脏按压术

在抢救心脏停搏的病人时,可根据心脏射血的原理,采取人工按压的办法有节律的按压心脏,以暂时维持血液循环称为心脏按压术。可以在病人的胸骨下部有节律的压迫和放松,进行胸外按压,必要时还可以开胸直接进行胸内心脏按压。心跳或呼吸骤停后,全身组织缺血缺氧,体内发生一系列严重病理变化,因此在进行心脏按压和人工呼吸的同时,还必须采取其他多方面的抢救措施,最后方能使循环和呼吸功能恢复,使体内其他重要器官不遗留功能障碍。

第二节 血 管 功 能

分布于人体各组织、器官的血管是一个连续且相对密闭的管道系统,包括动脉、毛细血管和静脉,它们与心脏一起构成心血管系统。体循环中的血量约为总血量的 84%,其中约 64% 位于静脉系统内,约 13% 位于大、中动脉内,约 7% 位于小动脉和毛细血管内;心腔的血量仅占其 7% 左右,肺循环中的血量约占其 9%。不过,全部血液都需流经肺循环,而体循环则由许多相互并联的血管环路组成,在这样的并联结构中,即使某一局部血流量发生较大的变动,也不会对整个体循环产生很大影响。

一、各类血管的功能特点

各类血管因管壁结构及其所在的部位不同,而有不同的功能特点。

1. 弹性贮器血管　主动脉、肺动脉及其较大的分支为弹性贮器血管。此类血管管壁厚、富含弹性纤维,有较大的弹性和扩张性,起弹性贮器作用。心室收缩期,血管被动扩张,容量增大,储存部分血液,并缓冲收缩期血压使之不致过高;在心室舒张期,被动扩张的血管弹性回缩,将射血期储存在大动脉的血液继续推向外周,并维持舒张期血压使之不致过低。

2. 分配血管　弹性贮器血管以后到小动脉以前的中动脉为分配血管。因管壁平滑肌较多,故收缩较强,其功能是将血液输送到各器官组织起分配血量的作用。

3. 阻力血管　小动脉和微动脉管径小,富含平滑肌,对血流阻力大,故称阻力血管。其平滑肌的舒缩可改变血管口径和血流阻力,进而改变所在组织、器官的血流量。

4. 交换血管　交换血管是指真毛细血管,其管壁仅由单层内皮细胞和一薄层基膜构成,故通透性大,是血液和血管外组织液进行物质交换的场所。真毛细血管起始部的环状平滑肌称毛细血管前括约肌,它的收缩和舒张起"闸门"作用,可控制毛细血管的关闭和开放调节微循环血流量。

5. 容量血管　容量血管是指静脉系统。静脉与相应的动脉相比,数量多,口径粗,管壁薄,易扩张,故其容量较大。安静状态下,循环血量的 60%~70% 容纳在静脉中,因此,静脉起着血液储存库的作用,故称其为容量血管。

二、血流量、血流阻力与血压

血液在心血管系统中流动的力学称为血流动力学(hemodynamics)。其研究的基本问题是流量、阻力和压力以及三者之间的关系。

(一) 血流量

单位时间内流过血管某一截面的血量称血流量(blood flow),又称容积速度。单位为 ml/min 或 L/min。血液中的一个质点在血管内移动的线速度称血流速度(velocity of blood flow),单位为 cm/s。血液在血管内流动时,血流速度与血流量成正比,与血管的横截面积成反比。按照流体力学的一般原理,单位时间内液体的流量(Q)可用下列公式表示:

$$Q=\Delta P/R$$

ΔP 为管道两端的压力差,R 为管道对液体的阻力,由于循环系统是一个封闭的系统,动脉、静脉和毛细血管各段总的血流量都是相等的,即 Q 等于心排出量。R 为体循环的血流阻力,也称外周阻力。在体循环中,ΔP 是主动脉压与右心房压的压力差,基本接近于主动脉压(P),上述公式可写为 $Q=P/R$。在一般情况下,不同器官的动脉血压基本相等,故某器官的血流量主要取决于该器官对血流的阻力。

(二) 血流阻力

血液在血管内流动时所遇到的阻力称血流阻力。血液流动时,血液内部的摩擦、血液与血管壁之间的摩擦产生阻力,消耗的能量通常表现为热能。这部分热能不能再转换成动能,故压力在驱动血液流动时,因需不断克服阻力而逐渐降低。根据泊肃叶定律,单位时间内液体的流量(Q)与管道两端的压力差(ΔP)及管道半径(r)的 4 次方成正比,与管道长度(L)成反比,用方程式表示为:

$$Q=K(\Delta P)r^4/L$$

方程式中 K 为常数,等于 $\pi/(8\eta)$,其中 η 为液体黏滞度。则此方程式可写为:

$$Q=(\Delta P)\pi r^4/(8\eta L)$$

通过比较泊肃叶定律方程式和 $Q=P/R$ 公式,则可得出计算血流阻力的方程式:

$$R = 8\eta L/(\pi r^4)$$

可见,血流阻力与血管的长度和血液的黏滞度成正比,与血管半径的 4 次方成反比。在生理条件下,血管长度和血液黏滞度的变化很小,但血管的口径易受神经 - 体液因素的影响而改变,特别是富含平滑肌纤维的小动脉和微动脉(形成外周阻力的主要血管)。机体主要通过控制各血管的口径而改变外周阻力,从而有效地调节各器官的血流量。

(三) 血压

血压(blood pressure)是血管内流动的血液对单位面积血管壁的侧压力(压强)。依照国际标准计量单位规定,压强的单位为帕(Pa),即牛顿 / 米 ^{2}(N/m^2),血压数值常用千帕(kPa)表示。但习惯上仍常用毫米汞柱(mmHg)为单位(1mmHg=0.133kPa,1kPa=7.5mmHg)。大静脉的压力较低,常以厘米水柱(cmH_2O)为单位($1cmH_2O=98Pa$)。在不同血管内分别称为动脉血压、毛细血管血压和静脉血压。由于血液在血管内流动时要克服血流阻力而不断消耗能量,所以从动脉到静脉,血压逐渐降低,而以微动脉处的降落幅度最大、速度最快(图 3-14)。一般所说的血压是指动脉血压。

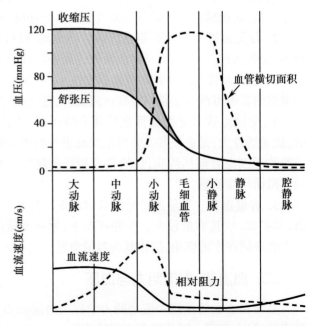

图 3-14 血管系统中压力、流速和总横切面积之间的关系

三、动脉血压和脉搏

(一)动脉血压

动脉血压(arterial blood pressure)是指动脉血管内血液对血管壁的压强。一般是指主动脉内的血压。血压的计量单位是千帕(kPa)或毫米汞柱(mmHg)。由于在大动脉内血压下降幅度很小,为测量方便,通常以肱动脉血压代表主动脉血压。在血管内,血液流动需要不断克服阻力消耗能量,因此从主动脉到右心房,血压是逐渐降低的。各段血管中,以小、微动脉阻力最大,血压降低的幅度也最大。

1. 动脉血压的概念 在一个心动周期中,动脉血压随心的舒缩活动而发生周期性变化。心室收缩期动脉血压上升,达到最高点的数值,称为收缩压(systolic pressure)。心室舒张期动脉血压下降,降至最低点的数值,称为舒张压(diastolic pressure)。收缩压与舒张压之差称为脉搏压,简称脉压(pulse pressure)。一个心动周期中动脉血压的平均值称为平均动脉压(mean arterial pressure)。由于心动周期中心室舒张期长于心室收缩期,故平均动脉压更接近舒张压。平均动脉压简略估算,约等于舒张压加 1/3 脉压。

2. 动脉血压的正常值 我国健康青年人在安静状态时的收缩压为 100~120mmHg(13.3~16.0kPa),舒张压为 60~80mmHg(8.0~10.6kPa),脉搏压为 30~40mmHg(4.0~5.3kPa)。

动脉血压不仅存在个体差异而且还有性别和年龄的差异。一般来说,肥胖者动脉血压稍高于中等体型者;女性在更年期前动脉血压比同龄男性的低,更年期后动脉血压升高;男性和女性的动脉血压都随年龄的增长而逐渐升高,收缩压的升高比舒张压的升高更为显著,至 60 岁时,收缩压约 140mmHg(18.6kPa)。

血压是推动血液循环和保证各组织器官血流量的必要条件,只有全身各个组织器官得到充足的血液灌注,才能保证正常的生命活动。动脉血压是心血管功能活动的重要指标,也是衡量整体功能状态的一个重要指标。血压过低可使各组织器官血液供应不足,特别是脑、心、肾等重要器官可因缺血而造成严重后果。血压过高,心室肌后负荷增加,可导致心室扩大,甚至心力衰竭。同时,过高的血压还可能引起血管壁的损伤,如脑血管破裂造成脑出血。

3. 动脉血压的形成机制 循环系统中有足够的血液充盈是形成血压的前提条件;心室收缩射血所产生的血流动力与血液在小、微动脉所遇到的外周阻力是形成动脉血压的两大要素;大动脉弹性起到使血液连续流动和缓冲动脉血压的作用。

(1)循环系统中有足够的血液充盈:心血管系统中血液充盈程度可用循环系统平均充盈压(mean circulatory filling pressure)来表示。循环系统平均压决定于血量和循环系统容积之间的相对关系。若血量增多或循环系统容积变小,则循环系统平均充盈压就增高;血量减少或循环系统容积增大,则循环系统平均充盈压就降低。

(2)心脏射血产生的动力:是动脉血压形成的必要条件。心室收缩时所释放的能量一部分作为流动的动能,推动血液向前流动;另一部分则转化为大动脉扩张所储存的势能。在心室舒张时,大动脉发生弹性回缩,将储存的势能再转换为动能,继续推动血液向前流动。

(3)外周阻力:外周阻力(peripheral resistance)主要是指小动脉和微动脉对血流的阻力。外周阻力使得心室每次收缩射出的血液只有大约 1/3 在心室收缩期流到外周,其余的暂时储存于主动脉和大动脉中,因而使得动脉血压升高。如果没有外周阻力,那么在心室收缩时射入大动脉的血液将全部迅速地流到外周,此时大动脉内的血压将不能维持在正常水平。

(4)主动脉和大动脉的弹性储器作用:心脏收缩射血时,主动脉和大动脉被扩张,可多容纳一部分血液,使得射血期动脉压不会升得过高。当进入舒张期后,扩张的主动脉和大动脉依其弹性回缩,推动射血期多容纳的血液流入外周,这可将心室的间断射血转变为动脉内持续流动的血液,另一方面可维持舒张期血压,不会过度降低。大动脉管壁的弹性一方面保持动脉内血液的连续流动;另一方面缓冲心动周期中动脉血压波动的作用(图 3-15)。

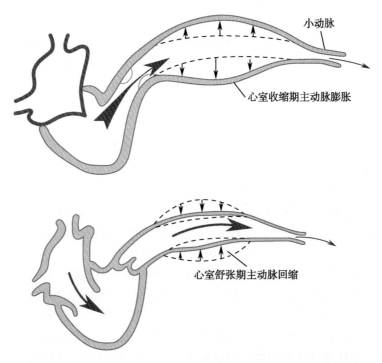

心室收缩期主动脉膨胀

心室舒张期主动脉回缩

小动脉

图 3-15　主动脉弹性作用示意图

4. 影响动脉血压的因素　在生理情况下,动脉血压的变化是多种因素影响的,下面讨论影响动脉血压因素中,假设其他因素不变。

(1) 搏出量:在整体内其他条件不变的情况下,动脉血压和搏出量是成正比的。心室收缩期射入动脉的血液量增多,血液对动脉管壁侧压力增大,故收缩期动脉血压明显升高。由于动脉血压升高,使血液加快流向外周。至心室舒张期末,动脉内存留的血液量与每搏排出量增加之前相比,增加并不多,故舒张压升高较少。反之,当心室肌收缩力减弱,搏出量减少时,则主要表现为收缩压的降低。因此,心室肌收缩力(或搏出量)主要影响收缩压。

(2) 心率:如果心率加快,而其他因素不变,对动脉血压的影响表现为舒张压明显升高,脉压减小。因为心率加快时,心舒期的缩短较心缩期缩短明显,心舒期内流至外周的血液减少,心舒期末存留在动脉内的血液增多,故舒张压升高较多。反之,心率减慢则舒张压的降低较收缩压明显。

(3) 外周阻力:心排出量不变而外周阻力增大时,收缩压与舒张压均增高,但舒张压升高的幅度大于收缩压。这是因为外周阻力增大时,血液向外周流动的速度变慢,使心舒期末存留于动脉内的血量增多,因而舒张压明显增高。在心缩期内由于动脉压升高,使血流速度加快,动脉内增多的血量相对较少,故收缩压的升高不如舒张压明显。因此外周阻力增大时,舒张压增高的幅度大于收缩压。当外周阻力减小时,舒张压的降低也较收缩压明显。一般情况下,舒张压的高低主要反映外周阻力的大小。

外周阻力的改变,主要是骨骼肌和腹腔器官阻力血管口径的改变。临床上常见的高血压病主要是由于小、微动脉弹性降低、管腔变窄,使外周阻力增大,故以舒张压的增高为主。此外,血液黏滞度也是构成血流阻力的因素之一,其与血流阻力呈正变关系,因此,血液黏滞度的变化也会影响动脉血压。血液黏滞度的大小主要取决于红细胞数量的多少。红细胞增多症时,动脉血压则有所升高。严重贫血时,红细胞数量减少,血液黏滞度降低,血流阻力减小,动脉血压有所降低。

(4) 大动脉管壁弹性:大动脉的弹性贮器功能对动脉血压有缓冲作用,使收缩压不致过高,舒张压不致过低。老年期,大动脉管壁弹性降低,缓冲血压的功能减弱,本应导致收缩压升高,舒张压降低;但是老年人多伴有小、微动脉硬化,外周阻力增加,这会使收缩压和舒张压都增高。总的结果是收缩压明显上升,而舒张压变化不大。一旦舒张压明显增高,则有发生某种疾病的可能。这也是临床上更加重视舒张压的原因之一。

(5) 循环血量与血管容量:循环血量与血管容量之间保持适当的相对关系是维持正常循环系统平均充盈压的基本条件。如血管容量不变,循环血量减少,或循环血量不变,血管容量增大,均会导致循环系统平均充盈压下降,使动脉血压降低。与此同时,循环系统平均充盈压还影响静脉回心血量(详见下文),后者通过对搏出量的影响也对动脉血压发生影响。

以上讨论的是在其他因素不变的前提下,分析某一因素对动脉血压可能发生的影响。实际上,在不同生理情况下,上述各种影响动脉血压的因素可同时发生改变。因此,在完整人体内,动脉血压的维持是多种因素综合作用的结果。

知识链接

高 血 压

高血压(hypertension)是以体循环动脉压增高为主要表现的临床综合征,为最常见的心血管疾病,可分为原发性高血压和继发性高血压。除引起高血压本身有关的症状外,长期高血压还可成为多种心血管疾病的重要危险因素,最终引起严重后果。

血压水平的定义和分类:

正常血压:收缩压 <120mmHg 和舒张压 <80mmHg

正常高值:收缩压 120~139mmHg 和舒张压 80~89mmHg

高血压:收缩压 ≥140mmHg 或舒张压 ≥90mmHg

1 级高血压(轻度):收缩压 140~159mmHg 或舒张压 90~99mmHg

2 级高血压(中度):收缩压 160~179mmHg 或舒张压 100~109mmHg

3 级高血压(重度):收缩压 ≥180mmHg 或舒张压 ≥110mmHg

单纯收缩期高血压:收缩压 ≥140mmHg 和舒张压 <90mmHg

(二)动脉脉搏

动脉血压随左心室收缩和舒张活动呈周期性波动。这种周期性血压变化所引起的动脉血管的扩张与回缩称为动脉脉搏(arterial pulse),简称脉搏。通常在桡动脉处触摸。

由于动脉脉搏与心排出量、动脉管壁弹性以及外周阻力等因素有密切关系,因此可以在一定程度上反映心血管的功能状态,并有助于诊断某些疾病。如心率快,脉搏也快;心律失常,脉搏也不规则;收缩压高,脉搏紧张度高;血管内血液充盈度高、脉压大,则脉搏强。

由于血管壁的可扩张性和阻力血管的作用,脉搏波在传播过程中逐渐衰减。小动脉和微动脉对血流的阻力最大,故在微动脉段以后脉搏波动即大大减弱,到达毛细血管时,脉搏已基本消失。

四、静脉血压和静脉血流

静脉血管不仅是血液回流入心的通道,而且由于其易扩张、容量大,因此,静脉系统在血液贮存方面起着重要作用。静脉的收缩和舒张可使其容积发生较大变化,从而有效地调节循环血量,以适应人体不同情况的需要。

(一)静脉血压

1. 中心静脉压　右心房和胸腔内大静脉的血压称为中心静脉压(central venous pressure，CVP)，其正常值为 0.4~1.2kPa(4~12cmH₂O)。中心静脉压的高低取决于心脏射血能力和静脉回心血量之间的相互关系。心脏射血能力较强，能及时将回流入心脏的血液射入动脉，则中心静脉压较低;反之，心脏射血能力减弱，不能及时将回流入心脏的血液射入动脉，则中心静脉压升高。在静脉回流速度加快、循环血量增加、全身静脉收缩或微动脉舒张等情况下，中心静脉压都会升高。可见，中心静脉压是反映心血管功能的又一指标。临床上在用输液治疗休克时，除观察动脉血压变化外，也要观察中心静脉压的变化。如果中心静脉压偏低或有下降趋势，常提示输液量不足;如果中心静脉压高于正常并有进行性升高的趋势，则提示输液过快或心脏射血功能不全。

2. 外周静脉压　各器官的静脉压称为外周静脉压(peripheral venous pressure)。人体平卧时的肘静脉压为 0.5~1.4kPa(5~14cmH₂O)。当心脏射血功能减弱(如右心衰竭)而使中心静脉压升高时，静脉回流将会减慢，较多的血液滞留在外周静脉内，使外周静脉压升高。故外周静脉压也可反映心脏的功能状态。

(二)静脉血流及其影响因素

外周静脉血流速度一般是均匀的，在体循环内受外周静脉压与中心静脉压之差的推动。凡能改变两者之间压力差的因素，均能影响静脉血液的回流。

1. 循环系统平均充盈压　循环系统平均充盈压是反映血管系统充盈程度的指标。循环血量增加或容量血管收缩时，循环系统平均充盈压升高，静脉回心血量增多;反之，循环血量减少或容量血管舒张时，循环系统平均充盈压降低，静脉回心血量减少。

2. 心室收缩能力　心室收缩能力加强，心室射血分数增大，使心舒期心室内压降低，对心房和大静脉内血液的抽吸力量增强，静脉回心血量增多;心室收缩能力减弱，心室射血分数减小，使心舒期心室内压升高，对心房和大静脉内血液的抽吸力量减弱，静脉回心血量减少。因此，右心衰竭时，可出现颈外静脉怒张，肝充血肿大，下肢浮肿;左心衰竭时，可出现肺淤血和肺水肿。

3. 骨骼肌的挤压作用　静脉具有只能向近心方向开放的瓣膜结构，能防止血液逆流。当骨骼肌收缩时，静脉受到挤压，静脉内压力升高，血液被挤向心脏;当骨骼肌舒张时，静脉内压力降低，有利于血液从毛细血管流入静脉而使静脉充盈。当肌肉再次收缩时，又可将较多的血液挤向心脏。因此，瓣膜和骨骼肌节律性的舒缩运动共同组成肌肉泵或静脉泵(图 3-16)，促进静脉血液回流。

4. 呼吸运动　吸气时，胸腔容积加大，胸膜腔负压值增大，使胸腔内的大静脉和右心房被牵引而扩张，中心静脉压降低，有利于外周静脉内的血液回流入右心房。呼气时，胸膜腔负压值减小，由外周静脉回流入右心房的血量也相应减少。呼吸运动对左、右心静脉回心血量有不同影响。吸气时由于肺扩张，肺血管容积增大，能贮留较多的血液，由肺静脉回流入左心房的血量减少;呼气时则相反。可见，深呼吸可以促进身体低垂部位的静脉血液回流。

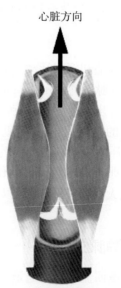
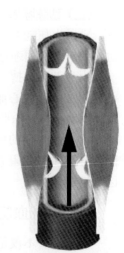

心脏方向　　　　　　　心脏方向

骨骼肌收缩　　　　　　骨骼肌舒张

图 3-16　肌肉泵

5. 重力和体位　当人体从卧位转变为立位时,身体低垂部位静脉血压比卧位时高得多,如足部血管内的血压比平卧位增高80mmHg(图3-17)此时低垂部位静脉扩张,容量增大,多容纳约500ml血液,故回心血量减少,心排出量降低,动脉血压下降,健康人可通过压力感受性反射作用使血压迅速回升。但对于长期卧床的病人,静脉管壁的紧张性较低,可扩张性较高,加之腹腔和下肢肌肉的收缩力量减弱,对静脉的挤压作用减小,从平卧位突然站立起来时,可因大量血液滞留在下肢,回心血量过少而发生昏厥。

五、微循环

微循环(microcirculation)是指微动脉与微静脉之间微血管中的血液循环。基本功能是进行血液和组织之间的物质交换,使得组织液不断更新,内环境保持稳态,组织细胞的新陈代谢才能正常进行。

(一) 微循环的组成和血流通路

各器官、组织的结构和功能不同,微循环的结构也不同。典型的微循环由微动脉、后微动脉、毛细血管前括约肌、真毛细血管、通血毛细血管、动-静脉吻合支和微静脉等部分组成(图3-18)。

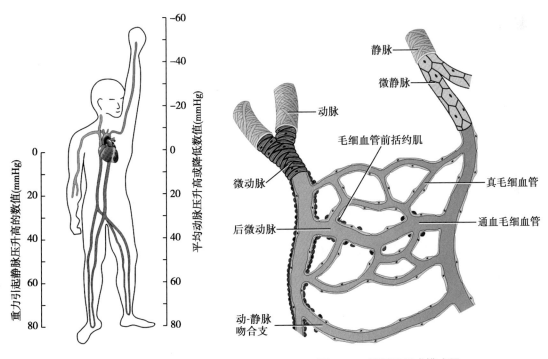

图 3-17　直立体位对静脉压的影响　　　　图 3-18　微循环组成模式图

微循环的血流通路有直捷通路、迂回通路和动静脉短路,每条通路有不同的组成和功能(表3-2)。

表 3-2　微循环通路的主要途径、开放情况和生理功能

血流通路	血流主要途径	开放情况	主要生理功能
直捷通路	通血毛细血管	经常开放	保证静脉血回流
迂回通路	真毛细血管	交替轮流开放	实现物质交换
动-静脉短路	动-静脉吻合支	需要时开放	调节体温

1. **直捷通路**　血液从微动脉经后微动脉和通血毛细血管进入微静脉为直捷通路。较多分布于骨骼肌中。其管径较粗,血流速度较快,并经常处于开放状态,物质交换极少。其主要功能是使一部分血液迅速通过微循环进入静脉,以保证静脉回心血量。

2. **迂回通路**　血液经微动脉、后微动脉、毛细血管前括约肌和真毛细血管网汇集到微静脉为迂回通路。该通路中真毛细血管数量多,迂回曲折,交错成网,穿插于各细胞间隙,横截面积大,管壁很薄,通透性大,血流缓慢,是实现血液与组织液之间物质交换的主要场所,故又称为营养通路。真毛细血管网交替轮流开放,在同一时间内大约有 20% 的真毛细血管开放。

3. **动 - 静脉短路**　血液从微动脉经动 - 静脉吻合支直接流入微静脉为动 - 静脉短路,主要分布于皮肤上,其管壁较厚,血流速度快,无物质交换功能,故又称为非营养通路。其功能是参与体温调节。一般情况下该通路经常处于关闭状态,以保存体内的热量。当环境温度升高时,交感神经紧张性降低,动-静脉短路开放增多,皮肤血流量增大,使皮肤温度升高,散热增多;反之,散热减少。

(二) 微循环血流量的调节

微循环血流量受毛细血管前后阻力的影响。毛细血管前阻力来自微动脉、后微动脉和毛细血管前括约肌。微动脉控制整个微循环的血流量,起着"总闸门"作用。后微动脉和毛细血管前括约肌控制所属部分毛细血管网的血流量,起着"分闸门"作用。毛细血管后阻力来自微静脉,起着"后闸门"作用。微循环受神经,体液双重因素的控制,以局部体液调节为主。

1. **局部体液调节**　局部组织代谢产物(如 CO_2、乳酸、腺苷、组胺、K^+、H^+ 等)能使局部血管舒张。后微动脉和毛细血管前括约肌主要受局部代谢产物的调节。在安静状态下,组织代谢水平较低,局部代谢产物积聚较慢,分闸门处于收缩状态,真毛细血管网关闭。毛细血管网关闭一段时间后,局部组织中代谢产物积聚增多,使分闸门血管舒张,真毛细血管网开放,血流清除局部代谢产物,分闸门血管又收缩,使真毛细血管网重新关闭(图 3-19)。如此周而复始。当组织活动水平增高时,代谢加快,代谢产物积聚迅速增多,使毛细血管网大量开放,微循环灌流量大大

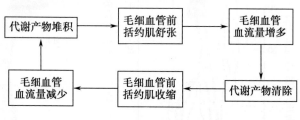

图 3-19　微循环血流调节示意图

增加,使毛细血管与组织、细胞之间进行交换的面积增大,同时交换的距离缩短,从而适应组织代谢增强的需要。局部体液因素在微循环血流量的调节中起着重要的作用。

2. **神经和体液因素的调节**　微动脉和微静脉均受交感缩血管神经的支配。但微动脉神经分布密度较大,故当交感神经紧张性增高时微动脉收缩比微静脉明显,主要引起前阻力增大,使器官血流量减小。后微动脉和毛细血管前括约肌无直接神经支配,其舒缩活动主要受体液因素控制,全身性体液物质如去甲肾上腺素、肾上腺素、血管紧张素等可使其收缩。

　知识链接

改善微循环

自 20 年代以来就已开始了微循环的研究,但微循环这个名词是在 1954 年第一届美国微循环会议上才正式确定和使用。微循环的研究已从显微镜下直接观察血流,深

入到细胞和分子水平。

微循环供给组织细胞氧气和养料,带走代谢废物,保证了正常生命活动的进行。微循环紊乱参与了许多疾病的发生,如急性的炎症、创伤、烧伤、休克,慢性的溃疡病、肝炎、肝硬化、老年性高血压病、糖尿病、心脑血管疾病等。因此改善微循环有助于身体的强健和疾病的康复,寻求好的改善微循环的方法一直为医学界所重视。比如防治红细胞聚集、白细胞贴壁黏着、血小板聚集及微血栓形成。改善微循环增加总的血流量的方法包括药物和非药物疗法两大类。在药物疗法中以山莨菪碱,阿托品等为代表,已成为我国临床医生治疗微循环紊乱和抢救某些重症病人的广泛应用的药物。在非药物疗法中,常用的多种物理疗法,包括超短波、频谱、氦氖激光、热疗、矿泉浴等均有扩张微血管和增加血流量的作用。

六、组织液与淋巴液的生成和回流

存在于组织细胞间隙内的细胞外液称组织液。绝大部分组织液呈胶冻状,不能流动,因此不会受重力影响流至身体的低垂部位。组织液中除蛋白质浓度明显低于血浆外,其他成分与血浆相同。淋巴液来自组织液,经淋巴管系统回流入静脉。

(一)组织液的生成和回流

组织液是血浆成分通过毛细血管壁滤出而形成的。除蛋白质含量较少以外,其他成分均与血浆相似。毛细血管壁通透性是组织液生成的结构基础,有效滤过压是组织液生成的动力。

1. 毛细血管壁的通透性 因毛细血管壁由单层内皮细胞和基膜组成,故对各种物质的通透性大,血浆中除蛋白质以外,其他成分均能透过毛细血管壁。理化因素如温度升高、缺O_2、CO_2增多、毒素、组胺等可使其通透性增大。

2. 有效滤过压 组织液是血浆经毛细血管壁滤过生成的,同时组织液又通过重吸收回流入毛细血管。液体通过毛细血管壁的滤过和重吸收取决于四种力量的对比,即毛细血管血压、血浆胶体渗透压、组织液静水压和组织液胶体渗透压。其中毛细血管血压和组织液胶体渗透压是促使液体从毛细血管内向毛细血管外滤过的力量,即组织液生成的力量;血浆胶体渗透压和组织液静水压是促使组织液被重吸收,向毛细血管内回流的力量。滤过的力量减去重吸收的力量,所得的差称为有效滤过压,可表示为:

有效滤过压 =(毛细血管血压 + 组织液胶体渗透压)-(血浆胶体渗透压 + 组织液静水压)

当有效滤过压为正值时,液体从毛细血管内滤出,即组织液生成;当有效滤过压为负值时,液体被重吸收入毛细血管,即组织液回流。正常情况下,人的毛细血管动脉端的血压平均为 30mmHg,组织液静水压约 10mmHg,血浆胶体渗透压约 25mmHg,组织液胶体渗透压约 15mmHg。按上式计算,毛细血管动脉端的有效滤过压等于 10mmHg。血液流经毛细血管至静脉端时血压降低,平均为 12mmHg,而组织液静水压、血浆胶体渗透压和组织液胶体渗透压基本不变,毛细血管静脉端的有效滤过压等于 –8mmHg。因此,组织液在毛细血管动脉端不断生成,而在静脉端则不断回流(图 3-20)。

血液流经毛细血管时,血压是逐渐下降的。其他三个因素无明显变化,因此有效滤过压自然也是逐渐由正值下降到零,而后转变为负值的。所以组织液的生成和回流是一个逐渐变化移行的过程。从数值上分析,在毛细血管壁两侧,滤过的力量 10mmHg 大于重吸收的力量 8mmHg,因此生成的组织液中大约只有 90% 被重吸收回血液,其余部分则进入毛细淋巴管,形成淋巴液,经淋巴系统回流入血。

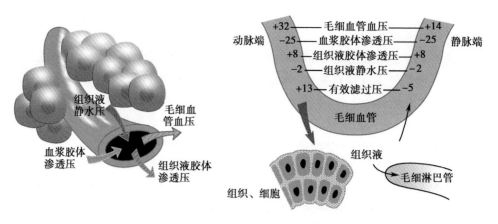

图 3-20　组织液生成和回流示意图

3. 影响组织液生成的因素　在正常情况下,组织液的生成与回流总是维持着动态平衡,以保证体液的正常分布。如滤过增多或重吸收减少,使平衡受到破坏,可导致液体在组织间隙潴留,形成水肿。

(1) 毛细血管血压:其他条件不变,毛细血管血压增高,有效滤过压增大,可使组织液生成增多,回流减少,而引起水肿。如炎症时,炎症部位小动脉扩张,毛细血管前阻力减小,进入毛细血管的血量增加而使毛细血管血压增高,引起局部水肿。右心衰竭时,静脉回流障碍,全身毛细血管后阻力增大,而使毛细血管血压增高,可引起全身水肿。

(2) 血浆胶体渗透压:某些肾疾病,蛋白质随尿排出,使血浆蛋白含量减少,血浆胶体渗透压降低,导致有效滤过压增大而引起水肿。营养不良,蛋白质摄入过少,或肝疾病,蛋白质合成减少等情况,均可使血浆蛋白质减少,导致血胶体渗透压降低,使有效滤过压增大而发生水肿。

(3) 淋巴液回流:已知从毛细血管滤出的组织液约有 10% 是经淋巴系统回流的。当局部淋巴管病变或被肿物压迫,使淋巴管阻塞时,受阻部位远心端的组织液回流受阻可出现局部水肿。

(4) 毛细血管通透性:蛋白质不易通过正常毛细血管壁,这就使血浆胶体渗透压和组织液胶体渗透压总能保持正常水平和一定差距。当毛细血管通透性异常增大时(如过敏、烧伤等情况),部分血浆蛋白渗出毛细血管,使病变部位组织液胶体渗透压升高,有效滤过压增大而发生局部水肿。

(二)淋巴液的生成和回流

1. 淋巴液生成和回流的机制　正常时,组织液的压力大于毛细淋巴管中淋巴液的压力,组织液顺压力差进入毛细淋巴管形成淋巴液,来自某一组织的淋巴液成分和该组织的组织液非常接近。在毛细淋巴管起始端,内皮细胞的边缘像瓦片般互相覆盖,形成向管腔内开启的单向活瓣。另外,当组织液积聚在组织间隙内时,组织中的胶原纤维和毛细淋巴管之间的胶原细丝可以将互相重叠的内皮细胞边缘拉开,使内皮细胞之间出现较大的缝隙。因此,含有血浆蛋白质的组织液可以自由地进入毛细淋巴管。淋巴液由毛细淋巴管汇入淋巴管,途中经过淋巴结并获

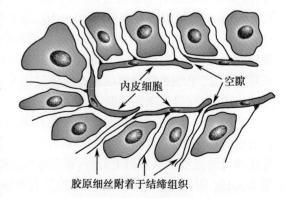

图 3-21　毛细淋巴管末端结构示意图

得淋巴细胞,最后汇聚成胸导管和右淋巴导管注入静脉。

2. 淋巴液生成和回流的功能 成人安静时,从淋巴管引流入血液循环的淋巴每小时约120ml,平均每日生成淋巴约2~4L,相当于人体血的总量。充分说明淋巴循环是使组织液向血液循环回流的一个重要的辅助功能系统。淋巴循环具有以下重要功能:

(1)调节血浆和细胞间的液体平衡:淋巴的形成和回流入血,在毛细血管组织液的生成和回流的平衡上起着一定的作用,主要是补偿组织液在毛细血管静脉端回收的不足。从淋巴管回流的体液大约占整个组织液的1/10,所以淋巴管阻塞,淋巴积滞,可导致局部组织液增多(如丝虫病的象皮肿),严重时可使循环血浆量相对减少。

(2)回收组织液中的蛋白质:毛细血管动脉端可滤出某些小分子的血浆蛋白(主要为白蛋白)。这些蛋白质不能逆着浓度差从组织间重吸收入毛细血管。如果这些蛋白质不经淋巴管运走,必将堆积在组织间,致使组织液胶体渗透压升高,后者进而又促进毛细血管液体滤过增多、重吸收减小,结果引起严重水肿。

(3)运输脂肪:进食消化后,经小肠黏膜吸收的脂肪颗粒及多数长链脂肪酸和少量中链脂肪酸,约占肠道吸收总量的80%~90%由肠绒毛的毛细淋巴管吸收运输而导入血液。因此,吸收脂肪后的淋巴呈白色乳糜状,故肠绒毛的淋巴管又叫做乳糜管。

(4)淋巴结的防御屏障作用:在淋巴循环的途程中要经过许多淋巴结,其中的淋巴窦内有很多具有吞噬功能的巨噬细胞,它们能清除淋巴中的红细胞、细菌或其他微粒,使淋巴净化,减少感染扩散的危险。此外,淋巴结还产生淋巴细胞和浆细胞,参与免疫反应。

第三节 心血管活动的调节

人体在不同的生理状态下,各器官组织的代谢水平不同,对血流量的需要也不同。机体的神经和体液因素可对心脏和各部分血管的活动进行调节,使血流量在各器官之间的分配能适应各器官组织在不同情况下的需要。

一、神经调节

心肌和血管平滑肌接受自主神经支配。机体对心血管活动的神经调节是通过各种心血管反射实现的。

(一)心脏和血管的神经支配

1. 心脏的神经支配 心由心迷走神经和心交感神经双重神经支配。

(1)心交感神经及其作用:心交感神经起自脊髓第1~5胸段侧角神经元,支配窦房结、心房肌、房室交界、房室束和心室肌。

心交感神经兴奋时,导致心率加快、心肌收缩力加强、房室传导加快,心排出量增多,血压升高。心交感神经兴奋其末梢释放去甲肾上腺素,兴奋心肌细胞膜上的β_1受体,提高细胞膜和肌浆网对Ca^{2+}的通透性,导致Ca^{2+}内流和肌浆网的Ca^{2+}释放增多。去甲肾上腺素能使窦房结P细胞的4期自动去极速度加快,自律性增高,心率加快。在房室交界,去甲肾上腺素能增加细胞膜上钙通道开放的概率和Ca^{2+}内流,使慢反应细胞0期的幅度及速度均增大,传导加快。普萘洛尔是β受体阻断剂,他能阻断心交感神经对心的兴奋作用。

(2)心迷走神经及其作用:心迷走神经起自延髓迷走神经背核和疑核,支配窦房结、心房肌、房室交界、房室束及其分支。

心迷走神经兴奋时,导致心率减慢、心房肌收缩力减弱、房室传导减慢,心排出量减少,动脉血压降低。迷走神经兴奋其末梢释放乙酰胆碱,与心肌细胞膜上M型胆碱能受体结合,使细胞膜对K^+的通透性增大,促进K^+外流。由于自律细胞3期K^+外流增加,最大复极电位绝对值增大,4 期自动去极化速度减缓,使心率减慢;心房肌细胞动作电位平台期缩短,Ca^{2+} 内流减少,引起心房肌收缩能力减弱;慢反应细胞 0 期 Ca^{2+} 内流减少,动作电位 0 期去极速度和幅度减小,房室交界处兴奋传导速度减慢。阿托品是 M 型胆碱能受体阻断剂,能阻断心迷走神经对心脏的抑制作用。

心迷走神经和心交感神经平时均有紧张性活动(即表现有一定频率的神经冲动),对心脏的作用是相对抗的。在安静状态下,心迷走神经的作用比心交感神经的作用占有较大的优势。

2. 血管的神经支配 除真毛细血管外,血管壁都有平滑肌分布。支配血管平滑肌的神经纤维可分为缩血管神经纤维和舒血管神经纤维两大类,两者又统称为血管运动神经纤维。

(1) 缩血管神经纤维:缩血管神经纤维都是交感神经纤维,故一般称为交感缩血管纤维。其纤维起自脊髓胸腰段侧角,兴奋时其末梢释放的递质为去甲肾上腺素。血管平滑肌细胞有 α 和 $β_2$ 两类肾上腺素能受体。去甲肾上腺素与 α 肾上腺素能受体结合,可导致血管平滑肌收缩;与 $β_2$ 肾上腺素能受体结合,则导致血管平滑肌舒张。去甲肾上腺素与 α 肾上腺素能受体结合的能力较与 $β_2$ 受体结合的能力强,故缩血管纤维兴奋时主要引起缩血管效应,使外周阻力增大,血压升高。

与心脏不同,体内绝大多数血管只接受交感缩血管纤维单一神经支配。在安静状态下,交感缩血管纤维持续发放约 1~3 次 / 秒的低频冲动,称为交感缩血管纤维紧张,从而保持血管平滑肌一定程度的收缩状态。当交感缩血管纤维紧张增强时,血管平滑肌进一步收缩;交感缩血管纤维紧张减弱时,血管平滑肌收缩程度降低,血管舒张。因此,交感缩血管纤维紧张的变化可以起到调节不同器官血流阻力和血流量的作用。

(2) 舒血管神经纤维:体内有少数血管除接受交感缩血管纤维支配外,还接受舒血管纤维支配。舒血管神经纤维主要有以下几种:

1) 交感舒血管神经纤维:交感舒血管纤维末梢释放的递质为乙酰胆碱,与血管平滑肌的 M 型受体结合,引起血管舒张,阿托品可阻断其效应。交感舒血管纤维在平时没有紧张性活动,只有在情绪激动状态和发生防御反应时才发放冲动,使骨骼肌血管舒张,血流量增多。

2) 副交感舒血管神经纤维:脑膜、唾液腺、胃肠外分泌腺和外生殖器等少数器官,其血管平滑肌除接受交感缩血管纤维支配外,还接受副交感舒血管纤维支配。副交感舒血管纤维末梢释放的递质为乙酰胆碱,与血管平滑肌的 M 型胆碱能受体结合,引起血管舒张。副交感舒血管纤维的活动只对器官组织局部血流起调节作用。

(二) 心血管中枢

心血管中枢(cardiovascular center)是指与心血管活动有关的神经元胞体集中的部位。从大脑皮质到脊髓都存在着调节心血管功能的各级中枢,但基本中枢在延髓。

1. 延髓心血管中枢 延髓是调节心血管活动的基本中枢。包括延髓心交感中枢(心加速中枢)、心迷走中枢(心抑制中枢)和交感缩血管中枢。分别通过心迷走神经、心交感神经和交感缩血管神经来调节心血管活动。

2. 延髓以上的心血管中枢 在延髓以上的脑干部分以及大脑和小脑中,都存在与心血管活动有关的神经元。他们在心血管活动调节中所起的作用更加高级,表现为对心血管活动和机体其他功能之间的复杂整合作用。如电刺激下丘脑的防御反应区,立即引起动物的警觉状态,同时出现一系列心血管活动的变化,主要是心率加快、心搏力加强、心输出量增加、皮肤和内脏血管收缩、骨骼肌血管舒张。

(三) 心血管反射

心血管系统的活动时刻随人体的功能状态、活动水平以及环境的变化而调整。这种及时的调整是通过各种心血管反射实现的,其意义在于维持人体内环境的相对稳定和适应外环境的各种变化。

1. 颈动脉窦和主动脉弓压力感受性反射 当动脉血压升高时,可引起颈动脉窦和主动脉弓压力感受性反射(baroreceptor reflex),其反射效应是使心率减慢,外周血管阻力降低,血压回降。

压力感受器(baroreceptor)是位于颈动脉窦和主动脉弓血管外膜下的感觉神经末梢(图 3-22)。其不是直接感受血压的变化,而是感受血管壁的机械牵张刺激。当动脉血压升高时,动脉管壁被牵张的程度升高,压力感受器发放的神经冲动就增多。在一定范围内,压力感受器的传入冲动频率与动脉管壁的扩张程度成正比。颈动脉窦压力感受器的传入神经纤维组成颈动脉窦神经;窦神经合并入舌咽神经,进入延髓。主动脉弓压力感受器的传入神经纤维加入迷走神经干,同样进入延髓。延髓接受压力感受器等的传入冲动,通过神经通路:①兴奋迷走中枢,使迷走紧张增强;②抑制缩血管区神经元的活动,交感紧张减弱。

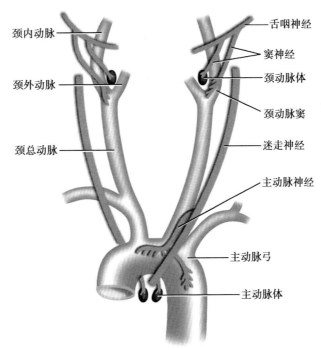

图 3-22 颈动脉窦和主动脉弓压力感受器和化学感受器

颈动脉窦和主动脉弓压力感受性反射过程及效应:动脉血压升高时,压力感受器传入冲动增多,通过中枢机制使心交感中枢紧张和交感缩血管中枢紧张减弱,心迷走中枢紧张加强,结果心率减慢,搏出量及心排出量减少,外周血管阻力降低,血压回降;反之,当动脉血压降低时,压力感受器传入冲动减少,使迷走中枢紧张减弱,交感中枢紧张加强,于是心率加快,心肌收缩力加强,房室传导加快,心排出量增加,外周血管阻力增加,血压回升。因此,压力感受性反射的意义在于维持正常动脉血压的相对稳定。

压力感受性反射平时对心血管活动有明显的调节作用。其在心排出量、外周血管阻力、血量、体位等发生突然变化的情况下,对动脉血压进行快速调节的过程中起重要的作用,使动脉血压不致发生过大的波动,故又称为稳压反射。生理学中常将压力感受器的传入神经称为缓冲神经(buffer nerves)。由于此反射引起的效应主要是血压下降,所以也称为降压反射(depressor reflex)。压力感受性反射在动脉血压的长期调节中并不起重要作用,患高血压时压力感受性反射的调节范围发生改变,即在较正常高的血压水平上进行调节,故动脉血压维持在比较高的水平。

2. 颈动脉体和主动脉体化学感受性反射 颈总动脉分叉处和主动脉弓区域下方存在有颈动脉体(carotid body)和主动脉体(aortic body)。这些小体中有特殊的感觉细胞和很细微的神经末梢,共同组成化学感受器(chemoreceptor),其内有丰富的血液供应。当动脉血液缺氧、CO_2 分压过高、H^+ 浓度过高时,感受器兴奋,其感觉信号分别经窦神经(合并入舌咽神经)和迷走神经传入延髓,然后使延髓内呼吸神经元和心血管活动神经元的活动发生改变(图3-23)。

化学感受性反射的效应主要是兴奋呼吸中枢,使呼吸加深加快(详见第四章)。同时对

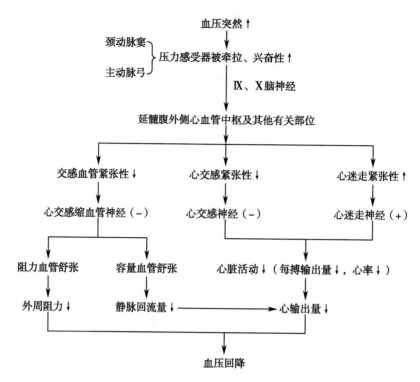

图 3-23 颈动脉窦和主动脉弓压力感受性反射调节

缩血管中枢也有兴奋作用,使皮肤、内脏和骨骼肌的血管收缩,外周阻力增大,回心血量增多。在正常情况下,化学感受性反射的作用主要是调节呼吸运动,对心血管活动的调节很少起作用。只在低氧、窒息、失血、动脉血压过低和酸中毒等情况下才明显调节心血管的活动,此时的主要意义在于重新分配血流量,优先保证心、脑等重要器官的血液供应。因此,一般认为这个反射属于应急反应。

二、体液调节

心血管活动的体液调节是指血液和组织液中一些化学物质对心肌和血管平滑肌的活动发生影响。可分为全身体液调节和局部体液调节。

(一)肾上腺素和去甲肾上腺素

肾上腺素和去甲肾上腺素在化学结构上都属于儿茶酚胺(catecholamine)是调节心血管活动的全身性体液因素之一。循环血液中的肾上腺素和去甲肾上腺素主要由肾上腺髓质分泌,其中肾上腺素约占80%,去甲肾上腺素约占20%。交感神经末梢释放的递质去甲肾上腺素也有一小部分进入血液循环。

肾上腺素主要与心肌细胞上的 β_1 受体结合,使心率加快,心收缩力加强,心排出量增加,临床上常用作强心药。肾上腺素对血管的作用取决于血管平滑肌上 α 和 β_2 肾上腺素能受体分布的情况。在皮肤、肾、胃肠等器官的血管平滑肌上,α 肾上腺素能受体占多数,使这些器官的血管收缩;在骨骼肌和肝的血管,β_2 肾上腺素能受体占多数,使这些器官的血管舒张。小剂量肾上腺素常以兴奋 β_2 肾上腺素能受体的效应为主,引起血管舒张,血压下降。大剂量时也兴奋 α 肾上腺素能受体,且作用强于兴奋 β_2 肾上腺素能受体的效应,引起血管收缩,血压升高。因肾上腺素对血管的作用既有收缩又有舒张,故对外周阻力影响不大。

去甲肾上腺素主要与 α 肾上腺素能受体结合,使全身血管广泛收缩,动脉血压升高,临床上常用作缩血管的升压药。去甲肾上腺素也可与心肌膜上 β_1 肾上腺素能受体结合,但较肾上腺素对心脏的作用弱。静脉注射去甲肾上腺素时可使全身血管广泛收缩,动脉血压升高;而血压升高导致压力感受性反射加强,使压力感受性反射对心脏的效应超过去甲肾上腺素对心脏的直接效应,故心率减慢。肾上腺素和去甲肾上腺素对心血管的作用见表3-3。

表 3-3 肾上腺素和去甲肾上腺素对心血管的作用

	心脏	血管
肾上腺素	主要与心肌细胞上的 β_1 受体结合,使心率加快,心收缩力加强,心排出量增加,临床上常用作强心药	使皮肤、肾、胃肠等器官血管收缩,而骨骼肌、肝脏、冠状血管舒张,对外周阻力影响不大
去甲肾上腺素	对心的直接作用与肾上腺素相似,使心率加快。但在整体内,由于压力感受性反射作用,使心率减慢	主要与 α 受体结合,使全身血管广泛收缩,动脉血压升高,临床上常用作缩血管的升压药

(二) 肾素 - 血管紧张素系统

大量失血、血压下降、肾血流量减少时,可刺激肾脏近球细胞大量分泌肾素,肾素进入血液后,使由肝脏合成并释放入血浆中的血管紧张素原水解,先后形成血管紧张素 I (Ang I)、血管紧张素 II (Ang II)和血管紧张素 III (Ang III)。

一般而言,对体内多数组织、细胞来说,Ang I 不具有活性。血管紧张素中最重要的 Ang II 有广泛的作用:①兴奋血管平滑肌 Ang II 受体,使全身微动脉收缩,外周阻力增高;使静脉收缩,回心血量增加,心排出量增多,故动脉血压升高;②作用于脑的某些部位,加强交感缩血管中枢紧张;③作用于交感神经节后纤维末梢,促进去甲肾上腺素的释放量增多,血管平滑肌收缩,外周阻力增大,动脉血压升高;④刺激肾上腺皮质球状带细胞合成和释放醛固酮,构成肾素 - 血管紧张素 - 醛固酮系统(renin-angiotensin-aldosterone system,RAAS)促进肾小管对 Na^+、H_2O 的重吸收,保钠保水,使细胞外液量增加,血量增多;⑤增强动物渴觉,导致饮水行为,血量增多。总之,Ang II 的效应均与血压升高有关,是目前已知的最强的缩血管活性物质之一。Ang III 的缩血管效应仅为 Ang II 的 10%~20%,但其刺激肾上腺皮质球状带合成和释放醛固酮的作用则较强。

(三) 血管升压素

血管升压素(vasopressin)由下丘脑视上核和室旁核的神经元合成,经下丘脑 - 垂体束运送至神经垂体贮存,平时少量释放进入血液循环。血管升压素作用于肾脏远曲小管和集合管上皮细胞的 V_2 受体,促进水的重吸收,故又称抗利尿激素;也可作用于血管平滑肌的 V_1 受体,引起血管收缩。在完整机体中,生理剂量的血管升压素的主要作用是抗利尿效应;只有当其血浆浓度明显高于正常时,才引起血压升高。在禁水、失水、失血等情况下,心肺容量感受器的传入冲动减少,血管升压素释放增加;血浆渗透压升高时,可刺激脑渗透压感受器,也使血管升压素释放增加。反之,血管升压素释放减少。

(四) 血管内皮生成的血管活性物质

血管内皮细胞可以合成、释放多种血管活性物质,引起血管平滑肌舒张或收缩。

1. 血管内皮合成的舒血管物质 主要包括一氧化氮(NO)、前列环素和内皮超极化因子等。NO 激活血管平滑肌细胞内的鸟苷酸环化酶,使 cAMP 浓度升高,游离 Ca^{2+} 浓度降低,引起血管舒张。内皮细胞内的前列环素合成酶可以合成前列环素,内皮超极化因子降低平滑肌细胞内 Ca^{2+} 浓度,使血管舒张。

2. 血管内皮细胞生成的缩血管物质 血管内皮细胞产生收缩血管的物质,称为内皮缩血管因子。内皮素是已知最强烈的缩血管物质之一。在生理情况下,血流对血管壁的切应力可促进内皮素的合成和释放。

(五) 心房钠尿肽

心房钠尿肽(atrial natriuretic peptide,ANP)是由心房细胞合成和释放的一种多肽。心房壁受牵拉可引起 ANP 释放。ANP 主要作用于肾脏,抑制 Na^+ 的重吸收,使肾脏排钠和排水增多(利钠和利尿)。ANP 可使血管舒张,外周阻力降低,还可使每搏排出量减少,心率减慢,故心排出量减少;此外,ANP 还能抑制肾素、血管紧张素、醛固酮、血管升压素的释放。这些作用都可导致体内细胞外液量减少,血压降低。

(六) 其他体液因素

1. 激肽(kinin)　是一类具有舒血管活性的多肽类物质,最常见的有血管舒张素和缓激肽。激肽可通过内皮释放 NO 而使血管平滑肌舒张,并能增加毛细血管通透性,参与对血压和局部组织血流的调节,是已知最强烈的舒血管物质;但激肽对其他平滑肌的作用则是引起收缩。

2. 前列腺素(prostaglandin,PG)　是一族活性强、种类多的二十碳不饱和脂肪酸。全身各部的组织细胞几乎都含有合成前列腺素的前体及酶,因此都能产生前列腺素。前列腺素按其分子结构的差别,可分为多种类型。前列腺素 E_2(PGE_2)和前列环素(PGI_2)具有强烈的舒血管作用,而前列腺素 $F_{2\alpha}$(PGF_{2\alpha})则使静脉收缩。

3. 组织胺(histamine)　是由脱羧酶催化组氨酸生成的。许多组织,特别是皮肤、肺和肠黏膜的肥大细胞中含有大量的组胺。当组织受到损伤或发生炎症和过敏反应时,都可释放组胺。组胺有强烈的舒血管作用,并能使毛细血管和微静脉管壁的通透性增加,组织液生成增多,导致局部水肿。

三、局部血流调节

在没有外来神经和体液因素的作用下,局部血管也可依赖自身舒缩活动的变化而实现对局部血流量的调节,称为血管的自身调节,一般认为主要有以下两类:

(一) 代谢性自身调节机制

局部组织中,多种代谢产物(如 CO_2、H^+、腺苷、ATP、K^+ 等)积聚或氧分压降低,舒血管作用超过缩血管作用,结果局部血管舒张,血流量增多。由此,组织获取了较多的氧,代谢产物被血流带走,舒血管作用减弱,局部血管又在恒定强度的全身性缩血管体液因素的作用下转为收缩。如此周而复始,形成负反馈自身调节。这种效应不仅决定了局部组织在同一时间处在开放状态的真毛细血管占其总数的百分比值,还决定了局部组织的血液灌流量。各组织器官代谢活动愈强,耗氧愈多,血流量也就愈多。

(二) 肌源性自身调节机制

许多血管平滑肌本身经常保持一定的紧张性收缩,称为肌源性活动。血管平滑肌还有一个特性,即当被牵张时其肌源性活动加强。因此,当供应某一器官的血液灌注压突然升高时,由于血管跨壁压增大,血管平滑肌受到牵张刺激而使其收缩活动增强。这种现象在毛细血管前阻力血管特别明显,其结果是增大器官的血流阻力,使器官的血流量不致因灌注压升高而增多,以保持器官血流量的相对稳定。

四、社会心理因素对心血管活动的影响

现代社会发展过程中引起的社会经济变化导致人类各种心理变化,心理活动有正性作用,促使人类社会向前发展;也有负性作用,导致各种社会问题和疾病。心血管疾病的发生发展与心理社会因素密切相关。

循环功能和机体的其他功能一样时刻受到社会心理因素的影响。许多心身疾病的发生

笔记

和发展与社会心理因素有密切的关系,如焦虑、抑郁、某种人格特征、社会孤立以及慢性的生活应激,可诱发高血压、心肌缺血、心律失常等。因此,培养健全的人格,学会应对挫折,始终保持健康的心态有利于预防心身疾病的发生。

 知识链接

不良的心理因素诱发心血管疾病

研究表明,负性生活刺激事件与高血压呈正相关。这是因为负性生活刺激事件导致一定心理刺激,引起机体紧张和应激反应。当心理应激达一定程度时,神经内分泌系统处于高唤醒状态,自主神经系统功能明显改变,交感神经活动加剧,血中儿茶酚胺浓度增高,心率增快,血压持续升高而不能恢复,最后导致高血压。

生气是一种很强的心理压力因素,导致心脏射血分数(EF)明显降低、心肌耗氧量升高。不良心理状态如抑郁和无望感可引起交感神经兴奋性增高,导致心脏生物电不稳定性,从而诱发心律失常。还可损害血小板功能,增加血小板反应度和促进血小板物质如血小板因子4等的释放,从而构成了抑郁症致动脉粥样硬化的病理生理机制的基础。

社会因素通过不良的生活方式和行为习惯,如吸烟、酗酒、持久紧张的高负荷工作和生活节奏等,激活神经内分泌机制、交感神经和血小板的活性,引起冠脉内皮的功能损伤,促进粥样斑块形成,促使冠脉狭窄、心肌缺血,从而引发冠脉痉挛和严重的心血管疾患。

第四节　器　官　循　环

器官血流量与进出这一器官的动、静脉血压差成正比,与该器官对血流的阻力成反比。但是,各器官的结构和功能特点各有不同,器官内部的血管分布又各有特征,因此,其血液供应的具体情况和调节机制也有各自的特征。本节讨论心、肺、脑几个主要器官的血液循环特征。

一、冠脉循环

心的工作量很大,又经常处于连续活动状态之中,它所需要的营养物质和氧气完全依靠冠脉循环供给,因此,冠脉循环对心功能极为重要。

(一)冠脉血流的特点

1. 血压高、血流量大　冠状动脉直接开口于主动脉根部,且冠脉循环的途径短,故血压高,血流快,循环周期只需几秒钟即可完成。在安静状态下,人冠脉血流量约为每百克心肌每分钟60~80ml,总的冠脉血流量约为225ml/min,占心排出量的4%~5%。当心肌活动加强,冠脉达到最大舒张状态时,冠脉血流量可增加到静息时的5倍。

2. 心肌摄氧能力强　心肌摄氧率比骨骼肌摄氧率高约1倍。动脉血流经心脏后,其中65%~70%的氧被心肌摄取。100ml动脉血含氧量为20ml,其流经心脏后,被摄取和利用的氧近13ml,静脉血中氧含量仅剩下7ml左右。心肌靠提高从单位血液中摄取氧的潜力较小,故心肌需要更多的氧气时主要依赖增加血流量,冠脉循环供血不足时,极易出现心肌缺氧现象。

3. 血流量受心肌舒缩的影响　心舒期供血为主,心脏血管的大部分分支深埋于心肌

笔记

内,心脏在每次收缩时对埋于其内的血管产生压迫,从而影响冠脉血流。在心室收缩期,由于心肌收缩的强烈压迫冠脉小血管,血流阻力大,冠状动脉血流减少。心室舒张时,对冠脉血管的压迫解除,故冠脉血流的阻力显著减小,血流量增加。安静时左心室收缩期的冠脉血流量仅约占舒张期血流量的20%~30%。可见,动脉舒张压的高低和心舒期的长短是影响冠脉血流量的重要因素。体循环外周阻力增大时,动脉舒张压升高,冠脉血流量增多。心率加快时,由于心动周期的缩短主要是心舒期缩短,故冠脉血流量也减少。右心室肌肉比较薄弱,收缩时对血流的影响不如左心室明显。在安静情况下,右心室收缩期的血流量和舒张期的血流量相差不多,甚至多于后者。

(二)冠脉血流量的调节

1. 心肌代谢水平的影响　冠脉血流量和心肌代谢水平呈正变关系。当心肌代谢增强时,腺苷、H^+、CO_2、乳酸等代谢产物可使冠状血管舒张,冠脉血流量增多。心肌本身的代谢水平是最重要的调节冠脉血流量的因素。在各种代谢产物中,腺苷起主要作用,它可使小动脉强烈舒张。

2. 神经调节　冠状血管受交感神经和迷走神经支配。交感神经对冠状血管的直接作用是激活冠脉平滑肌的 α 肾上腺素能受体,使其收缩,但交感神经兴奋又同时激活心肌的 β 肾上腺素能受体,使心率加快,心肌收缩加强,耗氧量增加,从而使冠脉舒张。故交感神经兴奋时,冠状血管表现为先收缩后舒张。迷走神经对冠状血管的直接作用是使其舒张,但实际上表现不明显。因为迷走神经兴奋使心率减慢,心肌代谢率降低,这些因素可抵消迷走神经对冠状动脉的直接舒张作用。一些药物如异丙肾上腺素对冠脉 β 肾上腺素能受体作用明显。

3. 激素调节　肾上腺素和去甲肾上腺素可通过增强心肌的代谢活动和耗氧量使冠脉血流量增加;同时也可直接作用于冠脉血管 α 或 β 肾上腺素能受体,引起冠脉血管收缩或舒张。甲状腺激素增多时,心肌代谢加强,耗氧量增加,可使冠脉舒张,血流量增大。血管紧张素 II 和大剂量血管升压素可使冠脉血管收缩,血流量减少。

 知识链接

冠 心 病

冠状动脉性心脏病简称冠心病。指由于脂质代谢不正常,血液中的脂质沉着在原本光滑的动脉内膜上,在动脉内膜一些类似粥样的脂类物质堆积而成白色斑块,称为动脉粥样硬化病变。这些斑块渐渐增多造成动脉腔狭窄,使血流受阻,导致心脏缺血,产生心绞痛。

临床分为隐匿型、心绞痛型、心肌梗死型、心力衰竭型(缺血性心肌病)、猝死型五个类型。其中最常见的是心绞痛型,最严重的是心肌梗死和猝死两种类型。

典型的冠心病心绞痛表现为阵发性的胸骨后不适,多呈挤压或紧缩感,常放射至左肩、左臂、左手,甚至颈部和喉部等,在激烈劳动或情绪激动、饱餐、受寒等时诱发。历时短暂,持续几秒到十几分钟,一般不超过20分钟,休息或舌下含服硝酸甘油片,即可缓解。但是,假如这些症状的发作频率比平时高、严重,或者症状经过休息和服用药物,15分钟还没缓解,应该及时送医院救治。

二、肺循环

(一)肺循环的生理特点

肺循环与呼吸功能配合实现肺泡和血液之间的气体交换。左右心室的每分排出量基本相同。但肺动脉及其分支较粗,管壁较薄,且肺循环的全部血管都在胸腔内,而胸腔内的压力低于大气压。这些因素使肺循环具有与体循环不同的一些特点。

1. 血流阻力小、血压低　肺动脉管壁薄,厚度仅为主动脉的 1/3。其分支短而管径较粗,具有较大的可扩张性,总横截面积大,且肺血管全部被胸内负压所包绕,故肺循环的血流阻力很小,使肺动脉压远比主动脉压低。右心室的收缩力远较左心室的弱,肺动脉压约为主动脉压的 1/6~1/5,平均肺动脉压约为 3mmHg(1.7kPa)。

2. 血容量变化大　肺循环的血容量约为 450ml,占全身血量的 9%。由于肺组织和肺血管的可扩张性大,肺部血容量的变化范围也较大。用力呼气时,肺部血容量减少到约 200ml;而深吸气时可增加到约 1000ml。故肺循环血管起着贮血库的作用。当机体失血时,肺循环可将一部分血液转移至体循环而起代偿作用。在每一个呼吸周期中,肺循环的血容量也发生周期性变化。吸气时血容量增多,呼气时血容量减少。因此,吸气初心排出量减少,动脉血压下降,并在吸气末降到最低点;呼气初心排出量增多,动脉血压回升,并在呼气末升至最高点。这种血压波动出现在呼吸周期中,称为动脉血压的呼吸波。

3. 无组织液存在　肺循环毛细血管血压平均约 0.9kPa(7mmHg),而血浆胶体渗透压平均为 3.3kPa(25mmHg),故将组织中的液体吸收入毛细血管的力量较大。现在一般认肺部组织液的压力为负压,这一负压使肺泡膜和毛细血管管壁互相紧密相贴,有利于肺泡和血液之间的气体交换。组织液负压还有利于吸收肺泡内的液体,使肺泡内没有液体积聚。在某些病理情况下,如左心衰竭时,肺静脉压力升高,肺循环毛细血管压也随着升高,可使液体积聚在肺泡或肺的组织间隙中而产生肺水肿。

(二) 肺循环血流量的调节

1. 肺泡气低氧的作用　急性或慢性的肺泡气低氧都能使肺部血管收缩,血流阻力增大。在肺泡气的 CO_2 分压升高时,低氧引起的肺部血管收缩更加显著。肺部血管收缩,肺血流减少,从而使较多的血液流经通气充足,肺泡气氧分压高的肺泡。在高海拔地区长期居住的人,因空气中氧气稀薄(氧分压过低),可引起肺循环微动脉广泛收缩,血流阻力增大,出现肺动脉高压,使右心室负荷长期加重而导致右心室肥厚。

2. 神经调节　肺循环血管受交感神经和迷走神经支配。刺激交感神经直接引起肺血管收缩和血流阻力增大;但在整体情况下,因体循环的血管收缩,将一部分血液挤入肺循环,肺循环血容量增加。刺激迷走神经可使肺血管轻度舒张,肺血流阻力稍下降。

3. 体液调节　在体液因素中,肾上腺素、去甲肾上腺素、血管紧张素 II、血栓素 A_2、前列腺素 $F_{2\alpha}$ 等能使肺循环的微动脉收缩;而前列环素、乙酰胆碱等可引起肺循环的微动脉舒张。组胺、5- 羟色胺能使肺循环的微静脉收缩,但均在流经肺循环后分解失活。

三、脑循环

(一) 脑循环的特点

1. 血流量大、耗氧量多　脑组织的代谢水平高,血流量较多。在安静情况下,每百克脑的血流量为 50~60ml/min,整个脑的血流量约为 750ml/min,占心排出量的 15% 左右。脑组织的耗氧量也较大,在安静状态下,整个脑的耗氧量约占全身耗氧量的 20%。

2. 血流量变化小　脑位于骨性的颅腔内,其容积是固定的。颅腔被脑、脑血管和脑脊液所充满,三者容积的总和也是固定的。由于脑组织和脑脊液都是不可压缩的,故脑血管舒缩程度受到很大限制,血流量变化小。

3. 存在血 - 脑脊液屏障和血 - 脑屏障　无孔毛细血管壁和脉络丛细胞中运输各种物质的特殊载体系统是血 - 脑脊液屏障的基础。脑循环的毛细血管壁内皮细胞相互紧密接触,并有一定的重叠,管壁上没有小孔。同时,毛细血管和神经元之间并不直接接触,而是被神

笔记

经胶质细胞隔开,这一结构特征对于物质在血液和脑组织之间的扩散起着屏障作用,称为血 - 脑屏障(blood-brain barrier)。

(二)脑血流量的调节

1. 脑血管的自身调节　脑血流量取决于脑的动、静脉之间的压力差和脑血管的血流阻力。在正常情况下,颈内静脉压接近于右心房压,且变化不大,故影响血流量的主要因素是颈动脉压。脑循环的正常灌注压为10.6~13.3kPa(80~100mmHg)。当平均动脉压在8.0~18.7kPa(60~140mmHg)范围内变化时,脑血管可通过自身调节的机制使脑血流量保持恒定。平均动脉压降低到8.0kPa(60mmHg)以下时,脑血流量就会显著减少,引起脑的功能障碍。反之当平均动脉压超过 18.7kPa(140mmHg)时,脑血流量显著增加。

2. CO_2 和 O_2 分压对脑血流量的影响　血液 CO_2 分压升高时,使细胞外液 H^+ 浓度升高而引起脑血管扩张,血流量增加。过度通气时,CO_2 呼出过多,动脉血 CO_2 分压过低,脑血流量减少,可引起头晕等症状。脑血管对 O_2 分压很敏感,低氧能使脑血管舒张;而 O_2 分压升高可引起脑血管收缩。

3. 脑的代谢对脑血流的影响　在同一时间内,脑不同部位的血流量不尽相同。各部分的血流量与该部分组织的代谢活动成正比。脑某一部位活动加强时,该部分的血流量就增多。这可能是通过代谢产物如 H^+、K^+、腺苷的聚积以及氧分压降低等,引起脑血管舒张。

4. 神经调节　脑血管有交感肾上腺素能纤维和副交感胆碱能纤维分布。二者对脑血管活动的调节作用不很明显。在多种心血管反射中,脑血流量一般变化都很小。

(冯润荷　蔡凤英)

 思考题

1. 心肌细胞生物电活动有哪些特点?
2. 心脏为什么能有节律地不停地跳动?
3. 怎样从心肌电生理特性理解窦性心律和异位心律的发生?
4. 心脏兴奋传导的特点是什么?
5. 血中钾离子浓度对心脏有何影响?
6. 心肌收缩力受哪些神经和体液因素的影响?
7. 什么是心排出量? 评价心脏泵血功能常用的指标有哪些?
8. 动脉血压如何形成的? 影响动脉血压的因素有哪些?
9. 正常人的动脉血压是怎样维持相对稳定的?
10. 肾上腺素和去甲肾上腺素对心血管的作用有哪些?
11. 冠脉循环血流有哪些特点?

第四章

呼　吸

1. 掌握　肺通气的概念、动力;胸内负压的形成原理及其生理意义;肺活量、用力呼气量的概念和正常值;每分肺泡通气量的概念。气体交换过程、通气/血流比值;氧和二氧化碳运输的主要形式。呼吸的基本中枢部位、化学感受性反射。

2. 熟悉　呼吸的概念;呼吸全过程的基本环节。潮气量的概念、正常值。氧容量、氧含量、血氧饱和度的概念。延髓呼吸中枢和脑桥呼吸中枢。

3. 了解　补呼气量、补吸气量。影响肺换气的因素。肺牵张反射。

呼吸是维持人体生命活动所必须的生理活动之一。机体在新陈代谢过程中,需要不断地从外环境中摄取氧气并将代谢产生的二氧化碳排出体外。这种机体与外界环境间的气体交换过程,称为呼吸(respiration)。人体呼吸全过程由四个环节构成:①肺通气:肺与外界的气体交换;②肺换气:肺泡与血液间的气体交换;③气体在血液中的运输;④组织换气(内呼吸):血液与组织细胞间的气体交换。肺通气和肺换气又合称为外呼吸或肺呼吸。通常所称的"呼吸"一般指外呼吸。组织换气又称为内呼吸(图 4-1)。

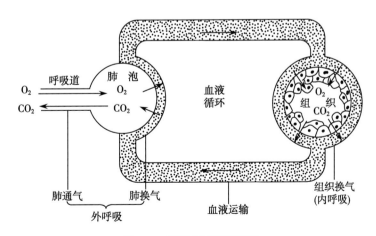

图 4-1　呼吸全过程示意图

呼吸的生理意义是维持机体内环境中氧气和二氧化碳含量的相对稳定,保证机体新陈代谢的正常进行。呼吸功能不仅靠呼吸系统来完成,还需要循环系统的配合。因此,任何一个环节发生障碍,均可引起组织缺氧和二氧化碳蓄积,从而影响人体新陈代谢的正常进行,严重时会危及生命。

89

第一节 肺 通 气

肺与外界环境之间的气体交换过程,称为肺通气(pulmonary ventilation)。呼吸道、肺泡和胸廓等是实现肺通气的结构基础。呼吸道是肺泡与外界环境沟通的气体通道,对吸入气体有加温、加湿、过滤、清洁的作用和引起防御反射等保护功能,肺泡是进行气体交换的场所,胸廓则通过节律性运动实现肺通气。气体进出肺取决于两方面因素:一是推动气体流动的动力;二是阻止其流动的阻力。肺通气功能是由通气的动力克服通气的阻力来实现的。

一、肺通气动力

气体的流动是在压力差的推动下,从压力高处向压力低处流动,气体进出肺是依靠肺与大气间的压力差。通常情况下,大气压恒定,气体能否进、出肺主要取决于肺内压的变化,而肺内压的变化主要由肺的舒缩引起。肺的舒缩由胸廓扩大和缩小引起,后者由呼吸运动引起。因此,肺泡与大气间的压力差,是肺通气的直接动力,呼吸肌的舒缩则是肺通气的原动力。

(一) 呼吸运动

呼吸肌的收缩和舒张引起的胸廓有节律地扩大与缩小,称为呼吸运动,它包括吸气运动和呼气运动。

1. 吸气运动　凡是能使胸廓扩大,产生吸气运动的肌肉称为吸气肌。平静呼吸时,吸气运动的产生主要由膈肌和肋间外肌收缩引起。膈肌位于胸、腹腔之间,构成胸腔底部,呈穹隆状向上隆起。当膈肌收缩时,穹隆部下降,从而使胸腔上下径增大(图 4-2),肋间外肌肌纤维起自上一肋骨的下缘,斜向前下方行走,止于下一肋骨的上缘。当其收缩时,肋骨和胸骨向上提,肋骨下缘向外侧偏转,从而使胸腔前后径和左右径均增大,结果使胸腔容积和肺容积增大,导致肺内压降低而形成吸气(图 4-2)。

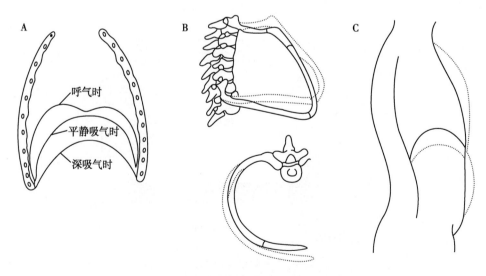

图 4-2   呼吸时膈肌,肋骨及胸腹运动示意图

2. 呼气运动　凡能使胸廓缩小产生呼气运动的肌肉称为呼气肌,主要有肋间内肌和腹壁肌群。平静呼吸时,呼气运动的产生是由膈肌和肋间外肌舒张所引起的。膈肌舒张时,腹腔脏器回位,使膈穹隆上移,胸腔上下径减小,同时肋间外肌舒张,肋骨和胸骨下降,胸腔前

后径和左右径均减小,结果胸腔容积和肺容积缩小,使肺内压升高,高于大气压时,肺泡内气体外流,完成呼气(图4-2)。

3. 呼吸类型　根据呼吸的深度,参与的呼吸肌不同,可将呼吸运动分为不同类型。

(1) 平静呼吸和用力呼吸:呼吸按其深度一般分为平静呼吸和用力呼吸两种。平静呼吸(eupnea)是指人体在安静时,平稳而均匀的自然呼吸。每分钟约为12~18次/分,主要由膈肌和肋间外肌有节律地舒缩所形成。在平静呼吸时,吸气的产生是由膈肌和肋间外肌的收缩造成的。由于肌肉收缩需要做功,因此吸气过程是主动的。平静呼吸时,呼气的产生是由膈肌和肋间外肌舒张所致。由于肌肉不需要做功,所以呼气过程是被动的。

人在劳动或剧烈运动时,呼吸运动加深加快,称为用力呼吸(forced breathing)或深呼吸(deep breathing)。用力吸气时,除膈肌与肋间外肌加强收缩外,其他辅助吸气肌如:胸锁乳突肌、斜角肌等也参与收缩,胸腔容积和肺容积进一步扩大,肺内压更低,吸入气体更多。用力呼气时,除吸气肌群舒张外,一些呼气肌群如肋间内肌和腹壁肌等也参与收缩,使胸腔容积和肺容积进一步缩小,肺内压更高,呼出气体更多。由此可见,用力呼吸时,除吸气肌群加强收缩增大做功外,呼气肌和许多呼吸辅助肌都参与了呼吸活动,所以吸气和呼气过程都是主动的,消耗的能量也更多。

(2) 腹式呼吸和胸式呼吸:根据引起呼吸运动的主要肌群不同,分为腹式呼吸和胸式呼吸。腹式呼吸(abdominal breathing)是指以膈肌舒缩为主引起的呼吸运动,表现为腹壁起伏明显。胸式呼吸(thoracic breathing)是指以肋间外肌舒缩为主引起的呼吸运动,表现为胸廓张缩较大。正常成人的呼吸是腹式呼吸和胸式呼吸同时存在的一种混合式呼吸。婴儿常以腹式呼吸为主。只有在胸部和腹部活动受限时才可能出现某种单一的呼吸形式。如妊娠、腹水或腹部肿瘤等情况下,膈肌活动受限,表现为明显的胸式呼吸;胸廓有病变的患者如胸膜炎,胸膜腔积液患者,胸廓运动受限,常以腹式呼吸为主。

(二) 呼吸时肺内压和胸内压的变化

1. 肺内压(intrapulmonary pressure)　肺内压指肺泡内的压力。在呼吸运动过程中,肺内压随胸腔容积的变化发生周期性的变化。平静吸气初,肺容积随着胸廓的扩大而相应增加,肺内压逐渐下降,通常低于大气压0.133~0.266kPa(1~2mmHg),空气在此压差推动下流入肺泡。随着肺内气体的逐渐增多,肺内压也逐渐升高,至吸气末,肺内压已升高到与大气压相等,气体在肺与大气之间停止流动。呼气开始时,肺容积随着胸廓的逐渐缩小而相应减小,肺内压逐渐升高,并超过大气压,肺泡内气体经呼吸道流出体外。随着肺泡内气体逐渐减少肺内压逐渐降低,至呼气末,肺内压又降到与大气压相等,气体在肺与大气之间又停止流动(图4-3)。

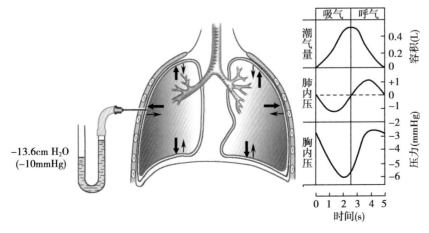

图4-3　呼吸时肺内压及胸内压变化示意图

在呼吸运动过程中肺内压变化的程度,视呼吸运动的缓急、深浅和呼吸道是否通畅而定。若呼吸浅慢、呼吸运动缓和、呼吸道通畅,则肺内压的变化小;若呼吸深快、呼吸道不够通畅,则肺内压变化较大。由此可见,在呼吸运动过程中,正是由于肺内压的周期性交替变化,造成肺内压和大气压之间的压力差,这一压差成为推动气体进出肺的直接动力。在临床上,抢救呼吸停止的病人所采用的人工呼吸,就是根据这一原理,造成肺与大气压间的压差,来维持肺通气,促进自主呼吸的恢复。

知识链接

人 工 呼 吸

通常将采用人工方法被动地维持呼吸功能,称为人工呼吸(artificial respiration)。常用的人工呼吸方法有两类:一类是人工地使胸廓有节律地扩大与缩小,使肺扩张与回缩,改变肺内压,实现肺通气,即负压呼吸法。如提臂压胸法、压背法等;另一类利用高压向肺内输入气体,使肺内压增高,肺扩张。然后停止输气,让肺自然回缩,实现呼气,即正压呼吸法。如口对口呼吸及使用人工呼吸机等。在实行人工呼吸时,首先要保持呼吸道通畅。

2. 胸内压(intrapleural pressure)　是指胸膜腔内的压力,胸膜腔是由紧贴于肺表面的脏层和紧贴于胸廓内壁的壁层这两层胸膜构成的一个密闭的潜在腔隙,其中没有气体,只有少量浆液。浆液的存在不仅起润滑作用,减轻呼吸运动时两层胸膜的摩擦,而且由于液体分子的内聚力,使胸膜腔的脏层和壁层紧紧相贴不易分开,从而保证肺可随胸廓的运动而张缩。由于胸膜腔内压通常低于大气压,因此,习惯上称为胸膜腔负压,或简称胸内负压。胸内负压值不是零以下的绝对值,而是与大气压相比较而言,即比大气压低多少。

胸膜腔负压是人在出生后形成的,在人体的生长发育过程中,胸廓的生长速度比肺快。因此,肺的自然容积总是小于胸廓容积而处于被动扩张状态,另一方面,肺又是弹性组织,并借呼吸道与大气相通,当它被扩张时,总存在回缩倾向。所以正常情况下,胸膜腔实际上通过胸膜脏层受到两种方向相反力的影响,即促使肺泡扩张的肺内压与促使肺泡缩小的肺回缩力。因此,胸膜腔内承受的实际压力应为:

$$胸膜腔内压 = 肺内压 - 肺回缩力$$

在吸气末或呼气末,气体不再进出肺,肺内压与大气压相等,所以:

$$胸膜腔内压 = 大气压 - 肺回缩力$$

若将大气压视为零,则:

$$胸膜腔内压 = - 肺回缩力$$

可见胸膜腔负压实际上是由肺回缩力造成的。吸气时,肺扩张,肺回缩力增大,胸膜腔负压增大,通常在平静呼吸时,吸气末胸膜腔负压约为 $-1.33 \sim -0.665$ kPa($-10 \sim -5$ mmHg);呼气时,回缩力减小,胸膜腔负压也减小。在平静呼气末胸膜腔负压约为 $-0.665 \sim 0.399$ kPa($-5 \sim -3$ mmHg)。

胸膜腔负压的存在有重要生理意义。①胸膜腔负压可维持肺呈扩张状态,并使肺能随胸廓的扩大而扩张。②降低心房、腔静脉和胸导管内压力,促进静脉血和淋巴液的回流。由于胸膜腔的密闭性是胸膜腔负压形成的前提,所以,如胸膜受损,气体将顺压力差进入胸膜腔而造成气胸。此时,大量气体会使胸膜腔负压减小,甚至消失。严重的气胸不但使肺通气功能受到影响,血液和淋巴液回流也将受阻,重者可危及生命。

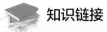

知识链接

气　胸

气胸（pneumothorax）是指气体进入胸膜腔，造成积气状态，称为气胸。多因肺部疾病或外力影响使肺组织和脏层胸膜破裂，或靠近肺表面的细微气肿泡破裂，肺和支气管内空气逸入胸膜腔。因胸壁或肺部创伤引起者称为创伤性气胸；因疾病致肺组织自行破裂引起者称自发性气胸，如因治疗或诊断所需人为地将空气注入胸膜腔称人工气胸。气胸又可分为闭合性气胸、开放性气胸及张力性气胸。自发性气胸多见于男性青壮年或患有慢支、肺气肿、肺结核者。本病属肺科急症之一，严重者可危及生命，及时处理可治愈。

综上所述，可将肺通气的动力概括如下：①呼吸肌的舒缩引起胸廓容积的变化是导致肺内压改变的根本原因，故呼吸肌的舒缩是肺通气的原动力。②肺与外界大气间的压力差是实现肺通气的直接动力。③胸膜腔负压的存在保证了肺处于扩张状态并随胸廓的运动而张缩，是使原动力转化为直接动力的关键。

二、肺通气的阻力

肺通气阻力即气体进出肺的过程中遇到的阻力。肺通气的动力必须克服阻力，才能实现肺通气。肺通气阻力包括两个方面：一是弹性阻力，由肺的弹性阻力和胸廓的弹性阻力构成，是平静呼吸时的主要阻力，约占总阻力的70%；二是非弹性阻力，由气道阻力、惯性阻力和组织的黏性阻力构成，约占总阻力的30%，其中又以气道阻力为主。

（一）弹性阻力

弹性阻力是指弹性体受外力作用时所产生的一种对抗变形的力。胸廓和肺都是弹性体，因此，当呼吸运动改变其容积时都会产生弹性阻力。呼吸的总弹性阻力是肺弹性阻力与胸弹性阻力之和。

1. 肺弹性阻力　肺弹性阻力来自两个方面：一是肺泡表面液体层所形成的表面张力，约占肺弹性阻力的2/3；二是肺弹性纤维的弹性回缩力，约占肺弹性阻力的1/3。

（1）肺泡表面张力与肺泡表面活性物质：肺泡内表面覆盖着一层极薄液体层，与肺泡内气体形成液-气界面。液-气界面上液体分子间的吸引力有使液体表面尽量缩小的倾向，称为表面张力。其作用是使肺泡回缩，对抗肺的扩张，并有助于毛细血管血液的液体渗入肺泡，形成肺水肿。因此，是肺泡扩张的阻力。

肺泡表面张力对呼吸的影响包括：①增加吸气的阻力，阻碍肺泡的扩张。②使相通的大小肺泡内压不稳定。根据 Laplace 定律，肺泡回缩压（P）与表面张力（T）成正比，而与肺泡半径（r）成反比，即 $P=2T/r$。若按此定律推导，小肺泡的回缩压大于大肺泡，气体将从小肺泡流入大肺泡，导致大肺泡膨胀破裂，小肺泡萎缩。③引起肺泡内液体聚积，导致肺水肿。因为肺泡表面张力是指向肺泡腔内，对肺泡间质产生"抽吸"作用，使肺泡间质静水压降低，组织液生成增加，形成肺水肿。但是这种情况实际上是不会出现的，因为肺泡内有肺泡表面活性物质的存在。

肺泡表面活性物质由肺泡Ⅱ型细胞合成并分泌，主要成分是二棕榈酰卵磷脂。该物质分子一端是不溶于水的脂肪酸，另一端是易溶于水的蛋白质，以单分子层的形式分布在肺泡液层表面，减少液体分子之间的相互吸引，降低肺泡表面张力。肺泡表面活性物质的生理意义是：①保持肺的扩张状态：肺泡表面活性物质可降低肺泡表面张力，使肺泡回缩力减小，从而维持肺泡的扩张状态。②维持大小肺泡稳定性：大小肺泡表面活性物质的密度不同，大肺泡的表面活性物质密度较小,分布稀疏,降低肺泡表面张力的作用较弱;而小肺泡的表面活性物质密度较大,分布密集,降低肺泡表面张力的作用较强,这样就使大小肺泡内的压力趋于稳定,防止大肺泡扩张,小肺泡塌陷。③防止肺水肿发生:表面活性物质可减小表面张力对肺泡间质液体的抽吸作用,防止肺毛细血管液体向肺泡中的渗入,减少肺部组织液的生成,从而避免肺水肿的发生。(图 4-4)

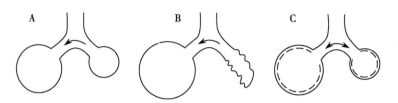

图 4-4   肺泡表面活性物质使连通的大小肺泡容积维持相对稳定

(2) 肺弹性回缩力:肺组织含弹性纤维,故具有弹性回缩力。在一定范围内,肺被扩张得愈大,弹性回缩力也愈大,这也是构成肺弹性阻力的重要因素之一。当肺弹性纤维被破坏时(如肺气肿),弹性回缩力降低,弹性阻力减小,肺泡气不易被呼出,导致肺通气效率降低,严重时可出现呼吸困难。

总之,肺弹性阻力由肺泡表面张力和肺弹性回缩力组成,它是吸气的阻力,呼气的动力。当肺泡表面活性物质缺乏时,吸气阻力增大呼气阻力减小,有利于呼气。肺弹性纤维被破坏时,吸气阻力减小而呼气阻力增大,使肺泡气不易呼出,余气量增大。

2. 胸廓弹性阻力   胸廓的弹性阻力即胸廓的弹性回缩力。它的方向与胸廓的扩张程度有关。胸廓处于自然位置时(肺容量相当于肺总量 67% 左右),由于胸廓无变形,其弹性阻力为零(图 4-5A);当胸廓小于自然位置时,胸廓弹性回缩力向外,是吸气的动力,呼气的阻力(图 4-5B);当胸廓大于自然位置时,其弹性回缩力向内,与肺回缩力方向相同,构成吸气的阻力,呼气的动力(图 4-5C)。可见胸廓的弹性阻力与肺的弹性阻力不同,肺的弹性阻力永远是吸气的阻力,呼气的动力,而胸廓的弹性阻力只是当肺容量大于肺总量的 67% 时,才构成吸气的阻力。

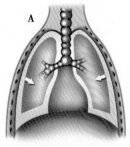
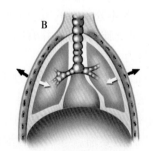
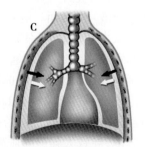

平静吸气末   平静呼气末   深吸气时

图 4-5   不同情况下肺与胸廓弹性阻力关系

3. 肺和胸廓的顺应性   肺和胸廓的弹性阻力的大小通常用顺应性来表示。顺应性(compliance)是指在外力作用下,弹性组织扩张的难易程度。容易扩张即顺应性大,不容易扩张则顺应性小。肺和胸廓弹性阻力大时,顺应性小;弹性阻力小时,则顺应性大。可见,顺应性与弹性阻力成反比,即:顺应性 =1/ 弹性阻力

肺和胸廓的顺应性通常用单位压力变化所引起的容积变化来衡量,即:顺应性 = 容积变

化（ΔV）/ 压力变化（ΔP）L/cmH$_2$O。据测定,正常人肺和胸廓顺应性均为 0.2L/cmH$_2$O 左右,它们的总顺应性是两者倒数之和。因此,肺和胸廓的总顺应性约为 0.1L/cmH$_2$O。胸廓顺应性可因肥胖、胸廓变形、胸膜增厚和腹内占位病变等而降低。在某些病理情况下,如肺充血、肺水肿、肺纤维化等,弹性阻力增大,肺顺应性减小,肺不易扩张,可致吸气困难;而肺气肿时,因弹性组织被破坏,弹性阻力减小,肺顺应性增大,导致呼气困难。

(二)非弹性阻力

非弹性阻力指的是弹性阻力以外的阻力,包括惯性阻力、黏滞阻力和气道阻力。惯性阻力（inertial resistance）是气体在发动、变速、转向时因气流和组织的惯性所产生的阻止肺通气的力。除高频呼吸外,惯性阻力小,可忽略不计。黏滞阻力是指呼吸时组织相对位移发生的摩擦力,约占非弹性的 10%~20%;气道阻力是指气体通过呼吸道时,气体分子间及气体分子与气道管壁之间的摩擦力,约占非弹性阻力的 80%~90%。一般情况下,气道阻力约占呼吸总阻力的 1/3 左右,是非弹性阻力的主要成分。

影响气道阻力的主要因素有呼吸道口径、气流速度和气流形式,其中以气道口径最为重要。因为气道阻力与气道半径 4 次方成反比,气道口径愈小,阻力愈大。气道口径大小受呼吸道平滑肌舒缩的影响,呼吸道平滑肌又受到神经体液因素的调节,当副交感神经兴奋时,末梢释放乙酰胆碱与呼吸道平滑肌上的 M 受体结合,引起平滑肌收缩,气道口径变小,阻力增大;当交感神经兴奋时,末梢释放去甲肾上腺素与呼吸道平滑肌上的 β$_2$ 受体结合,引起平滑肌舒张,气道口径变大,阻力减小。支气管哮喘患者由于支气管痉挛,气道阻力增大,产生呼吸困难,临床上可用支气管解痉药物治疗。除神经因素外,一些体液因素也影响气道平滑肌的舒缩,如儿茶酚胺使平滑肌舒张,气道阻力减小;组胺、5- 羟色胺、缓激肽等,则可引起呼吸道平滑肌强烈收缩,使气道阻力增加。

三、肺通气功能评价

(一)肺容量

肺容量是指肺容纳气体的量。在肺通气过程中,肺容量随着出入肺的气体量而变化(图 4-6)。

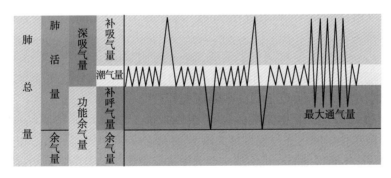

图 4-6　肺容量与肺容量曲线示意图

1. 潮气量（tidal volu-me,TV）　平静呼吸时,每次吸入或呼出的气量称为潮气量。正常成人平静呼吸时为 400~600ml,平均约 500ml。运动时增大。

2. 补吸气量（inspiratory reserve volume,IRV）和深吸气量（inspiratory capacity,IC）　平静吸气末再尽力吸气所能吸入的气量,称为补吸气量。正常成人约为 1500~2000ml。补吸气量与潮气量之和,称为深吸气量,其大小反映吸气贮备能力的大小。

3. 补呼气量（expirato-ry reserve volume,ERV）　平静呼气末再尽力呼气所能呼出的气量称补呼气量,正常成人约为 900~1200ml。可反映呼气贮备能力的大小。

4. 余气量(residual volume,RV)和功能余气量(functional residual capacity,FRC)　最大呼气后,肺内仍保留不能呼出的气体量,称余气量。正常成年男性约为1500ml,女性约为1000ml。平静呼气末,肺内存留的气体量,称功能余气量。它等于余气量和补呼气量之和。正常成人约为2500ml。

5. 肺活量(vital capacity)和时间肺活量(timed vital capacity)　最大吸气后,尽力呼气所呼出的气体量,称肺活量。它是潮气量、补吸气量和补呼气量之和。正常成年男性平均约为3500ml,女性约为2500ml。肺活量的大小反映了肺一次通气的最大能力,是肺静态通气功能的重要指标,但由于肺活量测定不限制呼气时间,在某些肺组织弹性降低或阻塞性通气障碍患者,肺活量仍可正常。因此,有人提出了时间肺活量的概念,即:最大吸气后,以最大的力量最快的速度将气呼出,分别计算出第1、2、3秒末呼出气量占肺活量的百分数。正常成人第1、2、3秒末呼出气量分别占肺活量的83%、96%、99%,其中第1秒时间肺活量在临床最常用,在哮喘等阻塞性肺部疾病患者时间肺活量可显著降低。因此,时间肺活量是衡量肺通气功能的较好指标。

 知识链接

肺活量体重指数

肺活量体重指数是人体测量复合指标之一,为重要的人体呼吸功能指数。

肺活量体重指数主要通过人体自身的肺活量与体重的比值,亦即每1kg的肺活量的相对值来反映肺活量与体重的相关程度,用以对不同年龄、性别的个体与群体进行客观的定量比较分析。其计算公式为:肺活量(ml)/ 体重(kg)。肺活量体重指数的测量方法:人体尽全力深吸气后,再尽全力呼出的气体总量。被测者肺活量实测数值除以当天测得的公斤体重值,其商为肺活量指数。在有氧代谢项目运动员的选材和学生的体质综合评价中有一定参考作用。

(二) 肺通气量

1. 每分通气量(minute ventilation volume)　每分通气量是指每分钟吸入或呼出肺的气体量,其计算公式为:

$$肺通气量 = 潮气量 × 呼吸频率$$

正常成人潮气量约500ml,呼吸频率每分钟约12~18次,则每分通气量约为6~9L。每分肺通气量随性别、年龄、身材和活动量的不同而有差异。

尽力作深快呼吸时,每分钟吸入或呼出的气量,称最大通气量(maximal voluntary ventilation)。反映单位时间内充分发挥最大潜力,所能达到的最大通气量。正常成年男性约为100~120L,女性约为70~80L。是估计一个人能进行多大运动量的生理指标之一。最大随意通气量显著减小,则通气贮备量少,不能从事剧烈运动。临床上常用通气贮量百分比表示:

$$通气贮备百分比 = \frac{最大随意通气量 - 肺通气量}{最大随意通气量} × 100\%$$

正常值等于或大于93%,若通气贮备百分比小于70%,表明通气贮备功能不良。

2. 无效腔和肺泡通气量　每次吸气时,只有进入肺泡的气体才能与血液进行气体交换。而在呼吸过程中,每次吸气总有一部分气体留在鼻、咽、喉、气管、支气管等处,这部分气体没有进行气体交换,故将这部分呼吸道容积称为解剖无效腔(anatomical dead space),其容积约为150ml。进入肺泡的气体,也可因血流在肺内分布不均而未能与血液进行气体交换,这部分肺泡容量称肺泡无效腔(alveolar dead space)。解剖无效腔与肺泡无效腔合称生理无效腔（physiological dead space）。正常人的肺泡无效腔接近于零，因此，生理无效腔与解剖无效腔基本相等。

肺泡通气量（alveolar ventilation volume）是指每分钟吸入肺泡的新鲜空气量。由于这部分气体能与血液进行气体交换，也称有效通气量。其计算公式为：

肺泡通气量 =（潮气量 – 无效腔气量）× 呼吸频率

安静时，正常成人潮气量为 500ml，解剖无效腔气量为 150ml，呼吸频率为 12 次 / 分，则肺泡通气量约为 4200ml/min，相当于肺通气量的 70%。如果潮气量减少一半，呼吸频率增加 1 倍，此时肺通气量不变，但肺泡通气量明显减少；如果潮气量增加 1 倍，呼吸频率减半，此时肺通气量仍不变，肺泡通气量明显增加（表 4-1）。因此，从气体交换的角度考虑，在一定范围内，深而慢的呼吸比浅而快的呼吸更有效。

表 4-1 不同呼吸形式时的每分通气量和肺泡通气量

	呼吸频率（次 /min）	潮气量（ml）	肺通气量（ml/min）	肺泡通气量（ml/min）
平静呼吸	12	500	6000	4200
深慢呼吸	6	1000	6000	5100
浅快呼吸	24	250	6000	2400

第二节 呼吸气体的交换

呼吸气体的交换包括肺换气和组织换气。肺换气是指肺泡与血液之间进行的 O_2 和 CO_2 的交换过程，组织换气是血液与组织细胞之间进行的 O_2 和 CO_2 的交换过程。

一、气体交换的原理

根据物理学原理，气体分子总是由压力高处向压力低处扩散。扩散的动力源于两处气体的压力差。压力差愈大，气体分子扩散速率愈大。同时，气体扩散速率还与气体分子量和溶解度有关。

（一）气体的分压差

在混合气体中，某种气体所占的压力，称该气体的分压。其值与该气体在混合气体中所占的容积百分数成正比。混合气体中各组成气体分子的扩散只与该气体的分压差有关，而与总压力及其他气体的分压差无关。O_2 和 CO_2 在不同部位的分压如表 4-2 所示：

表 4-2 海平面上空气，肺泡气，血液及组织中 PO_2 和 PCO_2（kPa，mmHg）

	空气	肺泡气	动脉血	静脉血	组织
PO_2	21.2（159）	13.9（104）	13.3（100）	5.3（40）	4.0（30）
PCO_2	0.04（0.3）	5.3（40）	5.3（40）	6.1（46）	6.7（50）

海平面上空气，肺泡气，血液及组织中 PO_2 和 PCO_2 各不相同，存在分压差，气体总是从分压高处向低处扩散，因此，分压差是气体交换的动力，决定了气体扩散的方向和速率，分压差越大，气体扩散速率越快。

（二）气体的分子量与溶解度

气体的扩散速率在与该气体的分压差成正比的同时，还与该气体分子量的平方根成反比。如果扩散发生于气、液相之间，则扩散速率还与气体在溶液中的溶解度成正比。即：气体的扩散速率与气体分压差和溶解度成正比，与气体分子量的平方根成反比。

当 PO_2 和 PCO_2 相同时，CO_2 的扩散速率约为 O_2 的 21 倍。在肺泡与静脉血之间 O_2 的分压差约比 CO_2 的分压差大 10 倍，多种因素综合作用的结果是 CO_2 扩散速率比 O_2 的扩散速率大 2 倍。由于 CO_2 比 O_2 容易扩散，故临床上，发生换气功能障碍时，缺 O_2 比 CO_2 潴留更为常见，呼吸困难的患者常常先出现缺 O_2。

二、肺换气

（一）肺换气的过程

如图 4-7 所示，当血液流经肺时，由于肺泡气中 PO_2（13.9kPa）高于静脉血中 PO_2（5.3kPa），而肺泡气的 PCO_2（5.3kPa）低于静脉血的 PCO_2（6.1kPa）。因此，在分压差的驱动下，O_2 由肺泡向静脉血扩散，而 CO_2 则由静脉血向肺泡扩散，使静脉血变成了动脉血，形成肺换气。

通常血液流经肺毛细血管的时间约为 0.7 秒，肺换气时间约 0.3 秒，当血液流经肺毛细血管全长约 1/3 时，已经基本完成肺换气过程，所以，肺的换气功能有很大的潜力。

（二）影响肺换气的因素

肺换气除与气体分压差、分子量和溶解度有关外，还受呼吸膜的厚度、面积以及通气 / 血流比值的影响。

1. 呼吸膜的面积和厚度　呼吸膜是肺泡腔与肺毛细血管腔之间的膜，如图 4-8 所示。由六层结构构成，即含肺表面活性物质的液体层、肺泡上皮细胞层、肺泡上皮基膜、肺泡和毛细血管之间的间质、毛细血管基膜、毛细血管内皮细胞层。气体通过呼吸膜的扩散速率与呼吸膜厚度成反比关系，膜越厚，单位时间内交换的气体量就越少。人的呼吸膜虽有六层结构但却很薄，因此，气体易于扩散通过。任何使呼吸膜增厚或扩散距离增加的疾病，如肺纤维化、肺水肿等，使呼吸膜的厚度增加，均可使肺换气量减少。

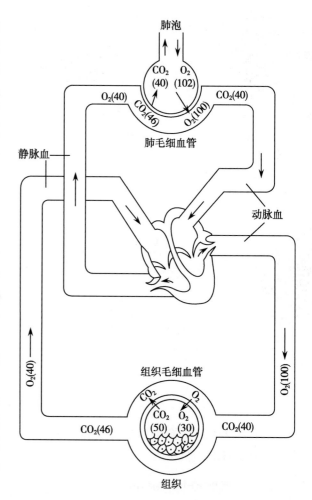

图 4-7　气体交换示意图
图中数字为气体分压（mmHg）

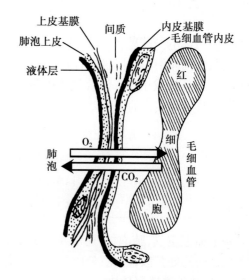

图 4-8　呼吸膜结构示意图

气体通过呼吸膜的扩散速率还与扩散面积成正比，运动时，扩散面积增加，肺换气量增多；肺气肿、肺不张等疾病能使扩散面积减少，肺换气量减少。

2. 通气 / 血流比值（ventilation/perfusion）（V_A/Q）　是指每分钟肺泡通气量（V_A）与每分

钟肺血流量(Q)的比值。两者必须配合恰当,才能达到最佳换气效率。正常成人安静时,每分肺泡通气量约为4.2L,肺血流量即心排出量约为5L/min,故V_A/Q比值为0.84。此时,流经肺毛细血管的静脉血全部变为动脉血,肺换气效率最高。V_A/Q比值增大或减小均可使肺换气效率降低。如果V_A/Q比值大于0.84,可能由于通气过度或肺血流量减少(例如:肺动脉部分栓塞时,肺泡通气量正常,肺血流量减少,V_A/Q比值增大),使部分肺泡气体不能与血液进行气体交换,造成了肺泡无效腔增大;如果V_A/Q比值小于0.84,可能由于肺通气不足(例如:支气管痉挛时,肺泡通气量减少,肺血流量正常,V_A/Q比值减小),使部分静脉血得不到充分的气体交换,形成功能性动-静脉短路。二者均可导致肺换气效率降低,造成机体缺O_2。(图4-9)

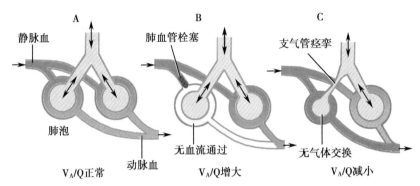

图4-9 通气/血流(V_A/Q)比值示意图

三、组织换气

在组织处,由于细胞代谢不断消耗O_2和产生CO_2,故组织内PO_2(4.0kPa)低于动脉血PO_2(13.3kPa);而其PCO_2(6.7kPa)则高于动脉血PCO_2(5.3kPa),因此,当动脉血流经组织毛细血管时,动脉血中的O_2向组织扩散,CO_2则由组织向动脉血扩散,使动脉血变成了静脉血,形成组织换气(图4-7)。

影响组织换气的因素主要有毛细血管血流量、组织代谢水平、毛细血管通透性、开放数量和气体扩散距离等。这些因素相互作用,影响换气过程。如组织细胞代谢活动增强时,O_2的消耗量、CO_2的产生量都增多,使动脉血与组织间的O_2及CO_2分压差增大,气体交换增多;组织水肿时,组织细胞和毛细血管间距离增大,气体扩散的距离增大,同时毛细血管受压,血流量减少,气体交换量减少。

第三节 气体在血液中的运输

血液对气体的运输,是实现体内肺换气和组织换气的重要中间环节。O_2和CO_2在血液中的运输,主要有两种形式:物理溶解和化学结合,其中化学结合是主要的运输形式。由物理溶解运输的气体量虽然很少,却是实现化学结合所必须的中间环节,气体必须先溶于血液,才能进行化学结合;结合状态的气体,也必须先解离成溶解状态,才能逸出血液。体内物理溶解的气体和化学结合的气体总是处于动态平衡之中。

一、氧的运输

O_2在血浆中溶解的量极少,扩散入血液的O_2绝大部分进入红细胞与血红蛋白结合而运输。

（一）物理溶解

气体的物理溶解量取决于该气体溶解度和分压大小。分压高,溶解度高,溶解的气体量多;相反,分压小,溶解度低,溶解的气体量少。血液中氧的溶解度极低,100ml 血液中 O_2 的溶解量不超过 0.3ml,约占血液运输 O_2 总量的 1.5%。

（二）化学结合

是指 O_2 与红细胞内血红蛋白(Hb)的结合,氧合血红蛋白(HbO_2)是化学结合的主要形式。正常成人每 100ml 动脉血中 Hb 结合的 O_2 约为 19.5ml,约占血液运输 O_2 总量的 98.5%。

1. 氧与血红蛋白的结合   一个血红蛋白分子由一个珠蛋白和四个血红素构成,每个血红素含一个 Fe^{2+},Fe^{2+} 能与 O_2 进行可逆性结合,形成氧合血红蛋白(Hb)。O_2 和 Hb 的结合能力非常强,由于它们结合时,其中的铁离子没有出现电子的转移,仍保持低铁形式,故不属于氧化,而是氧合(oxygenation)。氧合不同于氧化,其特点是能迅速结合,也能迅速解离,结合还是解离取决于血液中 PO_2 的高低。当血液流经肺部时,由于肺泡气的氧分压高,O_2 从肺泡扩散入血液,使血中 PO_2 增高,促使 O_2 与 Hb 结合成 HbO_2,当血液流经组织时,组织处 PO_2 低,O_2 从血液向组织中扩散,使血液中 PO_2 降低,而导致 HbO_2 解离,释放出 O_2 成为去氧血红蛋白(Hb),或还原血红蛋白,上述过程可表示为:

$$Hb+O_2 \underset{PO_2 降低（组织内）}{\overset{PO_2 升高（肺内）}{\rightleftharpoons}} HbO_2$$

氧合血红蛋白呈鲜红色,去氧血红蛋白呈暗红色。静脉血中含去氧血红蛋白较多,故呈暗红色。如果每升血液中去氧血红蛋白含量达到 50g 以上时,则口唇、甲床、黏膜等毛细血管丰富的表浅部位可呈青紫色,称发绀或紫绀。紫绀在一般情况下表示人体缺氧,但在某些严重贫血的患者,由于其血液中血红蛋白含量非常少,低于 50g/L 此时患者虽有缺 O_2 但并不出现紫绀;相反,某些红细胞增多的人(如高原性红细胞增多症),血液中血红蛋白含量明显增多,虽不缺 O_2,由于还原血红蛋白超过 50g/L,也可表现出紫绀现象。另外,当一氧化碳中毒时,由于一氧化碳与血红蛋白的亲和力是 O_2 的 210 倍,因此,大量 CO 与血红蛋白结合形成一氧化碳血红蛋白(HbCO),使血红蛋白失去与 O_2 结合的能力,此时患者虽有严重缺 O_2,但去氧血红蛋白并不增多,也不出现紫绀,而呈现一氧化碳血红蛋白特有的樱桃红色。

2. 血氧饱和度   血氧饱和度指的是血液中含氧的多少。1 分子 Hb 最多可结合 4 分子 O_2,因此,血液能结合 O_2 的量是有一定限度的,即饱和性。在足够的氧分压下($PO_2 \geq 13.3kPa$),每克血红蛋白最多可结合 1.34ml 的 O_2。通常将每升血液中血红蛋白所能结合的最大 O_2 量,称为氧容量或血氧容量(oxygen capacity)。血液的含氧量并非都能达到此最大值。故将每升血液的实际含 O_2 量,称为氧含量或血氧含量(oxygen content)。氧容量受 Hb 浓度的影响,而氧含量主要受 PO_2 的影响。氧含量占氧容量的百分数,称为血氧饱和度或氧饱和度(oxygen saturation)。即:血氧饱和度 =(氧含量／氧容量)×100%。根据此公式计算,动脉血氧饱和度约98%,静脉血氧饱和度约75%。

 知识链接

血氧饱和度测量方法

传统的血氧饱和度测量方法是先进行人体采血,再利用血气分析仪进行电化学分析,测出血氧分压,计算出血氧饱和度。这种方法比较麻烦,且不能进行连续的监测。

目前的测量方法是采用指套式光电传感器,测量时,只需将传感器套在人手指上,利用手指作为盛装血红蛋白的透明容器,使用波长 660nm 的红光和 940nm 的近红外光作为射入光源,测定通过组织床的光传导强度,来计算血红蛋白浓度及血氧饱和度。

笔记

3. 氧离曲线及影响因素

（1）氧离曲线：氧分压与血氧饱和度关系的曲线称为氧离曲线（oxygen dissociation curve）。

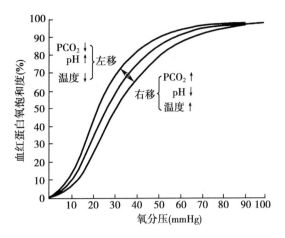

图 4-10　氧解离曲线及其主要影响因素

如图 4-10 所示，在一定范围内，血红蛋白氧饱和度与 PO_2 呈正相关，但并不完全呈线性关系，而是近似 S 形的曲线。血氧分压与血氧饱和度的这种关系具有非常重要的生理及临床意义，下面就氧离曲线各段的特点及意义做一下分析。

1）上段：当 PO_2 在 8.0~13.3kPa（60~100mmHg）之间时，曲线较平坦，表明 PO_2 的变化对血氧饱和度影响不大。如 PO_2 为 13.3kPa（100mmHg）时，血氧饱和度是：97.4%；PO_2 为 10.7kPa（80mmHg）时，血氧饱和度是 96%；PO_2 为 98kPa（60mmHg）时，血氧饱和度仍可维持在 90% 以上。根据这一特点，人即使在高原、高空、或患某些呼吸系统疾病造成 V_A/Q 比值减小时，只要 PO_2 不低于 7.98kPa（60mmHg），血氧饱和度就可维持在 90% 以上，血液仍可携带足够的氧，使机体不致发生明显的缺氧。若吸入气中 PO_2 超过 13.3kPa（100mmHg），血氧饱和度最多只增加 2.0%，这表明仅靠提高吸入气中 PO_2 并无助于 O_2 的摄取。

2）中段：PO_2 在 5.32~7.98kPa（40~60mmHg）时，曲线较陡，表明在这段范围内 PO_2 稍有下降，血氧饱和度就有较大下降，是 HbO_2 释放 O_2 的部分。

3）下段：当 PO_2 在 2.00~5.32kPa（15~40mmHg）时，是曲线坡度最陡的一段（下段）。在这一范内，PO_2 稍有下降，血氧饱和度就会明显降低，说明有较多的氧从氧合血红蛋白中解离出来。这一特点有利于处于低 O_2 环境的组织细胞摄取 O_2。

（2）影响氧离曲线的因素：氧离曲线受许多因素的影响，其中主要的影响因素有：血中 PCO_2、pH 和温度。

当血液中 PCO_2 升高，pH 减小，温度升高时，血红蛋白与 O_2 的亲和力降低，血氧饱和度下降，曲线右移（图 5-9），有利于 O_2 的释放。如人在剧烈运动或劳动时，组织代谢活动增强，CO_2 的生成量、产热量及酸性代谢产物均增多，使氧离曲线右移。促使更多的 HbO_2 解离，组织供氧量明显增多。另外，红细胞在无氧酵解中生成的 2,3- 二磷酸甘油酸也能使氧离曲线右移，有利于人体适应低 O_2 环境。相反，当血液中 PCO_2 降低，pH 增加，温度降低时，血红蛋白与 O_2 的亲和力增加，曲线左移，HbO_2 形成增多。

 知识链接

高海拔环境对呼吸的影响

高海拔环境对呼吸的影响主要是由于空气稀薄，氧分压降低而导致的机体缺氧。人体为了适应高海拔下的低氧环境，会出现一系列生理与病理反应。在海拔 3000m 以下时，肺泡气 PO_2 维持在 60mmHg 以上。根据氧离曲线的特点，这时处于曲线的上段平坦区，Hb 氧饱和度并无明显减少，可被增强的肺通气所代偿。但如果高度达到 5500m 以上，大气压降低为海平面的 1/2，肺泡气 PO_2 降低至 38mmHg 以下，血红蛋白氧饱和度明显降低，出现严重的缺氧症状。研究表明，一般人能够耐受的最低 PO_2 是 35~40mmHg，低于此值，必须吸入纯氧。如海拔超过 15 000m，即使吸入纯氧也会丧失知觉。

二、二氧化碳的运输

(一)物理溶解

血液中 CO_2 的溶解度比 O_2 大,每 100ml 血液中可溶解 CO_2 的量约 3ml,占血液运输 CO_2 总量的 5%。

(二)化学结合

血液中 CO_2 的化学结合有两种形式,一是形成碳酸氢盐,约占 CO_2 运输总量 88%,是 CO_2 运输的主要形式;二是形成氨基甲酸血红蛋白,约占运输总量的 7%。

1. 碳酸氢盐的形式　血液流经组织时,CO_2 由组织进入血液,很快扩散到红细胞内,在红细胞内碳酸酐酶的作用下,与 H_2O 结合成 H_2CO_3。生成的 H_2CO_3 很快解离成 HCO_3^- 和 H^+。

由于 CO_2 不断进入红细胞,使红细胞内 HCO_3^- 和 H^+ 含量逐渐增多,因为红细胞对负离子通透性大,所以大量的 HCO_3^- 扩散到血浆中,与 Na^+ 结合成 $NaHCO_3$ 运输,少量的 HCO_3^- 与红细胞内 K^+ 结合形成 $KHCO_3$。红细胞对正离子的通透性很小,正离子不易透出,便吸引细胞外的负离子(主要是 Cl^-)内流,以维持红细胞两侧的电位平衡,这种现象称为 Cl^- 转移。上述反应是可逆的,当血液流经肺时,上述反应向相反方向进行,释放出 CO_2,扩散入肺泡。(图 4-11)

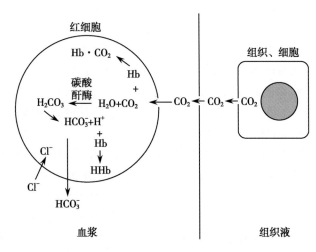

图 4-11　CO_2 在血液中的运输示意图

2. 氨基甲酸血红蛋白的形式　进入红细胞中的 CO_2 可以直接与 Hb 中的氨基结合,形成氨基甲酸血红蛋白(HHbNHCOOH)。这一反应无需酶的催化,而且反应速度快、可逆。其结合量主要受 Hb 含 O_2 量的影响。由于 CO_2 与 HbO_2 结合形成氨基甲酸血红蛋白的能力比去氧血红蛋白小。因此,当动脉血流经组织时,HbO_2 释放出 O_2,还原 Hb 增多,与 CO_2 的结合力增强,结合的 CO_2 增多,形成大量的氨基甲酸血红蛋白;当血液流经肺部时,O_2 与 Hb 结合,形成 HbO_2,与 CO_2 结合力降低,释放出所结合的 CO_2,扩散入肺泡呼出。以氨基甲酸血红蛋白形式运输的 CO_2 量虽然只占运输总量的 7%,但这种运输形式对 CO_2 的排出有重要意义。

$$HbNH_2O_2+H^++CO_2 \underset{肺}{\overset{组织}{\rightleftharpoons}} HHbNHCOOH+O_2$$

总之,O_2 和 CO_2 在血液中的运输是沟通肺换气和组织换气的重要环节,而其中又以化学结合为主要的运输形式。O_2 与 Hb 的可逆结合是 O_2 在血液中的主要运输形式,而 CO_2 则以碳酸氢盐为主要运输形式。需要指出的是碳酸氢盐是体内重要的碱贮备,在调节体内酸碱平衡中起重要作用。

第四节　呼吸运动的调节

呼吸运动是由呼吸肌舒缩活动完成的一种节律性运动,其深度和频率随机体内外环境的改变而变化,例如在劳动或运动时,呼吸运动加深加快,肺通气量增大,吸入更多的 O_2,排

出更多的 CO_2,使肺通气量与人体代谢水平相适应,并保持血液气体含量的相对恒定。这主要是由机体的神经调节和体液调节来实现的。

一、呼吸中枢与呼吸节律的形成

呼吸中枢(respiratory center)是指中枢神经系统内产生和调节呼吸运动的神经细胞群。这些细胞广泛分布于大脑皮质、间脑、脑桥、延髓和脊髓等部位,它们在呼吸节律的产生和调节中发挥不同的作用。正常呼吸是在它们的相互协调、配合下实现的。

(一) 呼吸中枢

1. 脊髓　脊髓中支配呼吸肌的运动神经元位于第 3~5 脊髓颈段(支配膈肌)和胸段脊髓前角(支配肋间肌和腹肌等)。动物实验显示,若在中脑和脑桥之间横断脑干,保留下位脑干(延髓和脑桥)与脊髓的联系,呼吸节律无明显变化;若在延髓与脊髓之间横断,动物的呼吸立即停止,不再恢复。这些结果表明,脊髓本身没有产生呼吸运动的能力,只是联系脊髓以上脑区和呼吸肌之间的中继站,产生和调节呼吸节律的基本中枢位于脊髓以上部位。

2. 延髓呼吸中枢　近年来用微电极记录神经元放电方法记录到在中枢神经系统内存在随呼吸运动同步放电的神经元,称为呼吸神经元。延髓的呼吸神经元主要集中分布在背内侧和腹外侧两个区域,两侧对称,分别称为背侧呼吸组和腹侧呼吸组。背侧组主要集中在孤束核的腹外侧部,以吸气神经元为主,其轴突下行投射到脊髓颈、胸段,支配膈肌和肋间外肌运动神经元,兴奋时引起吸气。腹侧组主要集中在疑核、后疑核及面神经后核附近。在这些部位有吸气和呼气两类神经元,其主要作用是引起主动呼气,还可调节咽喉部辅助呼吸肌的活动以及延髓和脊髓内呼吸神经元的活动。

动物实验显示,保留延髓的动物呼吸并不停止,但节律不规则,提示延髓是产生一定节律性呼吸运动的基本中枢,而正常呼吸节律还要有更高一级中枢的调节。

3. 脑桥呼吸调整中枢　脑桥内呼吸神经元相对集中于臂旁内侧核及其外侧,主要为吸气-呼气神经元,与延髓的呼吸神经核团之间有广泛的双向联系,形成调控呼吸的神经元回路。在动物实验中,如果在脑桥上、中部之间横断,呼吸将变深、变慢,如再切断双侧迷走神经,吸气时间大大延长,形成长吸式呼吸,表明脑桥上部有抑制吸气的中枢,称为呼吸调整中枢。若再在脑桥和延髓之间横断,则出现呼气时间延长,吸气突然发生又突然终止的喘息样呼吸。说明脑桥中下部可能存在一个能兴奋吸气活动的长吸中枢。总而言之,脑桥内存在有调整延髓呼吸神经元活动的结构,其主要作用是:抑制吸气,使吸气向呼气转化。

4. 高位中枢　呼吸还受到高位中枢的影响,高位中枢包括大脑皮质、边缘系统、下丘脑等,都有与呼吸活动相关的神经元。它们不是产生节律性呼吸的必要部位,但它们对呼吸运动还是有一定影响的,尤其是大脑皮质可通过皮质脊髓束和皮质脑干束控制呼吸运动神经元的活动,如人在清醒时能在一定限度内随意屏气或改变呼吸频率及深度,就是靠大脑皮质的控制实现的。人的说话、唱歌、哭、笑等发音动作也都要呼吸运动的配合。大脑皮质对呼吸的调节系统是随意的呼吸调节系统,而低位脑干的呼吸调节系统是不随意的。

总之,中枢神经系统是通过各级呼吸神经元群的协调工作来实现对呼吸的调控,延髓呼吸神经元是呼吸的基本中枢所在部位,能产生基本的呼吸节律,脑桥呼吸调整中枢使呼吸节律更加完善。大脑皮质起到随意控制呼吸运动的作用,使呼吸调节更具适应性。

(二) 呼吸节律的形成

关于自主性呼吸节律的形成机制迄今尚未完全阐明。20 世纪 70 年代提出了吸气活动发生器和吸气切断机制模型。核心是在延髓内存在着一些起中枢吸气活动发生器和吸气切断机制作用的神经元。当中枢吸气活动发生器兴奋时,其冲动沿轴突传出至脊髓吸气运动神经元,则产生吸气活动。在发生器兴奋的同时通过以下三条途径兴奋吸气切断机制:①冲动上传至脑桥,使呼吸调整中枢兴奋,从而反馈抑制延髓吸气神经元;②由于肺的扩张,使肺牵张感受器兴奋,传入冲动增多,上传至吸气切断机制;③直接兴奋吸气切断机制。当吸气切断机制的活动增强达到一定阈值时,以负反馈形式,终止中枢吸气活动发生器的活动,使吸气转为呼气(图4-12)。目前比较公认的是起步细胞学说和神经元网络学说。起步细胞学说认为,节律性呼吸是由延髓内具有起搏样活动的神经元节律性兴奋引起的,犹如窦房结起搏细胞的节律兴奋引起整个心脏产生节律性收缩一

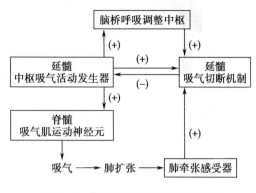

图 4-12　呼吸节律形成机制模式图

样。神经元网络学说认为,呼吸节律的产生依赖于延髓内呼吸神经元之间的相互联系和相互作用。

二、呼吸的反射性调节

中枢神经系统接受来自呼吸器官本身及血液循环等其他器官的各种感受器的传入冲动,实现对呼吸运动的调节过程。主要包括机械和化学两类感受器的反射性调节。

(一) 机械感受性反射

1. 肺牵张反射(pulmonary stretch reflex)　由肺的扩张或缩小引起的反射性呼吸变化,称为肺牵张反射,也称黑-伯反射(Hering-Breuer reflex)。包括肺扩张反射和肺萎陷反射。

肺牵张反射的感受器位于从气管到细支气管的平滑肌中。吸气时,肺扩张,牵拉呼吸道使之扩张,感受器兴奋,冲动经迷走神经传入延髓,通过一定的神经联系,导致吸气停止转为呼气。呼气时,肺缩小,牵张感受器经迷走神经的传入冲动减少,对延髓吸气神经元的抑制解除,吸气神经元兴奋,呼气转为吸气。肺牵张反射是一种负反馈调节机制,其生理意义是:阻止吸气过长、过深,并促使吸气转为呼气,它还与脑桥呼吸调整中枢共同调节呼吸频率和深度。切断双侧迷走神经,动物出现深而慢的呼吸,正是因为失去了肺牵张反射这一负反馈机制所致。对正常成人来说,平静呼吸时,肺牵张反射并不发挥重要的调节作用。新生儿存在这一反射,大约在出生4~5天后,反射就显著减弱。病理情况下(如肺炎、肺水肿等),肺顺应性降低,吸气时,肺扩张对牵张感受器的刺激作用较强,传入冲动增多,可引起这一反射,使呼吸变浅变快。

2. 呼吸肌的本体感受性反射　由呼吸肌本体感受器传入冲动所引起的反射性呼吸变化,称为呼吸肌本体感受性反射。肌梭和腱器官是呼吸肌本体感受器,当呼吸道阻力增大时,感受器(肌梭)受到刺激产生兴奋,其冲动传入脊髓中枢,使吸气肌的收缩增强,呼吸运动加强。这一反射在平静呼吸时作用不明显,当运动或气道阻力增加(如支气管痉挛)时,能发挥较明显的作用。可见,呼吸肌本体感受性反射对克服气道阻力具有重要作用。

(二) 化学感受性呼吸反射

化学因素(O_2、CO_2 和 H^+)对呼吸运动的调节是一种经常发挥作用的反射性调节活动。当动脉血或脑脊液中 PCO_2、H^+ 浓度、PO_2 的变化,通过化学感受器,反射性地引起呼吸运动的变化,以保持血液中 O_2 与 CO_2 含量及 pH 的相对稳定。

1. 化学感受器(chemoreceptor)　体内参与调节呼吸运动的化学感受器,按所在部位的不同可将其分为外周化学感受器和中枢化学感受器。

(1) 外周化学感受器:是指颈动脉体和主动脉体,能感受血液中 PCO_2、H^+ 浓度及 PO_2 的变化。当血中 PCO_2、H^+ 浓度升高 PO_2 降低时,刺激颈动脉体和主动脉体,使之兴奋,冲动经

窦神经(舌咽神经的分支,分布于颈动脉体)和迷走神经(分支分布于主动脉体)传入延髓呼吸中枢、反射性地引起呼吸加深加快和血液循环的变化。在呼吸和循环的调节中,颈动脉体主要调节呼吸,而主动脉体主要调节循环。

(2) 中枢化学感受器:中枢化学感受器位于延髓腹外侧浅表部位,左右对称。与外周化学感受器不同的是中枢化学感受器不感受缺 O_2 的刺激,但对 CO_2 的敏感性比外周的高,对脑脊液和局部组织间液中 H^+ 浓度的变化极为敏感。

2. CO_2、H^+ 和低 O_2 对呼吸的影响

(1) CO_2 对呼吸的影响:CO_2 是呼吸的生理刺激物,是调节呼吸的最重要的体液因素。由于 CO_2 对呼吸有很强的刺激作用,故一定量的 CO_2 对维持呼吸中枢的兴奋性是十分必要的。如过度换气,使体内的 CO_2 排出过多,导致血中 CO_2 浓度降低,可发生呼吸暂停。因此,血中一定浓度的 CO_2,是维持正常呼吸活动的必要条件。适当的增加吸入气中 CO_2 的浓度,可使呼吸增强,肺通气量增加。当吸入气中 CO_2 的含量增加到 1% 时,肺通气量开始增加,呼吸加深加快;若吸入气体中 CO_2 增加到 4% 时,肺通气量就增加 1 倍以上;当吸入气中 CO_2 的含量超过 7% 时,肺通气量增大已不足以将 CO_2 完全清除,CO_2 在体内堆积,可出现呼吸困难、头昏、头痛等症状;若 CO_2 的含量超过 15%~20% 时,呼吸被抑制,肺通气量显著降低,可出现昏迷,甚至因呼吸中枢麻痹导致呼吸停止。

CO_2 对呼吸的兴奋作用是通过两条途径来实现的:一是刺激中枢化学感受器。当血液中 PCO_2 增高,CO_2 能迅速通过血 - 脑屏障与 H_2O 结合成 H_2CO_3,再解离出 H^+,刺激中枢化学感受器;二是刺激外周化学感受器。冲动经窦神经(舌咽神经的分支,分布于颈动脉体)和迷走神经(分支分布于主动脉体)传入延髓呼吸中枢,反射性地引起呼吸加深加快。其中以前者为主,但由于中枢化学感受器的反应较慢,因此,当动脉血中 PCO_2 突然增高时,外周化学感受器在引起快速呼吸反应中起重要作用;另外,在中枢化学感受器受到抑制对 CO_2 的敏感性降低时,外周化学感受器也起重要作用。

(2) H^+ 对呼吸的影响:H^+ 是化学感受器的有效刺激物质,当血液中 H^+ 浓度增高,可导致呼吸加深加快,肺通气量增加。反之,H^+ 浓度降低,呼吸受到抑制。H^+ 浓度对呼吸的影响途径与 CO_2 相似,不同的是 H^+ 不易透过血 - 脑屏障,限制了它对中枢化学感受器的作用。所以 H^+ 浓度改变对呼吸运动的影响主要是通过刺激外周化学感受器实现的。如糖尿病、肾衰竭等患者血中 H^+ 浓度增高,呼吸运动加强;碱中毒患者,呼吸运动减弱。

(3) 低 O_2 对呼吸的影响:当吸入气中 O_2 含量降低时,肺泡气、动脉血中 PO_2 均随之降低,呼吸加深加快,肺通气量增加。低 O_2 对呼吸的这种兴奋作用完全是通过刺激外周化学感受器来实现的,其中颈动脉体起主要作用。低 O_2 对呼吸中枢的直接作用是抑制,通常,由于低 O_2 刺激外周化学感受器引起的中枢兴奋效应,超过低 O_2 对呼吸中枢的直接抑制作用,使呼吸加深加快,肺通气量增加。但严重低 O_2 时($PO_2 < 5kPa$),外周化学感受器的兴奋作用不足以对抗低 O_2 对呼吸中枢的抑制作用,使呼吸运动减弱,甚至呼吸停止。

在通常情况下低 O_2 对呼吸的兴奋作用,需要动脉血 PO_2 下降到 10.64kPa(80mmHg)以下时,才可察觉到。可见动脉血 PO_2 对正常呼吸的调节作用不大。但某些特殊情况下,如一些严重的慢性呼吸功能障碍的患者(肺气肿、肺心病),既有低 O_2,又有 CO_2 潴留。长时间 CO_2 潴留使中枢化学感受器对 CO_2 的刺激作用产生适应,而外周化学感受器对低 O_2 刺激的适应很慢,此时,低 O_2 对外周化学感受器的刺激成为维持呼吸中枢兴奋性的重要因素。对这种病人不宜快速给氧,而应采取低浓度持续给氧,以避免由于解除了低 O_2 对呼吸的刺激,而导致呼吸抑制。

综上所述,当血液中 PCO_2 升高,H^+ 浓度升高和 PO_2 降低时,都对呼吸有兴奋作用。但在整体情况下,不可能是单因素的改变,三者之间是相互影响,相互作用。既可因三者作用

发生总和而加大,也可由相互抵消而减弱。当一种因素改变而对另外两种因素不加控制时CO_2的作用最强,H^+的作用次之,O_2的作用最弱。如,当血液中PCO_2增高时,血中H^+浓度也会增加,两者共同作用,使兴奋呼吸的作用大大增强;当PO_2下降时,也因肺通气量增加,呼出较多的CO_2,使血中PCO_2和H^+浓度降低,使低O_2对呼吸的兴奋作用大为减弱。因此,在临床上,必须对各种化学因素引起的呼吸变化做全面的分析,给予恰当处理,才能收到较好的效果。

（罗　萍）

 思考题

1. 什么是呼吸？呼吸的全过程及生理意义是什么？
2. 为什么胸膜腔内是负压？有何生理意义？
3. 某人呼吸频率为 14 次 / 分,试问此人每分肺泡通气量是多少？
4. 氧与二氧化碳在血液中的主要运输形式是什么？
5. 试述 CO_2、缺 O_2 对呼吸的影响及作用机制。

第五章

消化和吸收

学习目标

1. 掌握 胃液的成分及其作用,胃的运动形式,胰液的成分及其作用,小肠运动形式,小肠在吸收中的重要地位。

2. 熟悉 消化、吸收的概念,消化的方式,胃排空的概念;胃排空时间;胆汁的作用;胃黏膜屏障作用。

3. 了解 消化管平滑肌的一般生理特性;排便反射。胃肠道激素的主要作用。三大营养物质的吸收方式和转运途径,各种成分的吸收。

人体的消化系统由消化道和消化腺组成,消化道包括口腔、咽、食管、胃、小肠和大肠,主要的消化腺有唾液腺、肝、胰和散在分布于消化道壁内的腺体。消化系统的主要功能是对食物进行消化和吸收,为机体的新陈代谢提供必不可少的营养物质和能量以及水和电解质。此外,消化道还能分泌多种胃肠激素,具有重要的内分泌功能。

人体进行正常的生命活动,不仅要通过呼吸从外界获得足够的氧气,还必须摄取营养物质,以供组织细胞更新和完成各种生命活动的物质和能量需要。营养物质来自食物。食物中的营养物质包括蛋白质、脂肪、糖类、维生素、水和无机盐。除了水、无机盐和大多数维生素可以直接被人体吸收利用外,蛋白质、脂肪和糖类等大分子结构复杂的有机物,必须先在消化道内分解成为结构简单的小分子物质,才能透过消化道黏膜进入血液循环。食物在消化道内分解成可以被吸收的小分子物质的过程称为消化(digestion)。消化后的小分子物质以及水、无机盐和维生素通过消化道黏膜进入血液和淋巴循环的过程称为吸收(absorption)。消化和吸收是两个既密切联系又相辅相成的过程。不能被吸收和消化的食物残渣以及消化道脱落的上皮细胞等最后以粪便的形式排出体外。消化道对食物的消化过程有机械性消化(mechanical digestion)和化学性消化(chemical digestion)两种方式。前者是指通过消化道肌肉的舒缩活动,将食物磨碎,使之与消化液充分搅拌、混合,并将食物不断地向消化道远端推送的过程;后者则为通过消化液中含有的各种消化酶的作用,将食物中的大分子物质(主要是糖、蛋白质和脂肪)分解为结构简单、可被吸收的小分子物质的过程。正常情况下,两种方式的作用是紧密配合、互相促进、同时进行的,共同完成对食物的消化过程。

第一节　概　　述

一、消化道平滑肌的生理特性

在整个消化道中,除口、咽、食管上端和肛门外括约肌是骨骼肌外,其余部分是都是由平滑肌组成的。消化道通过这些肌肉的舒缩活动,完成对食物的机械性消化,并推动食物的前进;消化道的运动对于食物的化学性消化和吸收,也有促进作用。

(一)消化道平滑肌的一般特性

消化道平滑肌具有肌组织的共同特性,如兴奋性、自律性、传导性和收缩性,但这些特性的表现均有其自己的特点。

1. 自动节律性　消化道平滑肌具有良好的自动节律性运动,但与心肌相比,其节律缓慢且不规则。通常每分钟数次至十余次。

2. 兴奋性　消化道平滑肌的兴奋性较骨骼肌低,收缩的潜伏期、收缩期、舒张期均较长。消化道平滑肌的一次舒缩过程可达 20 秒以上。

3. 紧张性　消化道平滑肌经常保持轻微的持续收缩状态。这与保持消化道腔内一定的基础压力、维持胃肠等器官的形态和位置有关。紧张性收缩是消化道平滑肌各种收缩活动的基础。

4. 伸展性　消化道平滑肌能适应需要进行很大程度的伸展。这使空腔脏器(特别是胃)能容纳几倍于自己原始体积的食物而不发生明显的压力变化。

5. 敏感性　消化道平滑肌对电刺激不敏感,但对化学、温度、机械牵张刺激特别敏感,轻微的刺激常可引起强烈的收缩。例如,温度升高、微量的乙酰胆碱或牵拉均能引起其明显收缩;而微量的肾上腺素则使其舒张。

(二)消化道平滑肌的电生理特性

消化道平滑肌与其他可兴奋组织一样,也有生物电活动。消化道平滑肌电活动的形式要比骨骼肌复杂得多,其电生理变化大致可分为三种,即静息电位、慢波和动作电位。

1. 静息电位　消化道平滑肌的静息电位较低,且很不稳定,波动较大,其实测值为 $-50 \sim -60mV$。静息电位产生机制也比较复杂,主要是由 K^+ 外流和生电性钠泵的活动所形成的,另外少量的 Na^+、Ca^{2+} 内流和 Cl^- 外流也参与了静息电位的形成。

2. 慢波电位　消化道平滑肌在静息膜电位基础上,可自发地周期性地产生去极化和复极化,形成缓慢的节律性电位波动,由于其频率较慢,因而称为慢波(slow wave)。慢波可决定消化道平滑肌的收缩节律,故又称基本电节律(basic electrical rhythm,BER)。慢波的幅度为 5~15mV,持续时间为数秒至十几秒。慢波的频率变动在每分钟 3~12 次,随所在消化道部位的不同而异,人类胃平滑肌的慢波频率为每分钟 3 次,十二指肠为每分钟 11~12 次,回肠末端为每分钟 8~9 次。慢波本身不能引起肌肉收缩,但它产生的去极化可使膜电位接近阈电位水平,一旦达到阈电位,就可以触发产生动作电位。慢波虽然不能直接触发平滑肌的收缩,但它是决定肌肉收缩频率、传播速度和方向的控制波。

3. 动作电位　消化道平滑肌的动作电位是在慢波电位的基础上发生的。动作电位的升支主要是由慢钙通道开放,大量 Ca^{2+} 内流和少量 Na^+ 内流产生的,而降支则主要由 K^+ 通道开放,K^+ 外流引起。一旦爆发动作电位即可引起肌肉收缩,动作电位是胃肠平滑肌的起步电位。

慢波、动作电位和平滑肌收缩三者之间的关系是:平滑肌在慢波的基础上产生动作电位,动作电位引起肌肉收缩。因此,慢波被认为是平滑肌收缩的起步电位,是平滑肌收缩节律的控制波,它决定消化道运动的方向、节律和速度。

二、消化腺的分泌和消化液的功能

消化腺包括广泛存在于消化道黏膜的许多腺体和附属于消化道的唾液腺、胰腺和肝等。消化腺的主要功能是向消化道内分泌各种消化液,包括唾液、胃液、胰液、胆汁、小肠液和大肠液。成人每日分泌消化液的总量可达 6~8L,其主要成分是水、无机盐和各种有机物,最重要的成分是各种消化酶(表 5-1)。

消化液的功能主要有:

1. 水解食物中的大分子营养物质,利于吸收。
2. 为各种消化酶提供适宜的 pH 环境。
3. 稀释食物,使消化道内容物的渗透压与血浆的渗透压接近,以利于营养物质的吸收。
4. 保护消化道黏膜免受各种理化因素的损伤。

表 5-1 各种消化液的分泌量、pH 和主要的消化酶

消化液	分泌量(L/d)	pH	主要消化酶
唾液	1.0~1.5	6.6~7.1	唾液淀粉酶
胃液	1.5~2.5	0.9~1.5	胃蛋白酶
胰液	1.0~2.0	7.8~8.4	胰淀粉酶、胰脂肪酶、胰蛋白酶、糜蛋白酶
胆汁	0.8~1.0	6.8~7.4	无消化酶
小肠液	1.0~3.0	7.6	肠激酶
大肠液	0.6~0.8	8.3~8.4	少量二肽酶、淀粉酶

食物在消化道内由口腔开始进行的消化,是一个连续而复杂的过程。按消化发生的部位,可分为口腔内消化、胃内消化、小肠内消化和大肠内消化。无论哪种方式或哪个部位的消化,无论是消化还是吸收,在整体内,都是在神经和体液调节下进行的。

三、消化道的神经支配及作用

神经系统对胃肠功能的调节较为复杂,它通过源于中枢的外来神经系统和分布于消化道壁内的内在神经系统两个部分相互协调统一而完成的。

(一) 外来神经系统交感神经和副交感神经及其作用

除口腔、咽、食管上段的肌肉及肛门外括约肌受躯体神经支配外,消化道的其他部位均受自主神经系统(包括交感神经和副交感神经系统)支配(图 5-1),其中副交感神经对消化功能的影响更大。

1. 交感神经 交感神经发自脊髓 T_5 至 L_2 段的侧角,经腹腔神经节、肠系膜神经节或腹下神经节更换神经元后,发出节后纤维,随血管分布于消化道,节后纤维终止于壁内神经丛或直接支配胃肠平滑肌、血管平滑肌和胃肠道腺体。交感神经兴奋时,节后纤维末梢释放去甲肾上腺素,引起胃肠道运动减弱,腺体分泌减少;但对胃肠括约肌(如胆总管括约肌、回盲括约肌和肛门括约肌)则引起它们的收缩,对某些唾液腺(如颌下腺)也起到刺激分泌的作用。

2. 副交感神经 支配消化道的副交感神经主要有迷走神经和盆神经。副交感神经的节前纤维在消化道壁内神经丛更换神经元,节后纤维支配消化道上皮、平滑肌和腺体。副交感神经兴奋时,大多数节后纤维释放乙酰胆碱,引起胃肠道运动增强,腺体分泌增加;但对胃肠括约肌则引起它们的舒张。

(二) 内在神经系统

消化道的内在神经系统又称肠神经系统,内在神经包括两大神经丛,即黏膜下神经丛和

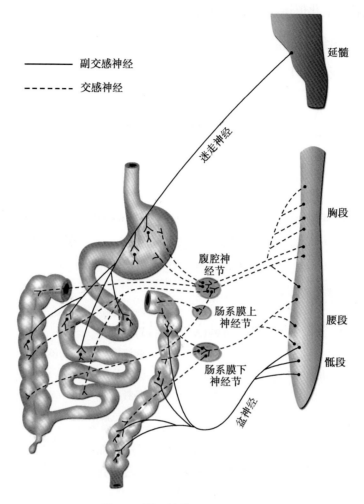

图 5-1   胃肠的神经支配示意图

肌间神经丛。黏膜下神经丛位于环行肌与黏膜层之间,主要参与消化道腺体和内分泌细胞的分泌,肠内物质的吸收以及对局部血流的控制。肌间神经丛位于纵行肌与环行肌之间,其中有兴奋性神经元,也有抑制性神经元。肌间神经丛主要调节消化道的运动。两神经丛之间有中间神经元相互联系,同时都有感觉神经元传入感觉信号,并接受外来神经纤维支配。目前认为,消化管壁内的神经丛构成了一个完整的、相对独立的整合系统,在胃肠活动的调节中具有十分重要的作用。

四、消化道的内分泌功能

在胃肠道黏膜下存在着 40 多种内分泌细胞,合成和释放多种有生物活性的化学物质,统称为胃肠激素。这类激素在化学结构上都属于肽类物质,故又称为胃肠肽(gastrointestinal peptides)。主要的胃肠激素有促胃液素、促胰液素、缩胆囊素和胰高血糖素等。

胃肠激素的生理作用主要表现为:①调节消化腺分泌和消化道运动,例如,促胃液素能促进胃液分泌和胃运动,而促胰液素和抑胃肽则可抑制胃液分泌及胃运动;②调节其他激素的释放,例如抑胃肽有促进胰岛素分泌的作用;③营养作用:一些胃肠激素具有促进消化道黏膜组织生长和促进代谢的作用,例如,促胃液素和缩胆囊素分别能促进胃黏膜上皮和胰腺外分泌部组织的生长。目前研究证实,胃肠内分泌细胞的总数很大,大大地超过了体内所有内分泌腺的总和。因此,消化道已不仅仅是人体内的消化器官,它也是体内最大最复杂的内分泌器官。现将主要胃肠激素的生理作用归纳于表 5-2。

表 5-2　胃肠激素的主要生理作用

激素名称	主要生理作用
促胃液素	促进胃液、胰液、胆汁分泌,加强胃肠运动和胆囊收缩
缩胆囊素	促进胃液、胰液、胆汁、小肠液的分泌,加强胃肠运动和胆囊收缩
促胰液素	促进胰液、胆汁、小肠液的分泌,胆囊收缩,抑制胃肠运动和胃液分泌

调节消化器官活动的体液因素,除了胃肠激素外,组胺也是一种重要的物质,由胃黏膜肥大细胞或肠嗜铬样细胞分泌,释放后与壁细胞上组胺 II 型受体结合,具有很强的刺激胃酸分泌的作用。

研究表明,一些被认为是胃肠激素的肽类物质也存在于中枢神经系统,而原来认为只存在于中枢神经系统的神经肽也在消化道中被发现。这些在消化道和中枢神经系统内双重分布的肽类物质统称为脑 - 肠肽(brain-gut peptide)。目前已知的肽类物质有 20 多种,如促胃液素、缩胆囊素、生长抑素、胃动素、神经降压素等。脑 - 肠肽概念的提出,揭示了神经系统与消化道之间存在密切的内在联系。

总之,人体对消化器官的调节是通过神经和体液调节来完成的,它们互相配合与协调,共同调节消化和吸收过程。

第二节　口腔内消化

消化过程从口腔开始,食物在口腔停留的时间约 15~20 秒。在口腔内,通过咀嚼和唾液中酶的作用,食物得到初步消化,被唾液湿润和混合的食团经吞咽动作通过食管进入胃内。口腔中的唾液对食物有较弱的化学消化作用。

一、唾液的分泌

人的口腔内有三对主要的唾液腺,即腮腺、颌下腺和舌下腺,还有众多散在的小唾液腺,唾液就是由这些大小唾液腺分泌的混合液。

(一) 唾液的性质和成分

唾液是无色、无味、近中性(pH 为 6.6~7.1)的低渗液体。正常成人每日分泌的唾液量为 1.0~1.5L。其中水分约占 99%,还有少量的有机物和无机物。有机物主要包括黏蛋白、免疫球蛋白、唾液淀粉酶和溶菌酶等。无机物主要有 Na^+、K^+、Ca^{2+}、HCO_3^-、Cl^- 和 SCN^-(硫氰酸盐)等。某些进入体内的重金属(如铅、汞)和狂犬病毒也可经唾液腺分泌而出现在唾液中。

(二) 唾液的作用

1. 湿润口腔和食物　以利咀嚼、吞咽和引起味觉。

2. 消化淀粉　唾液中的唾液淀粉酶(最适 pH 为 7.0)可将淀粉水解成麦芽糖,当其随食物入胃后,仍可继续发挥作用,直到胃液分泌增多使胃内容物 pH 低于 4.5 时该酶失活。

3. 清洁或保护口腔　清除口腔内残余食物,当有害物质进入口腔时可引起唾液大量分泌,起到中和、冲洗和清除有害物质的作用,唾液中的溶菌酶和免疫球蛋白还有杀菌、杀病毒作用。

4. 排泄功能　进入体内的某些物质如铅、汞等可部分随唾液排出,有些致病微生物(如狂犬病毒)也可以从唾液排出。

(三) 唾液分泌的调节

唾液分泌的调节完全属于神经调节,包括条件反射和非条件件反射。进食前,食物的性状、颜色、气味、进食环境、甚至与食物和进食有关的第二信号（言语）等，均能形成条件反射，引起明显的唾液分泌。所谓"望梅止渴"就是条件反射性唾液分泌的典型例子。进食活动中，食物对口腔的机械性、化学性和温热性刺激，通过中枢神经引起唾液分泌的过程为非条件反射。

唾液分泌的基本中枢在延髓，高位中枢在下丘脑、大脑皮质等处。支配唾液腺的传出神经包括副交感神经和交感神经，二者均可刺激唾液分泌，且以前者的作用为主。副交感神经兴奋时释放乙酰胆碱，作用于腺细胞膜 M 受体，引起唾液分泌的量多而固体成分少，故唾液稀薄。M 受体拮抗剂阿托品可阻断上述唾液分泌。交感神经兴奋时末梢释放去甲肾上腺素，作用于腺细胞膜上的 β 受体，引起唾液分泌的量少而固体成分多，故唾液黏稠。

除食物相关因素外，恶心可引起唾液的大量分泌，而睡眠、疲劳、恐惧、失水等情况下唾液分泌减少。

二、咀嚼、吞咽和蠕动

口腔内的机械消化是通过咀嚼和吞咽实现的。

咀嚼（mastication）是通过咀嚼肌协调而有序的收缩，使下颌向上颌方向反复运动完成的反射动作，受大脑意识控制。咀嚼的作用是：①将食物切割、磨碎，并与唾液充分混合形成食团以利于吞咽；②使食物与唾液淀粉酶充分接触，有助于化学性消化；③加强食物对口腔内各种感受器的刺激，反射性地引起胃肠、胰腺、肝脏和胆囊等消化器官的活动，为随后的消化过程做准备。

吞咽（swallowing）是将口腔内的食团通过咽部和食管推送到胃的过程，是一种复杂的神经反射性动作。根据食团经过的部位不同可将吞咽分为三个连续的阶段。

1. 口腔期　食团由口腔至咽的时期。主要依靠舌的翻卷运动，将食团由舌背推至咽部。这是在大脑皮质控制下的随意动作。

2. 咽期　食团由咽至食管上端的时期。当咽部感受器受到食团刺激时，反射性地引起咽部肌群的有序收缩，使软腭和悬雍垂上举，咽后壁前凸，封闭鼻咽通道；声带内收从而关闭声门，喉头上移并紧贴会厌，封闭咽与气管之间的通道，使呼吸暂停，防止食物进入呼吸道。由于喉头上移，食管上括约肌舒张，使与食管的通道开放，食团由咽被推入食管。

3. 食管期　食团由食管经贲门至胃的时期。食团进入食管后，引起食管产生蠕动，将食团推送入胃。

蠕动（peristalsis）是消化道平滑肌共有的一种运动形式，它是一种向前推进的波形运动，表现为食团上端平滑肌收缩，下端平滑肌舒张，食团被挤入舒张部分，由于蠕动波依次下行，食团不断下移被推送入胃。

吞咽反射的基本中枢位于延髓。在昏迷、深度麻醉和患某些神经系统疾病时，可引起吞咽障碍，口腔、上呼吸道分泌物或食物容易误入气管。

第三节　胃内消化

胃是消化道中最膨大的部分。成人的容量一般为 1~2L，胃的主要功能是暂时储存食物，并进行初步的消化。食物进入胃后，经过胃的机械性和化学性消化食团逐渐被胃液水解和胃运动研磨，形成食糜。胃的运动还使食糜逐次、少量的通过幽门，进入十二指肠。

一、胃液的分泌

胃黏膜含有两类分泌细胞，一类是外分泌细胞，它们组成消化腺，包括贲门腺、泌酸腺和幽门腺,其中贲门腺分布于胃和食管连接处的环状区,幽门腺分布于幽门部,二者主要分泌碱性黏液;泌酸腺分布于胃底和胃体部由壁细胞(分泌盐酸和内因子)、主细胞(分泌胃蛋白酶原)和黏液颈细胞(分泌黏液)组成。胃黏膜上皮细胞可分泌黏稠的黏液,是构成胃表面黏液层的主要成分。胃液即是由上述外分泌腺和胃黏膜上皮细胞分泌的混合液体。另一类是内分泌细胞,它们分散于胃黏膜中,可分泌促胃液素、生长抑素、组胺等多种胃肠激素,对消化液的分泌及消化道运动起调节作用。

(一) 胃液的性质、成分和作用

食物在胃内的化学消化是通过胃液作用实现的。胃液主要由胃腺分泌。正常成人每日分泌的胃液约 1.5~2.5L。纯净的胃液是无色的酸性液体,pH 为 0.9~1.5。胃液中除水外,主要成分有盐酸(又称胃酸)、胃蛋白酶原、内因子、黏液和 HCO_3^-。

1. 盐酸　盐酸是由泌酸腺中的壁细胞分泌的,也称胃酸。胃液中的盐酸以两种形式存在:一种是解离状态的游离酸;另一种是与蛋白质结合的盐酸蛋白盐,称结合酸。纯胃液中游离酸占绝大部分。正常人空腹时盐酸排出量为 0~5mmol/h。在消化期,盐酸的排出量明显增加。在食物或药物的刺激下,正常人最大盐酸排出量可达 20~25mmol/h。盐酸排出量可反映胃的分泌能力,与壁细胞的数量及功能状态有关。

(1) 盐酸分泌的机制:胃黏膜壁细胞分泌盐酸的基本过程如图 5-2 所示:壁细胞分泌的 H^+ 来源于细胞内水解离生成 H^+($H_2O \rightarrow H^+ + OH^-$),在壁细胞分泌小管膜上质子泵的作用下,$H^+$ 主动转运入分泌小管腔。而 OH^- 则在碳酸酐酶的催化作用下,与 CO_2 结合生成 HCO_3^-,细胞内的 HCO_3^- 再通过壁细胞基底侧膜上的 $Cl^- - HCO_3^-$ 逆向转运体与 Cl^- 交换进入血液。因此,在消化期,随着胃酸的大量分泌,同时有大量 HCO_3^- 进入血液,使血液暂时碱化,出现所谓的"餐后碱潮"。与 HCO_3^- 交换进入壁细胞的 Cl^- 则通过分泌小管膜上特异性的 Cl^- 通道进入小管腔,与 H^+ 形成 HCl。

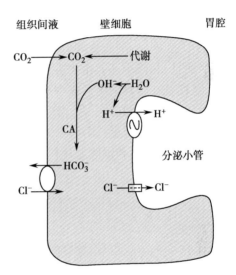

图 5-2　壁细胞分泌盐酸的基本过程

(2) 盐酸生理作用

1) 将无活性的胃蛋白酶原激活成有活性的胃蛋白酶,并为胃蛋白酶提供适宜的酸性环境。

2) 使食物中蛋白质变性,易于水解。

3) 杀死随食物进入胃的细菌。对维持胃及小肠内的无菌状态具有重要意义。

4) 盐酸随食糜进入小肠后,可促进促胰液素和缩胆囊素的分泌,进而引起促进胰液、胆汁和小肠液的分泌。

5) 盐酸造成的酸性环境,有利于小肠对铁和钙的吸收。因此,盐酸分泌不足时可引起食欲不振、腹胀、消化不良和贫血等。若盐酸分泌过多,又会对胃和十二指肠黏膜产生侵蚀作用,成为诱发溃疡病的原因之一。

2. 胃蛋白酶原　胃蛋白酶原(pepsinogen)是由泌酸腺中的主细胞合成、分泌的,可被盐酸激活转变为胃蛋白酶(pepsin)。胃蛋白酶又可反过来对胃蛋白酶原起激活作用,形成局部正反馈。胃蛋白酶能将食物中的蛋白质,水解为胨和胨,以及少量的多肽和氨基酸。胃蛋白酶的最适 pH 为 1.8~3.5,随着 pH 的升高,胃蛋白酶的活性降低,当 pH 超过 5.0 时,即发生不可逆的变性而失去活性。因此,胃蛋白酶进入小肠后将失去水解蛋白质的能力。

3. 内因子   内因子(intrinsic factor)是一种糖蛋白,由泌酸腺中的壁细胞分泌。内因子的作用是:保护维生素 B_{12} 免受小肠内蛋白水解酶的破坏并促进维生素 B_{12} 的吸收。内因子发挥上述作用是通过两个活性部位实现的,其中一个活性部位与维生素 B_{12} 结合,形成内因子-维生素 B_{12} 复合物,从而保护了维生素 B_{12};另一个活性部位则与回肠黏膜上皮细胞的特异性受体结合,促进维生素 B_{12} 的吸收。

4. 黏液和 HCO_3^- 胃液中的黏液是由胃腺中的黏液细胞以及胃黏膜表面的上皮细胞共同分泌的。黏液中的主要成分是糖蛋白,它具有润滑作用,可减少坚硬食物对胃黏膜的机械损伤,还参与形成胃黏液屏障,保护胃黏膜细胞,抵御 H^+ 的侵蚀和胃蛋白酶消化。

胃内 HCO_3^- 主要由胃黏膜非泌酸细胞分泌。基础状态下,其分泌速率较低;进食时,分泌速率增加。HCO_3^- 可渗入到黏液的凝胶层中,形成黏液-碳酸盐屏障,对胃黏膜起到重要的保护作用。

(二)胃黏膜的自身保护作用

食物中含有多种刺激性物质,胃液中的盐酸和胃蛋白酶对胃黏膜也具有强的腐蚀作用。但正常情况下,胃液不会消化由蛋白质组成的胃组织本身,这是由于胃黏膜拥有一套复杂而完善的自身保护机制。

1. 黏液-碳酸氢盐屏障   胃黏液形成的凝胶层,可限制胃液中的 H^+ 向胃黏膜扩散的速度。而且,黏液中还有由胃黏膜非泌酸细胞分泌的 HCO_3^-,可以中和向黏膜下层逆向扩散的 H^+,这样就在胃黏液层形成一个 pH 梯度。在靠近胃腔面的一侧,pH 约为 2,呈强酸性;而在靠近黏膜上皮细胞的一侧,pH 为 7 左右,呈中性或偏碱性。这不仅避免了 H^+ 对胃黏膜的直接侵蚀,而且使胃蛋白酶原在该处不能激活,从而有效地防止了胃液对胃黏膜本身的消化作用。这种由黏液和碳酸氢盐共同形成的抗损伤屏障,称为胃黏液屏障,也称黏液-碳酸氢盐屏障(图 5-3)。

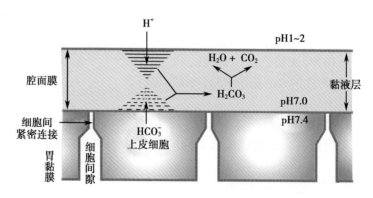

图 5-3   胃黏液-碳酸氢盐屏障模式图

2. 胃黏膜屏障   胃黏膜上皮细胞的腔面膜和相邻细胞间的紧密连接组织构成的生理屏障,具有防止 H^+ 由胃腔向胃黏膜逆向扩散以及阻止 Na^+ 从黏膜向胃腔内扩散的双重作用。另外,体内细胞合成的某些物质,能够增强胃黏膜抵御有害因子侵蚀的能力,从而使细胞的结构和功能得到保护。例如,前列腺素类物质,可阻止实验性胃肠溃疡的形成,还可阻止由酒精、强酸、强碱等对胃黏膜的损伤。当然,胃的自身保护能力不是无限的,当损伤因子的作用增强或自身保护能力减弱时都会影响胃黏膜结构和功能的完整性,进而出现病理变化。

大量饮酒或大量服用阿司匹林、吲哚美辛等药物,不但可抑制黏液及 HCO_3^- 的分泌,破坏黏液-碳酸氢盐屏障,还能抑制胃黏膜合成前列腺素,降低细胞保护作用,从而损伤胃黏膜。硫糖铝等药物能与胃黏膜黏蛋白结合,并具有抗酸作用,对胃黏液-碳酸氢盐屏障和胃黏膜屏障都有保护和加强作用,因而被用于临床治疗消化性溃疡病。

(三) 消化期胃液的分泌

空腹时,胃液的分泌量很少;进食后,在神经和体液因素的调节下可引起胃液大量分泌,称为消化期胃液分泌。根据受食物刺激的部位不同,人为的将消化期的胃液分泌分为头期、胃期和肠期三个时期。(图 5-4)这三期几乎是同时开始、互相重叠的。

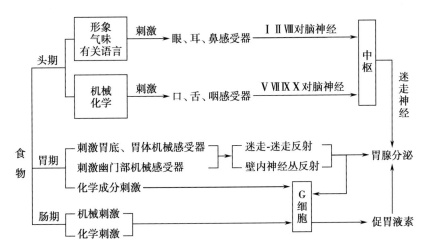

图 5-4 消化期胃液分泌的调节

(1) 头期胃液分泌:食物入胃前,刺激头面部的感受器(如眼、耳、鼻、口腔、咽等),通过传入冲动反射性地引起胃液的分泌,称为头期胃液分泌。动物的假饲实验:事先给狗手术造一个食管瘘和一个胃瘘,当狗进食时,摄取的食物从食管瘘流出体外并未进入胃内,但这时却有胃液从胃瘘流出,证明了头期胃液分泌的存在。引起头期胃液分泌的机制包括条件反射和非条件反射。条件反射是由食物的颜色、形状、气味、声音等刺激眼、耳、鼻等感觉器官引起的反射。非条件反射是由食物对口腔、咽等处感受器的机械性和化学性刺激引起的反射。反射中枢位于延髓、下丘脑、边缘叶和大脑皮质。两种反射共同的传出神经是迷走神经,其末梢主要支配胃腺和胃窦部的 G 细胞,既可直接促进胃液分泌,又可促进促胃液素间接促进胃液分泌,其中以直接作用为重。

头期胃液分泌的特点:持续时间长,分泌量大,占进食后总分泌量的 30%,酸度和胃蛋白酶原含量均很高,与食欲及情绪有很大关系。

(2) 胃期胃液分泌:食物进入胃后继续刺激胃液的分泌,称为胃期胃液分泌。引起胃期胃液分泌的途径有:①食物直接扩张胃,刺激胃体和胃底部的感受器,通过迷走 - 迷走神经长反射和壁内神经丛的短反射,直接或通过胃泌素间接引起胃液分泌;②食物扩张刺激胃幽门部感受器,通过壁内神经丛作用于 G 细胞,引起促胃泌素释放,进而促进胃液分泌;③胃腔内食糜的化学成分(主要是蛋白质消化产物)可直接作用于 G 细胞,引起促胃泌素分泌,促进胃液分泌。

胃期胃液分泌的特点:分泌量大,约占进食后总分泌量的 60%,酸度和胃蛋白酶原的含量也很高。

(3) 肠期胃液分泌:食物进入小肠后继续引起的胃液分泌,称为肠期胃液分泌。食糜对十二指肠黏膜的机械性及化学性刺激可促使其释放促胃液素和肠泌酸素等胃肠激素,上述胃肠激素经血液循环作用于胃,刺激胃液分泌。当切断支配胃的神经后,食糜对小肠的刺激仍能引起胃液分泌,说明体液调节是引起肠期胃液分泌的主要机制。

肠期胃液分泌的特点:分泌量较少,约占进食后总分泌量的 10%,酸度和胃蛋白酶原的含量均较少。

(四) 胃液分泌的神经和体液调节

1. 促进胃酸分泌的主要因素

(1) 迷走神经：支配胃的大部分迷走神经节后纤维末梢释放的递质是乙酰胆碱（ACh），ACh 可直接作用于壁细胞上的胆碱能受体（M 受体），而引起胃酸分泌。此外，ACh 还可作用于胃泌酸区黏膜的肠嗜铬样（ECL）细胞，刺激组胺的分泌，间接引起胃酸分泌。该作用可被 M 受体阻断剂（如阿托品）阻断。

(2) 促胃液素：促胃液素是由胃窦、十二指肠和空肠上段黏膜 G 细胞分泌的一种胃肠激素。主要作用于胃黏膜壁细胞，刺激胃酸分泌。

(3) 组胺：组胺是由胃泌酸区黏膜的 ECL 细胞分泌的，以旁分泌的方式与邻旁壁细胞膜上的 H_2 受体结合，刺激胃酸分泌。同时，组胺还可提高壁细胞对 ACh 及促胃液素的敏感性，而 ACh 和促胃液素亦可刺激 ECL 细胞释放组胺，间接调节胃液的分泌。因此，临床上可运用 H_2 受体阻断剂西咪替丁阻断组胺与 H_2 受体结合，治疗消化性溃疡。

2. 抑制胃液分泌的因素

(1) 盐酸：消化期，食物入胃后可刺激盐酸分泌，当盐酸分泌过多时，可负反馈抑制胃酸分泌。当胃窦内 pH 降到 1.2~1.5 时，盐酸可直接抑制 G 细胞释放促胃液素或刺激胃窦部 δ 细胞释放生长抑素，从而抑制胃液分泌。盐酸随食糜进入十二指肠后可刺激十二指肠黏膜分泌促胰液素，进而抑制胃液分泌。

(2) 脂肪：消化期，食物中的脂肪及其消化产物进入十二指肠后可刺激小肠黏膜分泌多种胃肠激素，如促胰液素、缩胆囊素、抑胃肽、胰高血糖素和神经降压素等，这些由小肠黏膜分泌的具有抑制胃液分泌及胃运动作用的激素，统称为肠抑胃素（enterogastrone）。

幽门螺杆菌的发现目前已公认，消化性溃疡的发病是由幽门螺杆菌感染所致。幽门螺杆菌能产生大量活性很高的尿素酶，将尿素分解为氨和 CO_2。氨能中和胃酸，从而使这种细菌能在酸度很高的胃内生存。尿素酶和氨的积聚还能损伤胃黏液层和黏膜细胞，破坏黏液-碳酸氢盐屏障和胃黏膜屏障，致使 H^+ 向黏膜逆向扩散，从而导致消化性溃疡的发生。

 知识链接

胃　溃　疡

胃溃疡的症状主要是上腹部疼痛。疼痛可以是钝痛、烧灼痛、胀痛或饥饿不舒服感觉。多位于中上腹。典型疼痛有节律性。表现为进食后约 1 小时发生，疼痛要大约 1~2 个小时后逐渐缓解，到进下一餐后重复发生。而不典型的溃疡病症状只是表现为上腹部不适或隐隐约约的痛。多伴有泛酸、嗳气、上腹胀等症状。症状发作可有周期性、季节性。在溃疡活动时可伴有出血，即柏油便，大便呈黑色，表面还有一定的亮度。上腹部可有轻度的压痛。

溃疡的并发症就是出血、穿孔、幽门梗阻、癌变（长期胃溃疡、年龄在 40 岁以上、溃疡顽固不愈者应该要提高警惕癌变）。

二、胃的运动

食物在胃内的机械消化是通过胃的运动实现的。根据胃壁肌层结构和功能的特点，可将胃分为头区和尾区两部分。头区包括胃底和胃体的上 1/3，它的运动较弱，主要功能是储存食物。尾区为胃体的下 2/3 和胃窦，它的运动较强，主要功能是磨碎食物，使之与胃液充分混合,形成食糜,并将食糜逐步排入十二指肠。

(一) 胃的运动形式及意义

1. 容受性舒张　当咀嚼和吞咽时,食物刺激了口、咽和食管等处的感受器,通过迷走神经反射性地引起胃底和胃体平滑肌的舒张,胃容积增大,称为胃的容受性舒张(receptive relaxation)。容受性舒张使胃腔容积由空腹时的50ml,增加到进食后的1.0~2.0L,而胃内压升高却很少。生理意义是完成容纳和储存食物的功能,同时保持胃内压基本不变,以防止食糜过早地排入十二指肠,有利于食物在胃内充分消化。引起胃容受性舒张的传出神经纤维是迷走神经中的抑制性纤维,释放的递质可能是某种肽类物质。

2. 紧张性收缩　胃壁平滑肌经常处于一定程度的收缩状态,称为紧张性收缩(tonic contraction)。胃紧张性收缩对于维持胃的形态和位置具有重要意义。在胃充盈后,紧张性收缩加强,使胃内压上升,一方面促使胃液渗入食物内部,有利于化学消化;另一方面由于胃内压增加,使胃与十二指肠之间的压力差增大,协助食糜向十二指肠方向推送。

3. 蠕动　胃的蠕动出现在食物入胃后约5分钟,空腹时基本上不出现蠕动。蠕动波从胃的中部开始,有节律的向幽门方向传播。胃蠕动波的频率约为每分钟3次,需1分钟左右到达幽门。通常是一波未平,另一波又起。蠕动波开始时较弱,在传播途中逐渐加强,速度也明显加快,一直传到幽门。当幽门括约肌舒张时,在蠕动波产生的压力下,胃窦内约1~2ml食糜被排入十二指肠;当幽门括约肌收缩时,部分食糜被反向推回近侧胃窦或胃体。食糜的这种后退有利于食物和消化液的混合,还可磨碎块状固体食物。胃蠕动的生理作用是:①搅拌食物,促进食物与胃液混合,以利于化学消化;②研磨固体食物;③将食糜从胃体向幽门方向推进,并以一定的速度排入十二指肠(图5-5)。

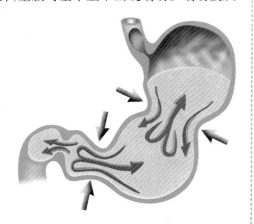

图 5-5　胃的蠕动示意图

胃窦切除的患者,常引起固体食物进入十二指肠过多过快,加重了小肠的负担,而且由于食物在短时间内大量进入空肠,导致消化液大量分泌,有时可在进食后出现腹胀、恶心、心慌、出汗、面色苍白等症状。

(二) 胃排空

食物由胃排入十二指肠的过程称为胃排空(gastric emptying)。食物入胃后5分钟左右就开始胃排空。胃排空的速度与食物的物理性状和化学组成有关。一般来说,稀的、液体的食物比稠的、固体的食物排空快;颗粒小的食物比大块的排空快。在三种营养物质中,排空速度的由快到慢依次为糖类、蛋白质、脂肪。对于混合食物,完全从胃排入十二指肠一般需要4~6小时。引起胃排空的动力是胃的运动(主要是蠕动)以及由此形成的胃与十二指肠之间的压力差。

(三) 呕吐

呕吐是将胃及部分肠内容物经口腔强力驱出的动作。呕吐是一种具有保护意义的防御性反射。呕吐中枢位于延髓网状结构的背外侧,与呼吸中枢、心血管中枢均有密切联系,因而在呕吐时常有恶心、流涎、呼吸急促、心跳加快而不规则等表现。颅压增高(脑水肿、脑瘤等情况)可直接刺激呕吐中枢引起呕吐。当舌根、咽部、胃、肠、胆总管、泌尿生殖系统、视觉和前庭器官等部位的感受器受到刺激时,均可引起呕吐。有时厌恶的气味和情绪也可引起呕吐。持续剧烈的呕吐,不仅影响正常进食,而且由于消化液大量丢失,可导致水、电解质和酸碱平衡紊乱。

第四节　小肠内消化

小肠是食物消化和吸收最主要的部位。食糜由胃进入小肠后，即开始了小肠内的消化。小肠内的消化是整个消化过程中最重要的阶段。食糜在小肠内停留的时间一般为3~8小时。食糜在小肠内受到多种消化液（胰液、胆汁和小肠液）的化学消化和小肠运动的机械消化，许多营养物质在此部位被吸收入机体。因此，食物通过小肠后消化过程基本完成，未被消化的食物残渣被推送到大肠，形成粪便排出体外。

一、胰液的分泌

胰腺是兼有外分泌和内分泌功能的腺体。胰液由胰腺外分泌部分的腺泡和小导管的管壁上皮细胞分泌，经胰腺导管排入十二指肠。在各种消化液中，胰液具有最强的消化能力。

（一）胰液的性质和成分

胰液是无色、无味的碱性液体。pH7.8~8.4，渗透压与血浆大致相等。成人每日分泌量约1~2L。胰液中含有无机物和有机物。胰液中的无机物主要由胰腺小导管上皮细胞分泌，包括大量水分以及 HCO_3^-、Na^+、K^+、Cl^- 等；有机物主要包括由胰腺腺泡细胞分泌的各种消化酶，如胰淀粉酶、胰脂肪酶、胰蛋白酶原、糜蛋白酶原、核糖核酸酶和脱氧核糖核酸酶、羧基肽酶等。

（二）胰液的作用

1. 碳酸氢盐　由胰腺中的小导管细胞分泌。主要作用是中和进入十二肠内的胃酸，使小肠黏膜免受强酸的侵蚀，同时也为小肠内多种消化酶发挥作用提供适宜的 pH 环境（pH 7~8）。

2. 胰淀粉酶（pancreatic amylase）　对生、熟淀粉的水解效率都很高。在小肠内，淀粉与胰液接触约 10 分钟就能全部水解。水解产物为糊精、麦芽糖及麦芽寡糖。胰淀粉酶作用的最适 pH 为 6.7~7.0。

3. 胰脂肪酶（pancreatic lipase）　主要消化脂肪，它可分解甘油三酯为甘油一酯、甘油和脂肪酸。它的最适 pH 为 7.5~8.5。如果胰脂肪酶缺乏，将引起脂肪消化不良。胰脂肪酶的活性需胰腺分泌的另一种小分子蛋白质，即辅脂酶的存在才能较好发挥作用。

4. 胰蛋白酶和糜蛋白酶　胰蛋白酶和糜蛋白酶都是以无活性的酶原形式存在于胰液中，分别称为胰蛋白酶原和糜蛋白酶原。肠液中的肠激酶（enterokinase）可以激活胰蛋白酶原，使之变为具有活性的胰蛋白酶（trypsin），已被激活的胰蛋白酶也能激活胰蛋白酶原而形成正反馈，加速其活化。此外，盐酸、胰蛋白酶以及组织液也能将胰蛋白酶原激活。胰蛋白酶又进一步激活糜蛋白酶原，使之转变为糜蛋白酶（chymotrypsin）。如果胰蛋白酶、糜蛋白酶和肠激酶缺乏，将引起蛋白质消化不良而导致严重腹泻。胰蛋白酶和糜蛋白酶作用极其相似，都能将蛋白质水解成胨和胨。当两者共同作用于蛋白质时，可将蛋白质分解成小分子多肽和氨基酸。多肽又可被羧基肽酶将进一步水解。

5. 其他酶类　胰液中还有核糖核酸酶、脱氧核糖核酸酶、氨基肽酶、胆固醇酯酶和磷脂酶等，它们分别水解核糖核酸、脱氧核糖核酸、含有氨基末端的多肽、胆固醇酯和卵磷脂。

胰液中含有水解三大营养物质的消化酶，是所有消化液中消化力最强和最重要的一种消化液。如胰液分泌障碍，即使其他消化液的分泌都正常，食物中的蛋白质和脂肪仍不能彻底消化，产生胰性腹泻。脂肪吸收障碍还可影响脂溶性维生素 A、D、E、K 的吸收。但胰液缺乏时淀粉的消化一般不受影响。

(三) 胰液分泌的调节

在非消化期胰液几乎不分泌或很少分泌。进食后，胰液便开始分泌，受神经、体液及行为因素的调控，以体液调节为主。

(1) 神经调节：食物的性状、气味以及对口腔、食管、胃和小肠的刺激，都可通过神经反射引起胰液分泌。反射的传出神经主要是迷走神经。它可通过末梢释放的 ACh 直接作用于胰腺，也可通过引起促胃液素的释放，间接作用于胰腺，引起胰液分泌。迷走神经主要作用于胰腺的腺泡细胞，对小导管细胞的作用较弱，因此迷走神经引起的胰液分泌的特点是水和碳酸氢盐含量很少，而酶的含量很丰富。

(2) 体液调节：调节胰液分泌的体液因素主要有促胰液素和缩胆囊素。

1) 促胰液素：由小肠上段黏膜的 S 细胞分泌。刺激其分泌的最强因素是进入十二指肠内的盐酸，其次是蛋白质分解产物和脂酸钠，糖类几乎没有刺激作用。促胰液素主要作用于胰腺小导管上皮细胞，促使其分泌水和碳酸氢盐，因此，使胰液量大为增加，但酶的含量却很低。

2) 缩胆囊素：由小肠黏膜 I 型细胞分泌，引起该激素释放的因素按由强至弱顺序为蛋白质分解产物、脂酸钠、盐酸、脂肪，糖类没有刺激作用。缩胆囊素主要作用于胰腺腺泡细胞促进胰液中各种消化酶的分泌，同时对胰腺组织还有营养作用，可促进胰腺组织蛋白质和核酸的合成。

促胰液素和缩胆囊素之间存在协同作用。此外，促进胰液分泌的体液因素还有促胃液素和血管活性肠肽，而抑制胰液分泌的体液因素有胰高血糖素、生长抑素、胰多肽、降钙素基因相关肽等。

知识链接

胰 腺 炎

胰腺炎可分为急性胰腺炎和慢性胰腺炎两类。急性胰腺炎的症状特点是突然发作的持续性的上腹部剧痛，伴有发热、恶心、呕吐，血清和尿淀粉酶活力升高，严重者可发生腹膜炎和休克。慢性胰腺炎的症状为反复发作的急性胰腺炎或胰腺功能不足的征象，可有腹痛、腹部包块、黄疸、脂肪泻、糖尿病等表现。

二、胆汁及其作用

肝细胞能持续分泌胆汁，生成后由肝管流出。在消化期，胆汁经肝管、胆总管直接排入十二指肠；在非消化期，胆汁经胆囊管进入胆囊储存，待需要时再排入十二指肠。直接从肝细胞分泌出来的胆汁称肝胆汁，储存于胆囊内的胆汁称胆囊胆汁。

(一) 胆汁的性质和成分

胆汁是较黏稠且味苦的液体，肝胆汁为金黄色或桔棕色，呈弱碱性，pH 为 7.4。胆囊胆汁因被浓缩颜色变深，又因碳酸氢盐在胆囊中被吸收而呈弱酸性，pH 为 6.8。成人每日分泌胆汁 0.8~1.0L。胆汁中的成分较为复杂，除水及钠、钾、钙、碳酸氢盐等无机物外，有机物主要有胆盐、胆色素、胆固醇、卵磷脂等。胆汁中的胆盐、胆固醇和卵磷脂保持一定的比例是维持胆固醇呈溶解状态的必要条件。当胆汁中的胆固醇过多或胆盐、卵磷脂减少时，胆固醇容易沉积下来而形成结石。胆色素是血红蛋白的代谢产物，胆色素的种类和浓度决定胆汁的颜色。

(二) 胆汁的作用

1. 促进脂肪的消化　胆汁中的胆盐、胆固醇和卵磷脂可作为乳化剂，降低脂肪表面张力,使脂肪乳化成微滴,分散在肠腔内,这样就增加了胰脂肪酶的作用面积,使其分解脂肪的作用加速。

2. 促进脂肪的吸收   胆盐可与脂肪酸、甘油一酯、胆固醇等形成水溶性的混合微胶粒。混合微胶粒很容易穿过小肠绒毛表面覆盖的静水层,从而将不溶于水的甘油一酯、长链脂肪酸等脂肪分解产物运送到肠黏膜表面,促进它们的吸收。

3. 促进脂溶性维生素的吸收   胆汁在促进脂肪分解产物吸收的同时,也促进了脂溶性维生素 A、D、E、K 的吸收。

4. 利胆作用   进入小肠的胆盐大部分由回肠吸收入血,再经门静脉运送回肝脏重新合成胆汁,这一过程称为胆盐的肝 - 肠循环(enterohepatic circulation of bile salt)(图 5-6)。返回到肝脏的胆盐可直接刺激肝细胞分泌胆汁,这种作用称为胆盐的利胆作用。胆石阻塞或肿瘤压迫胆管,可引起胆汁排放困难,因而影响脂肪的消化吸收及脂溶性维生素的吸收,同时由于胆管内压力升高,一部分胆汁进入血液可发生黄疸。

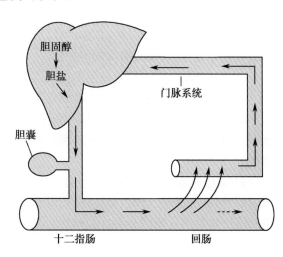

图 5-6   胆盐的肝 - 肠循环示意图

(三) 胆汁的分泌和排出调节

食物是引起胆汁分泌和排出的自然刺激物。其中以高蛋白质食物刺激作用最强,高脂肪和混合食物次之,糖类食物作用最弱。胆汁的分泌、排出受神经和体液因素的双重调节,以体液调节为主。

1. 神经调节   进食动作或食物对胃、小肠的刺激可通过迷走神经反射引起肝胆汁分泌少量增加,胆囊收缩轻度增强。迷走神经还可通过促胃液素的释放,间接引起胆汁的分泌和胆囊收缩。

2. 体液调节

(1) 促胃液素:促胃液素可通过血液循环作用于肝细胞和胆囊,引起肝胆汁分泌和胆囊收缩;也可先引起盐酸分泌,然后盐酸作用于十二指肠黏膜,间接引起促胰液素释放进而引起胆汁分泌增加。

(2) 促胰液素:促胰液素主要促进胆管上皮细胞分泌大量的水和 HCO_3^-,而刺激肝细胞分泌胆盐的作用不明显,因此,使胆汁中水和 HCO_3^- 的分泌量增加,而胆盐的分泌并不增加。

(3) 缩胆囊素:可引起胆囊强烈收缩及 Oddi 括约肌舒张,促使胆囊胆汁大量排放。

(4) 胆盐:通过胆盐的肠 - 肝循环返回肝脏的胆盐具有很强的刺激肝胆汁分泌作用,但对胆囊的运动并无明显影响。

(四) 胆囊的功能

1. 储存和浓缩胆汁   在非消化期,由于壶腹括约肌收缩及胆囊舒张,肝胆汁经胆囊管流入胆囊内储存,其中的水分和无机盐类可被胆囊黏膜吸收,故可使胆汁浓缩 4~10 倍。

2. 调节胆管内压和排放胆汁   胆囊的收缩或舒张可调节胆管内的压力,当壶腹括约肌收缩时,胆囊舒张,肝胆汁流入胆囊,胆管内压无明显升高,而当胆囊收缩时,胆管内压升高,壶腹括约肌舒张,胆囊胆汁排入十二指肠。胆囊摘除后,对小肠的消化和吸收并无明显影响,这是因为肝胆汁可直接流入小肠内的缘故。

三、小肠液及其作用

(一) 小肠液的性质和成分

小肠液是由十二指肠腺和小肠腺分泌的混合液。成人每天分泌量 1.0~3.0L。十二指肠腺主要分泌黏稠的碱性液体,其主要作用是保护十二指肠黏膜上皮,使其免受胃酸侵蚀;小肠腺分布于整个小肠黏膜层内,其分泌液为小肠液的主要部分。小肠液 pH 约为 7.6,渗透压与血浆相近。小肠液中除水和无机盐外,还有肠激酶和黏蛋白等。食物的消化从口腔开始,到小肠阶段基本完成。

(二) 小肠液的作用

1. 中和胃酸,保护十二指肠黏膜免受胃酸的侵蚀。
2. 为小肠内多种消化酶提供适宜的 pH 环境。
3. 大量的小肠液可稀释消化产物,降低肠内容物渗透压,从而有利于小肠内的水分及营养物质的吸收。

小肠液中的肠激酶可使胰液中的胰蛋白酶原激活,从而促进蛋白质的消化。在小肠上皮细胞内还存在多种消化酶,如分解寡肽的肽酶(多肽酶、二肽酶、三肽酶)、分解双糖的麦芽糖酶和蔗糖酶等。这些酶可分别将寡肽和双糖进一步分解为氨基酸和单糖(表 5-3)。

表 5-3　各种营养物质的化学消化

营养物质	消化部位	消化酶	消化产物
蛋白质	胃、小肠	胃蛋白酶;胰蛋白酶;糜蛋白酶	多肽;氨基酸
多肽	小肠黏膜纹状缘	多肽酶	二肽;三肽
二肽和三肽	小肠上皮细胞内	二肽酶	氨基酸
淀粉	口腔、小肠	唾液淀粉酶;胰淀粉酶	麦芽糖
双糖	肠黏膜纹状缘	麦芽精酶	单糖(葡萄糖等)
甘油三酯	小肠	胰脂肪酶	甘油;脂肪酸;甘油一酯

(三) 小肠液分泌的调节

食糜对肠黏膜的局部机械性刺激和化学性刺激均可引起小肠液分泌。小肠黏膜对扩张性刺激最为敏感,小肠内食糜的量越多,小肠液分泌也越多。一般认为,这些刺激是通过肠神经丛的局部反射而起作用的。此外,促胃液素、促胰液素、缩胆囊素和血管活性肠肽等都能刺激小肠液的分泌。

四、小肠的运动

小肠壁的外层是纵行肌,内层是环行肌,它们执行小肠的各种运动功能。

(一) 紧张性收缩

紧张性收缩是小肠进行其他各种运动的基础,并使小肠保持一定的形状和位置。紧张性收缩增强时,有利于小肠内容物的混合与推进;紧张性收缩减弱时,肠管扩张,肠内容物扩张,肠内容物混合与推进减慢。

(二) 分节运动

分节运动是以小肠壁环行肌为主的节律性收缩和舒张交替进行的运动。在食糜所在的一段肠管上,环行肌以一定的间隔在许多点同时收缩或舒张,把肠管内食糜分成许多节段,数秒后,收缩的部位开始舒张,而舒张的部位又开始收缩,将每段食糜分成两半,邻近的两半重新组合成新的节段,如此反复进行(图 5-7)。空腹时分节运动几乎不存在,食糜进入小肠

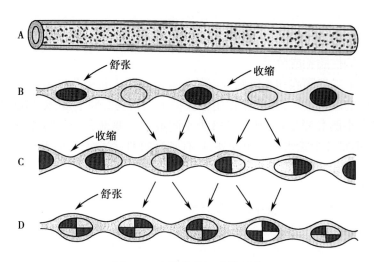

图 5-7　小肠分节运动模式图

后逐步加强。小肠的分节运动存在由上至下的频率梯度。小肠上部频率较高,在十二指肠约为 11 次 / 分,向小肠远端频率逐步降低,至回肠末端减为 8 次 / 分,这有利于将食糜向大肠方向推进。分节运动的意义在于:①将食糜与消化液充分混合,以便消化酶对食物进行化学性消化;②使食糜与肠壁紧密接触,为吸收创造有利条件;③挤压肠壁促进血液和淋巴回流,以利吸收。

(三) 蠕动

小肠的任何部位均可发生蠕动,其速度约为 0.5~2.0cm/s,近端蠕动速度较快。通常每个蠕动波将食糜向前推送一段距离后即消失。蠕动的意义在于使经过分节运动作用后的食糜向前推进,到达一个新的肠段后再开始分节运动。食糜在小肠内被推进的速度大约只有 1cm/min,从幽门部到回盲瓣需要 3~5 小时。

小肠还有一种进行速度快、传播远的蠕动(2~25cm/s),称为蠕动冲(peristaltic rush),它可将食糜从小肠始端一直推送到小肠末端,有时可至大肠。蠕动冲可由吞咽动作以及食糜进入十二指肠引起,有些药物的刺激,也可引起蠕动冲。

肠蠕动推送肠内容物(包括水和气体)时产生的声音称肠鸣音。肠鸣音的强弱可反映肠蠕动的情况。肠蠕动增强时,肠鸣音亢进;肠麻痹时,肠鸣音减弱或消失。

(四) 回盲括约肌的功能

在回肠末端与盲肠交界处环形肌显著加厚,称回盲括约肌。回盲括约肌在平时保持轻微收缩状态,可阻止回肠内容物向盲肠排放。当蠕动波到达回肠末端时,回盲括约肌舒张,回肠内容物进入盲肠。当内容物充胀盲肠时,刺激肠黏膜引起回盲括约肌收缩。回盲括约肌这种活瓣样作用,一方面可防止回肠内容物过快地进入大回肠,从而延长食糜在小肠内停留时间,有利于小肠内容物彻底消化吸收;另一方面可阻止大肠内容物反流进入回肠。

第五节　大肠的功能

人类大肠内没有重要的消化活动。其主要功能是储存食物残渣,吸收部分水分和无机盐,形成并排出粪便。

一、大肠液及其作用

大肠液是由大肠腺和大肠黏膜杯状细胞分泌的,pH 为 8.3~8.4。大肠液的主要成分为黏液和碳酸氢盐,它们的主要作用是润滑粪便,保护肠黏膜免受机械损伤。大肠液中可能含有少量二肽酶和淀粉酶,但它们对物质的分解作用不大。

二、大肠内的细菌活动

大肠内有大量的细菌,主要有大肠杆菌、葡萄球菌等,约占粪便固体总量的20%~30%。细菌主要来自空气和食物,大肠内的温度和pH适合细菌的生长和繁殖,但这些菌通常不致病。细菌内含有多种酶能分解食物残渣和植物纤维。对糖和脂肪的分解称为发酵。糖发酵的产物有乳酸、醋酸、二氧化碳、沼气等。脂肪的发酵产物有脂肪酸、甘油、胆碱等。对蛋白质的分解称为腐败,其产物有氨、硫化氢、吲哚等。消化不良及便秘时,其中一些有毒物质产生和吸收增多,严重时可危害人体。在一般情况下,由于吸收甚少,经肝解毒后,对人体无明显不良影响。

大肠内的细菌可利用肠内较简单的物质合成维生素B族及维生素K,它们可被人体吸收利用,若长期使用肠道抗菌药物,肠内细菌被抑制,可引起维生素B族和维生素K缺乏。

三、大肠的运动与排便

(一) 大肠的运动形式

大肠运动少而缓慢,对刺激发生反应也较迟钝。这些特点有利于暂时储存粪便。

1. 袋状往返运动　是空腹和安静时最常见的一种运动形式。由环形肌无规律地收缩引起的,可使结肠袋中的内容物向前、后两个方向做短距离的位移,但不向前推进。它有利于内容物和肠黏膜的充分接触,能促进水分和无机盐的吸收。

2. 分节或多袋推进运动　进食后这种运动增强,是一个结肠袋或多个结肠袋收缩,将肠内容物向下一肠段推移的运动。

3. 蠕动　是由一些稳定向前推进的收缩波组成,将肠内容物向远端推进。常发生于进食后,它的推动力强大,特别是在降结肠。

4. 集团蠕动　大肠还有一种进行很快且前进很远的蠕动,成为集团蠕动(mass peristalsis)。多发生在进食后,当胃内食糜进入十二指肠时,刺激肠黏膜通过壁内神经丛反射引起,称为十二指肠 - 结肠反射。

现将消化道的运动形式及意义归纳为表5-4。

表 5-4　主要消化道的运动形式及生理意义

	运动形式	生理意义
口腔	咀嚼	切割、粉碎食物;与唾液混合形成食团
	吞咽	将食团推进入胃
胃	容受性舒张	容纳和储存食物
	紧张性收缩	形成一定的胃内压;保持胃形状和位置
	蠕动	搅拌和研磨食物;使食物与胃液混合实现胃排空
小肠	紧张性收缩	是小肠其他运动形式的基础
	分节运动	使食糜与消化液充分混合;促进血液和淋巴回流,以利吸收
	蠕动	缓慢推进肠内容物
	蠕动冲	快速推进肠内容物
大肠	袋状往返运动	使结肠袋内容物双向短距离位移
	多袋推进运动	推进肠内容物
	蠕动	推进肠内容物
	集团蠕动	快速推进肠内容物

(二) 排便

进入大肠的内容物中部分水分、无机盐和维生素被吸收,未被消化的食物残渣经过细菌发酵和腐败作用形成的产物,加上脱落的肠黏膜上皮细胞和大量的细菌共同构成粪便。粪便主要储存于结肠下部,平时直肠内并无粪便,粪便一旦进入直肠,可引起排便反射。其过程如下:粪便刺激直肠壁内的感受器,冲动经盆神经和腹下神经传回到脊髓腰骶段的初级排便中枢,同时上传到大脑皮质,引起便意。大脑皮质可以控制排便活动,在条件允许的情况下,大脑皮质对脊髓排便中枢的抑制解除,这时通过盆神经的传出冲动使降结肠、乙状结肠和直肠收缩,肛门内括约肌舒张,同时阴部神经传出冲动减少,肛门外括约肌舒张,粪便排出体外。排便时,腹肌和膈肌收缩,使腹内压增加,以促进排便过程。如果条件不允许,大脑皮质传出冲动,抑制脊髓排便中枢的活动,排便受到抑制(图 5-8)。

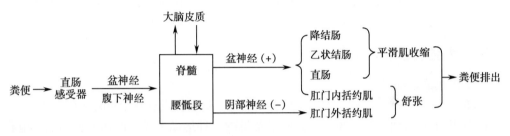

图 5-8　排便反射过程

正常人的直肠对粪便的压力刺激具有一定的阈值,当达到此阈值时,会引起便意而排便。如果经常有意地抑制排便,逐渐使直肠压力感受器的敏感性降低,粪便在大肠内停留时间延长,水分吸收过多而变得干硬,可导致便秘。经常便秘又可引起痔疮、肛裂等疾病。因此,应该养成定时排便的良好习惯。若排便反射的反射弧受损,大便不能排出,称为大便潴留。如果初级排便中枢和大脑皮质的联系发生障碍(脊髓横断的患者),排便反射仍可进行,但失去了大脑皮质的随意控制,称为大便失禁。

第六节　吸　　收

消化道内的吸收是指食物的消化产物、水分、无机盐和维生素透过消化道黏膜的上皮细胞进入血液和淋巴的过程。营养物质的吸收是在食物被消化的基础上进行的。正常人体所需要的营养物质和水都是经消化道吸收进入人体的,营养物质的吸收是机体新陈代谢的重要保证。因此,吸收功能对于维持人体正常生命活动是十分重要的。

一、吸收部位及途径

由于消化道各部分组织结构不同,加之营养物质在消化道各段内被消化的程度和停留的时间各异,因此,消化道各段的吸收能力和吸收速度也不相同。除一些脂溶性药物(如硝酸甘油)可经口腔黏膜进入血液外,营养物质在口腔和食管内几乎不被吸收。在胃内只吸收酒精、少量水分及某些药物。营养物质的主要吸收部位是小肠。一般认为,蛋白质、糖类和脂肪的消化产物大部分在十二指肠和空肠被吸收。回肠主要吸收维生素 B_{12} 和胆盐(图 5-9)。食物经小肠后,吸收过程已基本完成,大肠只吸收少量水分和无机盐,一般认为,结肠可吸收进入其体内的 80% 的水和 90% 的 Na^+ 和 Cl^-。

小肠之所以成为营养物质吸收的主要场所,其有利条件是:

1. 小肠的吸收面积大,人的小肠长约 5~7m,小肠黏膜形成许多环形皱襞,皱襞上有大量绒毛,绒毛表面的柱状上皮细胞还有许多微绒毛,这就使小肠的吸收面积达到$200m^2$以上(图5-10)。

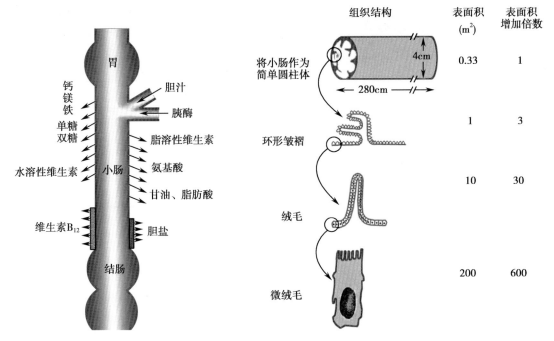

图5-9　各种营养物质在小肠的吸收部位　　图5-10　小肠黏膜结构的示意图

2. 食物在小肠内已被充分消化成可以吸收的小分子物质。

3. 食物在小肠内停留时间长,大约为3~8小时,使营养物质有充分的时间被消化吸收。

4. 小肠黏膜绒毛内有丰富的毛细血管、毛细淋巴管、平滑肌和神经纤维网等结构。进食可引起平滑肌的舒缩,使绒毛发生节律性伸缩和摆动,加速绒毛内血液和淋巴液回流,有利于吸收。

小肠不仅吸收各种营养物质,每日分泌的多达6~8L的消化液,在小肠被重新吸收。因此,如果小肠吸收功能障碍,不仅人体营养障碍,而且由于消化液大量丢失,可导致水和电解质平衡的紊乱。

营养物质和水在小肠的吸收主要通过两种途径:一是跨细胞途径,即肠腔内的物质由肠上皮细胞顶端膜进入细胞,再经基底侧膜进入细胞外间隙的过程;二是细胞旁途径,即肠腔内物质通过上皮细胞间的紧密连接进入细胞外间隙的过程。营养物质的吸收机制包括被动转运、主动转运及胞饮等。

二、小肠内主要营养物质的吸收

(一)糖的吸收

食物中的糖类一般须分解成单糖才能被吸收,吸收的途径是血液。肠腔内的单糖主要是葡萄糖,约占单糖总量的80%,其余为半乳糖、果糖和甘露糖。各种单糖的吸收速率不同,己糖的吸收很快,戊糖则很慢。在己糖中,以半乳糖和葡萄糖最快,果糖次之,甘露糖最慢。单糖的吸收是和钠离子的吸收相耦联的,是逆浓度差进行的继发性主动转运过程。肠黏膜上皮细胞的刷状缘上存在着一种转运蛋白,它每次能选择性地将1分子单糖和2个Na^+从肠腔转运入细胞内,细胞底侧膜上的钠泵再将胞内Na^+主动转运出细胞,从而保证转运体不断转运Na^+和单糖入胞,使糖能逆浓度差转运入胞内,进入细胞内的单糖靠底侧膜上的载体易化扩散入组织间液,再扩散入血(图5-11)。由此可见,葡萄糖主动转运所消耗的能量,

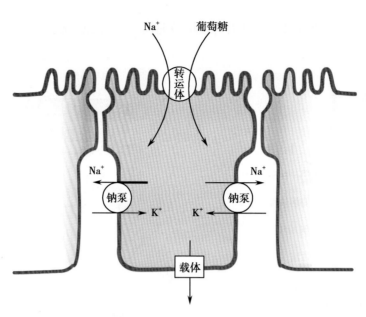

图 5-11　葡萄糖吸收示意图

不是直接来自 ATP 的分解,而是来自钠泵运转造成细胞膜外的高势能,故称为继发性主动转运。

(二) 蛋白质的吸收

蛋白质的消化产物一般以氨基酸的形式被吸收。吸收的部位主要在小肠上段,吸收的途径是血液。氨基酸的吸收过程与葡萄糖吸收相似,通过 Na^+- 氨基酸同向转运体进行转运,也属于继发性主动转运。此外,小肠的纹状缘上有二肽和三肽的转运系统,因此,许多二肽和三肽也可完整地被小肠上皮细胞吸收,进入细胞内的二肽和三肽被细胞内的二肽酶和三肽酶水解成氨基酸,然后再进入血液。

(三) 脂肪和胆固醇的吸收

脂肪消化后可形成甘油、脂肪酸、甘油一酯等消化产物。其中的长链脂肪酸(含 12 个碳原子以上)、甘油一酯和胆固醇等不溶于水,必须与胆汁中的胆盐结合形成水溶性混合微胶粒,才能透过肠黏膜上皮细胞表面的静水层到达细胞的微绒毛。在这里,甘油一酯、脂肪酸和胆固醇从混合微胶粒中释出,透过微绒毛的细胞膜进入黏膜细胞,而胆盐因不能通过细胞膜,一部分在肠腔内继续发挥作用,另一部分在回肠主动转运入血液。长链脂肪酸和甘油一酯进入上皮细胞后重新合成甘油三酯;胆固醇则在细胞内酯化形成胆固醇酯。二者再与细胞内生成的载脂蛋白一起构成乳糜微粒,然后以出胞的方式进入细胞间液,再扩散入淋巴。甘油和中、短链脂肪酸是水溶性的,可直接吸收入血液。脂肪的吸收有血液和淋巴两种途径,因膳食中的动、植物油含 15 个以上碳原子的长链脂肪酸较多,所以,脂肪的吸收以淋巴途径为主(图 5-12)。

(四) 无机盐的吸收

各种无机盐吸收的难易程度不同。单价的碱性盐类如钠、钾、氨盐吸收速度很快,多价碱性盐类如镁、钙吸收很慢。凡与钙结合形成沉淀的盐如硫酸钙、磷酸钙,均不能被吸收。

1. 钠的吸收　成人每天摄入的钠(5~8g)和消化腺分泌的钠(20~30g)中有 95%~99%(25~35g)被吸收入血液。钠的吸收与肠黏膜上皮细胞侧膜和底膜上钠泵的活动分不开。钠泵的活动造成细胞内低 Na^+,且黏膜上皮细胞内的电位比膜外肠腔内约低 40mV,Na^+ 顺电 - 化学梯度,与其他物质(如葡萄糖,氨基酸等逆浓度差)同向转运入细胞。

2. 钙的吸收　食物中的钙只有小部分被吸收,大部分随粪便排出体外。钙只有呈离子

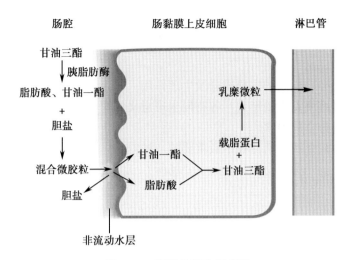

图 5-12　脂肪的吸收示意图

状态才能被吸收。影响钙吸收的主要因素有：①肠腔内酸性环境有利于钙的吸收，这是因为钙容易溶解于酸性液体中，肠内容物的 pH 为 3 时，钙呈离子状态，最容易被吸收；②维生素 D 能促进钙从肠腔进入黏膜细胞，又能协助钙从细胞进入血液，有利于钙的吸收；③脂肪酸能与钙结合成钙皂，后者与胆汁酸结合形成水溶性复合物而被吸收；④儿童、孕妇和乳母因对钙的需要量增加而使其吸收量也增加。此外，凡能使钙沉淀的因素都能阻止钙的吸收。例如，肠内容物中的磷酸盐可与钙形成不溶解的磷酸钙，从而使钙不被吸收。

钙吸收的部位在小肠上段，特别是十二指肠吸收钙的能力最强。钙的吸收是主动转运过程。进入肠黏膜细胞的钙通过位于细胞底膜和侧膜上的钙泵的活动主动转运进入血液。

3. 铁的吸收　人每日吸收的铁约 1mg，仅为每日膳食中含铁量的 1/10 左右。铁的吸收与人体对铁的需要有关。急性失血患者、孕妇、儿童对铁的需要量增加，铁的吸收也增加。食物中的铁大部分是高铁（Fe^{3+}），不易被吸收，必须还原成为亚铁（Fe^{2+}）才能被吸收。维生素 C 能使高铁还原成亚铁，从而促进铁的吸收。铁在酸性环境中易溶解，故胃酸有促进铁吸收的作用。铁的吸收部位主要在十二指肠和空肠上段。胃大部切除或胃酸分泌减少的患者，由于影响铁的吸收可导致缺铁性贫血。食物中的植酸、草酸、磷酸等可与铁形成不溶性的化合物而阻止铁的吸收。

4. 负离子的吸收　由于钠泵活动产生的电位差，可促使肠腔内的负离子，如 Cl^- 和 HCO_3^- 向细胞内转移。有证据表明，负离子也可独立进行移动。

（五）水的吸收

成人每日摄入的水约为 1~2L，由消化腺分泌的消化液可达 6~8L，所以每日吸收的水约 8L 左右，随粪便排出的水仅为 0.1~0.2L。水的吸收是被动的，各种溶质，特别是 NaCl 主动吸收后产生的渗透压梯度是水吸收的主要动力。严重呕吐、腹泻可使人体丢失大量水分和电解质，从而导致人体脱水和电解质紊乱。

（六）维生素的吸收

维生素分为脂溶性维生素和水溶性维生素两类。水溶性维生素，包括维生素 B、维生素 C，主要通过依赖于 Na^+ 的同向转运被吸收，但维生素 B_{12} 必须与内因子结合形成水溶性复合物才能在回肠被吸收。脂溶性维生素 A、D、E、K 的吸收机制与脂肪吸收相似，它们先与胆盐结合形成水溶性复合物，通过小肠黏膜表面的静水层进入细胞，然后与胆盐分离，再透过细胞膜进入血液或淋巴。

（蔡凤英　莎日娜）

思考题

1. 阐述胃液、胰液、胆汁的主要成分及生理作用。
2. 消化道有哪些主要运动形式？各有何生理意义？
3. 简述影响胃排空的因素。
4. 为什么说胰液是所有消化液中最重要的一种？
5. 为什么说小肠是营养物质吸收的主要场所？三大营养物质是怎样被吸收的？

第六章　能量代谢和体温

1. 掌握　体温的概念,正常体温及其生理变动,体温调节基本中枢的部位。
2. 熟悉　影响能量代谢的因素,基础代谢率的概念及其生理意义,调定点的概念。

第一节　能　量　代　谢

机体在进行新陈代谢过程中,物质的变化与能量的转变是紧密相连的。在物质分解代谢过程中,营养物质释放出蕴藏的化学能,并经转化后用于机体生命活动的需要;在物质合成代谢过程中,随着物质合成将吸收并贮存能量。伴随体内物质代谢过程中所发生的能量的释放、转移、贮存和利用称为能量代谢(energy metabolism)。

一、机体能量的来源与去路

(一) 能量的来源

摄入体内的糖、脂肪和蛋白质是构筑机体结构、实现组织更新及完成生理功能所必需的物质,也是机体获得能量的主要来源。

1. 糖类　糖类是机体最主要的供能物质。机体所需能量约 50%~70% 由糖类提供。在体内,随着供氧情况的不同,糖分解供能的途径各异。糖类主要通过有氧氧化释放能量,在氧供不足时,则通过无氧酵解供能。脑组织所需能量较多且完全依赖于糖的有氧氧化,因此,当机体缺氧或低血糖时可导致意识障碍、抽搐甚至昏迷。

2. 脂肪　脂肪在体内的主要功能是储存和供给能量。通常成人体内糖的贮存量仅约 150g,而脂肪的贮存量可达体重的 20% 左右,甚至更多。而且,脂肪在体内氧化释放的能量约为等量糖有氧氧化释放能量的 2 倍。饥饿时,机体主要利用贮存的脂肪分解供能。通常成年人储存的脂肪所提供的能量可供机体使用多达 2 个月之久。

3. 蛋白质　在正常情况下,由肠道吸收的氨基酸及机体自身蛋白质分解产生的氨基酸,主要用于重新合成蛋白质,作为细胞的成分以实现组织的自我更新;或用于合成酶、激素等生物活性物质。机体仅在某些特殊情况下,如长期不进食或体力极度消耗时,才会依靠由组织蛋白质分解而产生的氨基酸供能,以维持基本的生理需要。

(二) 能量的去路

食物中的能量物质除机体不能利用的 5% 以外,经生物氧化后,约 50% 迅速转化为热能,以维持体温。其余约 45% 主要以高能磷酸键的形式存在于腺苷三磷酸(ATP)分子中。

ATP还可将高能磷酸键转移给肌酸,形成磷酸肌酸,以增加体内能量贮存。当机体需要时,细胞利用ATP所负载的自由能完成各种功能,如肌肉收缩、神经传导、合成代谢等。可见,ATP的合成与分解是体内能量转换和利用的关键环节(图6-1)。

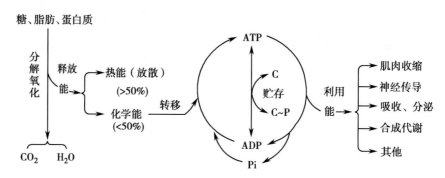

图 6-1　体内能量的释放、转移、贮存和利用示意图
C:肌酸　Pi:无机磷酸　C~P:磷酸肌酸

(三) 能量平衡

人体的能量平衡是指摄入能量与消耗能量之间的平衡。人体每日消耗的能量主要包括基础代谢的能量消耗、食物的特殊动力作用、机体运动的能量消耗和其他生理活动(包括生长发育)所需的能量。一段时间内,若能量的摄入和消耗之间达到平衡,则体重可在一定范围内基本保持不变;若能量的摄入少于消耗的能量,机体即动用储存的能源物质,因而体重减轻,称为能量的负平衡;反之,若能量的摄入多于消耗的能量,多余的能量则转变为脂肪等组织,因而体重增加,可导致肥胖,称为能量的正平衡。肥胖可引发多种疾病,如心脑血管疾病、糖尿病、高脂血症等。因此,在日常生活中,人们应根据自身的实际生理状况、活动强度等调整能源物质的摄入量,使机体保持在有利于健康的能量代谢水平。在临床上常用体质指数和腰围作为判断肥胖的简易诊断指标。体质指数(body mass index)是指体重(kg)除以身高(m)的平方所得之商,主要反映全身性超重和肥胖。在我国,成年人体质指数≥24为超重,≥28为肥胖;腰围(waist circumference)主要反映腹部脂肪的分布,成年男性腰围不宜超过85cm,女性不宜大于80cm。

二、影响能量代谢的因素

机体在进行新陈代谢过程中,物质代谢与能量代谢相伴而行,因此,影响营养物质的摄取、消化、吸收、代谢、生物氧化和能量利用等诸多因素均可影响能量代谢。

(一) 整体水平影响能量代谢的主要因素

1. 肌肉活动　肌肉活动对能量代谢的影响最为显著。机体任何轻微的活动都会提高能量代谢率。人在劳动或运动时耗氧量可达安静时的10~20倍。劳动强度通常用单位时间内机体的产热量来表示。因此,可以把能量代谢值作为评估劳动强度的指标。

2. 环境温度　当环境温度在20~30℃时,机体安静状态下的能量代谢最为稳定。环境温度低于20℃时可反射性地引起寒战和肌肉紧张性增强而使代谢率增加,尤其是环境温度低于10℃时代谢率增加更为显著。环境温度升高到30℃以上时代谢率也会增加,这与发汗、呼吸、循环功能加强及体内化学反应加速有关。

3. 食物的特殊动力作用　进食之后人体即使处于安静状态,其产热量也要比进食前有所增加。这种由食物引起人体额外产生热量的作用称为食物的特殊动力作用(food specific dynamic effect)。各种营养物质的特殊动力作用是不同的,蛋白质的特殊动力作用是其产热量的 30% 左右。糖和脂肪的特殊动力作用是其产热量的 4%~6%，混合食物可使产热量增加 10% 左右。食物的特殊动力作用大约进食后 1 小时左右开始，持续 7~8 小时。这种特殊动力作用产生的机制尚不十分清楚，目前认为可能主要与肝脏处理氨基酸或合成糖原等过程有关。

4. 精神活动　当机体处于精神紧张状态时，如激动、愤怒及恐惧等，由于肌紧张增强、交感神经的紧张性增高以及促进代谢的激素（如儿茶酚胺等）释放增多，使机体产热量增加。

（二）调控能量代谢的神经和体液因素

下丘脑摄食中枢和饱中枢对摄食行为的调控可影响机体的能量平衡（见第九章）。食物在体内的消化、吸收及代谢过程受多种激素的调节，如胰岛素、胰高血糖素、生长激素、糖皮质激素和肾上腺素可调节糖代谢；脂肪和蛋白质代谢受糖皮质激素、胰岛素、生长激素、甲状腺激素和性激素调节。其中，甲状腺激素对能量代谢的影响最为显著。

三、基础代谢

（一）能量代谢率的衡量标准

能量代谢率是指机体在单位时间内单位体表面积的产热量。即：

$$能量代谢率 = 产热量（kJ）/ 体表面积（m^2）/ 小时（h）$$

最早有人提出以每小时每千克体重的产热量作为衡量能量代谢水平的标准，结果发现，不同个体的能量代谢水平存在很大差异，身材瘦小的个体能量代谢水平要高于身材高大者。实验表明，如果以每平方米体表面积计算，则无论个体身高和体重不同，每平方米体表面积的产热量比较接近。因此，目前衡量能量代谢的高低是以每平方米体表面积的产热量为标准的。

中国人的体表面积可用下列公式计算：

$$体表面积（m^2）=0.0061× 身高（cm）+0.0128× 体重（kg）-0.1529$$

此外，亦可从体表面积测算用图（图 6-2）上直接读出。

方法是将受试者的身高与体重数值在相应两尺上的读数点连一条直线，此直线与体表面积尺相交的读数即为该受试者的体表面积。

（二）基础代谢与基础代谢率

基础代谢是指人体处于基础状态下的能量代谢。单位时间内的基础代谢称为基础代谢率（basal metabolic rate，BMR）。所谓基础状态是指：①受试者清晨空腹，一般要求距前次进餐 12 小时以上，排除食物的特殊动力作用的影响；②静卧，全身肌肉放松，以排除肌肉活动影响；③清醒、安静，尽量让受试者排除精神紧张、焦虑和恐惧等心理；④环境温度保持在 20~25℃之间。在基础状态下，机体所消耗的能量仅用于维持心跳、呼吸及其他一些基本的生理活动，其代谢率较低也较稳定。但基础代谢率并不是机体最低的能量代谢水平，熟睡时能量代谢率可进一步下降 10%。

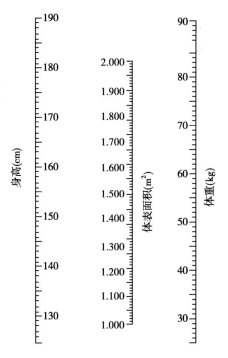

图 6-2　体表面积测算图

此外，基础代谢率随年龄和性别的不同存在着生理变异，一般年龄越大，代谢率越低；而同年龄段内男性高于女性。我国正常人基础代谢率的平均值如（表 6-1）所示。

表 6-1　我国正常人基础代谢率的平均值（kJ/m²·h）

年龄（岁）	11~15	16~17	18~19	20~30	31~40	41~50	51 以上
男性	195.4	193.3	166.1	157.7	158.6	154.0	149.0
女性	172.4	181.6	154.0	146.4	146.9	142.3	138.5

基础代谢率有实测值和相对值两种表示法，实测值以 kJ/(m²·h) 为单位，相对值以高于或低于正常平均值的百分数表示，临床工作中常用相对值，计算公式如下：

$$基础代谢率（相对值）=\frac{实测值-正常平均值}{正常平均值}\times100\%$$

一般来说，实际测得的基础代谢率值与正常平均值比较，相差值在 ±10%~±15% 属正常。只有当相差值超过 ±20% 时，才认为可能是病理性的。在各种疾病中，甲状腺功能改变对基础代谢率影响最为显著，如甲状腺功能减退时，基础代谢率将比正常值低 20%~40%；甲状腺功能亢进时，基础代谢率可比正常值高 25%~80%。因此，基础代谢率的测定是临床诊断甲状腺疾病的重要辅助方法之一。但目前已很少应用，因为近年来可通过直接测定血清中甲状腺激素（T_3、T_4）的水平来诊断甲状腺疾病。

此外，人体发热时基础代谢率会升高，体温每升高 1℃，基础代谢率一般要增加 13%；糖尿病、红细胞增多症、白血病以及伴有呼吸困难的心脏疾病等也伴有基础代谢率的升高；而病理性饥饿、肾病综合征、肾上腺及垂体功能低下时，基础代谢率则降低。

第二节　体温及其调节

机体的新陈代谢过程是以酶促反应为基础的，而酶必须在适宜的温度条件下才具备较高的活性。温度过高或过低，酶的活性都会下降。当体温低于 34℃ 时，意识将丧失，低于 25℃ 则可使呼吸、心跳停止；反之，温度过高，酶的活性可因蛋白质变性而降低，造成机体功能的严重损害。当体温高于 41℃ 时，可出现神经系统功能障碍，甚至永久性脑损伤，超过 43℃ 将危及生命。因此，体温保持相对恒定是机体进行新陈代谢和维持正常生命活动的必要条件。人和高等动物，由于体内有完善的体温调节机构，所以能够保持体温的相对恒定，不因环境温度变化或机体活动情况改变而发生显著变化。因此被称为恒温动物。

一、正常体温及其生理变动

（一）体温的概念与正常值

人体的体温分为体表温度和深部温度。前者指皮肤和皮下组织的温度；后者指机体深部组织器官的温度，如心、肺、腹腔脏器和脑等。由于身体各部组织的代谢水平和散热条件不同，各部温度存在一定的差别。体表温度由于散热快，一般比深部温度低，且各部位之间的差异较大。机体深部的温度相对稳定，但由于代谢水平的不同，各内脏器官的温度也略有差异，其中以肝脏最高，约 38℃，肾、胰腺及十二指肠等温度略低，直肠温度则更低些。临床上所说的体温（body temperature）是指机体深部组织的平均温度，也叫体核温度（core temperature）。循环的血液是体内传递热量的重要途径，由于血液循环而使深部各器官的温度趋于一致。因此，体内血液的温度可以代表内脏器官温度的平均值。由于血液温度不易测试，所以临床上通常用直肠、口腔和腋窝的温度来代表体温。

正常情况下，直肠温度为 36.9~37.9℃，平均 37℃；口腔（舌下）温度一般比直肠温度低，为 36.7~37.7℃；腋窝温度更低，为 36.0~37.4℃。直肠温度虽然更接近机体深部温度，但由于测试不便，临床工作中一般测量腋窝或口腔温度。

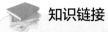

知识链接

体温测量方法

体温测量操作要点:①检查体温计完好性及水银柱是否在 35℃以下。②口腔测温:口表水银端置于患者舌下部位,闭口 3 分钟,取出。③直肠测温:肛表用油剂润滑水银端后轻轻插入 3~4cm,3 分钟取出。④腋下测温:先擦干腋窝下汗液,体温计水银端放腋窝深处,紧贴皮肤,屈臂过胸,夹紧体温计,5~10 分钟取出。⑤用浸有消毒液的纱布擦净使用过的体温计后看读数。

注意事项:①精神异常、昏迷、婴幼儿、口腔疾患、口鼻腔手术、呼吸困难、不能合作者不可采用口腔测温。②进食、吸烟、面颊部冷、热敷后,应间隔 30 分钟方可用口腔测温。③直肠疾病或手术后、腹泻、心肌梗死患者不宜从直肠测温;热水坐浴、灌肠后须待 30 分钟后行直肠测温。④婴幼儿、精神病患者、躁动病患者测直肠温时护士需手持肛表,以防体温计断裂或进入直肠,造成意外。⑤体形过于消瘦者不宜用腋表;如患者淋浴,需 30 分钟后测腋温。

(二)体温生理变异

生理情况下体温随昼夜、年龄、性别、肌肉活动及精神紧张等情况不同而发生改变。

1. 昼夜变化　一昼夜中,体温呈周期性波动。清晨 2~6 时最低,午后 1~6 时最高,但波动幅度一般不超过 1℃,体温这种昼夜周期性波动称为昼夜节律。体温的昼夜变化可能与下丘脑的生物钟功能及内分泌腺的节律性活动有关。

2. 年龄　随着年龄的增长,体温有逐渐降低的倾向。新生儿体温稍高于成年人,老年人体温比成年人低一些。这是因为代谢率会随年龄增长而降低的缘故。新生儿尤其是早产儿,其体温调节中枢发育尚不完善,而老年人由于调节能力减弱,体温易受环境温度的影响而易波动。因此,在护理婴幼儿和老年人时应特别关注他们的体温变化。

3. 性别　成年女性的体温平均比男性高约 0.3℃。育龄女性基础体温随月经周期呈现规律性波动。排卵前体温较低,排卵日最低,排卵后形成黄体,分泌孕激素使体温上升 0.3~0.6℃,并维持在较高水平。妊娠期的女性体温也较高。临床上测量女性基础体温,有助于了解有无排卵和排卵日期(图 6-3)。

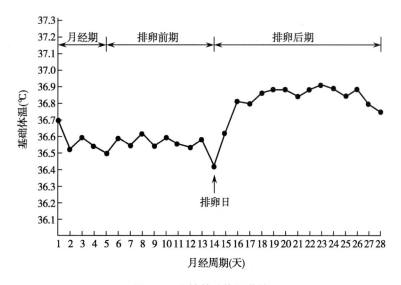

图 6-3　女性基础体温曲线

4. 其他因素　肌肉活动及精神紧张等都会对体温产生影响。肌肉活动时代谢增强,产热量明显增加,导致体温升高。因此,临床上测量体温时应让受试者安静一段时间后进行。测定小孩体温时应避免哭闹。另外,麻醉药通常会影响体温调节能力,同时扩张皮肤血管使体热散发增加而降低体温,所以对麻醉手术病人应注意术中及术后的保温护理。

二、人体的产热和散热

人体体温能维持相对稳定,是由于在体温调节机制控制下,产热和散热过程之间达到动态平衡的结果。

(一) 产热过程

1. 主要产热器官　机体的热量来自三大营养物质在体内各种组织器官所进行的氧化分解反应。安静状态下机体产热器官主要为内脏,约占机体总产热量的 56%。其中肝脏的代谢最旺盛,产热量最高,其次是肾。运动时的主要产热器官是骨骼肌,其产热量约占总热量的 90% 以上,比安静时高出 10~15 倍。此外,褐色脂肪组织在寒冷环境下可发挥重要的产热作用,特别是在新生儿。

2. 产热的形式　机体可通过多种形式产热,如基础代谢产热、骨骼肌运动产热、食物的特殊动力作用、战栗和非战栗产热等。在安静状态下,机体的产热量大部分来自全身各组织器官的基础代谢,而在寒冷环境中,主要通过战栗产热(shivering thermogenesis)和非战栗产热(non-shivering thermogenesis)来增加产热量以保持体温平衡。

战栗产热是指骨骼肌中的伸肌和屈肌同时发生不随意的节律性收缩,虽然不做机械外功,但产热量很高,代谢率可增加 4~5 倍。非战栗产热又称代谢产热,是机体通过提高代谢率来增加产热的形式。机体所有的组织器官都能进行代谢产热,但以褐色脂肪的产热量最大,约占非战栗产热 70%。褐色脂肪细胞的线粒体内膜上存在解耦联蛋白,可使线粒体呼吸链中的氧化磷酸化和 ATP 生成之间脱耦联,导致 ATP 合成减少而转化为更多的热量。褐色脂肪主要分布于肩胛下区、颈部大血管周围、腹股沟等处。成年人体内仅有少量褐色脂肪组织,新生儿体内则较多,由于新生儿不能发生战栗,故非战栗产热对新生儿意义非常重要。

3. 产热的调节　神经 - 体液因素参与产热活动的调节。在寒冷环境中,交感神经兴奋,可使肾上腺髓质活动增强,释放肾上腺素和去甲肾上腺素,使机体产热迅速增加,但维持时间较短。寒冷刺激也可作用于下丘脑,通过下丘脑 - 腺垂体 - 甲状腺轴的活动使甲状腺激素合成、释放增多导致机体产热量明显增加,甲状腺激素是调节非战栗产热活动最重要的体液因素。

(二) 散热过程

1. 散热的部位　人体散热的主要部位是皮肤,大部分体热通过皮肤的辐射、传导、对流和蒸发等方式散发到外界环境中。其次还可通过呼吸、排便及排尿过程散发少量热量。

2. 散热的方式

(1) 辐射散热(thermal radiation):是机体将热量以红外线的形式传给外界较冷物体的一种散热方式。在机体安静状态下约占总散热量的 60%。其散热量或速度取决于皮肤与环境间的温度差,以及人体的有效辐射面积等因素。

(2) 传导散热(thermal conduction):指机体将热量直接传给同它接触的较冷物体过程。其散热量的多少与接触物体表面的温差、接触面积以及接触物体的导热性能有关。人体脂肪导热性差,肥胖者由于皮下脂肪较多,由机体深部向体表传导的散热量减少而较为耐寒。新生儿皮下脂肪薄,体热易于散失,应注意保暖。水的导热性较好,临床上常利用冰帽、冰袋等置于高温病人额部和身体内大血管走行部位降温,就是利用传导散热的原理。

（3）对流散热（thermal convection）：是通过气体或液体的流动来交换热量的一种方式。如接触机体表面的气体通过热传导获得人体的热量，由于空气的流动而将其移走，冷的气体则取而代之，这样通过冷、热空气的对流使机体散热。这种散热方式受风速流动影响，在体表与环境温度不变情况下，风速越大，散热越快。同时也受衣着厚薄的影响。

（4）蒸发散热（evaporation）：蒸发散热是利用水分从体表汽化时吸收热量而散发体热的一种形式。一般每蒸发 1g 水分可带走 2.43kJ 热量。当环境温度等于或高于皮肤温度时，前三种散热方式停止。此时，蒸发便成为机体唯一有效的散热方式。临床上用酒精给高温病人擦浴，通过酒精的蒸发来起到降低体温的作用。

蒸发散热分为不感蒸发和发汗两种形式。

1）不感蒸发：又称不显汗。是指人体水分直接透出皮肤和黏膜表面，汽化蒸发的现象。不感蒸发与汗腺活动无关，持续存在，即使在寒冷的环境中也依然存在。人体每日不感蒸发的量一般有 1000ml，其中约有 600~800ml 水透过皮肤被蒸发，约有 200~400ml 水随呼吸蒸发。不感蒸发受体温影响较大，体温上升 1℃时，蒸发增加 15%。婴幼儿不感蒸发的速率比成人快，因此，小儿发热时，更容易造成脱水。在临床上给患者补液时应考虑不感蒸发所丢失的液体量。

2）发汗：又称可感蒸发。是指汗腺主动分泌汗液的过程。当环境温度达到 30℃左右或在剧烈劳动及运动时，汗腺分泌量增多，通过汗液蒸发可有效带走大量体热，维持正常体温。

汗液中 99% 为水分，固体成分不到 1%，大部分是 NaCl，还有少量 KCl 和尿素等。刚从汗腺分泌的汗液与血浆渗透压相等；当汗液流经汗腺管腔时，在醛固酮的作用下，由于 Na^+ 和 Cl^- 的重吸收，最后排出的汗液是低渗的。当机体因大量出汗而出现脱水时，病人常表现为高渗性脱水。大量出汗时，人体不但大量丢失水分，也丢失一定量的 NaCl。如果单纯补水而不补充 NaCl 的情况下，就会使细胞外液中电解质浓度稀释，影响神经和骨骼肌等组织的兴奋性，易导致热痉挛。热痉挛患者有血管扩张，血压下降、皮肤湿冷，苍白、头晕、呕吐等症状，需进行紧急处理，将病人移至阴凉处休息或用冷水浸浴，及时补充水和盐分。汗液蒸发速度与空气温度、湿度及风速有关，因此，对高温下作业人员特别要注意做好防暑降温工作。

3. 散热的调节

（1）皮肤血流量的调节：皮肤血流量决定着皮肤的温度。机体通过交感神经控制皮肤血管的口径，改变皮肤血流量和皮肤温度，影响机体辐射、传导和对流的散热量。当环境温度升高，交感神经紧张性降低，皮肤血管舒张，动-静脉吻合支开放，皮肤血流量增加，皮肤的散热增加，以防止体温增高。据估算，全身皮肤的血流量最多可达到心排出量的 12%。而在寒冷环境中，交感神经紧张性增加，皮肤血管收缩，动-静脉吻合支关闭，皮肤血流量减少，散热减少。当环境温度在 20~30℃时，机体产热量没有大幅变化，此时，机体既不出汗也无寒战反应，仅通过调节皮肤血流量即可控制机体的散热量，以维持体热平衡。

（2）发汗的调节：人体的汗腺分为大汗腺和小汗腺两种。与蒸发散热有关的汗腺是小汗腺，它分布于全身皮肤，主要受交感胆碱能神经支配，其末梢释放递质为乙酰胆碱。在炎热环境中使用 M 受体阻断剂阿托品可阻断汗液分泌，以致体温升高，易引起中暑，应慎用。由温热刺激而引起的汗腺分泌称为温热性发汗，可发生于机体任何部位，参与体温调节过程。而人体的前额、手、足等处的汗腺也有一些受交感神经肾上腺素能纤维支配，这些部位的汗腺分泌汗液是由人体紧张、情绪激动而引起称为精神性发汗，与体温调节关系不大。

知识链接

高热病人的护理

(1) 卧床休息,观察体温变化,每4小时测体温、脉搏、呼吸1次,并作为主录。

(2) 诊断未明确前,不能过多使用退热药。

(3) 体温在39.5℃以上者,应给予物理降温,用酒精或温水擦浴。

(4) 高热患者宜半流饮食,多饮水,成人每日至少3000ml。

(5) 体温骤退时,予以保温,及时测血压、脉搏、体温,注意病情变化。

(6) 要注意高热病人口腔卫生、皮肤卫生,预防压疮。

(7) 对高热出现谵妄、神志不清者应用床档,防止坠床发生。

三、体温调节

体温调节包括自主性体温调节和行为性体温调节两种方式。自主性体温调节是在下丘脑体温调节中枢控制下,随机体内外环境温热性刺激信息的变动,通过增减皮肤血流量、发汗、寒战等生理反应,使机体的产热与散热达到平衡,维持体温相对恒定。此外,人和其他恒温动物还可通过一定的行为来保持体温的相对恒定,如改变居住条件、增减衣着等。行为性体温调节是大脑皮质参与下的有意识的活动,是对自主性体温调节的补充。

(一) 温度感受器

温度感受器是感受机体各个部位温度变化的特殊结构。根据分布部位不同,可分为外周温度感受器和中枢温度感受器两类。

1. 外周温度感受器　皮肤、黏膜、腹腔内脏(以皮肤为主)等处有丰富的游离神经末梢,在一定范围内能感受温度的变化,称为外周温度感受器。外周温度感受器又分冷感受器和热感受器两种。当皮肤温度下降时,引起冷感受器兴奋,而当皮肤温度升高时,则导致热感受器兴奋。一般人体额部皮肤温度在30℃左右时引起冷觉,在35℃左右时产生温觉。通常,人体皮肤的冷感受器数量多于热感受器,故对冷刺激较为敏感。温度感受器的传入冲动到达中枢后,除产生温度感觉之外,还能引起体温调节反应。

2. 中枢温度感受器　在脊髓、脑干网状结构及下丘脑等处有对局部组织温度变化敏感的神经元,称为中枢温度感受器。中枢温度感受器分为热敏神经元和冷敏神经元两种。前者的放电频率随局部脑组织温度升高而增加,而后者的放电频率随局部脑组织降温而增加。在视前区-下丘脑前部(preoptic anterior hypothalamus area,PO/AH)热敏神经元居多,而在脑干网状结构、下丘脑的弓状核,则冷敏神经元较多。当局部脑组织温度变动0.1℃时,这两种神经元的放电频率都会发生变化,且出现不适应现象。

(二) 体温调节中枢

多种恒温动物脑的分段切除实验中证明,只要保留下丘脑及以下脑的结构完整,动物体温就能维持相对恒定,而破坏下丘脑后,动物体温不能维持稳定。说明体温调节的基本中枢位于下丘脑。视前区-下丘脑前部中的某些温度敏感神经元除能感受局部温度的变化外,还能对下丘脑以外部位传入的温度变化信息发生反应。换言之,来自外周和中枢的温度传入信息可会聚于此(PO/AH),进行不同程度的整合处理。此外,它们还直接对致热原、5-羟色胺、去甲肾上腺素及某些肽类物质发生反应,从而导致体温的变化。因此,PO/AH被认为是体温调节中枢的核心部位。

来自各方面的温度变化信息在下丘脑整合后,通过广泛的传出途径,包括自主神经(支配汗腺、皮肤血管)、躯体神经(支配骨骼肌等)、内分泌腺(分泌肾上腺素等),调节机体的产热和散热过程,从而维持体温的恒定。

(三) 体温调节机制

正常体温之所以能在37℃左右维持相对恒定,目前多用调定点学说加以解释(图6-4)。该学说认为体温调节类似于恒温器的调节,下丘脑体温调节中枢PO/AH中的温度敏感神经元可能在体温调节中起着调定点的作用。一般认为,人的正常体温调定点为37℃,体温调节中枢则根据调定点对体温进行调节。当体温与调定点水平一致时,机体的产热和散热保持平衡;当体温高于调定点时,冷敏神经元放电频率减少,热敏神经元放电频率增加,导致机体产热活动减少,散热活动加强,结果使体温恢复到37℃;反之,当体温低于调定点时,热敏神经元放电频率减少,冷敏神经元放电频率增加,导致机体的产热活动加强,散热活动减少,体温又回升到37℃正常水平。

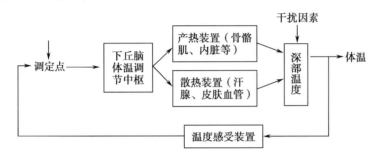

图 6-4　体温调节装置自动控制示意图

根据调定点学说,无论什么原因,只要改变PO/AH温度敏感神经元的状态,就可能引起调定点位移,而由其设定的体温水平也随之改变。例如,临床上细菌、病毒等产生的致热原可使调定点上移,出现发热。如调定点上移至39℃时,由于发热初期的体温低于此时的调定点水平,机体首先出现皮肤血管收缩,减少散热,随即出现寒战等产热反应,直到体温升高至39℃后为止。只要致热原不被清除,产热和散热过程就继续在此新的体温水平保持平衡。阿司匹林可使致热原升高的调定点降至正常水平而具有解热作用,降温过程常伴随皮肤血管扩张、发汗等散热反应的出现(图6-5)。可见,发热时体温调节功能并无障碍,只是由于调定点上移体温才被调节到发热水平,属于调节性体温升高。

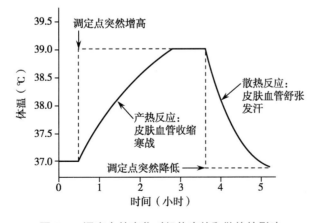

图 6-5　调定点的变化对机体产热和散热的影响
虚线:调定点变化;实线:实际体温变化

(王笑梅)

思考题

1. 简述影响能量代谢的因素。
2. 何谓基础代谢率,测定基础代谢率有何临床意义?
3. 试述体温的生理变异。
4. 根据散热原理,临床如何为高热患者降温?
5. 病人发热前往往出现寒战,为什么?

肾的排泄功能

1. **掌握** 尿生成的基本过程,肾排泄功能的自身调节、神经调节和体液调节机制,排泄、肾小球滤过率、滤过分数、有效滤过压、渗透性利尿、肾糖阈的概念。

2. **熟悉** 肾的功能,滤过膜的屏障作用,肾小球的滤过作用及其影响因素,各段肾小管重吸收、分泌的特点。

3. **了解** 排尿反射的过程,排尿异常,尿液的成分及理化性质。

人体内环境稳态的维持与机体排泄功能紧密联系。排泄(excretion)是指机体将代谢终产物、过剩的物质以及进入体内的异物(包括药物)等,通过血液循环由排泄器官排出体外的过程。人体具有排泄功能的器官有肾、肺、消化道、皮肤和汗腺等。肾排泄的物质种类最多、数量最大,而且在排尿过程中还能够调节机体水、电解质、渗透压及酸碱平衡,故肾是机体最为重要的排泄器官。此外,肾还具有内分泌功能,可分泌肾素、促红细胞生成素、1,25-二羟维生素 D_3 及前列腺素等生物活性物质。

第一节 尿的生成过程

尿的生成过程在肾单位和集合管中进行,包括三个基本过程:肾小球的滤过(glomerular filtration),肾小管和集合管的重吸收(reabsorption),肾小管和集合管的分泌(secretion)。通过肾小球的滤过作用形成原尿,通过肾小管、集合管的重吸收和分泌作用及对尿液的浓缩或稀释作用,最后形成终尿。

一、肾小球的滤过作用

肾小球的滤过是指血液在流经肾小球毛细血管网时,除了血液中的血细胞和大分子蛋白质外,血浆中的水和小分子物质通过滤过膜滤过到肾小囊腔内形成超滤液(即原尿)的过程。这是肾生成尿液的第一步。用微穿刺法从动物肾小囊中直接抽取滤液进行成分分析,结果表明,滤液中除了蛋白质含量极少外,其他成分都与血浆中的浓度相同,而且滤液的渗透压及酸碱度也与血浆相似。从而证明肾小囊内液就是血浆的超滤液。

(一)滤过膜及其通透性

1. 滤过膜的结构 滤过膜为肾小球滤过的结构基础,即肾小球毛细血管内的血浆与肾小囊中的滤液之间的隔膜,由三层结构构成(图 7-1),由内向外依次为肾小球毛细血管内皮细胞层、基膜层和肾小囊脏层。毛细血管内皮细胞层为滤过膜的内层,细胞间有许多直径为 50~100nm 的小孔,称为窗孔,可起到阻止血细胞通过的作用。基膜层为滤过膜的中层,是由水合凝胶构成的微纤维网结构,膜上有直径为 4~8nm 的多角形网孔,只允许水和部分溶质通过,是滤过膜的主要屏障。肾小囊脏层为滤过膜的外层,是由肾小囊上皮细胞的足突相互交错形成裂隙,裂隙上覆有一层膜称为滤过裂隙膜,膜上有直径为 4~14nm 的裂孔,这是血浆中的溶质滤出的最后一道屏障。

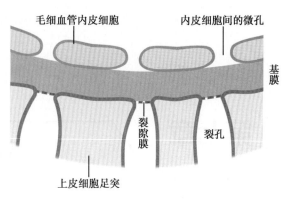

图 7-1   肾小球滤过膜示意图

2. 滤过膜的通透性   滤过膜的通透性是指滤过膜对血浆中溶质分子的滤过能力,是肾小球滤过的前提条件,与膜的机械屏障和电荷屏障有关,它取决于被滤过物质的有效半径和所带电荷。

(1) 滤过膜的机械屏障作用:上述滤过膜的三层结构构成滤过膜的机械屏障。用不同有效半径的中性右旋糖酐分子进行实验,结果表明有效半径小于 2.0nm 的小分子物质可自由通过,有效半径大于 4.2nm 的大分子物质则不能通过,有效半径介于 2.0~4.2nm 之间的各种物质,其滤过量与其有效半径成反比。提示滤过膜上存在大小不同的孔径,对有效半径不同的物质起到不同的机械屏障作用。

(2) 滤过膜的电荷屏障作用:在滤过膜的各层表面都覆盖有一种带负电荷的酸性糖蛋白,称为唾液蛋白或涎蛋白,从而形成了滤过膜的电荷屏障。实验发现有效半径相同的右旋糖酐分子,带正电荷的容易被滤过,而带负电荷的不容易被滤过。正因为有这道电荷屏障的作用,使得刚好能够通过滤过膜的血浆白蛋白(有效半径约为 3.6nm,分子量为 69 000),因其带有负电荷而被阻止滤过。以上结果表明,滤过膜的通透性不仅取决于滤过膜的机械屏障作用(为主),还取决于滤过膜的电荷屏障作用(为辅)。

(二)肾小球有效滤过压

肾小球有效滤过压(effective filtration pressure,EFP)是肾小球滤过的动力,与其他器官组织液生成的有效滤过压机制相似,由滤过的动力和阻力之差决定,有效滤过压为正值时滤液生成。促进肾小球滤过的动力是肾小球毛细血管血压和肾小囊内滤液的胶体渗透压,滤过的阻力是血浆胶体渗透压和肾小囊内滤液的静水压。因为正常情况下,滤过膜不允许血浆蛋白质滤过,相当于肾小囊内液体的胶体渗透压为零,故肾小球有效滤过压的公式为:

肾小球有效滤过压 = 肾小球毛细血管血压 −(血浆胶体渗透压 + 肾小囊内压)

可见,肾小球有效滤过压为三方面力量的代数和:肾小球毛细血管血压是唯一的滤过动力,血浆胶体渗透压与肾小囊内压的代数和为滤过的阻力(图 7-2)。用微穿刺法测得大鼠肾小球毛细血管血压,发现肾小球毛细血管入球端和出球端血压值几乎是相等的,约为 45mmHg;肾小囊内压较恒定约为 10mmHg;肾小球毛细血管的胶体渗透压值由入球端到出球端逐渐升高,入球端为 20mmHg,出球端为 35mmHg。胶体渗透压发生这种递增性升高变化是由于血液在流向出球小动脉端的过程中,水和晶体物质不断被滤出而蛋白质不被滤出,使血浆中的蛋白质逐渐被浓缩。将上述所测的数据带入公式,计算大鼠的肾小球有效滤过压为:

入球端肾小球有效滤过压 =45mmHg−(20mmHg+10mmHg)=15mmHg

出球端肾小球有效滤过压 =45mmHg−(35mmHg+10mmHg)=0mmHg

由计算可知,肾小球有效滤过压由入球端到出球端呈递减过程,在靠近入球端,有效滤过压为正值,数值较大,有较多的血浆滤过。随着血浆向出球端流动,有效滤过压逐渐减小,血浆滤过量也逐渐减少,当有效滤过压减小到零时,即达到滤过平衡,血浆滤过就停止。

肾小球滤过率(glomerular filtration rate,GFR)是指单位时间内(每分钟)两肾生成的超滤液量。据测定,体表面积 1.73m² 的正常成年人的 GFR 平均值为 125ml/min。每昼夜从肾小球滤出的原尿量可达 180L,约为体重的 3 倍。每分钟流经两侧肾的血流量为 1200ml,约占心排出量的 20%~25%。血浆流量约为 660ml/min,其中滤入肾小囊腔的滤液量约为 125ml/min。滤过分数(filtration fraction,FF)是指肾小球滤过率与肾血浆流量的比值。即 125/660×100%≈19%。

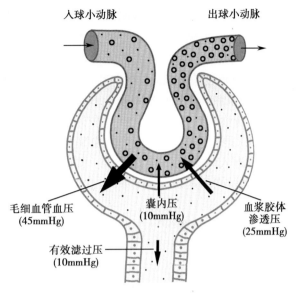

图 7-2　肾小球有效滤过压示意图
○代表不可滤过的大分子物质　●代表可滤过的小分子物质

可见,流经肾的血浆约有 19% 从肾小球滤过生成了原尿。肾小球滤过率与滤过分数是评价肾小球滤过功能的两个重要指标。

(三) 影响肾小球滤过的因素

影响肾小球滤过的主要因素是:①滤过膜的面积与通透性,这是血浆滤过的结构基础;②有效滤过压,这是血浆通过滤过膜滤过的动力。③肾血浆流量,这是原尿生成的前提条件。凡是影响以上三方面的因素,均可影响原尿的质和量。

1. 滤过膜的面积与通透性

(1) 滤过膜的面积:人两侧肾小球毛细血管的总面积可达 1.5m² 以上。生理情况下,人两肾的肾小球都处在活动状态,滤过面积基本稳定,保证了肾的泌尿功能。当患急性肾小球肾炎时,有的肾小球毛细血管管腔变窄或完全堵塞,导致活动的肾小球数目减少,滤过面积减小,GFR 降低,出现少尿或无尿。

(2) 滤过膜的通透性:生理情况下,滤过膜的通透性较稳定,对滤过物质分子有效半径的选择不会发生大的改变。慢性肾病时,由于基膜出现局灶性溶解破坏,机械屏障作用减弱,滤过膜负电荷减少或消失,电荷屏障作用减弱,使原来不能滤过的蛋白质甚至红细胞也可漏入肾小囊囊腔,出现蛋白尿和血尿。

2. 有效滤过压　根据肾小球有效滤过压的公式可知,凡影响肾小球毛细血管血压、血浆胶体渗透压和肾小囊内压的因素,都会改变有效滤过压,导致 GFR 发生变化。

(1) 肾小球毛细血管血压:安静时,肾血浆流量存在自身调节,当全身动脉血压在 80~180mmHg 范围内变化时,通过自身调节,肾血流量和 GFR 都维持不变。只有当全身动脉血压低于 80mmHg 时,超出了肾自身调节的限度,肾小球毛细血管血压下降,有效滤过压降低,尿量减少。如发生失血性休克时,全身动脉血压降至 40~50mmHg 以下,GFR 减少至零,出现无尿现象。因此,临床上,对于血压低于 80mmHg 的患者,其尿量的变化常常是反映病情变化的重要指标。

(2) 血浆胶体渗透压:正常情况下,血浆胶体渗透压比较稳定,对有效滤过压的影响不大。临床上大量输入生理盐水时,由于血浆蛋白质浓度被稀释,胶体渗透压降低,有效滤过压增大,尿量增多。

(3)肾小囊内压:正常情况下,囊内压比较稳定。当尿路梗阻时,如肾盂或输尿管结石、肿瘤压迫等,患侧囊内压逆行性升高,有效滤过压降低,尿量减少。

3. **肾血浆流量**   肾血浆流量对肾小球滤过率的影响,不是通过改变有效滤过压,而是通过改变滤过平衡点的位置产生的。如前所述,肾小球毛细血管的血浆在向出球端流动过程中,血浆胶体渗透压在不断上升,有效滤过压在逐渐减小,一旦达到滤过平衡点滤过就停止。当肾血浆流量增大时,血浆胶体渗透压上升速率减慢,滤过平衡点就靠近出球端(甚至不出现),原尿生成就增多;当肾血浆流量减少时,血浆胶体渗透压上升速率加快,滤过平衡点就靠近入球端,原尿生成减少。临床上,当肾交感神经兴奋时,如在缺氧、中毒性休克、失血、脱水及剧烈运动等情况下,肾血浆流量明显减少,GFR 降低,尿量减少。

知识链接

急性肾衰竭与透析

急性肾衰竭(acute renal failure,ARF)是指各种病因引起双侧肾在短期内泌尿功能急剧降低,导致机体的内环境出现严重紊乱的病理过程与临床综合征。临床症状:泌尿功能急剧降低,肾小球滤过率迅速下降,少尿、无尿;体内的毒素、多余的水分以及电解质在体内滞留,导致内环境严重紊乱,表现为氮质血症、高钾血症和代谢性酸中毒。ARF 发病比较急,病程短,常在几天到几周内可出现尿毒症,后果严重。如果患者得不到治疗,一般 1~2 周内死亡率可达到 95% 以上。如果能用人为的方式把血液中的毒素、过多的水分、电解质排出体外,患者就可以得到救治。透析就是基于这个原理将血液中的一些废物通过半透膜除去。透析分为血液透析、腹膜透析和结肠透析等,其中血液透析是较安全、易行、应用广泛的血液净化方法之一。血液和透析液在透析器(即人工肾)内通过半透膜进行物质交换,使血液中的代谢废物和过多的电解质向透析液移动,透析液中的钙离子、碱基等向血液中移动,将体内各种有害以及多余的代谢废物和过多的电解质移出体外,达到净化血液、纠正水电解质及酸碱平衡的目的。

二、肾小管和集合管的重吸收作用

肾小球滤过生成的原尿在流入肾小管后称为小管液。小管液中的物质被肾小管上皮细胞转运至管周血液中的过程,称为肾小管和集合管的重吸收。

(一)重吸收部位、方式及特点

1. **重吸收的主要部位**   肾小管各段和集合管因形态结构上存在差异,所以重吸收能力不尽相同。近端小管重吸收的物质种类最多,数量最大,是物质重吸收的主要部位。正常情况下,小管液中的葡萄糖、氨基酸等营养物质,几乎全部在近端小管被重吸收;80%~90%的 HCO_3^-,65%~70% 的水和 Na^+、K^+、Cl^- 等,也在近端小管被重吸收(表 7-1)。其他各段肾小管和集合管重吸收的量虽少于近端小管,但与机体内水、电解质和酸碱平衡的调节密切相关。

2. **重吸收方式**   肾小管和集合管的重吸收分为主动重吸收和被动重吸收。

(1)主动重吸收:根据能量来源不同,主动重吸收又分为原发性主动重吸收和继发性主动重吸收两种。原发性主动重吸收转运过程中所需能量主要由细胞膜上的 Na^+-K^+ATP 酶(钠泵)水解 ATP 直接提供,能逆着电 - 化学梯度转运 Na^+ 和 K^+;继发性主动重吸收所需能量是间接从钠泵活动形成的 Na^+ 跨膜电 - 化学势能中得来。

表 7-1　肾小管和集合管各段的重吸收特点

部位	主要物质的重吸收
近端小管	全部:氨基酸、葡萄糖
	大部分:水(65%~70%)、Na^+、K^+、Cl^-、HCO_3^-、Ca^{2+}
	部分:尿素、尿酸、硫酸盐、磷酸盐
	完全不吸收:肌酐
髓袢降支	部分:水(10%)
髓袢升支	部分:Na^+、Cl^-、K^+、尿素
远端小管	部分:水(10%)、Na^+、Cl^-、HCO_3^-
集合管	部分:水(10%~20%)、尿素、Na^+、Cl^-

　　肾小管上皮还存在一种转运体能同时转运两种或两种以上的物质。如果几种物质以同一方向从膜的一侧向另一侧转运,称同向转运(symport),如近端小管 Na^+ 和葡萄糖的转运;反之则称为逆向转运(antiport),如近端小管 Na^+-H^+ 交换。

　　(2) 被动重吸收:被动重吸收不需消耗能量,其重吸收的多少,除靠浓度差、电位差及渗透压差作用外,还取决于肾小管上皮细胞对重吸收物质的通透性。Cl^-、尿素、HCO_3^- 及水在肾小管和集合管主要进行的是被动重吸收。

　　3. 重吸收特点

　　(1) 选择性重吸收:肾小管和集合管对溶质的重吸收具有选择性:对葡萄糖、氨基酸是完全重吸收;对 Na^+、K^+、HCO_3^- 是大部分重吸收;肌酐则不能被重吸收。这样既保留了对机体有用的物质,又能清除有害和过剩的物质,实现血液净化。

　　(2) 有限性重吸收:实验表明,各种物质在肾小管和集合管的重吸收都有一个最大限度,若血浆中某物质浓度过高,致使小管液中该物质的浓度超出了上皮细胞对其最大重吸收限度时,此物质就会在尿液中出现。如血浆中葡萄糖浓度升高,并使小管液中的葡萄糖浓度升高到超出近端小管上皮细胞的吸收限度时,增多的葡萄糖不能被全部重吸收,就会出现糖尿。把尿中刚开始出现葡萄糖时的血糖浓度称为肾糖阈(renal glucose threshold),正常值为8.96~10.08mmol/L(1.6~1.8g/L)。血糖浓度超过肾糖阈后,随着血糖浓度的升高,尿中的葡萄糖也增多。

　　(二) 几种主要物质的重吸收

　　1. NaCl 和水的重吸收　　小管液中的 NaCl 和水约有 99% 在肾小管和集合管被重吸收,尿中排出的 NaCl 和水不到滤过量的 1%。因此,如果水的重吸收量减少 1%,尿量就会增加1 倍。除髓袢降支细段外,肾小管各段和集合管都有重吸收 NaCl 的能力;除髓袢升支对水几乎不通透外,肾小管各段和集合管都对水具有重吸收能力(表 8-3)。Na^+ 的重吸收是以钠泵介导的主动重吸收为主;水的重吸收则是被动的渗透过程,取决于小管内外的渗透压差和管壁对水的通透性。

　　在近端小管,NaCl 和水的重吸收约占滤液总量的 65%~70%,Na^+ 主要靠基底侧膜上的Na^+ 泵主动重吸收,Cl^- 随之被动重吸收。由于肾小管上皮细胞的管腔膜对 Na^+ 的通透性较大,小管液中 Na^+ 的浓度比细胞内高,Na^+ 就以 Na^+- 葡萄糖同向转运或 Na^+-H^+ 交换的方式进入细胞内。进入细胞的 Na^+ 随即被基底侧膜上的钠泵泵入组织液,使上皮细胞内 Na^+ 浓度降低,小管液中的 Na^+ 就不断地进入细胞内。伴随着 Na^+ 的重吸收,细胞内呈正电位,管腔内呈负电位,加之小管液中的 Cl^- 浓度比小管细胞内高,Cl^- 顺其电位差和浓度差而被动重吸收。NaCl 进入管周组织液,使其渗透压升高,促使小管液中的水不断进入上皮细胞及管周组织液,于是组织静水压升高,又可促使 Na^+ 和水通过基底侧膜进入相邻的毛细血管而被重吸收。部分 Na^+ 和水也可能通过紧密连接回漏到小管腔内(图 7-3)。因此，在近端小管 Na^+ 的重吸收量等于主动重吸收量减去回漏量。

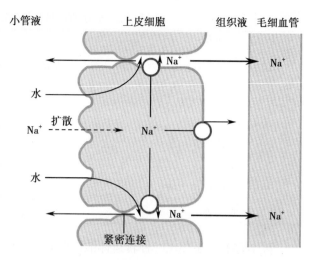

图 7-3　Na^+ 在近端小管重吸收示意图
空心圆表示钠泵

髓袢各段对 NaCl 和水的重吸收机制不同。髓袢降支细段对 NaCl 几乎没有通透性，但对水的通透性高。于是水分不断渗透至管周组织液，并使小管液中 NaCl 浓度升高。升支细段对水几乎不通透，但对 NaCl 的通透性高，NaCl 便顺浓度差扩散至管周组织液。而升支粗段对 NaCl 的重吸收是通过管腔膜上的同向转运体和基底侧膜上的钠泵协同作用实现的，属继发性主动转运。髓袢升支粗段对 NaCl 的重吸收依靠 Na^+-K^+-$2Cl^-$ 同向转运体而主动吸收(图 7-4)。实验表明，在这种以同向转运体复合物的形式转运中，Na^+、Cl^-、K^+ 三者缺少哪一个都不能进行转运。转运入上皮细胞内的 Na^+ 被细胞基底侧膜的钠泵泵至细胞间隙，Cl^- 经管周膜上的 Cl^- 通道进入细胞间隙，而 K^+ 又顺浓度梯度经管腔膜返回到小管液中。由于 K^+ 返回到小管液中，使小管液呈正电位，所形成的这一电位差又促使小管液中的一部分 Na^+、K^+、Ca^{2+} 等阳离子经细胞旁转运途径被动重吸收。

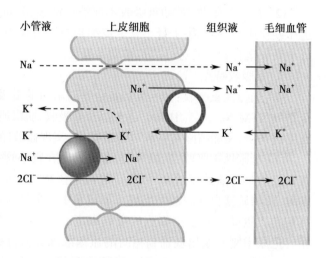

图 7-4　髓袢升支粗段对 Na^+、Cl^-、K^+ 的转运
实心圆表示转运体；空心圆表示钠泵

在远端小管和集合管，NaCl 和水的重吸收约占滤液总量的 12%。远端小管和集合管重吸收的多少是按机体水、盐平衡的需要，受抗利尿激素和醛固酮的调节，故称为调节性重吸收。除远端小管和集合管外的肾小管各段对 NaCl 和水的重吸收量与机体是否缺盐、缺水无关，故称为必需性重吸收。

肾小管和集合管对 NaCl 和水的重吸收，在机体维持细胞外液总量和渗透压相对稳定中起着重要作用。此外，Na^+ 的主动重吸收在对其他物质如葡萄糖、氨基酸、HCO_3^- 等的重吸收及 K^+ 和 H^+ 的分泌过程中也起着重要的作用。

2. HCO_3^- 的重吸收　小管液中 99% 的 HCO_3^- 以 CO_2 的形式被重吸收，80% 以上在近端小管被重吸收，其余在髓袢、远端小管和集合管被重吸收。HCO_3^- 不易透过管腔膜，其重吸收与上皮细胞的 Na^+-H^+ 交换相耦联进行。分泌入小管液中的 H^+ 与 HCO_3^- 结合生成 H_2CO_3，随后 H_2CO_3 分解为 CO_2 和水。CO_2 是高度脂溶性物质，可迅速通过管腔膜进入细胞内。在细胞内，CO_2 和水在碳酸酐酶的作用下重新结合生成 H_2CO_3，H_2CO_3 又解离成 H^+ 和 HCO_3^-。H^+ 经 Na^+-H^+ 交换再进入小管液，大部分 HCO_3^- 以 Na^+-HCO_3^- 同向转运的方式进入细胞间隙再入血，小部分 HCO_3^- 则是以 Cl^--HCO_3^- 逆向转运的方式进入细胞间隙再入血(图 7-5)。由于 CO_2 通过管腔膜的速度更快，故 HCO_3^- 的重吸收常优先于 Cl^-。HCO_3^- 是体内重要的碱贮备，其优先重吸收对于体内酸碱平衡的维持具有重要意义。

3. K$^+$的重吸收　小管液中的K$^+$流经肾小管各段时,其中约70%在近端小管被重吸收;约20%在髓袢被重吸收;其余的K$^+$在远端小管和集合管可继续被重吸收。小管液中的K$^+$逆浓度差主动转运入细胞,然后扩散至管周组织液并入血。终尿中的K$^+$绝大部分由远端小管和集合管分泌。

4. 葡萄糖和氨基酸的重吸收　正常情况下,小管液在流经近端小管时,其中的葡萄糖和氨基酸

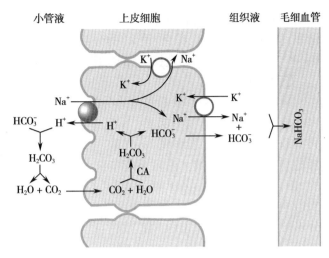

图 7-5　HCO$_3^-$ 的重吸收示意图
CA. 碳酸酐酶;实心圆表示转运体;空心圆表示钠泵

几乎全部被重吸收入血,近端小管以后的小管液中葡萄糖和氨基酸的浓度接近零,因此尿中几乎没有葡萄糖和氨基酸。如果近端小管以后的小管液中仍含有葡萄糖或氨基酸,则终尿中将出现葡萄糖或氨基酸。葡萄糖和氨基酸的重吸收都是继发性主动转运过程。小管液中葡萄糖和Na$^+$与管腔膜上的同向转运体结合后转运入细胞。在细胞内,Na$^+$、葡萄糖和转运体分离,Na$^+$被泵入组织液,葡萄糖则和管周膜上的载体结合,易化扩散至管周组织液再入血。小管液中氨基酸的重吸收机制与葡萄糖的重吸收相似,只是其通过的转运体的结构不同。

5. 其他物质的重吸收　小管液中HPO$_4^{2-}$、SO$_4^{2-}$等的重吸收与葡萄糖的重吸收的机制基本相同。小管液中微量的蛋白质,则通过肾小管上皮细胞的吞饮作用而被重吸收。尿素则在近端小管和髓袢升支细段及内髓部集合管内顺浓度差扩散而被动重吸收。

三、肾小管和集合管的分泌作用

肾小管上皮细胞将血液中的某些物质或者自身代谢产生的物质排放到肾小管腔中的过程称为肾小管和集合管的分泌。

(一) H$^+$ 的分泌

肾小管各段和集合管上皮细胞均有分泌 H$^+$ 的作用,但主要在近端小管。H$^+$ 的分泌是以 Na$^+$-H$^+$ 交换的方式进行。由细胞代谢产生或从小管液进入细胞的 CO$_2$,在碳酸酐酶的催化下,与水生成 H$_2$CO$_3$,后者又离解成 H$^+$ 和 HCO$_3^-$。细胞内的 H$^+$ 和小管液中 Na$^+$ 与细胞膜上的转运体结合,H$^+$ 被分泌到小管液中,小管液中的 Na$^+$ 则被吸收入血液,此过程称 Na$^+$-H$^+$ 交换。细胞内生成的 HCO$_3^-$ 大部分以 Na$^+$-HCO$_3^-$ 同向转运的方式进入细胞间隙再入血。分泌入小管液的 H$^+$ 与其内的 HCO$_3^-$ 生成 H$_2$CO$_3$,后者分解 CO$_2$ 又扩散入细胞在细胞内再生成 H$_2$CO$_3$。如此循环反复,每分泌一个 H$^+$,即可重吸收一个 Na$^+$ 和一个 HCO$_3^-$ 回到血液。所以,Na$^+$-H$^+$ 交换实际上是肾脏排酸保碱的过程。

(二) K$^+$ 的分泌

尿中的 K$^+$ 主要由远曲小管和集合管分泌,K$^+$ 的分泌是一种被动过程,其分泌与 Na$^+$ 的重吸收有密切关系。远曲小管和集合管上皮细胞对 Na$^+$ 的主动重吸收,造成了小管腔内的负电位,K$^+$ 便顺电位差从上皮细胞进入小管液,故 Na$^+$ 的主动重吸收可促进 K$^+$ 的分泌。这种 Na$^+$ 重吸收与分泌 K$^+$ 相互关联的现象,称为 Na$^+$-K$^+$ 交换。由于泌 K$^+$ 和泌 H$^+$ 都是与 Na$^+$ 进行交换,故 Na$^+$-K$^+$ 交换和 Na$^+$-H$^+$ 交换二者间呈竞争性抑制,这与小管液中可供交换的 Na$^+$

数量有关。在酸中毒时,肾小管上皮细胞内碳酸酐酶的活性增强,H^+ 生成增多,Na^+-H^+ 交换增多,从而抑制 Na^+-K^+ 交换,使 K^+ 的分泌减少,将导致血钾浓度升高。而高钾血症时,由于 Na^+-K^+ 交换增强,Na^+-H^+ 交换受抑制,可引起体内 H^+ 浓度增加而产生酸中毒。

(三) NH_3 的分泌

NH_3 主要由远曲小管和集合管分泌。肾小管上皮细胞所分泌的 NH_3,主要由肾小管上皮细胞内的谷氨酰胺脱氨而来。NH_3 具有脂溶性,能通过细胞膜向 pH 较低的小管液自由扩散。进入小管液的 NH_3 能与小管液中的 H^+ 结合成为 NH_4^+,并随尿排出体外。如果 H^+ 的分泌被抑制,则尿中排出的 NH_4^+ 也就减少,故上皮细胞分泌 H^+ 对于 NH_4^+ 的排出是十分重要的。肾小管分泌 NH_3,不仅由于 NH_4^+ 形成而促进排 H^+,而且也能促进 HCO_3^- 的重吸收,间接起到了排酸保碱的作用(图 7-6)。可见 NH_3 的分泌与 H^+ 的分泌能相互促进,这对维持机体酸碱平衡具有重要意义。

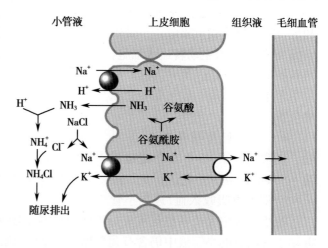

图 7-6　H^+、NH_3 和 K^+ 分泌关系示意图
实心圆表示转运体;空心圆表示钠泵

(四) 其他物质的分泌或排泄

体内的代谢产物肌酐,除少量由肾小管和集合管分泌外,主要通过肾小球滤过排出体外,被肾小管重吸收量很少。进入体内的药物,如青霉素、酚红和大多数利尿剂,由于与血浆蛋白结合而不被肾小球滤过,它们均在近端小管被主动分泌到小管液中而被排出。临床上,检测尿中酚红的排泄量可用来判断近端小管排泄功能。

第二节　尿液的浓缩与稀释

尿液的浓缩和稀释是以尿和血浆的渗透压相比较而言。正常血浆的渗透压约为 300mmol/L,原尿的渗透压与血浆的基本相同。尿液的渗透压可因体内水含量的多少而出现较大幅度的变化。在机体缺水时,尿液的渗透压高于血浆渗透压,称为高渗尿,提示尿液被浓缩;当机体饮水过多时,尿液的渗透压低于血浆渗透压,称为低渗尿,提示尿液被稀释;当肾的浓缩和稀释能力严重受损时,无论机体是否缺水,尿液的渗透压都与血浆渗透压相近,称为等渗尿。所以,通过尿液的渗透压可以推测肾浓缩和稀释尿液的能力。肾对尿液的浓缩和稀释功能在维持机体水平衡方面具有极其重要的作用。

一、尿浓缩与稀释的基本过程

(一) 尿液的浓缩

尿液的浓缩是由于小管液中的水被重吸收而溶质留在小管液中造成的。生理情况下,肾髓质的组织液是高渗的,由髓质外层向乳头部深入,组织液的渗透压逐渐升高。这一现象称为肾髓质高渗梯度(图 7-7)。当低渗的小管液流经集合管时,由于管外组织液为高渗,加上集合管上皮细胞在抗利尿激素的作用下对水有通透性,水便在管内外渗透压差的作用下不断被重吸收,形成高渗尿,即尿液被浓缩。

尿的浓缩与稀释

（二）尿液的稀释

尿液的稀释是由于小管液中的溶质被重吸收，水不易被重吸收造成的。其关键部位在髓袢升支粗段，该段上皮细胞对 NaCl 主动重吸收而对水不易通透，NaCl 的重吸收不仅使管周髓质成为高渗环境，还使小管液成为低渗液。低渗的小管液在流经远曲小管和集合管的过程中，如果抗利尿激素缺乏，则远曲小管和集合管对水的通透性下降，水的重吸收减少，加上 NaCl 仍被主动重吸收，使小管液渗透压进一步下降形成低渗尿，即尿液被稀释。尿崩症患者，由于缺乏 ADH 或肾小管、集合管缺乏抗利尿激素受体，每天可排出高达 20L 的低渗尿。

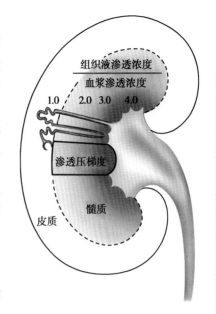

图 7-7　肾髓质渗透压梯度示意图
髓质颜色越深，表明渗透压越高

（三）尿液浓缩和稀释过程

实验研究发现，在近端小管的重吸收是等渗性的，小管液流经近端小管后，其渗透压并未改变，表明尿液的浓缩和稀释是在近端小管以后，即在髓袢、远曲小管和集合管内进行。小管液流经集合管时，由于肾髓质的高渗梯度，小管液中的水在管内外渗透压差作用下被重吸收。当抗利尿激素释放较多时，集合管上皮细胞对水的通透性加大，水的重吸收增多，使尿液浓缩，尿量减少；反之，当抗利尿激素释放减少时，集合管上皮细胞对水的通透性降低，水的重吸收减少，使尿液稀释，尿量增多。因此，肾髓质高渗梯度的形成和保持是尿浓缩的必要条件；抗利尿激素释放量的多少，是决定尿浓缩程度的关键因素。

二、髓质高渗梯度的形成和保持

（一）肾髓质高渗梯度的形成——逆流学说

1. 逆流交换和逆流倍增　溶液在通过 U 形管时，由于升支和降支内的液体流动方向相反，在物理学上称为逆流。如果 U 形管道的升支和降支之间的隔膜是半透膜，允许溶液中的溶质通过，而升支和降支内的液体之间又存在浓度差，其溶质就可以在两管之间进行交换，称为逆流交换（countercurrent exchange）。由于逆流交换的净通量是单方向的，在逆流过程中降支和升支内的浓度沿长轴由顶部至底部成倍递增，这种现象称为逆流倍增（countercurrent multiplication）。当小管内液体流动速度减慢、管道加长时，逆流交换效率和逆流倍增作用就会增强。

2. 肾髓质高渗梯度的形成　肾髓质高渗梯度的形成与髓袢的 U 形结构特点、肾小管各段及集合管的上皮细胞对水和溶质的选择通透性有关。

（1）外髓部渗透压梯度的形成：在外髓部，髓质高渗梯度的形成主要由髓袢升支粗段对 NaCl 的主动重吸收所致（图 7-8）。由于髓袢升支粗段对水不通透，故小管液在流经该段时，随着 NaCl 的主动重吸收，小管液的浓度和渗透压均逐渐降低，而升支粗段管周组织液的渗透压逐渐升高，形成从皮质到近内髓部的组织液渗透压逐渐升高的过程。越靠近内髓部，渗透压越高。

（2）内髓部渗透压梯度的形成：在内髓部，髓质高渗梯度是由尿素再循环和 NaCl 的重吸收共同形成。远端小管和皮质、外髓部的集合管时对尿素不通透，随着其他溶质和水的不断重吸收，小管液中尿素的浓度逐渐升高；当含高浓度尿素的小管液流经内髓集合管时，因内髓集合管对尿素有较大的通透性，尿素顺浓度差迅速向内髓组织液扩散，使内髓渗透压增高；由于髓袢升支细段对尿素有通透性，从内髓集合管扩散到组织液中的尿素顺浓度差进入髓袢升

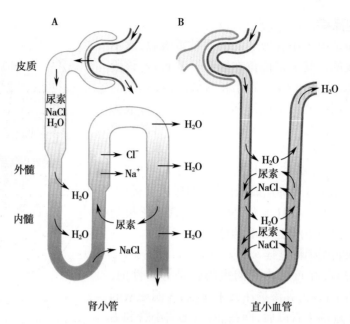

图 7-8　尿浓缩机制示意图

A. 髓质渗透压梯度的形成；B. 直小血管在渗透压梯度保持中的作用

支细段，而后经髓袢升支粗段、远曲小管、皮质部和外髓部的集合管，至内髓集合管时再扩散入组织液，形成尿素的再循环。尿素的再循环有助于内髓高渗梯度的形成和加强（图 8-8）。

NaCl 的扩散是由于髓袢降支细段对水易通透，但 NaCl 不易通透，在内髓组织高渗透压的作用下，小管液中的水分不断被重吸收，使小管液中 NaCl 浓度和渗透压逐渐增高，在髓袢顶端折返处达到最高值；在髓袢升支细段，由于对 Na⁺ 易通透而对水不通透，NaCl 就顺浓度差扩散到内髓组织间液，使内髓部组织液渗透压提高。这样，在髓袢降支和髓袢升支就构成了一个逆流倍增系统，使小管液和管外组织液都呈现由近外髓部至乳头部逐渐增高的渗透压梯度，这就是髓袢的逆流倍增作用（图 7-8）。

肾髓质高渗梯度形成的过程表明，髓袢升支粗段对 NaCl 的主动重吸收是整个髓质高渗梯度形成的主要动力，而尿素的再循环和 NaCl 的被动重吸收是建立高渗梯度的主要溶质。

（二）肾髓质高渗梯度的保持——直小血管的逆流交换作用

在髓袢的逆流倍增过程中，进入肾髓质组织液的 NaCl 和尿素在形成肾组织间液的渗透压梯度时，也不断将水从小管腔内重吸收到肾组织间，会破坏形成的高渗梯度，因此必须将肾髓质组织液内多余的水除去。直小血管的逆流交换作用可带走多余的水，并留下溶质以保持肾髓质高渗梯度。

直小血管呈 U 形，并与髓袢平行（图 7-8）。直小血管降支与升支间也存在溶质的逆流交换。降支内的血液最初为等渗，进入髓质后，髓质组织间液中浓度较高的 NaCl 和尿素扩散到降支中，而其中的水则渗出到组织间液。愈向内髓部深入，降支中 NaCl 和尿素的浓度愈高。当血液折返流入直小血管升支时，由于血管内 NaCl 和尿素浓度比同一水平组织间液的高，所以 NaCl 和尿素又顺着浓度差扩散到组织间液，并且再进入浓度较低的降支。直小血管升、降支之间的逆流交换使肾髓质的溶质不致被血流大量带走。当直小血管升支离开外髓部时，带走的水较多，而带走的 NaCl 和尿素等溶质较少，从而维持了肾髓质的渗透梯度。

三、影响尿浓缩和稀释的因素

尿的浓缩和稀释一般取决于水的重吸收量，而水的重吸收量除取决于肾髓质组织间液和小管液之间的渗透压差外,还取决于远曲小管和集合管对水的通透性。当这些因素发生改变时,都能影响肾对尿液的浓缩或稀释(表 7-2)。

表 7-2　影响尿液浓缩和稀释的因素

影响因素	机制及常见原因
髓袢功能	髓袢过短(小儿)、肾疾患(肾囊肿)髓袢功能受损、升支粗段协同转运 NaCl 减少(应用呋塞米、依他尼酸)
直小血管血流速度	过快:NaCl、尿素被带走,髓质高渗梯度降低 过慢:水不能被及时带走,髓质高渗梯度降低
尿素浓度	蛋白质摄入不足(营养不良)或代谢降低,尿素生成减少

第三节　尿生成的调节

机体通过影响肾小球滤过、肾小管与集合管的重吸收和分泌三个基本过程实现对尿生成的调节。包括肾自身调节、神经调节和体液调节三种方式。

一、肾内自身调节

(一)小管液中溶质的浓度

小管液中溶质浓度所形成的渗透压,是对抗肾小管集合管重吸收水的力量。如果小管液中的溶质浓度增大,渗透压随之升高,肾小管对水的重吸收量就减少,尿量增加。这种由于小管内溶质浓度升高,渗透压升高而引起的尿量增多的现象称为渗透性利尿(osmotic diuresis)。体内许多物质,当其在肾小管内的量超过了肾小管的重吸收能力时,就会产生渗透性利尿效应。例如糖尿病患者,由于血糖水平升高,超过了肾糖阈,使部分近端小管不能吸收全部的葡萄糖,从而造成小管液渗透压升高,妨碍水和 NaCl 的重吸收,不仅使尿量增加,而且尿中也出现葡萄糖。此外,临床上也可通过渗透性利尿机制给患者静脉输注可被肾小球滤过而不被肾小管重吸收的药物如甘露醇等,提高小管液内溶质浓度,以达到利尿和消除水肿的目的。

(二)球 - 管平衡

近端小管对溶质和水的重吸收能力与肾小球滤过率之间存在着平衡关系。无论肾小球滤过率增多或减少,近端小管对滤液的重吸收量始终占肾小球滤过率的 65%~70%,这种现象称为球 - 管平衡(glomerulotubular balance)。球 - 管平衡表明了当滤过负荷增加时,总的重吸收量也随之增加,近端小管的重吸收比例仍然保持相对恒定,即始终约为肾小球滤过率的 65%~70%。这种现象称为定比重吸收(constant fraction reabsorption)。其机制主要与肾小管周围毛细血管的血浆胶体渗透压变化有关。球 - 管平衡的生理学意义在于使尿中排出的 Na⁺ 和水不会随肾小球滤过率的增减而出现大幅度的变化,从而保持尿量和尿钠的相对稳定。球 - 管平衡可受某些因素的干扰。例如,渗透性利尿时,近端小管对水和溶质的重吸收率不到 65%~70%,使尿中排出的 NaCl 和水明显增多。在发生充血性心力衰竭时,肾灌注压和血流量降低,由于出球小动脉发生代偿性收缩,肾小球滤过率仍可维持原有水平,因而使滤过分数增大。但此时,近端小管周围毛细血管血压下降,血浆胶体渗透压增高,导致 Na⁺ 和水重吸收增加,重吸收率将超过 65%~70%,因而,导致机体水钠潴留、从而产生水肿。

二、神经调节

肾的血管主要受交感神经支配,神经调节对于尿生成的影响,主要通过肾交感神经的活动而实现。

肾交感神经活动增强时,通过以下作用影响尿的生成:①末梢释放的去甲肾上腺素作用于肾血管平滑肌的 α 受体,引起血管收缩,肾血流量减少。由于入球小动脉和出球小动脉均收缩,入球小动脉收缩程度更大,致使肾小球毛细血管血流量减少,毛细血管血压降低,肾小球滤过率减少;②激活球旁细胞的 β 受体,使球旁细胞释放肾素,导致血液循环中血管紧张素 Ⅱ 和醛固酮浓度升高,前者可直接促进近端小管重吸收 Na^+,后者可使髓袢升支粗段、远端小管和集合管重吸收 Na^+ 和分泌 K^+;③直接作用于肾小管,使肾小管(尤其是近端小管)对 Na^+、Cl^- 和水等物质的重吸收增加,尿钠排出量减少。

三、体液调节

(一)抗利尿激素

抗利尿激素(antidiuretic hormone,ADH)是由下丘脑视上核和室旁核等部位的神经元合成的九肽激素。

抗利尿激素是体内调节水平衡的重要激素之一。抗利尿激素的主要作用是促进远曲小管和集合管上皮细胞对水的通透性,促进水的重吸收,使尿量减少,具有明显的抗利尿作用。相反当体内抗利尿激素的水平低下时,远曲小管和集合管上皮细胞对水的通透性很低,水的重吸收很少,故尿量较多。

抗利尿激素与肾远曲小管和集合管上皮细胞的 V_2 受体相结合,通过兴奋性 G 蛋白(Gs)使细胞内 cAMP 增加,然后再通过蛋白激酶 A 使胞质内含水孔蛋白 2(aquaporin 2,AQP2)的小泡镶嵌在管腔膜上,形成水通道,从而增加管腔膜对水的通透性。

抗利尿激素的释放受多种因素的调节,其中最重要的因素是血浆晶体渗透压和循环血量的改变。

1. 血浆晶体渗透压　血浆晶体渗透压的改变通过刺激渗透压感受器而影响抗利尿激素分泌。渗透压感受器位于下丘脑视上核和室旁核及其周围区域。血浆晶体渗透压升高时,对渗透压感受器刺激增强,抗利尿激素合成和释放增加;血浆晶体渗透压减低时,抗利尿激素合成和释放减少。

大量出汗、严重呕吐或腹泻时,机体失水过多,血浆晶体渗透压升高,将刺激抗利尿激素的分泌,使肾小管和集合管对水的重吸收增加,尿量减少,尿液浓缩。而大量饮用清水后,血浆晶体渗透压降低,引起抗利尿激素释放的量减少或停止,使肾小管和集合管对水的重吸收减少,尿量增加,尿液稀释。这种现象称为水利尿(water diuresis)。若饮用生理盐水,则排尿量不会出现此种变化(图 7-9)。

2. 循环血量　在左心房内膜下和胸腔大静脉壁上存在容量感受器。当循环血量增多时,回心血量增加,可刺激容量感受器,经迷走神经传入下丘脑,抑制抗利尿激素的释放,尿量增多,排除过多水分,使血容量恢

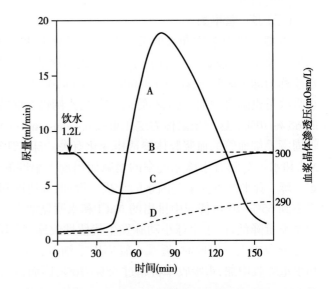

图 7-9　饮清水或生理盐水后尿量和血浆晶体渗透压的变化
—饮清水　---饮生理盐水
A、D. 尿量;B、C. 血浆晶体渗透压

复正常。相反,当循环血量减少时,对容量感受器的刺激减弱,经迷走神经传入下丘脑的信号减弱,对抗利尿激素释放的抑制作用减弱,故抗利尿激素释放增加,尿量减少,有利于血量恢复。

除血浆晶体渗透压和循环血量外,还有其他因素也可影响抗利尿激素的释放,例如疼痛、应激性刺激、恶心、呕吐、尼古丁和吗啡等都可刺激抗利尿激素的释放,乙醇则能抑制抗利尿激素的释放。

(二) 醛固酮

醛固酮(aldosterone)是由肾上腺皮质球状带细胞合成和分泌的一种激素,其作用为促进远曲小管和集合管对 Na^+、Cl^- 的重吸收,促进 K^+ 分泌,同时也促进水及 HCO_3^- 的重吸收和 H^+ 的分泌,因此醛固酮具有保 Na^+、排 K^+、保水,增加血容量的作用。

醛固酮进入远曲小管和集合管上皮的主细胞,与胞质内受体结合,形成受体 - 醛固酮复合物,再进入细胞核,诱导合成许多重要的蛋白质,这些蛋白质的效应主要包括增加肾小管管腔膜上的 Na^+ 和 K^+ 通道,增强基底侧膜上 Na^+-K^+-ATP 酶的活动和增强顶端膜上 H^+-ATP 酶的活动等。从而实现机体保 Na^+ 排 K^+ 的效应。

醛固酮的分泌主要受肾素 - 血管紧张素 - 醛固酮系统(renin-angiotensin-aldosterone system,RAAS)和血浆 Na^+、K^+ 浓度的调节。

1. 肾素 - 血管紧张素 - 醛固酮系统　肾素是一种蛋白水解酶,由肾的球旁细胞合成、贮存和释放。肾素可作用于血浆中的血管紧张素原(主要在肝细胞产生的一种球蛋白)分解,产生血管紧张素 I (angiotensin I , ANG I),ANG I (10 肽)在血管紧张素转换酶的作用下生成为血管紧张素 II (angiotensin II , ANG II)。ANG II (8 肽)在氨基肽酶 A 的作用下,生成血管紧张素 III (angiotensin III , ANG III)。ANG II 和 ANG III (7 肽)均能刺激肾上腺皮质球状带细胞合成和释放醛固酮(图 7-10),但由于 ANG III 在血液中浓度较低,故一般以 ANG II 的作用为主。ANG II 还可以作用于血管平滑肌,产生强烈的缩血管作用,使肾血流量减少;还可直接刺激近端小管对 NaCl 的重吸收。另外,ANG II 作用于下丘脑,还可引起渴觉和饮水行为。可见,肾素、血管紧张素和醛固酮之间构成相互关联的功能系统称为肾素 - 血管紧张素 - 醛

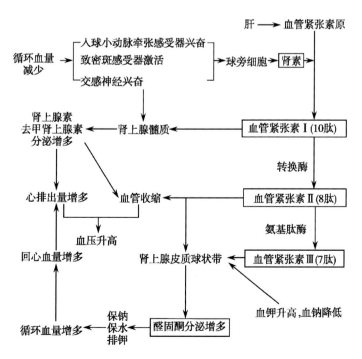

图 7-10　肾素 - 血管紧张素 - 醛固酮系统的生成和作用示意图

固酮系统,这个系统的活动水平取决于肾素的分泌量。肾素的分泌受多种因素的调节。

(1) 肾内机制:①入球小动脉的牵张程度:小动脉管壁被牵张的程度与动脉的灌注压有关。当肾动脉灌注压降低时,入球小动脉管壁受到的牵张程度降低,可刺激球旁细胞释放肾素。②流经致密斑的 Na^+ 量:当小管液中 Na^+ 量减少时,流经致密斑的 Na^+ 量也减少,肾素的释放就增加。

(2) 交感神经的调节:在各种情况下,交感神经兴奋,其末梢释放去甲肾上腺素,作用于球旁细胞的 β 肾上腺素受体,刺激肾素释放。

2. 血 K^+ 和血 Na^+ 浓度　当血 K^+ 浓度升高和(或)血 Na^+ 浓度降低时,可直接刺激肾上腺皮质球状带,使醛固酮分泌增加,以促进肾保 Na^+ 排 K^+,维持 K^+ 和 Na^+ 浓度的平衡;反之,血 K^+ 浓度降低和血 Na^+ 浓度升高时,则醛固酮分泌减少。醛固酮的分泌对血 K^+ 浓度升高十分敏感,血 K^+ 仅增加 0.5mmol/L 就能引起醛固酮的分泌,而血 Na^+ 浓度必须降低很多才能引起同样的反应。

(三) 心房钠尿肽

心房钠尿肽(atrial natriuretic peptide,ANP)是由心房肌细胞合成和释放的一种肽类激素,其生理作用是使肾内血管平滑肌舒张和抑制肾小管和集合管对 Na^+ 的重吸收;抑制肾素、醛固酮和抗利尿激素的分泌。具有较强的利尿、排钠作用,当循环血量增加时,静脉回心血量增加,心房壁受到的牵张程度增大,可引起 ANP 的合成和释放,使循环血量减少,降低血压。

第四节　尿液及其排放

一、尿液

1. 尿量　正常成人每昼夜排出的尿量在 1~2L 之间,平均 1.5L。尿量的多少取决于摄入和其他排泄途径排出的液体量。若其他因素基本恒定,水摄入量增多时尿量增加;水的摄入量减少尿量就会减少。正常成人每天约产生 30~60g 固体代谢产物溶解在尿中排出,而 100ml 尿液只能溶解 7g 固体。因此,要将这些代谢产物完全排出,每昼夜尿量需要达到 400ml 以上。

2. 尿的理化性质　尿液中水占 95%~97%,溶质占 3%~5%。正常新鲜尿液为淡黄色透明液体,其颜色主要来源于胆红素代谢产物,颜色深浅程度与尿量呈反比关系。食物和药物也会影响尿的颜色。一般情况下,成人尿的渗透压介于 50~1200mmol/L。比重在 1.015~1.025 之间。正常尿液一般呈弱酸性,pH 变动范围在 5.0~7.0 之间。尿的 pH 受食物和代谢产物的影响。食用肉类等含蛋白质丰富的饮食时,它在代谢中产生的酸较多,尿液偏酸性;素食为主或多吃水果时,因其代谢产物生成碳酸氢盐排出,尿液呈弱碱性。

知识链接

关于尿量及尿液性质的异常

正常成人每昼夜排出的尿量在 1~2L 之间,平均 1.5L。每昼夜尿量少于 400ml 称为少尿,少于 100ml 为无尿。少尿或无尿时可导致代谢产物在体内蓄积,引起水、电解质与酸碱平衡紊乱,非蛋白氮浓度升高,影响正常的生理功能,引发中毒症状。若每昼夜尿量超过 2.5L,称为多尿,常见于糖尿病与尿崩症患者。某些病理变化时,尿的颜色可有明显的改变。尿中有较多红细胞时,外观呈洗肉水色称肉眼血尿,当尿液呈酸性时血尿也可呈酱油色,尿中有大量血红蛋白时尿液可呈深褐色,尿中有淋巴液时呈乳白色。肾功能正常时,尿液的pH可随血液的pH而变化,当机体出现酸碱平衡紊乱时,尿的pH也会发生相应的改变,排出更多的酸或碱,以维持机体酸碱平衡稳定。

　　临床工作中,尿量和尿液理化性质检测是监测病情的重要指标,护理过程中,准确记录昼夜液体出、入量,观察尿量及尿液性质的变化,可以对诊断与分析病情提供重要帮助。

二、尿的排放

尿的生成是个连续不断的过程,但尿液的排放是间歇性的。尿液生成后,经输尿管而流入膀胱贮存。当膀胱内贮存的尿量达到一定量时即可引起排尿反射,经尿道排出体外。

(一)膀胱与尿道的神经支配

支配膀胱和尿道的神经有盆神经、腹下神经、阴部神经。它们都含有传入和传出纤维。排尿反射的初级中枢在骶髓。

膀胱逼尿肌和内括约肌接受交感和副交感神经的双重支配(图7-11),交感神经纤维由腰髓发出,经腹下神经到达膀胱。交感神经兴奋使膀胱逼尿肌松弛,同时使尿道内括约肌收缩,抑制尿液的排放。副交感神兴奋可使逼尿肌收缩,内括约肌舒张,促进排尿。

膀胱外括约肌是由骶髓前角发出的阴部神经(躯体神经)支配,其活动可受人的意识控制。排尿时,阴部神经的活动受抑制,导致尿道外括约肌松弛。

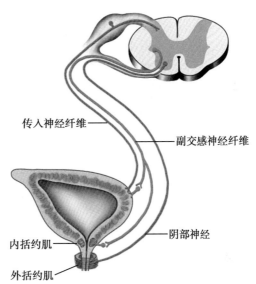

图7-11　膀胱和尿道的神经支配

(图中标注:传入神经纤维、副交感神经纤维、内括约肌、阴部神经、外括约肌)

(二)排尿反射

排尿是一个反射活动,称为排尿反射(micturition reflex)。排尿反射是一种脊髓反射活动,但脑的高级中枢可抑制或加强其反射活动。当膀胱内尿量充盈达到一定程度(约400~500ml)时,刺激膀胱壁牵张感受器,冲动沿盆神经传入纤维传至脊髓骶段的排尿反射的初级中枢,同时冲动也上传到达脑干(脑桥)和大脑皮质的排尿反射高位中枢,引起充胀感并产生尿意。由排尿中枢发出的传出冲动再通过盆神经的副交感纤维到达膀胱,引起逼尿肌强烈收缩。当逼尿肌兴奋时,膀胱颈的肌肉也收缩,尿道内括约肌舒张。尿液在膀胱内压力推动下,被压向后尿道。进入后尿道的尿液刺激尿道感受器,冲动沿传入神经再次传到骶髓排尿中枢,进一步加强其活动。同时,通过大脑皮质抑制阴部神经活动,外括约肌发生舒张,尿液排出体外。尿液通过尿道时,还可反射性加强排尿中枢的活动。这种正反馈作用使排尿反射一再加强,直至尿液被排净。在排尿末期,残留在尿道中的尿液,在男性通过尿道海绵体肌的收缩将尿液排尽;而在女性,则依靠尿液的重力而排尽。

膀胱充盈后引起尿意,如果条件不允许时,人可通过高级中枢的活动抑制排尿反射。但是随着膀胱的进一步充盈,引起排尿的传入冲动将越来越强烈,尿意也越来越强烈。

(三)排尿异常

排尿是受大脑皮质控制的反射活动,高级中枢可以易化或抑制脊髓初级排尿中枢的活动,但以抑制为主,所以人的意识可以控制排尿。婴幼儿高级中枢尚未发育完善,对脊髓排尿中枢的控制能力较差,排尿不受意识控制,易发生夜间遗尿现象。

如果排尿反射弧的任何一个环节受损,或骶髓排尿中枢与高位中枢之间的联系受损时,都将导致排尿异常的发生。例如,当膀胱的传入神经受损后,可发生膀胱过度充盈,并且出现尿液不受意识控制而滴出尿道的情况,称为溢流性尿失禁。如果支配膀胱的副交感神经或骶段脊髓的排尿反射中枢受损,则排尿反射不能发生,膀胱松弛扩张,大量尿液被滞留在膀胱内,导致尿潴留。当脊髓损伤时,脊髓排尿中枢与大脑皮质高级中枢失去联系,排尿不受意识控制,膀胱充盈到一定程度后,通过低级中枢引起反射性排尿,则出现尿失禁的现象。

(景文莉　张承玉)

思考题

1. 说明尿生成的基本过程。
2. 简述影响肾小球滤过的因素。
3. 何为渗透性利尿? 举例说明渗透性利尿的机制。
4. 试述抗利尿激素和醛固酮的生理作用及其分泌调节。
5. 试分析大量饮水尿量增多的机制。
6. 糖尿病患者为什么出现糖尿和多尿?

第八章 感觉器官的功能

1. 掌握 视网膜感光系统的功能(视锥细胞、视杆细胞),视力的概念;眼的调节(重点是晶状体的调节)方式;三种屈光异常形成的原因、矫正办法;声波传导途径(气导传导、骨导传导)。

2. 熟悉 感受器、感觉器官的概念,感受器的一般生理特性;眼的折光系统的组成;耳蜗、前庭和半规管的功能。

3. 了解 视紫红质的光化学反应,明适应、暗适应、色盲、色弱、夜盲症形成的原因。

第一节 概　述

一、感受器和感觉器官

感受器(receptor)是指专门感受机体内、外环境变化的结构或装置。感受器的种类很多,结构也多种多样。最简单的就是外周感觉神经末梢,如痛觉感受器;有的感受器是在裸露的神经末梢周围再包绕一些其他结构,如触觉小体和肌梭;还有一些是在结构和功能上都高度分化了的感受细胞,如视网膜中的视锥细胞和视杆细胞,耳蜗中的毛细胞等。

感受器的种类繁多,分类方法也不相同。根据所感受刺激的性质,可分为机械感受器、化学感受器、温度感受器和光感受器等;根据所感受刺激的来源,又可分外感受器和内感受器。外感受器多分布在体表,感受外部环境的刺激,通过感觉神经传到中枢,引起清晰的主观感觉。如视、听、嗅觉等感受器(距离感受器)和触、压、味、温度觉等感受器(接触感受器)。它们对人类认识客观世界和适应外环境具有重要意义。内感受器存在于身体内部的器官或组织中,感受内部环境的刺激,可分为本体感受器和内脏感受器等。内感受器发出的冲动传到中枢后,基本上不产生主观感觉,或只产生模糊感觉。如颈动脉窦的压力感受器、颈动脉体的化学感受器、下丘脑的渗透压感受器等。它们对维持机体功能的协调统一和内环境稳态起着重要作用。

感觉器官(sense organ)简称感官。除含有感受器外,还包含有一些附属结构。如视觉器官除了含有感光细胞外,还包括眼球壁的一些其他结构和眼球内容物等。在感觉器官中,由于附属结构的存在,可使其感受功能更加灵活和完善。附属结构还可对感受器细胞起到支持、保护和营养作用。高等动物最主要的感觉器官有视觉器官、听觉器官、前庭器官、嗅觉器官和味觉器官等。

二、感受器的一般生理特性

感受器的种类虽然很多,功能也各不相同,但都具有下列一些共同的生理特性。

(一) 感受器的适宜刺激

一种感受器通常只对一种特定形式的刺激敏感,这种形式的刺激就称为该感受器的适宜刺激(adequate stimulus)。例如,一定波长的光波是视锥细胞和视杆细胞的适宜刺激,一定频率的声波是耳蜗中毛细胞的适宜刺激。感受器对适宜刺激非常敏感,只需很小的刺激强度就能引起兴奋,对于非适宜性刺激也可引起一定的反应,但所需刺激强度通常要比适宜刺激大得多。由于感受器只对适宜刺激敏感,因此,当机体的内、外环境发生某些变化时,这些变化所形成的刺激总是先作用于和它们相对应的那种感受器。这样,可使机体能够准确地对内外环境中那些有意义的变化进行灵敏的感受和精确的分析。

(二) 感受器的换能作用

感受器的换能作用就是能把作用于它们的各种形式的刺激能量转化为传入神经的动作电位,这种能量转换称为感受器的换能作用(transducer function)。各种感受器所能感受的刺激形式虽然不同,但是它们在功能上有一个共同的特点,就是都能把感受到的刺激能量,如声能、光能、热能、机械能、化学能等,转换为生物电形式的电能,最终以神经冲动的形式传入中枢。因此,感受器可以被看成是生物换能器。

感受器在换能过程中,一般不是直接把刺激能量转化为神经冲动,而是先在感受器细胞内产生一种过渡性的电位变化,称为感受器电位(receptor potential)。感受器电位属于局部电位,其大小与刺激强度和感受器的功能状态有关,并且可发生时间和空间总和。感受器电位是一种过渡性电位,当该电位达到一定水平或经过一定的信息处理后,便可触发传入神经纤维产生动作电位。

(三) 感受器的编码作用

感受器把外界刺激转换成神经纤维上的动作电位时,不仅发生了能量形式上的转换,更重要的是把刺激所包含的环境条件变化的信息转移到动作电位的序列和组合中,这就起到了编码作用。神经中枢根据这些经过编码的电信号获得对外界的主观认识。同一条传入神经的纤维上,虽然动作电位的大小都是相等的,但是由于序列的不同和多条纤维的配合,感觉中枢便可获得各种不同的感觉。例如,耳蜗受到声波刺激时,不但能将声能转换成神经冲动,而且还能将声音的音调、音量和音色等信息蕴涵在神经冲动的序列中。感受器的编码作用是一种十分复杂的生理现象,不同性质和数量的外界刺激如何在神经电信号系列中进行编码,目前并不完全清楚。

(四) 感受器的适应现象

当刺激强度持续不变地作用于感受器时,感觉神经的神经冲动频率随刺激时间的延长而逐渐下降的现象称为感受器的适应(adaptation)。适应可分为快适应和慢适应感受器两类。快适应感受器(rapidly adapting receptor)以皮肤触觉和嗅觉感受器为代表,当它们受刺激时只在刺激开始后的短时间内有传入冲动发放,以后虽然刺激仍存在,但传入冲动频率可以逐渐降低到零,其意义在于探索新刺激,有利于感受器及中枢再接受新事物的刺激;慢适应感受器(slowly adapting receptor)以肌梭、颈动脉窦压力感受器为代表,它们在刺激持续作用时,一般只是在刺激开始后不久出现冲动频率的轻微下降,但以后可在较长时间内维持在这一水平。这种特性有利于机体对某些功能状态,如姿势、血压和防御反射等进行长期持续的监测,以便对它们可能出现的波动进行随时的调整。

适应并非疲劳,因为对某一刺激产生适应之后,如增加此刺激的强度,又可以引起传入冲动的增加。感受器适应产生的机制很复杂,它可发生在感觉信息转换的不同阶段。感受器的换能过程、离子通道的功能状态以及感受器细胞与感觉神经纤维之间的突触传递特性等,均可影响感受器的适应。

第二节　视觉器官

视觉是人类从外界获得信息的主要来源,人脑获得的关于周围环境的信息中,大约70%以上由视觉系统感受、处理和感知。视觉(vision)是由视觉器官、视神经和视觉中枢的共同活动产生的。作为视觉器官,眼(eye)是人体最重要的感觉器官,视觉感受器是存在于视网膜上的视锥细胞和视杆细胞,它们的适宜刺激是波长为380~760nm的电磁波(可见光)。

人类的眼球结构复杂,呈略微突出的球形,前后径略长,横径及上下径略短。与视觉功能有直接关系的结构可分为两部分:折光系统和感光系统(图 8-1)。折光系统的功能是将外界射入眼内的光线经过折射后,能在视网膜上形成清晰的物像;感光系统的功能是将物像的光刺激转变成生物电变化,然后产生神经冲动,由视神经传入中枢。

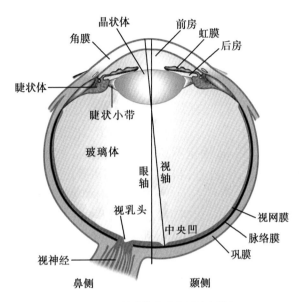

图 8-1　眼球的水平切面(右眼)

一、眼折光系统的功能

眼的折光系统(refractive system)是由角膜、房水、晶状体和玻璃体组成的复杂光学系统。射入眼内的光线,在到达视网膜前须通过上述 4 种折射率不同的介质,并通过 4 个屈光度不同的折射面,即角膜的前表面和后表面、晶状体的前表面和后表面。

(一) 眼的折光与成像

按照光学原理,当光线遇到两个折射率不同的透明介质的界面时,将发生折射,其折射特性由界面的曲率半径和两种介质的折射率所决定。

射入眼内光线的折射主要发生在角膜的前表面。按几何光学原理进行较复杂的计算,结果表明,正常成人眼处于安静状态而不需要进行调节时,它的折射系统后主焦点的位置,恰好是视网膜所在的位置。由于对人眼和一般光学系统来说,来自6m以外物体发出的光线,都可认为是平行光线,因而可以在视网膜上形成清晰的图像。

眼的折光系统是由多个折光体构成的复合透镜,其节点、主面的位置与薄透镜不同,要用一般几何光学的原理画出光线在眼内的行进途径和成像情况显得十分复杂。于是,有人根据眼的实际光学特性,设计了与正常眼在折光效果上相同,但更为简单的等效光学模型,称简化眼(reduced eye)。

简化眼假定眼球的前后径为 20mm,折射率为 1.333,外界光线入眼时只在角膜前的球形界面折射 1 次,此球面曲率半径为 5mm,即节点 n 在球形界面后方 5mm 处,节点到后主焦点的距离为 15mm,后主焦点恰好在视网膜上,前主焦点在角膜前 15mm 处。这个模型和正常安静时的人眼一样,使平行光线正好聚焦在视网膜上(图 8-2)。

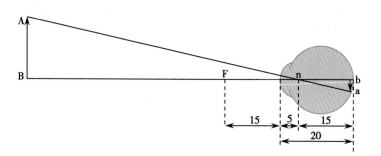

图 8-2　简化眼成像示意图

利用简化眼可方便地计算出远近不同的物体在视网膜上成像的大小，如图 8-2 所示，AnB 和 anb 是具有对顶角的两个相似三角形，故

$$\frac{AB（物体的大小）}{Bn（物体至节点的距离）}=\frac{ab（物像的大小）}{bn（节点至视网膜的距离）}$$

式中 bn 固定不动，相当于 15mm，因此，根据物体的大小和它与眼的距离，就可算出物像的大小。此外，利用简化眼还可算出正常人眼能看清的物体在视网膜上成像的大小。正常人眼在光照良好的情况下，物体在视网膜上的大小一般不能小于 $5\mu m$，否则将不能产生清晰的视觉。这表明正常人的视力有一个限度，这个限度只能用人所能看清楚的最小视网膜像的大小来表示。人眼所能看清楚的视网膜像的大小大致相当于视网膜中央凹处一个视锥细胞的平均直径。

（二）眼的调节

当人眼看 6m 以外的物体时，从物体上一点发出的所有进入眼内的光线，即可认为是平行光线。此时，对正常眼来说，不需进行任何调节就能成像在视网膜上。当人眼视近物（6m 以内）时，从物体上一点发出的所有进入眼内的光线不是平行光线，而是有不同程度的辐散，通过眼的折光系统后，将成像在视网膜的后方，因而不能在视网膜上形成清晰的物像。但正常眼在看近物时也非常清楚，这是由于眼增加了折光系统的折光力，最终仍能成像在视网膜上。

眼的调节（accommodation of eyes）是通过神经反射性活动来实现的，包括晶状体调节、瞳孔调节和两眼球会聚，这三种调节方式是同时进行的，其中以晶状体的调节最为重要。

1. 晶状体调节　晶状体是一个富有弹性、透明的双凸透镜，由晶状体囊和晶状体纤维组成。晶状体囊附着在悬韧带上，晶状体纤维通过睫状小带附着于睫状体上。当眼看远物时，睫状肌松弛，悬韧带被拉紧，使晶状体被牵拉而呈扁平；当视近物时，睫状肌收缩，悬韧带松弛，晶状体发生弹性回位而曲率增加，以其前表面的中央部分向前凸出最为显著（图 8-3），增加了折光能力，使近处的辐散光线仍能聚焦在视网膜上形成清晰的物像。

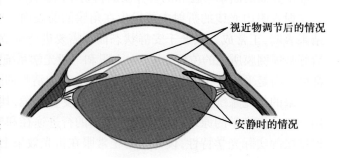

图 8-3　晶状体和瞳孔的调节示意图

晶状体调节折光力的反射过程是：视网膜上成像模糊的视觉信息通过视神经被传送到视觉皮层时，皮层发出下行冲动，冲动沿皮层 - 中脑束传到中脑正中核，再经动眼神经核发

出副交感节前纤维至睫状神经节换元,节后纤维到达睫状肌,引起环行肌收缩,使悬韧带放松,晶状体发生弹性回位而变凸。

人眼作最大限度调节时所能增加的折光能力,称为眼的调节力(accommodation force)。眼的调节力可用近点来表示,人眼作充分调节时所能看清物体的最近距离,称为近点(near point)。近点越近,说明晶状体的弹性越好,亦即眼的调节能力越强。晶状体的弹性与年龄有关,年龄越大弹性越差,因而调节能力也就越弱。如 10 岁儿童的近点平均为 8.3cm,20 岁左右的成人约为 11.8cm。一般人在 45 岁以后调节能力显著减退,表现为近点变远,60 岁时近点可增大到 83.3cm 或更远。由于年龄的原因造成晶状体的弹性明显下降的人,看近物时模糊不清,这种现象称为老视(presbyopia),即通常所说的老花眼。老视眼看远物时,与正常眼相同,但看近物需佩戴凸球镜片,使分散光线聚焦在视网膜上。老视眼通常发生在 45 岁左右。

2. 瞳孔调节　当视近物时,在晶状体变凸的同时,还反射性地引起双侧瞳孔缩小,称为瞳孔调节反射(pupillary accommodation reflex)或瞳孔近反射(near reflex of pupil)。其反射通路与晶状体调节相似。这种调节的生理意义在于减小球面像差和色像差,使视网膜上形成的物像更加清晰。

瞳孔调节是指通过改变瞳孔的大小而进行的一种调节方式。在生理状态下,引起瞳孔调节的情况有两种:一种是由所视物体的远近引起的调节,另一种是由进入眼内光线的强弱引起的调节。

另外,瞳孔的大小还可随光线的强弱而改变。在光线强时,瞳孔会缩小;当光线弱时,瞳孔则扩大。瞳孔这种随着光线强弱而改变大小的现象称为瞳孔对光反射(light reflex)。瞳孔对光反射的过程是强光照射视网膜时产生的冲动经视神经传至中脑的顶盖前区,换神经元后,其纤维到达同侧以及对侧的动眼神经副核(对光反射中枢),再经动眼神经的副交感纤维传出,使瞳孔括约肌收缩,瞳孔缩小。瞳孔对光反射的特点是效应的双侧性,即一侧眼被光照射时不仅被照射眼的瞳孔缩小,另一侧的瞳孔也缩小,这种现象称为互感性对光反射或互感反应。瞳孔对光反射的生理意义在于调节入眼的光量以保护视网膜免受强光的损伤及使视觉清晰。

瞳孔对光反射的中枢在中脑,临床上常把瞳孔对光反射的结果作为判断中枢神经系统病变部位、全身麻醉的深度和病情危重程度的重要指标。

3. 双眼球会聚　当双眼注视一个由远移近的物体时,两眼视轴向鼻侧会聚的现象,称为双眼球会聚(convergence)。双眼球会聚是由于两眼球内直肌反射性收缩所致,也称辐辏反射(convergence reflex)。辐辏反射中支配内直肌的是动眼神经的躯体运动神经纤维。其生理意义是使双眼看近物时,使物象在双侧视网膜上始终保持在相对称的位置,形成清晰的单一视觉,避免复视。其反射途径是上述晶状体调节中冲动到达正中核后,再经动眼神经核与动眼神经传至双眼内直肌,引起该肌收缩,从而使双眼球发生会聚。

(三) 眼的折光异常及其矫正

正常眼的折光系统无需进行调节就可使平行光线聚焦在视网膜上,因而可以看清远物;经过调节的眼,只要物体离眼的距离不小于近点,经过调节也可以看清。若眼的折光能力异常,或眼球的形态异常,使平行光线不能聚焦在眼的视网膜上,则称为折光异常或屈光不正,包括近视、远视和散光。

1. 近视(myopia)　多数是由于眼球的前后径过长或折光系统的折光能力过强所造成的。近视眼看远物时,由远物发出的平行光线不能聚焦在视网膜上,而是聚焦在视网膜之前,故视物模糊不清;当看近物时,由于近物发出的光线呈辐射状,成像位置比较靠后,物像便可以落在视网膜上,所以能看清近处物体。近视眼的形成原因,部分是由于先天遗传引起的,部分是由于后天用眼不当造成的，如阅读姿势不正、照明不足、阅读距离过近或持续时间过长等。因此，纠正不良的阅读习惯，注意用眼卫生，坚持做眼睛保健操，是预防近视眼的有效方法。近视眼可用适当屈光度的凹透镜以减弱折光系统的折光能力来矫正(图8-4)。

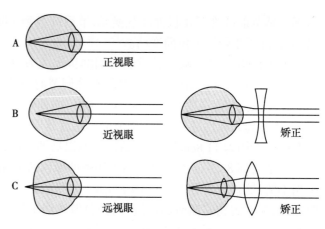

图 8-4　眼的折光异常及其矫正

2. 远视(hyperopia)　多数是由于眼球前后径过短或折光系统的折光能力太弱所致。远视眼在安静状态下看远物时，所形成的物像落在视网膜之后，若远视程度轻，经过适当调节可以看清物体；远视眼在看近物时，物像更加靠后，晶状体的调节即使达到最大限度也不能看清。因此远视眼不管看近物或远物均需进行调节，故容易发生调节疲劳。远视眼可用适当屈光度的凸透镜来矫正(图8-4)。远视眼与老花眼虽然都用凸透镜矫正，但其产生原因不同，远视眼晶状体弹性正常，而老花眼的晶状体弹性下降，因此远视眼不管看近物或远物均需用凸透镜矫正，而老花眼只是看近物时才需用凸透镜矫正。

3. 散光(astigmatism)　是由于眼球在不同方位上的折光力不一致引起的。正常情况下，折光系统的各个折光面都是正球面，即折光面每个方位的曲率半径都是相等的。由于某种原因，某个折光面有可能失去正球面形，这种情况常发生在角膜，即角膜在不同方位上的曲率半径不相等。这样，通过角膜射入眼内的光线就不能在视网膜上形成焦点，导致视物不清。散光眼的矫正办法是佩戴合适的圆柱形透镜，使角膜某一方位的曲率异常情况得以纠正。

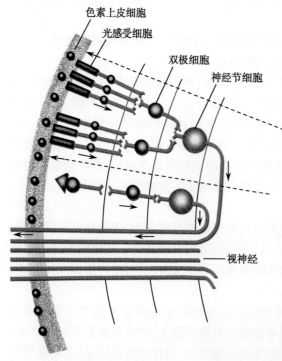

图 8-5　视网膜结构模式图

二、眼感光系统的功能

眼的感光系统由视网膜构成。来自外界物体的光线，通过眼的折光系统在视网膜上形成清晰的物像，随后要通过感光系统，即视网膜的感光换能作用，把物像的光能转变成神经冲动，经视神经传入中枢神经系统，最后传入视皮层，产生视觉。

(一)视网膜的结构特点

视网膜(retina)是位于眼球最内层的神经组织，是一层透明的神经组织膜，厚度只有0.1~0.5mm，其结构十分复杂。主要细胞层次可简化为四层来描述，如图8-5所示。由外向内依次为：色素上皮细胞层、感光细胞层、双极细胞层和神经节细胞层各层结构与作用见表8-1。

1. 色素上皮细胞层　内含的黑色素颗粒能吸收光线，防止光线自视网膜折返产生的干扰，也能消除巩膜侧的散射光线。在强

表 8-1 视网膜结构与作用

层次	内容物	主要作用
色素细胞层	内有色素细胞颗粒和维生素 A	营养及保护感光细胞
感光细胞层	视锥、视杆细胞	感光换能并产生感受器电位
双极细胞层	双极神经细胞	传导感受器电位
神经节细胞层	神经节细胞	产生并传导动作电位

光照射视网膜时,色素上皮细胞可伸出伪足样突起,包被视杆细胞外段,使其相互隔离;而在暗光条件下,视杆细胞外段才暴露出来。

2. 感光细胞层 有视杆细胞(rod cell)和视锥细胞(cone cell)两种感光细胞,它们都是高度分化的细胞段、内段和终足(图 8-6)。外段是视色素集中的部位,在感光换能过程中起重要作用。视杆细胞外段呈长杆状,而视锥细胞外段呈圆锥状。两种感光细胞通过终足和双极细胞发生突触联系。

视杆细胞和视锥细胞在空间的分布极不均匀,视杆细胞主要分布在视网膜周边部,视锥细胞在视网膜的中央部最为密集。在黄斑的中央凹处只有视锥细胞,而无视杆细胞。

3. 双极细胞层 双极细胞的一极与感光细胞发生突触联系,另一极与神经节细胞发生突触联系。

4. 神经节细胞层 由神经节细胞发出的轴突汇集成束形成视神经,穿过视网膜出眼球后极上行至中枢。在视神经穿出视网膜的部位形成视神经乳头,此处无感光细胞,故无视觉感受,在视野中形成生理盲点(blind spot)。

视网膜中除纵向的细胞间联系外,还存在着横向联系,如在感光细胞层和双极细胞层之间有

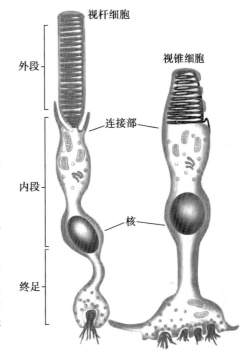

图 8-6 视杆细胞和视锥细胞模式图

水平细胞,在双极细胞层和神经节细胞层之间有无长突细胞。这些细胞的突起在两层细胞间横向延伸,在水平方向传递信号;有些无长突细胞还可以直接向神经节细胞传递信号。

(二)视网膜的两种感光换能系统

在人类的视网膜中存在着两种感光换能系统,即视杆系统和视锥系统。视杆系统又称暗视觉系统,由视杆细胞和与它们相联系的双极细胞以及神经节细胞等组成,它们对光的敏感度较高,能在昏暗环境中感受弱光刺激而引起暗视觉,但无色觉,对被视物体细节的分辨能力差。视锥系统又称明视觉系统,由视锥细胞和与它们相联系的双极细胞及神经节细胞等组成,它们对光的敏感性差,只有在强光条件下才能引起视觉,但可辨别颜色,且对被视物体的细节具有较高的分辨能力。

证明以上两种感光换能系统存在的主要依据有:①视杆细胞和视锥细胞在视网膜中的分布是不同的。在中央凹处只有视锥细胞,而中央凹以外的周边部分则主要是视杆细胞。与此事实相吻合的是,在看明亮处的物体时,一般都是直视物体,使物像落在视网膜的中央凹处,故能对物体的细微结构和颜色进行精细的分辨;而在看暗处的物体时,通常并不是在直视的情况下看物体,此时的物像落在中央凹以外的周边部分,即视杆细胞分布较多的部位。如果在暗处直视物体,反而不易看清,因为中央凹处无视杆细胞。②两种感光细胞和双

极细胞以及节细胞形成信息传递通路时,其联系方式不同。视杆系统普遍存在会聚现象,即多个视杆细胞与同一个双极细胞联系,而多个双极细胞再与同一个神经节细胞联系的会聚式排列;这样的感受系统不可能有高的精细分辨能力,但这样的聚合系统是刺激得以总和的结构基础。相比之下,视锥系统细胞间常以低程度会聚或无会聚的"单线联系",因而视锥系统具有较高的分辨能力。③从动物种系的特点来看,某些只在白昼活动的动物如鸡等,其光感受器以视锥细胞为主;而另一些在夜间活动的动物如猫头鹰等,其视网膜中只有视杆细胞。④从感光细胞所含的视色素来看,视杆细胞中只有一种视色素,即视紫红质,而视锥细胞却含有三种吸收光谱特性不同的视色素,这与视杆系统无色觉而视锥系统有色觉的事实相符合。

(三) 视杆细胞的感光原理

视锥细胞和视杆细胞是如何对光刺激发生反应的,又是如何将光能转换为生物电信号,并以神经冲动的形式传入中枢的,这些问题至今尚未完全阐明。但可以肯定,在光线的作用下,两类感光细胞内部都发生了一系列光化学反应。其中对视杆细胞的光化学反应研究的较多也较深入。

视杆细胞具有特殊的超微结构,每个视杆细胞外段有近千个视盘。视盘膜具有一般的脂质双分子层结构,其中镶嵌的蛋白质绝大部分是视紫红质,每个视盘中所含的视紫红质分子约 100 万个。这样的结构能使进入视网膜的光线有更多的机会照射到视紫红质,对于视杆细胞的感光功能十分有利。

现已证实,视杆细胞内的感光物质是视紫红质(rhodopsin)。这是一种呈紫红色的结合蛋白质,由一分子视蛋白与一分子视黄醛组成,对波长 500nm(蓝绿色)的光线吸收最强。当光照射视紫红质时,可使之迅速分解为视黄醛及视蛋白,这是一个多阶段反应。首先是视黄醛分子构象的改变,即由一种原分子构象较为弯曲的 11- 顺型视黄醛转变为一种分子构象较直的全反型视黄醛。视黄醛分子构象的改变导致视蛋白分子构象的改变,从而使视黄醛和视蛋白逐渐分离,视蛋白分子构象的改变可经过较复杂的信号传递系统的活动,诱发视杆细胞出现感受器电位。

据测定,视杆细胞的感受器电位是一种超极化型的电位变化,当视杆细胞不受光照时,细胞膜上较多数量的 Na^+ 通道处于开放状态,形成持续性的 Na^+ 内流,与此同时,细胞膜上 Na^+ 泵的活动,将 Na^+ 又不断地转运到细胞外,这样,就维持了细胞内外 Na^+ 的动态平衡。当视杆细胞受到光照时,可使部分 Na^+ 通道关闭,Na^+ 的内流相对少于 Na^+ 外向转运,于是引起超极化型的电位变化。视杆细胞的此种超极化型感受器电位的产生,是使光刺激在视网膜中转换为电信号的关键步骤。以这种电位变化为基础,在视网膜内经过复杂的电信号的传递过程,最终诱发神经节细胞产生动作电位,然后传入中枢。

视紫红质的光化学反应是可逆的,在暗处又可重新合成,其反应的平衡点决定于光照的强度。视紫红质的再合成是全反型视黄醛变为 11-顺型视黄醛,这一过程需要一种异构酶,此酶存在于视网膜色素上皮中。所以全反型视黄醛必须从视杆细胞中释放出来,被色素上皮摄取,再异构化为 11-顺型视黄醛,并返回到视杆细胞与视蛋白重新结合。此外,全反型视黄醛转变为 11-顺型视黄醛可通过另一条化学途径,即全反型视黄醛首先转变为全反型视黄醇,它是维生素 A 的一种形式。然后,在异构酶的作用下转变为 11-顺型视黄醇,最后转变为 11-顺型视黄醛,并与视蛋白结合形成视紫红质(图 8-7)。另一方面,贮存在色素上皮中的

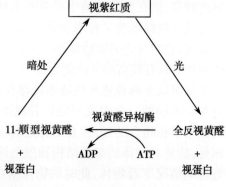

图 8-7 视紫红质的光化学反应

维生素 A（全反型视黄醇），同样可转变为 11-顺型视黄醛。所以在正常情况下，维生素 A 可被用于视紫红质的合成与补充。

在视紫红质的分解和再合成的过程中，有一部分视黄醛被消耗，这就需要由食物进入血液中的维生素 A 来补充，如果长期维生素 A 摄入不足，将影响人在暗处的视力，发生夜盲症（nyctalopia）。

（四）视锥细胞的感光原理和色觉

视锥细胞的感光原理与视杆细胞相似。视锥细胞的外段也含有特殊的感光色素。大多数脊椎动物都有三种不同的感光色素，分别存在于三种不同的视锥细胞中。三种感光色素都含有同样的 11-顺型视黄醛，只是视蛋白的分子结构略有不同。正是由于此差异，才决定了与它结合在一起的视黄醛分子对某种波长的光线最为敏感，即分别对红、绿、蓝三种颜色的光线最敏感。当光线作用于视锥细胞的外段时，在外段膜的两侧也发生同视杆细胞类似的超极化感受器电位，作为光电转移的第一步。最终在相应的神经节细胞上产生动作电位。

视锥细胞功能的重要特点是它具有辨别颜色的能力。色觉是由于不同波长的光线作用于视网膜后在人脑引起的主观感觉，是一种复杂的物理和心理现象。人眼能区分波长在 370~740nm 之间的大约 150 种颜色，但主要是光谱上的红、橙、黄、绿、青、蓝、紫 7 种颜色。

关于颜色视觉的形成，确切原因尚未完全明了。一般用三原色学说来解释：当不同波长的光线作用于视网膜时，会使三种视锥细胞以一定的比例兴奋，这样的信息传至中枢，就会产生不同颜色的感受。例如，红、绿、蓝三种视锥细胞兴奋的比例为 4:1:0 时，产生红色的感觉；三者比例为 2:8:1 时，产生绿色的感觉；当三种视锥细胞受到同等程度的三色光刺激时，将引起白色的感觉等。

（五）视网膜中的信息传递

视网膜内除感光细胞外，还有一些其他细胞，如双极细胞、水平细胞和神经节细胞等，它们之间的排列和联系十分复杂，细胞之间还有多种物质传递。因此，由视杆细胞和视锥细胞在接受光照后产生的感受器电位，需在视网膜内经过复杂的细胞网络传递，才能由神经节细胞产生动作电位。目前认为，视杆细胞和视锥细胞、水平细胞和双极细胞均不能产生动作电位，只能产生超极化型或去极化型的局部电位变化。只有当这些电位变化传到神经节细胞时，通过总和作用，使神经节细胞的静息电位去极化达阈电位水平，才能产生"全或无"式的动作电位，这些动作电位作为视网膜的最后输出信号传向视觉中枢。

 知识链接

色　盲

人对三色中的一种或两种缺乏辨别能力，称为色盲（color blindness）。色盲可能是由于缺乏相应的某种视锥细胞。色盲分为全色盲和部分色盲。全色盲只能分辨明暗，呈单色觉，极为少见。部分色盲中红绿色盲多见，而蓝色盲少见。色盲除极少数人是由于视网膜发生病变外，绝大多数人是由先天性遗传所致，患者中以男性为多。

色弱（color weakness）患者并非缺少某种色觉，而是对某种颜色的识别能力差一些。色弱并不是由于缺乏某种视锥细胞，而是视锥细胞对某种颜色的反应能力较正常人为弱的结果。色弱的发生多是后天性的，是由于健康状况不佳所造成的色觉感受系统的一种病态发育。

三、几种视觉生理现象

(一) 视力

视力也称视敏度(visual acuity)指眼辨别物体上微细结构的最大能力,即分辨物体上两点间最小距离的能力。视力的好坏通常用视角的大小作为衡量标准。所谓视角(图 8-8)是指物体上的两个点发出的光线射入眼球后,在节点上相交时形成的夹角。

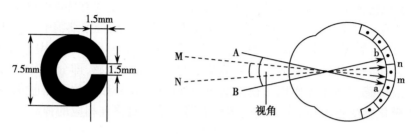

图 8-8　视力与视角示意图

1 分视角(如 AB 两点光线的夹角)时的物像(ab)可兴奋两个不相邻的视锥细胞,
视角变小(MN 两点光线的夹角)后的物像(mm)只兴奋同一个视锥细胞

正常人眼视角为一分(1/60 度,又称 1 分角)时,视网膜上两点的像距为 4.4μm,大于一个视锥细胞的平均直径,因而物像的两个点可同时刺激两个视锥细胞,而且中间还夹有一个未受刺激的视锥细胞,冲动到达中枢后,可形成两点分开的感觉,所以能辨出两点。这是制定视力表的依据。可分辨的视角越小,则视力越好。通常用所能分辨的最小视角的倒数来表示视力,即视力 =1/ 可分辨的最小视角,通常将视力 1/1 分角 =1.0(对数视力表为 5.0)作为正常视力的标准。视力受物体在视网膜上成像的大小、成像的清晰程度、眼的屈光力、光的波长(颜色)、光线的强度及中枢神经系统所处的状态的影响。

(二) 视野

单眼固定不动正视前方一点时,该眼所能看到的空间范围称为视野(visual field)。正常的视野受面部结构影响,颞侧和下方视野较大,鼻侧和上方视野较小。在同一光照条件下,用不同颜色的光测得的视野大小不同,白色视野最大,以下依次为黄色、蓝色、红色,绿色视野最小(图 8-9)。这可能与感觉细胞在视网膜中的分布范围有关。临床上检查视野,对诊断视网膜、视神经方面的病变有一定意义。

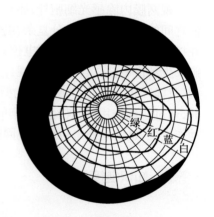

图 8-9　右眼的颜色视野

(三) 暗适应与明适应

1. 暗适应　人从明亮处进入暗处时,最初看不清任何物体,须经过一定时间后,才逐渐恢复视觉,此种现象称为暗适应(dark adaptation)。在暗适应过程中,人眼对光线的敏感度是逐步升高的。整个暗适应过程约 30 分钟。暗适应过程主要决定于视杆细胞的视紫红质。

视紫红质的合成与分解过程与光照强度有直接关系,光线越强,分解的速度大于合成的速度。在亮处视紫红质大量分解,使视紫红质的贮存量很小,到暗处后不足以引起对暗光的感受;而视锥细胞对弱光又不敏感,所以,进入暗处开始阶段什么也看不清。待一定时间后,由于视紫红质的合成,使视紫红质的含量得到补充,于是视力逐渐恢复。

如果暗适应能力严重下降,将造成夜盲症。这种人白天视物正常,而到了黄昏时就看不清物体。引起夜盲症最常见的原因是食物中维生素 A 缺乏。

2. 明适应　从暗处突然来到亮处时,最初只感到耀眼光亮而不能视物,需经一定的时间后才能恢复视觉,此种现象称为明适应(light adaptation)。明适应过程比暗适应过程短,约1分钟即可完成。其产生机制是,在暗处视杆细胞内所积蓄的视紫红质在强光照射下被迅速分解,因而产生耀眼的光感。待视紫红质大量分解后,视锥细胞便承担起在亮光下的感光任务,于是,明适应过程完成。

(四) 双眼视觉

两眼同时视物时的视觉称为双眼视觉。双眼视物时,两眼视网膜上各形成一个完整的物像,两眼视网膜的物像又各自按照自己的神经通路传向中枢。但正常时,人在感觉上只产生一个物体的感觉,而不是产生两个物体的感觉。这是由于从物体同一部分发出的光线,成像于两眼视网膜的对应点上。如果物像落在两眼视网膜的非对称点上,在主观上产生有一定程度相互重叠的两个物体的感觉,称为复视。双眼视觉补偿了单眼视觉时盲点的缺陷,扩大了视野,增加了判断物体大小和距离的准确性,增加了深度感,产生立体视觉。

第三节　听觉器官

听觉(hearing)功能对动物适应环境和人类认识自然、参与社会活动有着重要意义。耳(ear)是听觉的外周感受器官,由外耳、中耳及内耳的耳蜗所组成。听觉的适宜刺激是物体振动时发出的声波,声波通过外耳和中耳所构成的传音系统传导到内耳,引起内耳淋巴振动,再经内耳耳蜗的感音和换能作用,将声波的机械能转变为听神经纤维上的神经冲动,后者被传送到大脑皮层听觉中枢而产生听觉。因此,听觉是由耳、听神经和听觉中枢共同完成的。

一、外耳和中耳的传音功能

(一) 外耳的功能

外耳由耳郭与外耳道组成。耳郭有集音作用,能判断声源方向。外耳道一端开口于耳郭,另一端终止于鼓膜。根据物理学原理,一端封闭的管道对于波长为其长度4倍的声波能产生最大的共振作用。人类的外耳道长约2.5cm,其共振频率约3800Hz。所以,声波由外耳道传到鼓膜时,其强度大约可增强10倍。

(二) 中耳的功能

中耳由鼓膜、鼓室、听骨链和咽鼓管等结构构成。中耳的主要功能是将空气中的声波振动能量高效地传递到内耳中去,其中鼓膜与听骨链在传音过程中还起增压作用。

鼓膜(tympanic membrane)位于外耳与中耳之间,形状似浅漏斗,顶点朝向中耳,内侧与锤骨柄相连。鼓膜很像电话机受话器中的振膜,是一个压力承受装置,本身无振动,具有较好的频率响应和较小的失真度特性,因而能如实地将外界声波振动传递给听小骨。当振动频率在2400Hz以下的声波作用于鼓膜时,鼓膜可复制外加振动的频率,而且没有振动后的残余振动,故鼓膜的振动和声波的振动同始同终。

听骨链(ossicular chain)由锤骨、砧骨及镫骨顺次相接而成。锤骨柄附着于鼓膜,镫骨底与前庭窗连接(图8-10),砧骨将锤骨与镫骨连接起来,共同组成一个固定角度的杠杆。锤骨柄为长臂,砧骨的长突为短臂。该杠杆系统的特点是其支点刚好位于听骨链的重心上,因而在传递能量的过程中惯性最小,效率最高。鼓膜振动时,如锤骨柄内移,则砧骨的长突和镫骨柄也作相同方向的内移,如图中的点线所示。

声波通过鼓膜、听骨链作用于前庭窗膜时,声波振动压强增大,而振幅稍减小,这就是中耳的增压作用。其机制是:①鼓膜与镫骨底面积大小有差别:鼓膜实际有效振动面积约59.4mm^2,而前庭窗膜的面积约3.2mm^2,若听骨链传递时的总压力不变,则作用于前庭窗膜上

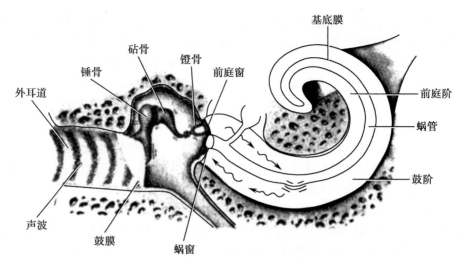

图 8-10   中耳和耳蜗关系示意图

的压强是鼓膜上压强的 18.6 倍;②听骨链的杠杆作用:听骨链杠杆系统中,长臂与短臂的长度之比约 1.3:1,由此压力增加为原来的 1.3 倍。故声波经中耳的传递过程中,总增压效应约为 24.2 倍(18.6×1.3)。

声波在外耳的传导是以空气为振动介质的,而声波振动由鼓膜经听骨传至前庭窗时,振动介质是生物组织本身。当振动在这些不同的介质间传递时,可因声阻抗不同而产生很大的能量衰减;但由于鼓膜和听骨链的增压作用,补偿了能量的消耗,可使声音真实地传入内耳。

中耳肌是附着在听小骨上的两条横纹肌:①鼓膜张肌:受三叉神经支配,收缩时向内牵引锤骨柄,以增加鼓膜的紧张度,减小其振幅,有利于接受高频声波;②镫骨肌:受面神经支配,收缩时使镫骨底向外向后移动,从而减低鼓膜的紧张度,增大其振幅,有利于接受低音刺激。

当强烈的声响和气流通过外耳道时,两块中耳肌同时收缩,使听小骨之间的连接更为紧密,中耳传音效能减弱,可阻止较强的振动传至内耳,对感音装置起保护作用。但是,由于声音刺激到中耳肌的反射性收缩约需 40~160ms 的潜伏期,故对突然发生的短暂爆炸声所起的保护作用不大。

咽鼓管是连接鼓室与鼻咽部的通道,在正常情况下,咽鼓管在鼻咽部的开口经常保持闭合状态。当进行吞咽、呵欠及打喷嚏等动作时,管口开放。咽鼓管的功能是:①维持鼓室内压力与外界大气压力平衡,使鼓膜保持正常的位置、形状和振动性能,以维持中耳传音装置的正常活动。当咽鼓管阻塞时,鼓室内气体被吸收,压力下降,引起鼓膜内陷,对低频音传导作用显著下降;②中耳的引流作用,鼓室黏膜分泌的代谢产物通过咽鼓管黏膜上皮的纤毛运动,向鼻咽腔排出。同时咽鼓管下段的黏膜较厚,黏膜下层中有疏松结缔组织,使黏膜表面出现皱襞,具有活瓣样作用,能阻止液体或异物进入中耳。

(三) 声音的传导途径

声音通过气传导与骨传导两条途径传入内耳,以气传导为主。

1. 气传导   声波经外耳道引起鼓膜振动,再经听骨链和前庭窗膜进入耳蜗,这条传导途径称为气传导(air conduction),是声波传导的主要途径。此外,鼓膜的振动也可引起鼓室内空气的振动,再经蜗窗膜的振动传入耳蜗。这一气传导途径在正常情况下并不重要,而当听骨链运动障碍时(如骨膜穿孔或听骨链硬化)才发挥一定作用,此时听力较正常时明显降低。

2. 骨传导　声波可直接引起颅骨的振动,再引起位于颞骨骨质中的耳蜗内淋巴的振动,这种传导途径称为骨传导(bone conduction)。骨传导的敏感性比气传导低很多,因此在正常听觉中作用甚微。临床上可通过检查患者气传导和骨传导受损情况来判断听觉异常的产生部位和原因。

知识链接

耳　聋

分为传音性耳聋和感音性耳聋两种。传音性耳聋是由于传音装置功能障碍,特别是鼓膜或中耳病变,导致气传导明显受损,而骨传导却不受影响,甚至相对增强;感音性耳聋是由于感音装置功能障碍,如耳蜗、听神经损伤(药物中毒)或听觉传导路的某一环节功能障碍使听力功能减退和丧失。感音性耳聋时,气传导和骨传导将同样受损。

二、内耳的感音功能

内耳又称迷路,由耳蜗和前庭器官组成。其中感受声音的装置位于耳蜗内。耳蜗的感音功能包括两个方面:对声音刺激的感受和对声音信息的初步分析。其作用是将传导到耳蜗的机械振动转变成听神经纤维上的动作电位,然后上传到大脑皮层听觉中枢而产生听觉。

(一)耳蜗的结构

耳蜗是一条围绕锥形骨轴盘旋两圈半的螺旋形骨质管道。骨管内有两层膜,一为横形的基底膜,一为斜形的前庭膜,此两膜将管道分成三个腔,即前庭阶、鼓阶和蜗管(图8-11)。蜗管为一充满内淋巴液的盲管。前庭阶的底端为前庭窗,鼓阶的底端为蜗窗,两者内部充满外淋巴液,在蜗顶处通过蜗孔互相交通。声音感受器亦称螺旋器或 Corti 器,附着在基底膜上,其横断面上可见数行纵向排列的毛细胞,每个毛细胞顶部都有数百条排列整齐的纤毛,称为听毛,听毛上方为盖膜,盖膜悬浮于内淋巴液中。有些较长的听毛,其顶端埋在盖膜的胶冻状物质中。这些装置共同构成感受声波的结构基础。

(二)耳蜗的感音及换能作用

1. 基底膜的振动与行波理论　当声波振

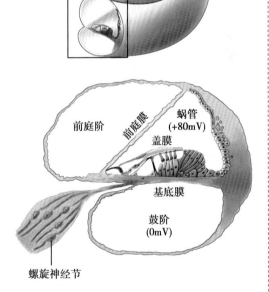

图 8-11　耳蜗模式图

动通过听骨链到达前庭窗膜时,压力变化立即传给耳蜗内的液体和膜性结构。如果前庭窗膜内移,前庭膜和基底膜也将下移,最后是鼓阶的外淋巴压迫蜗窗膜,使蜗窗膜外移;相反,当前庭窗膜外移时,整个耳蜗内的液体和膜性结构又做反方向的移动,如此反复,于是形成振动。在基底膜振动时,基底膜与盖膜之间发生交错移行运动,使纤毛受到一种切向力的作用而弯曲,因而引起毛细胞兴奋。

进一步的观察表明,基底膜的振动是以所谓行波的方式进行的。即振动最先发生在靠近前庭窗处的基底膜,随后以波浪的方式沿着基底膜向耳蜗顶部传播,就像人在规律地抖动一条绸带,形成的波浪向远端有规律地传播一样。声波频率不同时,行波传播的远近和最大振幅出现的部位也有所不同。声波频率越高,行波传播越近,引起最大振幅的部位靠近前庭窗;相反,声波频率越低,行波传播越远,引起最大振幅的部位越靠近蜗顶部,这是行波学说的主要论点,也是被认为耳蜗能区分不同声音频率的基础,即耳蜗的底部感受高频声波,耳蜗的顶部感受低频声波。临床和动物实验也证明,耳蜗底部受损时,主要影响高频听力;耳蜗顶部受损时,主要影响低频听力。

2. 毛细胞兴奋与感受器电位　基底膜的振动通过什么方式将能量传递到毛细胞,毛细胞又是怎样接受刺激的? 毛细胞顶端的有些听毛埋植于盖膜的胶状物中,有些是和盖膜的下面接触,因盖膜和基底膜的振动轴不一致,于是两膜之间有一个横向的交错移动,使听毛受到一个切向力的作用而弯曲或偏转。据研究,毛细胞听毛的弯曲,是耳蜗由机械能转变为电变化的第一步。

(三) 耳蜗及蜗神经的生物电现象

1. 耳蜗静息电位　在耳蜗未受到声波刺激时,如果把一个电极放在鼓阶外淋巴中,并接地使之保持在零电位,那么用另一个测量电极可测出蜗管内淋巴中的电位为 +80mV 左右,此为内淋巴电位。如果将此测量电极刺入毛细胞膜内,则膜内电位为 −70mV,为毛细胞静息电位。这样蜗管内(+80mV)与毛细胞内(−70mV)的静息电位差就是 150mV。耳蜗静息电位是产生其他生物电的基础。

2. 耳蜗微音器电位　当耳蜗接受声波刺激时,在耳蜗及其附近的结构中,又可记录到一种特殊的电波动,称为耳蜗微音器电位(cochlear microphonicpotential,CMP)。这是一种交流性质的电变化,在一定的刺激强度范围内,它的频率和幅度与声波振动完全一致。这一现象正如向一个电话机的受话器或微音器(即麦克风)发声时,它们可将声音振动转变为波形类似的音频电信号一样,这正是把耳蜗的这种电变化称为微音器电位的原因。事实上,如果我们对着一个实验动物的耳郭讲话,同时在耳蜗引导它的微音器电位,并将此电位经放大后连接到一个扬声器,那么扬声器发出的声音正好是讲话的声音。这一实验生动地说明,耳蜗在这里起着类似微音器的作用,能把声波变成相应的音频电信号。微音器电位并不是蜗神经的动作电位,不具有"全或无"性质。实验证明,所谓微音器电位就是多个毛细胞在接受声音刺激时产生的感受器电位的复合表现。它的特点是:潜伏期极短,小于 0.1ms;其极性和波形与所受声波的极性和波形一致;没有不应期;可以总和;对缺 O_2 和深麻醉相对地不敏感,以及在听神经纤维变性时仍能出现等。

3. 蜗神经动作电位　蜗神经的动作电位是耳蜗对声音刺激进行换能和编码作用的总结果,中枢的听觉感受只能根据这些传入来引起。蜗神经动作电位的形状和波幅并不能反映声音的特点,但它可通过神经冲动的节律、间隔时间以及发放冲动的纤维在基底膜上起源的部位等,来传递不同形状的声音信息。在自然情况下,作用于人耳的声音的频率和强度的变化是十分复杂的,因此基底膜的振动形式和由此而引起的蜗神经的兴奋及其组合也很复杂,人耳之所以能区别不同的音色,其基础可能亦在于此。

耳蜗与蜗神经的生物电现象可归纳为:耳蜗在未受到声音刺激时存在静息电位,当有声音刺激时,在静息电位的基础上,使耳蜗毛细胞产生微音器电位,进而触发蜗神经产生动作电位,该神经冲动沿着蜗神经传入中枢,经分析处理后引起主观上的听觉。

第四节　前 庭 器 官

内耳迷路中除耳蜗外,还有椭圆囊、球囊和三个半规管,后三者合称为前庭器官,是人体对自身运动状态和头在空间位置的感受器。

一、前庭器官的感受细胞

前庭器官的感受细胞都称为毛细胞(hair cell),它们具有类似的结构和功能。每个毛细胞顶部通常有 60~100 条纤细的毛,称为纤毛,按一定规律排列,其中一条粗长,位于细胞顶端的一侧边缘,称为动毛(kinocilia),其余的较短,称为静毛(stereocilia)。图 8-12 是在一个半规管壶腹中的毛细胞上所做的实验,当动毛和静毛都处于自然状态时,细胞膜内外存在着约 –80mV 的静息电位,同时在与此毛细胞相接触的神经纤维上有中等频率的持续放电;此时如果用外力使毛细胞顶部的纤毛由静毛所在一侧倒向动毛一侧,可看到细胞的静息电位去极化到约 –60mV 的水平,同时有神经纤维冲动发放频率的增加;与此相反,当外力使纤毛弯曲的方向由动毛一侧向静毛一侧时,可看到细胞静息电位向超极化的方向转变,膜内电位下降到 –120mV,同时神经纤维上的冲动发放频率减少。这是前庭器官中所有毛细胞感受外界刺激时的一般规律,其换能机制与前面讲到的耳蜗毛细胞类似。在正常情况下,由于各前庭器官中毛细胞的所在位置和附属结构的不同,使得不同形式的位置变化和变速运动都能以特定的方式改变毛细胞纤毛的倒向,使相应的神经纤维的冲动发放频率发生改变,把机体运动状态和头在空间位置的信息传送到中枢,引起特殊的运动觉和位置觉,并出现各种躯体和内脏功能的反射性改变。

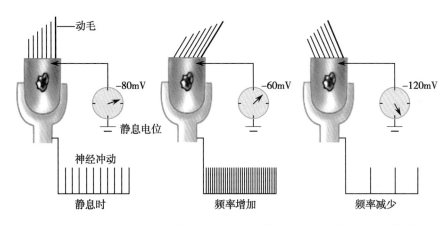

图 8-12　前庭器官中毛细胞纤毛受力侧弯时对静息电位和神经冲动频率的影响

椭圆囊和球囊是膜质小囊,内部充满内淋巴,囊的侧壁上各有一个隆起的特殊结构,称椭圆囊斑和球囊斑,两囊斑的结构相似。毛细胞就存在于囊斑(cystmacula)结构中,其纤毛埋植在一种称为耳石膜的结构内。耳石膜是一块胶质板,内含由蛋白质和碳酸钙构成的耳石,其比重大于内淋巴,因而有较大的惯性。椭圆囊和球囊的不同,在于其中囊斑所在的平面和人体的相对关系不一样。人体在直立位时,椭圆囊中的囊斑处于水平位,即毛细胞的纵轴与地面垂直,囊斑表面分布的毛细胞顶部朝上,耳石膜在纤毛上方;球囊与此不同,其中囊斑处于垂直位,毛细胞的纵轴与地面平行,毛细胞顶部朝外,耳石膜悬在纤毛的外侧。

椭圆囊和球囊的功能是感受头部的空间位置和直线变速运动。因为在这两种囊斑中,各毛细胞顶部静毛和动毛的相对位置不相同。毛细胞纤毛的这种配置,使得它们能够感受各个方向上的变化。例如,当人体在水平方向以任何角度做直线变速运动时,由于耳石膜的惯性,在椭圆囊囊斑上总会有一些毛细胞由于它们的静毛和动毛的独特方位,正好能发生静毛向动毛侧的最大弯曲,于是由此引起的某些特定的传入神经纤维的冲动发放增加,引起机体产生进行着某种方向的直线变速运动的感觉。球囊囊斑上的毛细胞,则由于类似的机制,可以感受头在空间位置和重力作用方向之间的差异,因而可以"判断"头以重力作用方向为参考点的相对位置变化。

二、半规管的功能

半规管由三条相互垂直的半环形管道组成,分别代表空间的三个平面。每条半规管约占 2/3 圆周,与椭圆囊连接的一端相对膨大称为壶腹,内有一隆起的结构称壶腹嵴。嵴内有一排毛细胞,毛细胞面对管腔,其纤毛埋植在一种胶质性的圆顶形终帽之中。前庭神经分布在嵴的底部,连接毛细胞。当充满管腔的内淋巴由管腔向壶腹嵴方向移动时,正好使壶腹嵴中毛细胞顶部的静毛向动毛一侧弯曲,于是引起相应神经纤维发放冲动频率增加。

半规管壶腹嵴的适宜刺激是正负加速度,也就是说,壶腹嵴最适于感受旋转运动的变化。旋转开始时,由于惯性作用,内淋巴的启动要比人体和半规管本身的移动晚,因此将使一侧半规管内的淋巴压向壶腹嵴方向,使毛细胞兴奋传入冲动增加,而另一侧的内淋巴则离开壶腹,传入冲动减少。根据来自两侧半规管传入信息的不同,中枢得以判定旋转的进行和方向。由于三条半规管互相垂直,就可以感受任何平面上不同方向旋转变速运动的刺激,从而产生不同的旋转运动感觉。

三、前庭反应

来自前庭器官的传入冲动,除引起一定的位置觉和运动觉外,还能引起各种姿势调节反射和自主神经功能的改变,统称为前庭反应。

(一)前庭器官的姿势反射

来自前庭器官的传入冲动,除引起运动觉和位置觉外,还引起各种姿势调节反射。当进行直线变速运动时,可刺激椭圆囊和球囊,反射性地改变颈部和四肢肌的紧张度。例如人乘车,当车突然加速时,会有背肌紧张增强而后仰,车突然减速时又有相反的情况;人乘电梯时,因电梯突然上升,会反射性地引起下肢伸肌的紧张降低而使下肢屈曲;电梯突然下降时,伸肌紧张加强而腿伸直,等等。这些都是直线变速运动引起的前庭器官的姿势发射。

同样在做旋转变速运动时,也可刺激半规管,反射性地改变颈部和四肢肌的紧张度,以维持姿势的平衡。例如,当人体向左侧旋转时,可反射性地引起左侧上、下肢伸肌和右侧屈肌的肌紧张加强,使躯干向右侧偏移,以防歪倒;而旋转停止时,可使肌紧张发生反方向地变化,使躯干向左侧偏移。

从上述例子可以看出,当发生直线变速运动或旋转变速运动时,产生姿势反射的结果,常同发动这些反射的刺激相对抗,其意义在于维持机体一定的姿势和保持身体平衡。

(二)前庭器官的内脏反应

当半规管感受器受到过强或过长时间的刺激时,常可引起自主神经功能失调,导致心率加速、血压下降、呼吸加快、出汗以及恶心、呕吐等现象,称前庭自主神经反应。有些人由于前庭器官的功能过于敏感,致使这种现象特别明显,出现晕车、晕船等症状。

(三)眼震颤

前庭反应中最特殊的是躯体旋转运动时出现的眼球特殊的往返运动,称为眼震颤(nystagmus),常被用来判断前庭功能是否正常。眼震颤主要由半规管的刺激引起,而且眼震颤的方向也由于受刺激半规管的不同而不同。当人体头部前倾 30° 而围绕人体垂直轴旋转时,主要是两侧的水平半规管壶腹嵴毛细胞有刺激强度的改变,这时出现的也是水平方向的眼震颤。具体情况是,当旋转开始时,如果是向左侧旋转,则是左侧壶腹嵴的毛细胞受刺激增强而右侧正好相反,这时出现两侧眼球缓慢向右侧移动,这称为眼震颤的慢动相;当慢动相使眼球移动到两眼裂右侧端而不能再移时,又突然返回到眼裂正中,这称为眼震颤的快动相。此后再出现新的慢动相和快动相,返复不已,这就是眼震颤。当旋转变为匀速运动时,旋转虽在继续,但由于两侧壶腹嵴所受压力一样,于是眼球不再震颤而居于眼裂正中。只有当旋转停止而出现减速时,内淋巴又由于惯性作用而不能立刻停止运动,于是两侧壶腹嵴又再现所受压力的不同,但情况正好与旋转开始时相反,于是又引起一阵由方向相反的慢动相和快动相组成的眼震颤(图 8-13)。临床和特殊从业人员常进行眼震颤试验以判断前庭功能是否正常。

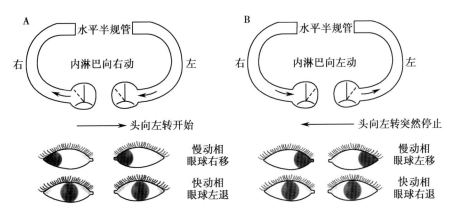

图 8-13 旋转变速运动时水平半规管壶腹嵴毛细胞受刺激情况和眼震颤方向示意图
A.旋转开始时的眼震颤方向;B.旋转突然停止后的眼震颤方向

 知识链接

晕 动 病

晕动病(motion sickness)即晕车病、晕船病、晕机病和由于各种原因引起的颠簸、摇摆、旋转和加速度等所致疾病的总称。本病常在乘车、乘船、乘飞机数分钟至数小时后发生。最初感觉上腹部不适,继而恶心、面色苍白、出冷汗、眩晕、唾液分泌增多和呕吐等。晕动病的发生机制尚未完全清楚。目前认为,主要与前庭功能的影响有关。前庭器官受到一定量的不正常运动刺激所引起的神经冲动,由前庭神经传向前庭神经核,进而传向小脑和下丘脑,可反射性引起以眩晕为主的临床表现。此外,睡眠不足、饥饿或过饱、通风不良等是诱发本病的常见因素。

第五节 其他感觉器官

人类的感觉器官,除上面提到的以外,还有其他几种,如鼻、舌、皮肤,这些器官都属于多功能器官,感觉功能是它们的功能之一。这里只做简略叙述。

一、嗅觉

产生嗅觉(olfactory)的嗅觉感受器(olfactory receptors)为嗅细胞(olfactory cell),位于上鼻道和鼻中隔后上部的嗅上皮中。嗅上皮由嗅细胞、支持细胞、基底细胞和 Bowman 腺组成。嗅细胞属神经元。嗅觉感受器的适宜刺激是空气中有气味的化学物质,人体能对 1 万种气味进行辨别。众多的气味是由 7 种基本气味(樟脑味、麝香味、花草味、乙醚味、薄荷味、辛辣味、腐腥味)的组合而成。嗅觉也和其他感觉系统类似,各种气味是由于它们在不同的传导路上引起不同数量的神经冲动的组合,引起感受器电位。后者以电紧张扩布触发轴突产生动作电位,动作电位沿轴突传向嗅球,进而经嗅觉传导路传向更高级的嗅觉中枢,引起主观嗅觉感受。通常把对气味的敏感程度称为嗅敏度,其可用嗅阈值来衡量。把能引起嗅觉的气味物质的最小浓度称为嗅阈值(olfactory threshold)。人类嗅觉的特性之一是嗅阈值低,嗅觉十分灵敏;其二是适应较快。在某种嗅质连续刺激下,可引起嗅觉减退,此现象称为嗅适应。不同的刺激,嗅适应的时间不同。

二、味觉

味觉器官包括舌、软腭、咽、会厌等,味蕾(taste bud)是味觉(gustatory)的感受器,主要分布于舌背黏膜中。每个味蕾由 60~100 个味细胞、支持细胞和基底细胞组成。每个味细胞顶端有纤毛,称味毛,是味觉感受的关键部位。

人类能辨别的基本味觉刺激物质称为味质。众多的味道都是由咸、酸、甜、苦、鲜五种基本味质组合而成。人舌表面的不同部位对不同味质刺激的敏感程度不一样。舌根部对苦味最敏感;舌尖对甜的阈值低;舌的两侧对酸敏感;舌两侧前部对咸比较敏感。味觉强度与物质的浓度有关,也与唾液腺分泌有关。味觉敏感度受食物或刺激物温度的影响,在20~30℃之间,味觉的敏感度最高。另外,味觉的辨别能力也受血液化学成分的影响,例如肾上腺皮质功能低下的人,血液中低钠,喜食咸味食物。味感受器是一种快适应感受器,某种味质长时间刺激时,味觉的敏感度迅速降低,但此时对其他物质的味觉并不影响。

基本味觉的换能或跨膜信号的转换机制并不完全一样。味感受器细胞没有轴突,它产生的感受器电位通过突触传递引起感觉神经末梢产生动作电位,传向味觉中枢,中枢可能通过来自传导四种基本味觉的专用线路上的神经信号的不同组合来认知各种味觉。

(张　娜　谭俊珍)

 思考题

1. 感受器有哪些一般生理特征?
2. 正常人视近物时,眼是如何进行调节的?
3. 常见的眼折光异常有哪几种,如何矫正?
4. 试述两种视觉细胞的结构、功能及分布特点。
5. 简述视杆细胞的光化学反应。
6. 简述声波的传导途径和听觉产生的过程。
7. 简述前庭器官的功能。

第九章

神 经 系 统

学习目标

1. 掌握 神经元的基本生理功能,突触概念,牵张反射的概念、类型及其意义,小脑的功能,自主神经系统的主要功能及其生理意义。

2. 熟悉 突触传递过程,感觉投射系统的生理功能,牵涉痛的概念及临床意义,大脑皮质体表感觉中枢的定位特征,大脑皮质躯体运动中枢的定位特征。

3. 了解 基底核、脑干网状结构对躯体运动的调节,下丘脑对内脏活动的调节。

人类由数以亿万计的神经细胞建立起"神经网络",对人体生理活动发挥主导作用,使神经系统成为人体内最重要的调节系统。神经系统接受内外环境的各种信息,对其进行分析和整合,并发出指令调节各组织、器官、系统的生理功能,协调人体各器官、系统之间的功能联系,满足当时生理活动的需要,以维持整个机体的正常生命活动。

第一节 神经元和突触的功能

一、神经元的功能

(一)神经元的结构与功能

神经细胞又称神经元,是构成神经系统的基本结构和功能单位。神经元由胞体和突起两部分构成,突起又分为轴突和树突(图9-1)。在动作电位的产生和传导中,神经元的胞体和树突的主要功能是接受刺激,轴突的主要功能是传导兴奋。轴突和第一级感觉神经元的长树突外面包有髓鞘或神经膜,构成神经纤维。通常把在神经纤维上传导的兴奋即动作电位称为神经冲动。神经冲动产生于 Na^+ 通道密集的轴突始段,沿着神经纤维向外周传导。此外,下丘脑的一些神经元还具有内分泌功能,能合成和分泌神经激素,参与更广泛的功能调节(详见第十章)

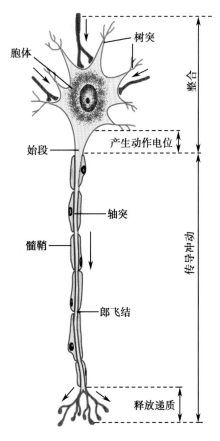

图 9-1 运动神经元结构与功能示意图

173

(二) 神经纤维的分类

根据髓鞘的有无,神经纤维习惯上分为有髓纤维和无髓纤维。根据神经纤维电生理学特性和传导速度将神经纤维分为 A、B、C 三类,其中 A 类纤维又可分为 α、β、γ、δ 四个亚类,这种方法多用于对传出神经纤维的分类;根据神经纤维的来源与直径大小将神经纤维分为 Ⅰ、Ⅱ、Ⅲ、Ⅳ四类,Ⅰ类纤维又包括Ⅰa 和Ⅰb 两个亚类,这种分类方法多用于对传入神经纤维的分类。两种分类方法及对应关系见表 9-1。

表 9-1　哺乳动物周围神经纤维的分类

分类	功能	纤维直径(μm)	传导速度(m/s)	传入纤维类型
A(有髓鞘)				
A_α	本体感觉、躯体运动	13~22	70~120	I_a, I_b
A_β	触 - 压觉	8~13	30~70	Ⅱ
A_γ	支配梭内肌	4~8	15~30	
A_δ	痛觉、温度觉、触 - 压觉	1~4	12~30	Ⅲ
B(有髓鞘)	自主神经节前纤维	1~3	3~15	
C(无髓鞘)				
后根	痛觉、温度觉、触 - 压觉	0.4~1.2	0.6~2.0	Ⅳ
交感	交感神经节后纤维	0.3~1.3	0.7~2.3	

不同类型的神经纤维传导兴奋的速度与神经纤维直径、髓鞘有无、髓鞘厚度以及温度有关。总体而言,神经纤维越粗,髓鞘越厚,兴奋的传导速度就越快。在一定范围内,温度升高,兴奋传导速度加快;当温度低至 0℃以下时,就会发生神经传导阻滞。

(三) 神经纤维传导兴奋的特征

1. 生理完整性　兴奋在神经纤维上的传导,首先要求神经纤维在结构和功能两方面都保持完整。当神经纤维被切断、损伤、麻醉、冷冻时,兴奋传导均会发生阻滞。

2. 双向传导　在实验条件下,人为刺激神经纤维上任何一点,引起的兴奋可沿神经纤维向两端同时传导。但在整体情况下,神经冲动总是从胞体传向末梢,表现为传导的单向性,这是由突触的极性决定的。

3. 绝缘性　在一条神经干中有许多条神经纤维,传导兴奋时基本互不干扰,表现出相互绝缘的特性。其生理意义是保证神经调节的精确性。

4. 相对不疲劳性　在实验中,神经纤维具有连续接受数小时乃至十几小时的电刺激而始终保持传导兴奋的能力,这是由于神经冲动的传导耗能极少。相对突触传递而言,神经纤维传导兴奋具有相对不疲劳性。

(四) 神经纤维的轴浆运输

神经元轴突内的胞浆称为轴浆。轴浆在胞体与轴突末梢之间流动,具有物质运输作用,称为轴浆运输(axoplasmic transport)。通过轴索中途结扎实验已证明轴浆运输是双向性的,自胞体向轴突末梢的轴浆流动称为顺向运输,自轴突末梢向胞体的轴浆流动称为逆向运输。顺向运输转运的物质主要是由神经元胞体合成的神经递质、神经激素及内源性神经营养物质。逆向运输转运的物质主要是自末梢摄取的外源性物质。临床上,破伤风毒素、狂犬病病毒可借助于逆向轴浆运输的机制侵入中枢神经系统而引发疾病。

(五) 神经元对效应器的作用

神经元对所支配的效应器主要表现出两方面的作用。神经元通过神经末梢释放神经递质,对所支配的效应器进行功能调节,称为功能性作用。如运动神经元将神经冲动传向所支配的骨骼肌,引起肌细胞兴奋与收缩。神经末梢经常释放某些物质(如营养因子),持续调整所支配组织的代谢活动,从而引起其组织结构、生化和生理变化,这一作用与神经纤维传导的神经冲动无关,称为神经的营养性作用。例如,通过实验方法切断运动神经后,该神经所支配的肌肉内糖原合成减慢、蛋白质分解加速,肌肉逐渐出现萎缩。临床上,脊髓灰质炎患者所出现的肌肉萎缩就是由于肌肉失去了运动神经的营养性作用所致。

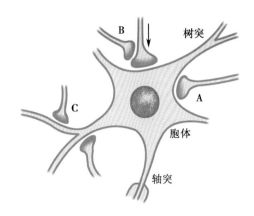

图 9-2 突触的类型示意图
A. 轴 - 体突触;B. 轴 - 轴突触;C. 轴 - 树突触

二、突触生理

神经元之间在结构上并没有原生质直接相连,而只是彼此靠近。通常将神经元之间相互接触并传递信息的部位称为突触(synapse)。根据神经元相互接触的部位不同,经典的突触分为轴突 - 树突突触、轴突 - 胞体突触、轴突 - 轴突突触三类(图 9-2);根据突触处信息传递的方式不同,突触可分为化学性突触和电突触两类;根据突触传递的效应不同,突触又分为兴奋性突触和抑制性突触。

(一) 突触的基本结构

神经元之间最常见的联系方式是化学性突触。经典的化学性突触由突触前膜、突触后膜和突触间隙三部分组成(图 9-3)。突触前神经元轴突末梢有许多分支,分支末端的球形膨大称为突触小体。突触小体内有大量突触囊泡,其中储存着高浓度的神经递质。神经递质由突触前膜释放。突触后膜上密集分布着与相应的神经递质结合的受体或化学门控通道。突触前膜和突触后膜之间约有 20~40nm 的间隙称为突触间隙。突触间隙与突触后膜表面含有分解神经递质的酶。

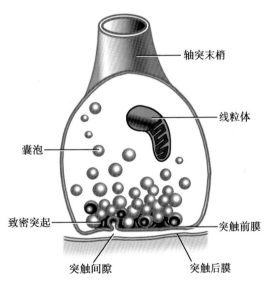

图 9-3 突触结构模式图

(二) 突触传递过程

兴奋由突触前神经元传递到突触后神经元的过程,称为突触传递。其过程为:当兴奋传导到轴突末梢时,突触前膜去极化,使电压门控 Ca^{2+} 通道开放,Ca^{2+} 内流。Ca^{2+} 进入突触前膜起两方面的作用,一是降低轴浆的黏度,二是中和突触前膜内表面的负电荷,从而促使囊泡移向前膜并与之融合。囊泡膜破裂以出胞的方式将神经递质释放到突触间隙,扩散到突触后膜,与后膜上的特异性受体结合,导致后膜上某些离子通道开放,使突触后膜产生去极化或超极化的膜电位改变。这种发生在突触后膜上的电位变化称为突触后电位(postsynaptic potential)。包括兴奋性突触后电位(excitatory postsynaptic potential,EPSP)和抑制性突触后电位(inhibitory postsynaptic potential,IPSP)两种形式。根据突触后电位的不同,突触后神经元呈现兴奋或抑制效应。

1. 兴奋性突触后电位(EPSP) 突触后膜产生的局部去极化电位变化,称为兴奋性突触后电位。EPSP 产生机制是突触前膜释放兴奋性神经递质(如谷氨酸等),作用于突触后膜相应受体,使化学门控通道开放,提高了后膜对 Na⁺、K⁺的通透性,尤其是对 Na⁺的通透性增大。由于 Na⁺内流大于 K⁺外流,从而引起后膜发生去极化(图9-4)。

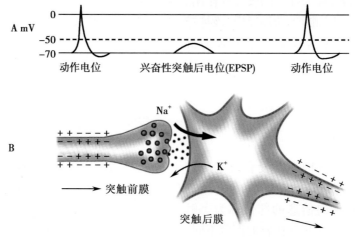

图9-4　兴奋性突触后电位产生机制示意图
A.电位变化;B.突触传递

2. 抑制性突触后电位(IPSP)　突触后膜产生的局部超极化电位变化,称为抑制性突触后电位。IPSP 产生机制是突触前膜释放抑制性神经递质(如 γ-氨基丁酸等),作用于突触后膜相应受体,使化学门控通道开放,提高了后膜对 K⁺、Cl⁻的通透性,尤其是对 Cl⁻的通透性增大。由于 Cl⁻内流,K⁺外流,引起后膜发生超极化(图9-5)。此状态下,突触后神经元不易发生兴奋,从而出现抑制效应。

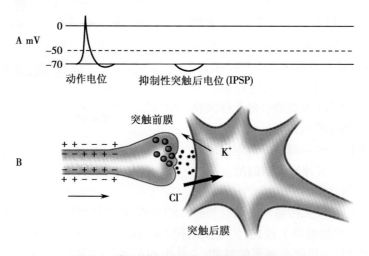

图9-5　抑制性突触后电位产生机制示意图
A.电位变化;B.突触传递

一个突触后神经元常与多个突触前神经元构成突触联系,产生的突触后电位既有 EPSP,也有 IPSP。因为突触后电位属于局部电位,所以突触后神经元的胞体就好比整合器,突触后膜上电位改变的总趋势取决于同时产生的 EPSP 和 IPSP 的代数和。如果 EPSP 占优势,突触后神经元便呈现兴奋状态,如达到阈电位水平,突触后神经元便产生动作电位,把兴奋传递下去;如果 EPSP 没有达到阈电位水平,虽然不能引起动作电位,但这种局部电位能使膜电位与阈电位的距离变近,因而使突触后神经元兴奋性升高,产生易化作用。如果 IPSP

占优势,突触后神经元则呈现抑制状态。

(三) 突触传递的特征

兴奋在反射弧中枢部分的传播中,往往需要通过一次以上的突触接替,由于中枢内突触类型的多样性以及中间神经元之间联系方式的复杂性,使兴奋在突触的传递比在神经纤维上的传导复杂得多,具有以下几个特征:

1. 单向传递 指兴奋只能从突触前神经元向突触后神经元传递,而不能反向传递。这是因为在突触结构中,只有突触前膜能释放神经递质,突触后膜上有相应受体,因而兴奋不能逆向传布。但是近年的研究发现,突触后的靶细胞也能释放一些物质(如一氧化氮、多肽等),逆向传递到突触前膜,改变突触前神经元的递质释放过程。因此,从突触前后的信息沟通角度来看,也可以看作是双向的。

2. 中枢延搁 兴奋在中枢传递较慢,这一现象称为中枢延搁。这是因为突触传递需要经历递质的释放、扩散、与突触后膜受体结合、产生突触后电位等一系列过程,这些过程需耗时 0.3~0.5ms。因此,反射通路中突触的数目越多,中枢延搁时间就越长。

3. 总和 单根传入纤维的单一冲动只能使突触后神经元产生较小的 EPSP,一般不能引起突触后神经元产生动作电位。但是由一根神经纤维连续传入的冲动(时间总和)或多根神经纤维同时传入的冲动(空间总和)叠加起来,当达到阈电位水平时,就可使突触后神经元爆发动作电位。

4. 兴奋节律的改变 在某一反射弧的突触前神经元与突触后神经元上分别记录其放电频率,会发现两者的频率不同。这是因为突触后神经元的兴奋节律既受突触前神经元传入冲动频率的影响,又与其本身的功能状态有关。此外,在中枢传递中,一个神经元常与多个神经元发生突触联系,通过整合后再发出传出信息;同时,即使是同一途径来的信息也常由多个中间神经元的活动接替,而这些中间神经元的功能状态和联系方式也各不相同,因而最后传出冲动的节律取决于各种因素整合后的突触后电位的水平。

5. 后发放 在反射活动中,当对传入神经的刺激停止后,传出神经仍继续发放冲动,使反射活动仍持续一段时间,这种现象称为后发放。主要通过神经元之间的环式联系及中间神经元的作用而实现。

6. 对内环境变化敏感和易疲劳 由于突触间隙与细胞外液相通,因而突触部位易受内环境理化因素的影响。急性缺氧几秒钟就可使神经元丧失兴奋性;持久性缺氧,可引起神经元变性。碱中毒可提高神经元的兴奋性,严重时会引起惊厥;酸中毒(如重症糖尿病或尿毒症患者)则降低神经元的兴奋性,严重时可引起昏迷。许多常用的中枢性药物作用于突触发挥药理作用。例如,咖啡因和茶碱可提高突触后膜对兴奋性神经递质的敏感性,从而提高神经元的兴奋性。实验中发现,用高频连续电刺激突触前神经元几秒钟后,突触后神经元的放电频率很快减少,反射活动明显减弱。中枢性疲劳的原因可能与递质的耗竭有关。

三、神经递质和受体

神经递质(neurotransmitter)是由神经元合成,从突触前膜释放,能特异性作用于突触后膜受体,并产生突触后电位的信息传递物质。目前已知的神经递质有 100 多种。根据产生部位的不同,可将其分为外周神经递质和中枢神经递质两大类。

(一) 神经递质

1. 中枢神经递质 中枢神经递质种类较多,功能复杂。根据中枢神经递质的化学性质不同,将其分为以下几类(表 9-2)。

2. 外周神经递质 外周神经递质主要有乙酰胆碱(acetylcholine, ACh)和去甲肾上腺素

表 9-2　主要的中枢神经递质

	名称	主要分布部位及作用
胆碱类	乙酰胆碱	在中枢分布极为广泛,几乎参与神经系统的所有功能活动,包括感觉、运动、学习记忆、内脏活动等
单胺类	肾上腺素	分布于延髓,主要参与心血管活动的调节
	去甲肾上腺素	分布于低位脑干网状结构,与觉醒、睡眠和情绪活动等有关
	多巴胺	由中脑黑质神经元产生,参与躯体运动、情绪活动等的调节
	5-羟色胺	主要分布于脑干中缝核,与镇痛、睡眠、体温等活动有关
氨基酸类	γ-氨基丁酸	主要分布于小脑、大脑皮质、黑质-纹状体系统,是脑内主要的抑制性递质
	甘氨酸	主要分布于脊髓和脑干,为抑制性递质
	谷氨酸	广泛分布于中枢神经系统,是中枢神经系统内主要的兴奋性递质
肽类	下丘脑调节肽	由下丘脑促垂体区产生,调节腺垂体激素的合成与释放
	阿片肽	脑内分布较广泛,主要产生镇痛效应
	脑-肠肽	双重分布于胃肠道和脑内的肽类物质,与摄食活动等有关
嘌呤类	腺苷	在中枢主要起抑制性作用
	三磷腺苷	具有广泛的突触传递效应,参与自主神经系统的调节活动,在痛觉传入中也有重要作用
气体类	NO	分布于小脑、上丘、下丘、嗅球、海马等处,参与突触可塑作用,有神经毒作用

(norepinephrine),其产生部位和生理作用将在本章第四节自主神经系统介绍。

此外,近年来发现一些外周神经能释放嘌呤类和肽类递质,如腺苷三磷酸、血管活性肠肽等,它们主要存在于胃肠道。

3. 神经递质的代谢　神经递质的代谢过程包括神经递质的合成、储存、释放、降解、再摄取和再合成过程。

不同递质的合成部位及过程不尽相同。如乙酰胆碱、单胺类等在胞浆内由前体物质经一定的酶催化合成;肽类递质的合成由基因调控,在核糖体上通过翻译合成。乙酰胆碱合成后,储存于囊泡内,囊泡移动到突触前膜,递质经出胞作用释放。在囊泡移动和递质释放的过程中,Ca^{2+} 由膜外进入膜内起了很重要的作用。

神经递质与突触后膜的受体结合产生效应后会被迅速消除。消除的方式包括被酶水解、重吸收回血液、被神经末梢或神经胶质细胞摄取。如乙酰胆碱发挥生理作用后,迅速被胆碱酯酶水解成胆碱和乙酸而失活。去甲肾上腺素发挥生理作用后,可通过三条途径失活:①大部分被神经末梢重摄取并储存于囊泡内再利用;②一部分在突触后神经元内被单胺氧化酶破坏灭活;③一部分经血液循环带到肝脏被破坏灭活。降压药利血平通过阻止神经末梢内递质的贮存,耗竭囊泡中的去甲肾上腺素,从而产生降压作用。递质的迅速失活和清除,对保证神经元之间信息的正常传递有重要意义。

（二）神经系统的受体

受体(receptor)是指存在于细胞膜或细胞内,能与某些化学物质(如神经递质、激素等)发生特异性结合,并诱发细胞产生生物效应的特殊蛋白质。神经系统的受体具有一般受体的基本特征,一般为膜受体,以神经递质为自然配体。

中枢神经递质的种类复杂,相应的受体也种类繁多,除胆碱能受体、肾上腺素能受体外,还有多巴胺受体、5-羟色胺受体、γ-氨基丁酸受体、甘氨酸受体和阿片受体等。

在不同情况下,受体的数量以及与递质的亲和力会发生变化。当递质释放不足时,受体的数量将逐渐增多,与递质的亲和力也逐渐增强,称为受体的上调。反之,当递质释放过多时,受体的数量将逐渐减少,与递质的亲和力也逐渐下降,称为受体的下调。

四、反射活动的基本规律

反射是实现神经调节的基本方式,反射弧中最关键的是反射中枢。反射中枢是指脑和脊髓中完成某种反射所必需的神经元群及其突触联系。

(一) 中枢神经元的联系方式

中枢神经系统内神经元的数量巨大,尤其是中间神经元数量最多,神经元之间的联系非常复杂,但最基本的方式有下列几种(图 9-6)。

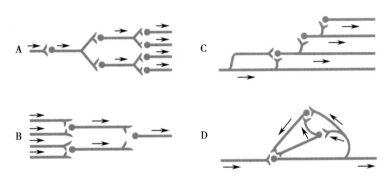

图 9-6　中枢神经元的联系方式
A. 辐散式;B. 聚合式;C. 链锁式;D. 环式

1. 单线式联系　一个突触前神经元仅与一个突触后神经元发生突触联系。这种联系方式见于视网膜中央凹处的视锥细胞与双极细胞之间的联系。这种单线式联系,点对点投射,信息传递准确,使视锥细胞在视物方面表现出较高的分辨力。

2. 辐散式联系　指一个神经元可通过其轴突末梢分支与多个神经元形成突触联系。此种联系方式使传入神经的信息同时向许多神经元扩布,引起多个神经元同时兴奋或抑制,从而扩大了神经元活动的影响范围。在中枢神经系统内,多见于感觉信息的传入。

3. 聚合式联系　指许多神经元的轴突共同与一个神经元建立突触联系。此种联系方式可使许多来源于不同神经元的兴奋或抑制在同一个神经元上发生整合。聚合式联系是产生总和的结构基础。在中枢神经系统内,多见于运动传出通路。

4. 环式联系　指一个神经元通过轴突侧支与若干个神经元联系后,又返回来与该神经元建立突触联系。这种联系方式是后发放与反馈的结构基础。若为正反馈,则兴奋加强或延续,产生后发放现象;若为负反馈,兴奋就会减弱或及时终止,如回返性抑制。

5. 链锁式联系　指一个神经元通过轴突侧支与另一个神经元联系,后者通过轴突侧支再与另一个神经元联系,如此反复,这样就会扩大神经冲动的空间作用范围。

(二) 中枢抑制

任何反射活动中,中枢既有兴奋过程,也有抑制过程,二者相辅相成,才能保证反射活动的实现。与中枢兴奋相比,中枢抑制的机制更为复杂。根据产生抑制的部位不同,中枢抑制可分为突触后抑制和突触前抑制。

1. 突触后抑制　是由突触后神经元产生抑制性突触后电位而发生的抑制。突触后抑制都是通过兴奋抑制性中间神经元,使其释放抑制性神经递质,引起突触后神经元产生 IPSP,从而发生抑制作用。属于超极化抑制。根据与抑制性中间神经元的联系方式不同,突触后抑制又可分为传入侧支性抑制和回返性抑制。

（1）传入侧支性抑制：又称交互抑制。传入神经纤维兴奋一个中枢神经元的同时，通过侧支兴奋一个抑制性中间神经元，进而使另一个神经元被抑制，这种现象称为传入侧支性抑制（afferent collateral inhibition）（图9-7）。例如，屈肌反射的传入纤维进入脊髓后，在引起屈肌运动神经元兴奋的同时，通过侧支兴奋一个抑制性中间神经元，从而抑制了伸肌运动神经元，引起屈肌收缩伸肌舒张，以实现屈肌反射。可见，这种活动使不同中枢间的活动协调进行。

（2）回返性抑制：中枢神经元兴奋时，经轴突侧支去兴奋一个抑制性中间神经元，该抑制性中间神经元的轴突折返回来抑制原先发生兴奋的神经元及同一中枢的其他神经元，这一抑制过程称为回返性抑制（recurrent inhibition）（图9-8）。例如，脊髓前角运动神经元在支配骨骼肌时，其轴突发出侧支兴奋脊髓内的闰绍细胞（抑制性中间神经元），释放抑制性递质甘氨酸，转而抑制原先发生兴奋的神经元和同一中枢的其他的神经元，其意义在于及时终止运动神经元的活动，或使同一中枢内许多神经元之间的活动同步化。破伤风患者出现强烈的肌痉挛，其原因之一是破伤风毒素破坏了闰绍细胞的功能，使运动神经元的活动不能被及时终止。

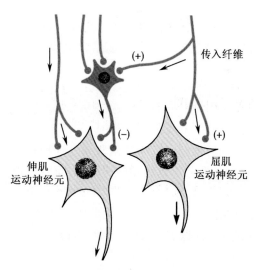

图 9-7　传入侧支性抑制示意图
黑色星形细胞为抑制性中间神经元
（+）兴奋;（−）抑制

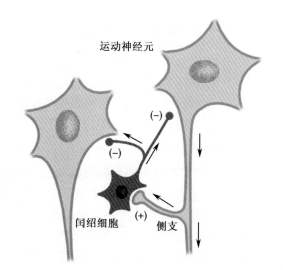

图 9-8　回返性抑制示意图
黑色星形细胞为抑制性中间神经元
（+）兴奋;（−）抑制

2. 突触前抑制　由于突触前神经元释放的递质减少，引起兴奋性突触后电位幅度减小而引起的抑制，属于去极化抑制。突触前抑制的结构基础是轴突 - 轴突突触。发生机制如下（图9-9）：轴突 A 与轴突 B 构成轴突 - 轴突突触，轴突 B 与运动神经元 C 不直接构成突触联系。当神经冲动到达轴突 A 末梢时，释放兴奋性递质，使神经元 C 产生 10mV 的兴奋性突触后电位。但如果轴突 A 兴奋前轴突 B 先兴奋，引起轴突 A 去极化;再当神经元 A 兴奋传到轴突末梢时，轴突 A 动作电位的幅度减小，进入神经末梢的 Ca^{2+} 减少，释放的兴奋性神经递质减少，引起神经元 C 产生的兴奋性突触后电位的去极化幅度仅 5mV，不足以引起动作电位的产生。

在各种感觉信息上传的过程中，通过突触前抑制"屏蔽"一些干扰信息，控制从外周进入中枢的信息量，使感觉更加清晰和集中。

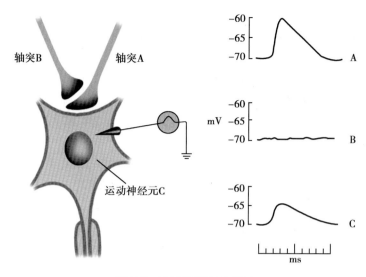

图 9-9　突触前抑制示意图

A. 单独刺激轴突 A,引起兴奋性突触后电位;B. 单独刺激轴突 B,不引起突触后电位;C. 先刺激轴突 B,再刺激轴突 A,引起的兴奋性突触后电位减小

第二节　神经系统的感觉功能

当人体的各种感受器接受适宜刺激后,转换成动作电位,沿感觉传导通路到达中枢,经中枢的分析和整合就形成了各种不同的感觉。因此,机体感觉的产生是由感受器、传入神经及其中枢共同活动的结果,其中任何一部分损伤都会引起感觉障碍。

躯体感觉包括浅感觉和深感觉两大类。浅感觉是指皮肤与黏膜的痛觉、温度觉及触-压觉;深感觉是指肌肉、肌腱、关节等深部结构的本体感觉(即位置觉、运动觉)。下面讨论各级中枢在躯体感觉形成中的作用。

一、脊髓和低位脑干的感觉传导功能

脊髓和低位脑干内有重要的感觉传导通路。两类感觉传导路径一般由三级神经元接替:第一级位于脊神经节和脑神经节内;第二级位于脊髓后角和脑干的有关神经核内;第三级位于丘脑的特异感觉接替核内。感觉传导通路的具体走行详见神经系统解剖学,此处不再赘述。

脊髓传导束一旦被破坏,相应的躯干、四肢就会出现感觉障碍。根据临床表现,可以判断脊髓受损的部位及程度。

 知识链接

脊髓损伤患者的护理

护理脊髓损伤患者时需要注意以下问题:①合理调配饮食结构。多吃营养食品和水果,减少便秘的发生。②活动各个关节。尤其瘫痪部位以下大小关节均需轻柔活动,每日 2 次,每次 1~2 分钟,要按正常关节活动范围活动。③预防压疮。好发部位常见于骶尾部和足跟,其次为外踝、腓骨头,高位脊髓损伤者肘部及后枕部(行颅骨牵引者)亦可发生。压疮发生后愈合困难,大而深的压疮可成为致死原因,应着重预防。④保持乐观的情绪。⑤预防感冒、胃肠炎等。

二、丘脑及其感觉投射系统

丘脑是人体最重要的感觉接替站。人体除嗅觉外的各种感觉传导通路都要在丘脑内交换神经元,再发出纤维向大脑皮质投射。

(一)丘脑的核团

根据我国著名的神经生理学家张香桐建议,把丘脑(背侧丘脑)的各种细胞群按照功能和结构特点大致分为三大类(图9-10)。

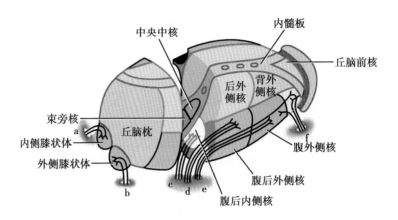

图 9-10 丘脑主要核团示意图
a.听觉传来的纤维;b.视觉传来的纤维;c.来自头面部的感觉纤维;d.来自躯干四肢的感觉纤维;e.来自小脑的纤维;f.来自苍白球的纤维

1. 特异感觉接替核 主要包括腹后内侧核、腹后外侧核、内侧膝状体、外侧膝状体等。它们分别接受来自头面部感觉、躯干四肢感觉、听觉和视觉的感觉投射纤维,经换元后进一步投射到大脑皮质特定的感觉区。它们是特定感觉冲动传向大脑皮质的换元站。

2. 联络核 主要由丘脑前核、腹外侧核、丘脑枕等构成。这些核团接受感觉接替核及其他皮质下中枢来的投射纤维(不直接接受感觉的投射纤维),换元后投射到大脑皮质的特定区域。其功能与各种感觉在丘脑和大脑皮质之间协调联系有关。

3. 非特异投射核 指靠近中线的髓板内核群,主要有中央中核、束旁核、中央外侧核等。它们不与大脑皮质直接联系,而是通过多突触的接替换元,弥散地投射到整个大脑皮质,对维持和改变大脑皮质的兴奋状态有重要作用。

(二)丘脑的感觉投射系统

根据丘脑各部分向大脑皮质投射特征的不同,可把感觉投射系统分为特异性投射系统(specific projection system)和非特异性投射系统(nonspecific projection system)两类。

1. 特异性投射系统 丘脑特异感觉接替核及其投射到大脑皮质的神经通路称为特异性投射系统。皮肤浅感觉、深感觉、听觉、视觉等在丘脑感觉接替核换元后投射到大脑皮质特定区域,每一种感觉的传导投射路径都是专一的,具有点对点的投射关系。其主要功能是引起特定的感觉,并激发大脑皮质发出传出冲动。丘脑联络核在结构上也与大脑皮质有特定的投射关系,也属于特异性投射系统,但不引起特定感觉,主要起联络和协调的作用。

2. 非特异性投射系统 丘脑非特异投射核及其投射到大脑皮质的神经通路称为非特异性投射系统。感觉传导路的第二级神经纤维经过脑干时,发出许多侧支,与脑干网状结构的众多神经元发生突触联系,并经多次换元后抵达丘脑非特异投射核,再由此发出纤维,弥散地投射到大脑皮质的广泛区域,不具有点对点的投射关系,因而不能产生特定感觉。非特异性投射系统的主要功能是维持和改变大脑皮质的兴奋状态。

非特异性投射系统的功能,还可以在动物实验中得到证实。当电刺激脑干网状结构时,可唤醒睡眠状态的动物;而切断脑干网状结构与高位脑联系时,动物则呈现睡眠状态。临床上脑干网状结构损害的患者也出现昏迷状态。这说明在脑干网状结构内存在着对大脑皮质具有上行唤醒作用的功能系统,称为脑干网状结构上行激动系统。这种上行激动作用主要是通过丘脑非特异性投射系统发挥作用的。由于网状结构和非特异性投射系统都是多突触传递系统,因此易受一些药物(如巴比妥类催眠药)的影响。全身麻醉药(如乙醚)的作用也可能与抑制该系统的活动有关。

感觉传入的特异性投射系统和非特异性投射系统在功能上相互依托、协调配合,才保证了大脑皮质既能处于觉醒状态,又能产生各种特定的感觉。

三、大脑皮质的感觉分析功能

大脑皮质是感觉分析的最高级中枢。感觉信息经特异投射系统投射到大脑皮质的特定区域,产生特定的感觉,如躯体感觉、视觉、听觉和味觉等。大脑皮质的感觉投射区有一定的区域分布,称为大脑皮质感觉代表区。

(一) 体表感觉区

全身体表感觉在大脑皮质的投射区位于中央后回和中央旁小叶的后部,称为第一体表感觉区。其产生的感觉定位明确而且清晰。投射规律为:①交叉投射:躯体一侧传入冲动投向对侧皮质,但头面部感觉投射是双侧的。②投射区域的空间排列是倒置的:下肢代表区在皮质的顶部,上肢代表区在中间,头面部代表区在底部,但头面部代表区内部的安排是正立的。③投射区的大小与体表部位的感觉灵敏程度有关:如感觉灵敏度高的拇指、示指和嘴唇的代表区面积大;而感觉迟钝的躯干代表区则很小(图 9-11)。

在中央前回和岛叶之间还存在第二体表感觉区。其投射区域的空间安排是正立的和双侧性的,面积远比第一感觉区小。此区对感觉仅有粗糙的分析作用,感觉定位不明确,性质

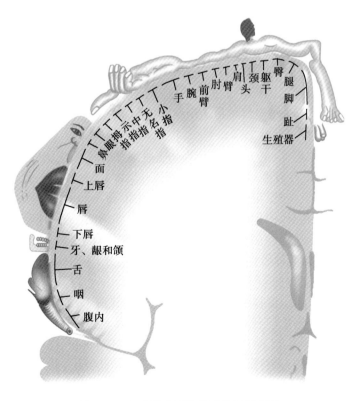

图 9-11　人大脑皮质体表感觉区示意图

不清晰。

(二) 本体感觉区

本体感觉区主要位于中央前回和中央旁小叶的前部,接受来自肌肉、肌腱和关节等处的感觉信息,感知身体在空间的位置、姿势以及身体各部分在运动中的状态。

(三) 内脏感觉区

内脏感觉区位于第一体表感觉区、第二体表感觉区、运动辅助区和边缘系统等皮质部位。它与体表感觉投射区有较多的重叠,但内脏感觉投射区较小,且不集中。这可能是内脏感觉定位不准确、性质模糊的原因之一。

(四) 视觉区

视觉投射区在大脑半球内侧面枕叶距状裂的上、下缘。左侧视皮质接受左眼颞侧和右眼鼻侧视网膜的传入纤维,右侧视皮质接受右眼颞侧和左眼鼻侧视网膜的传入纤维;距状沟的上缘接受来自视网膜的上半部投射,而距状沟的下缘接受视网膜的下半部投射;距状沟的后部接受视网膜中央黄斑区的投射,而距状沟的前部则接受来自视网膜周边区的投射。

(五) 听觉区

听觉投射区位于颞叶的颞横回和颞上回。听觉的投射为双侧性的,故一侧传入通路或听皮质的损伤通常不产生明显的听觉障碍。不同音频的感觉信号在听觉皮质的投射有一定的分野。

(六) 嗅觉区和味觉区

嗅觉投射区位于边缘叶的杏仁核和前梨状区。味觉投射区位于中央后回头面部感觉投射区的下侧。

四、痛觉

痛觉是伤害性刺激作用于机体时产生的一种不愉快感觉,通常伴有情绪变化和防卫反应。许多疾病都伴有痛觉产生,患者也常因疼痛而就医。作为机体对伤害性刺激的一种报警信号,痛觉具有保护意义。

(一) 痛觉感受器

一般认为,痛觉感受器是游离的神经末梢。各种刺激达到一定强度造成组织损伤时,都能通过产生致痛物质,如 K^+、H^+、组胺、5- 羟色胺、缓激肽、前列腺素等,使游离的神经末梢去极化,产生神经冲动,经感觉神经纤维传入中枢而引起痛觉。

(二) 躯体痛

发生在体表某处的疼痛称为躯体痛。当伤害性刺激作用于皮肤时,可先后引起两种痛觉,即快痛和慢痛。快痛在刺激后(约 0.1s) 很快发生,由 $A_δ$ 纤维传导,投射到大脑皮质第一体表感觉区,是一种感觉清楚、定位明确、尖锐的"刺痛";慢痛一般在刺激后 0.5~1.0 秒才能被感觉到,由 C 类纤维传导,投射到大脑皮质第二体表感觉区,是一种定位不明确的"烧灼"痛,痛感强烈而难以忍受,撤除刺激后还持续几秒钟,并伴有情绪反应及心血管和呼吸等方面的变化。在外伤时,这两种痛觉相继出现,不易明确区分,但皮肤炎症时,常以慢痛为主。

(三) 内脏痛

内脏痛是由于内脏组织器官受到机械牵拉,或发生缺血、炎症、平滑肌痉挛,或遭受化学物质刺激时产生的疼痛感觉。与躯体痛相比,内脏痛具有一些显著的特征:①疼痛发生缓慢,持续时间较长;②定位不准确,是内脏痛最主要的特点;③对牵拉、痉挛、缺血、炎症等刺激敏感,而对切割、烧灼等刺激不敏感;④特别能引起明显的情绪反应,并常常伴有牵涉痛。

牵涉痛(referred pain) 是指某些内脏疾病往往引起远隔的体表部位产生疼痛或痛觉过敏的现象。例如,心肌缺血时,常在心前区、左肩和左上臂尺侧发生疼痛。因为出现牵涉痛的部位是相对固定的,所以牵涉痛在临床上对某些疾病的诊断具有一定价值。常见的内脏疾患与体表牵涉痛对应部位如表9-3所示。

表9-3　常见内脏疾患牵涉痛部位

患病器官	心脏	胆囊	阑尾	胃、胰	肾
	心肌缺血	胆囊炎、胆结石	阑尾炎	胃溃疡、胰腺炎	肾结石
体表疼痛部位	心前区	右肩胛区	上腹	左上腹	腹股沟
	左肩、左上臂尺侧		脐周	肩胛间	

　　牵涉痛产生的原因可以用会聚学说和易化学说加以解释(图9-12)。会聚学说认为来自患病内脏与出现牵涉痛的体表部位的传入神经纤维,会聚到同一脊髓后角神经元,再由同一上行纤维传至大脑皮质。由于日常生活中的疼痛刺激多来自体表,因此,大脑依旧习惯地将内脏痛误以为是体表痛,于是发生牵涉痛。易化学说认为出现牵涉痛的体表和患病的内脏,二者痛觉传入纤维在脊髓相距很近,从患病内脏传来的冲动通过侧支可提高体表痛觉传入神经的兴奋性(易化作用),而出现痛觉过敏现象。目前认为牵涉痛的发生与这两种机制都有关。

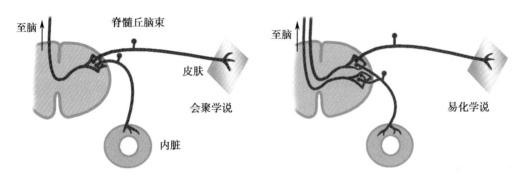

图9-12　牵涉痛产生机制示意图

第三节　神经系统对躯体运动的调节

　　运动是机体最基本的功能活动之一,姿势是运动的背景和基础。躯体的各种运动和姿势都是骨骼肌在神经系统的控制下实现的。神经系统对躯体运动的调节是复杂的反射活动。

一、脊髓对躯体运动的调节

　　躯体运动最基本的反射中枢在脊髓,通过脊髓可完成一些比较简单的躯体运动反射,如牵张反射等。在整体情况下,脊髓对躯体运动的调节要受到高级中枢的调控。

(一)脊髓前角运动神经元

　　脊髓灰质前角中存在大量的运动神经元,主要有 α 和 γ 运动神经元。α 运动神经元支配梭外肌,γ 运动神经元支配梭内肌。兴奋时,末梢释放的递质都是乙酰胆碱,支配躯干和四肢骨骼肌的活动。

　　α 运动神经元胞体较大,轴突直径较粗,其末梢分为许多小支,每一小支支配骨骼肌的一根梭外肌纤维。当一个 α 运动神经元产生兴奋时,会引起它所支配的所有肌纤维同时收缩。由一个 α 运动神经元及其所支配的全部肌纤维组成的功能单位,称为运动单位(motor unit)。

　　γ运动神经元胞体较小,其轴突较细,支配骨骼肌梭内肌纤维。γ运动神经元的兴奋性较高,常以较高频率持续放电,调节梭内肌纤维的长度,其作用是提高肌梭对牵拉刺激的敏感性。

(二)脊髓反射

　　1. 牵张反射　有神经支配的骨骼肌在受到外力牵拉时,能反射性的引起受牵拉的同一块肌肉收缩,称为牵张反射(stretch reflex)。包括腱反射(tendon reflex)和肌紧张(muscle tonus)两种类型。

　　(1)腱反射:指快速牵拉肌腱时发生的牵张反射,表现为受牵拉的肌肉快速而明显的缩短。例如,叩击股四头肌肌腱时股四头肌收缩引起的膝反射;叩击跟腱时小腿腓肠肌收缩引起的跟腱反射等。腱反射的传入纤维较粗,传导速度快,反射的潜伏期短,只够一次突触接替的时间延搁,因此认为腱反射是单突触反射。临床上通过检查腱反射可以了解神经系统的功能状态,如腱反射减弱或消失,提示反射弧某一环节有损伤;而腱反射亢进,则提示控制脊髓的高位中枢可能有病变。

　　(2)肌紧张:指缓慢持续牵拉肌腱时发生的牵张反射,表现为受牵拉的肌肉缓慢而持续的缩短。肌紧张是维持躯体姿势最基本的反射活动,是姿势反射的基础。例如人体处于直立位时,伸肌为了对抗重力的持续牵拉而发生肌紧张。肌紧张反射的潜伏期较长,说明其突触接替不止一个,属于多突触反射。肌紧张的收缩力量不大,表现为同一肌肉的不同运动单位交替性收缩,因此不表现出明显动作,但持久进行,不易疲劳。

　　(3)牵张反射的机制:牵张反射的感受器是肌梭,中枢在脊髓,传入纤维和传出纤维都包含在支配肌肉的神经中,效应器就是该肌肉的肌纤维。

　　肌梭呈梭形,长约几毫米,肌梭外有一层结缔组织囊,囊内一般含有6~12根肌纤维,称为梭内肌纤维,而囊外的一般肌纤维称为梭外肌纤维。整个肌梭附着于梭外肌纤维之间,与梭外肌平行排列,呈并联关系。梭内肌纤维的中间部分是感受装置,收缩成分在两端,呈串联关系。肌梭是一种长度感受器。当梭内肌从两端收缩时,可使中间部分受牵拉而敏感性增高;当梭外肌收缩时,感受装置受到的牵拉刺激减少。肌梭的传入神经纤维终止于脊髓前角的α运动神经元,α运动神经元发出纤维支配梭外肌纤维。可见,牵张反射的一个显著特点是感受器和效应器都在同一块肌肉中。

　　当肌肉受到外力牵拉时,梭内肌感受装置被动拉长,使传入冲动增加,引起支配同一肌肉的α运动神经元活动和梭外肌收缩,从而形成一次牵张反射(图9-13)。γ运动神经元支配梭内肌,当它兴奋时,可使梭内肌收缩,中间部位的感受装置被牵拉,增强了肌梭的敏感性。因此,γ运动神经元对调节牵张反射有重要的意义。

　　腱器官是指分布于肌腱胶原纤维之间的一种张力感受器,与梭外肌纤维呈串联关系。腱器官的传入神经通过脊髓中的抑制性中间神经元,抑制支配该肌纤维的α运动神经元。一般认为,当肌肉受到牵拉刺激时,首先兴奋肌梭,通过牵张反射使被牵拉的肌肉收缩;当牵拉力

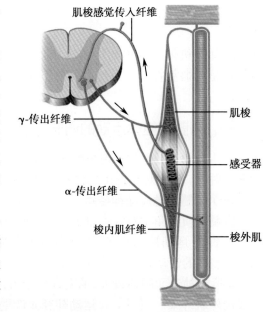

图9-13　牵张反射弧示意图

肌梭感觉传入纤维

γ-传出纤维

肌梭

感受器

α-传出纤维

梭内肌纤维

梭外肌

量进一步加大时,则兴奋腱器官,抑制支配同一肌肉的 α 运动神经元,使牵张反射受到抑制,以避免过度牵拉的肌肉受到损伤。

2. 屈肌反射　当肢体的皮肤受到伤害性刺激时,受刺激一侧的肢体出现屈曲,即关节的屈肌收缩而伸肌舒张,称为屈肌反射。屈肌反射使肢体离开伤害性刺激,起到保护作用。

3. 对侧伸肌反射　当一侧肢体受到较强的伤害性刺激时,则可在同侧肢体发生屈肌反射的同时出现对侧肢体伸直的反射活动,这一现象称为对侧伸肌反射。对侧伸肌反射能维持身体平衡,是一种姿势反射。

(三) 脊休克

由于生理情况下脊髓对躯体运动的调节受到高位中枢的调控,为了研究脊髓自身的运动反射功能,须在动物脊髓与延髓之间横断,这种脊髓与高位中枢离断的动物称为脊髓动物,简称脊动物。当动物的脊髓与高位中枢离断后,横断面以下的脊髓暂时丧失反射活动的能力而进入无反应状态,这种现象称为脊休克(spinal shock)。

脊休克的表现主要包括横断面以下的脊髓所支配的骨骼肌屈肌反射、对侧伸肌反射、腱反射和肌紧张减弱甚至消失,外周血管扩张,血压下降,发汗反射消失,尿便潴留等。脊休克现象是暂时的,经过一段时间后,一些以脊髓为基本中枢的反射活动可逐渐恢复。不同动物恢复的速度不同,这与脊髓反射对高位中枢的依赖程度有关。如蛙和大鼠在脊髓离断后数分钟内即可恢复;猫和犬数天后可恢复;人类恢复最慢,需数周至数月才能恢复。恢复过程中,较简单和较原始的反射如屈肌反射、腱反射等先恢复;较复杂的反射如对侧伸肌反射等恢复较迟。血压也逐渐回升到一定水平,并具有一定的排便和排尿能力。但这些反射活动往往不能很好地适应机体生理功能的需要,如屈肌反射可能过度,排尿反射可以进行,但不受意识控制,且排不干净。脊髓离断面水平以下的感觉和随意运动能力会永久丧失。

脊休克的产生和恢复,说明脊髓具有完成某些简单的躯体和内脏反射的能力,但这些反射平时受到高位中枢的控制不易表现出来。

二、脑干对肌紧张的调节

脑干对肌紧张具有调节作用,该作用可通过去大脑动物实验加以证实和研究。在中脑上、下丘之间切断脑干后,动物出现伸肌(抗重力肌)亢进,表现为四肢伸直,坚硬如柱,头尾昂起,脊柱挺硬,这一现象称为去大脑僵直。脑干主要通过网状结构易化区和抑制区的活动来实现对肌紧张的调节。

(一) 脑干网状结构易化区

电刺激动物延髓网状结构背外侧、脑桥背盖、中脑的中央灰质及背盖,会加强肌紧张,这些区域称为易化区。此外,下丘脑和丘脑中线核群等部位也被归属于上述易化区。该区域范围较大,能自动发放神经冲动,主动加强肌紧张。易化区的作用是通过网状脊髓束和前庭脊髓束下传与脊髓前角的 γ 运动神经元相联系,使 γ 运动神经元传出冲动增加,提高肌梭敏感性,从而加强肌紧张。另外,易化区对 α 运动神经元也有一定的易化作用。

(二) 脑干网状结构抑制区

电刺激动物延髓网状结构的腹内侧会抑制肌紧张,该区域称为抑制区。该区域范围较小,不能自主发放冲动,需要接受来自高位中枢如大脑皮质运动区、纹状体、小脑前叶蚓部等区域的始动作用,才能抑制肌紧张。

一般情况下,易化区的活动比抑制区的活动强,因此在肌紧张的平衡调节中,易化区略占优势。在动物中脑上、下丘之间横切脑干后,来自大脑皮质和纹状体等高位中枢对脑干网状结构抑制区的联系通路被阻断，脑干网状结构抑制区失去始动作用后活动减弱，而易化区活动占有相对优势，易化区和抑制区二者的平衡被打破，因而出现伸肌明显亢进的表现(图9-14)。

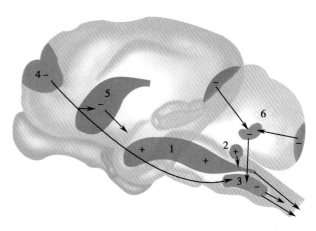

图 9-14　猫脑干网状结构下行抑制和易化系统示意图

＋表示易化区　－表示抑制区

1.网状结构易化区；2.延髓前庭核；3.网状结构抑制区；4.大脑皮质；5.尾状核；6.小脑

三、小脑对躯体运动的调节

小脑是调节躯体运动的重要中枢。根据小脑的传入和传出纤维的联系情况，可将小脑分为前庭小脑、脊髓小脑和皮质小脑三个功能部分(图9-15)。它们在维持身体平衡、调节肌紧张、协调随意运动中发挥重要作用。

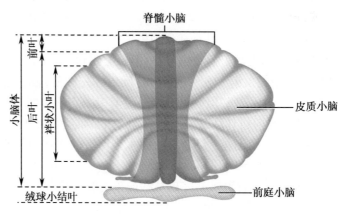

图 9-15　小脑分区模式图

(一)维持身体平衡

前庭小脑主要由绒球小结叶构成，其功能是维持身体平衡。实验和临床研究发现，切除绒球小结叶的猴，或第四脑室附近的肿瘤压迫了绒球小结叶的患者，平衡功能失调，表现为站立不稳、步态蹒跚、没有支撑不能行走等症状。绒球小结叶调节身体平衡的功能与前庭器官和延髓前庭神经核的活动有关。

(二)调节肌紧张

脊髓小脑由小脑前叶和后叶的中间带区构成，主要功能是调节肌紧张。小脑前叶蚓部有抑制肌紧张的作用，小脑前叶两侧部和后叶的中间带有加强肌紧张的作用，这些区域对肌紧张的调节通过脑干网状结构内的抑制区和易化区来实现。可见小脑对肌紧张的调节具有抑制和易化双重作用。在进化过程中，小脑抑制肌紧张的作用逐渐减退，易化肌紧张的作用逐渐增强。所以当人类脊髓小脑损伤后，出现肌张力减退、四肢乏力等症状。

(三)协调随意运动及参与随意运动的设计和运动的编程

脊髓小脑除上述调节肌紧张的作用外，还能协助大脑皮质运动中枢对正在进行的随意运动进行调节。脊髓小脑损伤后，随意运动的力量、方向、速度及协调都会表现出很大的障碍。如患者不能完成精巧的动作，肢体完成动作时出现抖动且把握不住动作方向，越接近目标时抖动越厉害，这种现象称为意向性震颤(intentional tremor)。患者行走时跨步过大，摇晃呈酩酊蹒跚状,不能完成直线行走;不能进行拮抗肌交替快速转换动作(如上臂不能交替旋内和旋外),即所谓轮替运动障碍;同时表现有肌张力减退,四肢无力。但静止时不出现异常的肌肉活动。以上的协调运动障碍统称为小脑性共济失调。

皮质小脑是指半球的外侧部,它与随意运动的形成和运动程序的编制有关。例如,精巧运动(如打字、拉小提琴等)是在学习过程中逐步形成并熟练的。开始阶段,动作往往不协调,在练习过程中,大脑与小脑之间不断通过环路进行联系,小脑参与了运动的形成和运动程序的编制过程,待运动成熟后将一整套程序储存在皮质小脑。当大脑皮质再次发动这项运动时,就从皮质小脑提取存储的程序,回输到大脑皮质,再经皮质脊髓束和皮质脑干束发放冲动,这样随意运动就变得协调、准确和熟练了。

四、基底核对躯体运动的调节

(一)基底核的组成及功能

基底核是大脑基底白质内的灰质团块。基底核中与运动功能有关的主要是纹状体,包括尾状核、壳核(二者合称新纹状体)和苍白球(旧纹状体),此外中脑黑质和丘脑底核等在功能上也被归为基底核。纹状体的主要传入冲动来自大脑皮质,传出通路自苍白球内侧部和黑质网状部到达丘脑,丘脑又投射回大脑皮质,形成环路。此环路参与随意运动的计划和执行、肌紧张的调节以及本体感受传入信息的处理。

(二)与基底核损伤有关的疾病

基底核损伤的主要临床表现可分为两大类:①运动过少而肌紧张过强,如帕金森病;②运动过多而肌紧张不全,如亨廷顿病。

1. 帕金森病　又称震颤麻痹。患者主要表现为全身肌紧张增高、肌肉强直、随意运动减少、动作缓慢、面部表情呆板,常伴有静止性震颤。此外,多数患者还会有认知缺乏和各种行为症状。正常中脑黑质内含多巴胺神经元,纹状体内含有胆碱能神经元。黑质上行的多巴胺能神经元具有抑制纹状体胆碱能神经元的作用。帕金森病是由于黑质病变,多巴胺神经元受损,使脑内多巴胺含量明显下降,导致纹状体内胆碱能神经元功能亢进,而出现上述一系列症状。临床应用左旋多巴来增加脑内多巴胺的合成,能明显改善肌肉强直和动作缓慢。

2. 亨廷顿病　又称舞蹈病。患者主要表现为不自主的上肢和头部的舞蹈样动作,并伴有肌张力降低,同时存在精神异常和痴呆等临床表现,是一种常染色体显性遗传疾病。亨廷顿病病变部位在纹状体,由于纹状体内 γ- 氨基丁酸能神经元的变性或遗传性缺失,使黑质多巴胺能神经元功能相对亢进,导致运动过多的症状出现。临床中用利血平耗竭中枢神经内的多巴胺可缓解其症状。

五、大脑皮质对躯体运动的调节

大脑皮质是调节躯体运动的最高级中枢,由大脑皮质运动区发出指令,通过运动传出通路到达脊髓前角和脑干的运动神经元,产生随意运动。

(一)大脑皮质运动区

大脑皮质中与躯体运动调控有密切关系的区域,称为大脑皮质运动区。主要运动区位于中央前回和中央旁小叶前部,具有以下功能特征:

1. 交叉支配　即一侧皮质运动区支配对侧躯体的骨骼肌。但在头面部,除眼裂以下的面肌和舌肌主要受对侧皮质支配外,其余部分多为双侧支配。

2. 呈倒置安排,功能定位精确　下肢的代表区在皮质顶部,上肢代表区在中间部,头面部代表区在底部,但头面部代表区的内部安排呈正立分布。

3. 运动代表区的大小与运动的精细程度有关　肌肉的运动越精细、越复杂,其皮质代表区面积越大(图9-16)。

(二) 运动传导通路

大脑皮质运动中枢发出的躯体运动指令,由锥体系和锥体外系下达,实现对躯体运动的调节。

1. 锥体系　包括皮质脊髓束和皮质脑干束。由中央前回上 2/3 和中央旁小叶前部发出,经内囊、脑干下行到达脊髓前角运动神经元的传导束,称为皮质脊髓束。其中约有 80% 的纤维交叉到对侧组成皮质脊髓侧束,与脊髓前角外侧部运动神经元形成突触联系,控制四肢远端的肌肉,与精细的技巧性运动有关;其余约 20% 不交叉的纤维在脊髓同侧前索下行,称为皮质

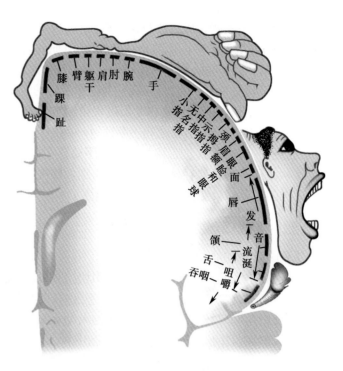

图 9-16　人大脑皮质运动区示意图

脊髓前束,与脊髓前角内侧部运动神经元形成突触联系,控制躯干和四肢近端的肌肉,与姿势的维持和粗略的运动有关。由中央前回下 1/3 发出,经内囊到达脑干运动神经核的下行传导束,称为皮质脑干束,再由脑干运动神经核发出脑神经,支配头面部肌肉的活动。

 知识链接

巴宾斯基征阳性

当人的皮质脊髓侧束或大脑皮质运动区功能发生障碍,使脊髓失去高位中枢的控制时,表现为巴宾斯基征(Babinski sign)阳性,即用钝物划足跖外侧时,出现大趾背屈,其他四趾向外扇形展开。从生理学角度看,这属于一种屈肌反射。平时脊髓在高位中枢的控制下,这一原始的反射被抑制而不表现出来。在婴儿大脑皮质未发育完善前以及成年人在深睡或麻醉状态下,也可出现巴宾斯基征阳性。临床上常用此项检查判断皮质脊髓侧束的功能是否正常。

2. 锥体外系　指锥体系以外所有控制躯体运动的下行传导路径。主要由基底核、小脑、脑干网状结构等部位的神经元发出的纤维束下传到脊髓,控制脊髓运动神经元的活动。锥体外系的主要功能是调节肌紧张和协调随意运动。

由于锥体系和锥体外系的起源相互重叠,纤维下传过程中存在复杂的联系,因此两者之间密切配合,共同调控全身骨骼肌的运动,使随意运动准确、协调、适度。

第四节　神经系统对内脏活动的调节

内脏活动一般不受意志控制,故调节内脏活动的神经系统称为自主神经系统(autonomic nervous system),又称为植物神经系统。自主神经系统也有传入纤维和传出纤维之分,但习

惯上自主神经系统仅指支配内脏器官的传出神经而言。根据结构和功能的不同,自主神经系统分为交感神经系统(sympathetic nervous system)和副交感神经系统(parasympathetic nervous system)两部分(图 9-17)。

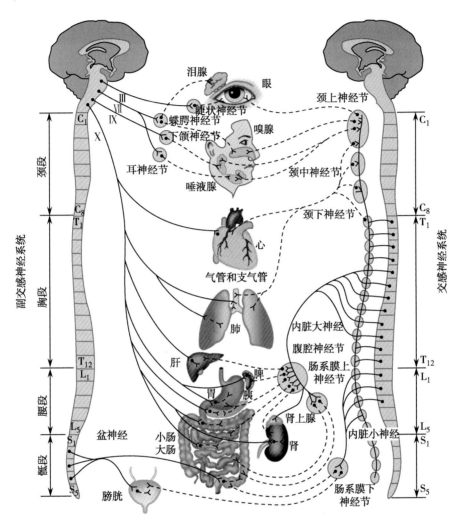

图 9-17　人体自主神经分布示意图

图中未显示支配血管、汗腺和竖毛肌的交感神经

——节前纤维;······节后纤维

一、自主神经系统的功能及特征

(一) 自主神经系统的功能特点

与支配骨骼肌的躯体运动神经相比,自主神经具有以下特点:

1. 双重神经支配　人体大多数器官都接受交感神经和副交感神经的双重支配,如心脏、胃肠道、呼吸道等。但也有例外,如汗腺、竖毛肌、肾上腺髓质和大多数血管平滑肌仅接受交感神经支配。

2. 功能相互拮抗　在双重支配的器官中,交感神经和副交感神经的作用往往是相互拮抗的。如副交感神经对心脏具有抑制作用,而交感神经对心脏具有兴奋作用。但对唾液腺分泌的调节,交感和副交感神经的作用是一致的,但两者的调节效应也存在一定的差别,前者主要促进黏液性细胞分泌黏稠的唾液,而后者则促进浆液性细胞分泌稀薄的唾液。

3. 紧张性作用 在安静状态下,自主神经经常发放低频冲动,使效应器官处于一种微弱的持久的活动状态,称为紧张性作用。例如,切断心迷走神经,心率加快;切断心交感神经,心率则减慢,说明两种神经对心脏都有紧张性作用。

4. 受效应器所处功能状态的影响 自主神经的作用与效应器官本身的功能状态有关。例如,刺激交感神经可通过 β_2 受体引起无孕子宫的舒张,通过 α_1 受体引起有孕子宫的收缩。

(二) 自主神经系统的生理功能

自主神经系统支配的效应器为心肌、平滑肌和腺体,主要调节机体的循环、呼吸、消化、代谢、排泄、内分泌和生殖等多方面的功能活动。现将自主神经系统对各器官系统的调节作用概括如表 9-4。

表 9-4   交感神经和副交感神经的主要功能

器官	交感神经	副交感神经
循环器官	心率加快、心肌收缩力加强 腹腔内脏、皮肤、唾液腺、外生殖器的血管收缩;骨骼肌血管收缩(肾上腺素能)或舒张(胆碱能)	心率减慢、心房收缩力减弱 部分血管(软脑膜动脉和外生殖器的血管)舒张
呼吸器官	支气管平滑肌舒张	支气管平滑肌收缩、腺体分泌
消化器官	胃、肠、胆囊平滑肌舒张,括约肌收缩,抑制消化腺分泌,促进唾液腺分泌黏稠唾液	胃、肠、胆囊平滑肌收缩,括约肌舒张,促进消化腺分泌,促进唾液腺分泌稀薄唾液
泌尿器官	尿道内括约肌收缩,逼尿肌舒张	尿道内括约肌舒张,逼尿肌收缩
生殖器官	有孕子宫收缩、无孕子宫舒张	
眼	瞳孔开大肌收缩,瞳孔扩大 睫状肌松弛,晶状体变扁	瞳孔括约肌收缩,瞳孔缩小 睫状肌收缩,晶状体变凸,泪腺分泌
皮肤	汗腺分泌,竖毛肌收缩	
内分泌	肾上腺髓质激素分泌,胰高血糖素分泌	胰岛素分泌
代谢	促进分解代谢	促进合成代谢

(三) 自主神经活动的特点及生理意义

交感神经系统的活动一般比较广泛,当机体处于急剧变化的环境,如剧烈肌肉运动、寒冷、紧张、窒息、剧痛或失血等状况时,交感神经系统的活动明显加强,迅速引起肾上腺髓质激素分泌增多,即交感神经 - 肾上腺髓质作为一个整体参与反应,称为应急反应(emergency response)。表现为心脏活动加强,血压升高,血液循环加快;呼吸加深加快,肺通气量增多;内脏血管收缩,骨骼肌血管舒张,血液重新分布;肝糖原分解加速,血糖浓度升高,为机体活动提供充分的能量。这一切变化均有利于调动机体的潜能,动员能量储备,使机体迅速适应环境的急剧变化。

副交感神经系统的活动相对比较局限。在机体安静时副交感神经系统的活动较强,并伴有胰岛素的分泌,故称为迷走 - 胰岛素系统。表现为心脏活动抑制,瞳孔缩小,消化系统功能增强等。其生理意义在于促进消化吸收、排泄和生殖等活动,加强合成代谢,积蓄能量,有利于机体的休整和体能恢复。

二、自主神经的递质与受体

自主神经对内脏功能的调节是通过自主神经末梢释放神经递质与效应器上相应受体结合而实现的。

(一) 自主神经的递质

自主神经末梢释放的递质属于外周神经递质,主要包括乙酰胆碱(acetylcholine,

ACh)和去甲肾上腺素(noradrenaline,NA 或 norepinephrine,NE)。

在神经生理学中,常以神经末梢释放的神经递质类型来命名和分类神经纤维。凡末梢以释放乙酰胆碱作为递质的神经纤维,称为胆碱能纤维。包括全部的交感和副交感神经节前纤维,大部分副交感神经节后纤维,支配汗腺和骨骼肌舒血管的交感神经节后纤维,以及躯体运动神经纤维。凡末梢以释放去甲肾上腺素为递质的神经纤维称为肾上腺素能纤维。体内大部分交感神经节后纤维属于肾上腺素能纤维(图 9-18)。

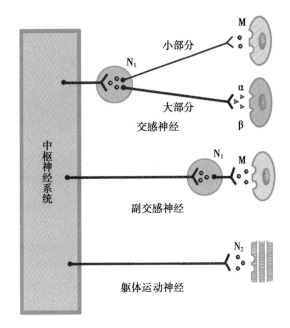

图 9-18 外周神经纤维的分类及释放的递质示意图
○代表乙酰胆碱;△代表去甲肾上腺素

(二)自主神经的受体

1. 胆碱能受体　能与乙酰胆碱结合而发挥生理效应的受体,称为胆碱能受体(cholinergic receptor)。根据其分布及效应的不同可分为以下两种类型(表 9-5)。

表 9-5　胆碱能受体和肾上腺素能受体的分布及生理功能

效应器		胆碱能系统		肾上腺素能系统	
		受体	作用	受体	作用
心脏	窦房结	M	心率减慢	β_1	心率加快
	房室传导系统	M	传导减慢	β_1	传导加快
	心肌	M	收缩减弱	β_1	收缩加强
血管	脑血管	M	舒张	α_1	轻度收缩
	冠状血管	M	舒张	α_1	收缩
				β_2	舒张(为主)
	皮肤黏膜血管	M	舒张	α_1	收缩
	腹腔内脏血管			α_1	收缩(为主)
				β_2	舒张
	骨骼肌血管	M	舒张	α_1	收缩
				β_2	舒张(为主)
呼吸器官	支气管平滑肌	M	收缩	β_2	舒张
	支气管腺体	M	促进分泌	α_1	抑制分泌
				β_2	促进分泌
消化器官	胃平滑肌	M	收缩	β_2	舒张
	小肠平滑肌	M	收缩	α_2	舒张
				β_2	舒张
	括约肌	M	舒张	α_1	收缩
	唾液腺	M	分泌稀薄唾液	α_1	分泌黏稠唾液
	胃腺	M	促进分泌	α_2	抑制分泌

续表

效应器		胆碱能系统		肾上腺素能系统	
		受体	作用	受体	作用
泌尿生殖	膀胱逼尿肌	M	收缩	β_2	舒张
	尿道内括约肌	M	舒张	α_1	收缩
	子宫平滑肌	M	可变①	α_1	收缩(有孕)
				β_2	舒张(无孕)
眼	瞳孔开大肌			α_1	收缩
	瞳孔括约肌	M	收缩		
皮肤	竖毛肌			α_1	收缩
	汗腺	M	促进温热性发汗	α_1	促进精神性发汗
内分泌	胰岛 B 细胞	M	促进胰岛素分泌	α_1	抑制胰岛素分泌
	肾上腺髓质	N_1	促进分泌		
代谢	脂肪分解			β_3	加强
	糖酵解			β_2	加强
其他	自主神经节	N_1	节后神经元兴奋		
	骨骼肌	N_2	收缩		

注：①因月经周期中雌、孕激素变化，及妊娠等因素而发生改变

（1）毒蕈碱受体（muscarinic receptor）：简称 M 受体。这类受体主要分布于副交感神经节后纤维及部分交感神经节后纤维支配的效应器的细胞膜上。乙酰胆碱与 M 受体结合后产生的生理效应称为毒蕈碱样作用（M 样作用）。M 样作用以副交感神经节后纤维兴奋的一系列表现为主，如心脏活动抑制、支气管平滑肌收缩、胃肠道平滑肌收缩、膀胱逼尿肌收缩、消化腺分泌增多、瞳孔缩小等；另外，还有交感胆碱能纤维兴奋的表现，如汗腺分泌增多和骨骼肌血管舒张等反应。阿托品是 M 受体的阻断剂。临床上使用阿托品，可解除胃肠道平滑肌痉挛，也可引起心率加快、瞳孔散大、唾液和汗液分泌减少等反应。

（2）烟碱受体（nicotine receptor）：简称 N 受体，包括 N_1 和 N_2 两个亚型。N_1 受体分布于自主神经节的突触后膜上，也称神经元型烟碱受体。乙酰胆碱与 N_1 受体结合，可导致自主神经节后神经元兴奋。N_2 受体分布在骨骼肌运动终板膜上，又称肌肉型烟碱受体。乙酰胆碱与 N_2 受体结合，则引起运动终板电位，导致骨骼肌的兴奋。上述作用称为烟碱样作用（N样作用）。筒箭毒碱是 N 受体，在临床中可作为肌肉松弛剂使用。

 知识链接

有机磷农药中毒

　　有机磷农药进入人体后，使胆碱酯酶发生磷酰化，失去了水解乙酰胆碱的能力，导致乙酰胆碱在体内大量蓄积，持续作用于胆碱能受体，出现毒蕈样症状、烟碱样症状和中枢神经系统症状。患者表现为腹痛、恶心呕吐、大小便失禁、流涎、瞳孔缩小呈针尖样、大汗淋漓、心率减慢、肌肉颤动、呼之不应等。临床治疗时，需要静脉滴注大量阿托品缓解 M 样症状，同时应用胆碱酯酶复活剂进行解救。

　　2. **肾上腺素能受体**　　能与去甲肾上腺素和肾上腺素结合的受体称为肾上腺素能受体（adrenergic receptor），这类受体分布在肾上腺素能纤维支配的效应器细胞膜上，分为以下两

类(表 9-5)。

(1) α 受体:分为 α₁ 和 α₂ 受体两个亚型。α₁ 受体主要分布在血管平滑肌、子宫平滑肌、瞳孔开大肌的细胞膜上。去甲肾上腺素与 α₁ 受体结合后平滑肌的效应以兴奋为主,如血管收缩,子宫收缩,瞳孔扩大等。α₂ 受体主要存在于突触前膜上,当去甲肾上腺素释放过多时,去甲肾上腺素与突触前膜 α₂ 受体结合,抑制轴突末梢去甲肾上腺素的进一步释放。临床上应用 α₂ 受体激动剂可乐定治疗高血压,就是根据这个原理。酚妥拉明为 α 受体阻断剂,对 α₁ 和 α₂ 受体均有阻断作用,可消除去甲肾上腺素引起的血管收缩、血压升高等效应。

(2) β 受体:包括 β₁、β₂ 和 β₃ 受体三个亚型。β₁ 受体主要分布于心肌细胞膜上,去甲肾上腺素与 β₁ 受体结合后,表现为心率加快、心肌收缩力加强、传导加速等。β₂ 受体主要分布于支气管、胃、肠、子宫及许多血管平滑肌细胞上,β₂ 受体激动引起这些部位平滑肌舒张。β₃ 受体主要分布于脂肪组织,与脂肪分解有关。普萘洛尔是 β 受体阻断剂,对 β₁ 和 β₂ 两种受体都有阻断作用,在抑制心脏活动的同时,可引起支气管痉挛,故不宜用于伴有呼吸系统疾病的患者。阿替洛尔和美托洛尔主要阻断 β₁ 受体,无上述副作用。

三、中枢对内脏活动的调节

在中枢神经系统的各级水平都存在调节内脏活动的核团,它们在内脏反射活动的整合中起着不同的作用。较简单的内脏反射通过脊髓即可完成,而较复杂的内脏反射活动则需要延髓以上中枢的参与。

(一)脊髓对内脏活动的调节

全部交感神经和部分副交感神经起源于脊髓,因此脊髓可以成为某些内脏反射活动的中枢。如脊髓可以完成血管张力反射、发汗反射、排尿反射及勃起反射等,说明脊髓对内脏活动有一定的调节能力。但这种反射调节功能是初级的,不能很好地适应生理功能的需要。

(二)脑干对内脏活动的调节

延髓有心血管活动中枢,呼吸的基本中枢,以及吞咽、呕吐、咳嗽、喷嚏等反射活动的中枢。在动物实验和临床实践中观察到,如果损伤延髓,会立即导致死亡,故延髓有生命中枢之称。此外,脑桥有呼吸调整中枢,角膜反射中枢。中脑有瞳孔对光反射中枢,如瞳孔对光反射消失,提示病变可能侵害到中脑水平。

(三)下丘脑对内脏活动的调节

下丘脑是调节内脏活动的较高级中枢,也是调节内分泌活动的高级中枢。下丘脑把自主神经系统活动、内分泌活动和躯体活动三者联系起来,以实现对摄食、水平衡、体温、内分泌和情绪反应等许多重要功能的调节。

1. 对摄食活动的调节 摄食是与机体能量需求相适应的一种复杂行为。在下丘脑调节下,机体根据能量的消耗来调节摄食活动。在动物实验中发现,电刺激清醒动物下丘脑的外侧区,可引起动物的摄食活动,食量大增。而刺激下丘脑的腹内侧核,则动物停止摄食活动,表现为拒食。因此认为,下丘脑外侧区存在摄食中枢,而下丘脑的腹内侧核有饱中枢,这两个中枢之间还存在交互抑制作用。实验表明,饱中枢对血糖水平的变化比较敏感,因此血糖水平的高低可能影响摄食中枢和饱中枢的活动。

2. 水平衡的调节 机体对水平衡的调节包括摄水与排水两个方面。实验证明,在下丘脑摄食中枢的附近有饮水中枢。破坏该区,动物除拒食外,饮水量也明显减少,而刺激该部位,动物出现渴感和饮水。下丘脑内存在着渗透压感受器,可根据血浆晶体渗透压的变化来调节视上核和室旁核抗利尿激素的分泌,进而控制肾小管和集合管对水的重吸收,调节机体水平衡。

3. 体温调节　体温调节的基本中枢在下丘脑。已知视前区 - 下丘脑前部存在着温度敏感神经元,发挥体温调定点的作用,通过调节机体的散热和产热活动来维持体温的稳定(详见第六章能量代谢和体温)。

4. 对腺垂体和神经垂体激素分泌的调节　下丘脑促垂体区合成 9 种下丘脑调节肽,经垂体门脉入血到达腺垂体,调节腺垂体激素的分泌。下丘脑与腺垂体共同参与对甲状腺、肾上腺皮质和性腺活动的调节。此外,下丘脑视上核和室旁核合成抗利尿激素和缩宫素,经下丘脑 - 垂体束运到神经垂体储存,下丘脑可控制其释放。下丘脑是调节人体内分泌的中枢(详见第十章内分泌)。

5. 情绪调节　动物实验表明,如果在间脑以上水平切除大脑,只保留下丘脑以下结构,可出现毛发竖起、张牙舞爪、怒吼、心跳加速、呼吸加快、出汗、瞳孔扩大、血压升高等一系列交感神经活动亢进的现象,好似发怒一样,故称为"假怒";若损伤整个下丘脑则"假怒"不再出现。临床上,人类的下丘脑疾病,也常常出现不正常的情绪反应,说明下丘脑与情绪反应密切相关。平时受到大脑的抑制,下丘脑的情绪反应不易表现出来。

6. 生物节律控制　生物体内的许多功能活动按一定时间顺序呈现周期性变化,称为生物节律。根据周期的长短可划分为日节律、月节律、年节律等。其中日节律是最重要的生物节律,如体温、血细胞数和很多激素的分泌等。由于视交叉上核通过与视觉的联系,使体内的日节律和外环境的昼夜节律同步化,所以下丘脑视交叉上核是控制日节律的关键部位。

(四) 大脑皮质对内脏活动的调节

大脑皮质与内脏调节密切相关的结构是边缘系统和新皮质的某些区域。

大脑边缘叶以及与其密切联系的皮质和皮质下结构总称边缘系统。边缘系统是调节内脏活动的高级中枢,可调节血压、呼吸、胃肠、瞳孔、膀胱等的活动,故有人称其为内脏脑。此外边缘系统还与情绪、食欲、性欲、生殖以及防御等活动密切相关。

电刺激动物的新皮质,除能引起躯体运动外,也能引起血管舒缩、汗腺分泌、呼吸运动、直肠和膀胱活动的变化。切除大脑新皮质,除有关感觉和躯体运动丧失外,很多内脏功能也发生异常,说明大脑新皮质既是感觉和躯体运动的最高级中枢,也是调节内脏活动的高级中枢。

第五节　脑的高级功能

人类的大脑皮质高度发达,是机体各种生理活动的最高级调节中枢。除能产生感觉,调节躯体运动和内脏活动外,还有一些更为复杂的高级功能,如学习和记忆、语言、睡眠与觉醒等,其中语言功能为人类所特有。

一、大脑皮质的电活动

大脑皮质的电活动有两种形式:一是机体在安静状态下,大脑皮质未受到任何明显刺激时产生的一种持续的节律性电活动,称为自发脑电活动。用脑电图仪在头皮表面记录的自发脑电活动,称为脑电图(electro-encephalogram,EEG)。另一种是人工刺激感受器或传入神经时,在大脑皮质一定部位引导出来的形式较为固定的电位变化,称为皮质诱发电位。这里只对脑电图的波形及脑电波形成的机制进行讨论。

(一) 脑电图的正常波形

正常脑电图的波形不规则,一般依据其频率和振幅的不同,分为四种基本波形(图 9-19),其主要特征见表 9-6。

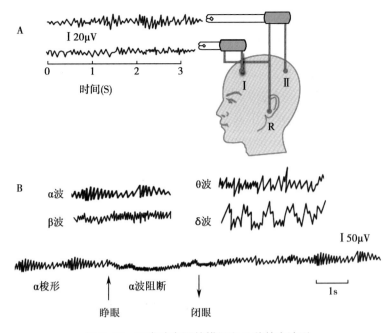

图 9-19 正常脑电图的描记和几种基本波形

A.脑电图的描记方法:参考电极放置在耳廓(R),由额叶(Ⅰ)和枕叶(Ⅱ)
引导电极导出脑电波;B.正常脑电图的基本波形

表 9-6 脑电图的正常波形

波形名称	频率(Hz)	波幅(μV)	主要特征
β 波	14~30	5~20	为快波,觉醒睁眼、兴奋、激动、注意力集中时出现,额叶、顶叶较显著
α 波	8~13	20~100	为慢波,呈梭形,清醒、安静、闭目时出现,睁眼或进行紧张性思维或接受其他刺激时消失(α 波阻断),枕叶显著
θ 波	4~7	100~150	为慢波,睡眠、困倦时出现,颞叶、顶叶较显著
δ 波	1~3	20~200	为慢波,睡眠、深度麻醉及婴儿期出现,额叶较显著

一般情况下,脑电波随大脑皮质不同的生理情况而变化。当皮质神经元的电活动不一致时,就出现高频率低振幅的 β 波,称为去同步化快波,是大脑新皮质处在紧张活动状态时的主要脑电活动。当皮质神经元的电活动趋于一致时,就出现低频率高振幅的波形,称为同步化慢波,其中 α 波是安静状态时的主要脑电活动,θ、δ 波则是困倦或睡眠状态下的主要脑电活动。当睁开眼睛或机体受到其他刺激时,α 波立即消失而呈现快波,这一现象称为 α 波阻断。如果受试者再次安静闭眼,α 波将重新出现。一般认为,脑电波由慢波转化为快波时表示皮质兴奋,而由快波转化为慢波时表示皮质抑制。

临床上,癫痫、脑炎、颅内占位性病变等患者会出现脑电活动的异常表现,脑电图的变化对于脑疾病的诊断、分型、随访都有重要价值。

(二)脑电波形成的机制

应用微电极技术记录动物大脑皮质神经细胞内的电位变化表明,脑电波主要是由皮质大量神经元同步发生的突触后电位(EPSP 和 IPSP)总和所形成。进一步研究发现,大量皮质神经元的同步活动依赖于丘脑的功能。正常情况下,由丘脑非特异性投射系统上传的兴奋到达大脑皮质,可引起大脑皮质细胞的自发脑电活动。实验发现,如果切断大脑皮质与丘脑的联系,这种脑电活动将大大减弱;如果用 8~12Hz 低频的电脉冲刺激丘脑的非特异投射核,在大脑皮质可出现类似 α 波节律的脑电波;如改用 60Hz 高频电刺激时,大脑皮质的 α 波节律消失而转变为高频快波,出现 α 波阻断,可能是高频刺激对同步化活动的扰乱。关于脑电波形成的详细机制尚未完全清楚。

二、觉醒和睡眠

觉醒和睡眠是人和动物的正常生理活动,随昼夜节律发生周期性转换。觉醒时,脑电波一般呈去同步化快波,觉醒状态下能产生感觉和从事各种活动,机体能迅速适应各种环境变化。睡眠时,脑电波通常呈同步化慢波,感觉与运动功能减弱,出现心率和呼吸频率减慢,血压下降,代谢率降低,体温下降,尿量减少,发汗功能增强等自主神经功能变化。睡眠状态可使机体的体力和精力得到恢复,并在睡眠后得以保持良好的觉醒状态,睡眠对于机体具有重要的保护意义。正常人需要的睡眠时间因年龄、工作及个体情况而不同。一般新生儿每天需要睡眠 18~20 小时,儿童需要 10~12 小时,成年人需要 7~9 小时,老年人可减少为 5~7 小时。

(一)觉醒状态的维持

如前所述,躯体感觉传入通路中,第二级神经元的传入纤维传入脑干,沿脑干网状结构上行激动系统上行,经丘脑的非特异性投射系统而到达大脑皮质。由于网状结构和非特异性投射系统的结构特点,很容易受到药物的影响,临床常用巴比妥类药物通过阻断上行激动系统而发挥催眠作用。觉醒状态有脑电觉醒和行为觉醒之分。脑电觉醒是指脑电波呈现去同步化快波,而行为上不一定处于觉醒状态。脑电觉醒的维持与脑干网状结构胆碱能系统和蓝斑上部去甲肾上腺素系统的活动有关。行为觉醒是指机体出现了觉醒时的各种行为表现,它的维持可能与中脑黑质多巴胺递质系统的功能有关。

(二)睡眠的时相及其特征

在睡眠过程中,机体的脑电图、肌电图和眼电图等活动也发生了特征性的变化。根据这些变化特征,将睡眠分为慢波睡眠(slow wave sleep,SWS)与快波睡眠(fast wave sleep,FWS)两个时相,后者又称快速眼球运动睡眠。睡眠不同时相的特征及生理意义如表9-7所示。

表 9-7　两种不同睡眠时相的特征及生理意义比较

特征及生理意义	睡眠类型	
	慢波睡眠	快波睡眠
脑电图	同步化慢波	去同步化快波
眼肌图	无快速眼动	出现快速眼动
肌反射及肌紧张	减弱,仍有较多的肌紧张	肌肉几乎完全松弛,部分肢体抽动
心率、呼吸频率	减慢,但不显著	加快,变化不规则
血压	降低,但较稳定	升高或降低,变化不规则
做梦	偶尔	经常
唤醒阈值	低	高
睡眠持续时间(min)	长(80~120)	短(20~30)
觉醒与睡眠时相转换	为首先和必经的阶段	继慢波睡眠之后发生,可直接转为觉醒
生理意义	生长激素释放明显增多,有利于消除疲劳,恢复体力和促进儿童生长	脑组织蛋白质合成增加,促进幼儿神经系统的发育、成熟,促进成人建立新的突触联系,增强记忆功能,促进精力恢复

由上表可知,慢波睡眠有利于促进生长和体力恢复,是正常人所必需的。一般成年人持续觉醒 15~16 小时便可称为睡眠剥夺,长期睡眠剥夺后,如果任其自然睡眠,则慢波睡眠尤

其是深度睡眠将明显增加,以补偿前阶段的睡眠不足。同样,快波睡眠也为正常人所必需。如果受试者连续几夜在快波睡眠时就被唤醒,则受试者将变得容易激动。如让受试者自然睡眠,开始几天快波睡眠明显增加,以补偿前阶段的不足;而且在这种情况下,从觉醒状态可直接进入快波睡眠,而不用经过慢波睡眠阶段。因快波睡眠有助于记忆的整合和巩固,如果经常剥夺人的快波睡眠,就会损害学习记忆能力。

快波睡眠过程中出现的间断的阵发性表现可能是某些疾病在夜间发作的诱因之一。例如心绞痛、哮喘发作等。据报道,患者在夜间先做梦,梦中情绪激动,伴呼吸和心率加快、血压升高,直到心绞痛发作而觉醒。

(三) 睡眠产生的机制

睡眠产生的机制至今仍不十分明确,一般认为睡眠不是疲劳等原因诱发的被动过程,而是由中枢启动的一个主动过程。低频电刺激延髓网状结构中的孤束核、中缝核和蓝斑等,动物可出现同步化慢波睡眠。如果在脑桥中部离断脑干,动物处于觉醒状态,出现睡眠障碍。有人将脑干尾端网状结构称为上行抑制系统,对抗脑干网状结构上行激动系统的作用,从而调节睡眠与觉醒的相互转化。研究还发现睡眠的产生与中枢内某些神经递质也有密切的关系,如 5- 羟色胺能引起和维持睡眠,乙酰胆碱则抑制睡眠。

三、学习与记忆

学习和记忆是两个密切联系的神经活动过程,是人类思维活动的基本环节,也是必备的生存能力之一。学习是指人和动物获取外界信息,改变自身行为以适应环境的神经活动过程。记忆是把学习到的信息进行储存和读出的神经活动过程。

(一) 学习的形式

1. 非联合型学习　这种学习不需要在刺激和反应之间形成某种明确的联系,又称简单学习。有习惯化和敏感化两种表现形式。对有规律且反复出现的温和刺激逐渐降低反应性,称为习惯化。习惯化可以使人或动物忽略某些对当前生存不构成直接伤害的刺激,而专注于处理一些更重要的事件。人或动物遭遇某些强烈或伤害性刺激时,对其他弱刺激的反应也会增强的现象,称为敏感化。敏感化也是机体自我保护的一种反应。

2. 联合型学习　联合型学习是两个事件在发生时间上非常接近,最后在脑内逐渐形成联系的过程。原来不能引起某一反应的刺激与另一个能引起反应的刺激同时给予(学习过程),从而使二者之间建立起联系。条件反射就属于联合型学习。

(二) 记忆的形式及过程

1. 记忆的形式　根据信息在脑中储存和回忆的方式,记忆被分为陈述性记忆和非陈述性记忆两类。陈述性记忆储存的信息是事件或事实,非陈述性记忆储存的是操作技能的信息。两种记忆形式可以相互转化,相互促进。

记忆又可按记忆保留的时间被划分为:①短时程记忆:记忆保留数秒至几分钟,如打电话时,拨号后电话号码的记忆随即消失;②中时程记忆:记忆保留几分钟至几天,如考试前的突击记忆;③长时程记忆:记忆保留数天至数年,有些信息如自己的名字,可终生保持记忆。

2. 记忆的过程　人类的记忆过程可以分成四个阶段,即感觉性记忆、第一级记忆、第二级记忆和第三级记忆(图 9-20)。任何记忆都是从感觉性记忆开始的,记忆时间很短,一般在 1 秒钟以内,若未经处理很快会丢失。如果信息经过加工处理,把记忆片段整合成新的连续印象时,就会转入第一级记忆。但是,第一级记忆中的信息仍很不牢固,平均停留几秒钟时间。如果进入第一级记忆中的信息得到反复循环运用,就可延长其停留时间,信息就容易转入第二级记忆。第二级记忆是一个大而持久的贮存系统,但其信息也会由于各种干扰而被遗忘。有的信息通过长年累月的运用,将长期保留,而不易被遗忘,这种记忆就属于第三级

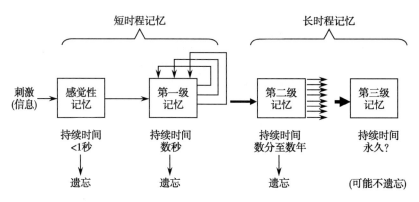

图 9-20　人类记忆过程示意图

记忆。

遗忘是指部分或完全失去回忆和再认的能力,是一种正常的生理现象。遗忘在学习后即已开始,最初遗忘速度很快,以后逐渐减慢。遗忘不等于记忆的消失,因为复习已经遗忘的知识比学习新知识要容易得多。遗忘的原因,一是条件刺激长期不予强化、久不复习所引起的消退抑制;二是后来信息的干扰。临床上将疾病情况下发生的遗忘称为遗忘症或记忆障碍,分为顺行性遗忘症和逆行性遗忘症。顺行性遗忘症是指不能再储存新近获得的信息,常见于慢性酒精中毒的患者。逆行性遗忘症是指发生障碍之前一段时期内的记忆丧失,多见于脑震荡患者,第二级记忆可能发生了紊乱,但第三级记忆基本未受影响。

(三) 学习和记忆的机制

近年来普遍认为学习和记忆的生理学基础是突触的可塑性(突触的形态和功能可发生较为持久改变的特性或现象)。习惯化的实质是突触传递的效能减弱;敏感化是由于突触传递的效能增强。从神经解剖学的角度来看,持久性记忆可能与新的突触联系的建立有关。从神经生理学的角度来看,短时程记忆与中枢神经元的环路联系产生的后发放作用有关。从神经生物化学的角度来看,长时程记忆可能与脑内蛋白质合成有关。中枢递质与学习记忆也有关,如脑内乙酰胆碱、儿茶酚胺、血管升压素等可加强学习记忆活动;而缩宫素、阿片肽等则使学习记忆减退。

四、大脑皮质的语言功能

语言是人类最重要的交流工具,是人类区别于其他动物的典型特征。人脑每天要处理加工大量的语言文字符号。在长期的进化过程中,人脑逐渐分化出了不同的语言功能系统。

(一) 大脑皮质的语言中枢

语言中枢是人类大脑皮质特有的中枢,位于大脑外侧沟附近。临床上可见的语言活动功能障碍表现有:①运动失语症:主要是中央前回底部前方的 Broca 三角区受损,患者可以看懂文字,能听懂别人的谈话,但自己却不会讲话,也不能用词语口头表达自己的思想。②失写症:因损伤额中回后部接近中央前回的手部代表区所致,患者可以听懂别人讲话,看懂文字,自己也会说话,但丧失书写与绘画能力。③感觉失语症:由颞上回后部的损伤所致,患者可以讲话和书写,也能看懂文字,但听不懂别人谈话的意思。④失读症:如果角回受损伤,则患者看不懂文字的含义,但视觉和其他语言功能良好。可见,人类大脑皮质一定区域的损伤,可导致各种不同的语言活动障碍,说明大脑皮质的语言功能具有一定的分区(图9-21)。

(二) 大脑皮质功能的一侧优势现象

人类两侧大脑半球的功能是不对称的,对于大多数右利手的成人,语言活动功能主要集

笔记

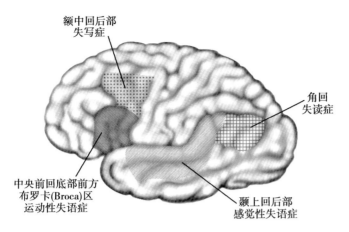

额中回后部
失写症

角回
失读症

中央前回底部前方
布罗卡(Broca)区
运动性失语症

颞上回后部
感觉性失语症

图 9-21　大脑皮质与语言功能有关的主要区域

中在大脑左半球;而右侧半球则在空间的辨认,深度的知觉和触觉以及音乐欣赏等非词语性认知功能上占优势。一般将语言活动功能占优势的半球称为优势半球或主要半球。这种优势现象为人类所特有,它的出现除与遗传因素有一定关系外,主要与人类习惯用右手进行劳动有密切关系。人类语言活动功能的左侧优势从 10~12 岁起逐步建立,此前若发生左侧半球的损伤,尚有可能在右侧大脑皮质重新建立起语言活动中枢;如果成年后发生左侧半球损伤,在右侧就很难再建立语言中枢。左利手的人,其优势半球可在右侧也可在左侧大脑半球。

　　虽然存在一侧优势现象,但人类两侧大脑皮质的功能通过连合纤维(胼胝体)相联系。如右手学了一种技巧运动,左手虽然没有经过训练,但在一定程度上也会完成这种技巧运动;如果事先切断动物的胼胝体,此现象就不会发生。

(张承玉)

思考题

1. 兴奋在神经纤维上的传导与突触的信息传递有何不同?
2. 特异性和非特异性投射系统的功能是什么?
3. 胆囊炎患者为何会出现右肩胛区疼痛?
4. 小脑损伤会出现哪些躯体运动障碍? 为什么?
5. 误食毒蘑菇会出现哪些临床表现? 如何进行解救?

笔记

第十章

内 分 泌

1. **掌握** 内分泌和激素的概念;腺垂体的激素及生理作用;甲状腺激素、肾上腺皮质激素、肾上腺髓质激素、胰岛素的生理作用。

2. **熟悉** 激素作用的特征;下丘脑与垂体之间的功能关系;神经垂体激素及生理作用;甲状旁腺激素作用;下丘脑-腺垂体-甲状腺轴、下丘脑-腺垂体-肾上腺皮质轴的调节及意义。

3. **了解** 激素的分类及作用原理;交感-肾上腺髓质系统、应急反应与应激反应的概念;甲状腺激素合成过程及碘对甲状腺激素合成的影响。

内分泌系统是体内重要的功能调节系统,通过分泌各种激素发布调节信息,维护组织细胞的新陈代谢,调节生长、发育、生殖及衰老过程等,全面调控与个体生存密切相关的基础功能活动,内分泌系统与神经系统、免疫系统密切联系,相互配合,共同调节和维持机体的内环境稳态。

第一节 概 述

人体内的腺体或细胞产生并释放某些化学物质的过程称为分泌(secretion),包括内分泌(endocrine)和外分泌(exocrine)。机体的腺体分为内分泌腺和外分泌腺。

一、内分泌和外分泌

(一) 内分泌

内分泌系统是由内分泌腺和散在于某些器官组织中的内分泌细胞组成。人体主要的内分泌腺有:垂体、甲状腺、甲状旁腺、肾上腺、胸腺、松果体。内分泌组织是分散存在于其他器官组织中的内分泌细胞团块。如胰腺内的胰岛、睾丸内的间质细胞、卵巢内的卵泡和黄体。此外,还包括散在分布于肾脏、胃肠道黏膜、心脏、下丘脑、肺、胎盘、皮肤等处的内分泌细胞。

内分泌腺和内分泌细胞是通过所分泌的激素来发挥调节作用的,激素不经导管,而是直接释放于体液中,这种现象称为内分泌(endocrine)。由内分泌腺或内分泌细胞所分泌的高效能的生物活性物质,称为激素(hormone)。

激素作用的细胞、组织和器官,分别称为靶细胞(target organ)、靶组织(target tissue)和靶器官(target cell)。关于激素传递方式,目前认识的比较深入。大多数激素经血液循环运送到远距离的器官发挥作用,这种方式称为远距分泌;某些激素仅由组织液扩散作用于邻近细胞,这种方式称为旁分泌;如果内分泌细胞所分泌的激素在局部扩散又返回作用于该内分泌细胞,这种方式称为自分泌;另外,下丘脑有许多具有内分泌功能的神经细胞,其产生的激素可沿神经轴突内轴浆流动送到末梢释放,这种方式称为神经分泌(图 10-1)。

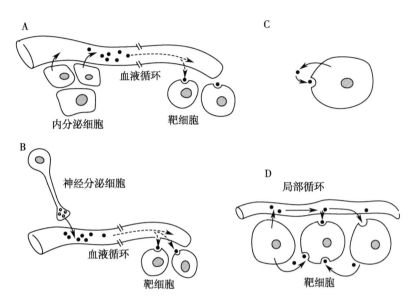

图 10-1　激素在细胞间传递信息的途径
A. 远距分泌;B. 神经分泌;C. 自分泌;D. 旁分泌

(二) 外分泌

外分泌是外分泌腺的腺泡通过导管将分泌物排放到体内管腔或体外的过程,称为外分泌,其分泌物称为外分泌物,如胰腺将消化液分泌到消化管腔,汗腺、泪腺及乳腺分别将汗液、泪液、乳液分泌到体外。外分泌是机体对于内、外环境刺激所发生的适应性分泌反应。

外分泌对于不同组织器官具有不同调节功能。外分泌在机体的防御反应和免疫调节过程中发挥重要的作用,是调节内环境相对稳定的方式之一。

二、激素的分类及作用机制

(一) 激素的分类

激素按化学性质可分以下几类:

1. 含氮激素　包括蛋白质激素、肽类激素和胺类激素。

蛋白质激素、肽类激素主要包括下丘脑调节性多肽、神经垂体释放的激素、腺垂体激素、胰岛素、甲状旁腺素、降钙素和胃肠道激素等。胺类激素,包括肾上腺素、去甲肾上腺素、甲状腺激素。

含氮类激素大多是属于亲水性激素,可与细胞膜受体结合而产生调节效应。除甲状腺激素外,易被消化液消化分解而破坏,用药时不宜口服,一般须用注射。

2. 类固醇激素　类固醇激素因其共同前体是胆固醇而得名。主要包括肾上腺皮质和性腺分泌的激素,其代表物是皮质醇、醛固酮、孕酮、睾酮、雌二醇和胆钙化醇。

类固醇激素和甲状腺激素等亲脂性激素可直接进入靶细胞内发挥作用。这类激素不被消化液消化分解而破坏,用药时可口服。

3. 固醇类激素　胆固醇的衍生物,包括胆骨化醇(维生素 D_3)、25- 羟维生素 D_3 和 1,25- 二羟维生素 D_3。

4. 脂肪衍生物　脂肪酸衍生物,如前列腺素。

人体内分泌系统分泌的激素种类繁多,主要的内分泌腺所分泌的激素及其化学本质见表 10-1。

表 10-1　主要内分泌腺所分泌的激素及其化学本质

内分泌腺	激素	英文缩写	化学性质
下丘脑	促甲状腺激素释放激素	TRH	肽类
	促肾上腺皮质激素释放激素	CRH	肽类
	促性腺激素释放激素	GnRH	肽类
	生长激素释放激素	GHRH	肽类
	生长激素释放抑制激素	GHPIH	肽类
	催乳素释放因子	PRF	肽类
	催乳素释放抑制因子	PIF	肽类
	促黑素细胞激素释放因子	MRF	肽类
	促黑素细胞激素释放抑制因子	MIF	肽类
脑垂体:腺垂体	促肾上腺皮质激素	ACTH	肽类
	促甲状腺激素	TSH	蛋白类
	促卵泡激素	FSH	蛋白类
	黄体生成素	LH	蛋白类
	促黑(素细胞)激素	MSH	肽类
	生长素	GH	蛋白类
	催乳素	PRL	蛋白类
神经垂体	血管升压素(抗利尿激素)	VP(ADH)	肽类
	催产素	OXT	肽类
甲状腺	甲状腺素(四碘甲腺原胺酸)	T_4	胺类
	三碘甲腺原胺酸	T_3	胺类
甲状腺 C 细胞	降钙素	CT	肽类
甲状旁腺	甲状旁腺激素	PTH	蛋白类
胰岛	胰岛素		蛋白类
	胰高血糖素		肽类
	胰多肽		肽类
肾上腺:皮质	糖皮质激素(如皮质醇)		类固醇
	盐皮质激素(如醛固酮)		类固醇
髓质	肾上腺素	E	胺类
	去甲肾上腺素	NE	胺类
睾丸:间质细胞	睾酮		类固醇
支持细胞	抑制素		类固醇
卵巢及胎盘	雌二醇	E_2	类固醇
	雌三醇	E_3	类固醇
	孕酮	P	类固醇
胎盘	绒毛膜促性腺激素	CG	蛋白类
消化道	促胃液素		肽类
	促胰液素		肽类
消化道及脑	缩胆囊素	CCK	肽类
心房	心房钠尿肽		肽类

续表

内分泌腺	激素	英文缩写	化学性质
松果体	褪黑素		胺类
胸腺	胸腺素		肽类
皮肤、食物	胆钙化醇(维生素 D_3)	VD_3	固醇类
肝脏	25- 羟胆钙化醇(25- 羟维生素 D_3)		固醇类
肾脏	1,25- 羟胆钙化醇(1,25- 羟维生素 D_3)		固醇类

(二) 激素作用的机制

1. 含氮激素的作用机制 - 第二信使学说　第二信使学说的基本内容是,激素作为第一信使,经血液循环送到靶细胞,与靶细胞膜表面的特异性受体结合,激活位于细胞膜内侧面的腺苷酸环化酶(adenyl cyclase, AC),在 Mg^{2+} 参与下,促使三磷腺苷(ATP)转变为环 - 磷酸腺苷(cAMP),cAMP 作为第二信使激活细胞内蛋白激酶系统,蛋白激酶的活化有赖于 Ca^{2+} 的存在。激活的蛋白激酶可使多种蛋白质或酶发生磷酸化反应,从诱发靶细胞内特有的生物学效应,如腺细胞分泌、肌细胞收缩、细胞内某些酶促反应和细胞膜通透性改变等调节细胞的各种功能。cAMP 发挥作用后,即被细胞内磷酸二酯酶降解为 5'-AMP 而失活(图 10-2)。

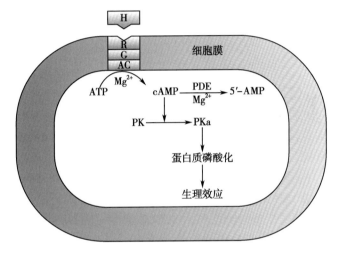

图 10-2　含氮激素的作用机制示意图

目前认为,除 cAMP 外,环 - 磷酸鸟苷(cGMP)、Ca^{2+}、三磷酸肌醇(IP₃)、二酰甘油(DG)以及前列腺素等也能作为含氮激素的第二信使。另外,细胞内的蛋白激酶除蛋白激酶 A(PKA)外,还有蛋白激酶 C(PKC)及蛋白激酶 G(PKG)等。

2. 类固醇激素的作用机制 - 基因调节学说　类固醇激素分子量小,脂溶性高,能透过靶细胞膜进入细胞内,与胞浆受体结合,形成激素 - 胞浆受体复合物,再进入核内与核内受体结合,转变为激素 - 核受体复合物,从而激发 DNA 的转录过程,生成新的 mRNA,诱导某种蛋白的合成而产生生理效应。另外有的激素(如甲状腺激素,维生素 D)可直接进入核内,与附着于 DNA 上的核内受体分子结合,调节蛋白质的合成。

应该说明,上述两类激素作用原理不能绝对分开。例如,胰岛素除作用于细胞膜受体外,还能进入细胞内发挥作用。甲状腺激素也是通过进入细胞核膜调节蛋白质合成中的转录过程而发挥作用(图 10-3)。

三、激素作用的一般特性

(一) 激素的信息传递作用

内分泌系统以激素这种化学形式在细胞与细胞之间进行信息传递,调节靶细胞的生理生化反应过程,使其过程加强或减弱。在这个过程中并不产生新的信息,也不提供能量,当信息传递至靶细胞后,激素即被分解而失去活性,激素只是起到将生物信息传递给靶细胞的信使(messenger)作用。

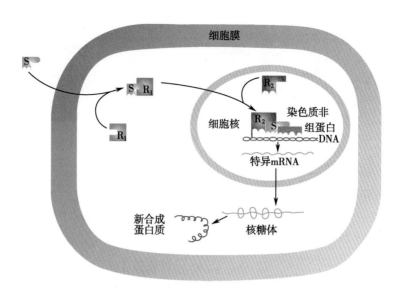

图 10-3　类固醇激素的作用机制示意图

(二) 激素作用的特异性

激素释放进入血液被运送到全身各个部位,但激素只选择性地作用于某些器官、组织和细胞,称为激素作用的特异性。特异性的本质是靶细胞上存在与该激素结合的特异性受体有关。激素与受体相互识别,并发生特异性结合,从而发挥生理效应。

有些激素作用的特异性很强,只作用于某一靶腺或靶细胞,如腺垂体的促甲状腺激素只作用于甲状腺的腺泡细胞;而有些激素的作用范围大,受它作用的靶器官、靶细胞数量较多,分布较广,如生长激素、甲状腺激素等,它们几乎对全身的组织细胞的代谢过程都发挥调节作用。但是,这些激素也是与细胞的相应受体结合而起作用的,因此仍具有一定的特异性。

(三) 激素作用的高效能

生理状况下人体血液中的各种激素含量极其微量,一般在纳摩尔(nmol/L),甚至在皮摩尔(pmol/L)数量级,但其作用却非常显著,其原因是激素与受体结合后,在细胞内发生一系列酶促反应,呈瀑布式放大效应,逐级放大后可形成一个高效能生物放大系统。一旦激素水平偏离生理范围,某内分泌腺分泌的激素稍有过多或不足,便可引起机体代谢或功能的异常,分别称为内分泌腺功能亢进或功能减退。因此,体内各种激素的分泌都处于严密的调控之下,随时保持血中激素水平的稳态。

(四) 激素间的相互作用

体内各激素的作用是相互关联、相互影响的,它们相互间主要存在着以下作用:

1. 相互协同　如生长激素、肾上腺素、糖皮质激素及胰高血糖素,均能提高血糖,在升糖效应上有协同作用。

2. 相互拮抗　如胰岛素能降低血糖,肾上腺素、糖皮质激素、胰高血糖素等升高血糖,其效应是相拮抗作用。

3. 允许作用　有的激素本身并不能直接对某些器官、组织或细胞产生生理效应,然而在它存在的条件下,可使另一种激素的作用明显增强,即对另一种激素的效应起支持作用,这种现象称为激素的允许作用(permissive action)。如糖皮质激素没有收缩血管作用,但它的存在去甲肾上腺素才能发挥收缩血管作用。

4. 竞争作用　化学结构相似的激素可竞争同一受体位点,它取决于激素与受体的亲和性与激素的浓度,如孕酮与醛固酮化学结构相似,受体亲和性很小,但当孕酮浓度升高时,则可与醛固酮竞争同一受体而减弱醛固酮的生理作用。

知识链接

神经免疫调节

神经系统、内分泌系统和免疫系统之间相互作用、相互依赖的复杂关系的研究已经成为一门独立的边缘学科,即神经免疫调节(neuro-immune regulation)或神经免疫内分泌学(neuro-immune-endocrinology)。研究者们已通过大量实验证实,神经内分泌系统通过其广泛的外周神经突触及其分泌的神经递质和众多的内分泌激素,甚至还有神经细胞分泌的细胞因子,来共同调控着免疫系统的功能;而免疫系统通过免疫细胞产生的多种细胞因子和激素样物质反馈作用于神经内分泌系统。两个系统的细胞表面都证实有相关受体接受对方传来的各种信息。这种双向的复杂作用使两个系统内或系统之间得以相互交通和调节,构成神经内分泌免疫调节网络(neuro-endocrine-immune regulatory network),共同维持着机体的稳态。

第二节　下丘脑与垂体

一、下丘脑的内分泌功能

下丘脑和垂体位于大脑基底部,两者在结构和功能上有着密切的联系。下丘脑有两组神经内分泌细胞,一组是视上核和室旁核,其神经纤维下行至神经垂体构成下丘脑-垂体束,所合成的血管升压素和催产素沿垂体束纤维的轴浆运输到神经垂体贮存,组成下丘脑-神经垂体系统;另一组集中在下丘脑内侧基底部,构成下丘脑促垂体区,其分泌的下丘脑促垂体激素,经垂体门脉系统运送到腺垂体,调节腺垂体功能,形成下丘脑-腺垂体系统。

垂体是体内最重要的内分泌腺,它能分泌多种激素,有内分泌之首之称,它所分泌的激素最多,作用复杂而广泛,主要调节人体的生长、发育、物质代谢以及脏器的生理活动。垂体分为腺垂体和神经垂体两部分(图10-4)。

(一)下丘脑-腺垂体系统

下丘脑与腺垂体之间没有直接的神经纤维联系,而是通过特殊的血管系统——垂体门脉系统发生功能联系,构成了下丘脑-腺垂体系统。下丘脑基底部存在一个促垂体区,下丘脑促垂体区的神经元合成和分泌肽类物质,通过垂体门脉系统运送至腺垂体,调节腺垂体的内分泌活动,因此这些多肽称为下丘脑调节性多

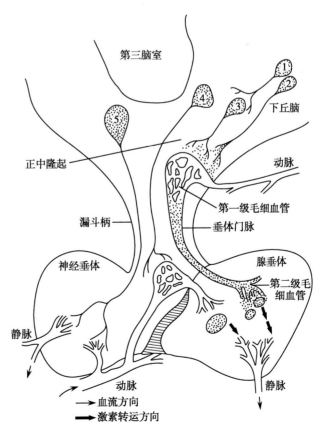

图 10-4　下丘脑与脑垂体功能联系示意图

肽。目前发现有 9 种具有活性的下丘脑调节性多肽。下丘脑调节性多肽的名称及主要作用见表 10-2。

表 10-2　下丘脑调节性多肽及其作用

调节性多肽（HRP）	英文缩写	化学性质	主要作用
促甲状腺激素释放激素	TRH	3 肽	促进 TSH、PRL 分泌
促肾上腺皮质激素释放激素	CRH	41 肽	促进 ACTH 分泌
促性腺激素释放激素	GnRH	10 肽	促进 LH、FSH 分泌
生长激素释放激素	GHRH	44 肽	促进 GH 分泌
生长激素抑制激素（生长抑素）	GHPIH	14 肽	抑制 GH 分泌
催乳素释放肽	PRF	31 肽	促进 PRL 分泌
催乳素抑制因子	PIF	多巴胺	抑制 PRL 分泌
促黑素细胞激素释放因子	MRF	肽	促进 MSH 分泌
促黑素细胞激素释放抑制因子	MIF	肽	抑制 MSH 分泌

（二）下丘脑 - 神经垂体系统

下丘脑与神经垂体有着直接的神经联系。下丘脑视上核和室旁核有神经纤维下行到神经垂体，构成下丘脑 - 垂体束。下丘脑视上核与室旁核合成的血管升压素与催产素通过下丘脑 - 垂体束纤维的轴浆运输到神经垂体贮存并释放。

二、腺垂体激素

垂体是体内最重要的内分泌腺，其所分泌的激素最多，作用较复杂而广泛。垂体分为腺垂体和神经垂体两部分。

（一）腺垂体激素及其生理作用

腺垂体合成和分泌七种激素：生长激素（GH）、催乳素（PRL）、促黑激素（MSH）、促甲状腺激素（TSH）、促肾上腺皮质激素（ACTH）、促卵泡激素（FSH）、黄体生成素（LH）。其中促甲状腺激素、促肾上腺皮质激素、促卵泡激素、黄体生成素均有各自的靶腺，分别形成：下丘脑 - 垂体 - 甲状腺轴；下丘脑 - 垂体 - 肾上腺皮质轴；下丘脑 - 垂体 - 性腺轴。腺垂体所分泌的这些激素是通过促进靶腺分泌激素而发挥作用，所以也称这些激素为促激素。

1. 生长激素　生长激素（growth hormone，GH）是腺垂体中含量最多、分泌量最大、特异性较强的一种激素。人生长激素（human growth hormone，hGH）是由腺垂体生长激素细胞合成和分泌的，由 191 个氨基酸组成，化学结构与人催乳素（hPRL）相似，故与 PRL 的作用有交叉。

生长激素的主要生理作用为：

（1）促进生长发育：GH 作用主要是促进人体生长，特别是促进骨骼、肌肉和内脏器官的生长。人在幼年时期生长激素分泌不足，将出现生长迟缓，身材矮小，称为侏儒症；若幼年时期生长激素分泌过多，身材过于高大，称为巨人症；成年后分泌过多，因骨骺已闭合，长骨不再增长，可刺激手脚肢端短骨、面骨及软组织生长异常，出现手足粗大、鼻大唇厚、下颌突出等症状，称为肢端肥大症。

GH 可通过直接激活靶细胞生长激素受体和诱导产生胰岛素样生长因子间接刺激靶细胞产生生理效应。胰岛素样生长因子主要作用是促进软骨生长，促进钙、磷、钾、硫等多种元素，以及氨基酸进入软骨细胞，增强 DNA、RNA 和蛋白质合成，促进软骨细胞分裂和骨化，使软骨生长，软骨骨化后即变成成骨，使长骨变长。

（2）对代谢的影响：生长激素具有促进蛋白质合成、促进脂肪分解和升高血糖的作用。

GH通过胰岛素样生长因子促进氨基酸进入细胞,促进蛋白质的合成,包括软骨、骨、肌肉、肝、肾、心、脑及皮肤等组织的蛋白质合成增加;GH能促进脂肪分解,增强脂肪酸的氧化分解,提供能量,使组织尤其是肢体的脂肪量减少;GH抑制外周组织摄取与利用葡萄糖,减少葡萄糖的消耗,提高血糖水平。过量的生长激素则抑制糖的利用,使血糖升高,引起垂体性糖尿。

生长激素的分泌调节(图10-5):

(1) 下丘脑对生长激素分泌的调节:腺垂体生长激素的分泌受下丘脑生长激素释放激素与生长抑素的双重调节。生长激素释放激素可促进腺垂体生长激素的分泌,而生长抑素则抑制其分泌。因为生长激素

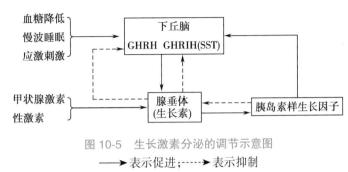

图 10-5　生长激素分泌的调节示意图
──→表示促进;-----→表示抑制

释放激素呈脉冲式释放,所以 GH 呈脉冲式分泌,每隔 1~4 小时出现一次波动。在整体条件下,生长激素释放激素占优势,经常性的调节腺垂体 GH 的分泌;而生长抑素在应激刺激引起 GH 分泌过多时,才显著地发挥对 GH 分泌的抑制作用。

(2) 反馈调节:血液中的 GH 含量降低时,可反馈引起下丘脑 GHRH 释放增多。胰岛素样生长因子对 GH 的分泌也有负反馈调节作用。

(3) 其他因素:①睡眠的影响:人在觉醒状态下,GH 分泌较少,进入慢波睡眠后,GH 分泌明显增加。②代谢因素的影响:血中糖、氨基酸与脂肪酸均能影响 GH 的分泌,其中以低血糖对 GH 分泌的刺激作用最强。此外,运动、应激刺激、青春期(血中雌激素或睾酮浓度增高),可明显地增加 GH 分泌。

2. 催乳素(prolactin,PRL)　催乳素是含 199 个氨基酸的多肽,分子量 22 000。

催乳素的生理作用:催乳素作用很广泛,主要作用是促进妊娠期乳腺发育生长,引起并维持成熟乳腺分泌乳汁。

(1) 对乳腺的作用:促进乳腺发育,引起并维持分泌乳汁。女性青春期乳腺的发育主要是由于雌激素的刺激,糖皮质激素、生长激素、孕激素及甲状腺激素也起一定协同作用。在妊娠期,催乳素、雌激素和孕激素分泌增加,使乳腺进一步发育成熟并具备分泌乳汁能力,但不分泌乳汁。分娩后,血中雌、孕激素明显降低后,催乳素才能与乳腺细胞受体结合,发挥启动和维持泌乳的作用。

(2) 对性腺的作用:小剂量催乳素能促进排卵和黄体生长,促进雌激素和孕激素合成和分泌,大剂量有抑制作用。在男性,催乳素可促进前列腺和精囊的生长,促进睾酮的合成,对生精过程也有调节作用。过多的 PRL 可抑制男女两性的生殖功能。

PRL 主要作用是促进妊娠期乳腺发育生长,引起并维持成熟乳腺泌乳,并对男性和女性的性腺有一定的作用。在应激反应状态下 PRL 血中浓度升高。

(3) 参与应激反应:在应激状态下,催乳素在血中的浓度升高,与促肾上腺皮质激素和生长激素的浓度增加一同出现,因而被认为是应激反应中腺垂体分泌的三大激素之一。

此外,催乳素可参与人体免疫调节,并与胎儿肺的生长发育有关。

催乳素的分泌调节:催乳素(PRL)的分泌调节受下丘脑 PRF 与 PIF 的双重调节。PRF 促进催乳素的分泌,PIF 抑制催乳素的分泌。哺乳期间,婴儿吸吮乳头的刺激,通过传入神经至下丘脑,导致下丘脑 PRF 释放增多,促使腺垂体 PRL 大量分泌。应激刺激、紧张、剧烈运动、大手术等会出现 PRL 水平升高的现象。

3. 促黑激素(Melanophore stimulating hormone,MSH)　促黑激素作用的靶细胞为黑素细胞。在人体,黑素细胞主要分布于三处:皮肤与毛发、眼虹膜和视网膜的色素层及软脑膜。促黑激素的主要作用是促进黑素细胞中的酪氨酸酶的合成和激活,从而促进酪氨酸转变为黑色素,使皮肤与毛发等的颜色加深,但对正常人的皮肤色素沉着关系不大。而在病理情况下,如肾上腺皮质功能过低(阿狄森病)时,血中 ACTH、MSH 都增多,患者的皮肤色素沉着可能与此有关。

促黑激素分泌主要受下丘脑分泌的 MPF 和 MIF 双重调节,两者分别促进和抑制垂体 MSH 的分泌。

4. 促激素

(1) 促甲状腺激素(thyroid-stimulating hormone,TSH):作用促进甲状腺激素的分泌,增加甲状腺激素的合成和释放,并刺激甲状腺增生。

(2) 促性腺激素(gonadotropins FSH and LH):促性腺激素包括促卵泡激素(FSH)和黄体生成素(LH)。FSH 在女性刺激卵巢卵泡发育和卵子成熟;在男性也称精子生成素,刺激曲细精管上皮和精子的发育与成熟。LH 在女性可促进卵泡排卵及黄体生成,刺激卵巢分泌雌激素和孕激素;在男性也称间质细胞刺激素,刺激睾丸间质细胞分泌雄激素。

(3) 促肾上腺皮质激素(adrenocorticotropic hormone ACTH):ACTH 主要作用是刺激肾上腺皮质束状带分泌糖皮质激素,并促进肾上腺皮质增生,维持其正常功能和反应性。腺垂体激素主要生理作用见表 10-3。

表 10-3　腺垂体激素主要生理作用

各种腺垂体激素名称	主要作用
生长激素(GH)	促进机体生长发育,特别是骨骼和肌肉的生长
催乳素(PRL)	促进已发育完全具备泌乳条件的乳腺分泌乳汁
促黑激素(MSH)	促进皮肤黑色细胞合成黑色素
促甲状腺激素(TSH)	促进甲状腺增生、激素合成和分泌
促肾上腺皮质激素(ACTH)	促进肾上腺皮质的组织增生,刺激糖皮质激素的分泌
促卵泡激素(FSH)(精子生成素)	促进女性卵泡生长发育成熟,使卵泡分泌雌激素;促进男性睾丸的生精过程
黄体生成素(LH)(间质细胞刺激素)	促进排卵、黄体生成和分泌孕激素;在男性可刺激睾丸间质细胞分泌雄激素

 知识链接

垂体性巨人症和肢端肥大症

脑垂体是控制人体生长发育的重要器官,如果其功能亢进,垂体激素分泌异常,如垂体生长激素细胞腺瘤,可分泌过多的生长激素,在青春期以前即骨骺未闭合时,引起垂体性巨人症;在青春期以后即骨骺已闭合时,引起肢端肥大症。垂体性巨人症表现为骨骼、肌肉、内脏器官及其他组织的过度生长,致使身材异常高大,内脏器官也按比例增大,但生殖器官如睾丸、卵巢等发育不全,女性病人常无月经,有的并发糖尿病。肢端肥大症发病呈隐匿性,表现为头颅骨增厚,下颌骨、眶上脊及颧弓增大突出,鼻、唇、舌由于软组织增生而增厚变大,皮肤粗糙变厚,呈现特有面容;四肢肢端骨、软骨及软组织增生使手足宽而粗厚,手指及足趾粗钝,内脏器官也肥大,约有半数患者伴有其他内分泌功能障碍,如高胰岛素血症、性功能减退等。巨人症患者若不及时治疗,肿瘤越长越大,导致垂体破坏,通常在成年后不久死亡。其根本治疗是手术切除垂体瘤,不能手术的可放射治疗,也可应用性激素控制身体增长。

 笔记

(二) 腺垂体功能的调节

1. 下丘脑对腺垂体分泌功能的调节　下丘脑调节性多肽经垂体门脉系统到腺垂体,调节腺垂体功能,促进或抑制腺垂体分泌相应的激素。

2. 靶腺激素对下丘脑和腺垂体的反馈调节　腺垂体分泌的促激素作用于靶腺(甲状腺、肾上腺皮质、性腺),促进靶腺分泌激素,维持靶腺正常功能,而靶腺激素在血中的浓度会影响下丘脑、腺垂体的活动,当靶腺激素在血中浓度升高时,将反馈作用于下丘脑和腺垂体,主要是负反馈,使相应的释放激素和促激素分泌减少,因而使靶腺激素维持血中的正常浓度。

因此,下丘脑 - 腺垂体 - 靶腺形成功能轴,主要有三个功能轴,即下丘脑 - 腺垂体 - 甲状腺轴、下丘脑 - 腺垂体 - 肾上腺皮质轴、下丘脑 - 腺垂体 - 性腺轴。下丘脑促垂体区受中枢神经系统的控制,当内外环境变化时,可反射性地影响下丘脑调节性多肽的分泌,从而影响腺垂体和靶腺的分泌。

三、神经垂体激素

神经垂体属神经组织,不含腺细胞,本身不能合成激素,只是下丘脑神经元所合成的抗利尿激素和催产素贮存和释放的部位。这两种激素在下丘脑的视上核与室旁核均可产生,但视上核以产生抗利尿激素为主,室旁核以产生缩宫素(催产素)为主。合成的激素沿下丘脑 - 垂体束通过轴浆运输到神经垂体贮存,在适宜的刺激作用下再释放进入血液循环(图 10-6)。

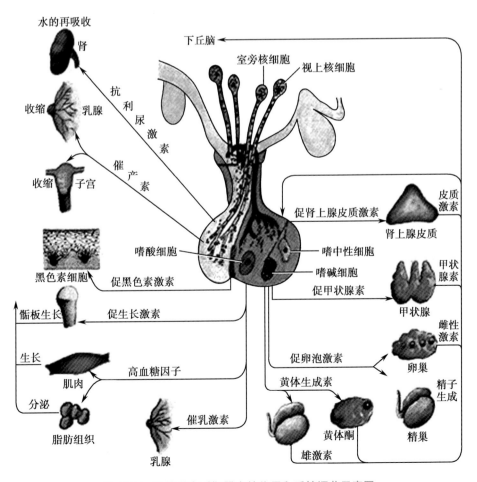

图 10-6　垂体激素对靶器官的作用和反馈调节示意图

（一）抗利尿激素

抗利尿激素（antidiuretic hormone, ADH），又称血管升压素（vasopressin, VP），是含 9 个氨基酸的多肽，生理情况下，血浆中抗利尿激素浓度很低，浓度为 1.0~1.5ng/L，其作用有两方面，一方面，可促进肾远曲小管和集合管对水的重吸收，使尿量减少；另一方面作用于血管，使血管收缩，由于升压素的生理浓度很低，几乎没有收缩血管而致血压升高的作用，但在失血情况下血管升压素释放较多，对维持血压有一定的作用。大剂量的血管升压素，可使全身小动脉收缩，升高血压，但临床并不用于提高血压，而主要用于某些脏器出血时的止血。

（二）缩宫素（催产素）

缩宫素（oxytocin, OT）也是一种 9 肽的激素，其化学结构与抗利尿激素极为相似，因此这两种激素的生理作用有一定程度的交叉。

1. 生理作用　催产素的主要靶器官是乳腺和子宫，具有刺激乳腺和子宫的双重作用，但以对乳腺的作用较为重要，缩宫素只有在分娩（或临产）和哺乳时才发挥其生理作用。

（1）对乳腺的作用：缩宫素可使乳腺周围肌上皮细胞收缩，使具备泌乳功能的乳腺排乳。此外，还有维持哺乳期乳腺不致萎缩的作用。

（2）对子宫的作用：对非孕子宫作用较弱；对妊娠子宫作用较强，使之强烈收缩。雌激素能增加子宫对催产素的敏感性，而孕激素则相反。

2. 分泌调节

（1）吸吮乳头的感觉信息传至下丘脑，可反射性引起神经垂体贮存的缩宫素释放入血，导致乳汁的排出，称射乳反射。在射乳反射的基础上很容易建立条件反射，例如母亲看见婴儿或听到婴儿的哭声，甚至抚摸婴儿，均可引起条件反射性射乳反射。情绪反应如惊恐、焦虑等可抑制缩宫素分泌。

（2）在临床或分娩时，子宫和阴道受到压迫和牵拉刺激可反射性引起缩宫素分泌增加，促使子宫收缩加强，有利于分娩过程的进行。缩宫素在临床上的应用，主要是诱导分娩（催产）以及防止或制止产后出血。

垂体激素对靶器官的作用和反馈调节（图 10-6）。

第三节　甲　状　腺

甲状腺是人体内最大的内分泌腺，平均重 20~30g。甲状腺由许多大小不等的单层上皮细胞围成的腺泡组成。腺泡上皮细胞是甲状腺激素合成与释放的部位。腺泡腔内充满胶质，是甲状腺激素的贮存库。在甲状腺组织中，还有滤泡旁细胞，又称 C 细胞。

一、甲状腺激素的合成与代谢

甲状腺激素（thyroid hormone, TH）主要包括：甲状腺素（又称四碘甲腺原氨酸, T_4）和三碘甲腺原氨酸（T_3），是酪氨酸的碘化物。甲状腺分泌的 T_4 占分泌量的 93%，T_3 占分泌量的 3%，但 T_3 的生物活性却是 T_4 的 5 倍。此外，还有极少量无生物活性的化合物，逆 - 三碘甲腺原氨酸 rT_3。

合成甲状腺激素的主要原料是碘和甲状腺球蛋白。碘主要来源于食物，人每日从食物中摄取的无机碘约 100~200μg，正常人每日最低需要量约 50~70μg，所以从食物中得到的碘是足够的。正常人甲状腺储备的 TH 形式主要为 T_4，平均每克甲状腺组织含 TH 250μg。丰富的激素储备量可保证机体长时间（50~120 天）的代谢调节需求。

甲状腺激素的合成包括甲状腺腺泡的聚碘与碘的活化、酪氨酸碘化和甲状腺激素的合成三个过程。

（一）甲状腺腺泡的聚碘与碘的活化

人体每天从饮食中摄取的碘 1/3 被甲状腺摄取,甲状腺从血浆中摄取碘的能力极强,依靠甲状腺上皮细胞膜中的碘泵,是逆电化学梯度的主动转运过程。由腺泡上皮细胞摄取的 I^- 并不能与酪氨酸结合,首先需要在过氧化酶作用下氧化成具有活性的碘,这一过程称为碘的活化。

（二）酪氨酸碘化

在过氧化酶催化后,活化后的碘取代甲状腺球蛋白的酪氨酸残基上氢原子的过程称为酪氨酸碘化。活化碘迅速与甲状腺球蛋白分子中某些酪氨酸残基上的氢置换生成一碘酪氨酸（MIT）和二碘酪氨酸（DIT）,这一过程称为碘化。

（三）甲状腺激素的合成

酪氨酸碘化后的酪氨酸先形成单碘酪氨酸残基（MIT）和双碘酪氨酸残基（DIT）,然后两个分子的 DIT 耦联生成 T_4,或一个分子的 MIT 与一个分子的 DIT 发生耦联形成 T_3。在一个甲状腺球蛋白分子上,T_4 与 T_3 之比为 20：1,因此甲状腺分泌的激素主要是 T4。（见图 10-7）

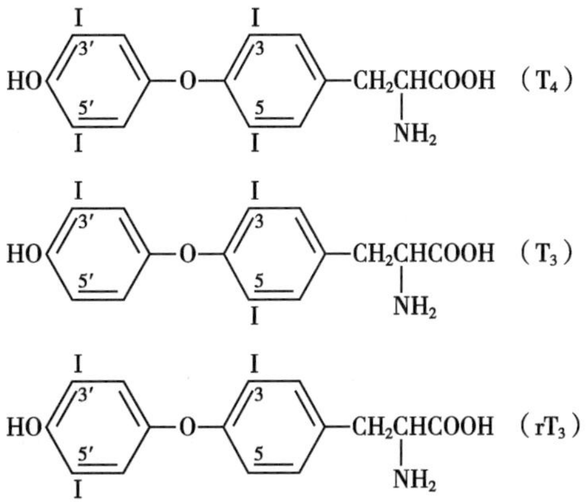

以上碘的活化、酪氨酸碘化以及耦联过程都是在同一过氧化酶系催化下完成的。临床上,能够抑制此酶活性的药物,如硫氧嘧啶类药物,有阻断 T_4 与 T_3 合成的作用,可用于治疗甲状腺功能亢进。

图 10-7　甲状腺激素的化学结构

（四）甲状腺激素的贮存、释放、运输与代谢

1. 贮存　甲状腺激素合成后,以甲状腺球蛋白的形式贮存在腺泡腔中,构成腺泡腔胶质的主要成分。由于甲状腺激素贮存于细胞外,故贮存量相当大,可供机体利用 2~3 个月之久。

2. 释放　甲状腺在 TSH 的刺激下,腺泡上皮细胞通过吞饮作用将腺泡腔内的甲状腺球蛋白吞入细胞内,与溶酶体融合形成吞噬体。在溶酶体蛋白水解酶的作用下,T_3、T_4 从甲状腺球蛋白分子中水解下来并释放入血。

3. 运输　T_3、T_4 释放入血液后,以两种形式在血液中运输,主要一种是与血浆蛋白结合,占 99% 以上,另一种则呈游离状态,少于 1%,只有游离型激素才能进入组织细胞发挥作用。结合型与游离型之间可以互相转换,使游离型激素在血液中保持一定浓度。T_3 主要以游离型存在,T_3 量虽少但生物活性较 T_4 高。

4. 代谢　20% 的 T_3 和 T_4 在肝内降解,与肝脏的葡萄糖醛酸或硫酸盐结合后,经胆汁排入小肠,分解后随粪便排出。80% 的 T_3 和 T_4 首先在外周组织脱碘,所脱下的碘可由甲状腺再摄取或由肾脏排出。

 知识链接

碘营养状况与甲状腺疾病

碘是人体必需的微量元素,在自然界中分布广泛但极不均衡,因此生活于不同地区人群的碘摄入量存在很大差别。碘摄入过低可引起地方性甲状腺肿、呆小症和甲状腺功能减退;碘摄入过量可导致高碘性甲状腺肿、慢性淋巴细胞性甲状腺炎、碘性甲状

腺功能亢进和甲状腺功能减退。碘缺乏及碘过量对甲状腺癌的影响均主要表现为组织学类型的变化。我国自 1996 年实施食盐碘化以来已在国家水平上基本消除碘缺乏病，同时也出现了其他甲状腺疾病谱带的变化，包括碘性甲状腺功能亢进、自身免疫性甲状腺疾病及甲状腺癌中乳头状甲状腺癌的比例增多。对人群，尤其是甲状腺疾病患者进行个体碘营养状况评测具有重大意义。

二、甲状腺激素的生理作用

甲状腺激素的生物学作用十分广泛，其主要作用是促进物质和能量代谢，促进生长及发育过程，对心血管、神经系统、消化系统等都有影响。

(一) 对代谢的作用

1. 能量代谢　甲状腺激素能增加组织的耗氧量和产热量，提高能量代谢水平，使基础代谢率增高，这些作用称为甲状腺激素的产热作用，是甲状腺激素最明显的作用之一。1mg 甲状腺激素可使人体产热量增加 4200kJ，基础代谢率提高 28%。研究表明：甲状腺激素的产热效应可能是由于甲状腺激素能与靶细胞的核受体结合，刺激 mRNA 的形成，从而诱导 Na^+-K^+-ATP 酶的活性增强，此酶促进细胞的 Na^+、K^+ 主动转运，消耗 ATP，使产热增加。此外，甲状腺激素也能促进脂肪酸氧化，产生大量热量。甲状腺功能亢进时，产热量增加，因而病人怕热喜凉，极易出汗，基础代谢率明显增高，常超过正常值的 50%~100%；而甲状腺功能减退时，产热量减少，病人喜热畏寒，基础代谢率可低于正常值的 30%~45%。

2. 对糖、蛋白质和脂肪代谢的作用

(1) 糖代谢：生理浓度的甲状腺激素可促进小肠黏膜对葡萄糖的吸收，增强糖原的分解和糖异生作用，并能增强肾上腺素、胰高血糖素、皮质醇和生长激素的生糖作用，使血糖升高；但是，由于 T_4 与 T_3 还可加强外周组织对糖的利用，也有降低血糖的作用。因此，在正常情况下，甲状腺激素对血糖浓度影响不大。大量的甲状腺激素，如甲状腺功能亢进时，生糖作用强于促外周组织对糖利用的作用，使血糖升高，故患者血糖常常升高，甚至出现糖尿。

(2) 蛋白质代谢：生理浓度的甲状腺激素可促进蛋白质的合成，肌肉、肝和肾的蛋白质合成明显增加，从而有利于机体的生长、发育。但量过大，则促进蛋白质分解。当甲状腺激素分泌过多(甲亢)，蛋白质的分解明显大于合成，特别是骨骼肌中的蛋白质大量分解，病人出现肌肉消瘦和肌无力。还可由于骨蛋白的分解而致不同程度的骨质疏松。当 T_4 与 T_3 分泌不足(甲减)时，蛋白质合成减少，肌肉无力，但组织间的黏液蛋白增多，由于黏液蛋白可吸附一部分水和盐，在皮下形成一种压之不凹陷的特殊水肿，称为黏液性水肿。

(3) 脂肪代谢：甲状腺激素既能促进脂肪和胆固醇的合成，又能加速脂肪的动员、分解，促进肝加速胆固醇的降解，但分解的速度大于合成。因此，甲亢患者血胆固醇常低于正常，而甲减患者血胆固醇高于正常。

(二) 对生长发育的作用

甲状腺激素是促进机体正常生长、发育必不可少的激素，特别是对骨和脑的发育尤为重要。T_4、T_3 对神经系统生长发育的影响在胚胎期及出生后最初的 4 个月内最为明显。先天性甲状腺功能不全的婴幼儿，不仅身材矮小，而且脑不能充分发育，表现为智力低下，称为呆小症或克汀病(cretinism)。在胚胎期缺碘造成甲状腺激素合成不足，或出生后甲状腺功能低下，脑发育明显障碍，脑各部位的神经细胞变小，轴突、树突与髓鞘均减少，胶质细胞数量也减少。神经组织的蛋白质、磷脂以及各种重要的酶和递质的含量减低。所以，治疗呆小症要抓住时机，在出生后 3 个月内补充甲状腺激素，过迟则难以奏效。

甲状腺激素影响生长、发育的机制,与它可促进神经细胞的生长以及可刺激骨化中心发育、软骨骨化、促进长骨的生长有关。此外,甲状腺激素还对垂体生长激素有允许作用,缺乏甲状腺激素,生长激素便不能很好发挥作用,而且生长激素的合成和分泌也减少。

(三) 对神经系统的作用

甲状腺激素具有兴奋中枢神经系统的作用。甲状腺功能亢进时,中枢神经兴奋性增高,主要表现注意力不集中,烦躁不安、失眠、多愁善感、喜怒无常等。甲状腺功能低下时,中枢神经系统兴奋性降低,表现为记忆力减退,说话缓慢,动作迟缓,表情淡漠,终日嗜睡等。

(四) 对心血管活动的作用

甲状腺激素可直接作用于心肌,增加心肌的收缩力,并可增快心率,使心排出量增加。甲状腺功能亢进患者心动过速,严重者可致心力衰竭。甲状腺激素由于增加组织的耗氧量而使外周组织相对缺氧,以致小血管舒张,外周阻力降低,但同时心排出量增加,所以收缩压升高,舒张压降低,脉压增大。现已证明,T_4、T_3增强心脏活动是由于它直接作用于心肌,促使心肌细胞的肌质网释放 Ca^{2+},激活与心肌收缩有关的蛋白质,增强肌凝蛋白横桥 ATP 酶的活性,从而加强心肌的收缩力。

(五) 其他作用

除上述作用外,甲状腺激素还能增加食欲;并维持男、女性腺功能,甲状腺激素分泌过多或过少,均能导致生殖功能的紊乱。对胰岛、甲状旁腺及肾上腺皮质等内分泌腺的分泌也有不同程度的影响。

三、甲状腺功能的调节

(一) 下丘脑 - 腺垂体 - 甲状腺轴的调节

下丘脑分泌的促甲状腺激素释放激素(TRH),经垂体门脉系统运至腺垂体,促进腺垂体合成、分泌促甲状腺激素(TSH),下丘脑神经元可受某些环境因素的影响而改变 TRH 的分泌量,最后影响甲状腺的分泌活动。例如,寒冷刺激的信息到达中枢后,通过一定的神经联系使 TRH 分泌增多,继而通过 TSH 的作用促进 T_4、T_3 的分泌,结果产热量增加,有利于御寒。

TSH 对 T_4、T_3 合成和释放的每个环节均有促进作用,因而促使甲状腺激素分泌增多。TSH 作用于甲状腺刺激甲状腺腺泡细胞核酸与蛋白质的合成,使腺泡细胞增生,腺体增大。并使甲状腺激素(T_3、T_4)合成释放增加。

血中游离的 T_4 与 T_3 浓度的升降,对腺垂体 TSH 的分泌起经常性反馈调节作用。当血中 T_3 与 T_4 浓度增高时,将负反馈于腺垂体,抑制腺垂体合成分泌 TSH,TSH 合成分泌减少,从而使 T_3、T_4 浓度降至正常水平;当血中 T_3 与 T_4 浓度降低时,对腺垂体的负反馈作用减弱,TSH 合成分泌增加,从而使 T_3、T_4 浓度升至正常水平。负反馈调节在维持 T_3、T_4 浓度的相对稳定中起重要作用(图 10-8)。

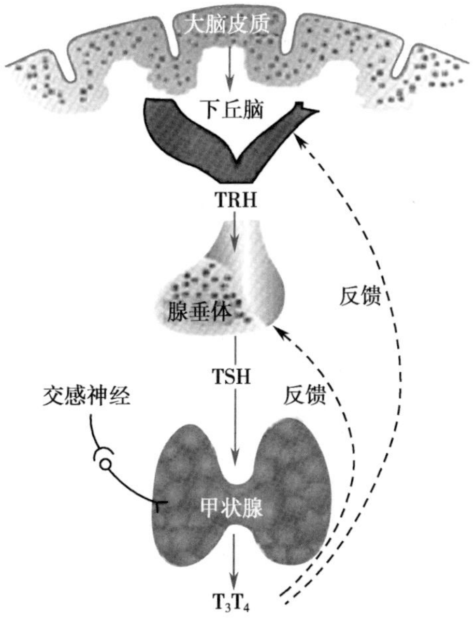

图 10-8　甲状腺功能的调节示意图

(二) 自身调节

甲状腺能根据机体碘供应的情况,调整自身对碘的摄取和利用,以及甲状腺激素的合成与释放,称为自身调节。这是一种有限度的、缓慢的调节。当饮食中碘含量不足时,甲状腺对碘的运转机制增强,对 TSH 的敏感性提高,T_4、T_3 合成与释放增加,因而使 T_4、T_3 的合成与释放不致因碘供应不足而比正常减少。反之,当碘供应过多时,甲状腺对碘的摄取减少,对 TSH 敏感性也降低,甲状腺激素合成与释放受到抑制。因此,甲状腺自身调节是甲状腺本身对碘供应变化的一种适应能力。这种调节与下丘脑 - 腺垂体 - 甲状腺轴的调节相比较,是一个有限度的缓慢调节系统。当超过甲状腺的自身调节限度,食物中缺碘即会造成 T_4、T_3 合成减少,对腺垂体的负反馈作用减弱,使 TSH 分泌增多,甲状腺细胞增生,甲状腺肿大,临床上称为单纯性甲状腺肿或地方性甲状腺肿。

(三) 自主神经对甲状腺活动的影响

甲状腺受自主神经支配。交感神经兴奋可使甲状腺激素合成与分泌增多;副交感神经兴奋可使甲状腺激素合成与分泌减少。

第四节　肾　上　腺

肾上腺左、右各一,位于两侧肾脏的内上方,两腺共重约 12g。肾上腺的实质分为周围的皮质及中央的髓质两部分,两者在发生、结构与功能上均不相同,实际上是两个独立的内分泌腺体。

一、肾上腺皮质激素

肾上腺皮质较厚,约占肾上腺的 80%~90%,根据细胞排列形式,由外至内可分三层,即球状带、束状带和网状带。球状带合成和分泌盐皮质激素 (mineralocorticoid),以醛固酮为代表,主要调节水盐代谢;束状带合成和分泌糖皮质激素 (glucocorticoid),以皮质醇 (cortisol) 为代表,是调节机体糖代谢的重要激素之一;网状带合成和分泌雄性激素和少量的雌激素,如脱氢异雄酮和雌二醇。如摘除动物的双侧肾上腺后,如不适当处理,1~2 周内即可死去,如仅切除肾上腺髓质,动物可以存活较长时间,说明肾上腺皮质是维持生命所必需的。

(一) 肾上腺皮质激素的合成与代谢

合成肾上腺皮质激素的原料是胆固醇,主要来自血液。在皮质细胞的线粒体内膜或内质网中所含的裂解酶与羟化酶等酶系的作用下,使胆固醇先变成孕烯醇酮,然后再进一步转变为各种皮质激素。

(二) 肾上腺皮质激素的作用

1. 盐皮质激素的作用　醛固酮能促进远端小管和集合管重吸收钠、水和排出钾,即保钠、保水和排钾作用。故醛固酮对维持体内的钠、钾含量的相对稳定,及循环血量的相对稳定有很重要的作用。另外,盐皮质激素能增强血管平滑肌对儿茶酚胺的敏感性。

2. 糖皮质激素的作用　人体血浆中糖皮质激素主要为皮质醇,其次为皮质酮。糖皮质激素在调节三大营养物质的代谢方面,以及参与人体应激反应都具有重要作用。

(1) 对物质代谢的作用:①糖代谢:糖皮质激素是调节机体糖代谢的重要激素之一,它促进糖异生,升高血糖。这是由于其促进蛋白质分解,有较多的氨基酸进入肝,同时增强肝内与糖异生有关酶的活性,使糖异生加强。另外使外周组织对葡萄糖的摄取、利用减少,促使血糖升高。如果糖皮质激素分泌过多,可引起血糖升高,甚至出现糖尿。②蛋白质代谢:糖皮质激素促进肝外组织,特别是肌肉组织蛋白质分解,糖皮质激素分泌过多时,出现肌肉消瘦、皮肤变薄、骨质疏松等。③脂肪代谢:促进脂肪分解,增强脂肪酸在肝内氧化过程,有利于糖异生。另外,糖皮质激素可使机体内脂肪分布发生变化,四肢脂肪分解加强,面部和躯干脂肪合成增加,当肾上腺皮质功能亢进时,或长期使用糖皮质激素的病人,出现面圆、背厚而四肢消瘦的特殊体形,称为向心性肥胖。

(2) 对水盐代谢的作用：糖皮质激素有较弱的保钠排钾作用。另外，还可增加肾小球滤过率，有利于水的排出。肾上腺皮质功能不足患者，排水能力明显降低，严重出现水中毒，补充适量的糖皮质激素即缓解。

(3) 对器官组织的作用：①对血细胞的作用：糖皮质激素增强骨髓造血功能，使血中的红细胞、血小板增加；能促使附着在小血管壁边缘的中性粒细胞进入血液循环，使血中的中性粒细胞增多；由于糖皮质激素抑制胸腺与淋巴组织的细胞分裂，促进淋巴细胞和嗜酸性粒细胞的破坏，使淋巴细胞和嗜酸性粒细胞减少。②对心血管系统的作用：糖皮质激素对维持正常血压有重要意义，能增强血管平滑肌对儿茶酚胺的敏感性（允许作用）。另外糖皮质激素能降低毛细血管的通透性，有利于维持血容量。③对消化系统和神经系统的作用：糖皮质激素能增加胃酸分泌和胃蛋白酶的生成，所以溃疡病人应慎用。糖皮质激素有维持中枢神经系统正常功能的作用，肾上腺皮质功能亢进时，可出现失眠、烦躁不安、思维不集中等症状。

(4) 在应激反应中作用：当机体受到各种有害刺激，如创伤、失血、感染、中毒、缺氧、饥饿、疼痛、寒冷、精神紧张等，血中 ACTH 和糖皮质激素增多，这一反应称为应激（stress）。能引起 ACTH 和糖皮质激素增加的各种刺激称为应激原（stressor）。通过应激反应，可增加机体对有害刺激的抵抗能力，对维持生命有重要意义。大剂量糖皮质激素具有抗炎、抗毒、抗过敏、抗休克等药理作用。

3. 激素的作用 肾上腺皮质分泌雄激素和少量的雌激素，主要以雄激素为主。这些雄激素对成年男性影响不明显，但男童如分泌过多会引起性早熟。女性如分泌过多可出现多毛和男性化等表现。

(三) 糖皮质激素分泌调节

糖皮质激素分泌调节与甲状腺功能调节类似，主要受下丘脑 - 腺垂体 - 肾上腺皮质轴活动的调节及糖皮质激素反馈性调节。(图 10-9)

1. 下丘脑 CRH 的作用 下丘脑分泌促肾上腺皮质激素释放激素（CRH），通过垂体门脉系统，促进腺垂体分泌 ACTH，ACTH 促进肾上腺皮质束状带和网状带生长发育，并促进肾上腺皮质分泌糖皮质激素。各种应激刺激（如创伤、寒冷、剧痛、缺氧及精神紧张等）信号传入中枢神经系统，最后将信息汇集于下丘脑 CRH 神经元，使 CRH 分泌增加，

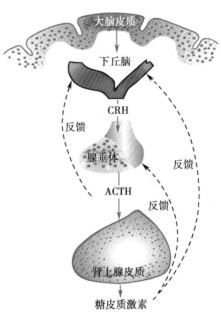

图 10-9 糖皮质激素分泌调节示意图

通过下丘脑 - 腺垂体 - 肾上腺皮质系统的活动加强，血中 ACTH 和糖皮质激素水平明显升高。此外，血管升压素、缩宫素、血管紧张素 Ⅱ、儿茶酚胺、5- 羟色胺等多种激素和神经肽参与应及时 ACTH 分泌的调节。

2. 腺垂体 ACTH 的作用及分泌 肾上腺皮质束状带及网状带处于腺垂体 ACTH 的经常性控制之下。ACTH 既可促进束状带糖皮质激素的合成与分泌，又能刺激肾上腺皮质束状带和网状带的发育和生长。因此，当腺垂体功能低下时，ACTH 分泌减少，肾上腺皮质网状带和束状带萎缩。

3. 糖皮质激素的反馈调节 当血中糖皮质激素浓度升高时，可抑制腺垂体分泌 ACTH，使 ACTH 合成、分泌减少，这是糖皮质激素对腺垂体的负反馈作用，另外糖皮质激素也可抑制下丘脑分泌 CRH，这种反馈称为长反馈。ACTH 可反馈抑制下丘脑合成分泌 CRH，称为短反馈。此外，血中 ACTH 的升高也可通过反馈作用抑制 CRH 的释放。但是在应激状态下，

可能是由于下丘脑和腺垂体对反馈刺激的敏感性降低,使这些负反馈作用暂时失效,ACTH和糖皮质激素的分泌大大增加。

综上所述,糖皮质激素的分泌受 ACTH 的影响,而 ACTH 一方面受下丘脑的 CRH 的促进作用,另一方面受糖皮质激素的反馈调节,从而维持了血中糖皮质激素的相对稳定。临床长期大剂量使用糖皮质激素的病人,可出现肾上腺皮质逐渐萎缩,如突然停药,将会引起肾上腺皮质功能不全的症状。所以,在治疗中可间断给 ACTH,以防止肾上腺皮质萎缩。停药时不能骤停,应逐渐减量。

总之,糖皮质激素是维持生命活动的重要激素,其分泌直接受 ACTH 的调节,而 ACTH的分泌又取决于 CRH 和血中糖皮质激素的浓度。正常情况下,下丘脑 - 腺垂体 - 肾上腺皮质之间密切地联系,协调统一,既维持血中糖皮质激素浓度相对稳定,又保证在应激状态下的生理需要量。

二、肾上腺髓质

肾上腺髓质嗜铬细胞能合成、分泌肾上腺素(epinephrine,E)和去甲肾上腺素(norepinephrine,NE),二者都是儿茶酚胺的单胺类化合物,统称为儿茶酚胺。髓质中肾上腺素约占 80%,去甲肾上腺素约占 20%。但在不同情况下,分泌的比例会发生变化。体液中的 NE,除由髓质分泌外,主要来自肾上腺素能神经纤维末梢,而血中的 E 则主要来自肾上腺髓质。

肾上腺素和去甲肾上腺素属于儿茶酚胺类化合物,是以酪氨酸为原料,合成过程为:酪氨酸→多巴→多巴胺→去甲肾上腺素→肾上腺素。在血液中去甲肾上腺素除由髓质分泌外,主要来自肾上腺素能神经纤维末梢,血中肾上腺素主要来自肾上腺髓质。体内的肾上腺素和去甲肾上腺素通过单胺氧化酶与儿茶酚 -O- 甲基移位酶的作用而灭活。

(一)肾上腺髓质激素的作用

肾上腺髓质激素对心血管、内脏平滑肌的作用已在有关章节叙述,比较肾上腺素与去甲肾上腺素的主要生理作用(表 10-4)。

表 10-4　肾上腺素与去甲肾上腺素的主要生理作用

作用部位	肾上腺素	去甲肾上腺素
心脏	心率加快,收缩力明显增强,心排出量增加	心率减慢(减压反射的作用)
血管	皮肤、胃肠、肾血管收缩;冠状动脉、骨骼肌血管舒张	冠状动脉舒张(局部体液因素的作用),其他血管均收缩
血压	血压上升(心排出量增加)	血压明显上升(外周阻力增大)
支气管平滑肌	舒张	稍舒张

1. 在应急反应中的作用　肾上腺髓质直接受交感神经节前纤维的支配,交感神经兴奋时,髓质激素分泌增多。肾上腺髓质激素的作用与交感神经兴奋时的效应相似,因此,把交感神经与肾上腺髓质在结构和功能上的这种联系,称为交感 - 肾上腺髓质系统。当人体遇到紧急情况时如运动、恐惧、焦虑、剧痛、失血等,这一系统的活动明显增强,肾上腺髓质激素大量分泌(可达基础分泌的 1000 倍),此时中枢神经系统兴奋性增高,使人体处于警觉状态,反应灵敏;心率加快,心肌收缩力增强,心排出量增多,血压升高;呼吸加深加快,肺通气量增大;代谢增强,血糖升高等,这些变化都有利于调整机体各种功能,以适应环境急变,使机体度过紧急时刻而"脱险"。这种在紧急情况下,通过交感 - 肾上腺髓质系统活动增强所发生的适应性变化称为应急反应。

"应急"与"应激"的概念不同,两者既有区别又有联系。引起"应急"反应的各种刺激实际上也是引起"应激"反应的刺激,但前者是交感-肾上腺髓质系统活动增强,使血液中肾上腺髓质激素浓度明显升高,从而充分调动人体的贮备能力,克服紧急情况对人体造成的困难;后者是下丘脑-腺垂体-肾上腺皮质系统活动加强,使血液中 ACTH 和糖皮质激素浓度明显升高,以增加人体对有害刺激的耐受能力。二者相辅相成,使机体的适应能力更加完善。

2. 对代谢的作用 加强肝糖原、肌糖原分解;加速脂肪分解,促使乳酸合成糖原,抑制胰岛素分泌,使血糖升高;可分解脂肪使血中脂肪酸增多,为骨骼肌、心肌等活动提供更多的能量,还能增加组织耗氧量从而使机体产热量增加。肾上腺素对代谢的作用比去甲肾上腺素的作用稍强。

(二)肾上腺髓质激素分泌调节

1. 交感神经的作用 肾上腺髓质接受交感神经节前纤维支配,后者兴奋时,其末梢释放乙酰胆碱,通过肾上腺髓质嗜铬细胞上 N 型胆碱受体,使肾上腺素和去甲肾上腺素分泌增加。

2. ACTH 的作用 ACTH 与糖皮质激素可促进某些合成酶的活性(以 ACTH 为主),促进肾上腺素和去甲肾上腺素的合成和分泌。

3. 负反馈作用 当血中儿茶酚胺的浓度增加到一定量时,可反馈性地抑制儿茶酚胺的某些合成酶类的活性,使儿茶酚胺合成减少,浓度下降。

第五节 胰 岛

胰岛是存在于胰腺中的内分泌组织,是散在于胰腺腺泡组织之间大小不等的内分泌细胞团,呈岛状,故称胰岛。人类的胰腺中约含有 100 万~200 万个胰岛,主要有 A 细胞、B 细胞、D 细胞及 PP 细胞。A 细胞约占胰岛细胞的 20%,分泌胰高血糖素(glucagon);B 细胞占 60%~70%,分泌胰岛素(insulin);D 细胞占 10%,其细胞分泌生长抑素;PP 细胞数量很少,分泌胰多肽。

一、胰岛素

1965 年,我国生物化学家首先人工合成了具有高度生物活性的胰岛素,成为人类历史上第一次人工合成生命物质(蛋白质)的创举。

胰岛素是含有 51 个氨基酸的小分子蛋白质,分子量为 6000。由含有 21 个氨基酸的 A 链和含有 30 个氨基酸的 B 链,借助两个二硫键联结而成。正常成人空腹血清胰岛素浓度为 35~145pmol/L。血液中胰岛素以游离型和结合型存在,游离型具有生物活性,主要在肝脏灭活。

(一)胰岛素的生理作用

胰岛素是调节营养物质代谢、维持血糖正常水平的主要激素,它对机体能源物质的贮存和人体生长是不可缺少的激素。

1. 对糖代谢的调节 胰岛素能促进全身组织对葡萄糖的摄取、氧化和利用,加速肝糖原和肌糖原的合成并促进葡萄糖转化为脂肪;另外,还能抑制糖原分解和糖异生,从而使血糖降低。胰岛素分泌不足最明显的表现为血糖升高,当血糖超过肾糖阈时,糖即随尿排出,造成糖尿病。糖尿病患者使用适量胰岛素可使血糖维持在正常浓度,但如使用过量,则可引起低血糖乃至发生低血糖性休克。

2. 对脂肪代谢的调节 胰岛素促进脂肪的合成,促进葡萄糖进入脂肪组织合成甘油三酯和脂肪酸。胰岛素可抑制脂肪酶的活性,减少脂肪分解,使血中游离脂肪酸减少。胰岛素缺乏可造成脂肪代谢紊乱,脂肪的贮存减少,分解加强,血脂升高,可引起动脉硬化,进而导致心血管和脑血管系统的严重疾患。由于胰岛素使脂肪酸分解的增多,加速脂肪酸在肝内氧化,生成大量酮体,引起酮血症与酸中毒。

3. 对蛋白质代谢的调节　胰岛素促进氨基酸进入细胞;促进 DNA、RNA 和蛋白质的合成;抑制蛋白质分解。由于生长激素促进蛋白质合成的作用,必须在有胰岛素存在的情况下才能表现出来,因此,胰岛素也是人体生长不可缺少的激素之一。同时,胰岛素缺乏时,蛋白质合成减少而分解增加,使血中氨基酸浓度升高,尿氮排出增加,造成负氮平衡。由于体内蛋白质减少,糖尿病病人伤口不易愈合,机体抵抗力降低,加上细胞外液葡萄糖浓度升高,是易于并发感染的一个重要原因。

4. 其他作用　胰岛素能促进钾、镁和磷酸盐进入细胞,参与细胞物质代谢活动。胰岛素与生长激素具有协同作用,促进机体生长。

总之,胰岛素是促进合成代谢的重要激素,其最明显的效应是降低血糖,它是体内唯一能降低血糖的激素。当胰岛素分泌不足时,不但血糖升高,而且可发生一系列代谢方面的障碍。

(二)胰岛素分泌的调节

1. 血糖的作用　血糖是调节胰岛素分泌的最重要因素。当血糖浓度升高时,胰岛素分泌明显增加,从而使血糖降低;当血糖浓度下降至正常水平时,胰岛素分泌也迅速恢复到基础水平,从而维持血糖浓度相对稳定。血糖浓度对胰岛素分泌的负反馈作用是维持血中胰岛素以及血糖正常水平的重要机制。

2. 氨基酸和脂肪酸的作用　血中氨基酸特别是精氨酸和赖氨酸浓度升高时,促进胰岛素分泌。血中脂肪酸和酮体大量增加时,也促进胰岛素的分泌。

3. 激素的作用　胰高血糖素、胃肠道激素如促胃液素、促胰液素、缩胆囊素和抑胃肽都可促进胰岛素分泌。生长素、糖皮质激素、甲状腺激素可通过升高血糖浓度而间接促进胰岛素分泌,而肾上腺素则抑制胰岛素分泌。

长时间高血糖、高氨基酸和高血脂可持续刺激胰岛素分泌,导致胰岛 B 细胞功能衰竭,胰岛素分泌不足而引起糖尿病。

4. 神经调节　迷走神经兴奋通过 M 受体直接促进胰岛素的分泌,交感神经兴奋通过 a 受体抑制胰岛素的分泌。

 知识链接

胰岛素与糖尿病

胰岛素是促进糖、蛋白质、脂肪合成代谢、维持血糖相对稳定的主要激素。糖尿病患者胰岛素分泌绝对或相对不足以及靶组织对胰岛素敏感性降低,引起糖、蛋白质、脂肪代谢紊乱,以及水和电解质的紊乱。临床上以高血糖为主要特征,以多食、多饮、多尿、体重降低,"三多一少"为典型临床症状。

糖尿病患者最明显的表现为血糖升高,使尿量增多并出现糖尿,由于多尿造成失水,出现口渴多饮。因为葡萄糖不能充分利用,使人体处于饥饿状态而多食,但大量的脂肪和蛋白质分解,使体重降低,并影响机体的生长,抵抗力降低,易并发感染。还可引起酮血症与酸中毒。由于血脂升高,引起动脉硬化,导致心、脑血管系统的疾病。

糖尿病的治疗,包括饮食疗法、口服降糖药及补充胰岛素,其中胰岛素是治疗I型糖尿病和严重并发症的重要手段。胰岛素治疗的主要副作用是低血糖反应和抗药性,所以糖尿病患者应注意监控血糖浓度,早发现早处理。

二、胰高血糖素

人的胰高血糖素(glucagon)是由 29 个氨基酸组成的直链多肽,分子量为 3485,胰高血糖素主要在肝脏灭活,肾脏也有降解作用。

(一) 胰高血糖素的生理作用

胰高血糖素的生理作用与胰岛素的作用相反,胰高血糖素是一种促进分解代谢、促进能量动员的激素,肝脏是它的主要靶器官。胰高血糖素具有很强的促进糖原分解和糖异生作用,使血糖明显升高。胰高血糖素促进蛋白质分解和抑制蛋白质合成,因而组织蛋白质含量下降,同时能使氨基酸迅速进入肝细胞,脱去氨基异生为糖。胰高血糖素还能促进脂肪分解,加强脂肪酸氧化,使酮体生成增多。

(二) 胰高血糖素的分泌调节

1. 血糖浓度的作用　血糖浓度是重要的调节因素。血糖升高抑制胰高血糖素的分泌,血糖降低则促进胰高血糖素的分泌。

2. 激素的作用　胰岛素可直接作用于 A 细胞,抑制胰高血糖素的分泌,也可通过降低血糖间接刺激胰高血糖素的分泌。胃肠道激素也可以调节胰高血糖素的分泌。

3. 神经调节　交感神经兴奋促进胰高血糖素的分泌,迷走神经兴奋抑制胰高血糖素的分泌。

胰岛素与胰高血糖素是一对作用相反的激素,它们都受血糖浓度负反馈性调节。当机体处于不同的功能状态时,血中胰岛素和胰高血糖素的比值不同,饥饿时或长时间运动时,比值减小,胰岛素分泌减少与胰高血糖素分泌增加所致,这对于维持血糖浓度,保证大脑、心脏的葡萄糖能量供应,具有很重要的意义。

第六节　甲状旁腺和甲状腺 C 细胞

甲状旁腺分泌甲状旁腺激素,甲状腺 C 细胞分泌降钙素。甲状旁腺激素、降钙素和 1,25- 二羟维生素 D_3 是体内调节钙磷代谢的三种主要激素,它们共同作用,从而控制血浆中钙和磷的水平。PTH 和 CT 的主要靶器官为骨和肾。

一、甲状旁腺激素

甲状旁腺为扁圆小体,呈棕黄色,形似大豆大小。位于甲状腺两侧叶的后面,上、下各一对。甲状旁腺分泌甲状旁腺激素(parathyroid hormone,PTH),甲状旁腺素是由 84 个氨基酸组成的直链肽,正常人血浆 PTH 浓度为 10~25ng/L。主要生理作用是升高血钙降低血磷,是通过骨和肾来实现的。

(一) 甲状旁腺素的生理作用

甲状旁腺素是体内调节血钙浓度的最重要激素,它有升高血钙和降低血磷含量的作用。人体神经、肌肉正常兴奋性的维持与血钙浓度正常密切相关。外科甲状腺手术时,如不慎误将甲状旁腺切除,可引起严重的低血钙,神经和肌肉的兴奋性异常增高,将导致手足搐搦,甚至因呼吸肌痉挛而窒息。

PTH 的作用是通过下列途径引起的:

1. 对骨的作用　体内钙总量的 99% 以钙盐形式贮存在骨组织中。PTH 能动员骨钙入血,使血钙浓度升高。此作用可分为快速效应和延缓效应两个时相:

(1) 快速效应:在 PTH 作用几分钟即可出现,主要是增强骨细胞膜上钙泵的活动,将钙转运入细胞外液,2~3 小时后血钙升高。

（2）延缓效应：在 PTH 作用后 12~14 小时才能表现出来，通常在几天或几周后达到高峰。这一效应是通过加强破骨细胞的溶骨作用而促进破骨细胞增生而实现的。PTH 使骨钙溶解加速、钙大量入血，血浆钙长期升高。

PTH 的上述两种效应相互补充，不但能保证机体对血钙的急需，而且能使血钙较长时间维持在一定水平。

2. 对肾的作用　PTH 可抑制近球小管对磷酸盐的重吸收，增加尿磷排出，使血磷下降。同时，PTH 促进远球小管对钙的重吸收，减少尿钙排出，使血钙升高，即保钙排磷作用。

3. 对肠道的作用　PTH 能激活肾脏的 1,25- 羟化酶，使 25- 羟维生素 D_3 转化成有活性的 1,25- 二羟维生素 D_3，后者促进小肠对钙的吸收，从而升高血钙。所以，PTH 是通过间接影响钙在肠内的吸收升高血钙的。

此外，PTH 还可直接作用于血管平滑肌，使血管扩张，出现降压效应。

（二）甲状旁腺素分泌的调节

PTH 的分泌主要受血钙浓度的反馈调节。血钙浓度降低时，PTH 分泌迅速增加，长时间低血钙可使甲状旁腺腺体增生；反之，血钙浓度升高，则 PTH 分泌减少，长时间高血钙可使甲状旁腺萎缩。这种负反馈调节作用是人体 PTH 分泌和血钙浓度维持于相对稳定水平的重要机制。

此外，血磷升高可通过降低血钙而刺激 PTH 分泌，降钙素能促进 PTH 分泌。

二、降钙素

甲状腺 C 细胞分泌的降钙素（calcitonin，CT），CT 是由 32 个氨基酸组成的肽类激素，分子量 3400。

（一）降钙素的生理作用

CT 的生理作用与 PTH 相反，主要是降低血钙，也能降低血磷浓度。CT 的靶器官与 PTH 相同。

1. 对骨的作用　CT 抑制破骨细胞活动，使成骨细胞活动增强。由于溶骨过程减弱和成骨过程加速，骨盐沉积，使血钙、血磷浓度下降。

2. 对肾脏的作用　抑制肾小管对钙、磷、钠、氯等的重吸收，增加它们在尿中的排出量。

3. 对小肠的间接作用　CT 抑制肾脏的 1、25- 羟化酶，从而抑制肾脏 1,25- 羟维生素 D3 的合成，间接地影响小肠黏膜对钙的吸收，因而血钙浓度下降。

（二）降钙素分泌的调节

降钙素的分泌主要受血钙浓度的调节，血钙浓度升高时，其分泌增加；反之，分泌减少。此外，胰高血糖素和某些胃肠道激素，如促胃液素、缩胆囊素也可以促进 CT 分泌。

三、1,25- 二羟维生素 D_3

（一）1,25- 二羟维生素 D_3 的生成

体内的维生素 D_3（VD_3）主要由皮肤中 7- 脱氢胆固醇经日光中紫外线照射转化而来，也可由动物性食物中获取。VD_3 无生物活性，它首先在肝脏中羟化为 25- 羟维生素 D_3，这是 VD_3 在循环血液中存在的主要形式。然后，进一步在肾脏中羟化为 1,25- 二羟维生素 D_3，这是 D_3 发挥作用的主要形式。

（二）1,25- 二羟维生素 D_3 的生理作用

1. 对肠道的作用　促进小肠黏膜上皮细胞对钙的吸收。这是因为它作用于小肠黏膜上皮细胞，促进钙结合蛋白合成，同时促进其他蛋白质如钙依赖的 ATP 酶、碱性磷酸酶的生成，并能增加膜的通透性，这些均有利于钙的吸收。如 VD_3 缺乏，正常成骨作用不能进行，在儿童可产生佝偻病。

2. 对骨的作用　对骨钙动员和骨盐沉积均有作用。一方面 VD₃ 促进钙和磷的吸收,增加血浆钙、磷含量,增加成骨细胞的活动,促进骨盐沉积;另一方面,当血钙下降时,提高破骨细胞的活性,动员骨钙入血从而升高血钙。

3. 对肾脏的作用　促进近曲小管对钙和磷的重吸收,升高血钙。

PTH、VD₃、CT 是调节血钙浓度的三种重要因素,它们对血钙的调节及相互关系归纳如图 10-10。

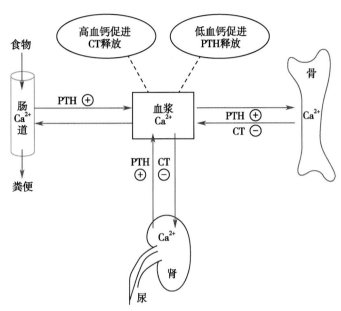

图 10-10　甲状旁腺素和降钙素在调节血钙的作用

内分泌功能汇总见表 10-5。

表 10-5　内分泌功能汇总

	激素	作用与调节
下丘脑	促甲状腺激素释放激素 TRH	促甲状腺激素↑催乳素↑
	促肾上腺皮质激素释放激素 CRH	促肾上腺皮质激素↑
	促性腺激素释放激素 GnRH	黄体生成素↑促卵泡激素↑
	生长激素释放激素 GHRH	生长素↑
	生长激素释放抑制激素 GHPIH	生长素↓
	催乳素释放因子 PRF	催乳素↑
	催乳素释放抑制因子 PIF	催乳素↓
	促黑素细胞激素释放因子 MRF	促黑激素↑
	促黑素细胞激素释放抑制因 MIF	促黑激素↓
垂体	腺垂体	促甲状腺素 TSH	促进甲状腺增生、激素合成和分泌
		促肾上腺皮质激素 ACTH	促进肾上腺皮质的组织增生,刺激糖皮质激素的分泌
			促进女性卵泡生长发育成熟,卵泡分泌雌激素
		促卵泡激素 FSH (精子生成素)	促进男性睾丸的生精过程
			促进排卵、黄体生成和分泌孕激素
		黄体生成素 LH (间质细胞刺激素)	在男性可刺激睾丸间质细胞分泌雄激素
			促进机体生长发育
		生长素 GH	促进发育完全具备泌乳条件的乳腺分泌乳汁
		催乳素 PRL	促进皮肤黑色细胞合成黑色素
		促黑激素 MSH	

续表

		激素	作用与调节	
垂体	神经垂体	抗利尿激素	促进肾远端小管和集合管对水的重吸收,使尿量减少;作用于血管,在失血情况下升压素释放较多,对为维持血压有一定的作用	
		催产素	促进乳腺周围肌上皮细胞收缩,促进乳汁排出;促进子宫收缩,对妊娠子宫作用强	
甲状腺		甲状腺激素 甲状腺素(四碘甲腺原氨酸,T_4) 三碘甲腺原氨酸(T_3)	作用: 1. 促进新陈代谢,提高耗氧量和产热量,调节糖、蛋白质和脂肪代谢 2. 促进机体的生长、发育 3. 提高中枢神经系统的兴奋性 4. 对心血管的作用,增加心肌收缩力,提高心率 5. 其他作用,如生殖等	调节: 1. 下丘脑-腺垂体-甲状腺轴的调节 2. 甲状腺的自身调节 3. 自主神经对甲状腺活动的影响
甲状旁腺		甲状旁腺素(PTH)	作用: 1. 对骨的作用:PTH 动员骨钙入血,使血钙升高 2. 对肾的作用:PTH 能抑制磷酸盐的重吸收,又能促进对 Ca^{2+} 的重吸收,保钙排磷作用	调节: 血 Ca^{2+} 升高,PTH 分泌减少,血 Ca^{2+} 降低分泌增多
		降钙素(CT)	降低血钙和血磷	血 Ca^{2+} 升高,CT 分泌增多,血 Ca^{2+} 降低,CT 分泌减少
肾上腺	肾上腺皮质	盐皮质激素 代表物-醛固酮	保 Na^+、排 K^+ 和增加细胞外液容量	1. 肾素-血管紧张素-醛固酮系统 2. 血 K^+ 和血 Na^+ 的浓度
		糖皮质激素 代表物-皮质醇	1. 对物质代谢的作用 2. 在应激反应中的作用 3. 对其他组织器官的作用:对血细胞、心血管系统、消化系统、神经系统的作用等	1. 下丘脑-腺垂体-肾上腺皮质轴活动的调节 2. 糖皮质激素反馈性调节
		雄性激素和少量的雌激素 代表物-脱氢异雄酮	调节副性征的出现和生殖功能	
	肾上腺髓质	肾上腺素 去甲肾上腺素	1. 应急反应 2. 心血管作用 3. 对代谢的作用 4. 对支气管平滑肌作用	受交感神经节前纤维支配,当交感神经兴奋时,肾上腺髓质激素分泌
胰岛		胰高血糖素	促进糖、脂肪分解,升高血糖	1. 血糖浓度 2. 激素的作用 3. 神经调节
		胰岛素	促进合成代谢的重要激素,促进糖、蛋白、脂肪合成,是体内唯一降低血糖的激素	1. 血糖浓度 2. 激素的作用 3. 氨基酸和脂肪酸的作用 4. 神经调节
		生长抑素	抑制胰岛 A、B 细胞的分泌	
		胰多肽	抑制胰酶分泌,减少胆汁的排出	

第七节 其他功能器官的内分泌

一、松果体及其激素

松果体是椭圆形小体,位于丘脑后上方,以柄附于第三脑室顶的后部。松果体内主要为神经胶质细胞和具有内分泌特征的基质细胞,在儿童时期较发达,青春期到来之前开始钙化和退化,成年后不断有钙盐沉着。

松果体细胞分泌的激素主要有褪黑素(melatonine,MLT)和多肽类激素,MLT对哺乳动物最明显的作用是抑制下丘脑 - 腺垂体 - 性腺轴和下丘脑 - 腺垂体 - 甲状腺轴的活动。切除幼年动物的松果体,出现性早熟,性腺与甲状腺的重量增加,功能活动增强。人类的松果体具有抗生殖、防止性早熟的作用。正常妇女血中褪黑素在月经周期的排卵前夕最低,随后在黄体期逐渐升高,月经来潮时达顶峰,表明妇女月经周期的节律与松果体活动的节律有关。松果体的肽类激素也能抑制性腺发育,抗生殖作用更强。

松果体分泌MLT呈现明显的昼夜节律变化,白天分泌减少,黑夜分泌增加。近年来的研究表明,在人和哺乳动物,生理剂量的MLT具有促进睡眠的作用,而且MLT的昼夜分泌节律与睡眠的昼夜节律同步化。因此认为,MLT是睡眠的促发因子,并参与昼夜睡眠节律的调控。

二、胸腺及其激素

胸腺位于胸腔内,在胸骨上部的后方和主动脉的前方。出生后两年内胸腺生长很快,到两岁时重量可达10~15g,青春期达最高峰,重量约为25~40g。20岁后,胸腺逐渐退化,到45岁后逐渐萎缩,被脂肪组织所代替。

胸腺既是一个淋巴免疫器官,又兼有内分泌功能。能分泌多种肽类物质,如胸腺素(thymosin)、胸腺生长激素(thymopoietin)等。胸腺素在治疗胸腺发育不良等免疫缺陷症和辅助治疗恶性肿瘤上都有一定的效果。胸腺素的主要作用是使淋巴干细胞成熟并转变为T淋巴细胞,从而参加机体的细胞免疫。人类胸腺于14~16岁时发育成熟,胸腺素的分泌于儿童期活跃,青春期分泌增多,青春期后开始退化,随着年龄增长逐渐萎缩,至老年期胸腺素水平最低。一般认为,免疫缺陷及老年期易患感染性疾病可能与此有关。

三、前列腺素

前列腺素(prostaglandin,PG)广泛存在于机体许多组织中,具有极高的生物活性,因其首先在精液中发现,推测由前列腺分泌,故命名为前列腺素。现在已知,体内许多组织均可合成PG。各组织合成的PG大部分不进入血液循环,因此,血液中PG浓度很低。前列腺素在局部产生和释放,并在局部发挥作用,属于局部激素。

前列腺素的作用广泛而复杂,几乎对人体各个系统的功能均有影响,PG可参与炎症反应、体温调节、自主神经调节;PG可调节甲状腺、肾上腺、卵巢、睾丸等腺体的分泌以及胰腺和肠道黏膜等组织的外分泌;PG可影响生殖系统、心血管系统、消化系统和呼吸系统平滑肌的功能;影响血小板聚集和免疫功能等。

例如,血小板产生的血栓烷A2(TXA2),能使血小板聚集,而由血管内皮细胞产生的前列环素(PGI2)则抑制血小板聚集。对非孕子宫,PGE抑制其收缩,而PGF促进其收缩,但对妊娠子宫两者都促进其收缩。PGE对胃液分泌有很强的抑制作用。对支气管平滑肌,PGE可引起舒张,而PGF则引起收缩。PG对心血管的作用可参阅第三章。近年来发现,在许多组织、细胞上存在着不同的 PG 受体,从而决定了 PG 的不同作用。

四、瘦素

　　瘦素(leptin)是由肥胖基因(obese gene)表达的蛋白质。人体循环血液中的瘦素为146 肽,分子量为 16kD。瘦素主要由白色脂肪组织合成和分泌,褐色脂肪组织、胎盘、肌肉和胃黏膜也可少量合成。瘦素的分泌具有昼夜节律,在夜间分泌水平较高。体内脂肪储量是影响瘦素分泌的主要因素。

　　瘦素具有广泛的生物学效应,是调节能量平衡的重要激素。瘦素可直接作用于脂肪细胞,抑制脂肪合成,降低体内脂肪储存量,并动员脂肪,使脂肪储存的能量转化、释放,避免发生肥胖。瘦素与糖代谢、脂代谢、骨代谢有关,并影响人体发育、生殖及心血管系统等。瘦素还可影响下丘脑垂体 - 性腺轴的活动,对 GnRH、LH 和 FSH 的释放有双相调节作用,也可影响下丘脑 - 垂体 - 甲状腺轴和下丘脑 - 垂体 - 肾上腺皮质轴的活动。

　　目前还发现脂肪细胞分泌脂联素;骨骼肌除合成和分泌与其他组织共有的多种调节性多肽、细胞因子和生长因子等生物信号分子外,还特异性产生肌肉抑制素和肌肉素等。骨骼组织可分泌骨钙素、护骨素、骨密素等。随着研究的不断深入,对内分泌系统功能认识更加全面,为探索疾病的发生、诊断和治疗提供科学依据。

(冯润荷)

 思考题

1. 腺垂体分泌哪些激素？其主要作用是什么？
2. 比较甲状腺激素与生长激素对生长发育作用的异同点及其不足时引起的病症。
3. 为什么长期大量使用糖皮质激素不能突然停药？
4. 血糖水平主要受哪几种激素调节？简述其对血糖水平的影响。
5. 胰岛素对糖代谢的主要作用是什么？
6. 用生理学知识解释侏儒症、巨人症和肢端肥大症的产生原因。

第十一章　生殖与衰老

学习目标

1. 掌握　睾丸的生精功能和内分泌功能，雄激素的生理作用；卵巢的生卵功能和内分泌功能，雌激素与孕激素的生理作用；月经周期的概念及月经周期中子宫内膜的变化，月经周期形成的原理。

2. 熟悉　下丘脑腺垂体睾丸轴调控系统对生精功能和雄激素水平的调控；下丘脑腺垂体卵巢轴调控系统对生卵功能和雌激素与孕激素水平的调控；老年期的生理特征。

3. 了解　男性附性器官的功能；妊娠、受精、着床的概念与机制，胎盘分泌的激素及其生理作用；分娩与授乳及社会心理因素对月经周期、妊娠的影响；避孕的概念、方法和原理；衰老的机制。

生殖（reproduction）是指生物体生长发育成熟后，能够产生与自身相似的子代个体并借以繁殖种族的生理功能，是生物区别于非生物的基本特征之一。高等动物的生殖是通过两性器官的共同活动来实现的，包括两性生殖细胞（精子和卵子）的形成、受精、着床、胚胎发育和分娩等多个环节。

在高等动物的生殖系统中，能产生生殖细胞的性器官为主性器官，男性的主性器官为睾丸，女性为卵巢，分别产生精子和卵子。睾丸和卵巢还具有内分泌功能，可分泌性激素，所以又称性腺。由于男女性腺分泌性激素的种类、生物学作用和每种激素在体内的水平不同，从而形成男女两性在青春期后特征和外貌的差异，称为第二性征（secondary sexual characteristics）或副性征。

人类的生殖活动较为复杂，它不仅是一个生物学问题，而且还涉及政治、经济、伦理等一系列社会问题。

第一节　男性生殖功能与调节

男性的生殖功能包括精子的产生、输送和性激素的合成与分泌。男性的生殖过程是在中枢神经系统和下丘脑 - 腺垂体 - 睾丸轴（hypothalamus-adenohypophysis-testes axis）的调控下完成的。

一、睾丸的功能

睾丸由曲细精管和间质细胞组成，具有生精和内分泌双重功能。曲细精管的上皮由处于不同发育阶段的生精细胞和支持细胞构成,是生成精子的部位;间质细胞分布于曲细小管之间。

(一) 睾丸的生精功能

男性从青春期开始,生精细胞开始发育分化。最原始的生精细胞为精原细胞,紧贴于曲细精管基底膜上。精原细胞的发育过程依次经过初级精母细胞、次级精母细胞、精子细胞及精子等几个不同的发育阶段(图 11-1)。精子形成后脱离支持细胞进入曲细精管管腔。从精原细胞发育成为精子的过程为一个生精周期,人类的生精周期约 64 天。

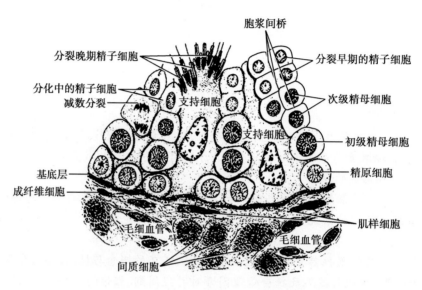

图 11-1　睾丸曲细精管生精过程图解

温度对精子的生成影响很大,睾丸内的温度通常在 32℃左右,较腹腔的温度低 2℃左右,适合于精子的生成。在胚胎发育时期,由于某种原因使睾丸不能下降到阴囊而停留在腹腔内或腹股沟,称隐睾症。隐睾症患者由于睾丸处于温度较高的部位,致使生精细胞退化、萎缩,不能生成精子,是男性不育的原因之一。此外,X 线的过度照射也能破坏睾丸的生精功能。

从青年到老年,睾丸都有生精能力。50 岁以后,随着曲细精管逐渐萎缩,生精细胞发育变慢,生精能力也逐渐减弱。

支持细胞可分泌多种激素及其他特定功能的蛋白质,如抑制素(inhibin)、雄激素结合蛋白(androgen-binding protein,ABP)等,参与精子生成过程的调节;还能吞噬损伤、变性及死亡的生精细胞;并为各发育阶段的生精细胞提供营养、支持和保护作用。

(二) 睾丸的内分泌功能

睾丸的间质细胞分泌雄激素,支持细胞分泌抑制素。

1. 雄激素　主要有睾酮(testosterone,T)、双氢睾酮(dihydrotestosterone,DHT)、脱氢异雄酮(dehydroisoandrosterone,DHIA)、雄烯二酮(androstenedione)。双氢睾酮的生物活性最强,睾酮次之,其余的均较弱。

睾酮的生理作用:

(1) 影响胚胎发育:胚胎 7 周时分化出睾丸并分泌雄激素,诱导有关结构分化为男性内、外生殖器。雄激素也可以导致神经系统分化的性差异。此外,睾酮还影响睾丸的下降。

(2) 维持生精作用:睾酮自间质细胞分泌后,进入支持细胞并可转变为双氢睾酮,两者随后进入曲细精管,促进生精细胞的分化和精子的生成。

（3）促进与维持男性第二性征和性欲：青春期开始，雄激素刺激男性副性征的出现和维持性欲，如胡须生长、喉结突出、声调低沉、肌肉发达、骨骼粗壮等。

（4）促进新陈代谢：促进肌肉和生殖器官蛋白质的合成，加速机体生长；促进骨骼的生长和钙、磷沉积；促进红细胞生成；增加免疫球蛋白合成；使基础代谢率升高等。

（5）参与性激素分泌调节：血中睾酮浓度升高，可反馈抑制腺垂体分泌黄体生成素（luteinizing hormone，LH），从而维持血液中睾酮水平的相对稳定。

2. 抑制素 抑制素可选择性作用于腺垂体，其具有很强的抑制促卵泡激素（follicle-stimulating hormone，FSH）的合成和分泌作用，但生理剂量的抑制素对 LH 的分泌缺无明显影响。

二、睾丸功能的调节

青春期，下丘脑分泌的促性腺激素释放激素（gonadotropin-releasing hormone，GnRH）开始增加，经垂体门脉血管到达腺垂体，刺激 FSH 与 LH 的分泌。在男性，FSH 作用于曲细精管上的生精细胞和支持细胞，促进精子的生成，故又称精子生成素；LH 作用于间质细胞，促进雄激素的分泌，故又称间质细胞刺激素（interstitial cell-stimulating hormone，ICSH）。同时睾丸分泌的激素又反馈性地抑制下丘脑和腺垂体相关激素的分泌，从而维持生精功能和激素水平的相对稳定，这样的闭合调控系统，称为下丘脑腺垂体睾丸轴调控系统（图 11-2）。

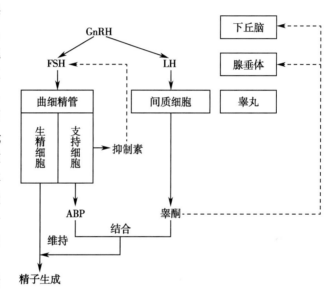

图 11-2 下丘脑 - 腺垂体 - 睾丸轴系统调控图解
实线表示促进 虚线表示抑制

（一）下丘脑 - 腺垂体对睾丸活动的调节

下丘脑分泌的促性腺激素释放激素（GnRH）经垂体门脉系统直接作用于腺垂体，促进腺垂体细胞合成和分泌 FSH 和 LH，进而对睾丸的生精功能和内分泌功能进行调节；而睾丸分泌的激素对下丘脑腺垂体也有反馈作用。

1. 对睾丸生精功能的调节 腺垂体分泌的 FSH 与 LH 对生精过程均有调节作用。研究表明，FSH 对生精过程有始动作用，睾酮则有维持生精的作用，二者相互配合，共同调节生精过程。进一步研究表明，LH 对生精过程的调节是通过刺激睾丸间质细胞分泌睾酮而间接实现的。

2. 对睾丸内分泌功能的调节 睾丸的内分泌功能直接受 LH 的调节，腺垂体分泌的 LH 可促进间质细胞合成与分泌睾酮。因此，LH 又称间质细胞刺激素。

（二）睾丸激素对下丘脑腺垂体的反馈调节

睾丸分泌的雄激素和抑制素在血液中的浓度变化，也可对下丘脑和腺垂体的 GnRH、FSH 和 LH 分泌进行负反馈调节（图 11-2）

1. 雄激素 当血液中睾酮的浓度达到一定水平后，可作用于下丘脑和腺垂体，通过负反馈作用抑制 GnRH 和 LH 的分泌。从而使血液中睾酮的浓度保持在一个相对稳定的水平（图 11-2）。

2. 抑制素　实验证明,FSH可促进睾丸的支持细胞分泌抑制素,而抑制素又可对腺垂体FSH的合成和分泌发挥选择性抑制作用。机体通过这一负反馈环路调节腺垂体FSH的分泌。

(三)睾丸内的局部调节

在睾丸局部,尤其在支持细胞与生精细胞、间质细胞与支持细胞之间存在着错综复杂的局部调节机制。如FSH可激活支持细胞内的芳香化酶,促进睾酮转变为雌二醇,它可降低腺垂体对GnRH的反应性,并能直接抑制间质细胞的睾酮的合成。此外,在睾丸间质细胞发现多种肽类、生长因子或细胞因子等,这些物质可能通过旁分泌或自分泌的方式参与睾丸功能的局部调节。

在下丘脑的控制下,睾酮的分泌呈现一种昼夜节律,早晨醒来时最高,傍晚最低,但波动范围较小。

三、男性附性器官的功能

男性附性器官如附睾、输精管、精囊腺、前列腺、阴茎等与精子的成熟、贮存、运输及排射有关。

(一)精子的储存和运输

新产生的精子被释放入曲细精管管腔后,由于其本身并没有运动能力,靠管腔内液体流动、管壁纤毛摆动和平滑肌收缩,将精子运送到附睾。在附睾分泌物的作用下,精子进一步发育成熟,并获得运动和使卵受精的能力。附睾内可贮存少量精子,大量的精子储存于输精管中,所以在做计划生育手术结扎输精管时,应冲洗贮存于外段输精管内的精子。

(二)射精和精液

精子连同附睾和输精管内的液体一起被移送到阴茎根部的尿道内,在此处与前列腺、精囊腺和尿道球腺的分泌物混合形成精液。在性高潮时,精液由阴茎射出体外的过程称为射精。射精是一个复杂的反射活动,其初级中枢位于脊髓腰骶部,受大脑皮层的控制。

精液为乳白色、弱碱性的液体。正常男子每次射出的精液约3~6ml,每毫升精液含精子0.2亿~4亿个。如每毫升精液少于2000万个精子,则受精机会显著减少,若少于400万个,则不易受精。精子细胞在演变过程中常会出现精子形态的变异,如大头、双头、双尾等。这些异常形态的精子如超过20%则可能导致不孕。

 知识链接

男性性腺结构与功能的变化

男性40岁之后睾丸的重量就缓慢下降,50岁以后睾丸体积缓慢缩小,60岁以后更加明显,70岁时相当于11~12岁男孩睾丸的大小。50岁以后睾丸曲细精管开始萎缩,70岁时明显缩小,生精能力下降。睾丸间质细胞常有变性变化,同时对促性腺激素的应答能力减弱。

大多数50~60岁男子尿中的男性激素是青年时期的1/2,到65岁左右不到1/2;50~60岁时男性激素活性比青年人轻度降低,60~70岁时其活性减至青年期的1/3。很多学者发现大部分高龄者血浆中游离睾酮含量降低。

男性进入50岁以后可出现一系列性功能的变化,如性欲减退、性活动减少、勃起不坚,易出现勃起功能障碍。随着年龄的增大,前列腺变化较为显著,前列腺上皮逐渐改变,从柱状形到立方形,基质中的肌肉组织逐渐减少,致密的胶原纤维增多,腺腔内凝固体增多,分泌能力降低。

第二节　女性生殖功能与调节

女性的主性器官是卵巢,能产生卵子和分泌激素;附性器官是输卵管、子宫、阴道及外阴等,与输送卵子、受精、着床、妊娠、分娩等有关。

一、卵巢的功能

女性从青春期开始,下丘脑腺垂体卵巢轴(hypothalamus- adenohypophysis-ovaries axis)调控系统建立后,使女性生殖系统的活动呈现明显的周期性变化,主要是卵巢卵泡的发育和激素的分泌以及子宫内膜出现月周期变化。

(一)卵巢的生卵功能

女性出生时,两侧卵巢皮质约有 30 万 ~40 万个原始卵泡,在一生中,约有 400~500 个能够发育成熟。从青春期起,每月有 15~20 个原始卵泡同时发育,但只有 1~2 个可以发育为优势卵泡,成熟后排出其中的卵细胞,其余的则先后退化形成闭锁卵泡(图 11-3)。成熟女性生殖器官的这种规律性周期变化,称为性周期。在一个性周期中,以卵巢排卵之日为界,将卵巢的活动周期分为两个阶段:①卵泡期:卵泡发育成熟的阶段,又称排卵前期;②黄体期:排卵后卵泡塌陷转化为黄体的阶段,又称排卵后期。

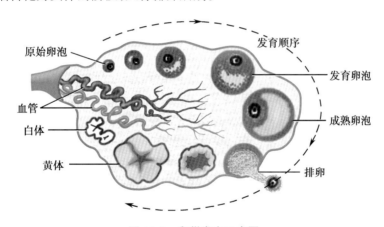

图 11-3　卵巢发育示意图

1. 卵泡期　原始卵泡由一个卵母细胞和周围的单层颗粒细胞组成,直径约 40μm,经初级卵泡、次级卵泡,最后发育为成熟卵泡。由于原始卵泡和早期初级卵泡没有 FSH 和 LH 受体,因此,其发育不受垂体促性腺激素的控制,而取决于卵泡自身内在的因素。初级卵泡发育晚期,颗粒细胞和内膜细胞分别出现 FSH 和 LH 受体,促性腺激素开始调控卵泡的发育。次级卵泡一般经过 12~14 天,发育为成熟卵泡,直径可达 8~10mm 以上并突向卵巢表面。在 LH 等多种激素的刺激下,成熟卵泡壁破裂,卵细胞与透明带、放射冠随卵泡液一起排入腹腔,这一过程称为排卵(ovulation)。

2. 黄体期　排卵后的卵泡壁内陷,血液充填于卵泡腔中并凝固形成血体。随着血液被吸收,新生血管长入,颗粒细胞和内膜细胞增殖,胞浆中出现丰富的黄褐色颗粒,所形成的细胞团呈现分泌类固醇激素的细胞结构特征,外观呈黄色,故称之为黄体。在 LH 的作用下,颗粒细胞和内膜细胞分别转化成粒黄体细胞和膜黄体细胞,并分泌大量的孕激素和雌激素。

排出的卵子如果没有受精,黄体维持 14 天左右便开始萎缩退化,随后逐渐被结缔组织取代,形成白色瘢痕称为白体而萎缩、溶解,不再分泌孕激素和雌激素。如果排出的卵子受精,则黄体继续生长发育形成妊娠黄体。妊娠至 5、6 个月以后,则逐渐退化形成白体。

(二)卵巢的内分泌功能

卵巢主要分泌雌激素和孕激素,还可分泌抑制素和少量的雄激素。

1. 雌激素　雌激素主要由颗粒细胞、内膜细胞和膜黄体细胞分泌,有雌二醇(estradiol,E_2)、雌酮(estrone)和雌三醇(estriol),以雌二醇的生物活性最强。

雌激素的主要生理作用:

(1) 促进生殖器官的生长发育:①促进卵巢组织的生长,协同 FSH 促进卵泡的发育,诱导 LH 高峰出现而促进排卵。②促进输卵管上皮增生、分泌及其节律性收缩,有助于精子与卵子的运行。③促进子宫内膜腺体、血管和基质细胞增生。使子宫颈分泌大量清亮、稀薄的黏液,有利于精子的穿行。促进和维持子宫肌的发育,提高子宫肌对缩宫素的敏感性,有利于分娩。④促进阴道上皮增生、角化并合成大量糖原。含有糖原的上皮细胞脱落后,其中的糖原被阴道内的乳酸杆菌分解成乳酸,使阴道呈酸性(pH4~5),从而抑制致病菌生长,维持阴道的自净作用,增强阴道抵抗力。

(2) 促进女性第二性征的出现:青春期后,在雌激素的作用下,逐渐发育并维持女性的第二性征,脂肪沉积于乳房、臀部等部位,毛发分布呈女性特征及发音声调较高等。促进乳腺导管和结缔组织增生,使乳晕着色和乳房增大。

(3) 对代谢的影响:雌激素加速蛋白质合成,促进机体生长发育,增强成骨细胞的活动和钙、磷的沉积,促进骨的成熟及骨骺愈合;降低血中胆固醇;高浓度的雌激素可促进醛固酮分泌增加,导致机体水、钠潴留。

(4) 对垂体激素分泌的调节:在一个月经周期中,血中雌激素浓度两次形成高峰。排卵前夕的高峰对下丘脑、腺垂体激素的分泌起正反馈作用,特别是促进 LH 的分泌,从而诱发排卵;黄体期出现的高峰则反馈地抑制腺垂体激素的分泌。

2. 孕激素　孕激素主要由粒黄体细胞分泌,有孕酮(progesterone,P)、20α- 羟孕酮(20α-hydroxyprogesterone)和 17α- 羟孕酮(17α-hydroxyprogesterone),以孕酮的生物活性最强。孕激素必须在雌激素作用基础上才能发挥作用,主要是保证胚泡着床及维持妊娠。孕激素的主要生理作用:

(1) 影响生殖器官的生长发育:孕激素抑制输卵管细胞增生、分泌,减弱输卵管节律性收缩;促进子宫内膜中的腺体、血管增生并引起腺体分泌,为胚泡着床提供适宜的环境;降低子宫肌细胞的兴奋性,降低子宫肌对缩宫素的敏感性,抑制母体对胎儿的排斥反应;使宫颈腺分泌少而黏稠的黏液,阻止精子穿行。使阴道上皮细胞角化减少,上皮细胞脱落增加。

(2) 促进乳腺腺泡的发育:促进乳腺腺泡的发育及成熟,并与缩宫素等激素一起为分娩后泌乳做准备。

(3) 升高女性基础体温:孕激素可使女子基础体温在排卵后可升高 0.3~0.6℃,在黄体期一直维持于该水平,直至下次月经来临。故临床可根据基础体温的变化作为判断排卵日期的标志之一。

(4) 调节腺垂体激素的分泌:排卵前,孕酮有协同雌激素诱发腺垂体 LH 分泌高峰的出现;排卵后,孕酮反馈抑制垂体激素的分泌。

二、卵巢功能的调节

青春期前下丘脑 GnRH 神经元未发育成熟,对卵巢激素的负反馈抑制作用十分敏感,所以 GnRH、FSH 和 LH 的分泌均极少。青春期开始,随着下丘脑 GnRH 神经元发育的成熟,对卵巢激素负反馈抑制作用敏感性明显降低,故 GnRH 分泌增加,腺垂体的 FSH、LH 和卵巢激素分泌开始活跃。机体迅速建立了下丘脑 - 腺垂体 - 卵巢轴调控系统(图 11-4)。

(一)下丘脑腺垂体对卵巢活动的调节

卵巢功能受下丘脑 - 腺垂体的调节,三者在功能上具有密切联系,形成了下丘脑 - 腺垂

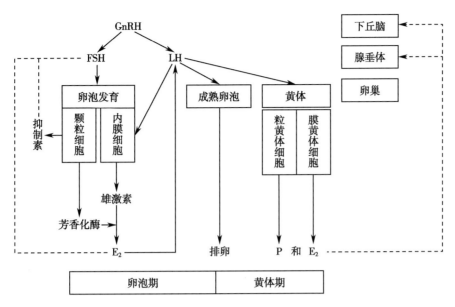

图 11-4　下丘脑 - 腺垂体 - 卵巢轴调控系统图解

体 - 卵巢轴。实验表明,下丘脑正中隆起释放的 GnRH 呈脉冲式分泌(16~20 次 / 天),随垂体门脉系统血液到达腺垂体后,对 LH 和 FSH 也呈脉冲式分泌。FSH 是卵泡生长发育的始动激素,颗粒细胞和内膜细胞均有 FSH 受体。FSH 可促进这些细胞的有丝分裂,使细胞数目增加,卵泡发育和成熟;同时也能增加颗粒细胞芳香化酶活性,促进雌激素的生成和分泌。FSH 还能使颗粒细胞上出现 LH 受体,LH 能使颗粒细胞的形态及激素分泌能力向黄体细胞转化,形成黄体。排卵前 LH 分泌达到一个高峰,能诱发成熟卵泡排卵,排卵后 LH 又能维持黄体细胞持续分泌孕酮。

(二)卵巢激素对下丘脑 - 腺垂体的反馈作用

雌激素和孕激素都可反馈性地调节下丘脑和腺垂体的分泌,因下丘脑和腺垂体均存在雌激素和孕激素的受体。雌激素对下丘脑和垂体激素分泌既有负反馈作用又有正反馈作用,其作用性质与血浆中雌激素的浓度有关。

在卵泡期开始时,血中雌激素水平较低,对腺垂体 FSH 和 LH 分泌的反馈性抑制作用较弱在下丘脑 GnRH 的作用下,FSH 分泌呈现逐渐增高的趋势。在排卵前,由于卵泡产生大量雌激素,血中雌激素水平增高,此时雌激素通过正反馈促进 GnRH 的释放,引起排卵前 LH 和 FSH 分泌峰和排卵。而孕激素则抑制雌激素的上述正反馈作用。在黄体期,虽然血浆雌激素水平也较高,但由于黄体酮的抑制作用,雌激素不能产生正反馈作用,此时 FSH 和 LH 分泌受到抑制。

 知识链接

卵巢功能的衰退

一般女性性成熟期约持续 30 年,45~50 岁的女性卵巢功能开始衰退,对 FSH 和 LH 的反应性下降,卵泡常停滞在不同发育阶段,不能按时排卵,雌激素分泌减少,子宫内膜不再呈现周期性变化而进入更年期。此后卵巢功能进一步衰退,丧失生殖功能而步入老年期。

更年期对于女性来说,是指由卵巢功能逐渐衰退到完全消失的一个过渡时期,包括绝经前更年期对于女性来说,是指由卵巢功能逐渐衰退到完全消失的一个过渡时期,包括绝经前期、绝经期和绝经后期(月经停止1年以后)。在我国,更年期平均年龄在50岁左右,大多数在44~54岁。由于女性更年期是一个逐步发展的过程,存在很大的个体差异,目前也有学者认为使用围绝经期一词代替更年期更准确。

进入更年期后,卵巢功能开始衰退,卵巢体积缩小,重量仅为性成熟期卵巢的1/2~1/3,卵能发育成熟和排卵,雌激素分泌水平下降。更年期综合征(climacteric syndrome)是指在妇女进入更年期后,因卵巢功能逐渐衰退,雌激素水平下降所引起的以自主神经功能紊乱为主的精神症状,伴有心悸、胸闷、皮肤干燥、脱发、骨质疏松、尿频、月经不调、性冷淡等多器官系统的症状。

三、月经周期

女性青春期起,除妊娠外,每月1次子宫内膜脱落出血,经阴道流出的现象,称为月经(menstruation)。月经形成的周期性过程,称为月经周期(menstrual cycle)。正常女性的月经周期约20~40天,平均为28天。女性的月经周期是相对稳定的。

(一)月经周期子宫内膜的变化

月经周期从子宫出血的第1天算起,以第14天排卵为分界点,包括了排卵之前的月经期和增生期以及排卵之后的分泌期(图11-5)。

1. 月经期　从月经开始至出血停止的时期,称为月经期,约为月经周期的第1~4天,该期的主要特点是子宫内膜脱落、阴道流血。经血量约为50~100ml,经血黏稠不凝固,含有子宫内膜碎片、宫颈黏液及阴道脱落细胞。因子宫内膜螺旋动脉交替痉挛性收缩和扩张,管壁破裂,同时细胞内溶酶体膜稳定性破坏,释放水解酶促使组织蛋白质分解,导致内膜缺血、坏死、脱落出血形成月经。月经期内,子宫内膜脱落形成创面容易感染,故要保持外阴清洁和避免剧烈运动。

2. 增殖期　从月经停止到排卵的这段时期,称为增殖期,约为月经周期的第5~14天,该期的主要特点是子宫内膜显著增厚。月经停止后,子宫内膜基底层开始增殖修复,腺体增生弯曲但不分泌,间质血管增多变长并弯曲呈螺旋状,子宫内膜增厚约3~4倍。

3. 分泌期　从排卵后到下次月经之前的时期,称为分泌期,约为月经周期的第15~28天,该期的主要特点是子宫内膜的腺体出现分泌。子宫内膜继续增生变厚,血管扩张充血,腺体进一步弯曲并分泌含糖原的黏液,间质疏松而富含营养物质,子宫肌相对静止,为胚泡的着床和发育提供了适宜的环境。

(二)月经周期形成的原理

月经周期的形成是由于下丘脑-腺垂体-卵巢轴激素的周期性波动,从而引起子宫内膜发生周期性变化(图11-5)。

1. 月经期　由于黄体退化,血中雌激素和孕激素分泌减少,子宫内膜失去这两种激素的支持便脱落出血形成月经。

2. 增殖期　血中雌激素和孕激素的下降,解除了对下丘脑和腺垂体的负反馈抑制作用,GnRH的分泌开始增加,刺激腺垂体分泌FSH和LH增多,FSH和LH促使卵泡分泌雌激素和少量孕激素,雌激素使子宫内膜发生增生期变化。此期末雌激素达到第一高峰,通过雌激素的正反馈效应,促使LH大量分泌,LH高峰触发排卵。

3. 分泌期　排卵后LH使残余卵泡形成黄体,继续分泌雌激素和大量孕激素,尤其是孕激素的作用,使子宫内膜呈分泌期改变。随着黄体的不断增长,雌激素和孕激素的分泌也不

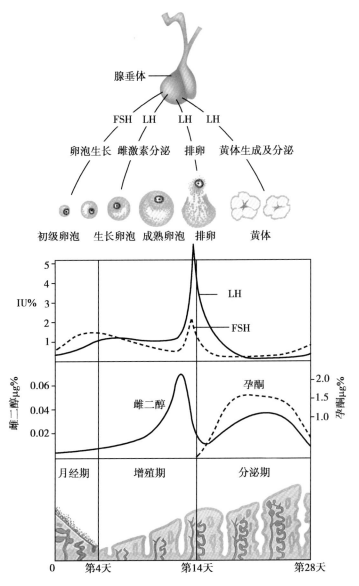

图 11-5　月经周期形成示意图

断增加,在排卵后的第 6~8 天,孕激素呈现高峰,雌激素亦达第二次高峰。若卵子未受精,雌激素和孕激素反馈抑制下丘脑和腺垂体,使 GnRH 分泌减少,FSH、LH 逐渐降低,黄体退化、萎缩,雌激素和孕激素的分泌也随之下降,进入下次月经期。

因内、外环境变化的刺激可通过大脑皮层作用于下丘脑腺垂体卵巢轴的功能活动,从而影响月经周期。故过度精神紧张、生活环境变化、机体疾病等因素均可导致月经失调。

 知识链接

常见月经失调的原因

1. 情绪异常　长期的精神压抑、精神紧张或遭受重大精神刺激和心理创伤,都可导致月经失调或痛经、闭经。这是因为月经是卵巢分泌的激素作用于子宫内膜后形成的,卵巢分泌激素又受垂体和下丘脑释放激素的控制,所以无论是卵巢、垂体、还是下丘脑的功能发生异常,都会影响到月经。

2. 寒冷刺激　妇女经期受寒冷刺激,会使盆腔内的血管过分收缩,可引起月经过少甚至闭经。因此,妇女日常生活应注意经期防寒避湿。

3. 节食　少女的脂肪至少占体重的17%,方可发生月经初潮,体内脂肪至少达到体重22%,才能维持正常的月经周期。过度节食,由于机体能量摄入不足,造成体内大量脂肪和蛋白质被消耗,致使雌激素合成障碍而明显缺乏,影响月经来潮,甚至经量稀少或闭经。因此,追求身材苗条的女性,切不可盲目节食。

4. 嗜烟酒　香烟中的某些成分和酒精可以干扰与月经有关的生理过程,引起月经失调。女性应不吸烟,少饮酒。

四、妊娠

妊娠(pregnancy)是新个体产生的过程,包括受精、着床、妊娠维持、胎儿生长及分娩。

(一) 受精

受精(fertilization)是精子穿入卵子并相互融合的过程。

1. 精子和卵子运行　排出的卵子随即被输卵管伞摄取,通过输卵管节律性收缩和上皮细胞纤毛向子宫方向的摆动,将卵子向子宫方向运送(图11-6)。

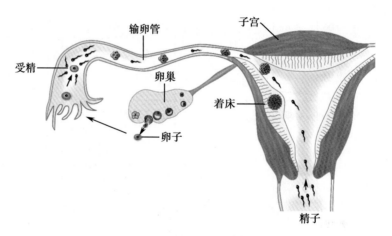

图 11-6　排卵、受精与着床示意图

当精液射入阴道穹隆后,约1分钟就被凝固成胶冻状,可暂时避免精液流出体外和避免精子被阴道酸性环境破坏。尽管如此,进入阴道的精子绝大部分还是受到阴道内酶的作用而失去活力。少部分精子靠其自身的活动、子宫舒张造成宫腔负压的吸入、子宫及输卵管的节律性收缩和输卵管上皮细胞纤毛的摆动而运行,途经宫颈、子宫腔进入输卵管,通常在输卵管壶腹部与卵子相遇,并在该部位受精。从射精到精子到达受精部位约为30~60分钟。

2. 精子获能　精子必须在女性生殖道停留一段时间,才能获得使卵子受精的能力,称为精子获能。精子获能的主要部位在子宫,其次是输卵管等部位。精子在附睾和精浆中与去能因子结合,妨碍了精子对卵子的识别,阻止了顶体反应的发生,使精子丧失受精能力。当精子进入女性生殖道后,解除了去能因子的顶体抑制作用,暴露精子表面与卵子识别的装置,精子便恢复了受精的能力。

3. 受精过程　精子与卵子相遇时,许多精子与卵子外围透明带上的受体结合,导致精子顶体破裂而释放顶体酶系,如顶体酶、放射冠穿透酶、顶体素等。这些酶多为蛋白酶,可以溶解透明带及放射冠,协助精子穿透卵子外层而进入细胞内。这种顶体破裂释放顶体酶使

笔记

卵子外围放射冠及透明带溶解的过程,称为顶体反应。当一个精子进入卵细胞后,卵子立即释放一些物质与透明带反应,封锁透明带,使其他精子不能再穿入。同时,触发卵子完成第二次成熟分裂,形成第二极体。精子头部细胞核膨大形成雄性原核,卵细胞核形成雌性原核,两性原核融合成新的细胞核,形成一个具有23对染色体的受精卵(图11-7)。

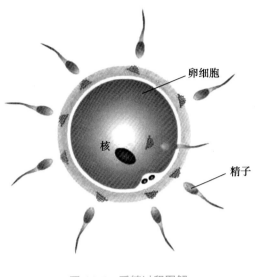

图 11-7 受精过程图解

避孕(contraception)是指采用一定的方法使妇女暂不受孕。子宫帽、避孕套可阻止精子和卵子的相遇而达到避孕。精子和卵子在女性生殖道维持受精的能力很短,卵子为6~24小时,精子为1~2天。所以,射入女性生殖道的精子只在排卵前后2~3天内有受精可能。避免在这段时间内性交,为安全期避孕。但因排卵可受许多因素的影响而提前或延后,甚至可额外排卵,所以安全期避孕不十分可靠。

(二) 着床

着床(implantation)是指胚泡植入子宫内膜的过程,也称为植入。可分为定位、黏着和穿透三个阶段。

受精卵不断分裂分化后形成胚泡,通过输卵管节律性收缩、管壁上皮纤毛摆动和管内液体的流动,向子宫方向移动。于排卵后第4天抵达子宫,开始时处于游离状态。第8天左右,胚泡被子宫内膜吸附,并通过与子宫内膜的相互作用逐渐进入子宫内膜,于排卵后第10~13天,胚泡完成植入过程。

同时,子宫内膜在体内雌激素和孕激素的作用下,继续发育增厚,并在CO_2的刺激下发生蜕膜反应,此时的子宫内膜改称蜕膜。植入后的胚泡最外层的一部分细胞发育成绒毛膜,其他大部分细胞发育成胎儿。蜕膜与绒毛膜结合形成胎盘。

胚泡与子宫内膜的同步发育是成功着床的关键。胚泡与子宫内膜发育的不同步将使着床率明显下降,甚至不能着床,因此,使子宫内膜和胚泡的发育不同步,即可达到避孕目的,如宫腔内放置避孕环就是干扰胚泡植入的一种常用避孕方法。

(三) 胎盘激素与妊娠的维持

妊娠是胎儿在母体内生长发育的过程,从末次月经周期的第1天算起约为280天。正常妊娠的维持有赖于垂体、卵巢和胎盘分泌的各种激素的相互协调。妊娠的早期主要受垂体和卵巢激素的调控。胎盘形成后,胎盘不仅是母体和胎儿之间进行物质交换的重要结构,而且能分泌多种激素参与妊娠的调控,故是妊娠后出现的暂时性内分泌腺,对维持中、晚期妊娠顺利进行起着重要的生理作用。

1. 人绒毛膜促性腺激素(human chorionic gonadotropin,HCG) 是由胎盘绒毛组织合体滋养层细胞分泌的一种糖蛋白激素,与LH有高度的同源性,它的主要生理作用是:①在妊娠早期发挥类似LH的作用,刺激卵巢的月经黄体转变成妊娠黄体,继续分泌孕激素和雌激素;以维持妊娠过程的顺利进行。②抑制淋巴细胞的活性,防止母体对胎儿发生排斥反应,具有安胎效应。

受精后第6天左右,胚泡形成滋养层细胞,开始分泌HCG。于妊娠第8~10周,分泌达高峰,随后开始下降,至妊娠20周左右降到较低水平,以后维持此水平一直到妊娠末期

（图 11-8）。如无胎盘残留，于产后 4 天血中 HCG 消失。

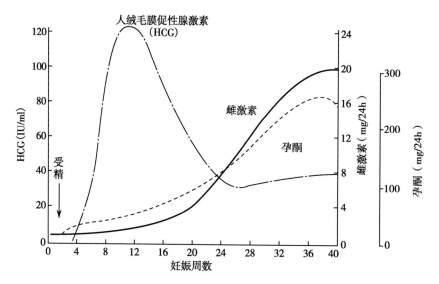

图 11-8　妊娠期人绒毛膜促性腺激素、雌激素和孕酮分泌的变化

IU 为国际单位；雌激素的量指相当于雌二醇活性的量

　　HCG 从尿中排出，且尿中含量的动态变化与血液相似，故临床上将测定孕妇尿或血中的 HCG，作为早期妊娠的诊断指标。

　　2. 人绒毛膜生长素（human chorionic somatomammotropin，HCS）　是胎盘合体滋养层细胞分泌的一种单链多肽激素，具有与生长素相似的作用：①促进胎儿生长，但作用远低于生长素。②调节母体和胎儿的糖、脂肪和蛋白质代谢。低血糖时，动员脂肪，减少外周组织对葡萄糖的利用；高血糖时，促进脂肪合成及能源的储存。促进蛋白质合成。可见，HCS 在血中维持高浓度对于母体和胎儿的合成代谢十分重要。

　　3. 孕激素和雌激素　妊娠约 12 周，由于 HCG 的减少导致妊娠黄体萎缩退化，同时胎盘分泌孕激素和雌激素含量迅速增加，逐渐取代妊娠黄体的功能，维持妊娠，直至分娩。

　　（1）孕激素：由胎盘合体滋养层细胞分泌，主要是孕酮。胎盘在第 6 周开始分泌孕酮，第 12 周以后血中孕酮含量迅速增加，到妊娠末期达高峰，是黄体分泌峰值的 10 倍。

　　（2）雌激素：胎盘分泌的雌激素主要是雌三醇。雌三醇由胎儿和胎盘共同参与合成。所以，检测孕妇的尿或血中雌三醇含量，可以了解胎儿的存活状态。

　　整个妊娠期内，血中孕激素和雌激素都保持高水平，高浓度的雌激素和孕激素能抑制下丘脑腺垂体卵巢轴的功能，从而抑制排卵，故妊娠期内不来月经，日常用的女性全身性避孕药（如雌激素和孕激素）能够产生避孕作用的原因即如此。

五、分娩与授乳

（一）分娩

　　分娩（parturition）是指成熟胎儿从母体子宫自然产出的过程。子宫平滑肌节律性收缩是分娩的动力。分娩时，胎儿机械刺激子宫及阴道可反射性地引起缩宫素分泌增加。缩宫素进一步加强子宫收缩，使宫颈更受刺激。这种正反馈过程逐渐加强，直至胎儿娩出为止。膈肌、腹肌的收缩可以增加腹压，有助于胎儿娩出。分娩发生的动因、确切机制和激素调控至今仍不完全清楚。动物实验表明，糖皮质激素、雌激素、孕激素、缩宫素、松弛素、前列腺素及儿茶酚胺类激素等都参与了分娩的启动和完成。

（二）授乳

胎儿娩出后24小时，母体乳腺即可分泌富含蛋白质的初乳。直接由乳腺供给婴儿乳汁的过程，称为授乳（lactation）。

妊娠期，催乳素、雌激素和孕激素分泌增加，使乳腺腺泡和导管进一步生长发育。但因雌激素和孕激素浓度过高，二者与催乳素竞争乳腺上的受体，故抑制了催乳素的泌乳作用。分娩后，由于胎盘的娩出，雌激素和孕激素浓度大大降低，对催乳素的抑制作用解除，乳腺便开始分泌。因此，哺乳期间服用大剂量雌激素、孕激素类避孕药会抑制乳腺泌乳。乳腺分泌受神经体液的调节。授乳时，婴儿吸吮乳头的刺激，可反射性地引起催乳素、缩宫素分泌增多，均有利于乳腺分泌。催乳素可使乳汁中脂肪增加；促进淋巴细胞进入乳腺，并向乳汁中释放免疫球蛋白。缩宫素可促进乳腺腺泡肌上皮细胞和乳腺导管平滑肌收缩，引起射乳反射，将乳汁排到婴儿口内。

 知识链接

社会心理因素对生殖的影响

社会、心理因素与生殖过程有着密切的关系，对生殖的影响也是多方面的，包括对男性精子生成的质量，女性妊娠的发生、发展、母体的健康和胎儿的发育等。特别是对女性生殖功能的影响尤为重要。长期紧张、忧虑、抑郁或恐惧，扰乱了与生殖功能有关的各种激素及卵巢的正常周期规律，造成不孕，这种情况的不孕一般是可逆的，当不利的精神因素解除后，便可恢复受孕。良好的心态，融洽的生活和工作环境，可使妊娠过程顺利进行；动荡的社会环境和自然灾害以及环境污染、紧张、恐惧的心理状态等，可影响胚胎的发育，甚至导致流产。

社会和心理因素不但影响孕妇本人，而且还影响胎儿的生长发育。调查发现，在妊娠期间，情绪良好的妇女所生的子女，无论在精神上还是在躯体上都优于情绪不良好的社会及家庭环境，健康的心理状态，有利于妊娠过程的顺利发展，有利于胎儿的发育。

第三节　衰老与死亡

人体进入到老年期（senility），是生命的最后阶段，特点是身体各器官组织出现明显的退行性变化，心理方面也发生相应改变，衰老现象逐渐明显。从医学、生物学的角度，规定60岁或65岁以后为老年期，其中80岁以后属高龄期，90岁以后为长寿期。

在老年期机体内部发生衰变，此时机体细胞的形态，代谢和功能均发生明显变化，所有细胞都出现不同程度的功能不全，这就是通常称为的衰老。衰老的生物学基础包括细胞和细胞外基质的衰老。细胞的衰老导致器官、系统的衰老。由于神经细胞、心肌细胞不具备分裂的能力，心、脑又是人体最重要的器官，所以，衰老首先表现在中枢神经系统与心血管系统，最终导致整个机体衰老直至死亡。

一、老年期的生理特点

（一）形体的变化

呈现老年人的外貌特征。如毛发变白，牙齿脱落，肌肉萎缩，头顶有的出现半秃或全秃，额纹增多，变深、变厚。皮肤老化，弹性降低，松弛，粗糙，失去光泽，出现皱纹和色素沉着，老年斑增多。眼睑下垂或眼球凹陷。身高体重下降。人体在 20 岁左右身高达到顶点,从 35 岁以后,每 10 年平均降低 1cm。这是由于椎间盘脱水变薄,出现萎缩性变化,脊柱弯曲度增加以及下肢弯曲所致。骨质疏松,细胞和脏器组织萎缩、脱水等导致体重下降。

(二) 身体构成成分的变化

1. 水分减少   成年人体重的 60% 为水分,60 岁以上老年人全身含水量男性为 51.5%,女性为 42%~45.5%。老年人体内水分的减少主要为细胞内液的减少,其含水量由 42% 降到 35%。有人认为,这是由于每个细胞的水分减少或老年人的细胞总数减少所致。

2. 细胞数量减少   人体的老化可使脏器组织中的细胞数量减少,细胞和细胞器萎缩,细胞体积缩小和功能降低,导致某些器官的重量减轻。各种细胞数量的减少一般从成熟期以后就开始了,75 岁的老人组织细胞减少约 30%。细胞间质中胶原纤维增加,弹性纤维变性,可见脂质和钙盐沉着。此外,可见血钾升高,血钙、镁降低。

3. 脂肪组织增加   随着年龄的老龄化,人体内脂肪组织增加,其增加的量存在个体差异。一般来说,25~70 岁体内脂肪增加约 16%。脂肪组织占体重的百分比,青年人为 17%,老年人为 33%。

(三) 神经系统的变化

老年期大脑、脊髓及周围神经都有衰老的变化。大脑的体积变小,重量减轻。大脑皮层变薄,脑回缩小变窄,脑沟增宽加深,脑室壁凸凹不平明显,侧脑室扩大,脑脊液增多。脑灰质和小脑变硬萎缩,脑的水分减少。人脑的神经细胞数约 140 亿。老年人其数目可以减少约 10%~17%,有的甚至达到 20%~30%。据报道:自 20 岁开始人脑的神经细胞数每年丧失 0.8%,60 岁时大脑皮质细胞减少 20%~25%,小脑皮质细胞减少 25%,蓝斑核细胞减少 40%~45%。神经细胞脂褐素的含量增多,以上橄榄核、脊髓前角细胞为显著。该物质阻碍细胞代谢,神经细胞中脂褐素的含量增多,RNA 的含量相对减少,当其增加到一定程度时可导致细胞萎缩与死亡。周围神经系统中,神经束内结缔组织增生,神经内膜增生、变性。神经传导速度减慢,感觉迟钝、信息处理功能和记忆功能减退。注意力不集中、性格改变、应急能力差、运动障碍等。

(四) 循环系统

心血管系统发生一系列退行性改变和适应性改变。心房增大,心室容积减少,瓣环扩大,瓣尖增厚成为老年人心脏改变的四大特点。心脏功能、血管功能、心血管活动的调节功能均减弱。心肌纤维数量减少,心肌间胶原纤维量逐渐增多和弹性纤维变性。心瓣膜硬化、纤维化并有钙盐沉着。传导系统中的窦房结起搏细胞、传导细胞和传导纤维束数目减少。冠状动脉扭曲、硬化。心收缩力降低,心排出量减少。大动脉壁中层进行性增厚,管壁僵硬度增加,弹性减弱。组织器官单位面积内有功能的毛细血管数量减少、代谢率下降,微循环发生衰老性改变。

(五) 呼吸系统

胸廓变形,多呈桶状胸。肋软骨钙化及骨化,胸廓僵硬度增大。肺组织弹性纤维减少,肺泡张力减低而肺泡扩大,肺泡壁变薄,肺泡融合。胸廓和肺的顺应性降低,呼吸肌力量减弱,肺的通气功能下降。肺毛细血管减少,血管内膜增生,管壁变厚,气体交换功能降低,易造成机体缺 O_2 和 CO_2 的潴留。呼吸道黏膜萎缩,黏膜腺退化,分泌水分和黏液的功能下降。上皮细胞的纤毛部分粘连和排列紊乱,不利于异物、黏液的清除和排除。黏膜的分泌物中含有免疫球蛋白,由于分泌的减少,对入侵的细菌和病毒的局部防御作用降低,呼吸系统容易感染。

(六) 消化系统

老年期人体会出现消化系统形态与功能的改变,主要表现在消化液的分泌减少与消化

笔记

管运动功能的降低。如在口腔出现牙齿的逐渐脱落,唾液分泌减少。食管括约肌松弛。胃肠血流量减少,胃黏膜萎缩,胃平滑肌层变薄,收缩力降低,胃液的分泌功能降低,胃排空时间延长。小肠黏膜萎缩,有效吸收面积减少,消化和吸收功能降低。大肠运动功能减退,20% 的老年人排便次数增加,肛门括约肌张力减弱,可出现大便失禁。肝体积缩小,重量减轻,肝细胞体积变大但数量减少,对药物代谢速度减慢,代偿功能降低。胆汁分泌减少变浓,胆固醇含量增多,故老年人易形成胆结石。胰液分泌量减少,消化酶含量少,活力降低。

(七) 泌尿系统

肾脏重量减轻,年轻人单个肾脏重 250~270g,40~80 岁肾脏约减轻 20%,降至 180~200g。肾体积缩小,正常肾小球与肾单位也逐渐减少,正常年轻人两肾约有 100 万 ~200 万肾单位,70 岁后可减少 1/2~2/3。肾的动脉呈螺旋状改变,与肾小球无关的小动脉增加,肾皮质血流量减少。肾脏排泄代谢废物和产生生物活性物质的功能减退。膀胱容量变小出现不可控制的收缩,膀胱肌肉萎缩,肌层变薄,肌肉弛缩无力。膀胱既不能充满,又不能排空,残余尿增多,夜尿增多。排尿反射减弱,缺乏随意控制的能力,可出现尿失禁。男性可由于前列腺增生,易发生尿潴留;女性尿道球腺分泌减少,抗菌能力下降,尿道感染发生率增加。肾脏尿液浓缩与稀释功能、酸碱平衡调节作用减退。

(八) 生殖系统

老年男性睾丸逐渐萎缩、纤维化,生精能力以及精子活性降低。性激素分泌减少,雄性激素活力降低。性兴奋功能渐退,性欲反应迟钝,不应期延长,肌肉张力减弱,性器官组织弹性低,力度不足。但老年人性能力个体差异很大,男子究竟在多大年龄完全丧失性能力,现无明显界定。老年女性卵巢萎缩,重量逐渐减轻,原始卵泡明显减少,卵母细胞完全消失,内分泌功能减退,性功能下降。外阴皮下脂肪减少、弹性纤维消失,大阴唇变薄,皮肤皱缩,阴毛稀疏灰白、时而脱落,阴道变短、变窄。阴道黏膜变薄失去弹性,分泌物减少,易患老年性阴道炎。子宫变小,内膜萎缩,子宫腺体数减少,子宫韧带松弛,肌肉萎缩无力,盆腔支持组织松弛,易出现子宫脱垂。

在老年期,其他器官系统都要发生结构和生理功能的衰变,如血液系统中骨髓的造血功能减退。感官方面出现老花眼和听力减退。免疫系统功能逐渐下降,防御能力低下,免疫监护系统失调,自我识别能力异常。内分泌系统功能减退,体内各处内分泌腺及内分泌细胞都要发生衰老性变化等。

 知识链接

老年期的心理特点

老年期,随着机体结构与生理功能的衰退和社会角色的改变,人的心理活动必然会随之发生一系列改变。心理能力和心理特征的改变主要体现在智力的变化、记忆力的变化、思维的变化、人格的变化、情感和意志的变化。这些变化会因为人生的经历和现实环境等因素的不同有很大的个体差异。其特点是身心变化不同步;心理发展仍具有潜能和可塑性;心理变化体现出获得和丧失的统一。健康老人的心理状态应该是:智力正常、情绪稳定、心情愉快、意志坚定、反应适度、心理协调。

二、衰老

衰老(aging)是指机体随着年龄的增长而逐渐发生的一系列组织器官结构退化及生理功能衰退的过程,是老化的最后阶段。衰老是一个多因素、综合复杂的生理变化过程,它与先天性因素和后天性因素有关。衰老的发生机制一直是人们所探讨的问题。

衰老的相关学说

1. 遗传决定学说　很多研究认为,在一定环境条件下,每一个生物种类的个体寿命非常一致,认为人的最长寿命可达110岁左右,这些都是由其遗传基础所决定的。每个生物种类从出生、发育、成熟、衰老、死亡有其固定的时间表。这个时间表由类似"生物钟"基因控制着,按规定的时间依次完成。有些基因控制着机体的衰老过程,有些基因启动或促进细胞的衰老、死亡过程,两类基因相互作用,精确调控着细胞发育、衰老、死亡的进程,这便是衰老相关基因。还发现:线粒体不仅是机体能量代谢核心,也是调节程序性死亡的关键所在。控制程序性细胞死亡的基因编码蛋白,通过调节线粒体膜的通透性来决定细胞死亡的程序。

知识链接

基因组水平上衰老的学说

在遗传决定学说的基础上,从基因组水平上又有多种学说:①体细胞突变学说:此学说认为机体细胞可产生基因突变和功能基因丧失,减少功能性蛋白的产生,从而导致衰老死亡。②"差误"学说:其认为随着年龄的增长,机体细胞 DNA 复制效率下降,并常会发生核酸、蛋白质、酶等大分子物质合成差错,这些差错的增长和重复导致细胞功能降低、衰老、死亡。③密码子限制学说:认为细胞中蛋白质翻译的精确度取决于对 mRNA 中三联密码子的破译能力。随着年龄增长,翻译作用可能丧失了精确性,从而引起衰老。④氧化 - 损伤学说:正常情况下细胞代谢和生存过程中,代谢产生的氧化产物导致细胞基因分子损伤,如果不能及时修复和补充,受损基因积累增多导致细胞衰老和死亡。

2. 自由基学说　自由基学说(free radical theory)认为,生物分子在生物代谢的过程中产生一些外层轨道中具有奇数电子的原子、原子团或分子,如($O_2\cdot$)、($OH\cdot$)、($NO\cdot$)或类脂质($L\cdot$)等,称为自由基。自由基具有较强的氧化作用,它与其他物质发生反应时会夺取电子,可能引起一些极重要的生物分子失活,细胞在代谢的过程中会连续不断的产生自由基,并对机体产生毒性作用。机体具有清除这类自由基的机制和功能。但随着年龄的增长,机体丧失了某种能力,因而清除能力下降。这类自由基在体内的积累,使细胞的生物膜受损,尤其是对线粒体、内质网、高尔基复合体、溶酶体的膜系统造成严重损害,最终导致细胞衰老、死亡。

3. 神经内分泌学说　神经内分泌系统不仅在调控机体生长、发育、成熟过程中起着重要作用,而且也调控着机体衰老、死亡的一系列进程。有人将其称为神经内分泌阶段式调节学说。该学说认为,在脑内有衰老的内分泌系统控制中枢,其通过分泌激素而发挥作用,并认为下丘脑是人体"衰老的生物钟",随着年龄的增加,由于下丘脑 - 垂体 - 内分泌腺系统的功能衰退,导致或调控全身功能的退行性变化,引起内环境的破坏、平衡功能紊乱、代谢失调、最后导致衰老、死亡。

4. 免疫学说　免疫系统的功能状态与衰老的发生和发展有着十分密切的关系。机体的免疫系统具有免疫监视、免疫自稳和免疫防御等多种功能,是体内重要的调节系统之一。随着年龄的增长,免疫器官逐渐退化,机体的免疫功能下降,尤其是胸腺随着年龄增长而体积缩小、重量变轻。例如新生儿胸腺重量15~20g,13岁时约30~40g,青春期后胸腺开始萎缩,40岁时胸腺实体组织由脂肪组织逐渐代替,而到老年时,实体组织基本消失,功能也基本丧失。T 细胞减少,功能低下,传染病、自身免疫性疾病增多。免疫功能下降,导致细胞功能失调,代谢障碍,引起机体的衰老和死亡。

5. 有害物质蓄积学说　在代谢过程中会产生很多对机体健康有害的物质,这些物质在体内蓄积,就会引起代谢紊乱,功能失常,引起衰老和死亡。近年来,多数学者认为衰老主要与脂褐素有关。脂褐素的产生与体内自由基的作用和大分子交联有关。脂类过氧化物在分解时产生醛类,醛类可与蛋白质、磷脂、核酸发生交联而形成脂褐素。脂褐素在机体的各类细胞中广泛存在,其蓄积量与年龄成正比。当脂褐素蓄积达到一定浓度时,细胞的 RNA 合成等代谢过程就发生障碍;并可扰乱细胞内的空间,改变物质扩散渠道,挤开了一些细胞的亚微结构,因而会对细胞产生不良影响,导致细胞萎缩、衰老、死亡。所以有人把有害物质蓄积学说又称之为脂褐素蓄积学说。

知识链接

有关衰老的其他学说

关于衰老的成因除了上述学说外还有很多种,例如交联学说、钙调蛋白学说、染色体端粒学说、微量元素学说以及微循环理论等。如交联学说认为,交联反应是体内普遍存在的生化反应,主要发生在核酸、蛋白质、胶原等大分子中。如果异常交联发生在大分子,极小量的反应也会造成严重的损害作用,过多的交联干扰可引起生物的衰老和死亡。又如钙调蛋白学说认为,钙调蛋白是一种进化稳定性化合物,在衰老时含量明显下降,因而推测与衰老有关。染色体端粒学说认为,染色体端粒酶活性的高低直接影响染色体的终端即端粒的长度,而端粒的长短直接影响细胞内基因的表达,进而影响到细胞的增殖和寿命。再如微量元素学说认为,微量元素与人体生长、发育及衰老密切相关,它们作为辅酶和酶的活性中心在细胞代谢中起着特殊作用;微循环是细胞代谢物质交换场所,其功能下降也会导致衰老。到目前为止,有关衰老的学说很多,都有其一定的实验基础,但都是从某一个侧面来解释衰老这一复杂的现象,都有其局限性,还没有哪个理论能够全面地解释衰老的全过程。因此,衰老的成因是一个多因素综合作用的过程。

三、死亡

死亡(death)是生命活动不可逆性的完全停止。它也是一个渐进过程,可分为临床死亡和生物学死亡。

所谓临床死亡是指作为统一的人体生命活动的完全停止,是生命个体的死亡。生物学死亡是指人体全部的器官、组织、细胞结构已经破坏、功能完全丧失。传统的临床死亡把心跳、呼吸等重要的生命体征停止作为人体死亡的判断标准。随着现代科学技术的发展,判断临床死亡的标准不再是心跳、呼吸的停止,而是脑死亡。现在临床医疗中认为全脑的功能丧失,才是人体统一的个体生命的结束。脑死亡作为判断人体死亡的观念已被世界上很多国家以立法的形式认可。我国医学界对脑死亡的医学和社会学等有关方面正在展开积极研究。脑死亡概念已日趋被大家接受和认同,临床医疗中已出现用脑死亡标准来判断人体死亡的案例。这是因为只要人脑功能没有丧失,尽管自主心跳、呼吸已停止,但在人工心肺机维持下,人体生命仍有复苏的可能。若脑功能完全丧失,尽管通过心肺机来维持呼吸和心跳,人体生命是不可能复苏的。临床死亡在没有进入生物学死亡之前,人体除脑外,其他器官、组织、细胞在一定时间内新陈代谢并没有停止,具有生命活动,这在医学上可进行器官移植。

一旦人体整个器官、组织、细胞结构被破坏,功能完全丧失,就进入了生物学死亡。

（冯润荷　张引国）

 思考题

1. 试述下丘脑和腺垂体对睾丸生精功能和内分泌功能的调节。
2. 试述雌激素和孕激素的生理作用。
3. 简述月经周期形成的原理。
4. 为什么妊娠期间不来月经?
5. 老年期生理特征有什么变化?

参 考 文 献

1. 黄秉宪,潘华.控制理论在生物医学中的应用.生理科学进展,1979,10:54-62.

2. 朱大年,王庭槐.生理学.8 版.北京:人民卫生出版社,2013.

3. 白波,王福青.生理学.7 版.北京:人民卫生出版社,2017.

4. 周森林,黄霞丽.生理学.3 版.北京:高等教育出版社,2014.

5. 彭波,生理学.北京:人民卫生出版社,2016.

6. 唐四元.生理学.3 版.北京:人民卫生出版社,2016.

7. 朱玉文,于英心.医学生理学教学指导.北京:北京大学医学出版社,2004.

8. 李恩,王志安,王耐勤.基础医学问答.第 2 版.北京:人民卫生出版社,2000.

9. Wiener N. Cybernetics,or Control and Communication in the Animal and the Machine. Cambridge MA:MIT Press,1948(郝季仁译.维纳 N.著.控制论.北京:科学出版社,1963)

10. Singer P.动物研究中的伦理学问题.中国医学伦理学,2004,17(2):34-36

中英文名词对照索引

D

E

F

G

H

J

T

W

X

Y

Z